U0295284

景观艺术学

景观要素与艺术原理

Theory of Landscape Architecture

Elements and Artistic Principle of Landscape Design

汤晓敏　王云　编著

内 容 提 要

本书系统阐述了景观要素及艺术原理。在总结和吸收了多年来本学科领域的教学、科研和实践成果的基础上，全面介绍了景观的组成要素及其特征，景观要素组合的原则与方法，景观空间及其组织的原理与方法，景观构思、立意与布局的原则与方法，景观设计的程序与方法等。本书共分6章，内容新颖，案例丰富，图文并茂，可读性强。

本书适用于高等院校风景园林、环境艺术等相关专业的师生阅读，也可供城市规划、建筑设计、城市园林绿化技术与管理人员及其他景观艺术爱好者阅读参考。

图书在版编目（CIP）数据

景观艺术学 : 景观要素与艺术原理 / 汤晓敏，王云编著. --2版.-- 上海: 上海交通大学出版社，2013(2021重印)
ISBN 978-7-313-10537-0

Ⅰ.①景… Ⅱ.①汤… ②王… Ⅲ.①景观设计 Ⅳ.①TU986.2

中国版本图书馆CIP数据核字（2013）第257770号

景观艺术学:景观要素与艺术原理（第二版）

编　　著：汤晓敏　王云
出版发行：上海交通大学出版社　　地　　址：上海市番禺路951号
邮　　编：200030　　电　　话：021-64071208
印　　制：常熟市文化印刷有限公司　　经　　销：全国新华书店
开　　本：889mm×1194mm 1/16　　印　　张：27.5
字　　数：758千字
版　　次：2009年2月第1版　2013年11月第2版　　印　　次：2021年7月第7次印刷
书　　号：ISBN 978-7-313-10537-0
定　　价：68.00元

前　言

21世纪园林学科的研究对象已扩大至大地景观。风景园林专业的学生不仅要学习传统造园的理论与技法，更应在更大的广度和深度上了解和研究现代景观艺术，进而思考和探讨生存与艺术的关系问题。有鉴于此，本书定名为《景观艺术学》，旨在适应风景园林学科新的发展，并适时拓展传统园林艺术的理论范畴，构建相应的理论框架。

景观艺术学包括景观要素、艺术原理、感知与评价三个部分。本书作为《景观艺术学》上册，包括景观要素与艺术原理两个部分；感知与评价部分将作为《景观艺术学》下册的内容，重点面向硕士研究生，待后续出版。

本书所阐述的理论与方法对于专业人员来说是非常重要的，是作者广泛吸收多年来国内外专家学者在本学科领域的教学、科研和实践成果的基础上，总结本人的教学、科研、实践的经验编著而成，内容丰富翔实，图文并重。本书适用于景观规划设计师、高等院校风景园林及其相关专业的师生、城市和建筑等其他环境设计专业的人员、城市园林绿化技术人员及管理人员等阅读。本书具有以下特点：

（1）全面性与系统性。本书突破小尺度传统园林的造景艺术，扩大了园林景观的内涵与外延，以构建现代景观艺术学理论体系为目标，全面系统地阐述了单个景观要素及其特征、景观要素组合及景观空间界定与组织、景观立意与布局、景观设计的程序与方法等方面的内容，力求结构体系完整、内容丰富翔实。

（2）继承性与创新性。本书在梳理传统造园艺术与引进国际景观设计学基础理论的基础上，引用了国内外专家学者关于本学科的教学与研究的新成果，反映了学科领域研究的新动态，并在理论、技术与方法上有一定的提升和创新。

（3）可读性与实用性。本书从景观概念到艺术理论、再到设计方法，作了循序渐进的描述与分析，并尽量基于对典型案例的分析进行理论阐述，利用图片和图表来诠释问题与观点。全书所选案例涉及景观、建筑、城市设计等多个领域，选用图片近1000张，力求做到阐述深入浅出，编排图文并茂，促进读者对理论知识深化理解的同时，提升其实际应用能力。

本书共分6章：第1章、第2章为景观的物质要素与艺术要素，包括要素的分类、特征及形式；第3章是景观要素的组合，包括与景观要素组合相关的变量、景观要素组合的基本原则、景观要素的形体组合、色彩与质感的组合等内容；第4章是景观空间与组织，包括空间的界定、景观空间的特征与形式、景观空间的组织等内容；第5章是景观的立意与布局，包括构思与立意、布局的原则与方法、布局的形式、视线分析与景点设置等内容；第6章是景观设计的程序与方法，包括景观规划设计程序、地形、水体、植物、景观建筑与小品、园路、景观照明等要素的设计程序与方法。

本书在编写过程中得到了多方专家教授的指点与帮助。沈天琳、胡婷婷、彭成、杨冬彧、桂国华、陈静宜、陈辉、秦海燕、崔倩倩等承担了本书的部分图表的绘制工作，在此一并表示诚挚的感谢！

编 者

2013年9月

目 录

0 绪 论

绿色是生命的源泉，水是生命之本，土是人类赖以生存的基础，这些命题和说法都说明了人虽为万物之灵，但人类也像其他动物一样，必须依赖生物圈中的自然系统才得以生存，人是离不开绿色、水和土的，人是大自然的一个组成部分。人需要从大自然获取需要的物质性生存条件，也需要得到大自然的精神抚慰，并产生相应的灵感，所以人是不能完全脱离大自然环境的。

然而，随着人们的聚居由群落到村镇再到城市，人们逐步脱离了自然环境，并呈现出城市化程度越高，人与自然隔离的程度也越高的态势。久居城镇的人们势必要寻求接近大自然的机会，“园林景观”就是为了补偿人们与大自然环境相对隔离而人为创造的一种间接方式，即所谓“第二自然”。随着人类社会和文明的不断进步，人们对自然精神和环境的追求必定相应地从单一逐渐多样、从低级走向高级，进而推动了园林景观的不断发展。

0.1 从园林到景观

在人类社会的历史长河中，人与自然环境的关系大体上呈现为四个不同的阶段，每个阶段人与自然环境的隔离状态并不完全一样。园林作为这种隔离的补偿而创设的“第二自然”，它的涵义、内容、性质和范围也会有所不同。因此，关于园林的定义、界说也应结合不同的历史阶段来分别阐释，并以它所处阶段的政治、经济、文化背景作为评价的基点。这样就可避免以今人而求全于古人，或者以古代而拘泥于现代之弊。

原始社会初期，人类主要以狩猎和采集来获取生活资料，使用的劳动工具十分简单。人对外部自然界的作用极其有限，几乎完全被动地依赖大自然。这个阶段，人对于大自然处于感性适应的状态，人与自然环境之间呈现被动亲和关系，缺乏园林产生的必要性。直到原始公社时期，随着种植场和房前屋后的果园蔬圃的出现，园林进入了萌芽状态。

进入农业时代，人类从大自然中发现了自然之美和农耕景观之美，由此就激发了人类再现和创造这种美的欲望，如中国在这个时代就产生了山水画和田园诗，并综合体现在园林景观艺术中。同时，农业技术的进步也为园林的形成与发展提供了基础。农业时代的园林大多数为权贵阶层所建，反映了他们的需求、爱好和对自然的态度。如法国的凡尔赛宫苑，不仅反映了路易十四对人民实行的残暴统治和“朕即国家”的思想，还体现了他对待花草、树木、流水所采取的同样的强制态度。与之不同，中国封建士大夫的私家宅园则侧重于诗情画意，聚山林之趣于咫尺之间。然而，它们虽然具有迥然不同的形式，却同样反映了对装饰美化的偏重和对艺术、意趣的追求。因此，在农业时代的园林中，艺术性占据了重要地位。

工业革命所带来的科学技术的飞速进步和大规模的机器生产，为人类开发大自然提供了更有效的手段，但这种掠夺性、无计划的开发也造成了城市的快速膨胀和自然环境的严重破坏。于是，为了能为集居在城市中的人们提供一个身心再生（Recreation）的空间，出现了服务大众的城市公园与绿地。

进入21世纪，随着经济、社会、文化发展的多元化态势的出现和人们时空观、价值观、审美观的改变，园林的服务对象和功能正发生根本性变革，园林的内容不断充实，研究范围已扩大到“大地景观”。

0.1.1 囿—苑—私园

囿、苑、私园是农业时代的主要园林形式，也即通常所称的“传统园林”。农业时代大体上是指奴隶社会和封建社会的漫长时期。在这期间，人与自然环境逐渐从感性的适应状态转变为理性的开发利用状态，但仍保持着亲和的关系。农业时代的世界园林经历了由萌芽、成长而臻于兴盛的漫长过程，并在发展中逐渐形成了丰富多彩的时代风格、民族风格、地方风格。多样风格的园林又都具有一些共同的特点：①服务对象主要是官僚、地主和富商等统治阶级，主要类型有帝王苑囿、城市私家宅园及郊外别墅园，以及少量的寺庙园林、官署园林等；②布局呈现封闭、内向的特点，体现了“领地意识、好农人意识、炫耀意识”；③以追求视觉景观美和精神陶冶为主要目的，不自觉地体现了一定的社会、环境效益；④创作者是园主、工匠、文人和艺术家，并非专业的园林设计师。

因自然、社会条件的不同，世界传统园林的发展逐渐形成了西亚、西方和东方三大体系：

1）西亚体系

西亚园林体系主要包括巴比伦、埃及、古波斯的园林，它们采取方直的规划布局、整形的种植和笔直的水渠，园林风貌较为严整，后来这一风格为阿拉伯人所继承，成为伊斯兰园林的特征。西亚造园历史可追溯到公元前，公元前3500年，伊拉克幼发拉底河岸就有花园，《圣经》所指“天国乐园”（Paradise）就在今叙利亚首都大马士革。

作为西亚文化最早策源地的埃及，早在公元前3700年就有金字塔墓园（见图0-1-1-1），园艺也已很发达。到公元前16世纪，原本有实用意义的树木园、葡萄园、蔬菜园演变成了埃及重臣们享乐的私家花园。有钱人家的住宅内均有私家花园，有山有水，设计颇为精美。穷人家虽无花园，但也在住宅附近用花木点缀。

巴比伦空中花园是西亚体系的典型代表，始建于公元前7世纪，被列为世界七大奇迹之一（见图0-1-1-2）。相传，国王尼布甲尼撒二世比照其宠妃故乡的景物，在宫中矗立无数高大巨型圆柱，在圆柱之上修建花园，不仅栽植了各种花卉，奇花常开，四季飘香，还栽种了很多大树，远望恰如花园悬挂空中。在空中花园不远处，还有一座耸入云霄的高塔，以巨石砌成，共7级，计高650英尺（198.12米），塔上也种有奇花异草。据考证，这就是《圣经》中的“通天塔”。

古波斯的造园活动是由猎兽的囿逐渐演进为游乐园的。波斯是世界上最早培育名花异草的地方，随后传播到世界各地。公元前5世纪，波斯就有了天堂园，四面有墙，园内种植花木。

在干旱的西亚地区，水一向是庭园的生命。因此，在所有阿拉伯地区，对水的爱惜、敬仰到了神化的地步，这在造园中也有很好的应用。公元8世纪，穆斯林征服了西亚，他们继承和发展了波斯造园艺术，在平面布置上把园林建成“田”字，用纵横轴线分作四区，十字林荫路交叉处设置中心水池，把水当作园林的灵魂（见图0-1-1-3）。把点滴蓄聚于盆池，再穿地道或明沟，延伸到每棵植物根系，使水在园林中尽量发挥作用。这种造园水法后来传到意大利，更演变到神奇鬼工的地步，每处庭园都有水法的充分表演，成为欧洲园林必不可少的点缀。

图0-1-1-1 埃及金字塔

图0-1-1-2 巴比伦空中花园

图0-1-1-3 波斯水园

2）西方体系

西方体系主要指欧洲体系，其发展与演变较多地吸收了西亚风格，并互相借鉴、渗透，最终形成了“规整而有序”的园林艺术特色。

公元前7世纪的意大利庞贝（Pompeii），家家都有庭园，园在居室围绕的中心，即所谓的“廊柱园”，有些家庭后院还有果蔬园。公元前5世纪，希腊人通过波斯学到了西亚的造园艺术，发展成为宅院内布局规整的柱廊园形式，把欧洲与西亚两种造园系统联系起来。公元前3世纪，希腊哲学家伊壁鸠鲁筑园于雅典，是历史上最早的文人园。古罗马继承了希腊规整的庭园艺术，并使之和西亚游乐型的林园相结合，发展成为大规模的山庄园林。公元2世纪，哈德良大帝在罗马东郊始建的山庄，面积达18平方公里，由一系列建筑庭院组成，有“小罗马”之称。

古罗马庄园形式成为文艺复兴运动之后意大利台地园效法的典范，并形成显著的特点：花园最重要的位置上一般均耸立着主体建筑，建筑的轴线也即是园林景观的轴线；园中的道路、水渠、花草树木均有序地进行布置，显现出强烈的理性色彩。

文艺复兴以后，欧洲其他几个重要国家的园林基本上承袭了意大利的风格，但均有自己的特色。法国在15世纪末，查理八世入侵意大利后，带回了园丁，成功地把文艺复兴文化包括造园艺术引入法国，以后又与法国的自然地理条件和政治诉求相结合，形成了法国规则式园林风格。路易十四于1661年开始在巴黎西南建造凡尔赛宫苑，到路易十五世王朝才全部竣工，历时百年，面积达15平方公里，成为影响世界的大型规则式宫苑（见图0-1-1-4）。

文艺复兴时期，英国园林仍然模仿意大利风格，但其雕像喷泉的华丽、严谨的布局，不久就被本土古拙纯朴的风格所冲淡。受多种因素影响，18世纪英国的造园趋向自然，并形成了自然风景园风格（见图0-1-1-5）。18世纪中叶以后，英国造园受中国造园艺术影响很大，形成了被西方造园界称作的“英华庭园”。之后，这种“英华庭园”通过德国传到匈牙利、沙俄和瑞典，一直延续到19世纪30年代。

公元6世纪，西班牙人吸取伊斯兰教园林传统，承袭巴格达（Baghdad）、大马士革（Damascus）园林风格，以后又效法荷兰、英国、法国造园艺术，与文艺复兴风格结成一体，转化到巴洛克式。随着海外殖民地的开辟，西班牙园林艺术又影响墨西哥、美国等。

从17世纪初，英国移民来到新大陆，同时也把英国造园风格带到美洲大陆。美国独立后逐步发展成为具有本土特色的造园体系，造园作为一项职业，在美国影响深远，并使美国今日“景观建筑”（Landscape Architecture）专业处于世界领先地位。

图0-1-1-4 法国凡尔赛宫苑

图0-1-1-5 英国自然风景园

3）东方体系

东方体系主要包括中国和日本的传统园林。中国园林是其代表。

中国古代造园活动最早始见于3000年前。殷商时代的甲骨文中，已经有了囿、圃、苑、园这样一些延用至今的园林词汇。商朝末年，帝王和奴隶主开始圈地蓄养禽兽，种植刍秣，成为供他们狩猎游乐享用的场所——“囿”。《诗经》“毛传”曰：“囿，所以域养禽兽也。”从殷墟出土的甲骨卜辞中多有“田猎”的记载可以看出，殷代的帝王、贵族都喜欢狩猎，并开始圈地建囿。一般囿的范围很大，天子的囿方圆百里（1里＝0.5千米），诸侯的囿方圆40里。公元前11世纪，周灭殷，建立了中国历史上最大的奴隶制王国，开始了史无前例的大规模营建城邑和皇家囿苑活动。周文王在今西安以西曾修建过规模甚大的“灵囿”，方圆70里。周文王以后，囿的大小已成为封建统治者的政治地位的象征。学术界认为，囿是中国园林最初的形式，到了秦汉时代，随着社会生产力的发展和提高，囿的生产功能逐步消退，观赏游乐功能逐步增强。

秦汉时期，专为帝王游乐的场所又有了“苑”的名称，并开始了大型山水宫苑的营建。古代的苑、囿二字本意是相通的，均指域养禽兽、供狩猎的场所而言。从秦开始，直到清代，仍将皇家园林称作“国朝苑囿”。历史上，一般都将苑囿归入皇家园林，而把“园”归入文人士大夫和官僚富商的私家园林。

私家园林最早出现在汉代。魏晋南北朝时期，老庄哲学得到发展，隐逸文化盛行，士大夫钟情山水，竞相营建园林以自乐，私家园林一时勃兴，文人园林开始萌芽。北魏首都洛阳出现了大量的私家园林，成为中国第一次私家造园的高潮。当时的园林虽已基本具备山水、楼榭、花木等造园要素，但园林不仅是游赏的场所，甚至作为斗富的手段，造园艺术尚处粗放阶段。唐代国力鼎盛，文化艺术昌盛，园林的发展也达到一个新的高度，以王维的辋川别业为代表，园林创造追求诗情画意和清淡、质朴、自然的园林景观，并对后世产生深远的影响。宋代重文轻武的国策推动了私家造园进一步文人化，促进了“文人园林”的兴起。宋徽宗赵佶在汴京兴建的中国历史上规模最大的人工假山——艮岳，艺术水准极高。宋时江南园林发展迅速，基本形成了自己的独特风格。明清两代，园林的发展进入了成熟期，特别是江南园林艺术已趋于完美，进而推动了皇家园林艺术的升华，出现了一大批享誉世界、艺术水平很高的作品，如皇家园林的北京颐和园（见图0-1-1-6）、承德避暑山庄，私家园林的苏州拙政园、留园、环秀山庄，扬州个园，南京瞻园，无锡寄畅园，上海豫园等（见图0-1-1-7）。

图0-1-1-6 北京颐和园

图0-1-1-7 苏州留园

0.1.2 公园—城市绿地系统

进入工业时代，人与自然环境已从早先的亲和关系转变为对立甚至敌对的关系。伴随着环境质量的渐趋恶化和社会组成的大变革，自19世纪后半叶开始，西方园林界出现了一批先觉先知的人士，对自然保护和城市园林发展进行了探索，其中最早也最为著名的有两位：美国的奥姆斯特德（Frederick,Law Olmsted）与英国学者霍华德（Ebenezer Howard）。

美国的奥姆斯特德（Frederick,Law Olmsted）是开创自然保护和城市园林的先驱者之一，也是美国园林之父。他首先把保护自然的理想付诸实现。自1875年开始，他参与规划建造了世界上最早的城市公园之一美国纽约中央公园（New York Central Park）（见图0-1-2-1）。同时，他提出了把“乡村带进城市”，即城市园林化理论，倡导建立公共园林、开放性的空间和绿地系统。渐渐的，奥姆斯特德的城市园林化思想逐渐为公众和政府所接受，“公园”作为一种新兴的公共园林在欧美各大城市中普遍建成，并陆续出现街道、广场、公共建筑、校园及住宅区的绿地等多种公共园林，形成了城市绿地系统。奥姆斯特德坚持把自己所从事的专业与传统的“造园”（Gardening）区别开来，把自己所从事的专业称为“景观建筑”（Landscape Architecture），把自己称为“景观建筑师（Landscape Architect）”，并不是“园丁（Gardener）”。奥姆斯特德努力发展景观专业教育，于20世纪初在哈佛大学首创景观建筑学专业（Landscape Architecture）。从此，真正出现了为社会服务的、具有独立人格的景观职业设计师队伍和景观设计学科。

英国学者霍华德（Ebenezer Howard）在其《明日之田园城市》一书中提出了著名的“田园城市”的设想：这是一个大约有3万居民的自给自足的社区，四周环以开阔的乡村“绿色地带”。虽然这种田园城市仅在英国建成Letchworth和Welwyn两处，但这种把城市引入乡村的乌托邦式的理想毕竟是未来的“园林中的城市”的起点，他与奥姆斯特德的实践活动共同确立了“现代园林”的概念。

工业时代的园林与农业时代的园林相比，在内容和性质上都有很大变化：①由政府出资建设、向群众开放的公共园林是园林建设的主体，园林的服务对象是以工人阶级为主体的广大城市居民。②园林的规划设计已摆脱私有的局限性，从封闭的内向型转变为开放的外向型。出现了开放式的公共园林，形成了城市绿地系统，包括各种公园（见图0-1-2-2）、林荫道等。③园林不仅为了获得视觉景观之美和精神的陶冶，更重要的是为城市居民的身心再生而创造。也就是说，在创造美的同时，也着重发挥其改善城市环境质量的作用——环境效益，以及为市民提供公共游憩和交往活动的场地——社会效益。④园林的指导思想和评价标准是以人为中心的再生论，绿地作为城市居民休闲、活动的空间和城市的肺，更注重城市绿地覆盖率和人均绿地率等评价指标。

图0-1-2-1 美国纽约中央公园

图0-1-2-2 德国慕尼黑奥林匹克公园

0.1.3 生态园林与大地景观

二战以后，西方的工业化与城市化发展达到了高潮，城市无限制地扩展蔓延，大地景观被切割得肢离破碎，自然的生态过程受到严重威胁，生物多样性在消失，人类自身的生存和延续受到威胁。同时，随着世界经济的迅速腾飞和人们物质生活与精神生活的提高，人们有了足够的闲暇时间和经济条件，回归大自然的愿望也随之越发迫切。因此，进入后工业时代以来，人与自然环境的理性适应状态逐渐升华到一个更高的境界，两者之间由工业时代的敌斥对立关系逐渐回归为亲和的关系。也因此，全球范围兴起了生态环境保护的高潮，确立了“生态园林”的概念。

基于这样的时代背景，I.L.麦克哈格（I.L.Mcharg）首先打起了生态规划的大旗，他的《设计结合自然》（Design With Nature）提出在尊重自然规律的基础上，建造与人共享的人造生态系统。以人类生态学、景观生态学为规划指导理论，以景观生态过程和格局的连续性和完整性、生物多样性、文化多样性为园林景观的评价标准，创造一种可持续发展的人居环境景观（Sustainable Landscape）。

进入20世纪70年代，中国开始了风景名胜区的规划与建设工作，80年代以后风景园林工作领域有了更大的拓展，包括水系、湿地、高速公路、开发区和科技园区等各种类型的风景园林规划设计（见图0-1-3-1）。为起到协调人与自然和谐的作用，中国风景园林学科的范畴得到进一步扩大，拓展至大地景观规划的领域。至此，中国风景园林学科发展成为游憩、审美、生态的综合性学科。

图0-1-3-1 美国迈阿密Everglades国家公园

0.1.4 相关概念的界定

1）园林：一个动态的概念

在中国，“园林”一词最早出现在西晋张翰的古诗词里（暮春和气应，白日照园林），但不具有专业的涵义。明末清初计成的《园冶》一书，先后九次选用“园林”一词，主要用来泛指宅园，使“园林”第一次成为造园学上的专有名词。自此，园林经过了漫长的发展历程，并发展成为一门学科。

至今学术界对“园林”这一概念尚无定论，可以说是众说纷纭。童寯（1900～1983）在《江南园林志》中，从园的规划布局的角度，对园林进行解释：“园之布局，虽变幻无穷，而其最简单的需要，实全含于“园”字之内。”如图0-1-4-1所示的象形文字“園”，反映了园的基本组成：“囗”者围墙也。“土”者形似屋宇平面，可代表亭榭。“口”字居中为池。“㐅”在池前似石似树。中国古代的“园”，就是把建筑、水体、山石、植物融于一体，将人工与自然结合起来，在有限的空间内创造出一个景色丰富、情趣盈然，可观赏、可游乐、可生活的“园”。这种解释主要特指中国传统的“宅园”。

《中国大百科全书》对“园林”的定义为：在一定的地域范围内运用工程技术和艺术手段，通过改造地形（或进一步筑山、叠石、理水）、种植花草树木、营造建筑和布置园路等途径创造而成的美的自然环境和游憩区域。园林的概念是随着社会历史和人类认识的发展而不断变化的，不同的社会制度，园林的性质、内容和服务对象就有所不同。作为艺术创作的园林，它的风格必然和文化传统、历史条件、地理环境有着密切的联系，也带有一定的阶级烙印，因此世界上各地区、各民族、各历史时期都大抵形成了各自的园林风格，有的则发展成独特的园林体系。

2）生态园林

生态园林主要是指以生态学原理为指导（如互惠共生、生态位、物种多样性、竞争、化学互感作用等）所建设的园林绿地系统。生态园林是继承和发展传统园林的经验，遵循生态学的原理，建设多层次、多结构、多功能、科学的植物群落，建立人类、动物、植物相联系的新秩序，达到生态美、科学美、文化美和艺术美。同时应用系统工程理论发展园林，使生态、社会和经济效益同步发展，实现良性循环，为人类创造清洁、优美、文明的生态环境。

从我国生态园林概念的产生和表述可以看出，生态园林至少应包含三个方面的内涵：一是具有观赏性和艺术美，能够美化环境，创造宜人自然景观，为城市人们提供游览、休憩的娱乐场所；二是具有改善环境的生态作用，通过植物的光合、蒸腾、吸收和吸附，调节小气候，防风降尘，减轻噪音，吸收并转化环境中的有害物质，净化空气和水体，维护生态环境；三是依靠科学的配置，建立具备合理的时间结构、空间结构和营养结构的人工植物群落，为人们提供一个赖以生存的生态良性循环的生活环境。

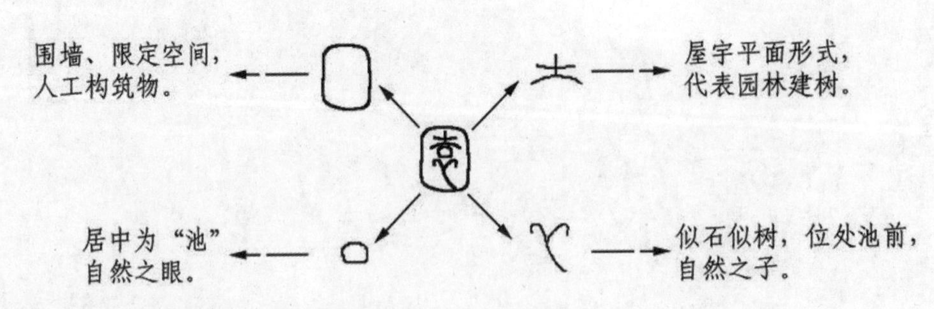

图0-1-4-1 园的象形图解

3）景观

“景观”一词是一个外来词汇，涵义广泛。我们可以从英语、日译汉语和汉语三个语境进行梳理。在英语中，“landscape（景观）”的古英语形式如Landscipe, Landskipe, Landscaef等和其古日尔曼语系的同源词如古高地德语Lantscaf、古挪威语Landskapr、中古荷兰语Landscap等表示的含义是接近的，都与土地、乡间、地域、地区、或区域等相关，而与自然风景或景色无关。在汉语中，作为landscape最为流行的译名“景观”，其词义也是非常暧昧和复杂的。据了解，“景观”这个日语汉字词汇是由日本植物学者三好学博士于明治35年（公元1902年）前后作为对德语“Landschaft”的译语而创造的，最初作为“植物景”的含义得以广泛使用，后来被陆续引入地理学和都市社会学领域。而中国学者的著作中首次出现“景观”一词，是在1930年由中国景观学科的先驱陈植先生在其著作《观赏树木》的参考书目日文部分列有三好学的《日本植物景观》。后来陈植先生在1935年出版的《造园学概论》中有两处使用了“景观”的词汇，其时的“景观”已有“景色”、“景致”和“景物”等意思。中国1979年版《辞海》第一次收录了“景观”词条，从此中国的园林界便开始有意识使用“景观”一词，兼有视景和地理学上的意义。

现代语境下景观是多种意义的集合体，它兼有视景和地域综合体的含义。随着景观内涵的丰富和景观类型的增加，景观已经从古典时期的花园和庭园，扩展到城市公园、城市广场、城市社区、滨水绿地、旅游休闲地、科技产业园区、自然和历史遗产、国家公园。不同类型的景观、不同尺度的景观都是为了满足不同人群的不同层次需要。

景观作为与文学、诗歌、电影、绘画、音乐一样的艺术门类而存在，不管是西方的理性主义审美思维，还是东方的自然美学思想的传统，艺术审美都是衡量景观的一个重要的标准。现代主义运动给景观带来了关于社会和功能性的思考，从而使景观艺术突破了传统园林的范畴，进入到更广阔的社会和环境背景中，赋予了景观艺术以社会的意义。随着生态主义的兴起和人们环境意识的提高，环境伦理的观念开始深入人心，在景观中注重环境价值成为人们的共识。

4）类似称谓

Landscape Architecture，是用有生命的材料和与植物群落、自然生态系统有关的材料进行规划设计的艺术与科学的综合学科。主要兴趣在开放空间（Open Space）及其相关领域，并且强调这些空间的设计意义、重要性和可行性，主要职责为改善室外空间质量。中文译名有“景观建筑学”、“风景建筑学”、“景园建筑学”等，或者就是“园林学”或“风景园林学”。

Landscape Gardening，是用装饰种植的手段来设计或改进花园、土地等。

庭园（Garden），主要指充当草木、果树、花卉或蔬菜栽培之用的一块土地；一般邻近建筑，并由围栏围起或有明确的边界（见图0-1-4-2）。

图0-1-4-2 住宅庭园

公园（Park），是城市中的“绿洲”，是环境优美的游憩空间。公园不仅为城市居民提供了文化休息以及其他活动的场所，也为人们了解社会、认识自然、享受现代科学技术带来了种种方便。公园绿地对美化城市面貌，平衡城市生态环境，调节气候，净化空气等均有积极的作用（见图0-1-4-3）。

国家公园（National Park），是一国政府对某些在天然状态下具有独特代表性的自然环境区划出一定范围而建立的公园，属国家所有并由国家直接管辖，旨在保护自然生态系统和自然地貌的原始状态，同时又作为科学研究、科学普及教育和供公众旅游娱乐、了解和欣赏大自然神奇景观的场所（见图0-1-4-4）。国家公园的面积都很大，从成千上万公顷到几百万公顷，类似于中国的风景名胜区或国家森林公园（见图0-1-4-5）。

大地景观（Earthscape），是指一个地理区域内的地形和地面上所有自然景物和人工景物缩构成的总体特征。既包括岩石、土壤、植被、动物、水体、人工构筑物和人类活动的遗址，也包括其中的气候特征和大气形象。大地景观规划是土地利用规划的重要组成部分，但它所规划的不是土地利用的全部内容，而是要解决两方面的问题：首先是要妥善解决资源开发与保护景观现状之间的矛盾。其次，要对应保护的现存景观的使用价值进行研究并提出合理利用的途径，包括规划风景名胜区、自然保护区、休闲度假区等。大地景观规划所涉及的相关科学技术除风景园林学外，还需大量丰富的地理学和生态学方面的知识。

图0-1-4-4 美国优诗美地国家公园

图0-1-4-3 美国旧金山金门公园

图0-1-4-5 杭州西湖

0.2 景观艺术与景观艺术学

0.2.1 景观艺术学的研究对象与任务

1）什么是景观艺术

艺术是美学的一种，是人类感情的符号达到美的高度的表现。艺术形态的总谱系如表0-2-1-1所示。①以艺术形象的存在方式为标准：将艺术分为空间艺术、时间艺术、时空艺术、意觉时空艺术四类；②以艺术形象的展求方式为标准：将艺术分为静态艺术、动态艺术两类；③以艺术形象的感知方式为标准：将艺术分为视觉艺术、听觉艺术、视听艺术、想象艺术四大类；④以艺术形象的媒质材料（物质手段）为标准：将艺术分为造型艺术、音响艺术、综合艺术和词的艺术四大类。

艺术性是风景园林的主要属性之一，风景园林学科是要从艺术的角度去研究和处理土地，协调人和自然的关系。景观艺术是一定的社会意识形态和审美理想在景观形式上的反映，它运用山石、水体、植物、建筑及形体、色彩、质感等景观语言构成特定的艺术形象，形成一个更为集中而典型的审美整体以表达时代精神和社会物质的风貌。景观艺术是与建筑艺术并列的实用性造型艺术之一。景观艺术内容涉及景观的审美范畴，作为社会特殊意识形态艺术的各种属性在景观创作中的表现，以及景观艺术的创造方法，包括园林相地立基、规划布局、地貌创作、掇山理水、种植配置、景观建筑以及实现这种艺术创作的景观工程，以及景观立意、选材、构思、造型、形象和意境塑造等。

景观艺术在中国源远流长，其完整的理论体系早在公元1631年就见诸于明代计成所著《园冶》一书。

表0-2-1-1 艺术形态总谱系

<table>
<tr><th>艺术形象的存在方式分类</th><th colspan="4">艺术形象的展求方式分类</th><th>艺术形象的感知方式分类</th><th>艺术形象的媒质材料分类</th></tr>
<tr><td rowspan="4">空间艺术
时间艺术
时空艺术
意觉时空艺术</td><td rowspan="3">静态艺术</td><td rowspan="2">三维空间</td><td>具内在的空间</td><td>建筑艺术，园林景观艺术</td><td rowspan="4">视觉艺术
听觉艺术
视听艺术
想象艺术</td><td rowspan="4">造型艺术
音响艺术
综合艺术
词的艺术</td></tr>
<tr><td>实体空间</td><td>雕塑艺术，纪念碑艺术</td></tr>
<tr><td>二维空间</td><td colspan="2">绘画，书法，篆刻，装饰艺术</td></tr>
<tr><td>动态艺术</td><td colspan="3">音乐艺术；舞蹈，哑剧艺术；戏剧，电影艺术；语言艺术，文学</td></tr>
</table>

2）景观艺术学的构成

景观艺术学是艺术学的一个分支，是将艺术学的研究成果及其一般原理运用到景观的研究而形成的一门学科。艺术学是在19世纪后半叶产生的一门新兴学科。艺术学由美学发展而来，艺术学的上位学科是美学，而美学的上位学科是哲学，艺术学既接受哲学和美学的指导、影响和制约，也具有不同于哲学和美学的独特品格。艺术学由一般艺术学和特殊艺术学构成。一般艺术学由艺术原理、艺术史、艺术批评构成；特殊艺术学由各专门研究某一艺术品类的学科群构成，它们还在多种组合中多层次地分为多种系列相互联系而又自成系统的学科群。

景观艺术学由景观要素、景观艺术原理、景观历史、景观评价等4个部分构成。景观艺术原理即是通常所说的景观艺术理论，主要研究造景的一般规律和基本理论以及景观各要素、各造景环节之间的关系和各个要素、各个环节自身的特有规律，是景观艺术学的核心，是对各种造景活动的共同规律所做出的高度概括的理论结晶。景观历史是历史地、具体地考察景观艺术活动的发生、发展、继承、革新以及历代景观创作大师及其作品的创作轨迹和规律的艺术学，侧重于人类景观艺术活动的纵向研究，从人类景观艺术活动不断发展、变化的过程中开拓未来，是景观艺术学的基础。景观评价是以景观作品为中心推及景观建造活动的所有要素、环节和一定社会历史时期的艺术思潮、艺术运动等成败得失、优劣兴衰进行考察、阐释、评论的艺术学，是景观艺术学最富有生机的部分，是景观艺术活动和景观艺术学发展的动力。

3）景观艺术学的研究对象与任务

艺术学是研究人类艺术活动规律的人文科学。艺术学的研究对象是人类的艺术活动。人类的艺术活动既是历时性、共时性的，又是区域性、独创性的。因此，艺术学的对象既包含了古往今来人类共同的艺术活动，又更面对着本民族、本国，特别是现实的艺术活动。这样，艺术学就必然具有人类性、民族性、历史性、现代性、继承性、发展性等特点。但艺术学非仅限于美感的，艺术学之研究对象不限于美感的价值，而更注重艺术品所包含、表现的各种价值。因此，景观艺术学的研究对象不限于景观的美感价值，而更注重景观所包含、表现的各种价值。

景观艺术学三个组成部分的对象领域都是景观艺术活动。景观艺术原理来自于景观艺术实践，是对景观艺术活动的理论概括，并以景观历史和景观评价为依托，一方面不断从景观艺术活动历史发展中和新形势下的艺术活动中发现新的真理，另一方面不断从景观历史研究的新成果和景观评价的新见解中吸收营养，不断地丰富与发展自己。景观艺术原理是极具活力的，永远处于动态的发展之中。景观历史以艺术原理为指导，必须上升到艺术原理，还不断从景观评价中吸纳新成果，既不是历史上景观艺术现象的罗列，也不是各景观艺术类别的静态介绍，倒好像是历史性的系统的艺术批评，是具有历史深度的宏观评述和鞭辟入里的微观论述的高度统一。景观评价不仅以艺术原理为指导思想，还应从景观评价中丰富和发展艺术原理，不仅以景观历史为参照、依据，还直接对景观历史开展艺术批评，并从现实的景观艺术活动的批评中不断完善和延伸景观历史。景观艺术原理、景观历史和景观评价构成了景观艺术学的三个各自独立而又相互联系的分支学科。它们的专有对象范畴又都包含了历时性和共时性因素，既有纵向的发展，又有横向的联系，都贯穿着时代精神和人格力量。

景观艺术学是风景园林学系统的一个重要组成部分，属于风景园林专业的一门主干课程。通过这门课的学习，首先主要了解景观的基本物质要素与艺术要素；其次，系统地掌握古今中外景观创作的艺术理论和景观艺术的创作手法，了解如何把古今中外的景观艺术原则和创作技法运用到具体的景观艺术创作中；第三，系统了解景观分析与评价的理论与方法。

0.2.2 景观艺术及其学科的新追求

人、自然与科技因素的融合是现代景观发展的必然趋势，人类的物质文化生活依赖于科学和艺术，科学与艺术是人们赖以生存的两翼，缺一不可。人类活动之初科学与艺术就紧密相联，随着人类文明的发展，科学与艺术越来越相互渗透结合，推动了科学、艺术乃至整个社会文化的繁荣与发展。因此，现代景观艺术理应利用好传统的文化与技术，并与现代科学技术、文化艺术相结合做出新的、更大的贡献。因为，只有具有文化、技术内涵的景观才拥有真正的生命力，只有文化上的归属感才能真正给人精神上的慰藉。

景观与园林艺术的研究可以追溯到古埃及、古希腊、古罗马，中国自商周起也有这方面的论著与实践。进入21世纪，经济、社会、文化已呈多元化的态势，人们的时空观、价值观、审美观发生了根本的变化，景观艺术的研究不仅需要多学科、多专业的综合协作，公众也作为创作的主体而参与到景观的创造中。因此，进入21世纪，景观艺术创作具有跨学科的综合性和公众参与性的特点，从而建立了相应的方法学、技术学和价值观的体系。景观艺术学的发展趋势包括以下四个方面：

1）景观艺术走向多元化

纵观西方艺术美学发展的历程，景观的艺术问题一直以来都与美学领域的其他艺术门类并存，并不断受到艺术美学观念变革的影响。现代艺术运动开始以前，艺术美学的发展史，从一定意义上来说，就是其自身不断探求事物所具有的美学普适性原则的历史。

景观之美的探索也是这样。从历史角度来看，所有对景观之美的标准或规律的探索都有其历史的局限性，每一种美学追求都不见得比其他追求更为高尚。几乎每一个人类景观活动的主要历史阶段都有自己的一个主要美学标准，其后的时代也无法完全抹去以前美学追求的痕迹，每一个美学策略都有其可取的价值存在。这恰好与当代艺术所具有的多元化审美评价相同。因此，当代景观艺术除了借鉴以往的美学经验以外，还综合了现代主义完善的功能关怀，吸收了前卫艺术的表现语言，朝着一个更为宽泛的、更具多元化的美学评价标准发展。

2）基于可持续性的生态科学之美

早期的景观艺术，如同传统园林一样，为美学主题所统治。如城市美化运动试图改变工业革命以来城市环境杂乱和肮脏的形象，其描绘的环境危害也首先是美学上的，所给出的强调通过清洁、粉饰、修补来创造城市之美的解决方法和途径也是近乎唯美的。在当时人们的景观观念中，保护和实现生态平衡是以美学和实用的目标为指向的，生态学理论往往作为形式美的附属物而显得可有可无。现代主义者继承了早期景观艺术学对美学问题的关注，同时，为实现现代主义所向往的社会主义理想而呈现出更多的关注社会问题的趋向，注重景观艺术的经济性和功能美。因此，现代主义景观艺术理论同样未能自发地对生态问题产生足够的敏感。

20世纪60～80年代，随着人类环境意识的觉醒和现代生态科学的兴起，相当数量的景观设计师以环境保护者的身份加入到景观生态设计的理论和实践中，生态学的某些理论和原则使景观设计师如获至宝，并提出了一些至今看来都不过时的理论和方法。如麦克哈格所著的《设计结合自然》一书便是当时论述景观生态设计方法的一部名著，书中特别强调了以生物因子分层分析的地图叠加技术为核心的千层饼模式，开创了基于“生态中心论”的景观设计方法。20世纪80年代以后，随着传统生态学遭到越来越多的质疑以及人们对环境保护和社会发展问题的深入思考，一种保护环境的新的伦理思想开始出现，也即“可持续发展”的思想。景观艺术学也转而向这种席卷世界的思潮汲取营养。可持续性景观生态设计要求人为的干扰力量应不超过环境的承载力，同时应提供有助于环境自我恢复的“再生设计”。琼·纳赛尔在她名为《凌乱的生态系统，有序的结构》的文章中对遵循可持续设计模式的景观进行解释指出，一个表面上“不整洁的”景观是一个更大的“秩序化结构”的一部分，景观看上去“杂乱无章”，其实是其生态规律的必然选择。这显然对西方传统景观审美构成了挑战。

也正是这种源于生态的新美学探索引发了景观艺术学的当代发展，新的景观美的形式与生态功能真正开始全面融合。在这样一种最大限度地借助于自然本身活动的景观创作中，自然的生态过程得以适当的显露，从而引导人们体验自然元素、生态现象以及自然过程中的美，将生态过程的变化、规律与艺术和美的表达、再现之间的差别弥合起来。

3）景观人性化、社会化的伦理之美

中国和欧洲作为世界园林的两个主要发源地，其传统园林的服务对象都是面向少数人的。在中国，宋、明以来的古典园林是在士大夫阶层和集权制度之间起调节和平衡作用的隐逸文化的产物，士大夫阶层归隐在自然野趣的“壶中”之地中完善其人格价值的渴望是这一时期园林产生和发展的社会基础。而在西方古典园林中，景观则是统治阶级炫耀财富和权势的结果。不同的社会基础与社会需求催生了这两种内涵和风格完全不同的精英式景观。20世纪早期开始的现代主义运动确立了景观艺术的功能美，使景观艺术学从纯美学转向了实用与美的融合之外，还对培育景观艺术学的社会意识、伦理意识产生了不小的影响。然而，现代主义最终作为一种国际主义风格而存在，使自己也走上了“自上而下”的创作道路，忽视了使用者精神方面的真正需求，其对理性和社会使命的极端强调也成为试图“拯救众生”的另一种精英主义。后现代主义及以后的一些景观在继承和修正了现代主义追求理性、功能等理念之外，还继承了现代主义追求民主的优秀内涵，承认多元性社会不同群体及其多元价值观念的存在，而不再像现代主义那样声称自己已经发现了一套普遍的价值规律。因此，在当今多元化的社会语境中，有社会责任感的景观设计师便开始寻找平衡社会多方面利益的方法，进行了诸如公众参与等的有益尝试。由此，景观艺术学也逐渐新增了社会学层面的价值评判内容。

4）景观艺术的综合评价

视觉美、生态效益与社会效益是景观艺术的三大目标，无论使用一种抑或两种作为景观艺术评价标准都是有失偏颇的，三方面都达到完美是景观实践的最终目标。一个完美的景观作品并非是以上三种价值的均等体现，相反，现实中任何一种景观的价值是不同的，其价值评判标准也是有所侧重的，项目性质往往决定了各评价标准的重要程度。如居住区外部环境可能是以社会交往、邻里沟通等社会因素为主要评价标准，而城市公园则可能是以视觉美和生态效应为主要评价标准的。因此，针对不同对象，景观艺术的评价标准应有所侧重，在综合平衡考虑以上三者的基础上作出科学评价将是未来景观艺术评价的追求。

1 景观物质要素及其特征

景观，人类理想与历史的书，最终呈现在人们面前的是一种整体的效果，这种整体的效果是通过景观要素的不同组合而实现的，正如“汇词成句、集句成章”。词汇是文章的基础，景观语言中的词汇即景观要素，其基本名词是土与地形、山石、水体、植物、动物和人工构筑物等，即景观物质要素；其形容词和状语是形态、色彩、线条和质地等，即景观艺术要素。

景观要素是景观设计的基础，景观设计就是利用地形、植物、水体等自然要素和建筑、道路、景观小品等人工要素作为物质要素，将之抽象为形态、色彩、质地等艺术要素，并进行有机的组合，构成一定特点的景观形式，形成能表达一定主题思想的景观作品。本章主要讨论景观的物质要素。

1.1 地形

土地是人类的生存之本，人类的所有活动与土地之间有着密切的关系，人类对土地有一种信赖感。“地形”是土地的一种外观形态，是“地貌”的近义词，指地球表面三维空间的起伏变化，简言之，地形就是地表的外观。“景观”和“地表”一词互为联系，《韦伯大学字典》中将“景观”定义为：地球的表面以及它所有的资源。一定程度上，“景观”可解释为关于地形的艺术或科学。

1.1.1 地形的类型与特征

从自然地理宏观的层面来划分，地形有山地、丘陵与平原三类。大尺度景观的地形有山谷、高山、峰峦、丘陵以及平原等多种类型，一般称之为“大地形”；小尺度景观的地形包含有土丘、台地、斜坡、平地或因台阶和坡道所引起的水平面变化的地形，一般称之为“小地形”；微微起伏的沙丘，水波纹、道路场地上石头或石块的不同质地的变化，是起伏最小的地形，称之为“微地形”。

地形可通过规模、特征、坡度、地质构造以及形态来进行分类。对于景观设计而言，地形的形态是涉及土地的视觉和功能特征最重要的因素之一。按形态分类，地形通常包括：平地、凸地、山脊、凹地以及山谷。在自然界，这些地形类型并不独立存在，总是彼此相连、相互融合的（见图1-1-1-1）。

图1-1-1-1 起伏曲折的地形

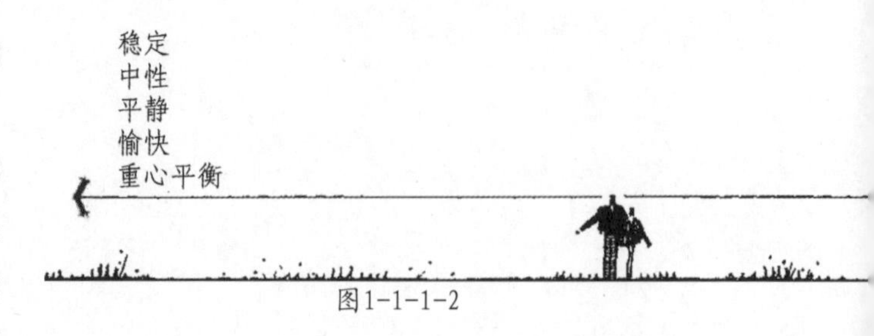

图1-1-1-2

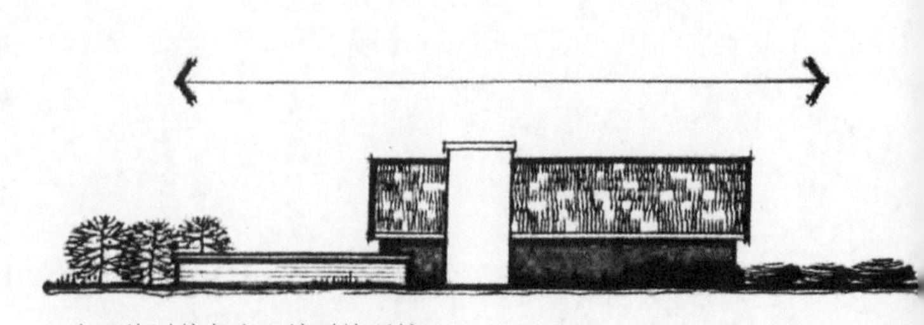

水平的形状与水平地形协调性

图1-1-1-3

1）平坦地形

平坦地形简称“平地”，指在视觉上与水平面相平行的土地基面，如平坦草地、广场等。但在设计中，因需要考虑适当的排水坡度，这种完全水平的地形统一体是不存在的。

平坦地形是所有地形中最简明、最稳定的地形，具有静态、隐定、中性的特征，给人一种舒适和踏实的感觉(见图1-1-1-2)。平坦地形属外向空间，视野开阔，可多向组织空间，可随意安排道路；较容易组织排水，但景观易显单一。

平坦地形视野开阔，有助于构成统一协调感。如图1-1-1-3所示的“草原房屋”的建筑形式就是赖特利用强烈而有力的水平线及建筑造型，直接反映出伊利诺伊州、爱达华州以及威斯康星州的平原景观。

同时，任何一种垂直型的元素，在平坦的地形上都会成为视觉焦点（见图1-1-1-4）。比如，地势平坦的法国凡赛宫苑是最具魅力的视觉连接体，在空间上缺少第三维，但微小的地形变化如下沉、局部抬高等做法都可有效的丰富景观效果。同时，苑内的别墅就具有强烈视觉冲击力。因此，设计中要充分利用微小的地形变化来改善平地景观的单调感，例如利用树木和建筑物来强化平坦场地的起伏变化（见图1-1-1-5）。

平坦地形可多向组织空间，布置于平坦地形上的设计元素具有延伸和多向的特征，设计具有更多的选择性。例如，不具有特定方向性的抽象几何体、水晶体造型的结构物适宜布置在平坦场地上（见图1-1-1-6）。

图1-1-1-4

图1-1-1-5

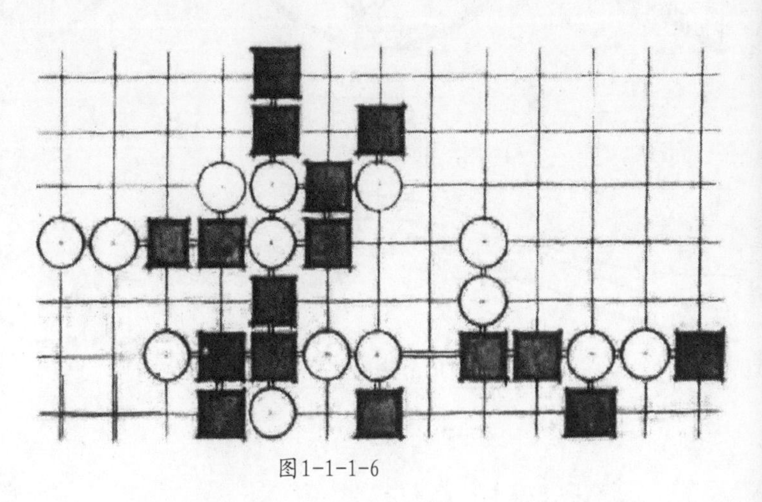

图1-1-1-6

2）凸地形

凸地形的表现形式有土丘、丘陵、山峦等。凸状地形高于周围环境，视线开阔，具有360度全方位景观视野；凸地形具有外向延伸性，空间呈发散状，既是观景之地，又是造景之地。凸地形是一种正向实体，同时也是一种负空间（见图1-1-1-7）。

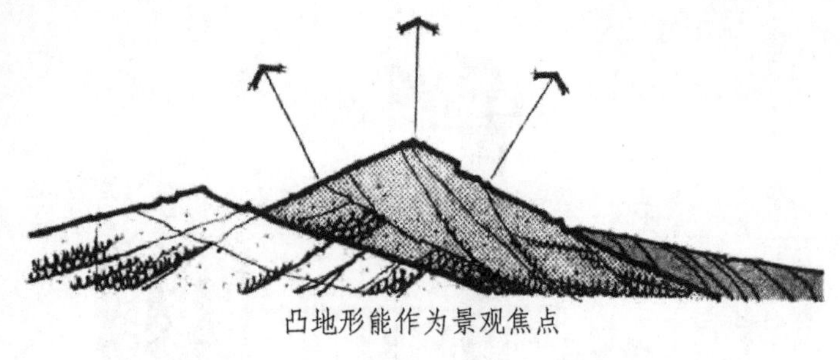

图1-1-1-7

凸地形是一种具有动态感和行进感的地形。凸地形的顶部具有控制性，适宜设置标志物，作为景观焦点（见图1-1-1-8）。凸地形顶部视线开阔，视野具有外向性，适合布置瞭望塔和观景台，可监控区域的安全、俯视区域的美景（见图1-1-1-9）。凸状地形组织排水方便，但道路组织困难。凸地形可建立空间范围的边界，两个凸地形可创造一个凹地形，凸地形较高的顶部和陡峭的坡面强烈限制着空间（见图1-1-1-10）。

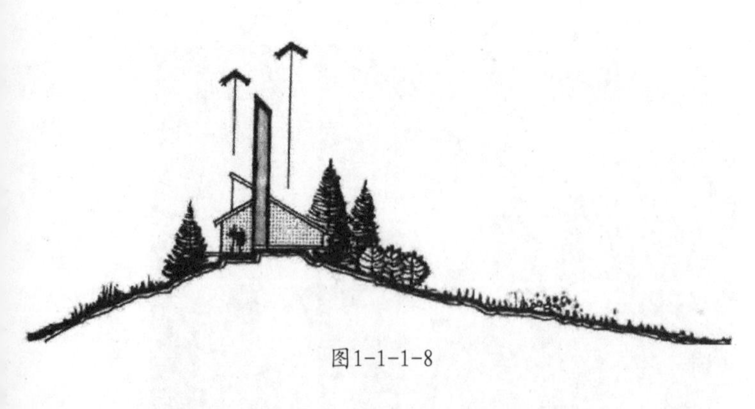

图1-1-1-8

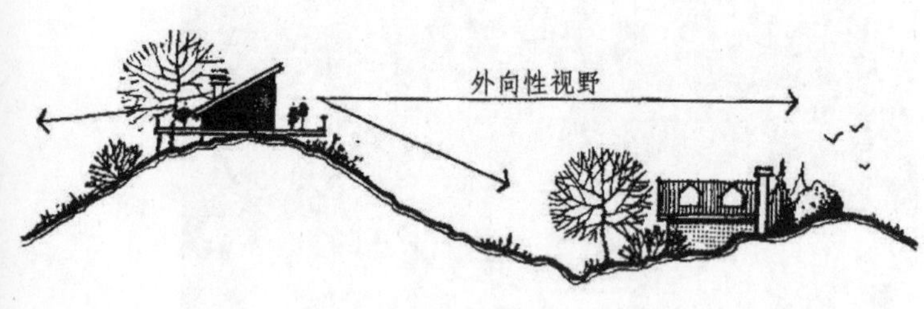

图1-1-1-9

凸地形由于坡度和坡向不同，光照和风向具有显著的变化：南及东南向的坡面，在大陆温带气候带内，冬季可受到阳光的直射，是理想的活动场所；北坡则气候寒冷，不适合设置活动场地。同时，凸地形可用来适当改变风向（见图1-1-1-11）。峰、顶、峦等凸状地形具有“高耸峻立”的审美特征。自然界的真山如杭州西湖的“双峰插云”、“葛岭”，就是凸状地形的典型。

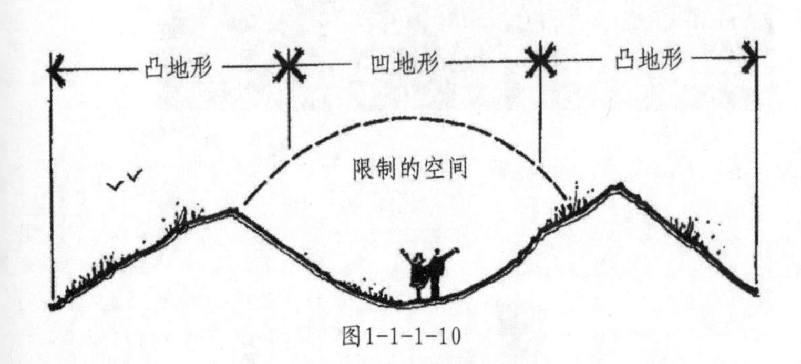

图1-1-1-10

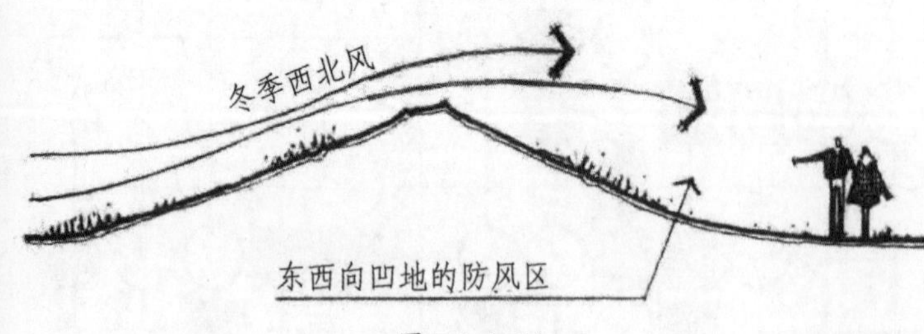

图1-1-1-11

3）山脊

山脊与岭总体上呈线状，与凸地形相似，脊地可限定空间边缘，调节小气候。山脊的独特之处，在于它的导向性和动势。

山脊具有吸引视线并沿其长度引导视线的能力，山脊的脊线和脊线终点是很好的视点，具有外向的视野，能向外观赏周围的景观，景观面丰富。因此也能成为理想的观景点（见图1-1-1-12）。

沿着脊线行走是最方便的，若垂直脊线运动，行走就非常艰难；同时山脊是道路、停车场与建筑物布置的理想场所（见图1-1-1-13）。山脊易于排水，脊线的作用就像一个“分水岭”（见图1-1-1-14），落在脊地两侧的雨水，将各自流到不同的排水区域。

4）凹地形

凹地形比周围环境的地势低，是一种呈碗状洼地的空间虚体，360度全封闭，有内向性和保护感、隔离感，属于静态、隐蔽的空间。视线较封闭，空间呈积聚性，既可观景，又可布景。易形成孤立感和私密感，凹地形的空间具有“低落幽曲”之美（见图1-1-1-15）。

平坦的底面被挖掘或两个凸地形组合在一起时，可形成凹地形（见图1-1-1-10）。凹地形的封闭程度取决于凹地的绝对标高、脊线范围、坡面角、坡地上的树木和建筑高度等因素。

5）谷地

谷地与凹地形相似，具有虚空间的特征，能作为建设用地；谷地与脊地也有相似之处，也呈线状、具有方向性。谷地与凹地形一样具有“低落幽曲”之美。

谷地属于生态和水文较敏感的区域，它常伴有小溪、河流以及相应的泛滥区，同样，谷地底层的土地肥沃，因而它也是一个产量极高的农作物区。谷地理想的开发模式是作为农业、娱乐或资源保护用地。

中国古典园林中规模最大的峡谷（真山实峪）在承德避暑山庄山岳区，包括：松云峡、梨树峡、松林峪、榛子峪、西峪等气势磅礴的山峪林壑景观；最成功的人造山谷是苏州环秀山庄的假山（见图1-2-2-1）。

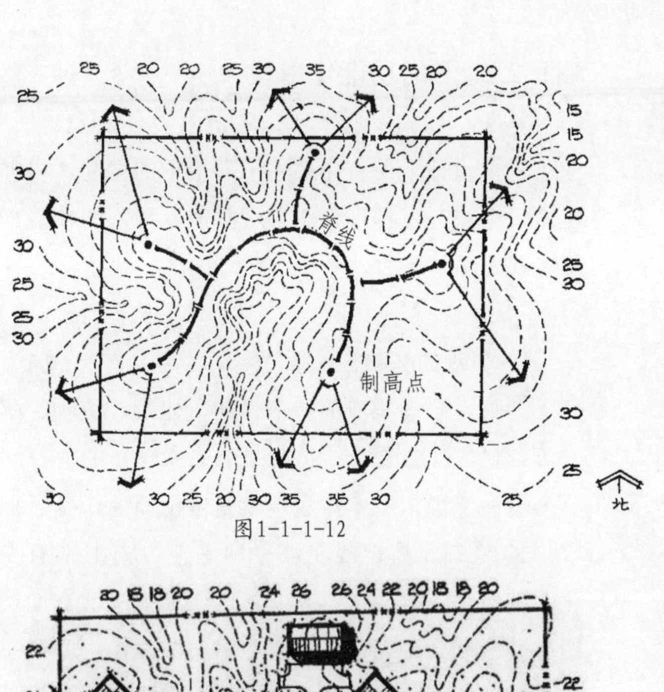

图1-1-1-12

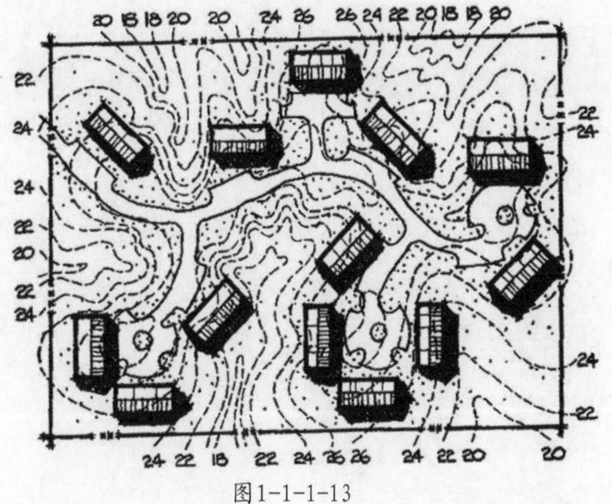

图1-1-1-13

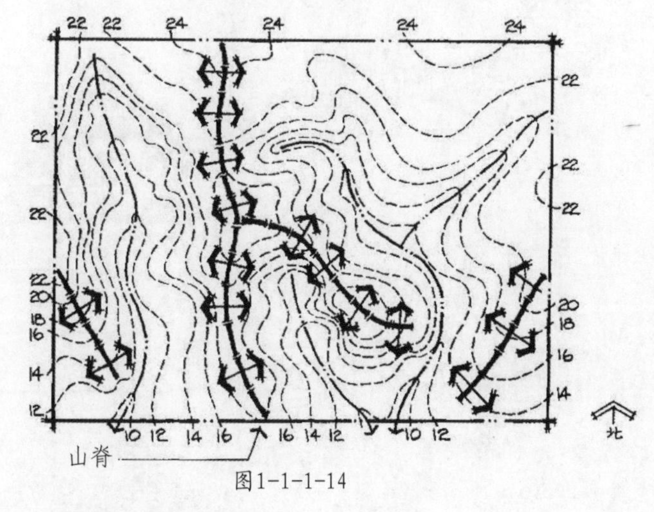

图1-1-1-14

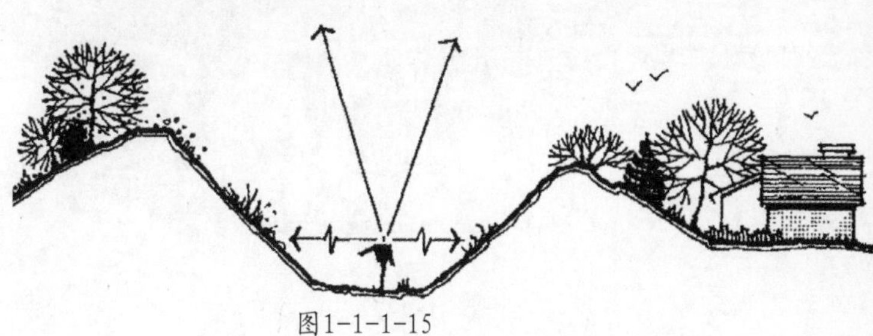

图1-1-1-15

1.1.2 地形的功能作用

地形设计之前首先必须了解地形的功能，以便在造景中充分发挥地形的景观功能，地形的功能作用主要表现如下：

1）景观的基础与骨架

地形是景观构成的基本骨架，建筑、植物、落水等景观常以地形为依托（见图1-1-2-1）。

北海濠濮涧的一组建筑就是依山而建，并且曲尺形的爬山廊使视线在水平和垂直方向上都有变化。整组建筑若随山形高低错落，则能丰富立面构图。若借助于地形的高差建造瀑布或跌水，则具有自然感（见图1-1-2-2）。意大利台地园就是利用地势的变化，使水由高至低，分别呈水瀑，水梯，在园的下部利用压力形成喷泉，在最底层汇聚为水池（见图1-1-2-3）。

总之，地形是其他景观要素布局和使用功能布局的基础，参见（6.2）。

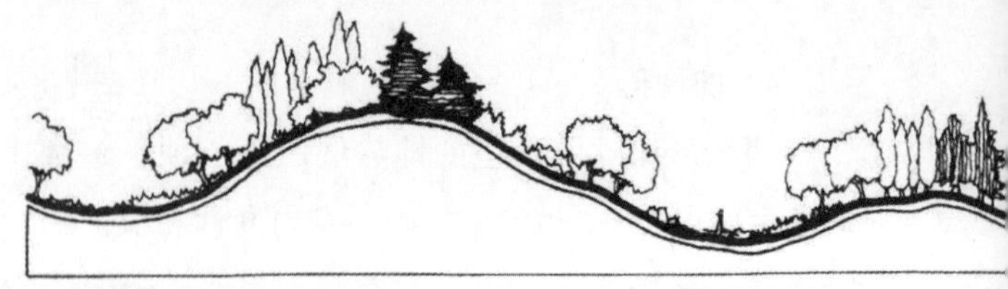

a) 地形作为植物景观的依托，地形的起伏加强了林冠线的变化

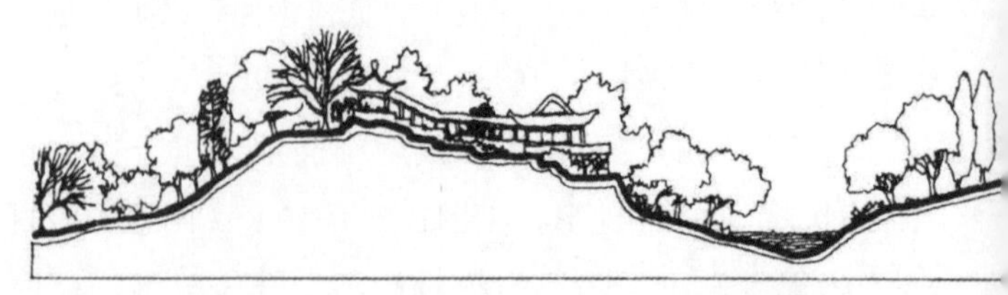

b) 地形作为园林建筑的依托，能形成起伏跌宕的建筑立面变化

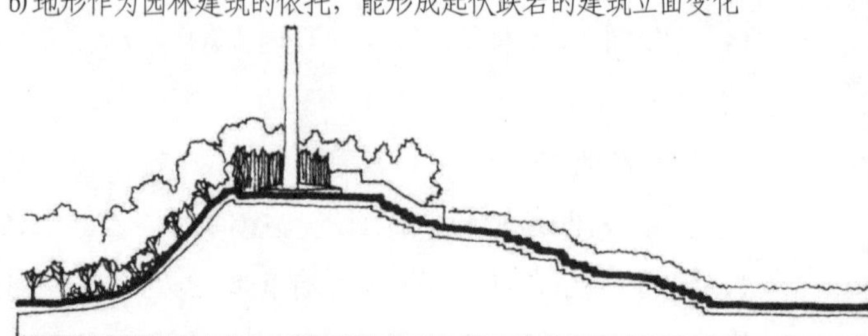

c) 地形作为纪念性园林气氛渲染的手段

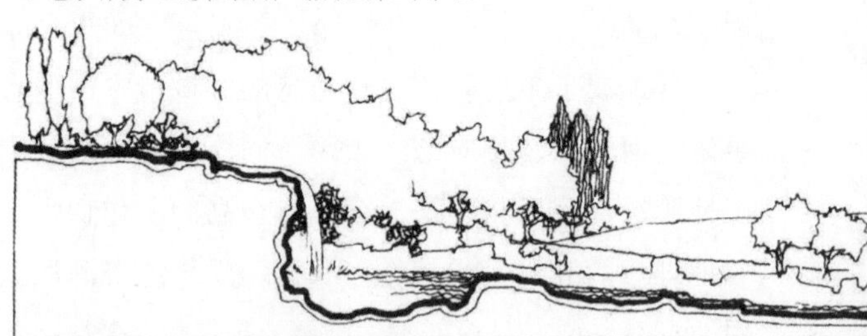

d) 地形作为瀑布山涧等水景的依托

图1-1-2-1

立面

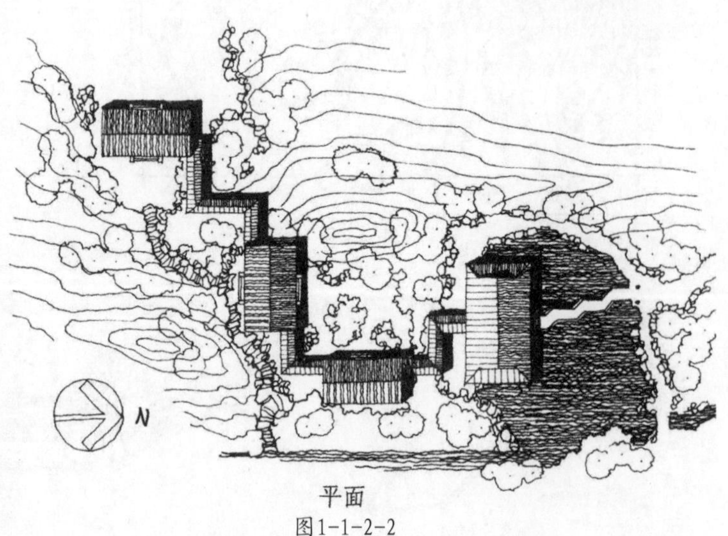

平面

图1-1-2-2

图1-1-2-3

2）分隔空间

地形具有分隔和限定外部空间的作用。利用地形塑造空间可通过以下途径：对原基址进行挖方形成凹地形；填方形成凸地形；改变景观平台、水平面等的标高。

谷底面范围、斜坡的坡度、地平轮廓线等三个地形可变因素影响着空间感（见图1-1-2-4）。谷底面范围是指空间的底部或基础平面，它通常表示“可使用”范围。它可能是明显平坦的地面，或是微微起伏的，并呈现为边坡的一个部分。一般来讲，一个空间的底面范围越大，可使用空间也就越大。斜坡坡面在外部空间中是一道墙体，担负着垂直平面的功能。斜坡坡度越陡，空间的轮廓线越显著。地平轮廓线是指地形可视高度与天空之间的边缘，又被称为斜坡的上层边缘或空间边缘。地平轮廓线和观察者的相对位置、高度和距离都可影响空间的视野，以及可观察到的空间界限。在这些界限内的可视区域，往往就叫做“视野图”（见图1-1-2-5），空间因观察者及地平线的位置而出现扩大或收缩感（见图1-1-2-6）。

以上三种变化因素在封闭空间中都同时起作用。在任何一个限定空间内，其封闭程度依赖于视野区域的大小、坡度和天际线。当谷底面积、坡度和天际线三个可变因素的比例到达或超过1：1（垂直视角为45度），则视域达到完全封闭（见图1-1-2-7），而当三个可变因素所构成的垂直视角小于18度时，便失去了封闭感（详见4.2.1）。

一般说来，2:1是堆土自然坡度的最大极限，同时，必须覆盖地被植物或其他植物，以防止水土流失。陡于2:1的斜坡，必须设置由硬质材料构成的挡土设施。

地形除能限制空间外，还能影响一个空间的气氛。平坦、起伏平缓的地形能给人以美的享受和轻松感，而陡峭、崎岖的地形极易在一个空间中造成兴奋和恣纵的感受（见图1-1-2-8）。

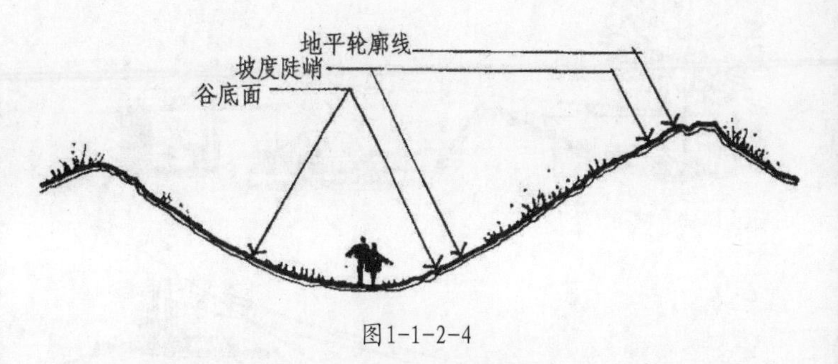

图1-1-2-4

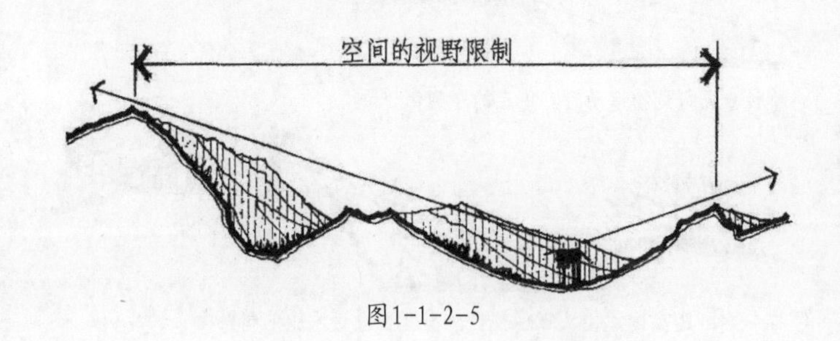

图1-1-2-5

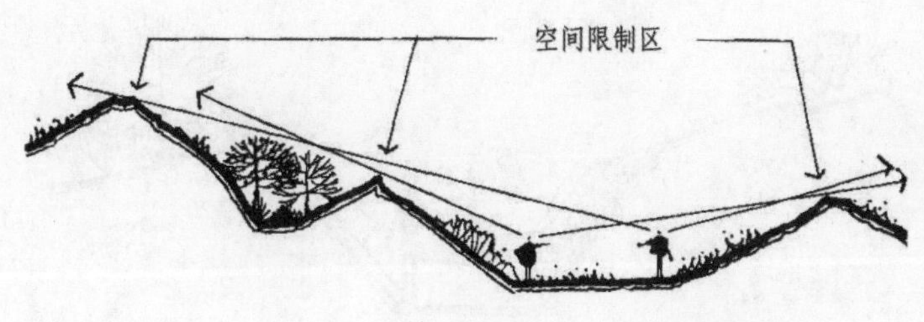

图1-1-2-6

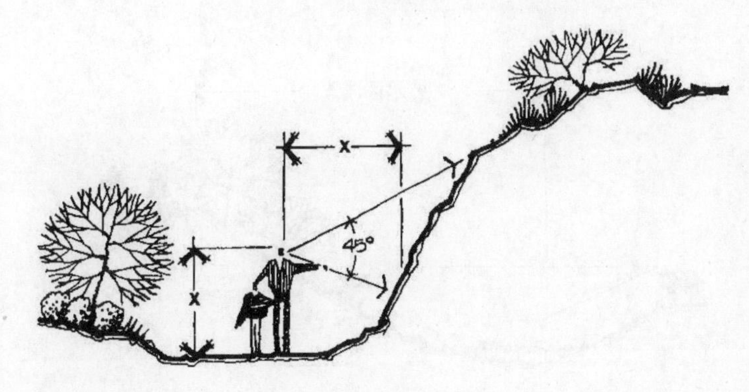

图1-1-2-7

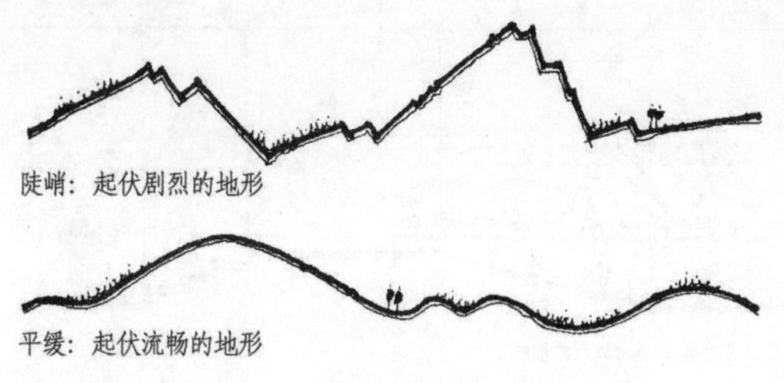
陡峭：起伏剧烈的地形

平缓：起伏流畅的地形

图1-1-2-8

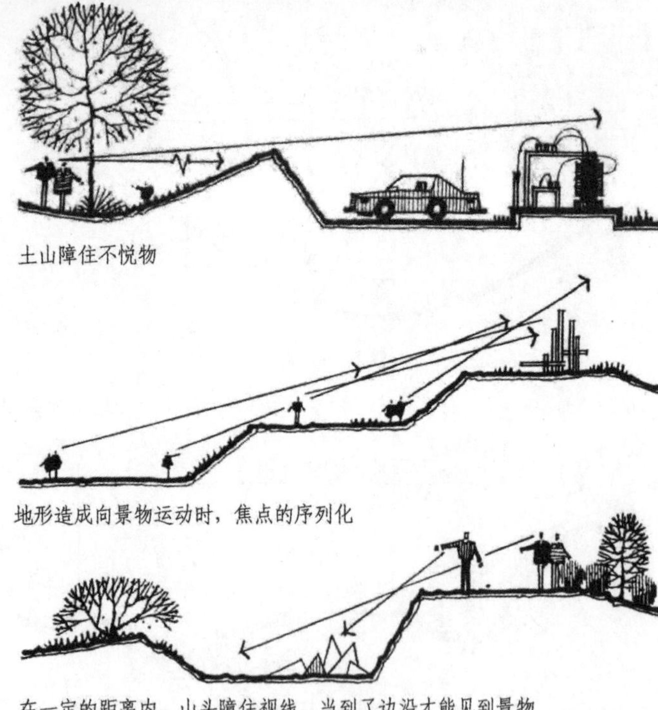

图1-1-2-9

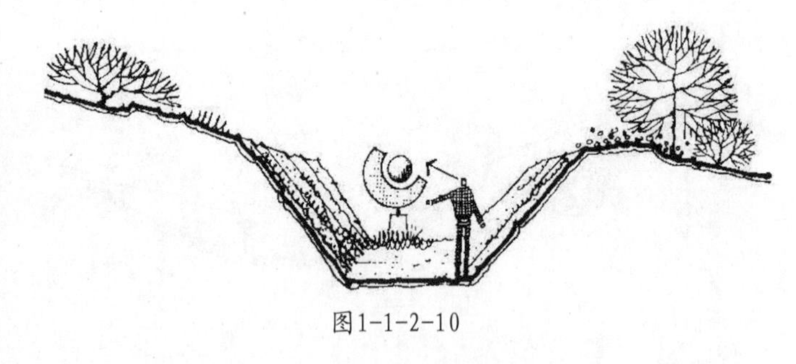

图1-1-2-10

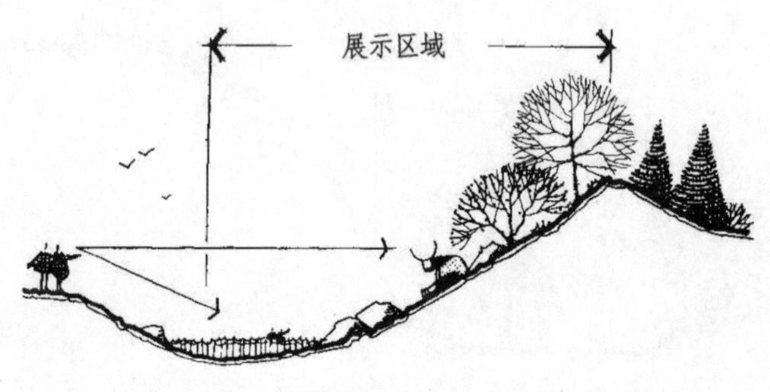

图1-1-2-11

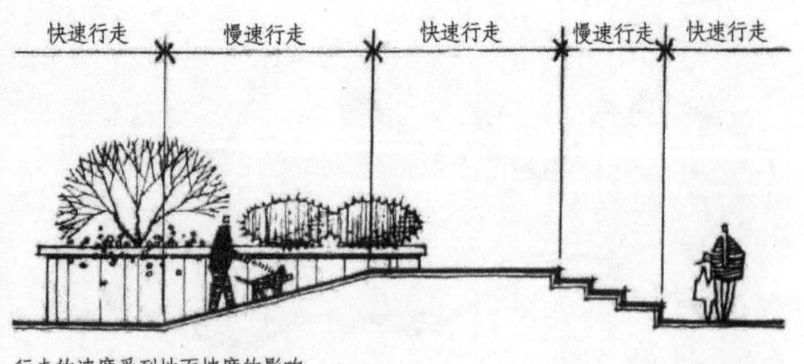

图1-1-2-12

3）控制视线

地形的起伏不仅丰富了景观，而且还创造了不同的视线条件，形成不同特性的空间。与空间限制相关的是视野限制。在垂直面上，地形可影响可视目标和可视程度，可构成引人注目的透视线和景观序列或“景观的层次”，或彻底屏障不悦目因素（见图1-1-2-9）。在英国自然风景园中，威廉·肯特（William Kent）设计的“哈哈墙”将草地一分为二，以防止羊和其他动物走到人活动的草坪上。这个“哈哈墙”其实是一个横穿草地广场、带台阶的沟和墙，从远处高地势的建筑方向望过去，台阶是从高往低，所以看到的是一片连贯而没有间断的草坪式风格的景观，等走近一看，才发现这个沟，而动物都过不去，于是大家不免“哈哈”一笑，故而命名“哈哈墙”。

为了能在环境中使视线停留在某一特殊焦点上，可在视线的一侧或两侧将地形增高，封锁了任何分散的视线，从而使视线集中到景物上（见图1-1-2-10）。地形也可被用来“强调”或“展现”一个特殊目标或景物(见图1-1-2-11)。

4）利于排水

未渗透、或未蒸发的雨水都会成为地表径流。而径流量、径流方向，以及径流速度都与地形有关。一般而言，地面越陡、径流量越大，则流速越快，也易引起水土流失。而几乎没有坡度的地面，又会因排水不畅而易积水。因此，调节地表排水和引导水流方向是景观地形设计的重要部分。

5）影响游览路线和速度

地形在景观中，可影响行人和车辆运行的方向、速度和节奏。在平坦的土地上，人们的步伐省力而稳健持续。随着地面坡度的增加，行走就越发困难，时间相应延长，中途的停顿休息也就逐渐增多（见图1-1-2-12）。

6）改善小气候

地形通过影响光照、风向以及降雨量等，在景观中可用于改善小气候。

从采光方面来讲，为了使某一区域能够受到冬季阳光的直射，并使该区湿度升高，应使用朝南的坡向，因为朝北的坡向在冬季几乎得不到日照（见图1-1-2-13）。而在夏季，所有方位的坡度都可受到不同程度的日照，其中西坡所受辐射最强，这主要因为它直接暴晒于午后的太阳下（见图1-1-2-14）。从日照的角度而言，以上的分析说明了大陆性温带地区主要坡度方位的总特征和可取性。地形的正确使用可形成充分采光聚热的南向地势，从而使各空间在一年中的大部分时间，都保持温暖而宜人的状态。

从风的角度来说，凸地形、山脊等，可用来阻挡冬季寒风（见图1-1-1-10）。为了防风，土壤必须堆积在场所中面向冬季寒风的一侧。反过来，地形也可用来引导夏季风。夏季风可以被引导穿过两高地之间形成的谷地或洼池和马鞍形的空间（见图1-1-2-15）。

在大陆性温带地区，西北坡在冬季完全暴露在寒风中，而东南向坡在冬季几乎不受风的吹袭（见图1-1-2-16）。在整个夏季，西南向坡常受凉爽的西南风的吹拂。

总之，大陆性温带地区的东南坡向由于不受冬季风的侵袭，而受益于夏季微风的吹拂，冬季太阳的辐射和间接受到夏季午后太阳的光照的原因，而成为最受欢迎的开发地段。坡向对小气候的影响还进一步得到自然和人工因素条件的证实。约翰•O•西蒙兹在他的《景观设计学》的前言中提及：一位猎人告诉一个小孩，居住在北达科他州的金花鼠，其洞穴都选择在东南坡上，目的是为了充分利用日照和风向。《形态功能和设计》一书的作者保尔•J•格雷诺也曾提到，位于河流和湖泊边南面和东南坡向上的村镇，其变化发展远比位于西和北坡上的村庄和城市更显著。

中国传统的理想环境模式是指“背山面水，左右围护”的风水宝地，城镇或建筑北有高山为屏障；左右有低岭岗阜“青龙”、“白虎”环抱围护，南有池塘或河流婉转经过，水前又有远山近丘的朝岸对景呼应（见图1-1-2-17）。

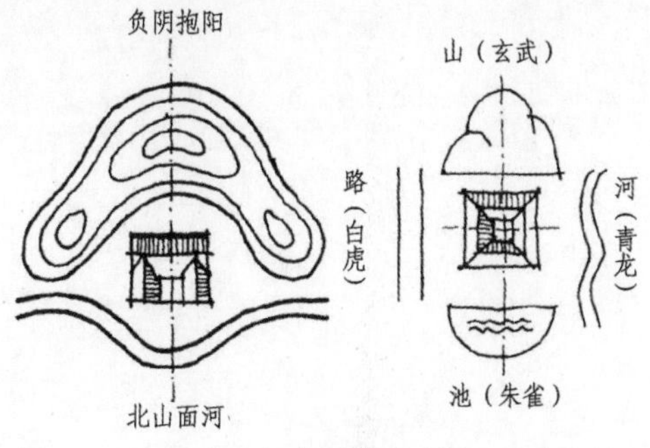

图1-1-2-17 约定俗成的择地模式-风水宝地

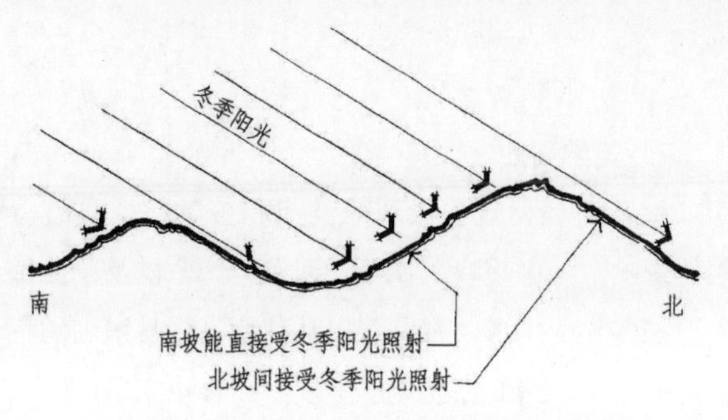

图1-1-2-13 受冬季阳光照射的坡向效果

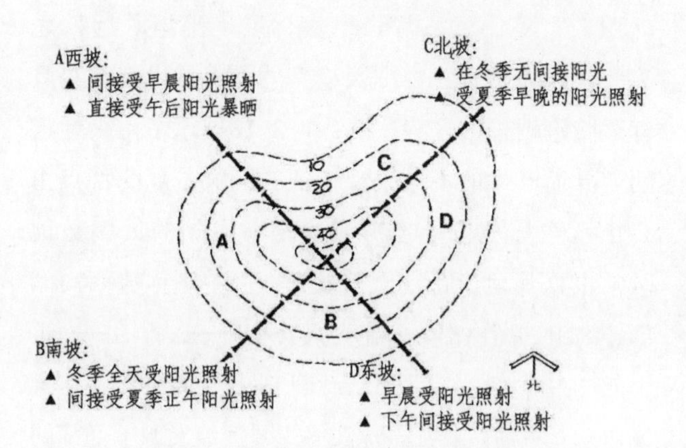

图1-1-2-14 不同坡向受光照的效果

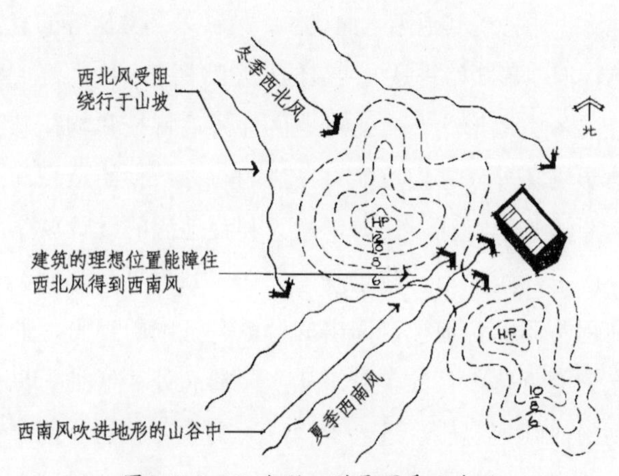

图1-1-2-15 地形可引导夏季西南风

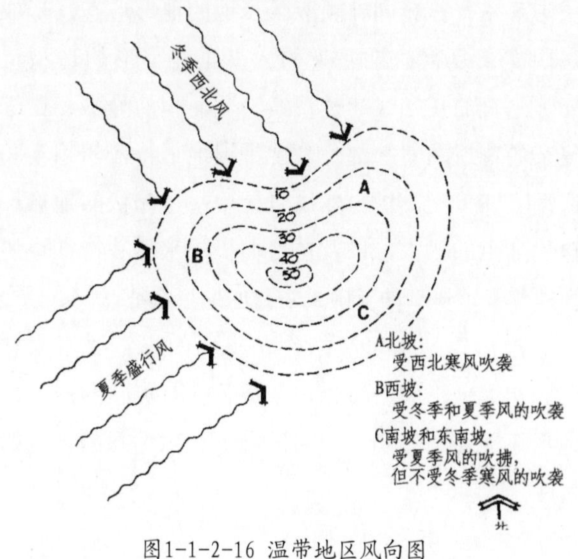

图1-1-2-16 温带地区风向图

7）美学功能

地形对任何规模景观的韵律和美学特征有着直接的影响。崇山峻岭、丘陵、河谷、平原以及草原都是形态各异的地形，都有着自身独特、极易识别的特征。峰、顶、峦等凸状地形呈现“高耸峻立”，“艰难之美”；凹地形、谷、壑、涧、溪等呈现“低落幽曲”之美；坡、垅、阜等体现“平坦旷远”之美；洞府等具有“中虚深邃”之美；悬崖峭壁等具有“陡险峭拔”之美。图1-1-2-18展示了由于地形的差异而产生的不同景观特征。区域景观的特点主要由占主导地位的地形所决定。中国的大多数地区常根据其地形特征而得以识别，中国地势西高东低，高山、高原都分布在大兴安岭——太行山——巫山——雪峰山一线以西，丘陵和平原主要分布在这一线以东。黄河、长江、珠江等主要河流发源于西部的高原与山区，顺着地势的倾斜，东流入海。虽然上述地区也同样受其他因素如气候、植被以及文化等的影响，但地形却始终是最明显的视觉特征之一。

图1-1-2-18a“平坦旷远”的草坡

图1-1-2-18b“高耸峻立”的山峰

图1-1-2-18c“低落幽曲”的溪涧

各类地形除了上述对地区性景观特征和韵律感的影响之外，它们还能直接影响与之共存的造型和构图的美学特征。比如，意大利台地园的设计就是顺应了丘陵地形，将景观建立在一系列界限分明、高程不同的台地上，高出的台地有开阔的视野，能充分的收览山谷的美景。从庄园的高处往低处所见到的清晰景观层次进一步构成了引人入胜的画面。与此同时，跌水的使用又展示了斜坡的动态景观。法国凡尔赛宫苑同样顺应了当地的地形形态，形成法国文艺复兴时期坚硬的、人工几何形的造型特征。笔直的长轴线和透视线、大面积的静水、错综复杂的花坛图案等都是表现平坦地形特征的因素和造型。18世纪英国自然风景园中平缓起伏的地形、自然丛生的树木，以及自然曲折的水体等特征也清晰地体现了典型的英国式乡村的地形特征。

最后，地形可被当作是重要的视觉要素来使用。构成地形的土壤能被塑成各种有美感的形状；地形还能在阳光和气候的影响下产生不同的视觉的效应。

1.2 山石

在中国古典园林里，石是园之“骨”，也是山之“骨”。它既是山的组成部分，又可独立作为山的象征，一片石可以视为一座山峰。中国有着悠久的石文化史，缘自中国古人对山岳的崇拜。早在春秋时期就有“台”，秦汉的“一池三山”模式的影响深远，南北朝山水画的出现与发展，使人们对山的感情由写实走向写意的过程。而“片石生情”、“智者乐山”，则表现出人们对山的感情发展到新的境界。

1.2.1 石材的选型

堆山置石首先要精选石材。石材的品种类型应与景点的性质内涵相吻合，同时还应符合选石的审美标准。早在唐代，著名诗人白居易在《太湖石记》中对选石的审美标准已有系统论述。他认为“石有大小，其数四等，以甲乙丙丁品散。每品有上中下，各刻于石阳，曰：牛氏石甲之上，丙三中、乙之下”。概而述之，景观选石的美学标准：一是造型和轮廓；二是质感与色泽；三是肌理与脉络；四是尺度比例和体量。

景观用石有天然石与人工石两类，常用天然石材包括：湖石、黄石、英石、斧劈石、石笋石、千层石等；人造石材包括：塑石、玻璃纤维人造石与GRC塑石等。

1）湖石类——石灰岩、砂积岩

湖石多为石灰岩或砂积岩（见图1-2-1-1）。湖石体态婀娜，玲珑通透，为园林叠山之首选，太湖石用于造园已有上千年的历史。因产地不同而有南太湖和北太湖之分。湖石中之上品为产于太湖洞庭山消夏湾的太湖石。

太湖石性坚而润泽，纹理纵横，起伏多变，最具特色的是由溶蚀和风浪冲击而成的透空涡洞和凹坑，犹如枪击弹穿，故名“弹子窝”，太湖石的皴皱，披麻皴和解索皴盖源于此。所谓“瘦、透、漏、皱”的品石标准也主要是针对太湖石。

从石的形态而言。白居易称湖石为石峰之甲，计成则认为“此石以高大为贵，惟宜植立轩堂前，或点乔松奇卉下”。

北太湖石产自北京房山，其质地也属石灰岩。北太湖石的上品与南太湖石肖似，石形起伏飞舞极有气势，石色呈青白色，堪称北方园林用石的上选。北方园林中还常见一种土太湖石。其形体较太湖石浑厚，多密布细孔，形似海绵，为土黄色。北太湖石与北方园林的雄浑之风十分协调，因而广泛应用于北方园林。南太湖石色彩以青黑、白、灰为主，质地细腻，表面有皱纹涡洞，产地为江浙一带山麓水旁，常应用于江南园林中。

图1-2-1-1a 扬州个园湖石假山

图1-2-1-1b 苏州留园冠云峰

图1-2-1-2 苏州耦园黄石假山

图1-2-1-3 杭州曲院风荷之“皱云峰”

图1-2-1-4 苏州留园斧劈石

2）黄石——细砂岩

黄石为细砂岩，由于水流和风化崩落，分解成斧劈般的节理面。黄石造型方刚质朴，用于叠山，自有一番古拙隽永的韵味，黄石棱角清晰，富折线变化，有国画斧劈皴的味道，苍劲、古拙而具阳刚之美。主要品种有江浙黄石、西南紫砂石、北方大青石等。

黄石一般用于叠山，拼峰或散置，极少独峰特置。著名的黄石叠山有上海豫园黄石假山、扬州个园黄石假山和苏州耦园黄石假山（见图1-2-1-2）。

3）英石——石灰岩

英石产自广东英德（英州），故名英石。计成在《园冶》中写英石道：“石产溪流中有数种：一微青色，（间）有通白脉笼络；一微灰黑，一浅绿，各有峰、峦，嵌空穿眼，宛转相通。其质稍润，扣之微有声。”英石多折皱，一种玲珑通透形似太湖石；一种为片状，有松树皮状或行云流水状肌理；另一种参差积叠，坚峰嶙峋峻峭。英石以青灰和灰白色较多，也有一种灰红色的。英石又因阴阳之分，埋于土中者为阴石，暴露土层之外者为阳石。阳石因受雨雪滋润，色泽苍润，质地坚硬，扣之其声清越，品质优于阴石。英石为上乘之园林用石，一般较太湖石名贵，色黝黑润泽，扣声清悦。且形体大者更为名贵。小巧精致者则可作为案头清供。英石在岭南园林中常见，多用于立峰。江南园林中现存英石名峰当属杭州曲院风荷之“皱云峰”（见图1-2-1-3）。

4）斧劈石——沉积岩

斧劈石有较高的观赏价值，常用于山石盆景的制作。斧劈石有纵向的纹理，节理平直，犹如斧劈、刀削一般。其色彩为浅灰、深灰、黑、土黄，质地具竖线条的性状、条状、片状纹理外型挺拔、但易风化剥落，产地为江苏常州一带（见图1-2-1-4）。

5）石笋石——竹叶状灰岩

石笋石指自然生成或利用山石纵向解理而成的细长形石材，由于这类酷似剑或笋的造型，因而常以剑石，笋石统称之（见图1-2-1-5）。其色彩为色淡灰绿、土红，石面带有眼巢状凹陷，产于浙、赣常山、玉山一带，扬州个园的春山就是佳例。

6）千层石——沉积岩

千层石是沉积岩的一种，纹理成层状结构，在层与层之间夹一层浅灰岩石，石纹成横向，外形似久经风雨侵蚀的岩层（图1-2-1-6）。千层石外形平整，石型扁阔，纹理独特。以此石叠制的假山，纹理古朴、雄浑自然，易表现出陡峭、险峻、飞扬的意境。铁灰色中带层层浅灰色，产于浙、皖一带。常作为旱溪、跌水的造景材料。

7）宣石类

宣石产于安徽宣城的宁国县，故名宣石。宣石以石色洁白为其特征，并有积雪般的团状肌理。宣石出土之后，经洗刷方可见洁白石质。若能在梅雨季节置于室外，长期任凭雨水冲刷，污垢除尽则更显其雅洁本色。“园冶”中称：“惟斯应旧，愈旧愈白，俨如雪山也，一种’马牙宣’，可置几案。”马牙宣指棱角如马牙的一种宣石，宜作案头清供。扬州园林擅用宣石，例如扬州个园四季假山之冬山，以宣石置于墙阴处，望之如石上积雪一般，是以宣石造景的经典范例（见图1-2-1-7）。

图1-2-1-5

图1-2-1-6

图1-2-1-7

图1-2-1-8

图1-2-1-9

8）灵璧石

灵璧石产自安徽灵璧县，故而得名。灵璧石产自土中，经加工清理，去除浮土，打磨加工之后才能光亮入景。灵璧石为片状，石身起伏皱褶，色泽有黑、白、赭红等。敲击灵璧石会发出悦耳的声音，我国最早的乐器磬即由灵劈石加工而成。由于灵劈石兼有形、质、色、声之美，历来为园林家、收藏家和文人雅士所钟爱。计成在“园冶”中也说到灵壁石的好处：“可以顿置几案，亦可追掇景。有一种扁扑或成云气者，悬之室中为磬。”

文震亨则认为：“石之灵壁为上，英石次之，然二品种甚贵，购之颇艰，大者尤不易得，高逾数尺，便属奢品。”灵劈石以色黝黑，润泽光亮，多皱褶，扣之声如钟磬者为园林用石之极品，现存古园之灵劈石当属苏州网师园冷泉亭内者最著名（见图1-2-1-8）。

9）卵石类

卵石又名河滩石，多出自海岸、河谷，是由于岩石在地质变化和外力作用下断裂成碎块，经水流长年冲刷、滚动而成浑圆之状。卵石因其形似卵而得名，成分有花岗岩、沙砾岩、石英、石灰岩等。形、色、质俱佳的卵圆石则可用于特置孤赏。著名的雨花石也属卵石类，由于其色泽明艳、纹理精美而为人喜爱，成为盆碟清供之佳品。江南园林常以各色小卵圆石铺地，并镶嵌成各种颇具园林意趣的图案（见图1-2-1-9）。

10）其他石类

景观石材还有木变石、腊石、钟乳石和上水石等，这些石材形态各异而各具特色（见图1-2-1-10）。

木变石为二氧化硅的胶结体，因其石棉纤维形似树木纹理，且有丝绸般的和猫眼般的闪烁效应，故称之为木变石。园林中的特置木变石有很强的点景、观赏效果。腊石产自福建从化、广东清远一带的溪水中。体态圆浑、顽拙，因其色如黄腊而得名。腊石多见于岭南园林。钟乳石为岩溶生成物，由碳酸钙沉积而成。钟乳石种类繁多，按其形态可分为石笋、石柱、石扇、石花、石幔、石芽、石葡萄等。钟乳石色泽从暗灰至玉白多种，以晶莹质纯、半透明且形态优美者为上乘之观赏石。上水石又称含水石，其成因为岩熔凝聚、岩石风化或者为树木化石，均有吸收水分的特点。上水石因毛细管作用而使底部的水充溢至上部，润泽全石，因此石上可种植小型植物和苔藓。上水石在园林中可用于营造水中景致，在山石盆景中更为常用。

图1-2-1-10 钟乳石

图1-2-1-11 1999昆明世博园GRC塑石

总之，造园选石应根据石的形、色、质、性而用之。湖石空灵，黄石古拙，英石峻峭，灵劈石古雅，钟乳石如梦幻一般。叠山时，湖石、英石起脚难、收顶易，应于空灵中蕴含浑厚；黄石假山则起脚易，收顶难，应于浑厚中寓空灵。园林叠石常运用材料对比或协调的手法，将不同的石料有机地结合在一起，配合建筑、花木和水景形成变化丰富而有和谐自然的画面。

11）人造塑石

由于自然山石越来越少，以及运输的困难，人造石的诞生解决了采石难的问题，同时更能满足现代人对石景的多样化需求。比如1999年世界园艺博览会气势磅礴的断崖景观就是利用GRC材料塑造而成的仿真的山崖表面（见图1-2-1-11）。

1.2.2 山石的造景形式

山石的造景形式包括假山与置石两类。自然的真山具有林泉丘壑之美，是假山的模拟对象。假山的类型可从两个方面来划分：一是用材，有土山、石山、以及土石山三类；二是游览的方式，有可观赏的山、可观可游的山两类。置石在园林中运用广泛，庭院、水畔、墙隅、路旁、树下无不相宜。包括孤赏石、散点石、峭壁石等。

1）土山

土假山渊源久远，“高台榭，没宫室”的先秦时期，便已见端倪。“汉书”中已有“采土筑山，十里九阪”的文字记载。土山坡度要在土壤的安息角以内，相对较缓，易于营造山野情趣，但以土堆山占地面积大，一般中小型基地上难以实施。

2）土石山

土石山又有“石包土”和“土包石”之分。石包土以土为基础，外面以石覆盖。由于这种方法用石料较少，简便易行，故应用广泛。如北海的石包土假山，富于山林之趣；苏州拙政园中部池中假山——土山带石、以土为主。土包石是以石为基础骨架，上面适量覆土，亦可种植花木，但土壤必然填嵌于石头框架的凹入部分，以免水土流失。

3）全石山

用岩石堆叠的全石山具有真山的意趣，达到咫尺山林的意境，但也需要较高的叠山技艺。天然的山因形势不同，则构成不同的特征。如泰山稳重、华山险峻、庐山云雾、雁荡的岩瀑、桂林的岩洞等。天然的山体有峰、岭、峦、悬崖、峭壁、岫、洞、谷、阜、麓等（见图1-2-2-1）。

4）孤赏石

孤赏石用形态优美的整块山石或以若干山石拼叠成一座完整的峰石，具有完整的形态结构与形式美感，或秀丽多姿，或古拙奇异而具有独特的观赏价值（见图1-2-1-1b）。因此，孤赏石的选材应选古朴秀丽，形神兼备的湖石、斧劈石、石笋石等，形态优美，极具人文价值。

孤赏石包括以下几个方面：①孤赏石可用于点景，点景之石可选用石形优美、有个性特色的景石，若置以名峰则有更强的点景作用。用于点景的孤赏石往往成为园林的主景。②孤赏石可用于补景，补点园林中的剩余空间，使园景更具整体观感。③孤赏石可用于引景，将其置于园路尽段或空间转折之处，即可吸引游人视线，则观赏与空间引导的作用兼而有之。④孤赏石还可用于衬景，或墙角，或树旁，或当窗，或对户，或贴墙，或临池，或倚松，或伴竹，或友梅，或负藤……尽在诗画情境之中。⑤孤赏石还可作为障景，置于门内、堂前，使景致因抑扬而增添“藏”的意趣。作为障景的特置石还有屏蔽不良景物的功能。特置峰石应扬长避短，将最美的一面朝向注视区域，同时兼顾多角度的观赏效果。⑥孤赏石亦可置于盆中，盆置石易于搬移，常用于点景或孤置细赏，盆置景石常见于皇家园林。

图1-2-2-1 苏州环秀山庄人造山谷

5）散点石

散点包括两种：一种是以个体为单元的散置形式；二是以群体单位为主的散置形式，又称为大散点。散点石可选黄石、湖石、英石、千层石、灵璧石、石笋石、花岗石等，三五成群，结合地形与花木进行组景，用于路旁、林下、山麓、台阶边缘。

以个体为单元散置的山石，应选择大小、形态既有差异又有一定相似度的石材，质地、色泽应基本统一；散点石置放时应统筹兼顾，注意朝向呼应，或竖立或平卧或斜倚，形成良好的节奏起伏。散点石忌等距排列，或“攒三聚五”，或“散漫理之”，使散点之石或断续若山岩余脉，或散落如风化残石，贵在既有自然山石神韵又符合造型构图的原则，日本龙安庭枯山水是散点石的典范（见图1-2-2-2）。

以群体单位为主的散置形式，又称为大散点，实质是规模较大的集合式散置。其用法和要点与单体散置相同，但群体集合式散置占有较大空间，更强调聚散的组合体量关系。集合群体单元往往以数块石材堆砌而成，借以形成较大的体量，与单体散置相比，有以多代少和以大代小的特征。散置在园林置石中应用广泛，可用于山林与庭院、建筑、园路、水景之间的自然过渡。也常用于陪衬花木，使其形成更完善的景观构图。散置更多地用于呼应大型假山，使其有若真山余脉断续不尽。

传统园林中还有以置石作为家具，如石桌、石凳、石榻、石屏风等（见图1-2-2-3）。置石家具应巧用山石的自然形态予以陈置，并应与周边环境相协调。石桌、石凳多置于假山山顶之开阔处，亦可置于亭中或池畔，饮茶、对弈无不相宜。

6）峭壁石

山石与墙面的结合又称为峭壁石（见图1-2-2-4）。明代计成之“借粉壁为纸，以石为绘也。理者相石皴纹，仿古人笔意，植黄山松柏、古梅、美竹，收之园窗，宛然镜游也”。这是中国造园家刻意追求诗情画意的最好佐证；李笠翁筑墙如峭壁，蔽以亭屋，仰观如削，与穷崖绝壑无异。

现代有嵌石于墙内如同浮雕，别具一番新意。选英石、湖石、斧劈石与植物、浮雕、流水组合，用于庭院粉墙前、宾馆大厅。另外，景石还可以与水体结合，形成用作“驳岸石”、“山石瀑布”，与建筑结合成为“亭山”、“云梯”等。

图1-2-2-2

图1-2-2-3

图1-2-2-4

1.2.3 品石

园林中的石景千姿百态，大多具有抽象审美价值，部分景石予人以具象联想，却又妙在似与不似之间，令人百赏不厌。

中国园林的石景有着雕塑般的抽象之美，其内涵与妙处往往只可意会，难以言传。赏石应从造型的形式美和情趣、意境美两方面评判。

1）瘦、透、漏、皱

“瘦、透、漏、皱”是古人赏石的基本审美标准，这一标准主要是针对“太湖石”的形态特点而言。“瘦”指立石修长纤细；“透”指石上有对穿透空的洞穴，“漏”指石上的洞穴从不同方向穿通；“皱”指石表肌理凹凸，有起伏的纹理。江南太湖石体态空灵多姿，最易产生瘦、透、漏、皱之美。

早在宋代，画家米芾便提出这一赏石标准：“曰瘦、曰皱、曰漏、曰透，可谓尽石之妙矣！”（《郑板桥全集》）

清代李渔在《一家言·居室器玩部》中则主张以“瘦、皱”为品石标准：言山石之美者，俱在 “透、漏、瘦”三字。此通于彼，彼通于此，若有道路可行，所谓“透”也；石上有限，四面玲珑，所谓“漏”也；壁立当空，孤峙无依，所谓“瘦”也。然“透、瘦”二字，在在宜然，漏则不应太甚；若处处有眼，则似窑内烧成之瓦器，有尺寸限在其中，一隙不容偶闭者矣。塞极而通，偶然一见，始与石性相符。

白居易曾用“怪”、“丑”来形容太湖石，在《双石》一诗中曰：“苍然两片石，厥壮怪且魄。”除此之外，苏东坡也有“石丑而文”之说。“怪”意指石的怪异、奇特，“丑”意指石之憨拙，因此也可将“丑”、“怪”作为赏石的抽象评价标准。除此之外，传统的赏石标准还有“清”、“顽”等。“清”意指石之清雅、秀丽，“顽”意指石之坚实、刚韧。

综上所述，中国古典园林赏石的标准可概括为“瘦、透、漏、皱、怪、丑、清、顽”八个字。而石的形态、质地、皴皱和色泽是现代造型的基本要素，因此赏石一是赏其结构之美；二是赏其肌理质地之美；三是赏其色泽之美。另外，周围环境中建筑背景、水景和花木的陪衬，以及日月光影的映射，则更能渲染、烘托出石的意境之美。

（1）瘦——所谓“瘦”，是对石的总体形象的审美要求，即耸立空中，具有纵向伸展的瘦长体型。中国古典园林中，符合瘦秀品格的现存名石有很多。如，苏州著名的留园三峰：冠云峰（见图1-2-1-1b）、瑞云峰、岫云峰，清秀超拔并具有瘦的品格。

（2）透、漏——山石体量上的轻巧。“透”和“漏”是以太湖石为代表的怪石更为重要的审美特征，就现存园林中的名石来看，透漏之美首推上海豫园的“玉玲珑”（见图1-2-3-1）。相传是宋代“花石纲”遗留的奇石，高达3米多，形状似千年灵芝。周体都是孔穴，可以说极尽“透”、“漏”之妙。正因如此，豫园特意为这个“玉玲珑”建造了“玉华堂”。

（3）皱——石面上的凹凸和纹理。杭州绉云峰与三亚南山寺特置石，突出皱的层次美（见图1-2-1-3）。

图1-2-3-1 上海豫园玉玲珑

2）拙

“拙”的品石标准是针对黄石为代表的山石，如图1-2-3-2所示的苏州藕园的黄石大假山，质地较硬，表面轮廓分明，锋芒毕露，属江南园林的佳构，雄伟中带有峭拔之势。

3）石的寓意美

石在古人心目中是有灵性的，认为石是天地精华的凝聚体。“诗经”中有“山出云雨，以润天下”之说，故园林中的峰石常以云命名，例如冠云峰、皱云峰、瑞云峰等。景石又有“小中见大”的尺度象征性，以咫尺峰石移缩千里山川，所谓“一峰则太华千寻”（文震亨《长物志》），园中石景成为浓缩自然美之载体。《周易》的《卜辞》记载了古人对石坚贞品性的赞誉：“介于石，不终日，贞吉。”成语中“金石为开”、“海枯石烂”等，则以石之坚硬象征人的品性的坚毅与忠贞。

“石令人古”是中国传统赏石的理性标准，因为“古”是中国文化追求的最高境界。“古”意味着对古人、古物、古风的敬仰、崇尚，故心向往之。石作为混沌初期的产物，作为见证远古悠久历史的载体，很自然地成为文人雅士尚古的寄托。为体现这一审美追求，造园选石务求高古、清雅脱俗。置石掇山无不苦心经营，务求体现“令人古”的情境。古往今来，正是由于石被赋予了如此多的精神内涵和人性寓意，才有那么多文人雅士藏石、赏石、爱石竟至成癖。早在唐宋时期，文人雅士藏石、品石已蔚然成风。唐代白居易赏石、咏石并以石为友，爱石而“待之如宾主，视之如贤哲，重之如宝玉，爱之如儿孙”；宋徽宗不惜财力、物力和人力搜集江南名石，强征“花石纲”，以致引发“花石纲”之乱，痛失江山社稷；宋代文人米芾不仅赏石、画石，每获奇石必正衣冠而拜，并呼之为兄，称之为丈。米芾拜石传为园林佳话，后世造园也常以拜石轩、揖峰轩等命名赏石的景点，寄托友石、尚古的情怀。如图1-2-3-3所示的留园石林小院中的揖峰轩，取自宋朱熹“前揖庐山，一峰独秀”句意，有“待石如宾朋”的内涵。

图1-2-3-2 苏州藕园黄石假山

图1-2-3-3 苏州留园揖峰轩

4）名峰赏析

名峰即园林中著名的峰石。中国园林立峰始于两晋时期，至南朝已有明确的文字记载，《南史•列传十五•列溉传》道：“溉第居近淮水，离前山池有奇礓石长一丈六尺。”园林名峰有如抽象雕塑，各具美的形态，石身外形或具起伏飞舞之势，或具苍劲古拙之态；其纹理结构或参差嶙峋，或线形飞动如行云流水；石色或深沉典雅，或润泽怡人。名石以独特的魅力吸引无数游人前往观赏。古往今来，无数文人雅士痴迷于奇石名峰而流连忘返，人们欣赏名峰优美的形态和绝伦的风姿，品味其浓郁的文化内涵，从而获得极大的艺术享受。中国古典园林中以名峰奇石成景者众多，如苏州留园的冠云峰，上海豫园的玉玲珑。园林中的名峰往往有悠久的历史，不仅见证名园的沧桑，还能引发人的思古之情，因而弥足珍贵。名石与名园交相辉映，即使是平凡无奇的园林，由于拥有名石也会满园生辉，虽隐居深巷却能名重天下。

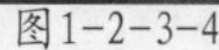

图1-2-3-4

苏州留园冠云峰，石高4.5米，传说为北宋“花石纲”遗物，兼有“瘦、透、漏、皱”之美，远望有云烟纷溢，缥缈蒙漠之感，因而得“冠云”之名（见图1-2-1-1b）。江南三大名峰之“苏州瑞云峰”，位于苏州第十中学内，远看雄奇有势，近观玲珑剔透，妍巧甲天下（见图1-2-3-4）。江南三大名峰之“杭州绉云峰”，位于杭州曲院风荷，腰围最小处仅60厘米，石身皴、皱多变，形同云立（见图1-2-1-3）。江南三大名峰之“上海玉玲珑”，为宋艮岳遗石，在上海豫园内，石高3米，极富秀、润、透、漏之美，孔多如蜂窠，可呈现“百孔淌泉、百孔冒烟”的奇观（见图1-2-3-1）。另外，上海豫园美人腰（见图1-2-3-5）、苏州拙政园缀云峰（见图1-2-3-6）、无锡寄畅园美人石（见图1-2-3-7）、南京瞻园仙人峰（宋）（见图1-2-3-8）、与玲玉峰（见图1-2-3-9）、严家花园天绘峰（见图1-2-3-10）、北京颐和园的芝云岫（见图1-2-3-11）与寿星石（见图1-2-3-12）等都是久负盛名的峰石。

图1-2-3-5

图1-2-3-6　图1-2-3-7　图1-2-3-8

图1-2-3-9　图1-2-3-10　图1-2-3-12

图1-2-3-11

1.2.4 中国传统园林的堆山叠石

堆山叠石是中国传统园林特有的造景艺术手法。借助山石的独特功能，采用“叠石成山”和“点石成景”的造景手法，可造成景物空间的绝妙意境，即使在有限的空间场地中，也能表现出名山大川的雄、奇、险、秀、幽的景观艺术效果。

中国造园艺术的历史发展进程，可以用人工造山的发展过程为代表。汉代宫苑的水池中用土堆成三座山，即方丈、瀛州和蓬莱，象征海上神山；后汉梁翼园的“采土筑山，十里九坂，以象二崤”已不是象征性的神山，而是延绵数十里的山、岗式的山，是对山的摹移；六朝则以帝王苑囿中的土石兼用而体量巨大的摹移山水为特征；唐代城市宅园兴起，但无明确的造山实践活动，但已将具有特殊形象的怪石罗列于庭前，作为独立的观赏对象。自宋代依始，土石趋于结合。在私家园林中，某种特定的山的形象塑造不明显，而在帝王苑囿中，如“艮岳”的万寿山已土石兼用，成为摹移山水向写意山水过渡的标志，为明清的写意山水奠定了基础。明清之际，写意山水在艺术上已经达到高度的成就，作为造山艺术表现手段之“石”的作用得到了充分发挥。或土石结合，“以少胜多”，寓无限的山于有限的山麓之中，“未山先麓”即用大山之角，来代表整个的山，较之堆叠全山的效果好，形象真，更有真山的意趣；或人工水石令人有涉身岩壑之感；或用石构，一二块灵石，孤峙独秀，在大小的庭院里，给人“一峰山太华千寻”的意趣。

自然的真山具有林泉丘壑之美，成为堆山的模拟对象。如前文所述，假山的类型可从两个方面来划分：一是用材，有土山、石山、以及土石山三类；二是游览的方式，有观赏的山、可观可游的山两类。

石山的堆叠借鉴中国传统绘画理论。构思讲究“做假成真”，注重营造自然山林意境，使假造之山具有真山神韵。叠山讲究平处见高低，直中求曲折，大处着眼、小处着手，脉络气势遵定法。选石讲究“依皴合掇”，与绘画皴擦笔意吻合。叠石依造型模式——或雄奇峻拔，如鬼斧神工；或婉转缥缈，如流云舒卷；或浑厚质朴，如天然画卷。石山的空间布局与造型应高低起伏，前后错落；假山中的悬崖、深涧、绝壁和危梁等，应主次分明、顾盼分明、疏密有致、浑然一体。如上海豫园的黄石大假山，用材浙江武康黄石，雄伟中有修润之气（见图1-2-4-1）；扬州个园湖石大假山，内外空间结构均妙，雄伟中具玲珑之趣（见图1-2-1-1）；苏州藕园黄石大假山，江南园林的佳构，雄伟中带有峭拔之致（见图1-2-3-2）。苏州环秀山庄湖石大假山是国内罕见的具有“咫尺千里之势”的佳作（见图1-2-2-1）。而狮子林湖石大假山杂乱无章，局促闷塞，曲折失度，形象媚俗（见图1-2-4-2）。

概括而言，堆山叠石的艺术法则包括以下几个方面：

1）师法自然、意在笔先

假山构设是人造景物的一部分，首先要以极高的审美能力去辨别与分析环境条件，研究景物对人产生的环境效应，重视人对假山布局、造型、相关环境的视觉、观感、联想等认识过程的反映。

假山构设，无论是取法山水画的笔意，还是师法自然山水的意趣势态，其原型多拟情于大自然的真山真水，造型不宜过于夸张而失去自然的质朴，即所谓“奇不伤雅，陋而不俗”的意境。“意在笔先”，包含有丰富内容和设计者的广博艺术修养，它既有人文风物情趣的预想构思，又要有景物的移情感受和视觉预测，这是造景设计成败的要领。

2）就其势、定其位

假山构设须符合景观总体布局和意境要求，并按功能与其他景观要素的关系来就其势、定其位，或立于广场中央、或置于花坛水池之中，或为空间的对景景物，或为亭台楼阁的基台，均需因境而成、顺应环境、独具匠心。

3）去庞杂，统中求变

假山造型因时、因地、因景、因石品选择与人工构设意识而异，通常的处理方式宜精、宜巧、宜形神兼备、宜简练，抽象、含蓄，最忌庞杂堆砌。从视觉感受和情趣赏析出发，立石者须貌若迎宾或势如斧劈，有亭亭玉立、翩翩起舞之态；并石者，宜双峰并峙，如公孙游侣，似神气以尚；叠石者，如峭壁，如屏如嶂，如叠翠云床，宜赋予山川奇秀之状；坐石者，要玲珑奇巧，或皱如脑纲，或乱若披柴烟云，或峻似危峰绝壁，宜表现以形态气势；乱石者，若八阵藏机、迷离莫辨，以遐想变幻为趣。凡掌握构石的规律，均可达到怡神以顾，长对不厌的艺术高度。此外，假山主题、形体、色泽、纹理、空间造型等构设要法，均宜在统一中求变化，以避免其庞杂拼凑之弊。

图1-2-4-1 上海豫园大假山春景

图1-2-4-2 苏州狮子林大假山

4）远取势、近取质

从假山的视觉条件和相关的景观要素的关系出发，假山的堆叠应该从动态观赏考虑假山的势态和细部质感的构成，要有远望、近看、步步看、面面观、以大观其小、以小观其大等视觉效果。因此，应采用“远取其势、近取其质，山峦有圆浑之势、悬岩有倾危之势”。借助山势的诸多势态，可构成不同的景观特征。山之质，就是构成山体岩性特征及其自然形象的特质。堆叠假山，常可借助山质的纹理、色泽、褶皱、体形等细部显示，以表现其不同景观要素的姿态形象。

5）植物点缀烘托

唐代画家王维的著名画论谈到“山借树而为衣，树借山而为骨”。假山虽非真山，但追求山林的意味，在假山上点缀一点文苔草，并与假山的尺度相称，可增添色彩与生机，有如画家绘石点绿，野趣顿增。以土山为主的假山，乔灌木配置自然而有生气；以石为主的假山，花木配置宜疏（见图1-2-4-1）。

1.3 水体

水是生命之源，人的物质生产生活离不开水。宅有井、镇有溪、城有河、田有渠，说明了人和水的密切关系。自古人依水而居，人水和谐；工业大发展导致水生植物被破坏、水环境被污染、水体失去自净能力；当人们认识到水环境污染的危害性时，便着手整治水环境，人水逐渐恢复人工的和谐。现代人对水大致有三种需求：生态性需求，活动性需求，观赏性需求。

从哲学的视角来看，在时间上，水代表“消逝与永恒”；在空间上，水代表“生命与自然的活力和源泉”。如果以生态哲学视角，从水对于人或动植物的生理需要和生态意义来理解所谓“无水则枯不得生”，那么水比起山来更为重要。《管子•水地篇》有云，水是“万物之本源”，因为万物固然离不开土，但水是土必不可少的“血气”，有水则能嘉木葱茏、花卉繁茂。

水是园林景观之血脉。郑绩在《梦幻居画学简明•论泉》中说到的“石为山之骨，泉为山之血。无骨则柔不能立，无血则枯不得生。”同样适合于园林景观，山石是固体成形的，属于刚性；水泉是液体而不成形的，属于柔性。山水结合即能达成刚柔相济，仁智相形，山高水长，气韵生动。

1.3.1 水体的特征及感官效应

1）自然水的形态

水的常态是液态，受温度等因素的影响会呈现固态和气态的变化。

（1）水的常态——液体。水的常态是液体，有静态和动态之分。静态的液体有水的肌理，给人以明快、恬静、休闲的感觉（见图1-3-1-1）。动态的水体有流水、喷水等多种形式。自然液态水的形态有包括泉、池、溪、涧、潭、瀑布、河、湖、海等形式，呈现“喷、流、滞、落”等四种运动方式。

（2）水的固态——冰、雪、雹。自然的冰雪变化意味着季节变化：冬天的北国风光，千里冰封，万里雪飘，一片白茫茫的景象，把一切污秽都掩盖了（见图1-3-1-2）。雪地散步也十分有趣，而各式各样形状的雪塑、冰雕等，则别有一番情趣。

（3）水的气态——云、雾、水珠。水的气态，实际上是水的浮游状态，呈云、雾、水珠状态。大自然的景观，如高山云雾：黄山的云雾猴子观海；庐山锦绣谷的云雾变幻；杭州西湖的雨意朦胧的景色。瀑布、喷泉等飞溅的水珠在太阳光照射下，光线被折射及反射，在天空中可形成拱形的七彩光谱，又称彩虹（见图1-3-1-3）。

图1-3-1-1

图1-3-1-2

图1-3-1-3

2）水的特性及感官效应

水性阴柔，可动可静，为园林增添无穷景致；水无色，却又在光照环境影响下异彩纷呈；水无形，却又能随形池岸而仪态万千。水可平静而寂无声息，水也会奔流跌落而轰鸣。水的味道清醇干凉，非常可口。清爽滑腻，涤尘驱俗。水不仅能给人带来视听的享受，同时可以开展游泳、划船等各类水上活动，给人提供亲水的机会，带来清凉的触觉享受。因此，水是最富变化的造景元素。从哲学的视角，《周易》将水的审美特征概括为“洁净、虚涵、流动、文章”。

（1）水之洁净。水具有清洁纯净的特质，成为清洁明净的象征（见图1-3-1-4）。“当暑而澄，凝冰而冽”，这就是水的现象美。在凛冽的寒冬，它凝固成冰而清冷；在温热的季节，它液态洁净而清澄。王世贞在《游金陵诸园记》中指出，西园的芙蓉沼“水清莹可鉴毛发”；又指出《武氏园》中“池延不能数十尺，水碧不受尘”。“润万物者，莫润乎水”，说明了水的物质性清洗功能，水可以降温、改善小气候、排沙去尘、涤脏除垢、净化环境。心灵的洗涤总和水联在一起，像杭州“花港观鱼”中的“鱼乐人亦乐、泉清心共清”，这里的水心皆清，强调了清莹的泉水不仅能使人眼目清凉，易消除视觉疲劳，而且可以让人洗涤心灵，顿消一片烦心。苏州畅园“涤我尘襟”景点也是着眼于水在精神上的洗涤功能。“沧浪之水清兮，可以濯我缨；沧浪之水浊兮，可以浊我足”表达出一种高洁的精神境界。

（2）水之虚涵。水透明而虚涵，能体现出“天光云影共徘徊”的美景，即可在水面上再现出周边的环境因素，如真似幻地令人难以分辨真伪。特别是水平似镜、净练不波之时，更能做到纳万象于其中。水所形成的“真实、变形、虚幻”的倒影之美皆取之于“虚”，倒影三美也就是水的虚涵三美（见图1-3-1-5）。

图1-3-1-4

图1-3-1-5

（3）水之变幻。水具有高度可塑性。常态水是高塑性的液体，它本身没有固定的形状，水形是由盛水容器的形状所决定的（见图1-3-1-6），同时其外貌和形状也受到重力影响，高处的水向低处流，形成流动的水（见图1-3-1-7）。而静止的水也是由于重力，使其保持稳定，一如平镜。水受温度的影响而呈现固态、液态与气态（见图1-3-1-1，图1-3-1-2，图1-3-1-3）。

（4）水之流动。水的一个重要特征就是“活”与“动”。郭熙在其著名的画论《林泉高致》中对画水提出这样的要求：“水，活物也，……欲多泉，欲远流，欲瀑布插天，欲溅扑入地，……欲挟烟云而秀媚，欲照溪谷而光辉，此水之活体也。”绘画是静态艺术，但郭熙要求表现出水的插天扑地，源远流长的动态，表现出作为“活物”的水的“活体”来。这确实是把握住了艺术中的水体的审美性格。这一绘画美学和儒家有关水的伦理哲学一样，可作为园林美学的参照系。

正因为其流动性，在园林中，水能被用来塑造出多种景观，如溪流、瀑布、叠水、喷泉、急流、涌泉、涓涓细流、壁泉、水帘、曲水等，具有活泼、多变、跳动的特征。

又如在积淀着名士风流的绍兴兰亭中，大书法家王羲之《兰亭序》中所说的“流觞曲水”的流水利用可谓别具情趣，以致我国很多名胜园林都曾模仿这一景观，诸如安徽滁县醉翁亭、北京紫禁城宁寿宫花园“褉赏亭”内的流杯渠等（见图1-3-1-8）。但如仅作一种建筑装饰图案，曲折而不自然，其审美价值就大打折扣了。

伴随着水的活泼流动，水的又一个特征就是有“声”。正因为水似乎是活的有声之物，所以它潺潺的或哗哗的声音，似乎就在为人奏乐或向人们诉说着什么；同时水声能直接影响人们的情绪，能使人平静温和，也可使人激动兴奋。例如，海边浪涛永不停息，有节奏的声响，令人安祥平静；而瀑布的阵阵轰鸣，令人冲动激昂；淙淙小溪，悠悠滴露发出的天籁之音，富有“禅”意；音乐喷泉、声控喷泉发出和谐之音。如北京中南海有一亭，立于水中，取自兰亭典故，建成时也称“流杯亭”，亭有流水九曲。康熙则将亭名改题为“曲涧浮花”，乾隆又题匾额为“流水音”。“流水音”的题名更佳，说明水的美不但以其流动的形态——“曲涧浮花”诉诸人们的视觉，而且以其潺潺的乐音——“流水音”诉诸人们的听觉，这种不绝于耳的声音似乎更能给以人美的听觉享受。

（5）水之文章。中国美学史上，“文”和“章”是指线条或色彩交织形成的有规律的形式美。冯延巳《谒金门》中有名句云：“风乍起，吹皱一池春水。”春天透绿而平静的池水，被乍起的风吹起了层层皱纹，如同绣绮，这就是水面上线、色交织的一种文章之美。

水面的文章之美也可以构成园林的景观和景观主题。北京北海“漪澜堂”把水的文澜绣漪之美作为题名，目的是将人们审美的目光引向清波徽荡、涟漪轻泛的一泓碧水。水面的文章之美还被用来作池沼的名称，无锡寄畅园中水池命名为“锦汇漪”，把园内的曲廊华榭、柳烟桃雨都汇溶于水面文章之中，灿若绣缋（见图1-3-1-9）。

中国古典园林中的楹联也常点出此水的文章之美：

◆“水面文章风写出，山头意味月传来。”——苏州网狮园“濯缨水阁”联。

◆“月波潋滟金为色，风籁琤琮石有声。”——北京颐和园“知鱼桥”联。

图1-3-1-6

图1-3-1-7

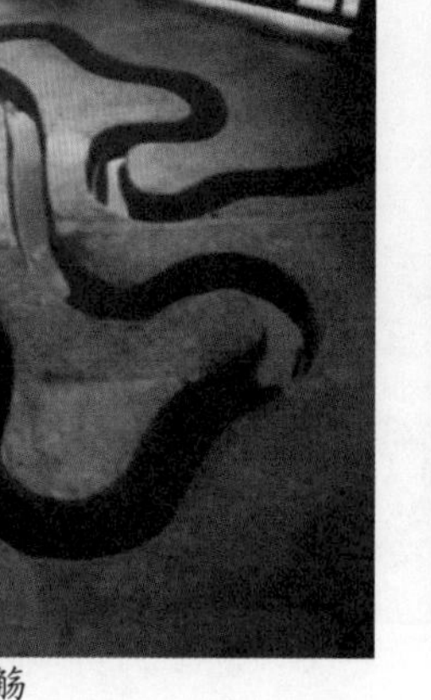

图1-3-1-8 曲水流觞

图1-3-1-9

1.3.2 水体的造景形式

如上所述，水有“喷、流、滞、落”四种运动方式。因此，景观中的水体有平静的、流动的、跌落的、喷涌的四种基本形式（见图1-3-1-2）。水景设计中可以采用其中的一种，也可以是多种形式的组合。

水的四种基本形式反映了水从源头（喷涌的）到过渡（流动的或跌落的）、再到终结的一般运动趋势。在水景设计中，可利用这种运动过程将不同的水型溶于一体，创造出“一气呵成”的水景系列。例如，劳伦斯•哈普林（Lawrence Halprin）设计的美国加州某宅园中的水景（见图1-3-2-1），水从喷泉涌出，汇于高台，然后从四周空透的台边水帘般倾泻而下，落入水池；池岸与台阶的接口是溢水口，水从池中溢出跌入台阶之后进入水渠，渐渐趋于平静，为增加水渠中水的运动感而设置了一系列排列规整的阻水石；最后，水流渐趋平稳，汇入了更大的、宁静的水池之中，颇具奔流归大海之势。虽然水景规模不大，却体现了水运动序列的一个完整过程。

景观中的水体形式又可划分为规则式与自然式两种基本类型。岸形呈几何形状的规整水体，即规则式水体，规则式水体富于秩序感，易于成为视觉中心，但若处理不当，容易呆板。自然式水体指岸形曲折、富于自然变化的水体。

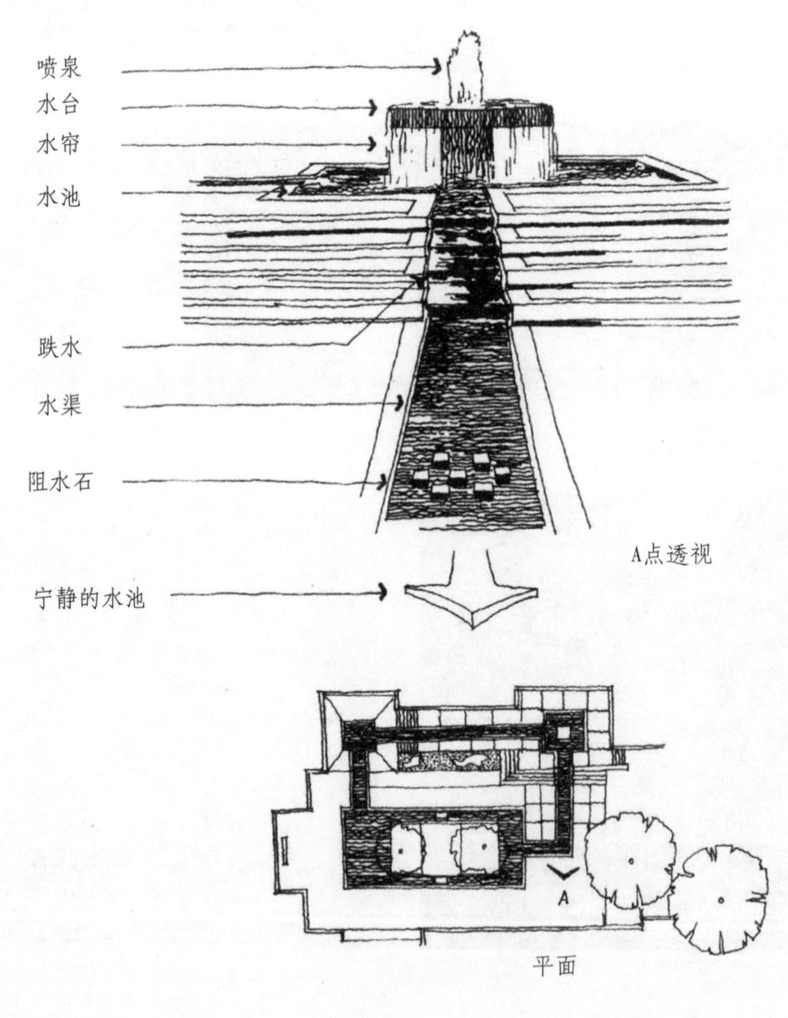

图1-3-2-1

1）平静的水：滞水——湖海、池沼、潭、井

滞水是指水的静止状态，粼粼的微波、潋滟的水光和周边景物的倒影，给人以明快、清宁、开朗或幽深的感受。作为水的一种存储容器，自然水因地形的不同而有各种轮廓，如海、湖、池沼、潭、井等。

（1）湖、海。一般说来，湖海是景观中面积最大的水型，它往往具有平远宽广甚至一望无际的特征，在很大程度上决定着湖海景观具有或境界开阔、或气度恢宏的空间性格，如美国华盛顿哥伦比亚特区的潮汐湖（Tidal Basin）、德国福森天鹅湖（见图1-3-2-2）。湖面宽广易于舒张人的情怀，也易于组织景观，同时适于开展水上活动。中国著名的大型湖景有扬州瘦西湖、杭州西湖、北京颐和园昆明湖等（见图1-3-2-3）。

中国古典园林中的湖、海并非是水域大、水量多的自然湖泊概念，其命名更多的源于人对景点的联想与心理感受。中国古典园林讲求以小代大，以少胜多。所谓“一勺则江湖万里”，即是以小尺度水景象征性的移缩自然界的浩渺水体。有的湖也称作海，如北京北海、什刹海，但水体面积未必很大。北京圆明园中最大的水体，就名为“福海”，其实福海的面积还没有颐和园的昆明湖大；北京西苑称为“三海”——中海、南海、北海，金代称“西华潭”，元代称“太液池”，明代称“金海”，其实水体面积也不太大。由此可见，景观水体类型的命名并不很严格，具有较大的灵活性。

图1-3-2-2a 德国福森天鹅湖

图1-3-2-2b 美国华盛顿特区潮汐湖

图1-3-2-3c 北京颐和园昆明湖

（2）池、沼。池是由人工挖掘或固定的容器盛水而成，面积较小。但有时也将较大的湖称作池，如云南滇池、长白山天池。池有几何规整式与自然式之分，空间适应性强，应用广泛。池可做成静态水景，以水面为镜，倒映池边景致(见图1-3-2-4)；池也可做成动态水景，筑山造瀑泉，将动态的活水引入池中。池中还可养鱼，栽种水生植物，成为引导人驻足静观的景致。

中国古典园林中池沼要比湖海更为普遍，所以古代园林又有“池亭”、“池馆”、“园池”、“山池”等称谓。池沼具有“平静清幽，灵巧可亲”的性格特征。中国古典园林的池沼有两大类：规整式和自由式。规整式多见于岭南园林和北方园林，具有均衡整齐之美，广东番禺的“余荫山房”和东莞“可园”中的水池都是规则式(见图1-3-2-5)。自由式池沼多见于江南园林，具有参差不齐之美，造型变化无穷，较大水域可划分为多个水域，沿池布置假山、花木和建筑（见图1-3-2-6）。

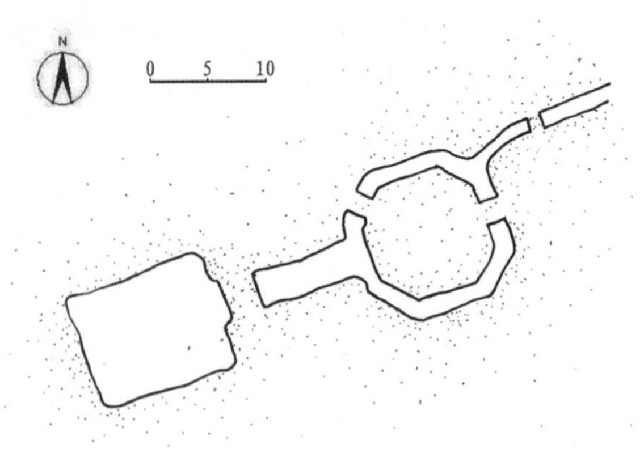

图1-3-2-5a 广东番禺余荫山房水系平面图

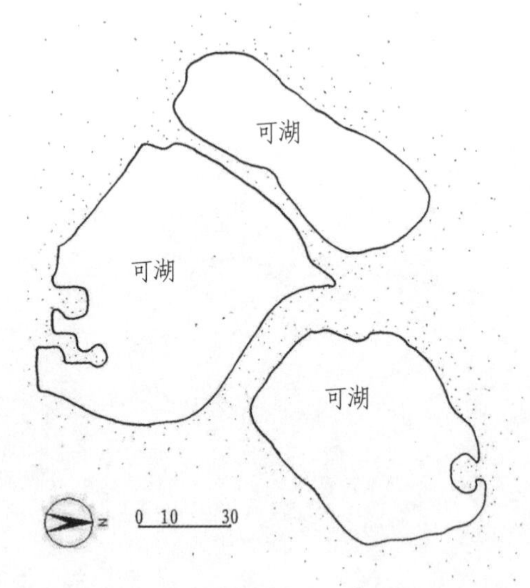

图1-3-2-5b 广东东莞可园水系平面图

图1-3-2-4 美国华盛顿纪念碑倒影

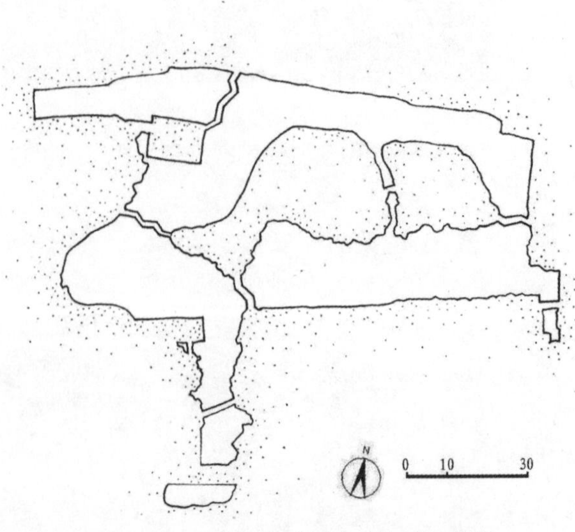

图1-3-2-6 苏州拙政园中部水系平面图

（3）潭。潭是指较深的水坑（见图1-3-2-7）。自然界的潭总与瀑、溪、泉相联系，具有奇丽的景观和诗一般的意境。与瀑相联系的潭如山东崂山的玉女潭（又名龙潭瀑），周围岩壁峭立，八水河至此沿绝壁悬空道泻而下，犹如玉龙飞舞，瀑布下落十几米，与石壁撞击，分数股跌入潭中，碧水凝寒，清澈见底。又如泰山的黑龙潭，瀑布自山崖泻下，如白练悬空，山鸣谷应。潭深数丈，有诗曰："龙跃九霄云腾致雨，潭深千尺水不扬波"。与泉相联系的潭如云南昆明的黑龙潭，龙泉常注，潭水清澈，游鱼可数。与溪泉结合的潭如湖北省昭君故里回水沱的珍珠潭，香溪至此突然转南，溪底复有清泉涌出，形成回水深潭。潭大小不一，有大如湖的"台湾日月潭"，也有小如瓮的"江西庐山玉渊潭"。同样是潭，各有成因，又各具景观特色，无一雷同。

潭自古以来以龙命名者居多，如龙潭、九龙潭、玉龙潭、乌龙潭等；与月组成的景观也很多，如"三潭印月"等。潭给人的情趣不同于涧、溪、湖、井等，也是人工水景中不可缺少的题材。历史上的寿山艮岳的"龙潭"、扬州瘦西湖的"潭影"都是对自然的摹拟达到神似的佳作。

（4）井。历史上，有关井的故事传说很多。在园林中，即便水质干冽的井也可成为一景，如镇江焦山公园的东冷泉井（见图1-3-2-8）、杭州净慈寺枯木井、四眼井等。井上或井边通常建有亭、台、廊等建筑。

图1-3-2-7 苏州沧浪亭水潭

图1-3-2-8 镇江焦山公园东冷泉井

2）跌落的水：落水——瀑布、壁泉、水帘、溢流与管流

（1）瀑布。瀑又称飞泉、跌水，指崖壁上挂落的流动水体。“瀑布如峭壁山理也。先观有高楼檐水，可涧至墙顶作天沟；行壁山顶，留小坑，突出石口，泛漫而下，才如瀑布”（计成《园冶》）。

中国古典园林中的瀑布多由建筑屋檐水引至假山之上，然后跌落成瀑，如杭州黄龙洞的瀑布、苏州狮子林问梅阁旁的瀑布（见图1-3-2-9）等。现代园林中一般将自来水管埋于崖壁中，涓涓流水便顺壁而下。瀑布一般落入池潭或溪涧之中，飞珠溅玉，有声有色。瀑布因极富动态美而往往成为园中的主体景观（见图1-3-2-10）。

（2）跌水与壁泉。喷泉中的水分层连续流出，或呈台阶状流出称为跌水（见图1-3-2-11）。中国传统园林及风景中常有三叠泉、五叠泉的形式。意大利台地园更是普遍利用山坡地塑造出台阶式的跌水。台阶有高有低，层次有多有少，构筑物的形式也有规则式、自然式及其它形式，故跌水可有形式、水量和水声各异的丰富景观。当水从壁上顺流跌下时，就形成壁泉（见图1-3-2-12）。

（3）水帘。水由高处呈帘幕状直泻而下形成水帘。这种水态在古代也用于亭子的降温，水从亭顶向四周流下如帘，称为“自雨亭”，这种水帘亭也常见于现代园林中。水帘用于园门，则形成水帘门（见图1-3-2-13）。水帘形式用于台阶、矮壁，则犹如“水风琴”（见图1-3-2-14）。

（4）溢流及泻流。水满后往外流谓之溢流。人工设计的溢流形态决定于池的面积大小及形状层次，如直落而下则成瀑布，沿台阶而流则成跌水，或以杯状物如满盈般渗漏，亦有类似工厂冷却水的形态者。泻流的含义原来是低压气体流动的一种形式，在水景中，则将那种断断续续、细细小小的流水称为泻流。泻流的形成主要通过降低水压，或借助于能形成点点滴滴的下泻水流的构筑物设计，如图1-3-2-15所示。

（5）管流。水从管状物中流出称为管流。常见于自然村落，以中空竹杆引山泉之水常年不断地流入缸中，以作为生活用水。现代园林中则以各种材质的管道，大者如槽，小者如管，组成丰富多样的管流水井（见图1-3-2-16）。甚至将农用水车引入城市园林景观中。

图1-3-2-9a 苏州狮子林瀑布

图1-3-2-9b 泰山黑龙潭瀑布

图1-3-2-10 尼亚加拉大瀑布

图1-3-2-11 美国罗斯福纪念园跌水

图1-3-2-12 壁泉

图1-3-2-13 水帘

图1-3-2-14 荷兰罗宫——水风琴

图1-3-2-15 溢流

图1-3-2-16 管流

3）喷涌的水：喷水——喷泉、泉源

喷泉是指水从下而上的造景方式，包括天然喷泉与人工喷泉。喷泉常作为景观焦点（见图1-3-2-17）。世界著名的天然喷泉在美国的洛基山脉禁猎区的高地上，景色十分壮观。景观环境中大量使用的是依靠设备造景的人工喷泉，随着喷泉构造物的形式、大小及水压等的不同而产生高低不同、水态各异、形式多样的喷泉形式，如表1-3-2-1所示。

天然泻流出的水源称作泉。泉尤如大地的乳汁，有温泉与冷泉之分。如济南的趵突泉（见图1-3-2-18）。

表1-3-2-1 喷泉的形式与特点

喷泉形式	主要特点与实例
涌泉	水由下向上冒出，不作高喷，称为涌泉，可独立设置也可组成图案。如济南市的趵突泉，就是大自然中的一种涌泉。人工设计不同压力及图形的水头可产生不同形体、高低错落的涌泉，现今流行的时钟喷泉、标语喷泉都是以小小的水头组成字幕，利用电脑控制泉涌时间而成。
跳泉	在计算机的控制下所生成的可变化长度和跳跃时间，能准确落在受水孔中的射流。
雾化喷泉	由多组微孔喷管组成，水流通过微孔喷出的雾状水景，多呈柱状和球形。
旱地喷泉	喷泉管道和设备被放置在地面以下的水池中，喷水时水流回落到广场硬质铺装上，或回流至水池，或沿地面坡度排出。不喷水时可作为休憩场地。
间歇喷泉	周期性喷发的喷泉是一种奇特的自然地质现象，高可达数十米，多分布在火山活动区。景观环境中，通常利用电脑控制模拟该现象，形成每隔一定时间就喷出一次的水柱或汽柱。
小品喷泉	喷泉与其他小品设施结合，形象生动有趣。
泉源	天然泻流出的水源称作泉。泉尤如大地的乳汁，有温泉与冷泉之分。
组合喷泉	具有一定规模，配水形式多样，有层次、有气势，喷射高度较高。

图1-3-2-17a 作为视觉焦点的喷泉——荷兰夏宫

图1-3-2-17b 作为景观焦点的雾喷——哈佛大学唐纳喷泉

图1-3-2-18 济南趵突泉

4）流动的水：流水——河流、溪涧与濠濮

（1）河流。河流是长而流动的水体。园林中的河流通常借助自然水系，形成动感而天然的旖旎风光。如扬州瘦西湖。中国园林中也不乏巧借园外河流而成景的佳例，如苏州沧浪亭借葑溪河造景，嘉兴南浔小莲庄借南浔河水造景。北方大型园林中也有人工建造的河流景观，如颐和园后湖苏州河（见图1-3-2-19）、北京太庙筒子河等。

（2）溪涧与濠濮。溪一般泛指细长、曲折的水体。涧则为谷中较深的水道。涧、溪等能表现出一种幽邃清静的性格美，让人感受到一种仿若置身郊野的自然幽野情趣和幽深意境（见图1-3-2-20）。计成在《园冶•掇山》中指出："假山以水为妙。倘高阜处不能注水，理涧壑无水，似少深意"。可见若无溪涧，园林中既少流动意趣，也缺深远意境。园林中的溪涧，应尽可能盘旋迂回，涧应做成石岸深沟，如暗流低潜。园林中的溪涧，如苏州环秀山庄水涧、留园水涧等（见图1-3-2-21）。

濠濮是带状水体营构的一种特殊形式。濠濮本为安徽、河南之古濠水与濮水名，在造园学上被用来称谓一种水面狭长、山高水深、夹岸垂萝的幽深景观。濠濮的传统意义体现一种"自得其乐"的情趣，其典故出自庄子与惠子游于濠梁之上的对话，庄子说："鱼出游从容，是鱼之乐也。"惠子说："子非鱼，安知鱼之乐。"庄子说："子非我，安知我之不知鱼之乐。"

濠濮通常高架石板，或贴水建桥，以体现暇逸超俗、悠然自得的情趣。北京北海的濠濮涧位于北海的东岸，水面狭长，是在石山曲桥间的一汪池水，畅轩与石坊居池南北（见图1-3-2-22）。

（3）曲水。古人于每年三月三修禊之日，傍水滨宴饮以驱邪求吉。晋王羲之的《兰亭集序》记载了修禊之日，士人雅聚，流觞曲水的场面：此地有崇山峻岭，茂林修竹，又有清流激湍，映带左右。引以为流觞曲水，列坐其次。虽无丝竹管弦之盛，一觞一咏，亦足以畅叙幽情。

后世园林常引水构筑蜿蜒曲折的小渠，置酒杯于水上任其漂流，停杯时，人接酒杯即咏即饮，称之为"流觞曲水"。计成在《园冶•掇山》中曾对传统园林中的曲水做法予以改进，叙曰：曲水，古皆凿石槽，上置石龙头喷水者，斯费工类俗，何不以理涧法，上理石泉，口如瀑布，亦可流觞，似得天然之趣。流觞曲水引入园林后，也常建于亭中，成为中国古典园林的景点之一。如北京潭柘寺流杯亭、圆明园流觞曲水亭遗址(见图1-3-2-23)。

5）水涛及漩涡

景观环境中，也有人工模拟自然的水涛和漩涡。利用电动压力，将水推动拍打岩岸而发出的涛声是一种重要的听觉景观（见图1-3-2-24）。在一定的水域范围内，人为控制水的流量、流速、水域的坡度及承接水的周边关系，可产生漩涡景观（见图1-3-2-25）。

图1-3-2-19 北京颐和园后河

图1-3-2-20 溪涧

图1-3-2-21 苏州留园水涧

图1-3-2-22 北京北海濠濮涧

图1-3-2-23 北京圆明园流觞曲水亭遗址

图1-3-2-24 水涛

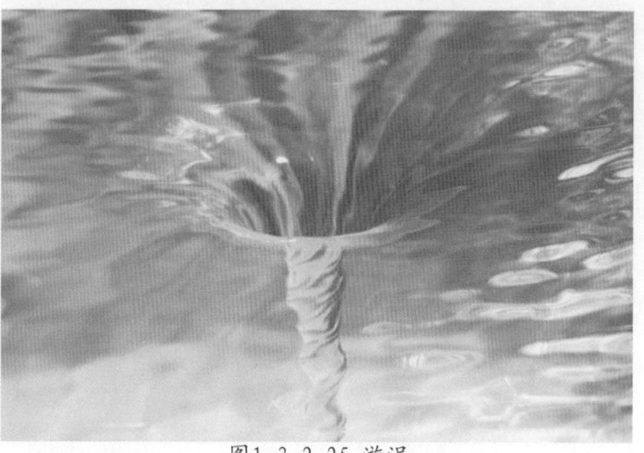

图1-3-2-25 漩涡

1.3.3 水体的造景功能

1）景观基底

大面积的水体视域开阔、坦荡，有衬托水岸和水中景观的作用（见图1-3-3-1）。即使是面积较小的水体，在整个空间中仍具有面的感觉，可以作为水岸或水中景物的基底，产生倒影，扩大和丰富空间。例如，印度泰姬玛哈陵前宁静的水面使周围景观的立面更加完整和动人，如果没有这片简洁的水面，则整个空间的质量就会逊色很多（见图1-3-1-8）。

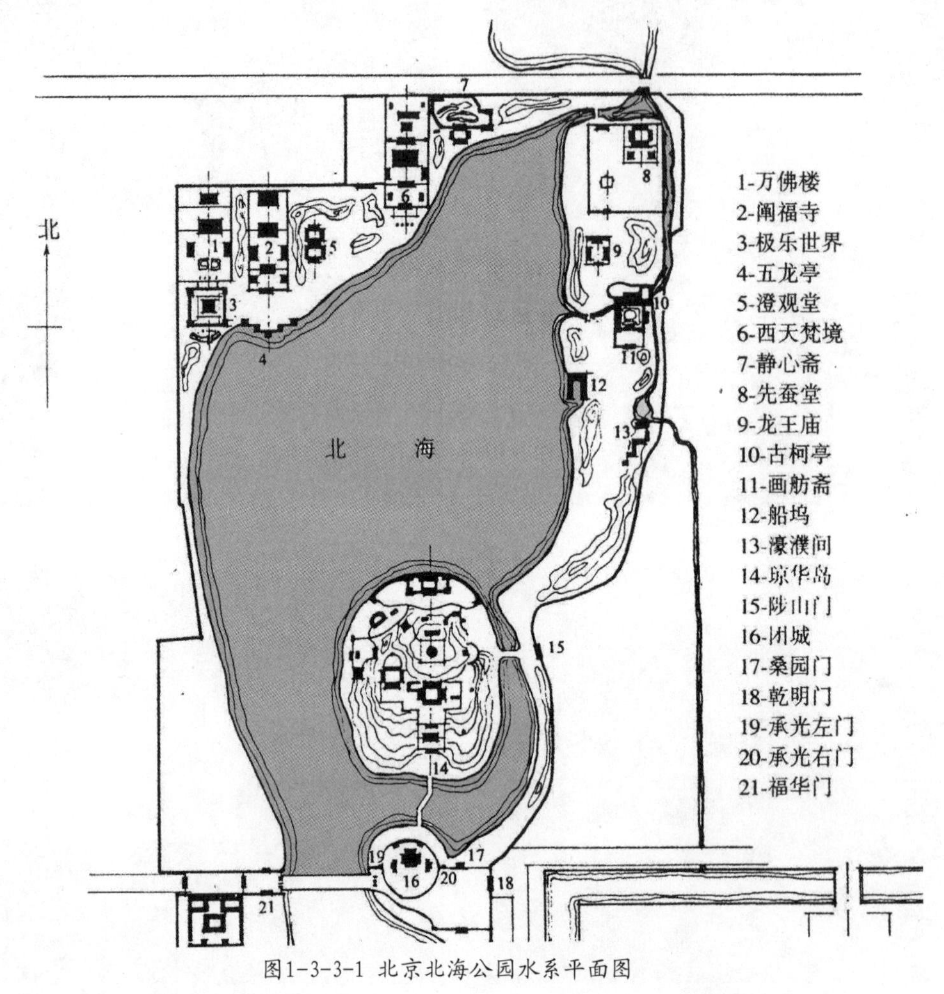

图1-3-3-1 北京北海公园水系平面图

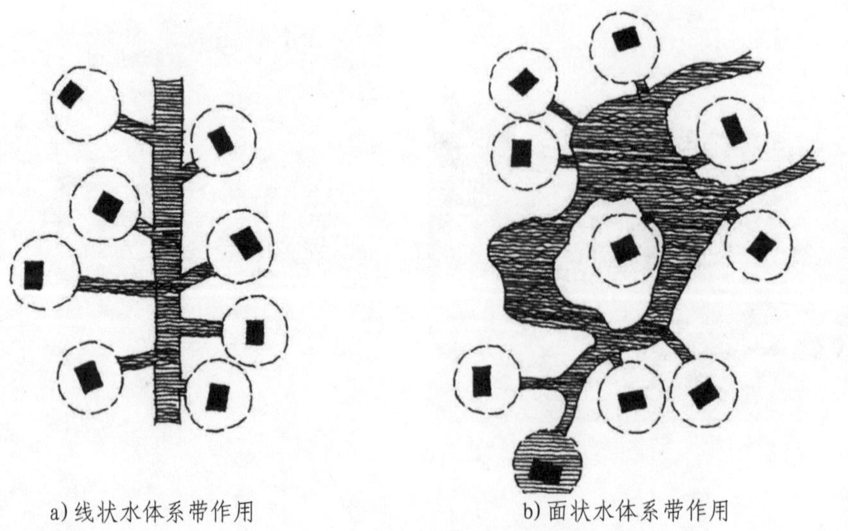

a) 线状水体系带作用　　b) 面状水体系带作用

图1-3-3-2

2）联系空间

带状水体具有将不同的景观空间、景点连接起来产生整体感的作用，称为线状水体的系带作用（见图1-3-3-2a）。例如，扬州瘦西湖长达数公里的带状水面将两侧或依水而建、或伸向湖面、或多面环水的众多景点串联起来，形成一条形似翡翠项链的带状景观（见图1-3-3-3）。相对集中的面状水体，作为一种关联因素具有将周边散落景点统一起来的作用，称为面状水体的系带作用（见图1-3-3-2b）。例如，苏州拙政园中众多景点均以水面为构图基底，（见图1-3-3-4）。

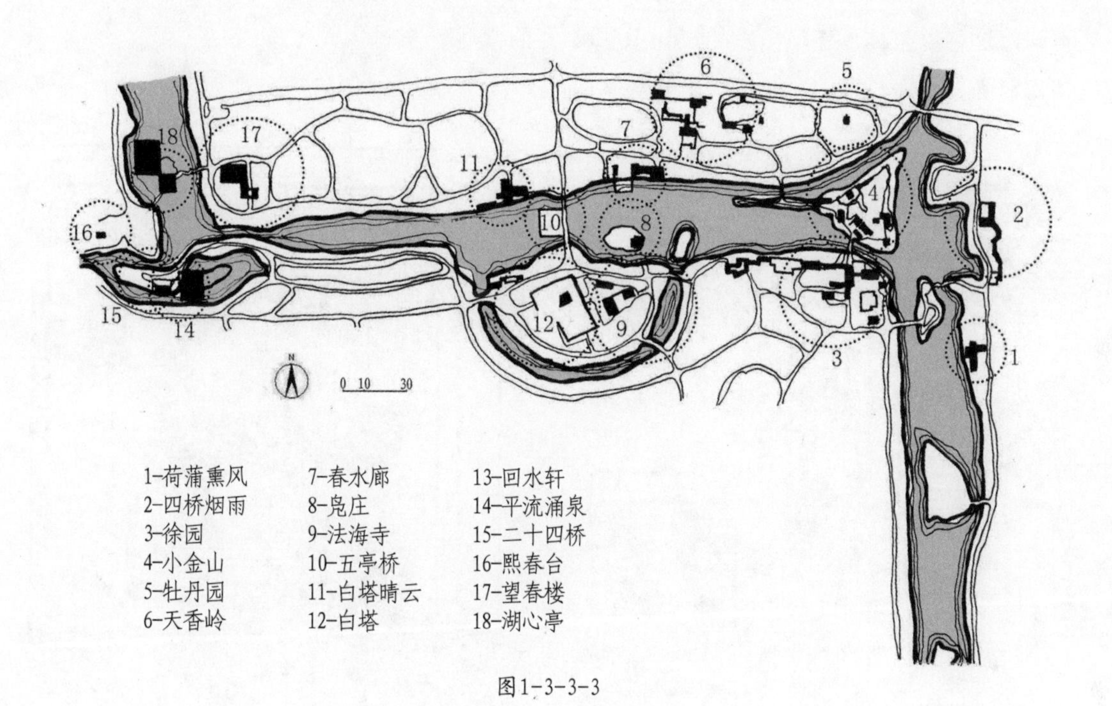

图1-3-3-3

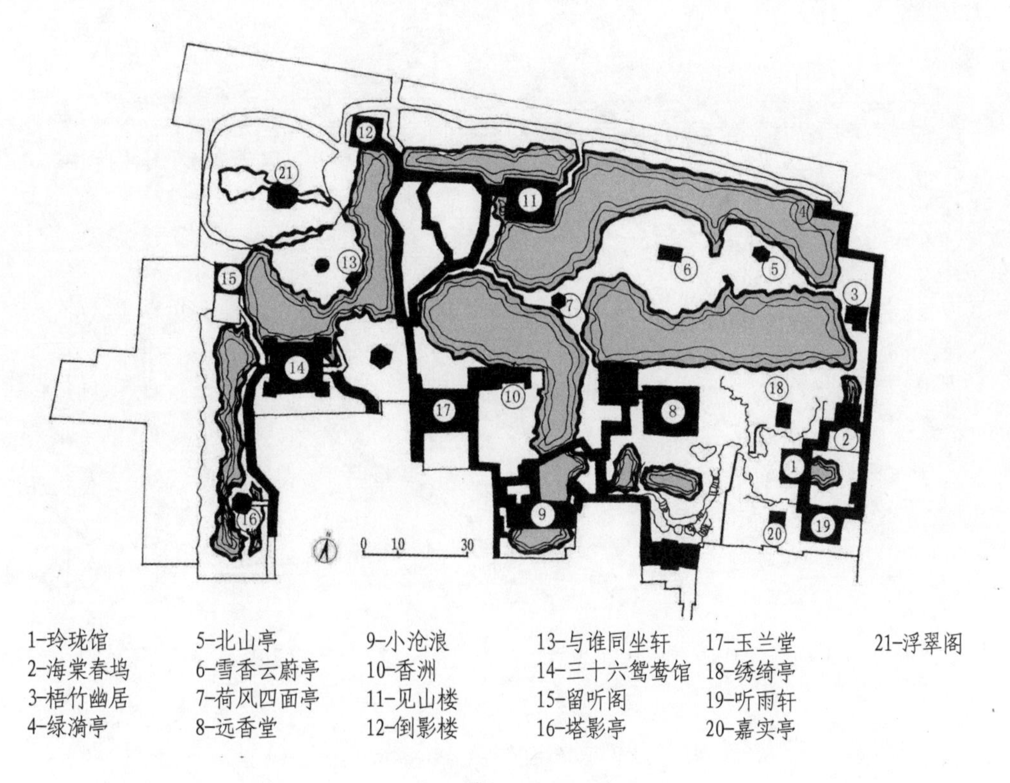

图1-3-3-4

无论是动态的水还是静态的水，当其经过不同形状和大小的、位置错落的容器时，由于它们都含有水这一共同的因素而产生统一的整体感（见图1-3-3-5）。

1960年代，美国的城市公共空间建设中出现了一种以水景贯穿整个环境设计，将各种水景形式溶于一体的水景设计手法。它与以往所采用的水景设计手法不同，这种以整体水环境出发的设计手法将形与色、动与静、秩序与自由、限定与引导等水的特性和作用发挥的淋漓尽致，并且开创了一种能改善城市小气候、丰富城市街景和提供多种目的与使用于一体的水景类型。最著名的是劳伦斯•哈普林（Lawrence Halprin）设计的美国波特兰市的系列水景广场堪称美国至今所建成的水景中最精彩、别具匠心的杰作（见图1-3-3-6，图1-3-3-7）。此外，波特兰市的拉夫乔伊广场水景等也都是整体水环境设计的典型例子。

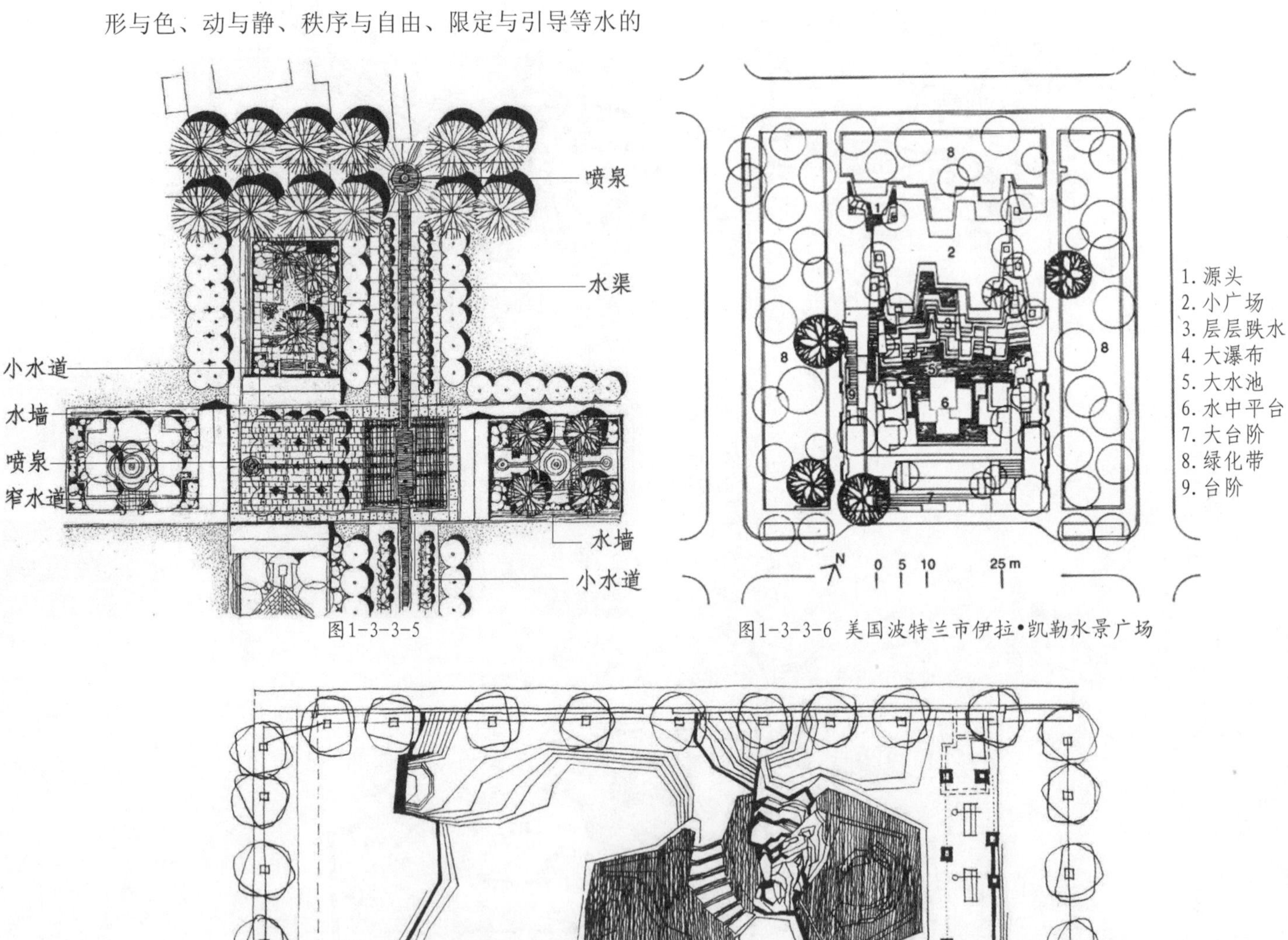

图1-3-3-5

图1-3-3-6 美国波特兰市伊拉•凯勒水景广场

图1-3-3-7 美国波特兰市拉夫乔伊广场

3）界定空间与控制视线

用水面限定空间、划分空间比使用墙体、绿篱等手段生硬地分隔空间、阻挡穿行要自然，使得人们的行为和视线在无意中得到控制。由于水面只是平面上的限定，故能保证视觉上的连续性和渗透性。例如，保尔•弗里德伯格（Paul Friedberge）设计的某公共环境，四周高、中间低，中央有一片水面，水中设有供各种小型音乐演奏使用的平台，这种用水面划分出来的水上空间具有较强的领域性，因此，观、演场所既分又连，十分自然（见图1-3-3-8）。

此外，设计中常利用水面来限制人的行为并利用视觉渗透作用来控制视距，获得相对完美的构图，达到突出或渲染景物的艺术效果（见图1-3-3-9）。如图1-3-3-10所示的苏州环秀山庄，过曲桥后登栈道，上假山，左侧依山，右侧傍水。由于水面限定了视距，使得本来并不高的假山增添了几分峻峭之感，这种利用强迫视距获得小中见大的手法在空间范围有限的江南私家宅园林中是屡见不鲜的（见图1-3-3-10）。

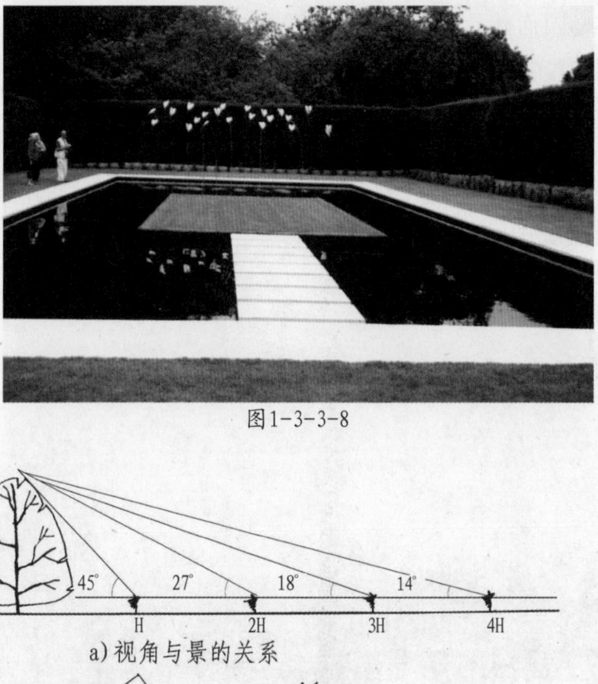

用水面控制视距、分隔空间时应考虑景物的倒影，扩大空间的同时，可以使景物层次更丰富，构图更完美（见图1-3-3-11）。

4）构成视觉焦点

喷涌的泉水、跌落的瀑布等动态水景的形态和声音能引起人们的注意，成为视觉焦点。在设计中，除了要处理好水景与环境的尺度和比例关系外，还应考虑它们所处的位置。通常将水景安排在向心空间的中心点或轴线的端点等视线容易集中的地方，使其突出并成为焦点。可以成为视觉焦点的水景形式有：喷泉、瀑布、水帘、水墙、壁泉等（参见1.3.2）。

图1-3-3-8

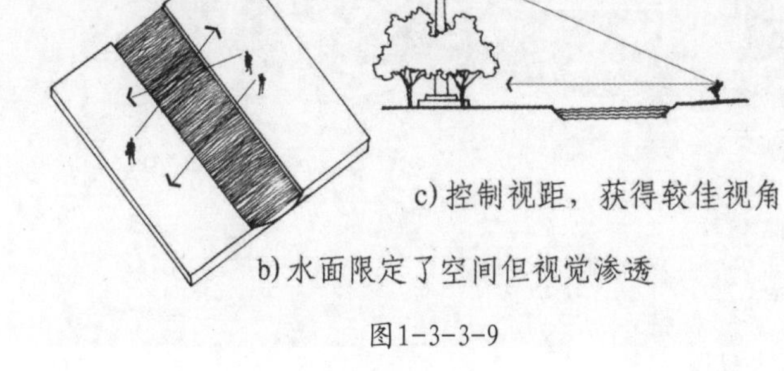

45° 27° 18° 14°
H 2H 3H 4H

a)视角与景的关系

b)水面限定了空间但视觉渗透

c)控制视距，获得较佳视角

图1-3-3-9

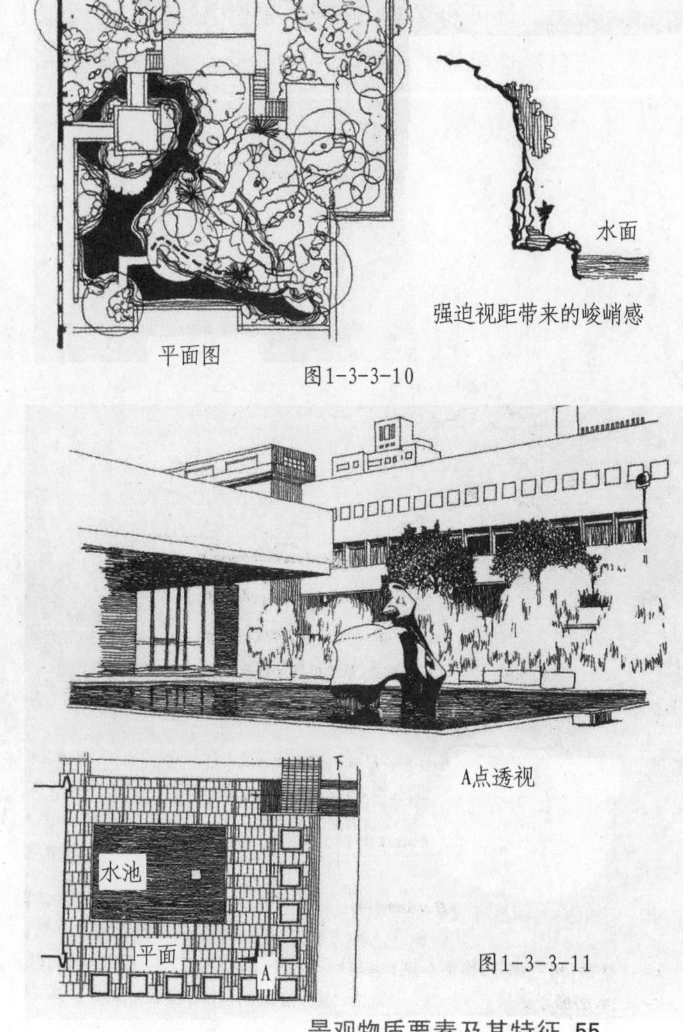

图1-3-3-10

图1-3-3-11

1.3.4 传统造园中的理水

1）中国传统园林理水

在中国古典园林中，水景的设计营造称为“理水”。水景营造以自然山水为范本，讲求源于自然又高于自然，因此，理水必曲折有致、变化丰富。明代文震亨的《长物志》曰：“石令人古，水令人远”。古和远是中国文人品性高尚的标志，因此，叠山理水不仅表达了传统的审美意趣，还寄托了中国文人“宁静致远”的理想追求。

中国古典园林理水艺术是独立发展的一套系统，它着重强调对自然山水景观特征的概括、提炼和再现。对水的自然形态的表现，关键不在于规模大小，而在于其特征表现的艺术真实，突出“虽为人开，宛若天成”的意境。中式理水运用源流、动静、聚分、对比、衬托、声色、光影、藏引等一系列的手法，作符合自然水势的演示，来赢得人们心理上的认可和喜爱。中式水景追求的是一种理想化的自然景观效果。图1-3-4-1是北京大观园水景一角的水榭、柳岸和微波荡漾下的倒影营造出一片天然情致。朱钧珍教授将中国园林近三千年来的传统理水特色概括为以下四个方面。

（1）引水入园，挖地成池。古代的皇家园林水面很大，必然要引江河湖海的水入园构成一个完整的活水系统。如秦始皇引渭水为兰池；汉代的上林苑外围有“关中八水”提供水流；北魏的华林苑引漳水入天泉池，唐代的曲江池引浐河经黄渠入园；至元、明、清的北京三海，颐和园昆明湖，都是引西郊玉泉山的泉水入园，利用自然水源，以扩大园林水面。

颐和园万寿山就是挖昆明湖池堆成的，引入泉水入园，通过昆玉河与整个北京城的水系融为一体。而在一些面积小，又无自然水源的园林则讲究“水意”，挖池堆山，就地取水，以少胜多，甚至取“一勺则江湖万里”的联想与幻觉来创造水景。谐趣园为颐和园中的“园中园”，该园仿江南名园寄畅园而建，面积虽小，但以小胜大，独立成园（见图1-3-4-2）。

图1-3-4-1 北京大观园

（2）山水相依，崇尚自然。中国传统园林崇尚自然，有山皆有水，有水皆有山，因而逐步形成了中国传统园林的基本形式——山水园。山水相依，构成园林，无山也要叠石堆山，无水则要挖池取水。水景的细部处理，如驳岸、水口、石矶以及水中、水边的植物配置和其他装饰，乃至利用自然天象（如日、月）等水景的创作构思，都源于大自然。这种利用自然，摹拟自然，理水靠山，相映成景，就是创造园林水景的一个特色。如杭州西湖三潭印月景观，山水相依，相映成景。

（3）"一池三山"理水模式。自秦代徐福东海求仙以来，海中三神山就以"蓬莱、方丈、瀛洲"之名而引入园林之中。在汉代建章宫的太掖池、北魏华林苑的天渊池、唐代大内的太掖池及以后的各个朝代大型园林中，如杭州西湖、北京的三海、颐和园等，多有三神山的水景，这种理水模式一直沿用至今，它意味着人们对美好愿望和理想的一种追求。

（4）以水的诗情画意，寓意人生哲理。人本来就有亲水的天性，中国又是一个诗的国度，论水、画水之风，甚为普遍。在历代诗人画家笔下关于水的诗篇、画幅何止千万！诗中有画、画中有诗的水景，在中国文学与绘画的丰富宝库中比比皆是。"曲水流觞"等则更是中国文人雅士所独有的一种极具诗情画意与浪漫情怀的游乐方式。而从水的形态、性格来寓意人生哲理，或加以拟人化的诗文，也是多不胜数，寓意颇深。因水而设计、建造园林水景取其哲理者，如北京北海的濠濮涧，承德避暑山庄的濠濮间想亭等，都是寓意于古代庄子与惠子观水中游鱼之乐的对话，而引申出"别有会心，自得其乐"哲理而来的。此外，中国园林水体，尤其是大水面的功能是多方面的，它不仅仅是水景的观赏，如观瀑、赏月、领略山光水色之美，也不仅仅是在水中游乐，如泛舟、掷冰球、垂钓……还兼有蓄水、操练水军及生产鱼藻、荷莲的功能。所以，面状水景具有美观与实用、艺术与技术相结合的特性。

图1-3-4-2 北京颐和园——"谐趣园"

2）日本园林的理水

深受中国影响的日本园林也极其重视水景的创造，即使是结合禅宗发展起来的枯山水也仍不失水的含义，在枯山水中用耙出的水圈或水纹状的沙代表大海、用或矗立或平卧的石块代表山与岛来象征永恒。

日本园林的理水形式主要有池泉式园林、舟游式园林、枯山水园林等。日本园林在吸收中国园林艺术的基础上，又不断向民族化和宗教化方向发展，创造出一种以高度典型化、再现自然美为特征的写意庭园。它们那种抽象、纯净的形式，给予人们无限遐想的天地。人们可以凭借自己的人生观、思想素养和生活经历，去塑造心目中神圣或美好的境界。它追求的与其说是宗教思想，不如说是美学的境界。它的产生和发展，与日本人的民族情感有着密切的联系（见图1-3-4-3）。

图1-3-4-3

3）意大利园林的理水

意大利园林中的水主要都是动态的，这与它们多建于坡地上有关。地势的落差为水的流动创造了天然的有利条件。尽管池泉、沟渠都是用石头砌成并雕以几何图形，表现出程式化，但奔流的水给花园带来了动感，光影的明灭闪烁和流水清凌的声音，生气勃勃，充满生命感。意大利园林中的水景再现了水在自然中的各种形式：有出自岩隙的清泉，有急湍奔突的溪流，有直泻而下飞珠溅玉的瀑布。他们在花园中安放大大小小的喷泉池，建造“水风琴”、“水剧场”，利用水流的力量造成气流使金属管子发声，用水力驱动飞鸟走兽，发出鸣叫或吼声，还装设许多嬉水喷嘴，游人无意中踩到机关，水就会从四面八方射来（见图1-3-4-4）。作为对水的一种技巧性处理，喷泉自古以来就盛行不衰。整个古代中世纪喷泉都被用在意大利园林中，到文艺复兴时期更成为必不可少的元素，人们将喷泉视为意大利园林的象征。虽然在中世纪喷泉兼有实用和装饰两种功能，但在文艺复兴时代喷泉就为装饰而造了。并且为了加强装饰效果，在喷泉中放置雕像，施以雕刻造成所谓雕塑喷泉，即用柱支撑一个或数个水盘，盘顶安置雕像，整体成塔形；有的采用群雕或其他形式。喷泉采用石材，柱头上的雕像用青铜制成，雕刻题材多描绘神话中的神、英雄、动物的形象，喷泉的命名大多以雕像来决定。

壁泉在意大利园林中被广泛使用（图1-3-4-5）。壁泉也有各种形式，有的在挡土墙上作各种伪装，水从中喷射出来；也有的在挡土墙凹下处设壁龛，水则从壁龛的雕塑中喷射出来等等。池泉是展现水的静态美的设施，其中有设置喷泉的池泉，形状有圆也有方，其规模大小各不相同。

图1-3-4-4

图1-3-4-5

4）法国古典园林的理水

法国古典园林虽多建于宽广的平地上，也喜用大面积静水做“水镜”反射景观，但无论是大道还是草坪，总要装置各式喷嘴让水喷射，而筑有雕像的喷泉池也是必不可少的，孚·勒·维贡府邸第二台地中轴路边，左右密密排列着小型喷嘴，喷出的水柱不高但间隔很近，形成“水晶栏杆”。

在勒·诺特尔的作品中，就大量地利用水，这从凡尔赛宫苑中就可见一斑。从“水花坛”开始，有“金字塔喷泉”、“拉托那喷泉”、“萨索利喷泉”、“阿波罗喷泉”（见图1-3-4-6）、“尼普顿喷泉”、“水剧场”等等，不胜枚举，它们制作得十分精致，充满了流水之美。在法国，阶式瀑布虽然不像在意大利那样盛行，但从古版画、照片及马利、圣克洛德庭园中仍能见到它的佳作。水渠是富有勒·诺特尔式造园特征的最重要的一种手段。维康府邸庭园中的水渠被当作横向的轴线；凡尔赛宫苑中的水渠呈十字相交。欲使庭园看起来显得更加宽阔的最有效的手段非水渠莫属，不仅如此，水渠还为当时的贵族们提供了游乐的场所。他们在其中一边乘船游玩，一边在船上演奏所谓的水上音乐，每当此时，流水往往使音乐之声更加婉转动听。此外，在游园会上时常燃放焰火，五彩缤纷的色彩映在水面上，使庭园更加绚丽多姿。

5）英国古典园林的理水

英国古典园林犹如天然牧场，以草地为主，生长着自然形态的老树，有曲折的小河和池塘。与其他西方国家不同，创造出曲折静谧的水景（见图1-3-4-7）。

布朗是英国造园家中第一个重视水的设计师，他常以湖泊为园的中心，追求明亮开阔、宁静亲切的感觉，为形成各种各样的湖泊，不惜修筑闸坝以提高水位。布朗擅长处理风景园中的水景，他的成名作就是为格拉夫顿公爵设计的自然式水池。布里奇曼在造园中首创了称为“ha-ha”的隐垣，将园林的边界化为无形，并延伸了景观视野，类似于中国园林中利用水来借景并增加空间的层次，使空间更加深远。英式园的不少设计理念与中国园林思想相契：认为蜿蜒活泼的曲线比整饬的直线要美，因为它“道法自然”。蒲柏提出了“产生差异，起好奇心，隐藏边界”的观点，颇符合我国园林“步移景异”、“曲径通幽”的做法。

图1-3-4-6

图1-3-4-7

1.4 植物

植物是具有一定形态、大小、色彩与质感的生命有机体，景观特征多样。首先，植物是多变的，它们随着季节变迁而不停地改变着色彩、质地、叶丛疏密等几乎全部的特征。如落叶植物通常在一年中有四个截然不同的观赏特征：春季叶嫩花艳；夏季枝繁叶茂；秋季叶色斑斓；冬季枯枝冬态。其他植物，虽不如落叶植物变化丰富，但它们也会随季节的冷暖或干湿发生花开花落、枝叶更替的变化。即使是沙漠植物，也会在冬、春呈现出外表的变化。其次，植物能改善环境，为人们带来自然、舒畅的感觉，特别是在呆板、枯燥的城市环境中。

植物的动态变化特征使其在景观营造中具有重要的作用。植物既是景观季相变化的重要媒介，又是文化生态性的重要载体，因此，植物是园林景观不可或缺的物质要素。从自然科学的视角来看，植物与建筑、山水的关系，是生物与非生物环境相互之间的生态学关系；从艺术美学的视角来看，植物对于建筑、山水的关系，是作为生态艺术品的山水画、山水园林必不可少的构建关系。在中国古典园林中，植物具有重要的审美功能。宋代郭熙的《林泉高致》中说到，“以山水为血脉，以草木为毛发……故山得水而活，得草木而华”。对于山来说，植物不仅是衣饰，而且也是“毛发”。山得到植物，就不会枯露，就有华滋之美，就会气韵生动，具有活泼泼的生趣。因此，可以这样说：画无花木，山无生气；园无花木，山无生机。因此，景观里的生意、生气、生机、生趣……和植物也存在着密切的关系。

1.4.1 植物类别

植物分类的方法很多。依据植物的大小及外部形态，植物可分为：乔木、灌木、藤本、竹类、草本花卉、水生植物、草坪与地被等七类；依据植物叶片四季的脱落状况可分为常绿植物、落叶植物两类；依其叶形可分为阔叶植物与针叶植物两大类。

1）乔木

一般而言，乔木具有体形高大、主干明显、分枝点高等特点。依其体形的高矮常分为：大乔木（20米以上）、中乔木（8～20米）、小乔木（8米以下）三类。乔木通常属于骨干植物，不论在功能上还是艺术处理上，都能起到主导作用。乔木大体有孤植、对植和列植、丛植、群植等几种配置方式。

图1-4-1-1

图1-4-1-2

图1-4-1-3

（1）大中乔木。好比一幢楼房的结构框架，大中型乔木能构成室外环境的基本结构和骨架（1-4-1-1）。在布局中，当大中乔木居于较小植物之中时，它将占有突出的地位，成为视觉的焦点（见图1-4-1-2）。大中型乔木对景观的整体结构和外观的影响是最大的，因此在种植设计中应首先确立大中乔木的位置，然后安排小乔木与灌木，来完善和增强大乔木形成的结构与空间特征。

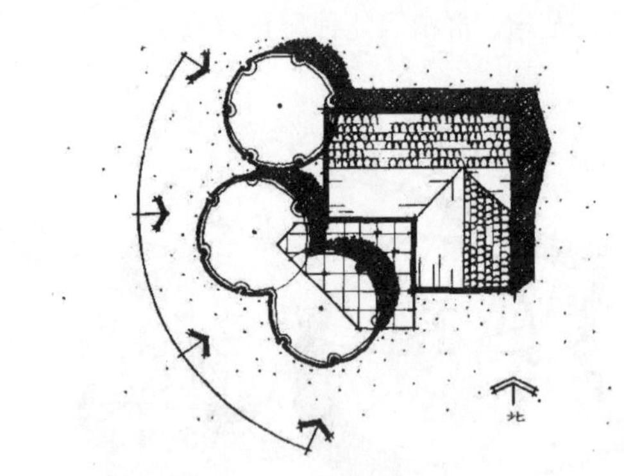

图1-4-1-4

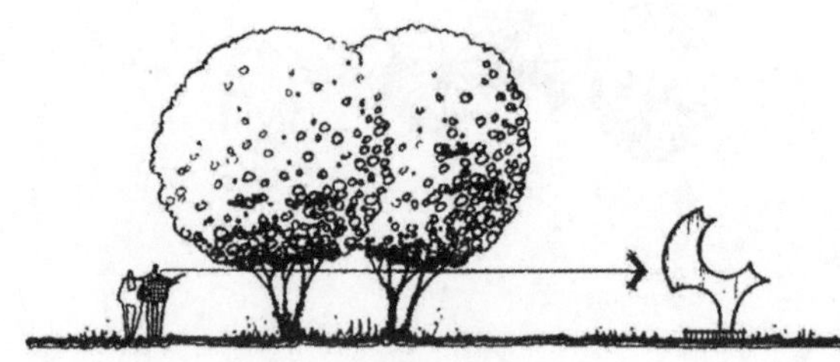
图1-4-1-5

图1-4-1-6

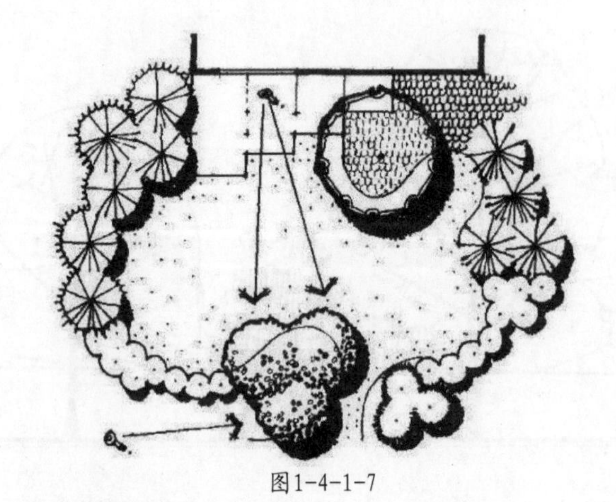
图1-4-1-7

大中乔木的树冠和树干能成为室外空间的“天花板与墙壁”，在顶平面和垂直面上限定空间（见图1-4-1-3）。室外的空间感将随树冠的实际高度而产生不同程度的变化，当树冠离地面3～4.5m高时，空间显得宜人；若树冠离地面10m以上，则空间就显得开阔。

大中乔木在室外空间中具有遮阴效果。夏季气温炎热时，林荫处的气温通常比空旷的硬地低，在树荫下的建筑的室内温度会比室外温度低6摄氏度。为了取得最大的遮荫效果，大中乔木应种植在场地或楼房的西南、西面或西北面（见图1-4-1-4），在炎热的午后，太阳的高度角在发生变化，在西南面中最高的乔木与西北面次高的乔木形成的遮荫效果是相同的。夏季对空调机的遮荫，还能提高空调机的效率。美国冷却研究所的研究表明，被遮荫的分离式空调机冷却房间能节能3%。

此外，乔木能为其它植物的生长提供生态上的支持。有些灌木和草本植物如八仙花、牡丹（开花时）、玉簪、宽叶麦冬、吉祥草等需要在适当遮荫的条件下才能生长良好，全光照下容易被灼伤或生长不良。还有一些植物需要附生在乔木树体上生长，乔木的树干就成了它们生长的“土壤”。而利用乔木坚实的躯干“向上爬”更是许多藤本植物的惯有习性。

（2）小乔木。高度在8米以下的植物为小乔木，这类植物能从垂直面和顶平面两方面限定空间。小乔木的树干能在垂直面上暗示出空间的边界；当其树冠低于视平线时，将会在垂直面上完全封闭空间；当视线能穿透树干和枝叶时，小乔木就像前景的漏窗（参见4.3.3），使空间具有较大的深远感（见图1-4-1-5）。

小乔木也可以作为焦点和构图中心（见图1-4-1-6），在狭窄的空间末端种植观赏性小乔木，可以起到引导和吸引游人进入空间的作用（见图1-4-1-7）。

2）灌木

灌木没有明显的主干，多呈丛生状态。高度在2米以上的通常称为大灌木，1～2米为中灌木，不足1米的为小灌木。灌木的类别与特征如下：

（1）大灌木。大灌木犹如一堵围墙，能在垂直面上界定空间。由大灌木所围合的空间顶部开敞，具有极强的向上趋向性（见图1-4-1-8）；由两列大灌木构成的长廊型空间，能将人的视线和行动直接引向终端（见图1-4-1-9）。大灌木可被用作视线屏障，在低矮灌木的衬托下，或成为构图焦点；或成为雕塑等特殊景物的背景（见图1-4-1-10）。

（2）中灌木。中灌木通常贴地或仅微微高于地面，在构图中可起到高灌木或小乔木与矮小灌木之间的视线过渡作用，也可形成围合空间。

（3）小灌木。小灌木的高度在30厘米以上，低于30厘米的植物一般称作地被。小灌木是以暗示的方式来限定空间（见图1-4-1-11）。构图上，小灌木能起到从视觉上连接不相关因素的作用（见图1-4-1-12）；充当附属因素，能与较高的物体形成对比，使大尺度的景物具有亲密感。小灌木的应用，一般以具有一定数量的集中使用才可获得较佳的观赏效果（见图1-4-1-13）。

图1-4-1-10

图1-4-1-11

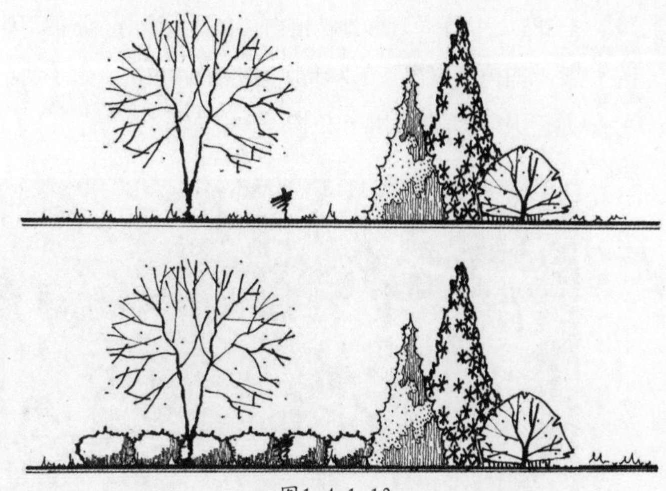

图1-4-1-12

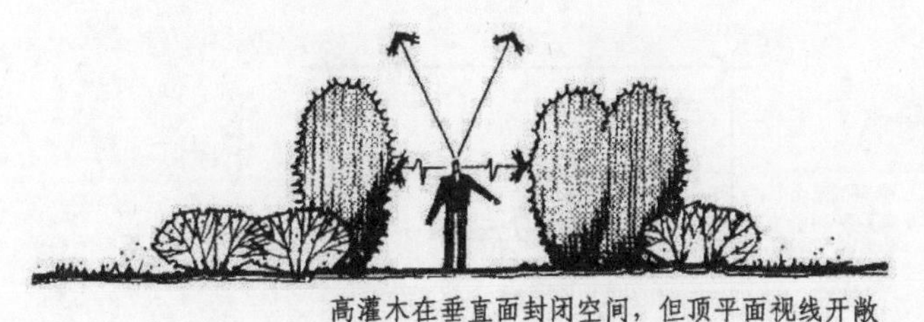

高灌木在垂直面封闭空间，但顶平面视线开敞

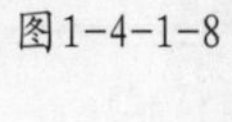

图1-4-1-8

图1-4-1-9

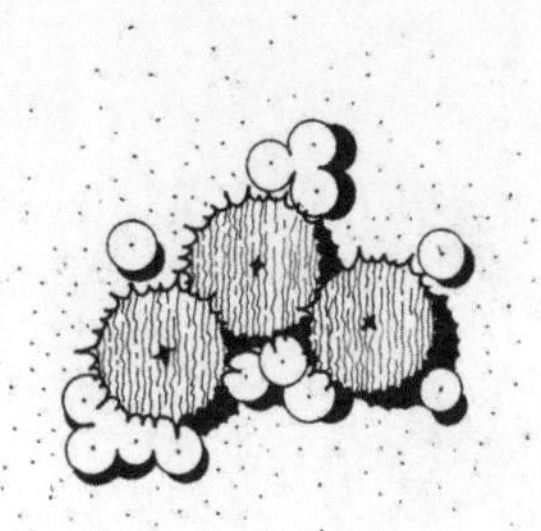

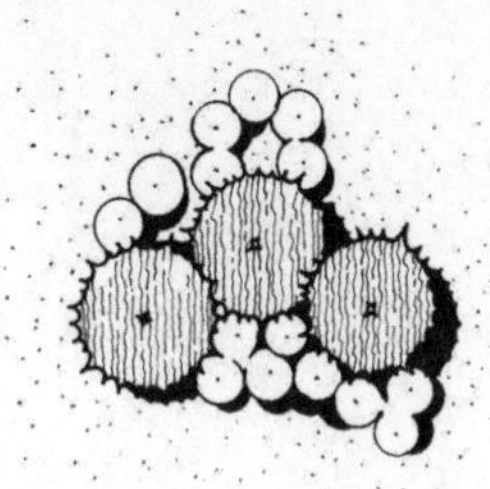

图1-4-1-13

3）草坪与地被

地被又称地被植物，是指高度在30厘米以内的所有低矮、爬蔓类植物。地被植物的种类多样、特征各异，有草本也有木本。草坪是地被的一种，指草本植物经人工建植后形成的具有美化和观赏效果，或能供人休闲、游乐和适度体育活动的坪状草地，包括游憩性草坪、观赏性草坪、运动性草坪与护坡草坪等（见图1-4-1-14）。

草坪与地被作为室外空间的植物性“地毯”或铺地，对人们的视线及运动方向不会产生任何屏蔽与阻碍作用，可构成自然连续的空间。

与矮灌木相类似，草坪与地被可暗示空间的边界，常在外部空间中被用作划分不同型态的地表面（见图1-4-1-15）。地被植物能在地面上形成优美图案，起到装饰和引导视线的作用（见图1-4-1-16）。草坪与地被还可衬托主要因素或作为主要景物的无变化的中性背景（见图1-4-1-17），使人们在视觉上将其它孤立因素或多组因素联系成一个统一的整体（见图1-4-1-18）。由于草坪和地被植物具有固土作用，常被用作陡坡的护坡植物。在大于4:1坡度的斜坡上，由于剪草养护困难，宜多用地被植物，少用草坪。

图1-4-1-14

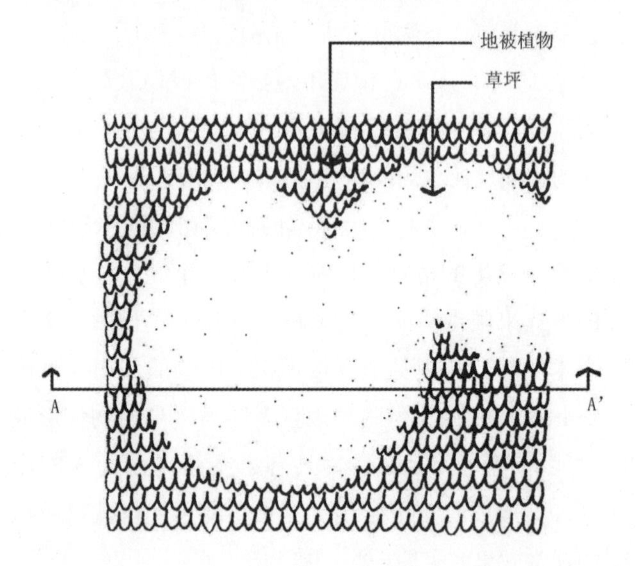

图1-4-1-17

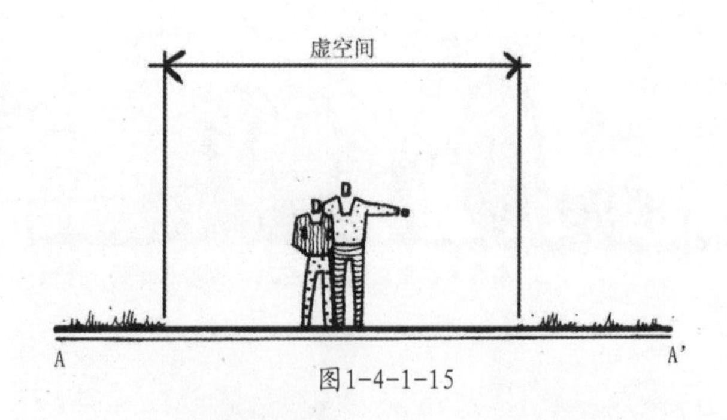

图1-4-1-15

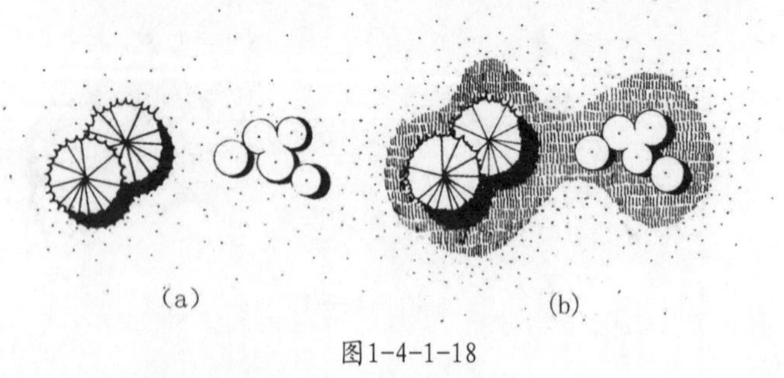

图1-4-1-18

图1-4-1-16

4）藤本植物

藤本植物必须以墙体、护栏、景石、构架或其他支撑物为依托，形成竖直悬挂或倾斜的竖向平面构图，使其能够较自然地形成封闭或围合效果，并起到柔化附着体的作用（见图1-4-1-19）。

藤蔓类植物主要有二美：花叶的色泽美与枝干的姿态美。比如紫藤、爬山虎、凌霄、葡萄等。特别是古藤枝干的姿态美，不仅有花开一时的瞬间美，即使在花谢叶落后，也令人寻味。它左盘右绕，筋张骨屈，既像骇龙腾空，苍劲夭矫，拗怒飞逸，又像惊蛇失道，蜿蜒奇诡，奋势纠结……藤蔓的这类姿态美，从某种视角来看，又是一种不可名状的抽象美。在画家的眼中，爬山虎之类都脱去了藤蔓的实体，净化为线形的精灵，是一种抽象范畴的美。

藤本植物种类繁多，姿态各异，通过茎、叶、花、果在形态、色彩、质感、芳香等方面的特点及其整体构型，表现出各种各样的自然美。例如，紫藤老茎盘根错节，犹如蛟龙蜿蜒，加之花絮硕长，开花繁茂，观赏效果十分显著（见图1-4-1-20）；五叶地锦依靠其吸盘爬满垂直墙面，夏季一片碧绿，秋季满墙艳红，对墙面和整个建筑物都起到了良好的装饰效果（见图1-4-1-21）；茑萝枝叶纤细，体态轻盈，缀以艳红小花，显得更加娇媚；而观赏南瓜爬满棚架，奇特的果实和丰富的色彩给人以美的享受。藤本植物用于垂直绿化极易形成立体景观，既可观赏又能起到分隔空间的作用，加之需要依附于其它物体，显得纤弱飘逸，婀娜多姿，能够软化建筑生硬的立面，给建筑带来无限的生机。藤本植物除能产生良好的视觉形象外，许多种类的花果还具有香味，从而带来嗅觉美感。

图1-4-1-19

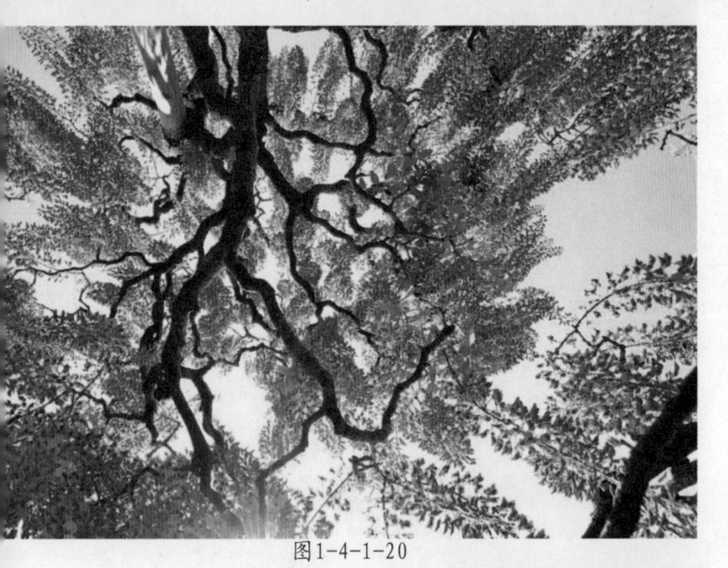

图1-4-1-20

图1-4-1-21

5）竹类

竹类属于禾本科的常绿乔木或灌木，枝干质浑圆，中空而有节，皮多为翠绿色，也有呈方形、实心及其他颜色和形状的竹，如紫竹、金竹、方竹、罗汉竹等。

从春秋时期卫国的淇园修竹（见《诗•卫风•淇奥》）开始竹就逐渐成为传统的景观植物，至两晋南北朝时期，竹更成为人们喜闻乐见的审美对象。竹林七贤之一的嵇康有园宅竹林；王羲之修禊兰亭，有茂林修竹；梁朝刘孝先的《咏竹》是最早的咏竹诗，诗中写道："无人赏高节，徒自抱贞心。"以后更受文人墨客的青睐，直至清代的郑板桥画竹，竹贯穿于整个中国的诗画史乃至文化心理史，构成了传统的竹文化，对现代植物造景产生了不可忽视的深远影响。

竹的品类较多，不同类别竹子的美也同中有异（见图1-4-1-22）。竹有四美：猗猗绿竹，如同碧玉，青翠如洗，光照艳目，这是它的色泽之美；清秀挺拔，竿劲枝疏，凤尾森森，摇曳婆娑，这是它的姿态之美；摇风弄雨，滴沥空庭，打窗敲户，萧萧秋声，这是它的音韵之美；清晨，它含露吐雾，翠影离离，月夜，它倩影映窗，如同一帧墨竹，这是它的意境之美。

图1-4-1-22

图1-4-1-23

图1-4-1-24

图1-4-1-25

图1-4-1-26

6）花卉

花卉是指姿态优美、花色艳丽、花香郁馥，具有观赏价值的草本和木本植物，以草本植物为主，其姿态、色彩、芳香对人的精神有积极影响。花卉的造景形式有花坛、花境、花丛与花群、基础栽植、室内装饰、温室布置等（参见3.3.2）。

根据生长期的长短、根部的形态以及对生态条件的要求，花卉分为四类：一年生花卉、两年生花卉、多年生花卉、球根花卉。

一年生花卉是指春天播种，当年开花的花卉，如鸡冠花、凤仙花、波斯菊、万寿菊等（见图1-4-1-23）。两年生花卉是指秋天播种，次年春天开花的种类，如金盏菊、花叶羽衣甘蓝等（见图1-4-1-24）。以上两者一生中都只开一次花，然后结实，最后枯死。一二年生花卉多半具有花色鲜艳、花香馥郁、花期整齐的特点，但因其寿命短，管理工作量大，一般只在重点区域种植，以充分发挥其色、香、形三方面的特点。

多年生花卉又称宿根花卉，是指一次栽植能生存多年，年年开花，如芍药、玉簪、萱草等（见图1-4-1-25）。多年生中有很多耐旱、耐湿、耐荫及耐瘠薄土壤的种类，适应范围比较广，可以用于花境、花坛或成丛成片布置在草坪边缘、林缘、林下或散植于溪涧山石之间。

球根花卉是指植物的地下部分（茎或根）肥大成球状、块状或鳞片状的一类多年生草本花卉，如大丽花(见图1-4-1-26)、唐菖蒲、晚香玉等。这类花卉多数花形大、花色艳丽，除布置花境或与一二年生花卉搭配种植外，还可供鲜切花用。

7）水生植物

水生植物是指生长在水中、沼泽或岸边潮湿地带的植物。依据其生态习性、适生环境和生长方式，可以将水生植物分为挺水植物、浮叶植物、沉水植物以及岸边耐湿植物四类。

挺水植物指茎叶挺出水面的水生植物。园林中常见的挺水植物主要有荷花、菖蒲、水芹、水葱等（见图1-4-1-27）。浮叶植物是指叶浮于水面的水生植物，常见的有睡莲、凤眼莲、红菱等（见图1-4-1-28）。沉水植物是指整个植株全部没入水中，或仅有少许叶尖或花朵露出水面的水生植物，常见的有金鱼藻、红蝴蝶、香蕉草等（见图1-4-1-29）。岸边耐湿植物主要指生长于岸边潮湿环境中的植物，有的甚至根系长期浸泡在水中也能生长，如落羽杉、水松、红树、水杉、池杉、垂柳、旱柳、黄菖蒲、萱草、落新妇等（见图1-4-1-30）。

水生植物在水景中起着画龙点睛的作用，以其洒脱的姿态、优美的线条、绚丽的色彩点缀水面与水岸，并形成水中倒影，使水体变得生动活泼，加强了水体的美感。景观中的水体，无论面积和形状如何，均可借助水生植物来丰富水体景观，清澈透明的水色、平静如镜的水面是植物景观的底色，与绿叶相互协调、与鲜花衬托对比，相映成趣，景色宜人。

中国古典园林不仅利用水生植物自身的形态风韵创造景观，还给许多水生植物赋予了丰富的文化内涵。不论是气势恢宏、富丽堂皇的北方皇家园林，还是精巧雅致的江南私家园林，水生植物的造景都强调意境的创造。水生植物以其独有的风姿、深远的文化内涵和寓意，营造出众多著名的景点，如承德避暑山庄著名的七十二景中以水生植物命名的景点就有“曲水荷香”、“香远益清”、“采菱渡”、“观莲所”等（详见5.2.2，6.5.1）。

西方园林中也非常重视水生植物的应用。与中国园林中常用水生植物创造富有意境的景观空间的设计手法不同，西方园林多以展现水生植物自身的形体美为主，通过水生植物对水体的点缀而使人产生回归自然的感觉，特别在自然式园林中，对池沼、小溪、河流、湖面等水体除了布置水生植物外，十分重视选用耐水湿的植物在岸边或浅水处栽植。

水生植物除了具有独特的造景功能外，还能对水体中的污染物及有害有毒物质进行吸收、分解、过滤和转化，从而对水体起到净化作用，岸边的树木和草本植物具有固土护岸、防止暴雨冲刷的功能，同样发挥着重要的生态作用。

图1-4-1-27

图1-4-1-28

图1-4-1-29

图1-4-1-30

8）落叶植物

落叶植物通常叶片扁薄，秋天落叶，春天再生新叶。常见的落叶植物有银杏、榉树、枫树、马褂木等。在室外空间中，落叶植物具有多种造景功能。

（1）变化的四季相态。许多落叶植物在外形和特征上都有明显的四季差异，在通透性、外貌、色彩和质地上发生的令人着迷的交替变化。因此，落叶植物最显著的特征就是能突出季节的变化，能使景观的季相变化更加显著，更加具有意义（见图1-4-1-31）。

（2）多用途的景观材料。落叶植物从地被植物到参天乔木均具有各种形态、色彩、质地和大小，是一种“多用途植物”。因其特殊的外形、花色及色叶，落叶植物在景观构成中占有突出的地位。

图1-4-1-31a 春

图1-4-1-31b 夏

图1-4-1-31c 秋

图1-4-1-31d 冬

（3）闪烁的光影效果。落叶植物具有让光透射叶丛，使下层植被具有通透性和明快的特性的作用，能产生相互辉映、光叶闪烁的效果。特别适合在人行步道、建筑出入口处等场所种植，既能产生隐蔽安全的作用，又能形成明亮轻快的空间效果（见图1-4-1-32）。

图1-4-1-32

（4）独特的冬态。落叶植物的冬季枝干具有独特的形象，与夏季的叶色和质地同等重要。不同的落叶植物具有不同的冬态，如合欢、榉树等分枝稠密，具有明显的树形轮廓，而火炬树、紫薇等植物具有开放型分枝，整体形象显得杂乱而无明显的树形轮廓（见图1-4-1-33）。因此，在设计中选用落叶植物时，必须综合考虑枝条密度、色彩、外形等多种可变因素。另外，当冬季落叶植物的稀疏枝干投影在路面或墙面上时，可形成迷人的疏影景象，有助于消除乏味的铺地或是墙面的单调感（见图1-4-1-34）。

图1-4-1-33

图1-4-1-34

9）常绿植物

常绿植物的叶片寿命较长，一般在两年以上，不随冬季的来临而落叶，新老叶交替不明显，呈现四季常青的自然景观。常绿植物既有低矮灌木也有高大乔木，并具有各种形状、色彩与质地。常绿树木树体高大，一年四季保持叶色浓绿，在景观中应用广泛，特别是冠大荫浓、气势磅礴的常绿阔叶植物是良好的庭荫树与孤赏树，如香樟、榕树等。中国长江流域及其以南地区常绿阔叶树种较多，而北方地区常绿树则以针叶树为主，阔叶树很少，比如北京引种的广玉兰、女贞、石楠等常绿阔叶树只能在背风向阳的小气候条件下越冬，不能大面积推广。

（1）针叶常绿型。针叶常绿植物不仅没有艳丽的花朵，而且由于其叶所吸收的光比折射出来的光多而使叶色较深，显得端庄厚重，具有稳重、沉实的视觉特征，易产生郁闷、沉思、悲哀、阴森的感觉。常见的针叶常绿植物有白皮松、南洋杉、雪松、龙柏、桧柏等。

针叶常绿植物在冬天凝重而醒目，因此，常绿针叶植物通常宜群植，太过分散会引起整个布局的混乱(见图1-4-1-35)。

过分散乱的布置常绿植物会使布局琐碎

集中配置常绿植物可统一布局

图1-4-1-35

针叶常绿植物相对深暗的叶色，可作为浅色物体、以及色泽较浅的观花植物的背景。每当春暖花开的时候，这些赏花植物在浓郁的常绿植物陪衬下显得异常娇艳夺目。

针叶常绿植物因其叶的密度较大，在屏蔽视线、阻止空气流动方面非常有效，是构筑有效屏障和隐秘环境的最佳植物。若将其种植在建筑或室外空间的西北方位，可用来抵御寒风的侵袭，能使空旷地的风速降低60%（见图1-4-1-36）。

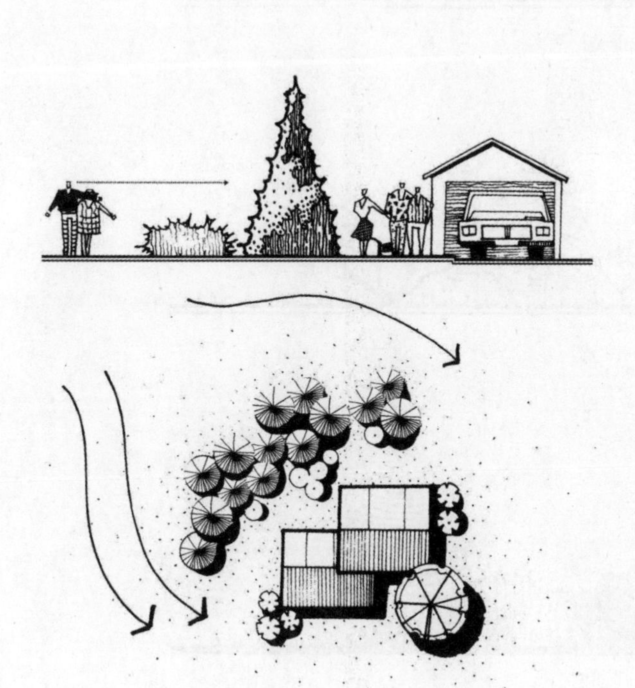

图1-4-1-36

（2）阔叶常绿型。阔叶常绿植物如香樟、广玉兰、榕树、山茶、厚皮香、枇杷、桂花、杜鹃等，叶色几乎都呈现深绿色。与针叶常绿树不同，阔叶常绿植物的叶片具有反光的功能，在阳光下显得光亮，通常能使空间显得轻快而通透。但当其布置在阴影处，也能产生阴暗、凝重的感觉。

阔叶常绿植物因艳丽的春季花色而在设计中被广泛使用，但不能仅仅以其短暂的开花为设计依据，更多的应考虑其叶丛的效果，花朵只能作为附加的效果而加以考虑。除非在特殊的场景，可以艳丽的花朵来作为焦点使用。

阔叶常绿植物既不能抵抗炽热的阳光，也不能抵御极度的寒冷。因此，宜将其种植在有部分阳光照射的地方和温暖的荫凉处，如建筑的东、西，切忌种在有过多的夏季阳光照射或遭到冬季寒风吹打的地方，以免因叶片过渡蒸腾、根部水分不足而长势不好甚至死亡。此外，大多数阔叶常绿植物只在酸性土壤中才能正常生长。

在植物造景中，应充分利用以上两类植物的特性，使常绿植物与落叶植物保持一定的平衡关系，达到好的景观效果（见图1-4-1-37）。落叶植物在夏季分外诱人，但在冬季常因缺乏可视厚度而“黯然失色”（见图1-4-1-38）。相反，仅用常绿针叶植物，景观也往往因植物太沉重阴暗、缺乏季相变化而显得索然无味（见图1-4-1-39）。

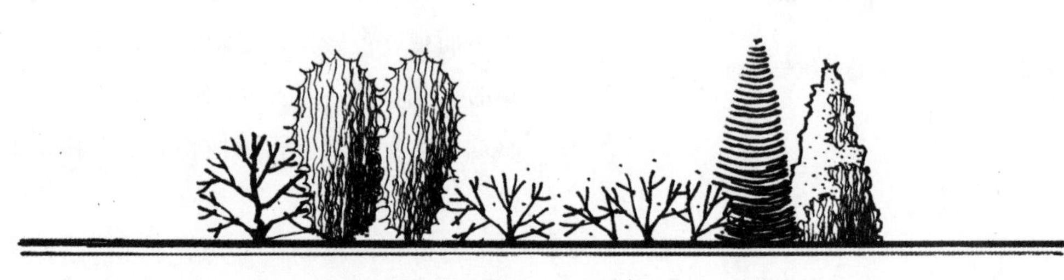

图1-4-1-37

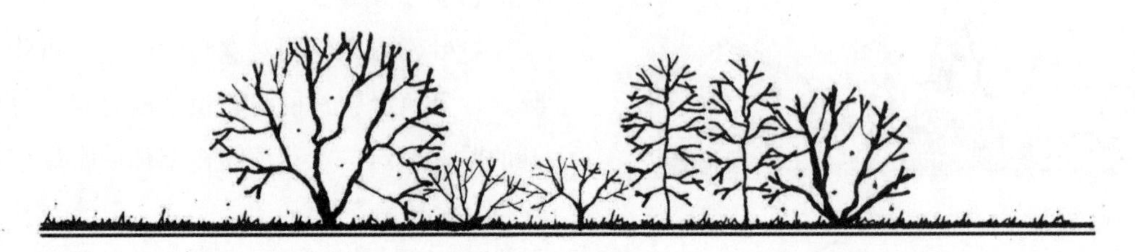

图1-4-1-38

图1-4-1-39

1.4.2 植物的五感特征

人们对植物景观的欣赏，是审美的想象、情感和理解的和谐活动，是由生理的审美感知引发到心理触动的过程。植物的形态、色彩、质感、味道以及声韵引发人的视觉、嗅觉、触觉、听觉和味觉等五种生理感知。在园林植物景观的感知过程中，人的眼睛是最先捕捉到景点的，伴着好奇心，人才会靠近景点，才开始“闻其香”、“触其体”从而“动其心”。因此，游人的植物景观感知活动是有先后主次之分的。人的视觉、嗅觉和触觉感知起着主导性作用，而听觉、味觉以及运动感知发挥着不可忽视的辅助作用。“卧听松涛”、“雨打芭蕉”就是由“听”而感的生动植物景观。

植物景观有群体美、个体美、亦有细部的特色美。无论是群体美，抑或个体美，都是由植物体的各个生命结构组合的物理特性——形、色、味、质在人心理中产生的感应。人们把这些构成景观的植物生命结构称为植物景观素材，主要有植物的根、树干、枝条、叶、花、果与种子、树冠、姿态、味道、质地。图1-4-2-1是从植物景观素材到人的心理活动以至形成景观感受的格式图。

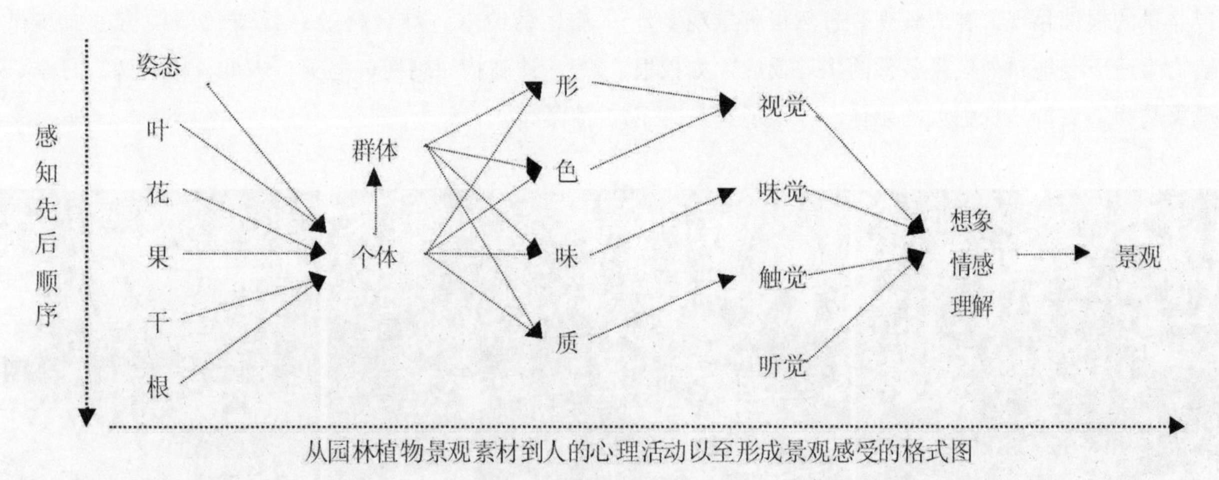

从园林植物景观素材到人的心理活动以至形成景观感受的格式图

图1-4-2-1

1）植物的视觉特征——形态、色彩、质感

植物的形态、色彩与质地引发人的视觉感知，其中质地可同时由人的触觉感知到。植物的根、干、果、花、叶共同构成植物个体的姿态，表现出植物个体多样的形态、色彩与视觉质感特征。本节主要从植物个体的根脚、树干、枝条、叶、花、果实与种子、树冠等分析植物的视觉特征，植物姿态详见2.1.4，植物的色彩详见2.2.2，植物的视觉质感详见2.3.1。

（1）根脚。根的机能是使植物固定在土壤之中，并保证其地上部分能稳定直立，同时也从土地中吸收水分或无机物质输送至茎叶，或存储养分。

典型的根是生长在土壤中的，谈不上什么观赏价值，只有某些根系发达的树种，根部高高隆起，凸出地面，称为根脚，盘根错节，可供观赏。大凡根脚具可赏之姿形的都属于乔灌木类，以其自然形态（如榕树的呼吸根），或加工形态（如人为使观根盆景的根部显现）独成景观。自然根脚景观多是植物为适应当地自然气候条件的生理反应，如板根现象是为了支持植株强大的躯体，膝根现象是为了适应水际环境而得以“呼吸”。然而这却在无意之间平添了景观价值。根脚具有艺术价值的植物有很多，如：帚状根如樟等，根出状根如黑松、榕等，条纹状根如无患子、七叶树等，瘤涡状根如朴、榉等，钟乳状根如银杏、紫薇等，板根状以及膝状根如水松、池杉等（见图1-4-2-2）。

（2）树干。树干的基本机能是支持树冠，并担负着物质运输的功能。树干的观赏价值与其姿态、色彩、高度、质感以及经济价值密切相关。树干具有观赏性的大多是乔灌木，或亭亭玉立，浑厚雄壮，蔚为大观；或奇特怪异，令人惊叹。

干皮的颜色和形态是树干的重要观赏特征（见图1-4-2-3）。干皮的形态有隆起呈乳房状如银杏等；漩涡状如榉树等；平滑状如白皮松、紫薇、悬铃木、山茶、无患子、木瓜、梧桐、玉兰樱花、厚朴、桦木、桉树、榔榆、番石榴等；剥落呈龟甲状如松等；斑状如木瓜、紫薇、山茶、白皮松、榔榆、悬铃木、灯台树等；蛇皮状如构树、血皮槭等，针刺状如刺槐、皂荚、木瓜、柑、橘、月季、蔷薇等。

图1-4-2-2

图1-4-2-3

（3）枝条。树枝的基本功能是支持植物的叶片，以使其获得必要的阳光，同时也负担着运输养分的功能，枝条上能产生不定根者还具有繁殖的机能。树枝是树冠的“骨骼”，枝条以其分枝数量、长短以及枝序角等围合成各种各样的树冠以供赏鉴，所以树冠之美取决于枝条之姿。枝条的形态如下几类：向上型如新疆杨、侧柏、榉树等；下垂型如垂枝榆、垂桑、垂枝榕、龙爪槐等；水平型如冷杉、雪松、云杉、南洋杉、凤凰木等；波状型如龙爪柳、柿等；匍匐型如偃柏、枸杞、迎春等；攀缘型如紫藤、地锦、山荞麦、牵牛等（见图1-4-2-4）。

图1-4-2-4

图1-4-2-6

（4）叶。叶是绿色高等植物的重要器官，它担负着光合作用、气体交换和蒸腾作用，除此之外还能输送和存储养分，以及作为营养繁殖器官的功用。

叶的观赏价值在于叶色和叶形。叶色之美众所周知。一般叶形给人的印象并不深刻，然而奇特的叶形或特大的叶形容易引起人们的注意，如鹅掌楸、银杏、苏铁、棕榈、蒲葵、荷叶、芭蕉、龟背竹、八角金盘等的叶形具有较高的观赏价值。总体而言，叶形可分为单叶与复叶两类（见图1-4-2-5、图1-4-2-6）。

叶的观赏特性除了奇异之态外，还以其群体之姿所产生的不同情态景观给人以美的享受，如棕榈、蒲葵、椰子、龟背竹（见图1-4-2-7）等能营造出轻快、洒脱的意境。

图1-4-2-5

图1-4-2-7

（5）花。花是指有花植物的有性繁殖器官，种类繁多。

花的姿容、色彩能人带来精神上的享受，人们对花的感受往往因种类不同而千差万别。玉兰一树千花、婷婷玉立，植于庭前，登楼俯视，令人意远；荷花高洁丽质，姿色嫣嫣，雅而不俗，香而不浓；梅花姿容、色彩、香味三者兼而有之，“一树独先天下春”是对梅花坚贞勇敢不畏冰霜、冒寒先开品格的赞誉。而“疏影横斜水清浅，暗香浮动月黄昏”则是对梅花神韵的写实，这既是说明梅花与月光相结合的景色，也说明梅花是一种具有香味的植物。其他如牡丹盛春怒放、朵大色艳、气息豪放；夏季石榴似火；金桂仲秋开花，浓香郁馥；隆冬山茶吐艳、腊梅飘香（见图1-4-2-8）。

（6）果实与种子。果实与种子是植物的繁殖器官，除供食用、药用、作香料用之外，很多鲜果具有观赏价值，尤其在秋季，色彩鲜艳的果实散发着果香味，有硕果累累之美（见图1-4-2-9）。

（7）树冠。树冠由枝、花、叶、果等组成，其形状是主要的观赏特征之一，特别是乔木的树冠形状在景观构图中具有重要的意义。树冠的形状一般可概括为：尖塔形（雪松、南洋杉），圆锥形（云杉、洛羽杉），圆柱形（塔柏、钻天杨），伞形（合欢、枫杨）（见图1-4-2-10），椭圆形（馒头柳、），圆球形（七叶树、樱花），垂枝形（垂柳、龙爪槐）（见图1-4-2-11）、匍匐形（偃柏、铺地柏）等。

在自然环境中，树冠的天然形状是复杂的，而且随树龄的增长不断地改变着形状与体积，生长在不同立地条件的同种、同龄的树冠之间也有很大的差异。树冠的观赏特征除了与它的形状、大小有关外，树叶的构造和颜色、分枝的疏密与长短也会影响树冠的艺术效果。

图1-4-2-8 白玉兰

图1-4-2-10 合欢

图1-4-2-9 柑橘

图1-4-2-11 垂柳

2）植物芳香——植物的嗅觉特征

“疏影横斜水清浅，暗香浮动月黄昏”道出了玄妙横生、意境空灵的梅花清香之韵。“三秋桂子，十里荷香”，这是北宋词人柳永描写杭州西湖香景的名句，据说当年金主兀术就是因为读了这个名句，深受引诱而动了南侵之心。

园林之香主要来自植物，名目繁多，举不胜举。芳香植物包括香花植物与分泌芳香物质的植物。常用香花植物有茉莉花、含笑、白兰花、珠兰、桂花、腊梅、素馨、鸡蛋花、猕猴桃、水仙、香雪球、月季、玫瑰、丁香、刺槐、四季米兰、玉兰等；常见分泌芳香物质的植物有山鸡椒、山胡椒、木姜子，香薷、芸香、柑桔、花椒、白千层、柠檬桉、细叶桉、桂香柳、樟、肉桂、月桂、八角、台湾相思、松等。人在感知植物芳香的同时，得以绵绵柔情，引发种种醇美回味，产生心旷神怡、情绪欢愉之感，具有康复的疗效。

香味有重有轻，有浓有淡，亦不乏异味者。有的鲜花香气使人神清气爽，轻松无虑，如猕猴桃、八仙花；有的则使人情意绵绵、兴奋眩晕，如茉莉、桂花等；有些则是分泌芳香物质如柠檬油、百里香油、内桂油等，具有杀菌祛蚊之功效。这些作用于嗅觉的无形的景观信息加强了园景的动人魅力。由于园林地势起伏，又常常被分隔成许多小小的院落，以致人们游览时所闻到的香味往往是若有若无、淡雅含蓄的阵阵清香，这比浓烈而带有刺激性的香更令人陶醉。

中国古典园林中赏香的景点比比皆是。北京颐和园的乐寿堂原是乾隆游园时的休憩之处，后来又作为慈禧的寝宫，堂前庭中名花满地、暗香流溢。其中最闻名的是色似玉、香似兰、淡而幽雅的玉兰。它们是乾隆特地从南方移植而来，当时的北京，玉兰是难得一见的珍品，这里却玉兰成林，所以这里又有“玉香海”的美称。至今，这些已有二百余年历史的玉兰枝干古拙挺拔，成片成林，独压群芳。离乐寿堂不远的一处临湖寝殿——玉澜堂也是赏香的景点，这里清晨常能闻到湖山中飘来的幽香，殿上悬挂的“诸香细挹莲须雨，晓色轻团竹岭烟”对联将昆明湖边的景色描写的十分传神，香不是浓香扑鼻，而是犹如莲蕊细雨般一阵阵从湖面吹过来，表现出一派如诗如画般的意境美。另外，还有赏耦香的耦香榭，赏兰薰桂馥的澄爽斋，赏草木开花时齐荣敷芳的辉殿。北京恭王府花园萃锦园多以植物清香为主景。这里原有吟香醉月、秀挹恒香、樵香径、雨香岭和妙香亭等五六处带有“香”的景致，传说当年曹雪芹写《红楼梦》时曾以此作为书中大观园风景的创作蓝本。苏州拙政园的主厅远香堂也是一处以闻香为主题的景点，堂前月台临大池，池中荷叶田田，每当夏日一阵阵莲香从远处传来，具“香远益清”之意。

熟悉和了解园林植物的芳香种类，包括绿茵似毯的草坪芬芳，远香益清的荷香，尤其是编排好香花植物开花的物候期，充分发挥嗅觉的感知美，“月月芬芳满园、处处馥郁香甜”的香花园是植物造景的一个重要手段。

3）植物音韵——植物的听觉特征

植物景观不仅色美，形美，味美，而且还具有声美。中国古典园林很注重风声、雨声、松涛声、竹萧声等声景的借鉴和创造，如“卧石听松”就是常见的与“卧石听泉”并重的园林主景。常见的花木之音韵有：

（1）松涛。无锡惠山的“听松石床”是江南的一大赏声名景。诗人皮日休有诗文：“千叶莲花旧有香，半山金刹照方塘。殿前日暮高风起，松子声声打石床。”石床原在惠山寺大雄宝殿前，后来移到不二法门前一棵大银杏树底下。当年惠山山麓全是古松，置一块平面光滑，纹理古拙的石床，引人卧石听松涛。传说1127年，金兀术灭北宋，宋高宗赵构仓皇南逃，在去杭州途中经过惠山，在石床上过夜。半夜听到山上松涛齐鸣，疑是金兵追来，吓得他爬起来落荒而逃。从此，这一听松景观便更有名了。

（2）竹萧。岭南四大名园之一的清辉园“竹苑”一景的楹联——“风过有声留竹韵，月夜无处不花香”，表达了主人对风吹新篁而发出的飒飒之声的赏识，使人不禁想起唐诗人王维“独坐幽篁里，弹琴复长啸”的孤傲风姿。

（3）雨打芭蕉。松涛、竹萧之声需要风的帮助，而淅淅沥沥的雨丝打在一些大叶植物上也能发出美妙动听的天籁之声，著名听雨景观有“雨打芭蕉”和“残荷听雨”。芭蕉修茎大叶，姿态入画，高舒垂荫，苍翠如洗，多种于窗前和墙隅，是古典园林中渲染情调，颇具文意的植物。晴天，芭蕉宛如伞盖的大叶能给书斋小筑的窗前投下一片凉爽的绿影；而在雨天，除了其形其色之外，雨点敲打芭蕉叶的轻重缓急的节奏声更令人心醉。如拙政园的听雨轩，院内的池畔石间植有几株芭蕉，得体地创造了一个声色俱美的欣赏空间。留园揖峰轩旁的咫尺庭院，只种了一株芭蕉，隔廊与石林小院的美石相对，也突出了“雨打芭蕉”这一主题。

（4）残荷听雨。池中种植荷花是中国古典园林的传统做法，所以江南宅园中称中心水池为荷花池。荷花出污泥而不染，叶圆而浓绿，花艳而有幽香，观赏价值很高，初夏有“小荷才露尖尖角，早有蜻蜓立上头”之景，盛夏则花香四溢，而源自李商隐名句“留得残荷听雨声”的“残荷听雨”可以说是赏荷的“绝唱”和园中的佳景。

听雨往往在滨水的斋馆中，透过开敞的四壁既可隔水观赏朦朦胧胧的雨景，又可聆听雨落绿盘的嘀嗒声，常常引起游人的诗兴画意。

4）植物味感

在园林景观中，味觉和食欲仅是一种意念，即人们面对结果的植物会产生某种联想。苹果、梨、枇杷、桔子、柿子、银杏、杏、枣、杨梅、石榴等植物果实可给人带来美妙的味觉体验的同时，会使人联想到酸、甜、苦、辣各种滋味，具有精神治疗作用。

5）植物触感

植物的触感是指单株植物或群体植物的干皮、叶片、枝条和芽给人带来的粗糙感与光滑感，换言之是触觉质感。各种植物的叶子、枝条、树干和芽触觉上有明显的不同。有些光滑，有些多刺，有些还有倒刺，每种感觉都是植物触感的一部分（参见2.3.3）。

1.4.3 植物的功能

如前文所述，园林植物具有多样的功能。首先形态各异的植物在生长发育过程中呈现出鲜明的季相特色和自然规律，具有较强的造景功能；其次，城市绿地改善生态环境的作用是通过园林植物的生态效益来实现的，群落化的绿地结构复杂、层次分明、稳定性强且防风、防尘、降低噪声、吸收有害气体的能力也明显增强。第三，园林植物景观同时具有为人们提供休憩的空间、调节人类生理机能、改善城市面貌和投资环境的社会功能；第四，园林植物还具有多种经济价值。具体而言，植物在园林景观营造中具有以下几个方面的作用。

1）空间建造功能

植物本身是一个三维实体，是景观营造中组成空间结构的主要成分。枝繁叶茂的高大乔木可视为单体建筑或立柱，各种爬满构架的藤本植物如同建筑之天花板或屋顶，整形修剪的绿篱颇似墙体，平坦整齐的草坪铺展于水平地面。因此，植物也像建筑、山水等要素一样具有构成空间、分隔空间的功能。种植设计时首先要考虑植物的空间构造功能。植物的空间构造功能主要包括构成空间、障景和控制私密性三个方面（参见4.1.3）。

2）美学功能

从美学的角度来看，植物可以在外部空间中统一和协调环境中其他不和谐因素，突出景观中的层次与分区，软化建筑界面。

（1）协调统一。在构图中，植物能将环境中的不同元素从视觉上连接起来，使杂乱的景色统一起来。这一功能的运用集中体现在城市沿街的行道树，行道树将所有各不相同的沿街建筑物从视觉上连接成一个统一的整体（见图1-4-3-1）。

（2）创造景点。园林植物作为营造园林景观的主要材料，本身具有独特的姿态、色彩、风韵之美。不同的园林植物形态各异，既可孤植以展示个体之美，又能按照一定的构图方式配置，表现植物的群体美，还可根据各自的生态习性合理安排，巧妙搭配，营造出乔、灌、草结合的群落景观（见图1-4-3-2）。

植物能突出或强调某些特殊的景物，使之成为视觉焦点，比如可利用装饰性花坛与种植坛、孤赏树等形态、色彩、质感来突出建筑出入口、道路交叉口的景观。

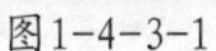

图1-4-3-1

图1-4-3-2 杭州曲院风荷

（3）烘托主景。园林中经常用柔质的植物材料来软化生硬的几何式建筑形体，如基础种植、墙角种植、墙壁绿化等形式。一般在体形较大、立面庄严、视线开阔的建筑物附近，要选用干高枝粗、树冠开展的树种。现代园林中的雕塑、喷泉、建筑小品等也常用植物材料做装饰，或用绿篱作背景，通过色彩的对比和空间的围合来加强人们对景点的印象，产生烘托效果；园林植物与山石相配能表现出地势起伏、野趣横生的自然韵味，与水体相配能形成倒影或遮蔽水源，增加景深。常用植物材料来烘托主景的案例有（见图1-4-3-3）：①纪念性场所，如墓地、陵园等，用常绿树来烘托庄严的气氛；②大型标志性建筑物，以草坪、灌木来烘托建筑物的雄伟壮观；③雕塑，以绿篱、树丛为背景。

图1-4-3-3

（4）软化界面。植物能软化或减弱形态粗糙及僵硬的建筑物界面，不管何种形态、质地的植物都比那些生硬的建筑物和无植被的城市环境显得更为柔和，被植物柔化的空间比没有植物柔化的空间显得更诱人、更富有人情味（见图1-4-3-4）。

（5）形成框景。如同将照片和风景油画装入画框的传统方式，将树干置于景物的一旁，而较低枝叶则高伸于景物之上端，形成一个景框，从而达到将观赏者的注意力集中在景物上的目的（见图1-4-3-5）。

图1-4-3-4 植物软化建筑界面

图1-4-3-5 植物形成的框景

3）体现景观时序变化

四季的演替使植物呈现不同的季相，而将植物的不同季相应用到景观艺术中，就构成了四时演替的时序景观。利用植物表现景观的时序变化必须对植物材料的生长发育规律和四季的景观表现有深入的了解，根据植物材料在不同季节中的不同色彩来创造景观的时序变化，给人带来不同的感受。自然界中花草树木的色彩变化是非常丰富的，春天开花植物最多，加上叶芽的萌发，给人以山花烂漫、生机盎然的景观效果。夏季的季相特征是绿茵匝地、林草茂盛。金秋季节丹桂飘香、秋菊傲霜，而丰富多彩的秋叶秋果更使秋景美不胜收。隆冬草木凋零，山寒水瘦，呈现萧条悲壮的景观（参见1.5.1）。

4）展现地域特色

不同地域环境形成不同的植物景观，如热带雨林与阔叶常绿林植物景观、暖温带的针阔叶混交林植物景观、温带的针叶林景观等都各具特色（见图1-4-3-6）。

根据环境气候条件，各地在漫长的植物栽培和应用观赏中形成了具有地方特色的植物景观，并与当地文化融为一体，甚至有些植物材料逐渐演化为一个国家或地区的象征。比如日本把樱花作为国花，大量种植，每当樱花盛开季节，众人蜂拥而至、载歌载舞，享受樱花带来的精神愉悦，场面十分壮观。荷兰的郁金香、加拿大的枫树也都是极具地方特色的植物景观（见图1-4-3-7）。我国地域辽阔，气候迥异，园林植物栽培历史悠久，形成了丰富的地域植物景观。例如北京的国槐与侧柏，四川成都的木芙蓉，云南大理的山茶，深圳的叶子花，攀枝花的木棉等，都具有浓郁的地方特色。

图1-4-3-6a 温带针叶林景观

图1-4-3-6b 暖温带针阔叶混交林景观

图1-4-3-7a 荷兰郁金香

图1-4-3-7b 加拿大枫叶

图1-4-3-7c 日本樱花

5）营造景观意境

利用园林植物创作意境是中国传统园林的重要特色和宝贵文化遗产，亟待挖掘整理并发扬光大。中国植物栽培历史悠久，通过诗、词、歌、赋和民风民俗留下了歌咏植物的优美篇章，对植物的欣赏由形态美上升到了意境美，达到了天人合一的理想境界。

在园林景观的创作中可借助植物抒发情怀，寓情于景，情景交融。松苍劲古雅，能在严寒中挺立于高山之颠；梅不畏寒冷，傲雪怒放；竹则“未曾出土先有节，纵凌云处也虚心”。这三种植物都具有坚贞不屈、高风亮节的品格，所以被称为“岁寒三友”，常用于纪念性园林中以缅怀先人的情操（见图1-4-3-8）。兰花生于幽谷，飘逸清香。荷花“出淤泥而不染，濯清涟而不妖，中通外直，不蔓不枝”，用来装点水景，可营造出清静、脱俗的气氛（见图1-4-3-9）。牡丹雍容富丽，显高贵大度（见图1-4-3-10）。菊花迎霜开放，深秋吐芳，代表不畏险恶环境的君子风格。其他有“垂柳依依”表示惜别（见图1-4-3-11），桑梓代表故乡，含笑表示深情，红豆表示相思，等等（参见5.1.3，6.5.1）。

图1-4-3-8 松柏

图1-4-3-9 荷花

6）创建生态景观

人工植物群落是生态园林的主要内容，也是生态园林发挥其生态作用的物质基础。只有根据不同的环境条件，营造结构与功能相统一、丰富多彩的植物群落，才能满足生态园林的要求。

生态园林中植物的规模较大，一般有乔木层、灌木层、地被层之分。多层次的植物群落，扩大了绿量，提高了绿视率，通常比零星分布的植物个体具有更高的观赏价值。从林冠来看，高大乔木层参差的树冠组成了优美的天际线；从林缘来看，乔木、灌木、草坪花卉或地被植物高低错落，平稳过渡，自然衔接，形成了自然的林缘线。

在植物群落的营造中，借鉴和模拟野外的自然群落景观，把自然风光引入城市园林，能使城市园林景观富有荒野气息，满足现代人崇尚自然的心理需求。

图1-4-3-10 牡丹

图1-4-3-11 垂柳

1.5 天时景象

景观的天时之美是流动的自然形象，是时空交感的艺术。空间是物质形态广延性的并存序列；时间是物质形态并存的序列。对于物体的空间特性之形状、大小、远近、深度、方向等，人们比较容易通过空间知觉来加以把握；而时间却是无影无踪、无声无息、飘忽流逝、是比较抽象的，不易把握。

时间和空间是互为因依、互为渗透的，既没有无时间的空间，又没有无空间的时间。景观空间同样离不开时间。自然过程对景观艺术是非常重要的，园林景观既离不开春夏秋冬的季相变化，也不可能离开早暮昼夜的时分变化和晴雨雪雾的气象变化。这些时间因素恰恰也是构成园林景观一个不可忽视的物质性元素。中国传统的造园家、园林鉴赏家和理论家们用景观题名、匾额对联等来加以表现，给人们留下深刻印象。

汤贻汾《画筌析览. 论时景》说：春夏秋冬，早暮昼夜，时之不同者也，风雨雪月，烟雾云霞，景之不同者也。景则由时而现，时则因景可知。这里的"时"和"景"，实际上可分为三个系统：春夏秋冬，一年之间有序交替的季相系统；早暮昼夜，一天之内有序交替的时分系统；风雨雪月，烟雾云霞，属于气象系统。简言之，天时景象包括三个系统：季相系统——春夏秋冬；时分系统——早暮昼夜；气象系统——风雨雪月、烟雾云霞。

1.5.1 季相美

天地在时间的流程中默默地显现出春、夏、秋、冬四时周而复始的有序运行，而一年四季除了显现为气候炎凉等的变化之外，更鲜明的显现为山水花木的种种具体形象的先后交替的变化，这都可以称之为季相美。在中国长期的农业社会里，季相意识深入人心。例如《礼记•月令》就说，孟春之月，"天地和同，草木萌动"；季夏之月，"温风时至"；孟秋之月，"凉风至"；季秋之月，"菊有黄花"；孟冬之月，"水始冰，地始冻"……这类民间的岁时观念、季相意识上升和转化到美学的领域，就表现为对春、夏、秋、冬四时的殊相世界的审美概括。山水画论中的"春山淡冶而如笑，夏山苍翠而如滴，秋山明净而如妆，冬山惨淡而如睡"（宋•郭熙《林泉高致》）是对山水花木等不同季相美的综合概括。

园林造景可通过植物、山石、水体等要素，甚至题名来体现四季相态的变化。

1）通过植物营造四季相态的变化

"秋毛冬骨、夏荫春英"（南朝梁•萧绎《山水松石格》）是对植物不同季相美的综合概括。"春英者，谓叶绌而花繁也；夏荫者，谓叶密而茂盛也；秋毛者，谓叶疏而飘零也；冬骨者，谓枝枯而叶槁也"（韩拙《山水春全集》）。植物是变化的，它们随着季节和生长的变化而在不停地改变其色彩、质地、叶丛疏密以及全部的特征。因此，植物是景观季相变化的重要媒介。通过选择不同季相特征的植物来体现"春季鲜花盛开，新绿初绽；夏季浓荫葱茏；秋季叶色斑斓；冬季枯枝冬态"的四季景象（见图1-5-1-1）。常见的春景植物有刚竹、白玉兰、含笑、垂丝海棠、丁香、樱花、桃花、杜鹃、红花継木等；常见的夏荫植物有梧桐、泡桐、鹅掌楸、香樟等，夏花植物有合欢、紫薇、广玉兰、八仙花、栀子花、六月雪等；常见的秋景植物有银杏、榉树、无患子、栾树、桂花、青枫、红枫等；常见的冬景植物有白皮松、五针松、粗榧、腊梅、梅花、山茶、火棘、南天竹等。

2）利用山石营造四季相态的变化

“春山如笑、夏山如怒、秋山如妆、冬山如睡”（清•恽格《瓯香馆画跋》）是对山石不同季相美的综合概括。扬州个园的四季假山，凭借石材、植物、及其他景观要素，使四个假山景观区各具鲜明的殊相特色，并象征着春夏秋冬不同的山林之美。人们从月洞门入园，顺时针绕园一圈，恰好经历一年四季的时间流程。这是一支山林回旋曲：春山简洁明快，利用石笋石与翠竹搭配，形成“雨后春笋”的春景图，是入园的序幕；夏山繁茂丰富，利用湖石、睡莲以及荫木类植物，形成“于夏如竞”的夏景图，是景观的充分发展；经过七间长楼与楼廊的过渡，就到了磅礴雄豪、结构复杂的秋山，利用黄石与秋色叶植物形成“秋风萧瑟天气凉”的秋景图，这是回旋曲的高潮；最后，冬山蜷曲收敛，利用萱石假山、圆形风洞、冰裂纹铺地，配置腊梅、天竹、玉兰等植物，形成“冬尽春来、大地春回”的景象，这是全曲的结尾，而它又和春山气息周流，隔而不断（见图1-5-1-2）。

3）通过水体营造四季相态的变化

“春发”、“夏荣”、“秋淌”、“冬枯”是对水体四季相态的综合概括（见图1-5-1-3）。在工程实践中，通过水景设备控制四季的水位来展示景观季相的变化。

图1-5-1-1

图1-5-1-2 扬州个园四季假山

图1-5-1-3 四季水景

4）通过题名营造四季的相态

如果说个园的假山季相回旋曲用的是“无标题音乐”的手法，那么，中国园林用得更多的是“标题音乐”手法。即在园林题名中体现季相美。如杭州“西湖十景”中的前四景“苏堤春晓”、“曲院风荷”、“平湖秋月”、“断桥残雪”恰恰点出了春夏秋冬的季相美（见图1-5-1-4）。园林名胜中，表现“春”与“秋”两季的题名最多。北京的“燕京八景”中的两景——北海的“琼岛春阴”（见图1-5-1-5）与中南海的“太液秋风”，至今都有石碑铭刻着这两景季相美的标题。琼岛，太液池作为空间因子；春阴，秋风作为时间因子。两者交感而成为一个特殊季相景观。颐和园的知春亭（见图1-5-1-6），是一个重要的点景建筑，设在伸出湖中的岛上。这里，湖面染青，绿柳含烟，可以近观春水，远眺春山。“知春”二字的题名，点出了季相，把较为抽象而不易把握的时间显现为感性的空间形象。北京香山静宜园的“绚秋林”杂植松、桧、柏、槐、榆、枫、银杏等，时逢霜秋，则红橙黄绿，各种颜色陆离纷呈，绚烂明丽之极。“绚秋”二字名不虚传（见图1-5-1-7）。

景观题名，也有四时皆备的。比如北京颐和园的彩画长廊，对称而有序地由东至西建构了“留佳”、“寄澜”、“秋水”、“清遥”四亭，分别象征春夏秋冬“四时行焉”的时间流程，而四亭的题名又用浓缩的语言分别暗示了四个季节的某种最佳意象，给人们提供了宽阔的想象天地。北京圆明园，对于四时季相也做了精心的安排，它的建筑题名有“春雨轩”、“清夏堂”、“涵秋馆”、“生冬室”等，还有仿海宁安澜园而建构的“四宜书屋”。所谓春宜花，夏宜风，秋宜月，冬宜雪，四时无不宜。它力求适应四时最佳季相及其转换，将流动的四时融纳在一个审美的空间里。

苏堤春晓

曲院荷风

平湖秋月

断桥残雪

图1-5-1-4 杭州西湖

图1-5-1-5 北京北海“琼岛春阴”

图1-5-1-6 北京颐和园“知春亭”

图1-5-1-7 北京香山静宜园“绚秋林”

1.5.2 时景美

时分景象系统所显现的美，称为时景美。从历史上看，天时之美中最早被人们系统掌握的是四季之美，因为春夏秋冬有规律的交替变化，明显地造成了一年中的时间序列。至于季相之外其他的天时之美，由于品类繁多而又比较分散零碎。这种阴晴之类的变化往往带有某种无序性、偶然性，所谓“天有不测风云”，而且这一系统中“雪”又与季相系统有关，“月”、“霞”又与时分系统有关。

季相系统和时分系统比较抽象，属于“时”的范筹；气象系统比较具体，基本上属于“景”的范畴。抽象的“时”，要通过具体的“景”才能显露，才能被人理解；具体的“景”，要通过抽象的“时”才能表现。这就是汤贻汾所说的“景则由时而现，时则因景而知”。

园林需要借助于时景美来建构物质性的流动景观。时景之美在园林的内外空间里有种种具象的表现，这里只选择其中的几种加以说明。

1）晨旭

对于清晨和白昼的太阳的美，西方美学家曾不止一次地作过审美礼赞：当太阳一出现在东方，我们的整个半球马上充满了它的光辉的形象。一切向阳的固体的表面，都渲染上阳光或大气光的颜色。自然界中最迷人的，成为自然界的一切美的精髓的，就是太阳和光明。

太阳是光明的形象，它以生命之火普照万物，使一切变得生机勃勃，喜气洋洋，到处荡漾着灿烂欢乐的气氛。因此旭日东升的场景可以成为重要的景观。

（1）“葛岭朝暾”。“钱塘十景”之一的“葛岭朝暾”，因壮观的“日出”景观而得名。葛岭最高峰的“初阳台”，受日最早。人们登台远眺，可以看到浑沌的天际是如何地闪动着一线微明，可以看到即将逝去的黑夜和即将来临的朝暾是如何奇幻交替，可以看到火、热、生命、光明和美是如何翩翩来到人间的（见图1-5-2-1）。

（2）“迎旭楼”。“迎旭楼”在北京颐和园西部湖山之间，这里是迎接伟大光明诞生的好处所。当旭日的金光开始辉耀绿树丛中一座座巍峨华美的殿宇时，是何等的璀璨，何等的壮观（见图1-5-2-2）。

2）夕阳

傍晚的太阳，有它特殊的魅力，它的美全然不同于东方的旭日和高照的红日，似乎更富于诗情画意。在美学家眼里，落日似乎具有颇佳的表情效果。中国的山水诗人都很喜爱夕景：“山气日夕佳”（陶潜《饮酒》），“风景日夕佳”（王维《赠裴十迪》）。

这些古诗也影响了园林的构景，如：圆明园的“夕佳书屋”，颐和园的“夕佳楼”。正因为夕阳余辉映照下的景物确实佳美，在古代的名园中，有许多是以夕照为主题的。如：陕西临潼华清池的“骊山晚照”（八中关景之一），杭州西湖十景之一的“雷峰夕照”（见图1-5-2-3），康熙三十六景之一的避暑山庄的“锤峰落照”。

图1-5-2-1

图1-5-2-2

图1-5-2-3

3）月夜

一年之中春被推为第一；一日之中，朝和夕最为浓媚；而在昼夜阴晴之中“月景尤不可言”。“尤不可言”的月景究竟美在哪里？前人曾归结为月色“移世界”，也就是说，它变移现实空间原有的色、形和情调、氛围，创造出深、净、醇、淡、空、幽、奇、古的种种境界美。

北京圆明园的“山高先得月”、“溪月松风”等景点，在月色朗照下，近处是黑白分明的世界，远处则溶入一派迷蒙之中，到处都掩隐着猜不透的谜。这种味之不尽的境界可称之为“深”。

杭州西湖“平湖秋月”一景在皎洁的月光下则会显得特别空明纯净。这种水天清碧，表里澄洁的境界，可称之为“净”（见图1-5-2-4）。

北京中南海补桐书屋的“待月轩”、“瀛台迎薰亭”有“相对清风明月际，只在高山流水间”对联。如果在明月东升的时候，这里的青绿山水、金碧楼台在月光下会失去自己的正色，缤纷多彩，辉煌灿烂的景物会薄薄地披上一层素朴柔和的光，于是，一切都溶化在统一的色调里，显得那样静穆温雅。壮丽的宫苑景物消失了它原有热烈的色彩，另外呈现出一种“披之则醇”的境界美。

4）阴、雨

玉泉山静明园的“芙蓉晴照”，扬州瘦西湖的“白塔晴云”，都表现了日月光照的晴朗之美。然而，阴、雨之时也能形成不可替代的特殊景象美。

关于西湖晴雨的不同时景，苏轼曾写过一首脍炙人口的《饮湖上初晴后雨》：“水光潋滟晴方好，山色空蒙雨亦奇。欲把西湖比西子，淡妆浓抹总相宜。”在晴空丽日下，西湖的一切清晰分明，显示出瑰美华艳的特殊景象；在丝雨片风之下，西湖的一切缥缈隐约，显示出素雅朦胧的特殊景象（见图1-5-2-5）。苏轼把这两种美概括为“浓抹”和“淡妆”。对以后西湖的审美产生了历史性的影响，特别是对于雨中西湖的朦胧美的发现和品赏，影响更大。

嘉兴烟雨楼在南湖的湖心岛上，古朴雄伟的建筑组群掩映在绿树丛中，水色空蒙，时带雨意，这一独特的园林空间适合在雨中月下欣赏，在雨中游烟雨楼，特别能令人联想起诗人杜牧的名句“多少楼台烟雨中”（见图1-5-2-6）。烟雨能制造距离，在朦胧之中，岛与四周湖崖的距离都拉长了，给人以浩淼无际的空间感。

雨不但能构成视觉之美，而且能构成听觉和嗅觉之美。如雨打芭蕉的乐奏，疏雨滴梧桐的清韵。苏州拙政园的“留听阁”就是取李商隐“秋阴不散霜飞晚，留得枯荷听雨声”的诗意命名。而北京香山静宜园的“雨馆”是取雨有香的主题，表达雨之嗅觉之美。

图1-5-2-4 月夜

图1-5-2-5 杭州西湖雨景

5）雾、雪

雾也是气象流程中的变异，富于诗情画意，有极高的审美价值，需要“我独观其变”。它在情氛上和雨相近，且更能以其模糊性来制造距离。如苏州拙政园中部的雾景，雾把高堂华榭、平台曲桥、近花远树的轮廓全给模糊了，雾景是朦胧美的极致（见图1-5-2-7）。

和雨雾相比，雪在空间逗留的时间或许要长一些，在空间存在的形态或许要固定一些，因为雨是“液态”的，雾是“气态”的，雪是以“固态”存在（见图1-5-2-8）。苏州拙政园香洲和小飞虹纷纷绯绯的雪景。雪更是北方和江南大型园林景观美的建构元素。如：承德避暑山庄的“南山积雪”（康熙三十六景），粉妆玉琢，广阔无垠；北京香山静宜园的“西山晴雪”（燕京八景之一），红装素裹，炫人眼目；杭州西湖的“断桥残雪”（西湖十景之一）。

雪景以杭州西湖更为著名，所以有“晴湖不如雨湖，雨湖不如月湖，月湖不如雪湖”之说。

图1-5-2-7a 美国芝加哥雾景

图1-5-2-6 嘉兴南湖烟雨楼雨景

图1-5-2-8a 美国纽约伊萨卡雪景

图1-5-2-7a 苏州拙政园见山楼雾景

图1-5-2-8b 苏州拙政园香洲雪景

图1-6-0-1

图1-6-0-2

1.6 景观建筑与小品

景观建筑是指为游人提供休憩活动，造型优美，与周围景色相和谐的建筑物。景观建筑能构成并限定室外空间，组织游览路线，影响视线，改善小气候以及影响毗邻景观的功能。

景观建筑最大的特点就是具有“看”与“被看”的功能，即游人可以在建筑中“观景”，建筑本身又是“景观”。所谓“观景”就是让游人在建筑中活动时能欣赏或感受到周围如画的美景，所以景观建筑需要选择恰当的位置，使室外景观能在窗牖之间展开（见图1-6-0-1）。而具有特定造型的建筑本身也是一种景观，甚至能成为控制园景、凝聚视线的焦点。如果能与周围的山水花木相配合，更能使园景增色，所以景观建筑在造型上的要求较高（见图1-6-0-2）。

1.6.1 景观建筑的结构形式

就建筑的起源，结合建筑供人居住的合目的性，可将建筑物分为三个互为关联的层次：“高”即台基层，主要为了避潮湿；“边”即屋身层（墙壁），主要为了御风寒；“上”即屋顶层，主要为了防霜雪雨露。这三个部分既是建筑的内容实质，又是建筑的结构层次。内容实质和结构层次合而为一，不但构成了建筑物的轮廓和形状，而且构成了建筑物的生命和灵魂。它们是外形式和内形式的统一。

图1-6-1-1

1）台基层——建筑的起点

台基是建筑的起点，或者说是建筑的基点。台基的主要功能是避潮湿和稳定屋身。如图1-6-1-1所示的松风亭有明确稳定的台基衬托，台基有一半建于水面上（又称水亭），具有安闲、轻巧、简朴、素净的艺术形象。

图1-6-1-2

2）屋身层——建筑的主体

屋身是建筑的主体，包括墙、柱、门、窗等。如图1-6-1-1所示的松风水阁屋身采用半墙加半窗的形式，墙壁较薄，三面均是连续的半窗，一面为门，外观显得造型明快，风格疏透，室内也显得气息周流，空间畅豁。闭窗可以御风寒，开窗可以纳风凉，表现出高度的灵活性，在功能上也很适合于南方温暖湿润的气候。

如图1-6-1-2所示建筑的屋身以严实封闭为主，没有松风水阁那样的开敞与轻灵疏透。这固然是由于建筑的功能不太适合在四周开窗，但也与北方寒冷的气候环境有关。北方园林中，除亭廊等游览类型的建筑外，一般建筑的屋身很少有三、四面皆开窗的造型和轻灵敞豁的风格，墙壁也与屋顶一样，都较厚实，即使有较多的窗，也主要为了采光，很少开启。因此，自然条件对建筑的影响是至关重要的。北方严寒所以建筑物的外墙和屋顶较厚，用料相应粗壮，建筑外观严实厚重而窗少（图1-6-1-3a）；南方温暖潮湿所以构筑空透，墙薄窗多，用料较细，建筑外观轻盈疏透，以增加空气流动和减低湿度（图1-6-1-3b）。

3）屋顶层——建筑的终点或顶点

屋顶层是建筑的终点或顶点。中国古典建筑坡屋顶造型比屋身更大、更突出，可以与古希腊古罗马建筑的古典柱式类型相毗美。中国匠师充分运用木结构特点，创造了屋顶举折和屋面起翘、出翘，形成如鸟翼伸展的檐角和屋面柔和优美的曲线。

建筑的屋顶形式有平顶式和坡顶式两种。颐和园后山“四大部州”中某些藏式喇嘛寺建筑采用平顶式，表现为异域情调，是中国古典建筑的孤例。屋顶按结构形式来分，有硬山顶、歇山顶、悬山顶、庑殿顶、卷棚顶、攒尖顶、盝顶等几种形式。以上各种屋顶型式还常常相互结合，构成丰富多样的结构型式。其中卷棚歇山型最为普遍，表现出柔和委婉而又不失典雅大方，灵活多变而又不失和谐统一的艺术风格（见图1-6-1-4）。

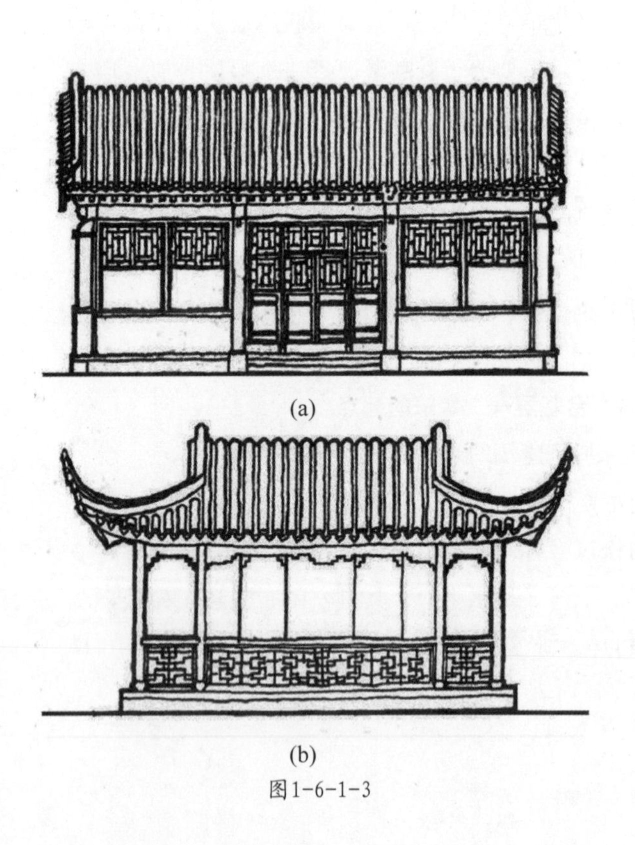
(a)

(b)

图1-6-1-3

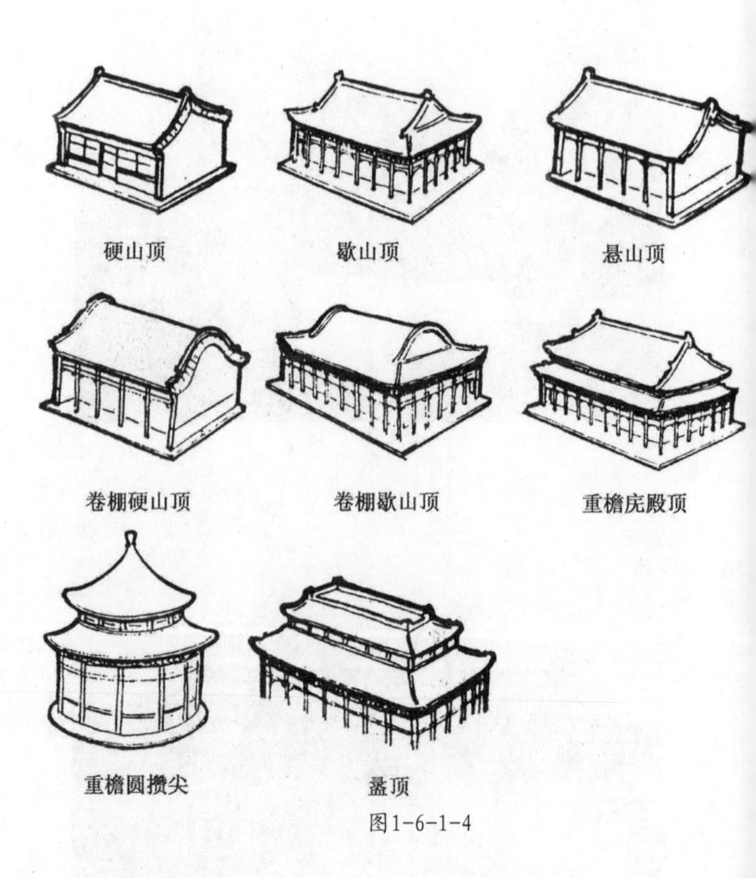

图1-6-1-4

1.6.2 景观建筑类型及其性格特征

中国传统园林是园主享受生活、怡情山水的所在，园中的功能性建筑的布局摆脱了传统居住建筑的那种轴线对称，拘谨严肃的格局，造型更为丰富，组合十分灵活，布局因地制宜而富于变化，从而形成了极具特色的风格。中国古典园林中的建筑可分为宫、殿、厅、堂、轩、馆、楼、阁、台、榭、舟、舫、亭、廊、桥、塔等。

现代景观建筑形式各异，类型多样，功能也较传统园林建筑有了极大的拓展。尽管传统园林建筑因其富有民族特色，建筑组合灵活自由而在现代景观中被广泛的运用。但现代公园绿地中不仅因为功能的多样化而衍生出更多新型的景观建筑类型，同时，大量新材料、新结构的出现也带来了许多新的建筑类型。因而现代园林中的建筑难以象传统园林建筑那样以单体建筑进行分门别类，而只能按照功能进行分类。

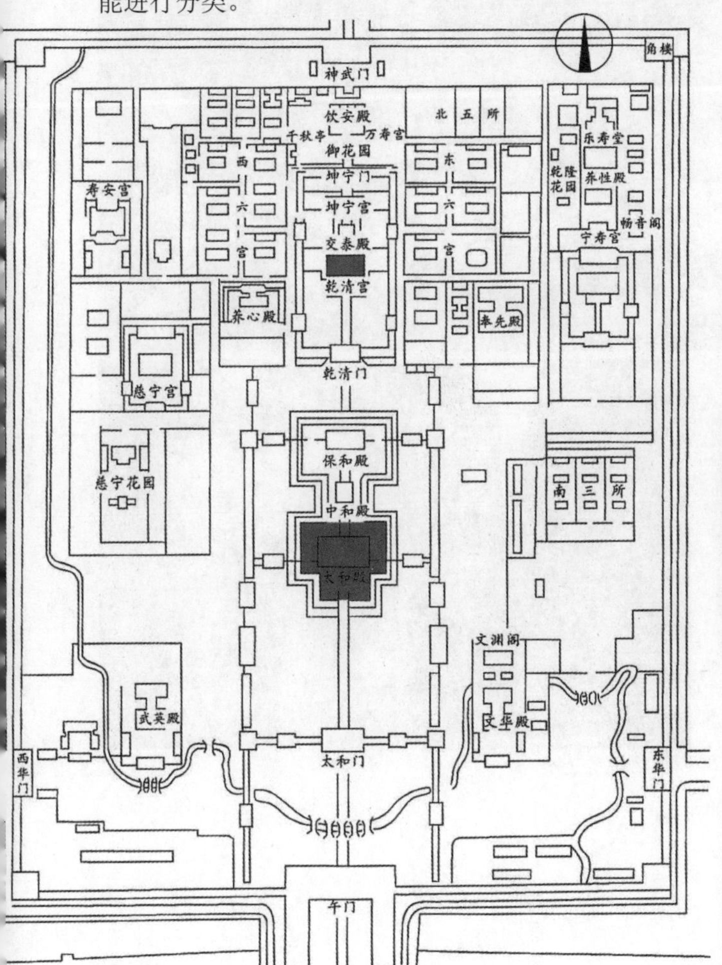

1）中国传统园林建筑类型及其性格特征

园林建筑形式多样，它不仅要满足人的不同使用需求，还要与自然景致相融糅。中国古典园林有许多独具特色的建筑形式和细部装饰手法。

从个体建筑在总体布局中所处的地位可分为“堂正型”和“偏副型”两个建筑序列。“堂正型”一般在园中居于正位和主位，空间体量较大，有宫、殿、厅、堂、馆等类型；“偏副型”有馆、轩、斋、室等类型。

从个体建筑所处的地势高低及纵向层次的多寡可分为“层高型”和“依水型”建筑序列。“层高型”有台、楼、阁、塔等类型；“依水型”有榭、舫等类型。

从个体建筑在园内供人游览观赏的作用可分为“游赏型”和“装饰型”建筑序列。“游赏型”有廊、亭等类型；“装饰型”有门楼、牌坊、照壁等类型。

（1）宫、殿。宫、殿具有高大严肃、堂皇、富丽的审美性格，专供皇帝居所或供奉神佛之用。

在宫苑或寺园的总体布局中，宫、殿一般处于中轴线上，占中心或主要位置。如北京天坛、北京故宫的太和殿、乾清宫（见图1-6-2-1）。

图1-6-2-1 北京故宫

（2）厅、堂。厅、堂表现出庄严的气度和性格，专供园主团聚家人，接待客人，处理事务，开展会客、宴请、观赏花木或欣赏戏曲等活动的场所。不仅需要较大的空间以容纳众多的宾客，以较完备的陈设满足不同功能的需求，更要营造一定的情境以便充分体现园主人的身份、修养和志趣情怀。

厅、堂常作为私家园林中的主体建筑，往往是全园布局的中心，朝南向阳，居于宽敞显要之地。苏州拙政园的远香堂就处于山环水抱、景物清幽的环境中，是中部的主体建筑（见图1-6-2-2）。

园林中的厅分为四面厅、鸳鸯厅、花篮厅等。明清以后，厅与堂少有区别，往往是厅堂合称。

图1-6-2-2 苏州拙政园远香堂

（3）馆。园林中的馆是接待宾客，供临时居住的建筑。古代苑囿中的宫室并不经常使用，故称离宫别馆，私塾、教书之处称蒙馆、就馆。中国古典园林中供起居、燕乐、观览、眺望的建筑以及书房等均可称馆，称谓较为随意。如苏州拙政园“芙蓉馆”为观荷之处，北京颐和园“听鹂馆”为听戏之处。而拙政园“三十六鸳鸯馆”、留园“五峰仙馆”则为厅堂类建筑。园林中的馆比起宫殿和厅堂来，体量级别略逊一筹，往往也归入“偏副型”建筑。

在宅园系统中，馆有两种类型。第一、馆用来命名空间体量较小的偏副型建筑，如上海大观园中的“潇湘馆”，是小小的三间房舍，两明一暗；苏州留园的“清风池馆”（见图1-6-2-3）。第二、馆又可用来命名体量较大的堂正型主体建筑，如苏州留园的“五峰仙馆”、“林泉耆硕之馆”；拙政园的“三十六鸳鸯馆”（见图1-6-2-4）。

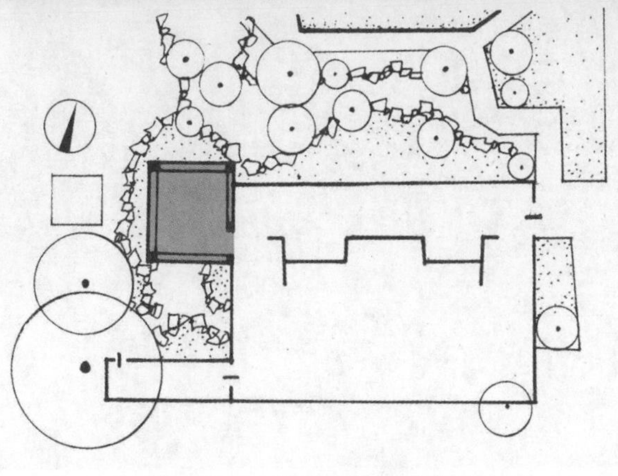

图1-6-2-3 苏州留园清风池馆

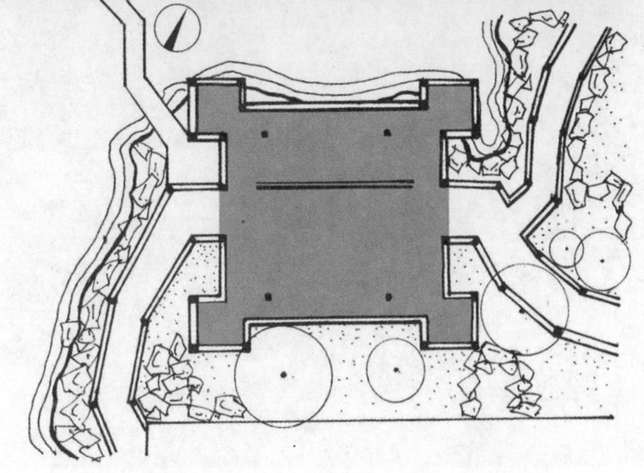

图1-6-2-4 苏州拙政园三十六鸳鸯馆

（4）轩。轩多置于高敞或临水之处，是适于观景的单体小型建筑，如苏州拙政园的“与谁同坐轩”（见图1-6-2-5）、留园的“闻木樨香轩”、网师园的“竹外一枝轩”。

轩的另一种称谓是指建筑构造中厅堂前部的顶棚。轩在园林中的形式多样：①次要的或体量较小的厅堂，如北京颐和园万寿山建筑群中的“清华轩”；②极小的建筑空间，如苏州虎丘拥翠山庄的“月驾轩”，仅仅是一个攒尖顶而四面不完全开敞的小亭室；③较大的建筑空间，如苏州网师园的“小山丛桂轩”；④有窗或只有槛的廊，以及较宽阔的廊，如苏州怡园的“锁绿轩”就是复廊的尽头和门交叉处所形成的略宽的建筑空间。

轩的空间形式尽管多种多样，但它们往往都有“轩举高敞”的性格特征，即空间畅豁、气息流通，便于观赏胜景。不难看出，轩通常以它空敞的空间而成为纳凉赏景的好处所。

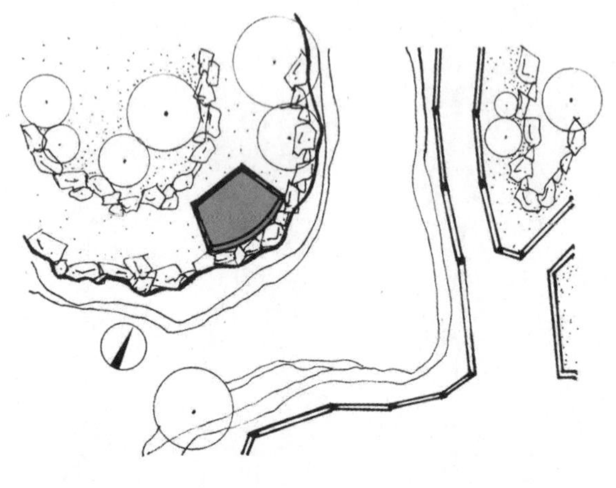

图1-6-2-5 苏州拙政园与谁同坐轩

（5）斋。斋在园林中是指修身养性的场所，多用于学舍书屋。斋的典型功能是使人聚气宁神，静心养性，修身反省，潜心攻读。这些功能特征在北京宫苑的个体建筑的题名上多有反映。如北海“静心斋”，圆明园“静通斋”。

斋的建筑形式各不相同，它可以是一座完整的庭园，如北京北海静心斋；也可以是一个小庭院。但其共同点是多设于僻静之处，常以叠石、植物进行遮掩，建筑体量适中，结构素雅，营造出一种幽静的环境（见图1-6-2-6）。

（6）室。古代宫室，前屋为“堂”，后屋为“室”。随着历史的演变，室既可指某一个建筑所属的里间或梢间，又可指深藏于其它建筑物后面的独立的个体建筑，但这两种“室”有一个共通的性格，就是“深”，深藏而不显露，如苏州狮子林“卧云室”（见图1-6-2-7）。

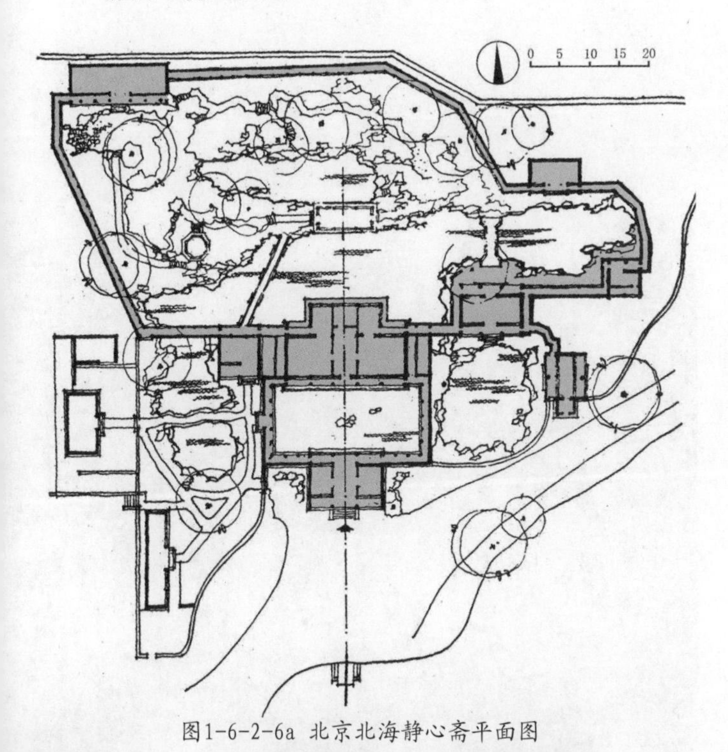

图1-6-2-6a 北京北海静心斋平面图

图1-6-2-7a 苏州狮子林卧云室平面图

图1-6-2-6b 北京北海静心斋

图1-6-2-7b 苏州狮子林卧云室

（7）台（眺台）。台起源于商周，盛行于春秋战国时期，是最古老的中国园林建筑形式之一。早期的台是一种高耸的夯土建筑，古代的宫殿建筑多建于台上。

台是古代宫苑中非常显要的艺术建筑，属无片瓦之筑。如周文王有“灵台”；汉武帝太液池中有“渐台”。到明清时代，园林建筑中台的地位就没有先秦或秦汉时重要了。

中国古典园林中的台后来演变成厅堂前的露天平台，即月台、露台，如苏州怡园藕香榭前的临水平台、江苏同里退思园退思草堂前的临水月台等。另外，中国古典园林中还有若干以亭、榭、阁、假山等形式出现的台，如苏州留园“冠云台”、江苏常熟曾园“雪台”、扬州瘦西湖“熙春台”、常熟赵园“辛台”等。

园林中台的特点是台基牢固、台面平坦、四周虚敞、结构稳重。如扬州汪氏“熙春台”，它的精巧华美和体量规模在江南是第一流的。

江南园林中，不但有多层的高台，而且有依水的低台，以杭州西湖的“平湖秋月”最为著名，这一伸入水中，三面临水的平台成了园中主景。台在园林中的布局或置高地，或摆池边，或与亭、榭、厅、廊结合（见图1-6-2-8）。

图1-6-2-8 上海醉白池

（8）楼。楼地处显敞，构筑高耸，可供人更上一层，凭槛极目四望。在现存的古园林中有承德避暑山庄的“烟雨楼”，上海豫园取意“珠帘暮卷西山雨”的“卷雨楼”，北京颐和园的“山色湖光共一楼”等。楼在园中若作为主景，位置应鲜明突出；若作配景，则位于隐蔽处居多。如苏州留园“明瑟楼”、拙政园“见山楼”、沧浪亭看山楼等（见图1-6-2-9）。

图1-6-2-9a 苏州留园明瑟楼

图1-6-2-9b 苏州拙政园见山楼

（9）阁。阁是古典园林中常用而重要的建筑类型，大型园林中阁置于主体位置，兼有观景和景观的双重作用。如北京颐和园“佛香阁”，高居万寿山麓南侧，气势雄浑，是全园的主要景观与最佳景观点。小型园林的楼阁多设于园的四周，或半山半水之间，一般为三层，上层高度为下层十分之七左右。

府宅园林的阁重檐并且四面开窗，造型较楼更为轻盈。阁多为两层以上，一般用于藏书、观景。屋顶歇山式或攒尖式，构造与亭相仿。阁也可建于山上或水边，虽只一层，也用此名。如苏州狮子林“修竹阁”、南京瞻园“一览阁”等均为著名的佳例。

阁的功能有的是供俸佛像的宗教性建筑，如北京颐和园中的“佛香阁”；也可供大量藏书，如宁波范氏“天一阁”，北京圆明园的“文源阁”，承德避暑山庄的“文津阁”。阁的形式则往往带有灵活性、多变性（见图1-6-2-10）。

图1-6-2-10 苏州拙政园浮翠阁

（10）塔。塔的概念和形制源于印度的“窣堵坡”（梵文stupa），藏佛主舍利，具有宗教建筑的先天秉性。塔是层高型建筑（见图1-6-1-11）。

大型塔具有“凌空耸秀”的风姿，具有点景和观景的双重功能。塔往往建造于曲水转折处或山之峰顶，以控制局势，也暗含镇守一方保平安之吉祥寓意，如北京北海白塔、颐和园琉璃塔、无锡锡山龙光塔。江南园林的水池中有时设点景小石塔，如苏州留园中部的水池中就设有点景的小石塔。

湖山园林景观往往借助于塔的造型之美而成为知名景点，如“雷峰夕照”能成为杭州西湖十景之一，主要是由于其优美的塔影。

图1-6-2-11 苏州虎丘塔

（11）榭。榭者藉也，依靠周围景色建榭，廓虚开敞，装饰轻巧。榭在园林中一般依水而建，水榭一般指有平台伸出水面的体形扁平、设有休息椅凳的建筑；榭也有点缀在花丛树旁的，如苏州怡园藕香榭、苏州拙政园芙蓉榭等（见图1-6-2-12）。

图1-6-2-12 苏州拙政园芙蓉榭

（12）舫（游舫、画舫）。舫是专供游览赏景的船形建筑，运用联想的手法，使人有虽在建筑中，犹如置身舟楫之感，又称不系舟或游舫、画舫。舫多建于水池边，且三面临水，也有四面临水的形式。不系舟的一侧多设有平桥与岸相连，有仿跳板之意。舫的前舱较高，有亭榭特征；中舱略低，是休息、娱乐、宴饮的场所；尾舱则多为两层，以便登高远眺观景。

舫为水池边的重要建筑，不但要求比例和造型适宜，而且装修也要精美。南京瞻园不系舟、苏州拙政园香洲、苏州怡园画舫斋等皆为著名的佳作。

舫的船身结构多为石质，船舱多为木制，也有全部采用砖石结构的，如苏州拙政园香洲、北京颐和园清晏舫等（见图1-6-2-13）。

图1-6-2-13a 苏州拙政园香洲

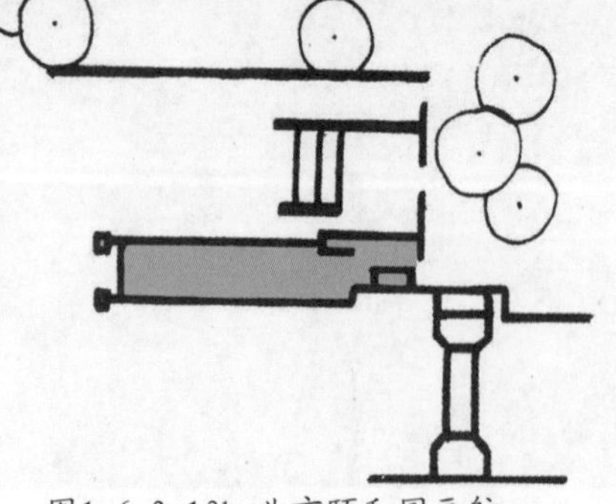

图1-6-2-13b 北京颐和园画舫

（13）廊。有顶的过道为廊，房屋前檐伸出的可避风雨、遮太阳的部分也称为廊，具有轻灵而空透的性格特征。

廊是联系建筑物的脉络，又常是赏景的导游线。廊的形式通透开敞、自然飘逸，是划分空间、组织景观的重要景观要素，它自身又是独具魅力的园中景致。

按平面线型，廊可分为直廊、曲廊、折廊等（见图1-6-2-14）；按空间形式，廊又可分为半廊、空廊、复廊等（见图1-6-2-15）。按所处位置，廊又可分为楼廊、爬山廊、水廊。廊既可环绕池沼，又可跨越山洞，或穿楼过殿，蜿蜒曲折的将建筑物、水景和山林联结成一个整体。如北京颐和园彩绘长廊、苏州拙政园波形水廊、留园空廊、怡园空廊、沧浪亭复廊等（见图1-6-2-16）。

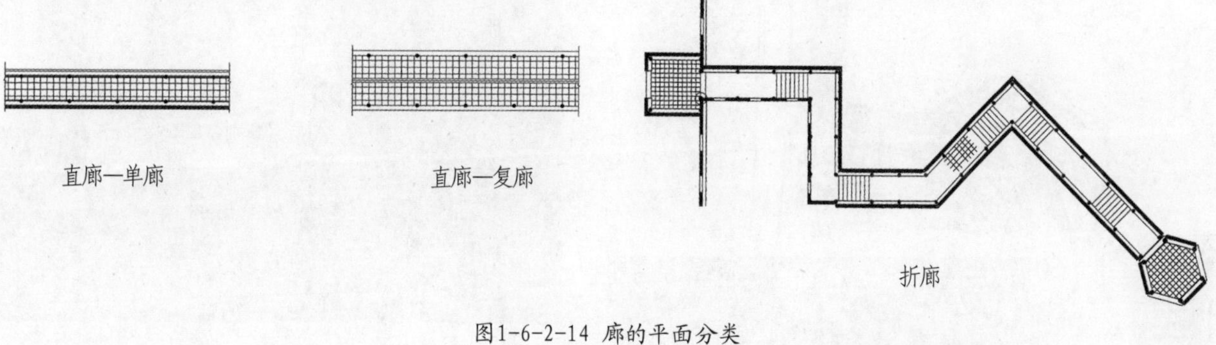

图1-6-2-14 廊的平面分类

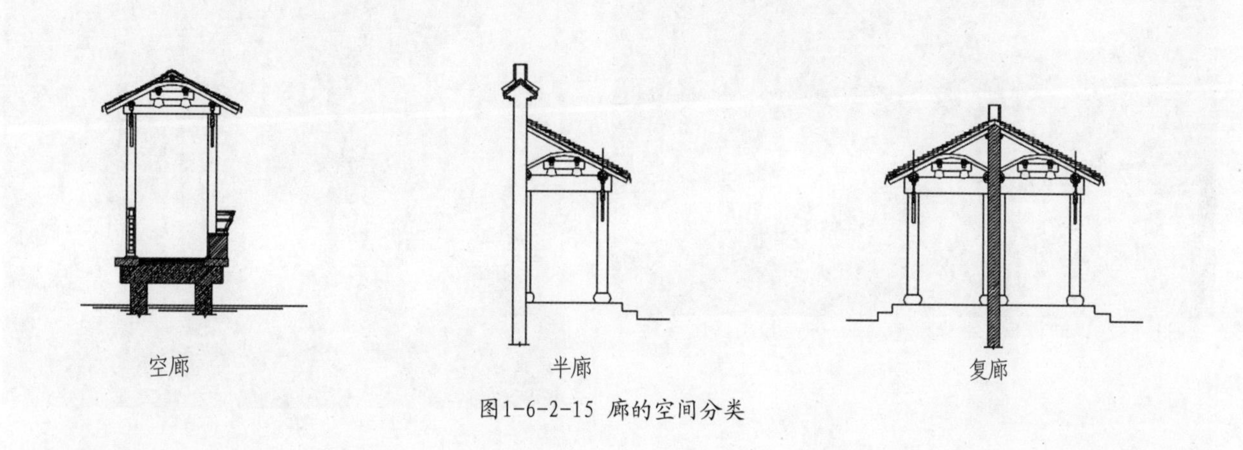

图1-6-2-15 廊的空间分类

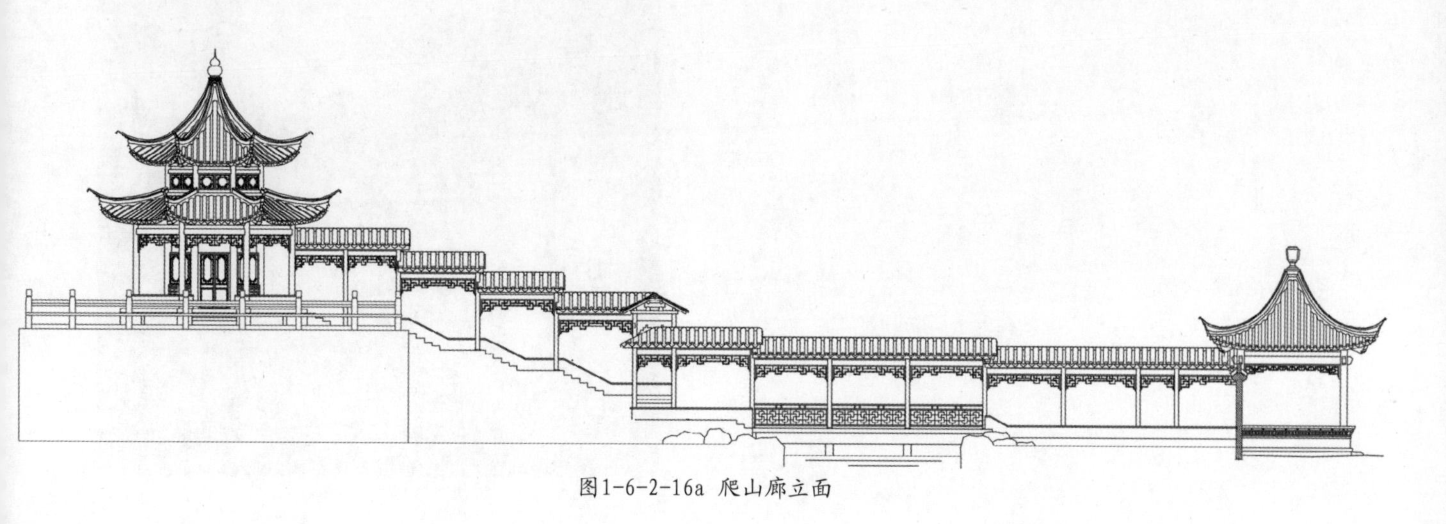

图1-6-2-16a 爬山廊立面

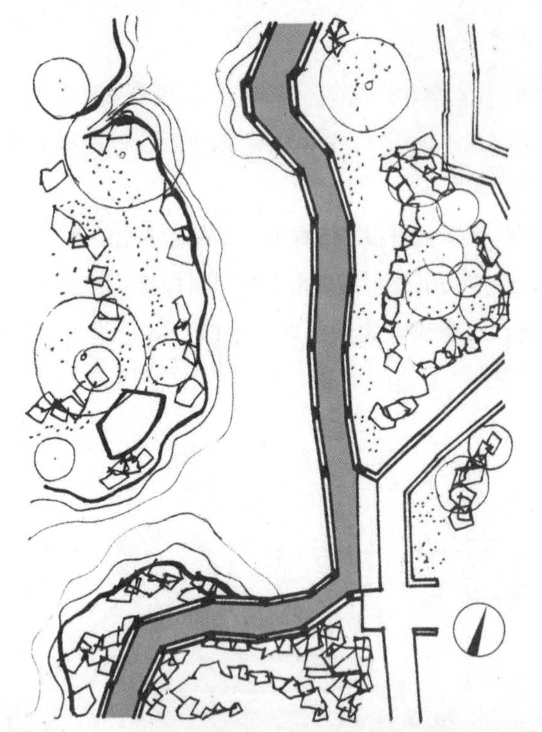

图1-6-2-16c 直廊、空廊——北京颐和园彩绘长廊

图1-6-2-16b 折廊、半廊、水廊——苏州拙政园波形廊

图1-6-2-16d 折廊、空廊

图1-6-2-16e 折廊、复廊

（14）亭。亭者“停”也，专供游人休息的建筑。亭具有“虚”的特征，往往是点景借景的重要建筑，如苏州网师园的月到风来亭。

亭的位置、样式、大小因地制宜，变化无穷，有半亭、独立亭、鸳鸯亭之分。亭的平面有方形、长方形、六角形、八角形、圆形、梅花形、扇形等（见图1-6-2-17）。亭的立面有单檐、重檐之分，其中以单檐居多。亭顶式样多采用歇山式或攒尖顶。

“花间隐榭，水际安亭”，道出了适宜设置亭榭的位置。大型园林中的亭多布设在景点或观景点上，如北京颐和园西堤上的几座亭桥。小型园林中，亭常作为主景而筑于山间池畔，或辅之以幽竹、苍松，运用“对景”、“框景”、“借景”等手法创造出不同的景观画面（见图1-6-2-18）。

图1-6-2-17

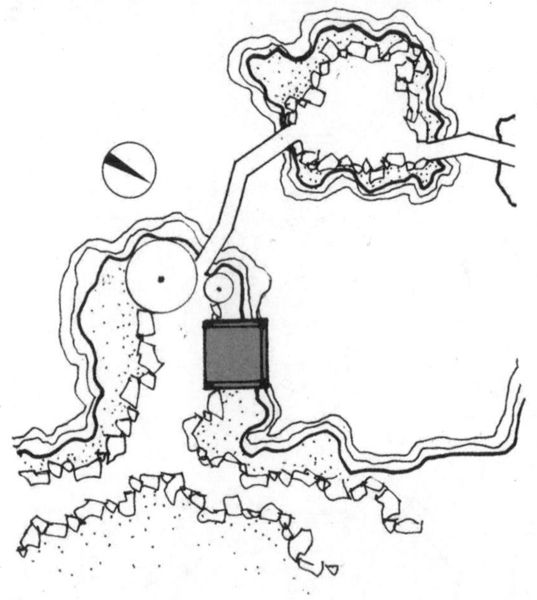

图1-6-2-18a 苏州留园濠濮亭

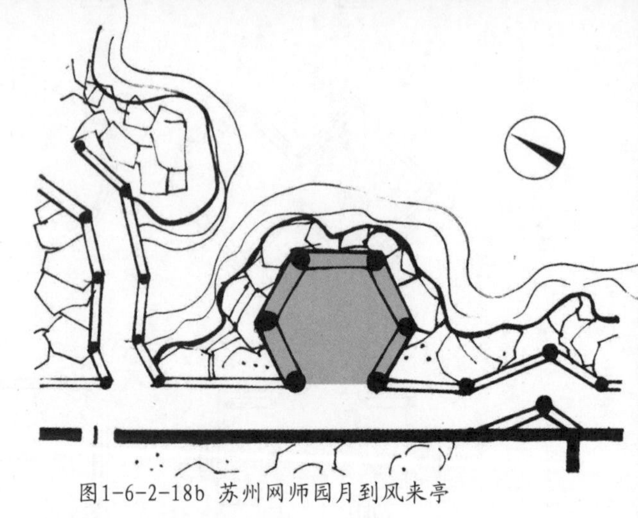

图1-6-2-18b 苏州网师园月到风来亭

（15）门楼。门楼是典型的依附性装饰建筑，对于其所依附的主体建筑来说门楼是一个明确的入口标识，是一种富于装饰效果的过渡，门楼总有精美的雕饰（见图1-6-2-19）。

（16）牌坊。牌坊是由华表演变而成，华表柱之间加斗拱及屋檐则成为牌楼（见图1-6-2-20）。非园林建筑的牌坊总含有历史价值或纪念意义，而园林建筑中的牌坊，往往具营造装饰气氛的审美价值。

牌坊，或由两柱构成一门，或由四柱构成三门，主要由柱和屋顶构成，从这点上说，它类似于亭子，或者说是压扁了的亭子，是立体的亭子趋于立面化。但牌坊具有体量比亭高大、肃然耸立、呈现出堂正的或崇高的审美特征。

从外观上看，牌坊和亭一样是自由独立的，它的造型和细部总有显著的装饰性；从本质上讲，牌坊依附于作为主体的宫殿、大门、桥梁等个体建筑或建筑群，如北京颐和园中的“云辉玉宇”殿坊、北京北海永安桥的“堆云”，“积翠”等桥坊。

（17）照壁。照壁一般设于大门前方。从外观上看，照壁似乎是独立的，其实它依附于大门，起着入口空间的装饰、照应、烘托等作用。如北京北海的九龙壁（图1-6-2-21）。

（18）墙。墙属防护性构筑物，意在围与屏。园林中的园墙有分隔空间、组织导游、衬托景物、装饰美化或遮蔽视线的作用。墙可以与山石、竹丛、花池（坛）、花架、雕塑、灯等组合成景，即所谓的因“墙”成景（见图1-6-2-22）。

图1-6-2-19 苏州阊门门楼

图1-6-2-20 苏州虎丘风景区入口牌坊

图1-6-2-21 北京北海九龙壁

图1-6-2-22a 古典云墙

图1-6-2-22b

（19）窗（漏窗、空窗）。漏窗即透花窗，可以分隔空间，使空间似隔非隔，景物若隐若现，富于层次（见图1-6-2-23）。空窗能采光、取景（见图1-6-2-24）。

运用带有漏窗的景墙分隔空间时，使空间隔中有透，产生虚实对比和明暗对比的景观效果，增加空间层次。漏窗本身的造型图案与题材灵活多样，大体分为几何形与自然形两大类。几何形图案如万字、绦环、冰裂纹、鱼鳞、海棠、万字海棠等；自然形图案有花卉、鸟兽、人物故事等。如：苏州拙政园复廊漏窗、苏州沧浪亭复廊漏窗、杭州西湖小瀛州漏窗、北京北海观澜堂走廊漏窗等。

（20）桥。桥本来是一种跨越河流的功能性构筑物，园林中的桥在具有交通性功能的同时，更注重其景观的功能，讲究形式美。如北京颐和园中的玉带桥，高大而形体优美，凸显出皇家园林的气派（见图1-6-2-25）。江南园林中的桥多为低平而小巧，如苏州网师园的引静桥（见图1-6-2-26）。

桥，按材料分为石桥、木桥、竹桥等多种；按形式分为平板桥、圆拱桥，还有单孔桥和多孔桥，当然还有廊桥、亭桥等等。

在中国古典园林个体建筑类型中，堂正型和偏副型、层高型和依水型、游赏型和装饰型这三对序列的划分也只是相对的，其中还存在某种交叉渗透的关系。

图1-6-2-23 漏窗透景

2）现代景观建筑类型及其性格特征

现代景观建筑按照功能可分为静态活动类建筑、动态活动类建筑、服务管理类建筑和休憩游览类建筑四大类。

静态活动类景观建筑是专供游人散步、游憩、观赏为主体的单体建筑或建筑院落，包括陈列室、纪念馆、展览馆、阅览室、展示当地乡土文化的小型博物馆等。动态活动类景观建筑是游人可以参与的设施建筑，包括棋牌室、乒乓房、溜冰场、游泳池、游艺室等小型的活动或运动场馆等。

服务管理类建筑包括餐厅、茶室、小卖部、厕所、管理用房、游船码头、动植物实验室、引种温室、栽培温室等。

休憩游览类建筑包括亭、廊、榭、舫、花架等。

图1-6-2-24 空窗取景--苏州拙政园

图1-6-2-25 北京颐和园玉带桥

图1-6-2-26 苏州网师园引静桥

1.6.3 景观小品的类型

景观小品与设施是绿地中专供休息、装饰、展示的构筑物，是构成景观不可缺少的组成部分，能使园林景观更富有表现力。

景观小品一般体形小、数量多、分布广，具有较强的装饰性，对绿地景观的影响很大。主要有休憩类、装饰类、展示类、服务类、游憩健身类等几大类。

1）休憩类景观小品

休憩类景观小品包括坐凳、园椅、园桌、遮阳伞、遮阳罩等，它们直接影响到室外空间的舒适和愉快感。室外座位的主要目的是提供一个干净又稳固的地方供人就坐、休息、等候、谈天、观赏、看书或用餐之用（见图1-6-3-1）。

2）装饰类景观小品

装饰类景观小品包括花钵、花盆、雕塑、栏杆等（见图1-6-3-2）。其中，栏杆主要起防护、分隔和装饰美化的作用，坐凳式栏杆还可供游人休息。设计中应将栏杆的防护、分隔的作用巧妙地与美化装饰作用结合起来。常用的栏杆材料有石、铁、砖、木等，石制栏杆粗壮、结实、朴素、自然，铁栏杆少占面积，布置灵活，但易锈蚀。

图1-6-3-1 休憩类景观小品

图1-6-3-2 装饰类景观小品

3）展示类景观小品

展示类景观小品包括指示牌、导游图版、宣传廊、告示牌、解说牌等（见图1-6-3-3），用来进行精神文明教育和科普宣传、政策教育的设施，有接近群众、利用率高、灵活多样、占地少、造价低和美化环境的优点。

展示类景观小品一般常设在园林绿地的各种广场边、道路对景处或结合建筑、游廊、围墙、挡土墙等灵活布置。根据具体环境情况，可作直线形、曲线形或弧形，其断面形式有单面和双面，也有平面和立体展示之分。

4）服务类景观小品

服务类景观小品包括售货亭、饮水台、洗手钵、废物箱、电话亭等（见图1-6-3-4），体量虽然不大，但与人们的游憩活动密切相关，为游人提供方便。它们融使用功能与艺术造景于一体，在园林中起着重要的作用。

5）游憩健身类景观小品

游憩健身类景观小品包括儿童类游戏设施如秋千、滑梯、沙坑、跷跷板等（见图1-6-3-5），还包括成人健身器械、按摩步道等。

图1-6-3-3 展示类景观小品

图1-6-3-5 儿童游戏设施

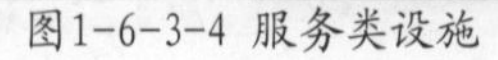

图1-6-3-4 服务类设施

1.7 园路与场地

1.7.1 园路的功能

道路是园林的骨架与网络系统。本节所讨论的道路是指园林中的道路，简称“园路”，其功能包括以下五个方面（参见6.3.1）。

1）组织交通与引导游览

园路的基本功能是解决交通问题，组织游人的集散与通行，满足运输车辆及园林机械的通行；园路更主要的功能是组织游览，有机地联系园林的各个景点和景物，合理组织循序渐进的游览程序，让游人按照风景序列的展现方式，游览各个景点和景区。因此，园路是游览路线、导游路线，是连结各个景区和景点的纽带。

2）分隔空间

园路的纵向延展总是伴随着横向的区域划分：每一条道路在穿越空间的同时也划分了空间。因此，道路与空间密不可分，道路是空间的限定元素。道路上的人本身也促成了空间的完成。园路作为分隔空间的界面，又将各个景区联为一体。

3）构成园景

为使园路坚固、耐磨，不致因车与人的频繁踩踏而洼陷磨损，园路的表层通常都要采用铺装，成为景观的一部分，但是道路对景观的影响主要并不在道路本身，而是通过道路的引导，把沿途的景观逐一呈现在人们前面，产生步移景异的效果。道路引导着视线，把游者的注意力引向“景点”。道路把空间呈献给游者，指引人们如何识读周围的环境品质。

同时，园路为与山水花木等自然景观要素相协调，往往被设计成柔和的曲线。因此，园路不仅是交通通道或游览路线，而且也可构成园景，从而使“行”与“观”达到了统一（见图1-7-1-1）。

4）为综合管线工程打好基础

水电设施是园林景观中必不可少的配套设施，对于综合开发的地块，还需煤气、通信等配套设施，为埋设与检修的方便，一般都将综合管线沿路侧铺设，因此，园路布置需要与综合管线的走向结合起来进行考虑（见图1-7-1-2）。

总之，园路不同于一般纯交通性的道路，其交通功能从属于游览功能，虽然要确保人流疏导，但不以捷径为准则。园路的曲折迂回与景石、景树、圆凳、池岸相配，它不仅为景观组织所需求，而且还要延长游览路线，增加游览程序，扩大景象空间的效果。同时在烘托园林景观氛围、创造雅致的园林空间艺术效果等方面都起到重要的作用。

图1-7-1-1

图1-7-1-2

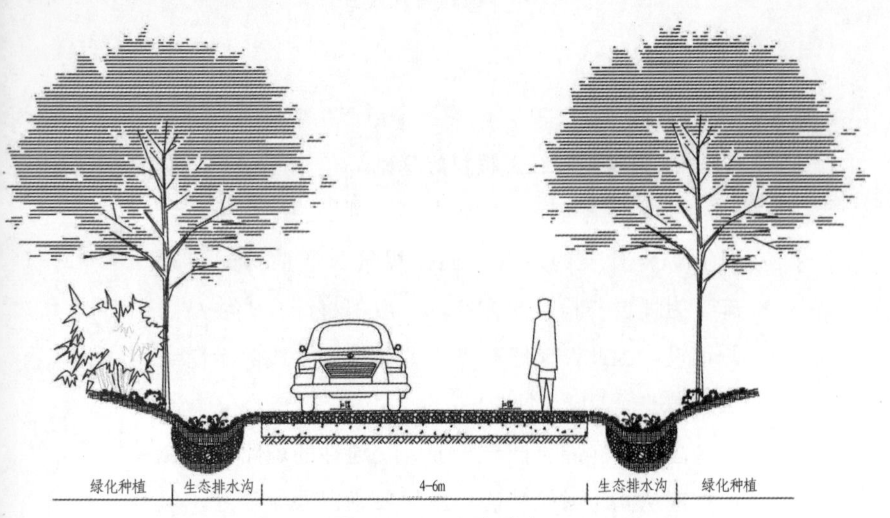

图1-7-2-1 主要园路

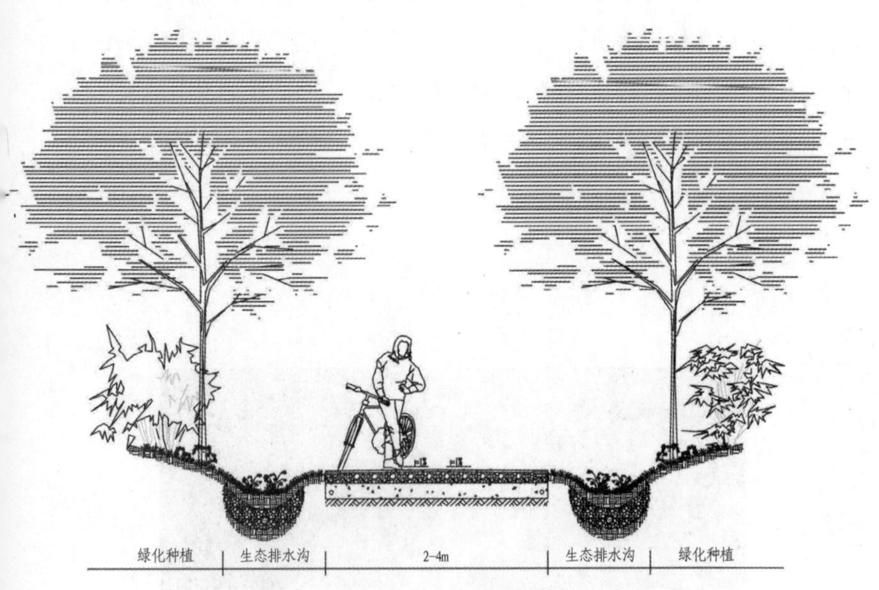

图1-7-2-2 次要园路

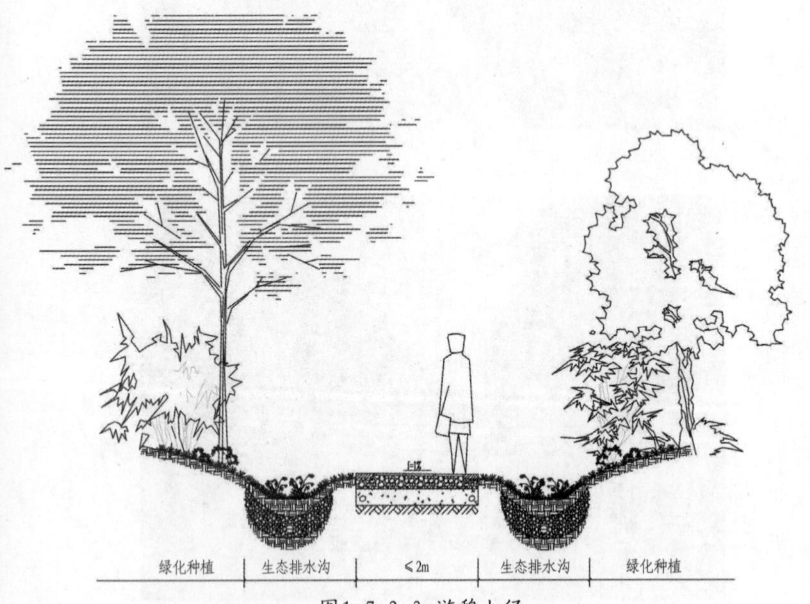

图1-7-2-3 游憩小径

1.7.2 园路及场地分类

园路系统与级别设置取决于用地的规模与性质。

1）园路分类

园路包括主要园路、次要园路、游憩小径。

（1）主要园路。主要园路一般为4～6米，联系主要出入口与各景观区的中心、各主要广场、主要建筑、主要景点。园路两侧种植高大乔木，形成浓郁的林荫，乔木间的间隙可构成欣赏两侧风景的景窗。主要园路可供通行、生产、救护、消防、游览车辆通行，同时可供自行车与游人通行（见图1-7-2-1）。

（2）次要园路。次要园路一般为2～4米，分布于各景观区内部，连接景观区中的各个景点与建筑。两侧种植庭荫树、花境、灌丛等。可供小型服务车辆单行通过，同时可供自行车与游人通行（见图1-7-2-2）。

（3）游憩小径。游憩小径是小于2米的园路，供游人散步游憩之用，可单侧种植庭荫树（见图1-7-2-3）。

2）场地分类

场地包括交通集散场地、游憩活动场地、生产管理场地等。出入口广场、露天剧场、展览馆及茶室建筑前广场、停车场、码头等都属于交通集散广场；游憩活动场地可以用作安静休憩、体育健身、文化娱乐、儿童游戏等。园务管理、生产经营所用的场地属于生产管理型场地（详见6.3.2）。

1.7.3 铺装

铺装是利用各种材料、按照一定的形式进行地面铺砌装饰。大致包括场地铺装、庭园铺装、园路铺装等。中国古典园林中常用的材料有方砖、青瓦、石板、石块、卵石，以至砖瓦碎片等。在现代园林中，除了沿用这些材料外，混凝土、压花水泥、沥青、陶瓷砖、金属、木材、沙土、砂石、塑胶也广泛的被应用（详见6.3.3）。

图1-7-3-1 整体铺装

1）铺装的类型

（1）整体铺装。整体铺装一般有现浇混凝土铺地、沥青铺地、三合土铺地、塑胶铺地。混凝土铺装常见的有彩色混凝土、透水混凝土洗石子路面、洗石子路面镶嵌彩色瓷砖图案、混凝土拉毛处理等（见图1-7-3-1）。

图1-7-3-2 块状铺装

（2）块状铺装。块状铺装可选用天然材质或人工材质。天然材质包括天然块石与木材；人工材质包括预制混凝土块、砖、陶砖、缸砖等。铺砌形式包括席纹、间方、斗纹、人字纹、冰纹、指纹形、扇形、错砌式、不同色彩的铺砖组合等（见图1-7-3-2）。

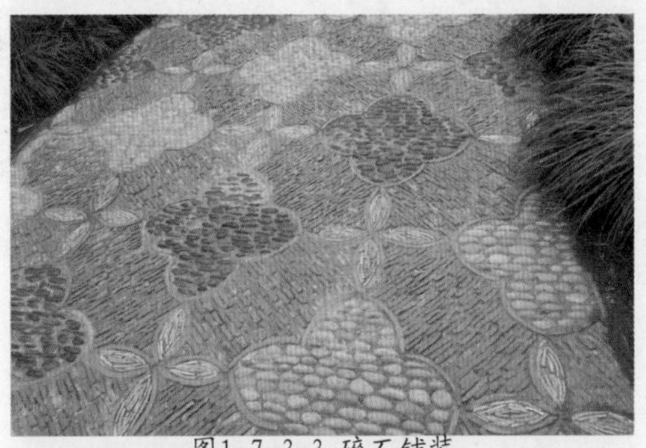
图1-7-3-3 碎石铺装

（3）碎石铺装。碎石铺装是以卵石、砾石、碎石、瓦片、煤渣等碎石拼成。以砖瓦、卵石、石片、碎缸片镶嵌而成的“花街铺地”属于这一类。

“花街铺地”是江南古典园林中的一种铺地形式，用乱石、卵石、碎砖、碎瓦、碎瓷片和碎缸片为主材，铺筑成四方灯锦、海棠芝花、攒六方、八角橄榄景、球门、长八方等图案精美和色彩丰富的多样化地纹，其形如织锦，颇为美观。如苏州拙政园海棠春坞前的铺地选用万字海棠的图案；北京植物园牡丹园葛巾壁前的广场铺地采用盛开的牡丹花图案。花街铺地的图案可与中国古典园林建筑中隔窗、漏窗、挂落、地罩的雕刻艺术相媲美（见图1-7-3-3）。

图1-7-3-4 嵌草铺装

（4）嵌草铺装。嵌草铺装是草与人工铺装材料的结合，这种铺装透气、透水、美观、生态，很多停车位场铺装就是使用这种形式(见图1-7-3-4)。

2）铺装的作用

（1）引导运动方向。铺装的形式呈现带状或某种线型时具有一定的方向性，能引导前进的方向。第一，铺装可以通过引导行人或车辆驾驶员的视线，将其吸引到铺装设定的“轨道”上，实现从一个目标移向另一个目标。如图1-7-3-5所示，道路与建筑之间通过一条铺装的蜿蜒小道连接起来。不过只有当其按照合理的运动路线被铺成带状时，才会发挥其作用。而当路线过于曲折变化，无法满足走“捷径”的需求时，其导向作用便难以发挥。在公园或校园中，解决这一问题的方式便是预先在规划图上标出“捷径线”（见图1-7-3-6），随后铺设的道路应大体反映出这些“捷径线”，以便能消除穿越草坪的可能性。假如在一个空间中存在着众多的“捷径线”（见图1-7-3-7），那么最好的办法就是将铺装材料铺成一块较大的广场，一方面允许更大的自由穿行，另一方面提供了统一协调的布局。

铺装材料的线型分段铺设，不仅能影响运动的方向，而且能更微妙地影响游览的感受。例如，一条平滑弯曲的小道，给人一种轻松悠闲的田园般的感受；而一条直角转折的小道走起来感到又严肃又拘谨；而不规则多角度的转折路，则会产生不稳定和紧张感；一条笔直的道路强调了这两点之间具有强烈的逻辑关系，而蜿蜒的道路淡化了这种关系，如图1-7-3-8所示。

在景观中铺装道路可用于引导视线和提供游览方向

图1-7-3-5

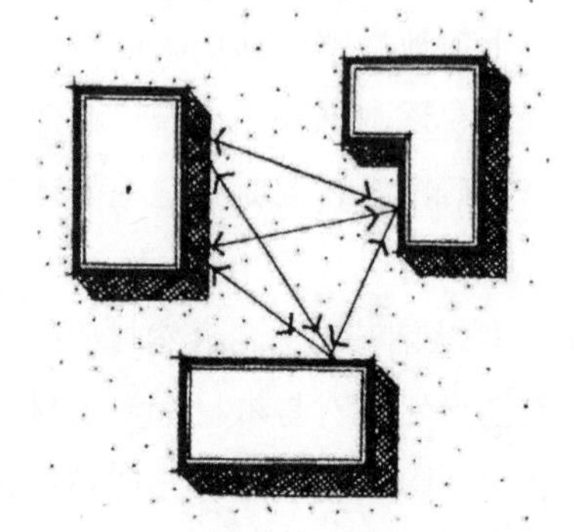

捷径线连接建筑的主要入口

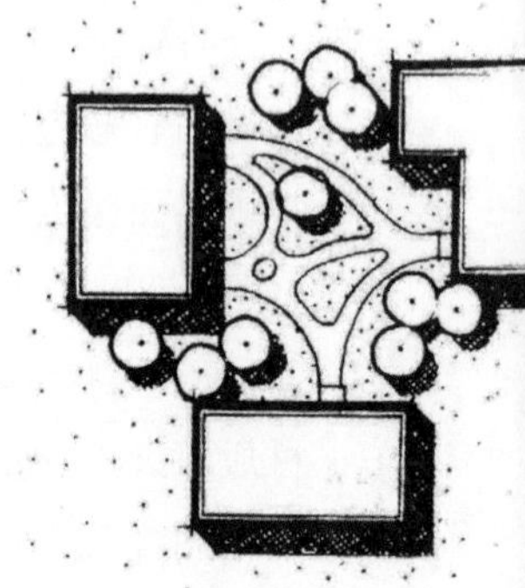

步道根据捷径线来普设

图1-7-3-6

建筑之间有大量的捷径线

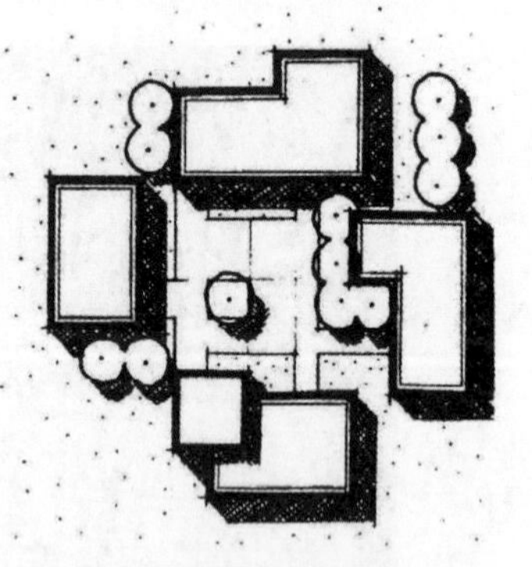

铺设广场能容纳大量的道路而又提供统一的布局

图1-7-3-7

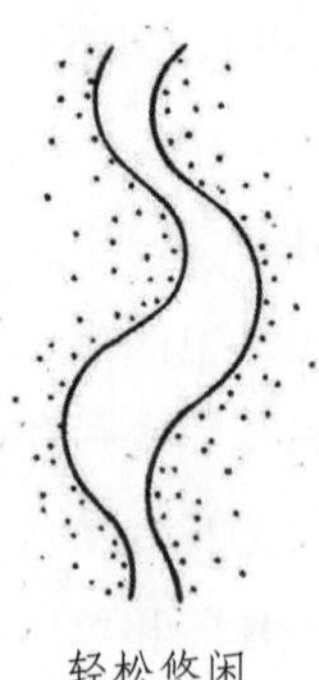

轻松悠闲

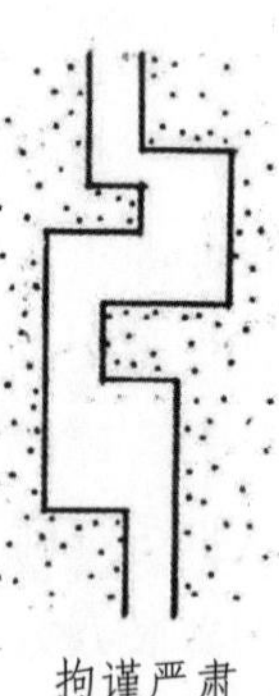

拘谨严肃

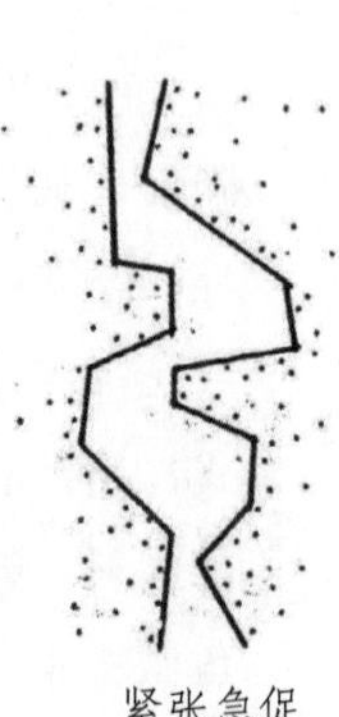

紧张急促

图1-7-3-8

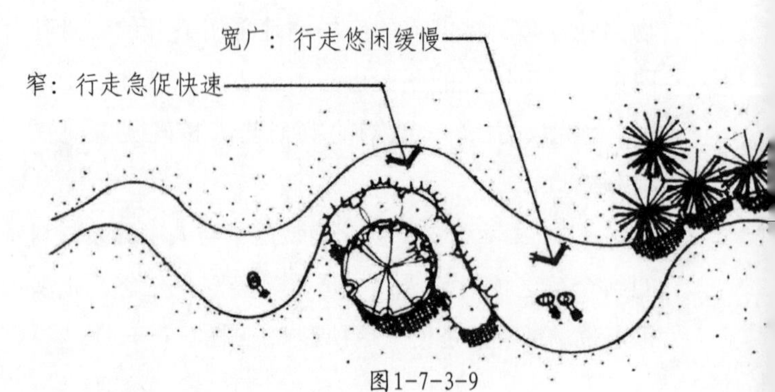

图1-7-3-9

（2）影响游览的速度和节奏。铺装地面的形状可影响行走的速度和节奏。如图1-7-3-9所示，铺装的路面越宽，运动的速度也就会越缓慢。因为在较宽的铺装路面上，行人能随意停下来观看景物而不妨碍旁人行走；而在较窄的铺装路面上只能快速行走。换言之，在面层粗糙的宽广路面上，行人行走的速度较慢，而在平坦光滑的狭窄路面上，行人则能快速行走。

在线型道路上行走的节奏也会受到铺装地面的影响。行人落脚处和行人步伐的大小都会受到各种铺装材料的间隔距离、接缝距离、材料的差异、铺地的宽度等因素的影响。例如，小径等距的步石，有一定的韵律与节奏感，行人在上面行走时能计算穿越空间的时间和步伐；为了增加变化，条石间可以时宽时窄，行人的步伐也时快时慢（见图1-7-3-10）。同时铺装地面的宽窄变化也会形成紧张、松弛的节奏，由此限制行走的快慢。另外，铺装材料的式样改变，也能使行人感受到节奏的变化。

（3）暗示场地的功能。不同铺装材料的色彩、质地或铺装材料的组合能使行人辨认出运动、休息、入座、聚集等不同的空间功能与活动类型（见图1-7-3-11）。

道路上的人行横道线通常使用引人注意的铺装材料与图案，提醒机动车减速（见图1-7-3-12）。通常人行道的铺装比较光洁，而车行道的铺装较粗糙，能有效降低车速，增加人行地段的安全性。

铺装材料能暗示空间的静态感与动态感（见图1-7-3-13）。当铺装地面以相对较大、并且无方向性的形式出现时，它会暗示一个空间静态的停留感（见图1-7-3-14）。稳定而无方向性铺装形式适用于道路的停留点和休息地，或用于道路交汇中心空间。同样，十字路口的运动方向性可借助铺装图案来暗示（见图1-7-3-15）。

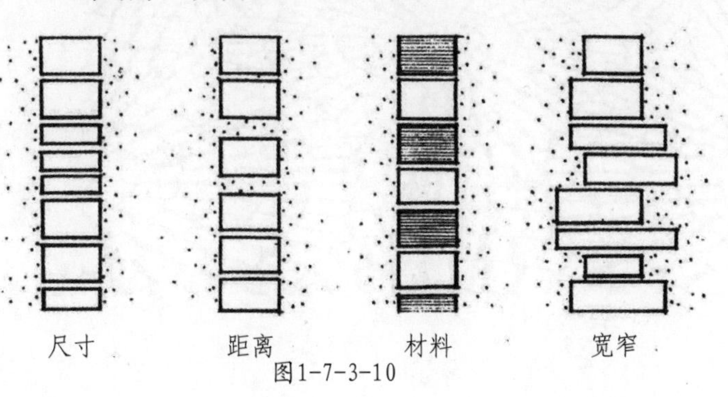

图1-7-3-10

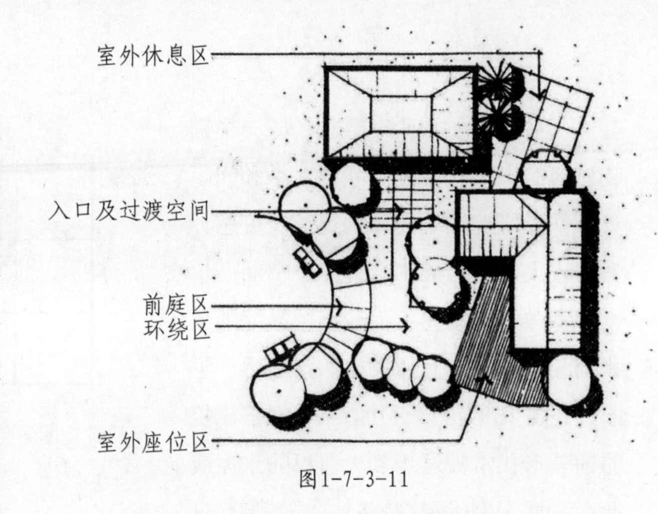

图1-7-3-11

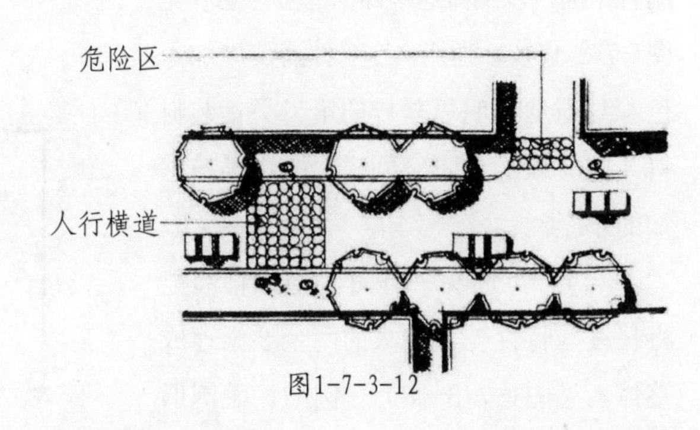

图1-7-3-12

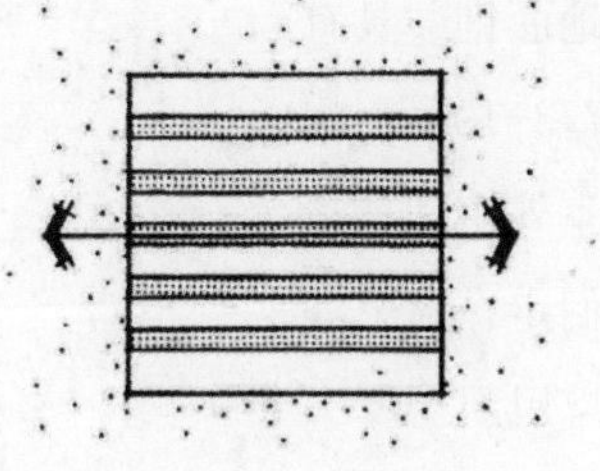
铺装图案暗示着方向性和动感

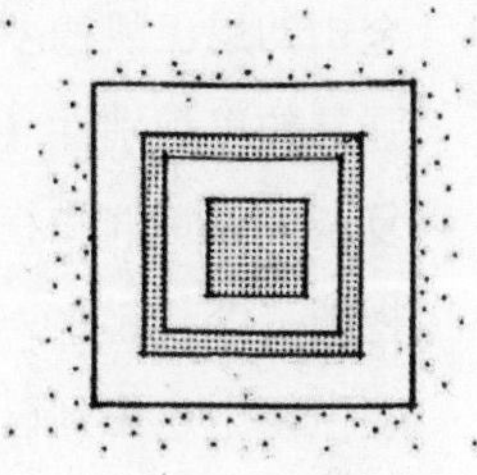
铺装图案无方向性而呈静止状态

图1-7-3-13

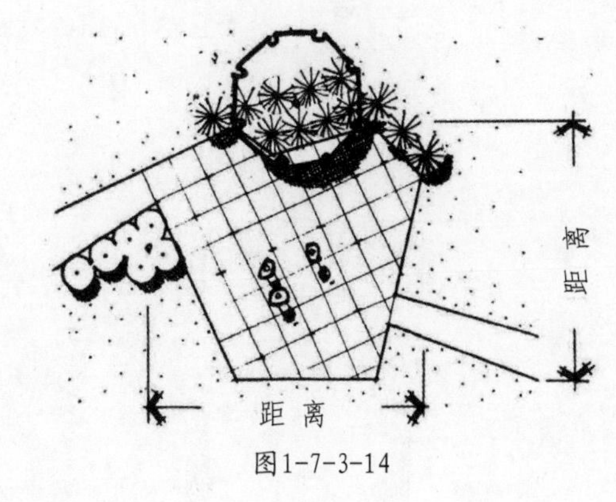

图1-7-3-14

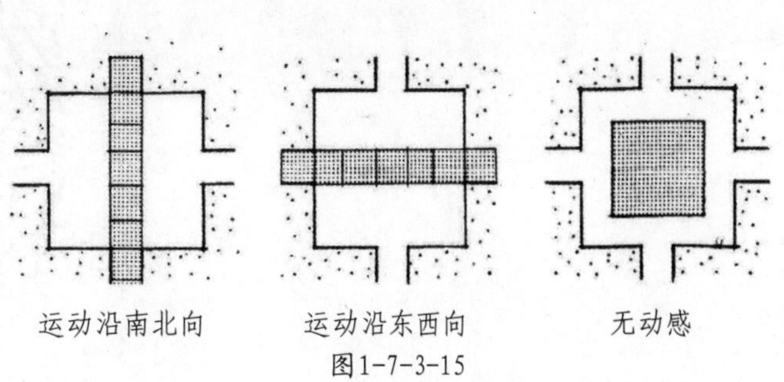

图1-7-3-15

（4）影响空间尺度感。每一个铺装材料的大小、铺砌形状的大小和间距等，都能影响铺装地面的视觉尺度感。形体较大，较舒展，会使一个空间产生一种宽敞的尺度感；而较小、紧缩的形状则会使空间具有压缩感和亲密感（见图1-7-3-16）。设计中，砖或条石砌筑的铺装形状常被运用到大面积的水泥或沥青路面，以缩减这些路面的宽广感（见图1-7-3-17）。当然，在一种铺装中加入色彩与质地有明显差异的第二类铺装材料，能有效的分隔空间，形成更易被感知的小空间。

（5）协调统一作用。地面铺装能将尺度与特性差异较大的两个要素连成整体（见图1-7-3-18）。例如，美国旧金山的恩巴凯德罗中心的地面铺装具有强烈的可识别性（见图1-7-3-19），将复杂的建筑群和相关联的室外空间，从视觉上统一起来。每当人们走在这个铺装上便会意识到已经来到恩巴凯德罗中心。

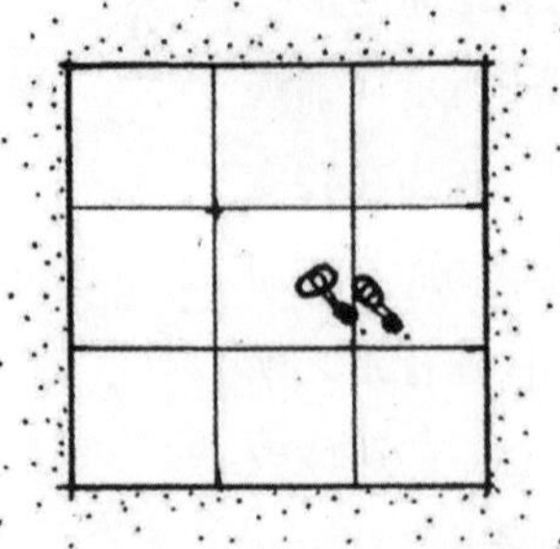

铺装图案使人感到尺度大

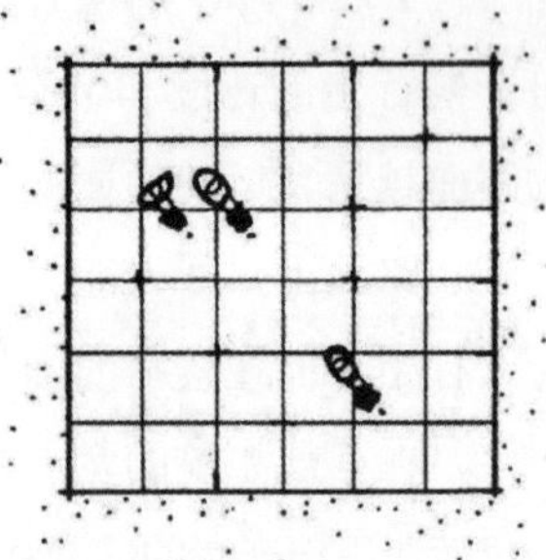

铺装图案使人感到尺度小

图1-7-3-16

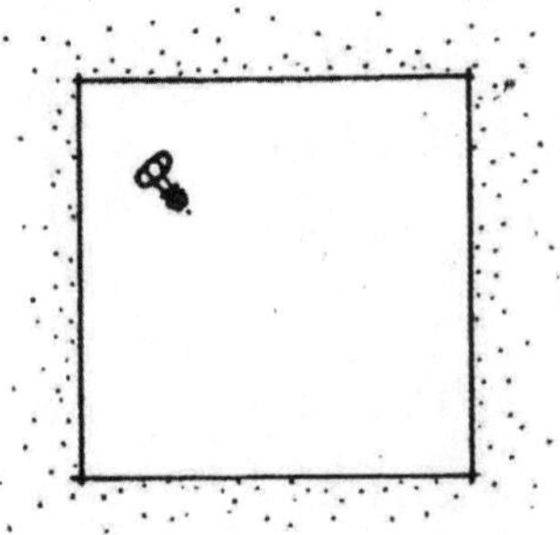

空旷的铺装无尺度感

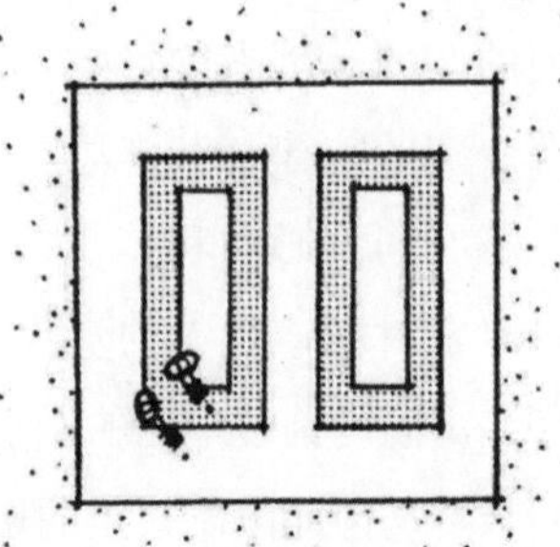

砖和石头的铺装提供尺度感

图1-7-3-17

单独的元素缺少联系

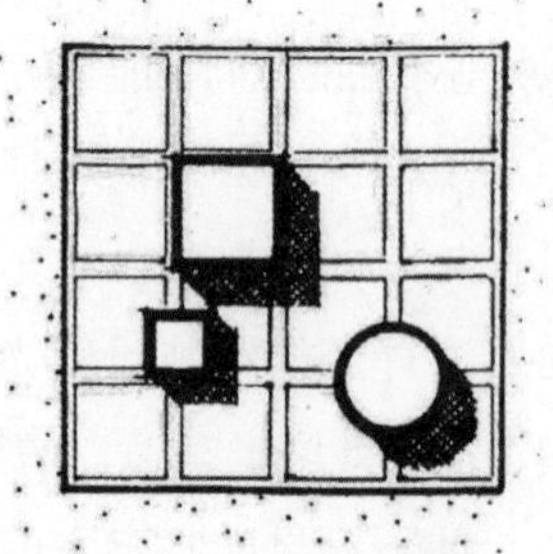

独特的铺装作为普通背景
统一了各单独的元素

图1-7-3-18

图1-7-3-19

图1-7-3-20

图1-7-3-21

图1-7-3-22

（6）背景作用。在景观中，地面铺装可以为引人注意的景物作中性背景。作为背景的铺装地面应该是一张空白的桌面或一张白纸，为其他焦点景物的布局和布置提供基础（见图1-7-3-20）。凡充当背景的地面铺地应该简单朴素，图案不宜醒目，否则它就会喧宾夺主。

（7）构成空间个性。铺装材料及其图案和边缘轮廓，都能对所处空间产生重大影响，都能形成和增强不同空间感，如细腻感、粗旷感、宁静感、喧闹感，城市或乡村感。就特殊材料而言，方砖能赋予一个空间以温暖亲切感，有角度的石板会给人轻松自如、不拘谨的气氛，而混凝土则会产生冷清、无人情味的感受（见图1-7-3-21）。因此，在设计中应有目的地选择铺装材料以满足空间的情感需求。

（8）创造视觉趣味。铺装的视觉特性对于设计的趣味性，起着重要的作用。独特的铺装图案不仅能创造良好的视觉效果，还能体现强烈的地方特色。如在威尼斯的圣马可集会广场和米兰的杜莫广场的铺装（见图1-7-3-22）。特色的铺装图案可以吸引高层建筑的人开窗俯瞰地面空间的景观。

1.8 景观照明与设施

景观环境中的灯光照明除了在夜间创造一个明亮的景观环境，满足夜间游园活动，节庆活动以及安保工作等需求以外，更是一种创造现代景观的手段之一，它能使园林景观呈现出与白昼迥然不同的意趣，产生一种幽邃、静谧的气氛。景观中的灯光照明兼具实用与美学的双重功能，奇妙的灯光效果是园林景观中一个生动有趣的要素。

图1-8-2-1 路灯

1.8.1 景观照明类型

景观中的照明包括功能性照明与装饰性照明两大类。功能性照明主要是满足人们室外活动与工作的明视要求，提供安全的保障。包括园路场地照明、安全警示照明及活动设施照明。装饰性照明是为了创造出夜间景色、显示夜间气氛的照明。包括建筑、山石、水体、植物等景观要素及其空间的照明和民俗庆典与主题活动夜间照明（详见6.7.2）。

图1-8-2-2 庭园灯

1.8.2 灯具类型

灯具一般由灯头、灯杆、灯座、接线控制箱组成。灯座在灯杆的下段，是灯具的基础，地下电缆往往穿过基础接至灯座接线盒后，再沿灯柱上升至灯头。单灯头时，灯座一般要预留接线盒位置，因此，灯座处的截面比较粗大，因接近地面，造型也需较稳重。灯杆可选择钢筋混凝土、铸铁管、钢管、不锈钢、玻璃钢等多种材料。中部穿行电线，外表有加工成各种线脚花纹的，也有上下不等截面的。灯头集中表现灯具的形态和光色，有单灯头与多灯头，规则式与自然式多种外形。

根据光源的不同，灯具分为汞灯、金属卤光灯、高压钠灯、荧光灯、白炽灯、LED灯、太阳能灯等类型。可以根据造景的不同需要来选择不同光源的灯。按照明特点，灯具可分为功能性照明灯具和装饰性照明灯具两大类。

1）功能性灯具

功能性灯具可细分为路灯、庭园灯、草坪灯、高杆灯、地灯等。

（1）路灯。路灯主要满足城市道路的照明需要，同时考虑灯具造型以体现城市街景特色（见图1-8-2-1）。路灯具有良好的配光，发出的光能均匀的投射在道路上，造型简单，节假日为烘托气氛，经常在灯杆、灯头上悬挂装饰性构件，如灯笼、串灯、彩带等。

（2）庭园灯。庭园灯主要用在建筑庭园、公园、街头绿地、居住区或大型建筑物中。灯具功率不应太大，以创造幽静舒适的空间氛围。造型力求美观、新颖，应与周围建筑物、构筑物及空间性质相协调（见图1-8-2-2）。

（3）草坪灯。草坪灯放置在草坪的边缘，灯具较矮（一般小于1米），以烘托草坪的宽广，色彩不宜过多，应与草坪的绿色相协调。在重要的景观节点处，草坪灯可制成了别致的小动物或者植物等仿真造型，置于草坪中，作为草坪上的重要点景（见图1-8-2-3）。

（4）高杆灯。高杆灯主要用于大型活动场地中，一般指15米以上钢制柱型灯杆和大功率组合式灯架构成的新型照明装置（见图1-8-2-4）。它由灯头、内部灯具电气、杆体及基础部分组成。灯头造型可根据场地环境、照明需要具体而定；内部灯具多由泛光灯和投光灯组成，光源采用NG400高压钠灯，照明半径达60m。杆体一般为圆柱型独体结构，用钢板卷制而成，高度为15～40米。高杆灯一般可分为升降式和非升降式。升降式主杆高度一般是18米以上，电动升降操作方便，灯盘升至工作位置后，能自动将灯盘，脱、挂沟。升降式高杆灯所有灯具的密封等级为IP65国际标准，以防止尘土、雨水的浸入，保证灯泡的使用寿命。灯具的材料一般采用耐腐蚀性好的铝合金板和不锈钢。

（5）地灯。地灯放置在步行街、人行道、大型建筑物入口和地面有高差变化之处的地平面上，有引导视线的作用（见图1-8-2-5）。

图1-8-2-3 草坪灯

图1-8-2-4 高杆灯

图1-8-2-5 地灯

2）装饰性灯具

装饰性灯具包括壁灯、泛光灯、激光灯、水下灯、灯带、灯笼与各种彩灯等。

（1）壁灯。壁灯是安装在墙上，具有引导视线及景观照明的作用，又称洗墙灯（见图1-8-2-6）。

（2）泛光灯。泛光灯是一种可以向四面八方均匀照射的“点光源”，它的照射范围可以任意调整，可以对物体产生投影阴影。一般用于烘托植物、景观建筑与小品的夜间效果（见图1-8-2-7）。

（3）水下灯。水下灯是安装在水池中，用于烘托水景的夜间效果（见图1-8-2-8）。

（4）灯带。灯带是指把LED灯用特殊的加工工艺焊接在铜线或者带状柔性线路板上面，再连接上电源发光，因其发光时形状如一条光带而得名（见图1-8-2-9）。目前已被广泛应用在建筑物、桥梁、道路、植物、水体、景观建筑与小品、地板、天花板、家具、汽车、水底、广告、招牌、标志等的装饰和照明，给各种节庆活动增添了无穷的喜悦和节日气氛。常规灯带有圆二线、圆三线、扁三线、扁四线等；颜色有红、绿、兰、黄、白、七彩等，直径为10～16毫米。

（5）挂灯（灯笼）。灯笼是中国的一种传统民间工艺品，起源于1800多年前的西汉时期。在古代，灯笼是主要的照明设施，后来灯笼就成了中国人喜庆的象征，每年农历正月十五元宵节前后，老百姓家家户户都挂起红灯笼，以示庆贺。现如今，灯笼不再是照明的主要设施，但每逢佳节、婚礼庆典这样的喜庆日子，灯笼依然是烘托喜庆氛围的首选，在园林景观中也广泛的被应用（见图1-8-1-10）。

（6）激光灯。激光灯具有颜色鲜艳、亮度高、指向性好、射程远、易控制等优点，看上去更具神奇梦幻的感觉（见图1-8-1-11）。激光光束的不发散性，方圆几公里范围内都能欣赏到它神奇华丽的容颜。激光灯发出的激光射向水幕、建筑物或墙体等，激光在扫描系统的控制下快速移动，形成文字、图案等以供观赏，形成水幕电影与激光电影。激光灯可用于游乐场、公园的广场与剧场中；但不适合设置在居民区，否则炫目的光束就成为严重的光污染了。

图1-8-2-6 壁灯

图1-8-2-7 泛光灯

图1-8-2-8 水下灯

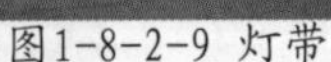

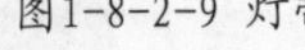

图1-8-2-9 灯带

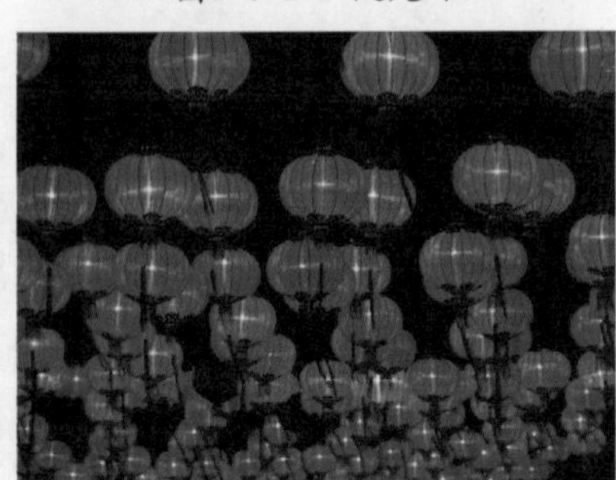

图1-8-2-10 灯笼

图1-8-2-11 激光灯

2 景观艺术要素

山、水、植被、建筑物与构筑物等景观物质要素形成了不同的景观格局，为了方便理解，可以对其艺术特征进行分析与解读。

点、线、面、体是用视觉表达质体空间的基本要素，生活中人们所见到的或感知到的每一个形状都可以简化为这些要素中的一种或几种的结合。各种景观格局是由这四种基本艺术要素，以及色彩与质感组织在一起的。

2.1 点、线、面、体

2.1.1 点

在数学上，线与线相碰而成的交点便显示了点的位置。严格来讲，点没有大小，但可以在空间中标定位置，点是线的收缩、面的聚集。在造型上，点如果没有形，便无法作视觉的表现，所以点必须具有大小与形态。点的形态多样，以圆形居多，圆点具有位置与大小，而其他形态的点除位置、大小之外，尚具方向。

以大小而言，越小的点，感觉越强；点越大，则越有面的感觉；点如果过小，其存在感亦随之减弱。从点与形的关系来说，以圆点最为有利，即使较大，仍会给人以点的感觉。轮廓不清或中空的点显得较弱。反之，面积不大，但内部充实、轮廓明确，即可成为锐利的点。

景观中的点状要素有孤植树、孤赏石、亭、塔、楼、阁、台凳、汀步、石矶等。点状要素的聚集、线状排列、分散等多种组合方式可产生不同的景观效果。

图2-1-1-1 唯有此亭无一物，坐观万景的天然

1）作为主景的点状要素

园林中的点既是“景点”，又是“观景点”。运用点的积聚性及焦点特性，一个点或者几个聚集的点可以形成视觉的焦点和中心，创造景观的空间美感和主题意境（见图2-1-1-1）。

作为主景的点状要素通常有以下几种布局方式：①在轴线的节点或终点等位置设置点状景观要素可形成景观的焦点，突出景观的中心和主题，如烈士陵园轴线上布置的主题雕塑，西方古典园林轴线上布置的雕塑或喷泉等（见图2-1-1-2）；②在制高点设置点状景观要素，如在山顶上布置亭子、塔等建筑形成景观焦点（见图2-1-1-3）；③在构图的几何中心，如广场中心、植坛中心、水池中心等处布置点状景观要素，使之成为视觉焦点（见图2-1-1-4）；④在路的尽端或转弯处、滨水开阔地布置点状要素也能形成视觉焦点（见图2-1-1-5）。

图2-1-1-2

图2-1-1-3

2）作为配景的点状要素

在景观中，点状要素常被用来作为配景，起到烘托主景的作用，如竹石小景、园凳、水岸“石矶”、标识与解说设施等（见图2-1-1-6）。

图2-1-1-4

图2-1-1-5

图2-1-1-6 作为配景的点状要素

2.1.2 线

极薄的平面互相接触时，其接触处便形成线，曲面相交便形成曲线。线存在于点的移动轨迹和面的边界以及面与面的交界或面的断、切、截取处，具有丰富的形状和形态，并能形成强烈的运动感。

线从形态上可分为直线（水平线、垂直线、斜线和折线等）和曲线（弧线、螺旋线、抛物线、双曲线及自由线）两大类。

景观中的线状要素包括园路、水岸线、驳岸线、林冠线、林缘线、围墙、长廊、碑塔、栏杆、桥梁等。不同形态的线状要素有不同的象征性，并且给人以不同的视觉感受。

景观中的线状要素贯穿全局、统筹全局、联系全局，而且“曲中有直，刚柔相济”。

图2-1-2-1

图2-1-2-2

1）景观中的直线要素

直线本身具用某种平衡性，易与环境适应。由于直线是人为抽象出的产物，所以具有表现的纯粹性。直线具有很强的视觉冲击力，但直线过分明显则会产生疲劳感。因此，在景观中，常用直线的对比来进行调和补充。

水平线无明显的方向性，具有平静、稳定的平衡感，空间开阔、统一，让人联想到地平线，如海洋与天空之间的边界（见图2-1-2-1）。垂直线具有挺拔向上的感觉，代表尊严、永恒、权力，创造出端庄、严肃的景观氛围，比如建筑墙线、纪念碑塔（见图2-1-2-2）。倾斜线具有方向性和活跃、运动、奔放的动感，但同时也易产生危险和毁灭感，让人联想到闪电、山石的动势、奔放的雕塑等（见图2-1-2-3）。放射线具有扩张与舒展感，让人联想到放射的光芒（见图2-1-2-4）。

图2-1-2-4

图2-1-2-3

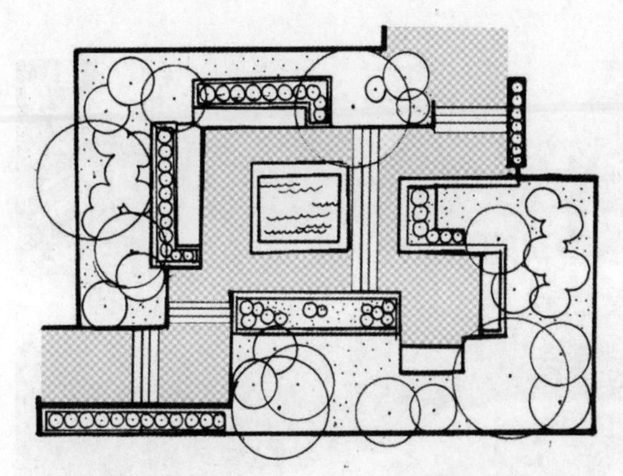
图2-1-2-5 水平线与垂直线构图

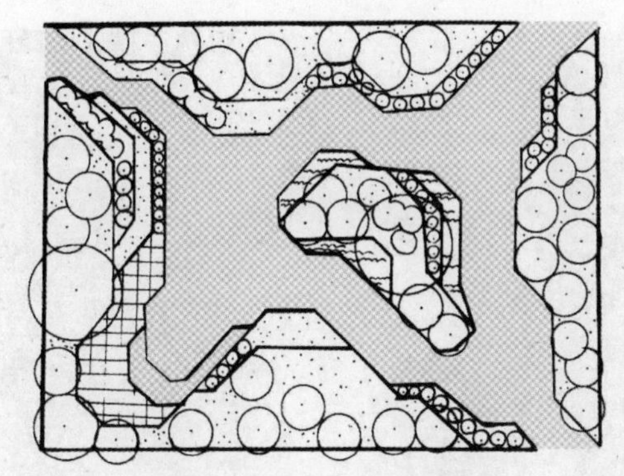
图2-1-2-6 45度斜线构图

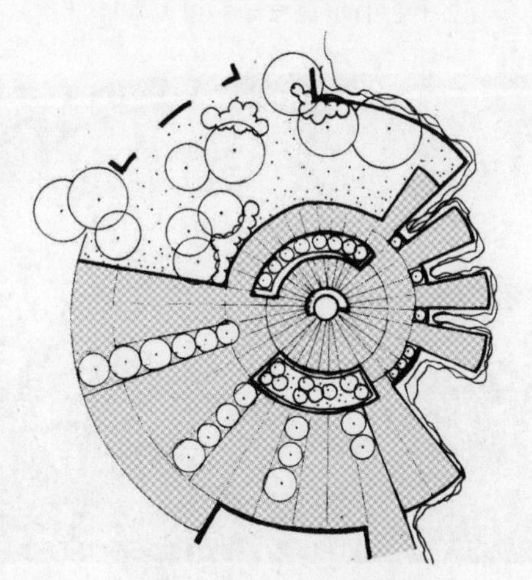
图2-1-2-7 放射线构图

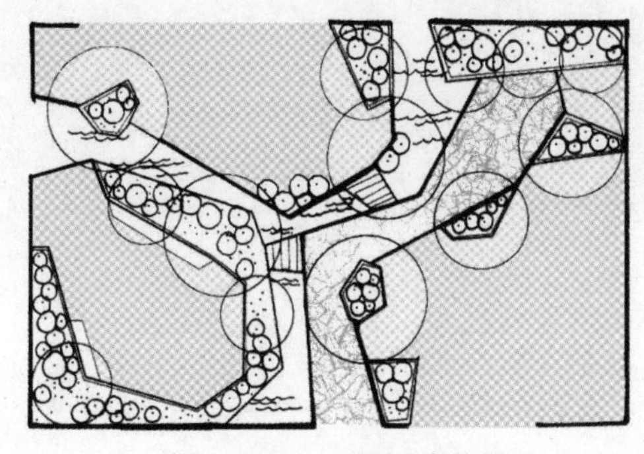
图2-1-2-8 不规则线构图

2）直线式景观构图

直线式构图包括水平与垂直线式、45度斜线式、放射线式、不规则式，每种构图都表现出相应的特点：水平与垂直线式构图静态、直接、明确、有序、逻辑性强，但有单调、缺乏创造性的特点（见图2-1-2-5）；45度斜线式构图动态、活跃、有张力、具有较好的连接效果（见图2-1-2-6）；放射线式构图中心突出、方向感强、激发人的兴趣（见图2-1-2-7）；不规则式构图动态、复杂、多变、不确定、令人好奇（见图2-1-2-8）；

西方规则式园林主要采用直线式构图，如法国凡尔赛宫苑、孚•勒•维贡府邸等的平面构图就是直线式构图的典型代表（见图2-1-2-9）。

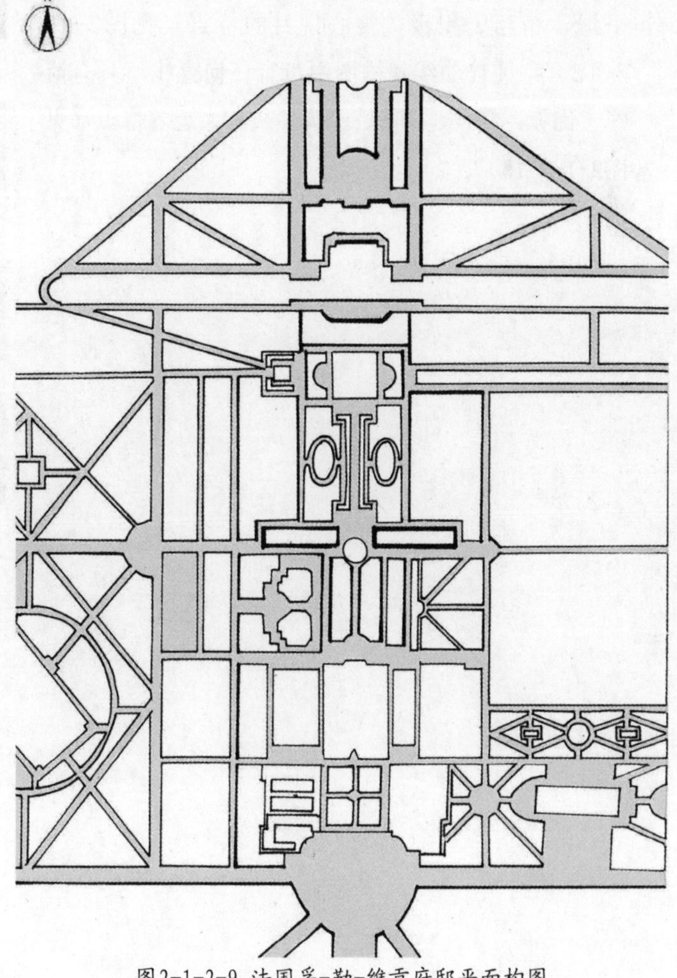

图2-1-2-9 法国孚-勒-维贡府邸平面构图

3）景观中的曲线要素

曲线包括几何曲线、自由曲线，给人以悠扬、柔美、轻快、含蓄、优雅的感觉，多用来表现自然的形态，如东方自然式园林的飞檐翘角、曲径通幽、小溪蜿蜒。曲桥、飞檐翘角、云墙等是几何曲线（见图2-1-2-10），而园路、水岸线、林缘线、天际线等是自由曲线（见图2-1-2-11）。

园路的平面线型、林缘线、水岸线等以流线为主，规则直线为辅；长廊、桥、种植坛、栏杆等的平面线型常是直线与曲线的组合。林冠的天际线是自然流畅的曲线；中国古典建筑的飞檐翘角、门窗洞孔、拱桥、云墙是具有较强韵律感的几何曲线。

图2-1-2-10a 古典龙墙

图2-1-2-10b 北京颐和园玉带桥

4）曲线式景观构图

曲线式构图包括弧线与纯粹曲线构图两种。弧线构图由水平线、垂直线、45度直线、以及1/4、1/2、3/4和整个圆组成，具有柔和、折中、流动、多变、平滑、精巧、积极、赏心悦目的特点（见图2-1-2-12）；纯粹曲线式构图中没有任何直线，具有流畅、优美、精致、平静、令人愉快与亲近等特点（见图2-1-2-13）。

图2-1-2-10c 昆山夏驾河“水之韵”城市文化休闲公园

图2-1-2-11a 自然林冠线

图2-1-2-11b 自然林冠线

图2-1-2-13a 纯粹曲线构图

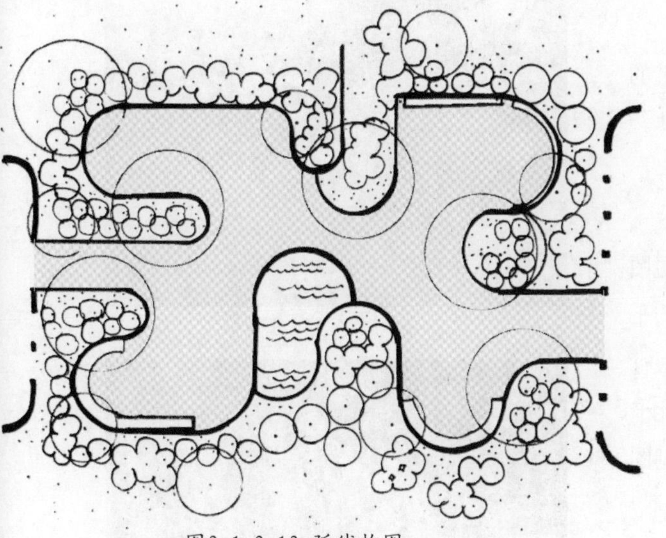

图2-1-2-12 弧线构图

图2-1-2-13b 纯粹曲线构图

2.1.3 面

1）面状要素的特点

一维的线向二维伸展就形成了面，面是线的封闭状态，不同形状的线可以构成不同形状的面。在几何学中，面是线移动的轨迹、点的扩大、线的加宽。平面可以是简单的、平的、弯曲的或扭曲的（见图2-1-3-1）。

在自然界没有“完美”的平面。景观中，未受外界因素干扰的、平静的池塘或湖泊表面是与完美平面相接近的，平静的水面及其对周边景物的倒影被广泛地应用于设计中（见图2-1-3-2）。

面是围合空间的手段。通常，大地表面扮演着地平面的角色，紧密成行的树可以形成垂直面，而高挑的树枝能形成一个顶平面。空间构架或棚架也能界定较透明的顶平面，它们围合形成开敞的空间体。劳伦斯·哈普林(Laurence Halprin)设计的波特兰市伊拉·凯勒水景(Ira Keller Fountain)采用了抽象的平面组合，互相重叠的水平面（稳定的、静止的、干燥的）衬托着垂直平面（不稳定的、流动的、潮湿的）形成一首和谐、平衡的乐章（见图2-1-3-3）。

面有几何形和自由形之分。几何形平面即直线或几何曲线的闭合形成的平面，自由形平面即自由曲线闭合形成的平面。景观中的面状要素包括水面、场地、草坪、树林、建筑群等。

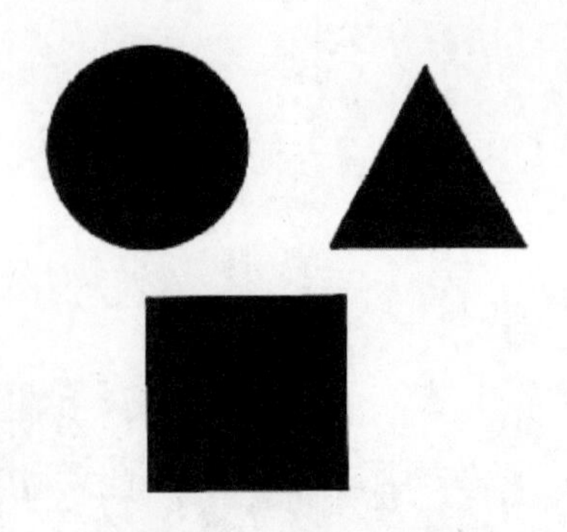

（a）平的、简单的几何体

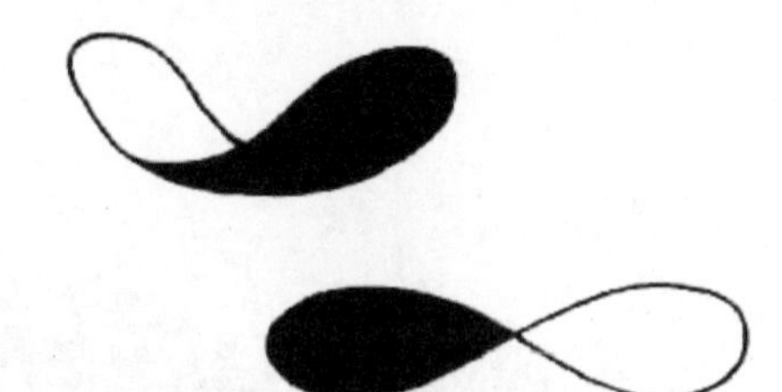

（b）弯曲的、扭曲的平面

图2-1-3-1

图2-1-3-2

图2-1-3-3

2）几何形景观构图

几何曲线形构图体现了数学性、严谨性和理性，是人工的产物，因此在园林中主要用于体现同样精神的规则式园林。例如，纪念性广场、公园出入口广场、整形水池、建筑群、整形花坛、网格状树阵、规则式草坪。

（1）规则几何式平面构图。法国巴黎蒙太纳大街50号庭园（见图2-1-3-4）与美国德州伯奈特公园(Texas Burnett Park，USA)的平面都是规则几何式构图（见图5-3-3-8）；美国达拉斯联合银行广场喷泉水景园利用网格控制构图（见图2-1-3-5）；美国北卡罗那联合银行广场采用的是黄金分割比的建筑模数构图（见图5-3-3-9）。

（2）规则几何的场地铺装。利用线条的组合能形成各种各样的平面图案。线条划分成若干的面，并形成各式图案，如日本和光市住宅区场地铺装（见图2-1-3-6）。

（3）规则几何的立面构图。单体建筑的立面通常呈现几何式体块（见图2-1-3-7）。

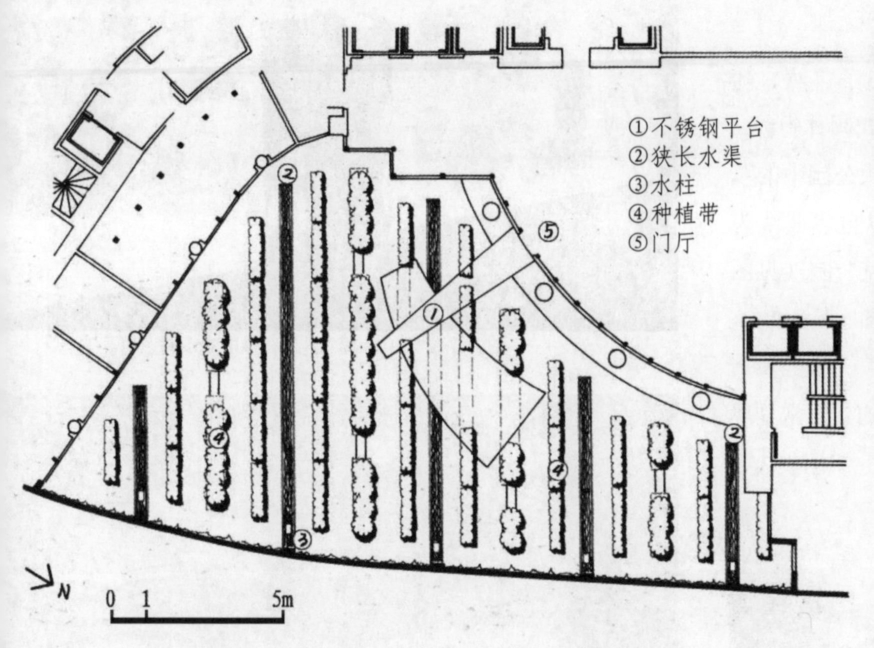

图2-1-3-4 法国巴黎蒙太纳大街50号庭园平面图

图2-1-3-6

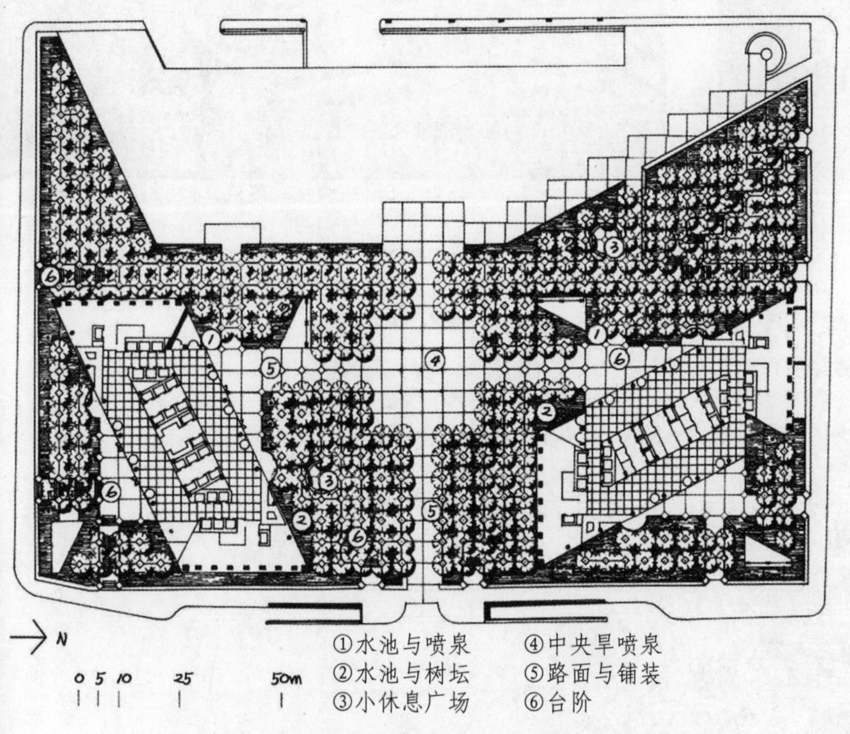

图2-1-3-5 美国达拉斯联合银行广场喷泉水景园平面图

图2-1-3-7

3）自由形景观构图

自然的面都是自由曲线形面，突出了自然、随和、自由生动的特性，一般应用于自然式园林中。

（1）自由形平面构图。美国纽约中央公园中的草地边界线、水岸线或是广场的轮廓都以自然曲线为主（见图2-1-3-8）；墨西哥泰佐佐莫克公园（见图2-1-3-9）与加拿大多伦多HTO公园（见图2-1-3-10）的平面就是自然曲线形构图的典例。

（2）自由形立面构图。景墙与建筑的立面常呈现自由形态（见图2-1-3-11）。

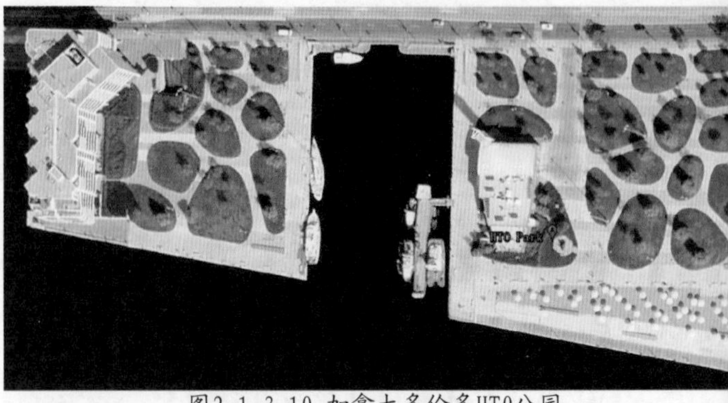

图2-1-3-10 加拿大多伦多HTO公园

图2-1-3-8 曲线式水岸线

图2-1-3-11 曲线式建筑立面

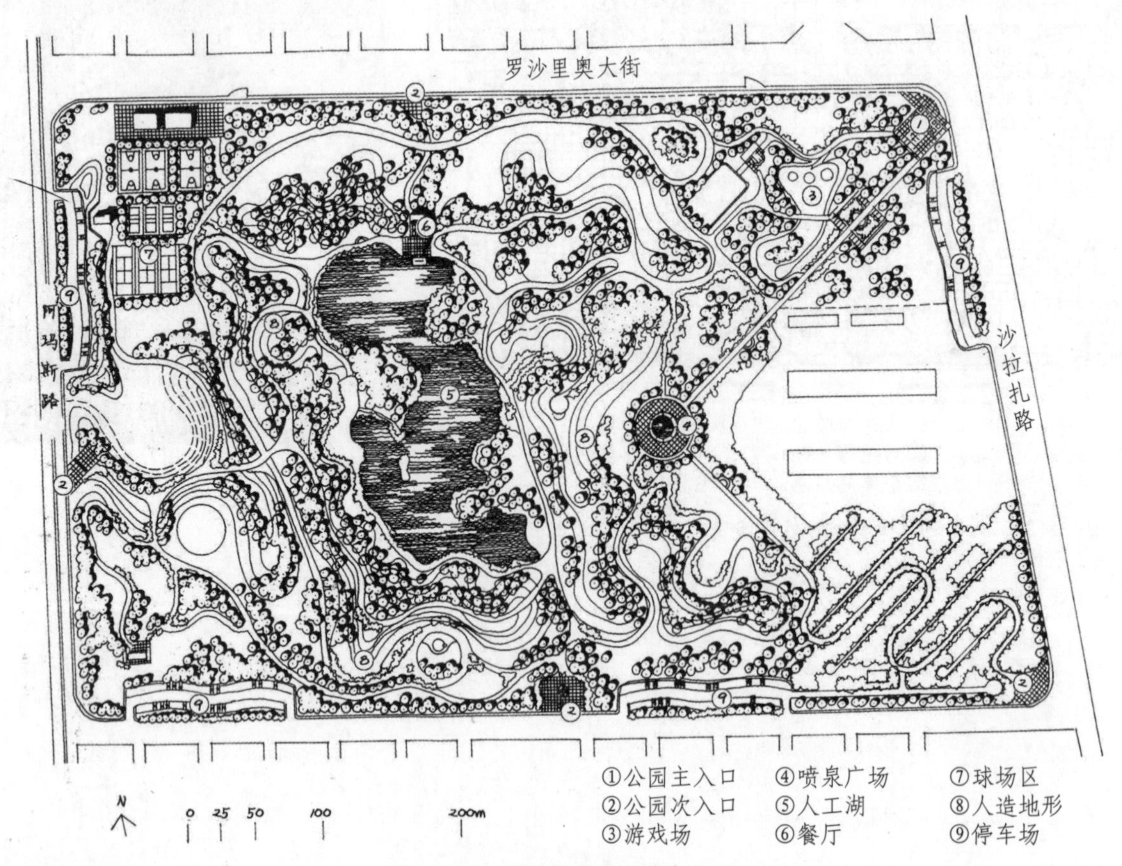

图2-1-3-9 墨西哥太佐佐莫克公园

4）点、线、面叠加的构图分析

点、线、面叠加设计在法国拉•维莱特公园中有较好体现。设计师伯纳德•屈米摈弃了传统的城市和园林景观设计中那些中心、轴线、等级等组织空间的手法，以一个“点—线—面”相叠加的系统覆盖整个场地，成为公园的基本架构（见图2-1-3-12），试图通过一种纯粹的形式构思，建立一种新秩序，体现矛盾和冲突，通过随机性、偶然性产生更多可能的内涵和景观，这是对传统的继承与反叛形成了一个充满矛盾却令人耳目一新的作品。

“点”是按120米×120米方格网排布的、被称为“癫狂”的红色构筑物，屈米把它们称为“Folie”，除了作为标志点和装饰功能外，还可作为信息中心、餐饮、手工艺室、医务室、临时托儿所之用（见图2-1-3-13）；“线”是主要的交通系统，包括2条长廊、林荫道、中央环路和一条将10个小型的主题花园联系起来的蜿蜒步道（见图2-1-3-14）；“面”即是10个小型的主题花园和其他场地、草坪及树丛。

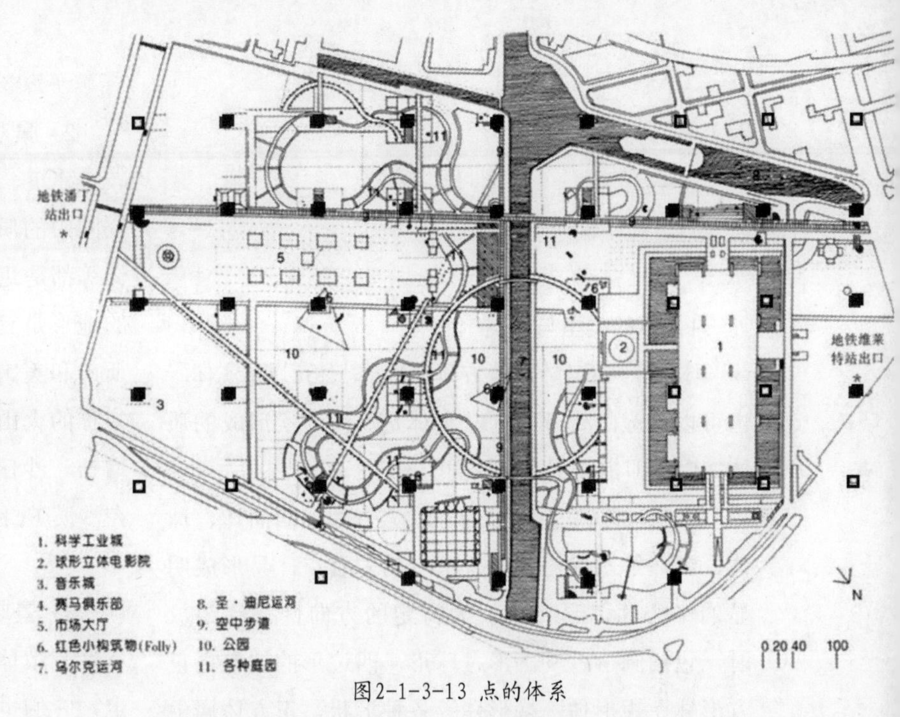

图2-1-3-13 点的体系

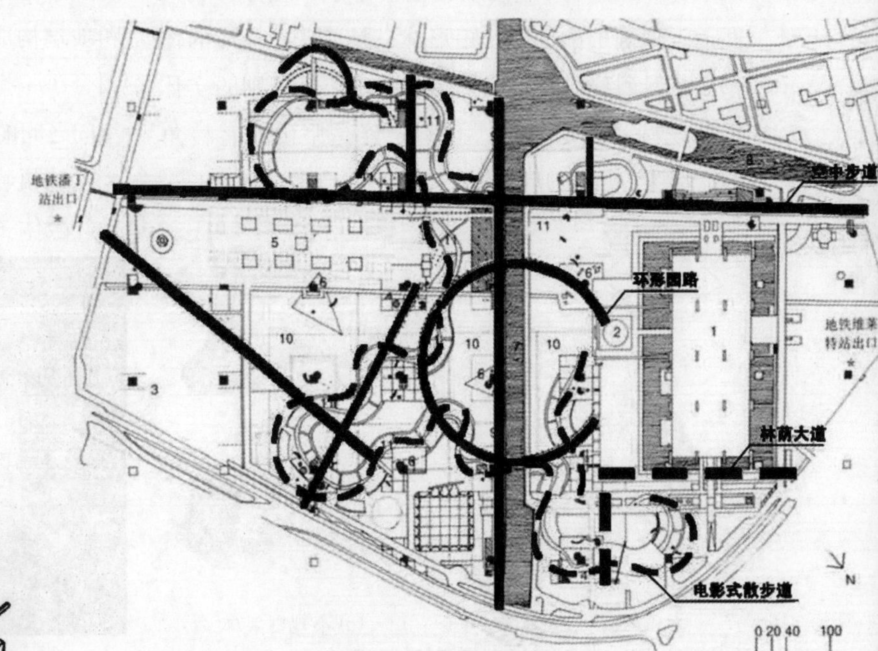

图2-1-3-14 线的体系

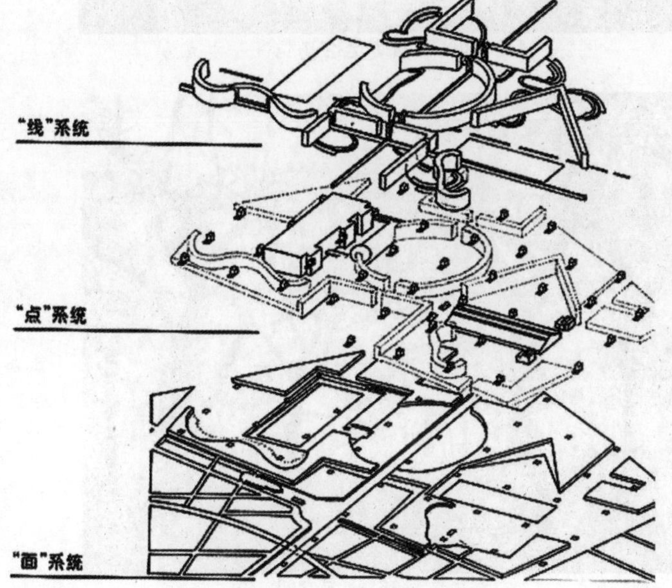

图2-1-3-12 点-线-面系统

2.1.4 体

点、线、面复合形成体。

1）体的类型与特点

体是二维平面在三维方向的延伸。体可以是实体，也可以是虚的、开敞的。实体是三维要素形成的质体；虚体即由面围合而成的空间。

实体可以是几何形的，如立方体、四面体、球体、锥体等。圆与球具有单一的中心点，易形成明显的中心感，易协调、无特定的方向性、等距放射，包括圆形、椭圆形、球形。四边形的体包括正方形体、矩形体、梯形体等各种形状，正方体属中性，近似圆形的性质；矩形体最易造型；梯形的体偏心，具斜线性质；三角形体稳定。不规则的实体可能是圆滑而柔软的，也有可能是坚硬而有棱角的，如图2-1-4-1所示。

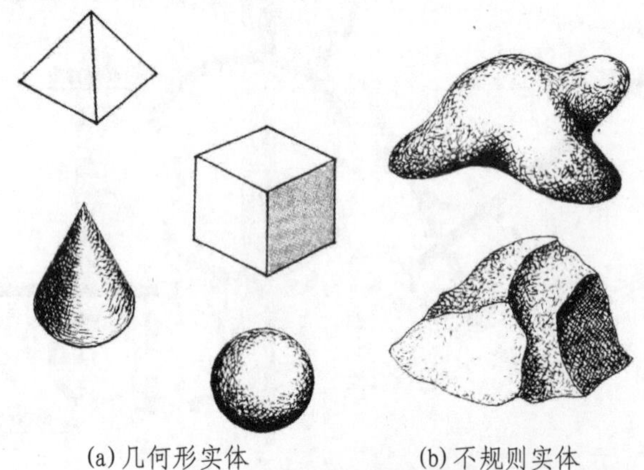

(a) 几何形实体　　(b) 不规则实体

图2-1-4-1

2）景观中的几何实体

建筑、地形、树木和森林都是景观中的实体，是空间中的质体。埃及金字塔、网格球体、玻璃立方体等都是几何形体（见图2-1-4-2）。一些引人注目的地形是突出于平面的高耸实体，澳大利亚的艾尔斯山和美国怀俄明州的魔鬼塔是两个突出的例子。匀称的火山锥是半几何形的体，它们随时间变化而增长。沙丘随风改变形状，有一些则以平稳的速度在沙漠旷野中移动。

3）景观中的开敞体

开敞体可以由开敞的空间结构（如桁架）所界定，它们也能以密实的平面为边界，形成空洞。钢和玻璃构成的透明建筑，如植物园中的玻璃房，它围合了一个隔离的气候区，模糊了围合空间和开敞空间之间的差异。

建筑物的内部、深深的山谷和森林冠下空间都是开敞体（见图2-1-4-3）。

图2-1-4-2 2008北京奥运会场馆——水立方

图2-1-4-3a 建筑内部空间

图2-1-4-3b 林下空间

4）景观中的自由实体

不是所有的体看上去都沉重或真实的，划过天空的浮云或落叶后的树林都是轻的或透明的质体。

变化多样的植物姿态是自由实体的典型，不仅因种类的不同而各异，而且因单株之不同结构者亦各具姿态。植物的姿态是由主干、主枝、侧枝及叶决定的，是植物景观的艺术特性之一。植物姿态以枝为骨、叶为肉，构成千姿百态的实体美，在植物景观中影响着统一性和多样性。

不同的植物有不同的“姿态的表情”，而不同的植物姿态表情也激发人不同的心理感受。人类对植物的情感具有传递性，并成为一种文化。由于人们在对植物的姿态加以感情化时总是与植物在三维空间的生长延展状态密不可分。因此，基于植物的空间形态与人的情感的结合，植物姿态可分为：垂直向上型，水平展开型，无方向型，垂枝型，特殊型等类型。乡土植物的形态通常都与地形协调一致（见图2-1-4-4），树枝挺拔的植物多见于山区，这反映了高耸的山峰和该地区参差不齐的岩石外形；枝条平展的植物多见于平原及周边多山的丘陵地带。

（1）垂直向上型。垂直向上型包括以下五种：①圆柱形，如杜松、塔柏、钻天杨等；②笔形，如塔杨、铅笔柏等；③尖塔形，如雪松、窄冠侧柏、南洋杉、金松、冲天柏等；④圆锥形，如圆柏、毛白杨等；⑤纺锤形。

垂直向上型植物以其挺拔向上的生长气势引导观赏者的视线直达天空，突出空间的垂直面，强调群体和空间的垂直感和高度感，使人产生一种超越空间的幻觉。若与低矮植物，特别是圆球形植物交互配置，形态对比强烈，最易成为视觉中心，能引起游赏者心理的跌宕变化。这类植物因其强列的向上之动势，适于营造严肃、静谧、庄严气氛的纪念性空间，如陵园、墓地等，使人产生对冥国死者的哀悼之情或对纪念人物的崇敬之感。

纺锤形植物在布局中常用于增强景观高度特征（见图2-1-4-5）；圆锥形的植物在圆球形和水平展开型植物中具有突出的作用（见图2-1-4-6）。

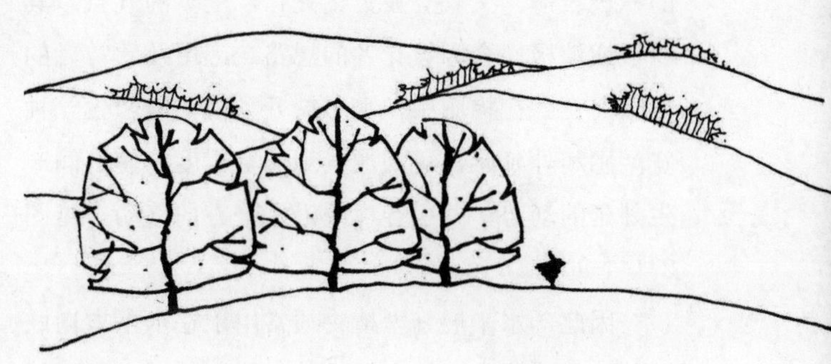

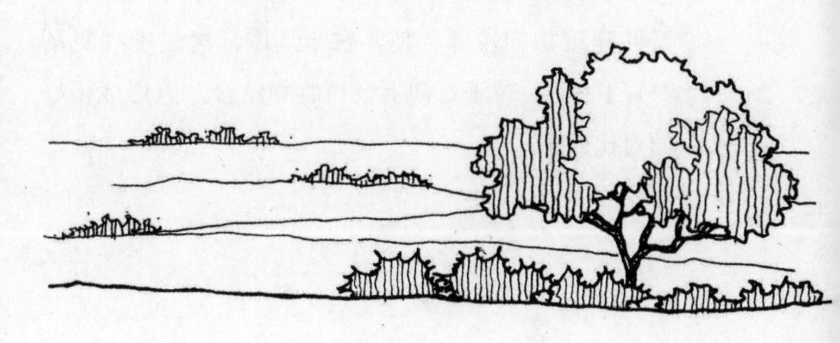

图2-1-4-4

图2-1-4-5

图2-1-4-6

（2）水平展开型。水平展开型植物具有朝水平方向生长的习性，宽与高几乎相等，如二乔玉兰、合欢、凤凰木等；偃卧形的偃柏、偃松、铺地柏、沙地柏、铺地蜈蚣等；匍匐形的葡萄、爬墙虎等（见图2-1-4-7）。

水平展开型植物既具有安静、平和、舒适恒定的积极表情，又具有疲劳、死亡、空旷的气氛。其积极或消极性会因设计者的思路、应用及欣赏者的心绪而变。在构图中，水平展开型植物能产生一种宽阔感和外延感，可增加景观的宽广度，使空间产生外延的动势，并引导视线沿水平方向移动（见图2-1-4-8）。

因此，水平展开型植物通常用于在水平方向联系其他景物形态；能和平坦的地形和低矮水平延伸的建筑物相协调，若将之布置在低矮的建筑旁，能延伸建筑物的轮廓，使其融于周围环境之中（见图2-1-4-9）；与垂直向上型植物相结合，能形成很好的对比效果。

图2-1-4-7a 凤凰木

图2-1-4-7b 铺地柏

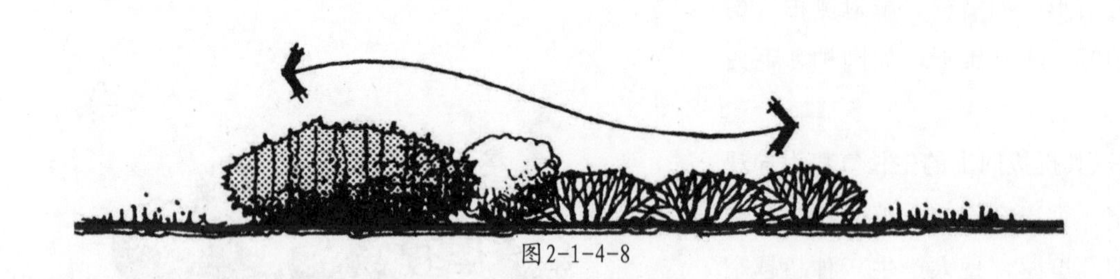

图2-1-4-8

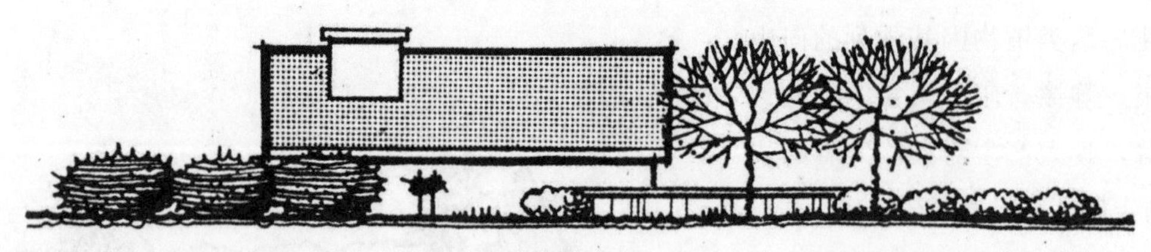

图2-1-4-9

（3）无方向型。无方向型在几何学中是指以圆、椭圆或者以弧形、曲线为轮廓的构图，如圆形、卵圆形、广卵圆形、倒卵球形、扁球形、半球形、馒头形、伞形、丛生形、钟形等（见图2-1-4-10）。除自然形态的无方向型植物（如槭树属）外，也可人工修整而成，如常见的黄杨球等。

无方向型植物对视线没有方向性和倾向性的引导，由其构成的景观具有统一性和柔和平静的格调。日本园林多用此类植物，大概是与有着“与世无欺、柔顺平和”的处世之道的“禅”学有关吧。多用于和外形对比强烈的植物搭配。

（4）垂直向下型。垂直向下型植物主要有垂枝型和拱枝型两类。

垂枝型植物形态轻盈、优雅活泼。在地面较低洼处常伴生垂枝植物，如河床两侧常长有垂柳、迎春等（见图2-1-4-11）。因此，垂枝型植物具有良好的耐水性，适合在水边、草地上种植，如垂柳、龙爪槐。拱枝形植物枝条长而略下垂，可形成拱券式或瀑布式的景观，适合在草地上或建筑物顶端任其下垂，如迎春。

垂枝植物能将视线引向地面或水面，若种于岸边，婆娑的枝叶与波动的涟漪相映照，以强化水之延绵流长的意蕴。为更好的展现垂直向下型植物的姿态，理想的做法就是将这类植物种在种植池的边沿或高地，任其在边缘挂下或垂下（见图2-1-4-12）。

（5）特殊型。特殊型植物是指不规则的、多瘤节的、歪扭式的或缠绕螺旋式的具有奇特造型的植物。除专门培育的盆景植物外，这种植物是在某个特殊的环境中生存多年的成年老树。由于它们具有不同凡响的外貌，这类植物适宜作为孤植树，种植在突出的位置上构成独特的景观（见图2-1-4-13）。

植物组群的轮廓形状是植物形态的重要表现。植物组群的轮廓形状必须满足功能的要求（遮荫、屏蔽、防风、围合等），同时也要创造优美宜人的林冠线（参见6.5.1）。

图2-1-4-10 无方向型

图2-1-4-11 垂直向下型

图2-1-4-12 垂直向下型

图2-1-4-13

2.2 色彩

颜色是和面与体的表面有关的最重要的变量之一。颜色的物理和光学性质，特别是在牛顿发现棱镜和确定可见光谱后，得到了充分的研究。在景观设计中，重要的是要懂得如何描述颜色，它的特征是什么以及会创造怎样的效果。

2.2.1 色彩的本质及效应

构成物体显色现象的基本因素之一是由发光体直射过来的光源色，二是物体色。物体色具有间接性，是由光源射出来的色光又经物体反射回来的色。

光源有白色光、有色光等不同属性。物质有不透明物质、半透明物质、透明物质之分，有吸光、不吸光、反光等不同特性。

色彩感觉主要由光线的反射现象所促成的。太阳光谱有红、橙、黄、绿、蓝、紫六种色光（见图2-2-1-1）。当光线照射到白色物体表面时，光线基本全部被反射，物体呈白色；黑色物体则完全吸收光线。而有色物体的表面，对投射过来的光线，是呈部分吸收、部分反射状态的。部分吸收也称选择吸收，将与物体本身色彩不相同的色光全部吸收；部分反射也称选择反射，与本色相同的色光反射回去。被反射的色光，则使人能感觉到该物体的色彩相貌。如绿叶吸收白光中其它光波的色光，只反射绿色光波的光，树叶因此呈绿色。

如果投照光是有色光时，物体表面色彩也会随之发生变化。如白纸，用红色光照射，反射红光，纸便呈红色状态；用绿色光照射，反射绿光，纸便是绿色状态。再如树叶用绿色光照射，仍然反射绿光，树叶便呈绿色，而用红色光照射，则红色光线全部被吸收，显出黑暗无反射现象，树叶遂呈黑色。

就有色光而言，有三种基色：红、黄、蓝，即三原色（见图2-2-1-2）。

任意两个原色混合成的色彩称为二次色；两个二次色再次混合成的色彩称为三次色。如：红+黄=橙，红+蓝=紫，黄+蓝=绿。这里的橙、紫、绿为二次色，再把这三色的任意两边互相混合又会产生新的色彩称为三次色（见图2-2-1-3）。在色相环中互相对立的两种颜色称作互补色。如紫罗兰的花常有黄色的花蕊、深蓝的天空有落日的橙色光芒，蓝绿色的针叶树背景下的橙红色秋叶，翠鸟羽毛上的橙色和蓝色。

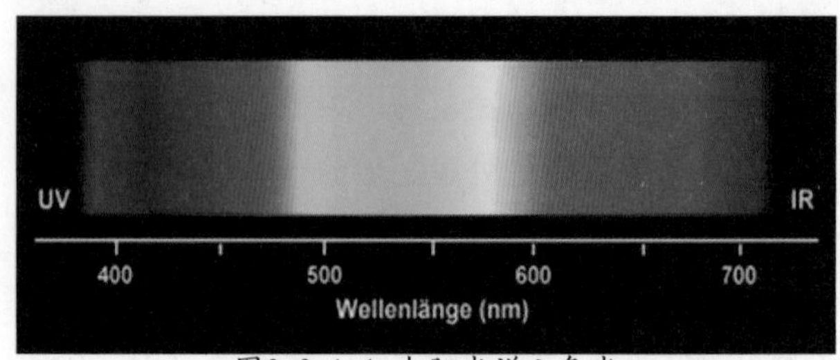

图2-2-1-1 太阳光谱六色光

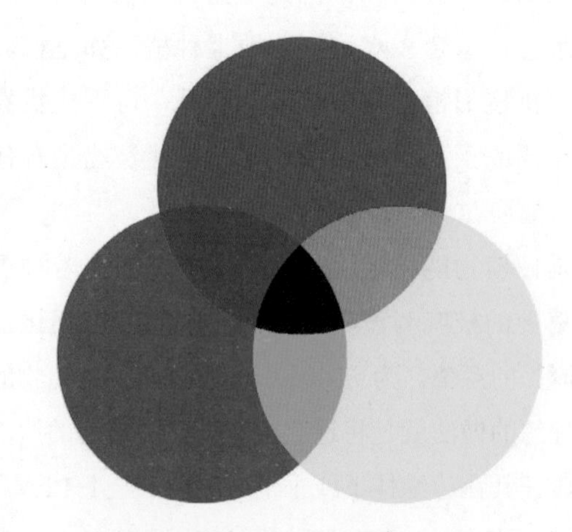
图2-2-1-2 三原色

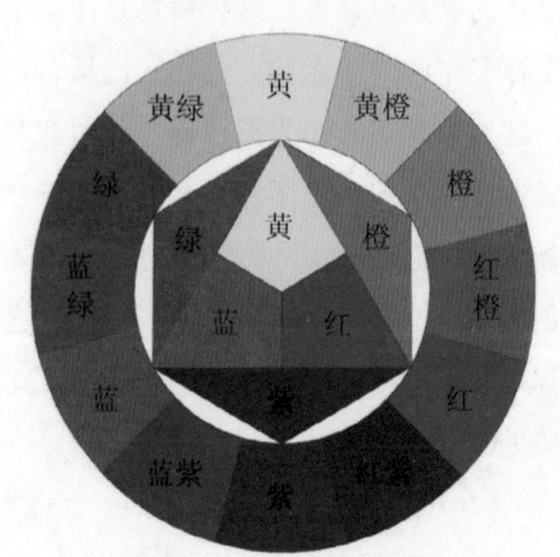

图2-2-1-3 12色相环

1）色彩的三要素

构成色彩的三要素是色相、明度、彩度（见图2-2-1-4）。

（1）色相（Hue）。色彩的相貌称色相。确切地说，它是特定波长的色光给人的特定色彩感受。色彩的相貌由波长决定，色彩主波长相同，色相便相同；主波长不同，色相则有了差别。

红、橙、黄、绿、蓝、紫都是一个具体色相的称谓，由于它们的波长各不相同，呈现出的色彩也就各不相同。玫红、品红、大红、朱红、橙红，也是某一特定色相的称谓。虽然色相都是红色系，但橙红偏黄，玫红偏紫，有冷暖色彩倾向之分，它们之间的差别，也属于色相的差别，而同一种红色调入不同量的白色则可分别呈浅红、粉红、淡红色，它们之间的差别只是明暗关系上的差别，红色相并没有改变。

（2）明度（Value）。明度是分辨色彩的明暗程度之称谓。物理学上光波的振幅宽窄决定色彩的明暗程度：振幅越宽，进光量越大，物体对光的反射率越高，明度也就越高；反之，振幅越窄，明度就越低。在可见光谱中，波长不同，明暗程度也不同。红紫两色处于可见光线的边缘，色光明度低；黄色光处于可见光线的中心，明度最高；而蓝和绿居中。因此，纯色相也有明暗关系之分，由明度高的黄色渐变为明度低的红紫色，自然地呈现出明暗、色相变化有序之色彩美。白色是最明亮的色，黑色则是最暗的色。任何一个色相，要提高它的明度，即加入白色；要想降低它的明度，则加入黑色。

（3）彩度（Chroma）。色彩的饱和度，即色彩的浓淡程度，称为“彩度”或“纯度”，是可见光辐射的波长单一或复杂的程度。具备一定色相感的色才有纯度之分，称为“有彩色”，黑、白、灰是“无彩色”，纯度等于零。高纯度的颜色加入灰颜色，纯度就会降低，成为带灰浊味的色彩。“有彩色”分为四种：纯色，即不含黑白灰，饱和度最高的色；清色，即纯色加入白色所得的色；暗色，即纯色加入黑色所得的色；浊色，即纯色加入灰色所得的色。

不同的纯色加入不同量的白色、黑色或灰色，就可以得出千变万化的色彩。当把这些色彩科学地组织、分类，并赋予数学符号，就可以编成一套系统的色彩辞库，便于设计者对色彩进行选择。目前广泛使用的色彩体系有美国的孟谢尔色彩体系与日本的PCCS色彩体系。

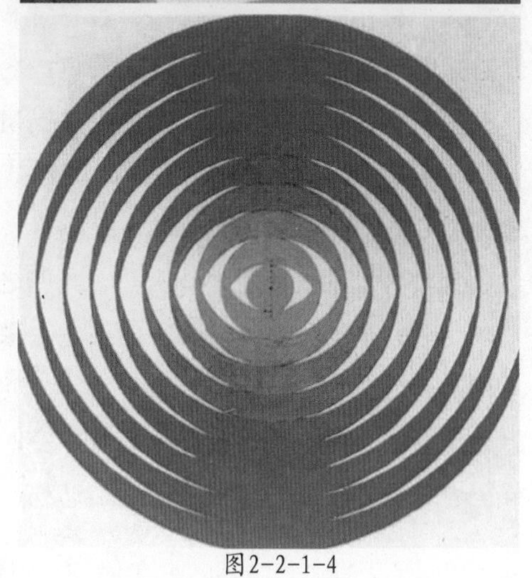

图2-2-1-4

2）色彩的情感语言

色彩直接影响一个空间的氛围，可以被看作是情感的象征。鲜艳的色彩给人以轻快、欢乐的感觉，而深暗的色彩则给人异常郁闷的感觉。色彩在视觉领域中最具有表现力和感染力。

（1）色彩的联想。面对不同的色彩，人们会产生不一样的联想。看到黄色、黄绿色、粉红色、淡紫色，人们会联想到春季（见图2-2-1-5）；看到大红色、大绿色、艳蓝色、清紫色，会联想到夏季；面对红色、橙色、棕褐色、咖啡色、金枯色，会联想到秋季（见图2-2-1-6）；面对灰蓝色、灰紫色，人们会联想到冬季。

（2）色彩的象征。色彩的象征性在世界范围内既有共通性意义，也有各民族不同的传统习惯所赋予的意义，以表明社会阶层、地位，或是作为神话、宗教思想的象征等。

红色是火的颜色，给人以艳丽、芬芳和成熟青春的感觉，意味着热情、奔放、喜悦和活力，有时也象征恐怖和动乱。红色极具诱视性和美感，但过多的红色刺激性过强，令人心理烦燥，故应用时宜慎重。在中国，红色是喜庆的象征色。在西方国家，红色的含义各异，粉红色表示健康，深红色则意味着嫉妒与暴虐，被认为是恶魔的象征。红色还有兴奋、欢乐、活力、危险、恐怖的意义。

黄色的明度高，给人以光明、辉煌、灿烂、柔和、纯净之感，象征着希望、快乐、和智慧，同时也具有崇高、神秘、华贵、威严、高雅等感觉。在中国，最明亮的黄色是皇帝的专有色，黄色成为最高智慧和权贵的象征；在古罗马，黄色也是高贵的象征色。黄色还有温和、光明、快活、纯净、颓废、病态的意义。

橙红色为红和黄的合成色，有火热、光明之特性，给人以明亮、华丽、温暖、芳香的感觉，象征着古老、温暖和欢欣。

蓝色为典型的冷色和沉静色，有寂寞、空旷的感觉，象征着秀丽、清新、宁静、深远、悲伤、压抑。

绿色是自然界中最普遍的色彩，是生命之色，象征着青春、希望、和平，给人以宁静、休息和安慰的感觉，绿色象征着湿润、青春、和平、朝气、幼稚、兴旺、衰老。绿色调以其深浅程度不同又分为嫩绿、浅绿、鲜绿、浓绿、黄绿、赤绿、褐绿、蓝绿、墨绿、灰绿等。不同的绿色调合理搭配，具有很强的层次感。

紫色乃高贵、庄重、优雅之色，明亮的紫色令人感到美好和兴奋；高明度的紫色象征光明，其优雅之美易营造出舒适的空间环境；低明度紫色与阴影和夜空相联系，富有神秘感。

褐色象征着严肃、浑厚、温暖、消沉。白色明度最高，象征着纯洁和纯粹，神圣与和平，常给人以明亮、干净、清楚、坦率、朴素、纯洁、爽朗的感觉，也易给人单调、凄凉和虚无之感。黑色象征着肃穆、宁静、坚实、神秘、恐怖、忧伤。

图2-2-1-5 春季色彩意象

图2-2-1-6 秋季色彩意象

（3）色彩的感觉。色彩的感觉包括冷暖感、轻重感、远近感、面积感、华丽与朴素感、愉快与忧郁感。

不同的色彩给人的冷暖感不同，蓝给人的感觉比较冷，红、橙、黄比较温暖，绿、紫则感觉比较适中。

暖色给人的感觉较轻，冷色则较重；高亮度的色彩感觉较轻，低亮度的色彩感觉较重；高纯度的色彩感觉轻，低纯度的色彩感觉重。

暖色感觉较近，冷色则感觉很远；高亮度的色彩使人感觉比较近，低亮度色彩感觉较远；高纯度的色彩感觉近，低纯度的色彩较远。六种标准色的距离感由近渐远分别是：黄、橙、红、绿、蓝、紫（见图2-2-1-7）。

暖色面积大，显得膨胀，冷色面积小，显得收缩；高亮度色彩显得面积大，低亮度色彩显得面积小；高纯度色彩显得面积大，低纯度色彩显得面积小。

暖色相有华丽的感觉，冷色相比较朴素；高亮度、高纯度的色彩华丽，低亮度、低纯度的色彩较朴素。

暖色会使人兴奋、愉快，而冷色会使人忧郁、消极；高亮度的色彩给人较大的刺激，低亮度色彩给人的刺激小且感觉平静；高纯度的色彩给人以强烈冲击，使人感到兴奋，低纯度刺激小，使人平静。

3）色调系列

色调即色彩的主色调，也指色彩的总倾向，总特征。色调系列分三大类，即色相主调、彩度主调、明度主调。

日本PCCS色彩体系的色调系列是由24个色相主体，9个色彩基调组成的。

（1）24色相环的组织结构。PCCS色彩体系的色相环的结构是以“三原色学说”为理论基础的，以红(R)、黄(Y)、蓝(B)为三原色，由红色与黄色产生间色——橙(O)；黄色与蓝色产生间色——绿(G)；蓝色与红色产生间色——紫(P)。在这六个色相中，每两个色相分别再调出三个色相(见图2-2-1-8)，便组成24色色相环。

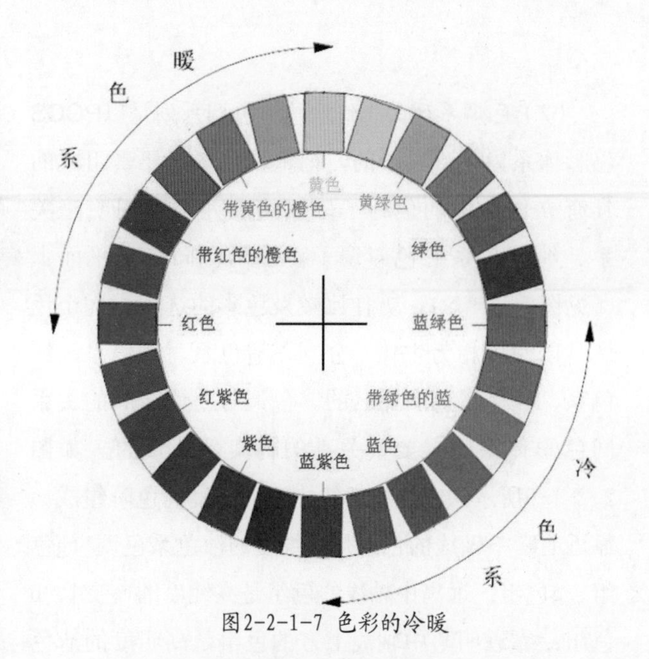

图2-2-1-7 色彩的冷暖

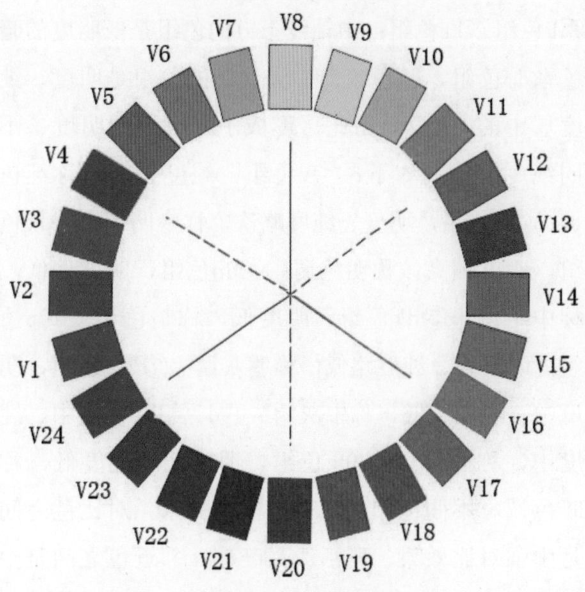

图2-2-1-8 24色相环

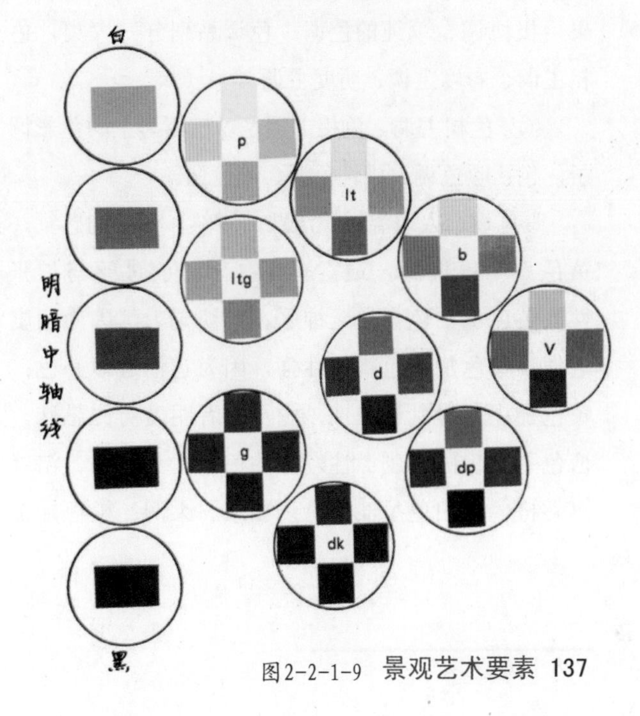

图2-2-1-9

（2）色调系列的组织结构。色调系列是以PCCS色彩体系为基础发展的，把依据色彩三要素组成的具有立体结构的色标，分解组成九个不同明暗关系、纯度关系的色彩调子，展示在同一个平面上（见图2-2-1-9），方便比较及色彩的选用。九个色调是以24色相为主体，分别以清色系、暗色系、纯色系、浊色系色彩命名的。色调与色调之间的关系同色彩体系的三要素关系的构架是一致的。如图2-2-1-9所示，明暗中轴线由不同明度的色阶组成。靠近明暗中轴线的色组是低纯度的浊色系色调Itg色组、g色组；远离中轴线的色组是高纯度的v色组、b色组；靠近明暗中轴线上方的色组是高明度的清色系P色组、It色组；中轴线下方的色组是低明度的暗色系dp色组、dk色组；中央地带的色组是明度、纯度居中的d色组。由此，形成了九组不同明度、不同纯度的色调如下：①v色组，纯度最高，称纯色调；②b色组，明度、纯度略次，称中明调；③It色组，明度偏高，称明色调；④dp色组，明度偏低，称中暗调；⑤dk色组，明度低，称暗色调；⑥p色组，明度高、纯度略低，称明灰调；⑦Itg色组，明度中、纯度偏低，称中灰调；⑧d色组，明度中、纯度中，称浊色调；⑨g色组，明度低、纯度低，称暗色调。不同色相之间有不同的关系，对比色之间是中强对比效果，既活泼又旺盛；邻近色之间是中对比效果，色调统一和谐；同类色之间是弱对比效果，极协调、单纯的色调。色调系列分三大类，色相主调、彩度主调、明度主调。

①.色相主调。色相主调是以色相为主的色彩调子，包括暖色调、中性色调、冷色调。

暖色调给人以温暖、活跃、甜熟、华美的感觉。黄色系明度最高，最富有光亮感、前进感与扩张性。黄色加白色会缺乏神采、暗淡无力，因为明度近似；黄色加蓝色排斥性强，因为它们近似补色；黄色加黑色最具积极性，由于两者明度对比悬殊。橙色系是艳丽、刺激性较强的色相，具愉快、温馨感。橙色加白色呈淡橙色，雅致、柔润；橙色加黑色有沉着、安定、严谨、稳定的感觉。红色系纯度最高，充满活力且积极向上、喜庆、吉利，煽动人的情绪。红色、橙色、白色混合会有生动活泼的感觉。

中性色调的紫色系明视度最低，注目性弱，易变性大，给人以高贵、幻想、浪漫、幽深、恐惧的感觉。紫色加白色呈明紫色，清雅柔丽；紫色加黑色呈暗紫色，病态、忧郁。绿色系有肃静、安全、纯真、信任、公平、亲情之感。绿色加黄色呈黄绿、嫩绿，像春天的“新绿”，清纯、细腻、欣欣向荣、生命力旺盛；绿色加蓝色呈蓝绿，如松柏的青翠；绿色加蓝色再加淡灰有稳静、亲和之感；绿色加灰色呈灰绿，古雅、高尚。

冷色调有寒冷、沉着、理智、素净之感。蓝色系明视度较低，开阔深远，如海洋、湖泊、远山。黑白系中黑色调有积极与消极两极分化的性格，白色调有纯净、纯真、清澄、明朗之感。

②.彩度主调。高纯度色调是由高纯度色相组成的色调，具华丽、鲜艳、活泼、积极、刺激的特点，富强烈的挑战性。低纯度色调具寂寞、老成、消极、朴素的特点。

③.明度主调。高明度色调具清爽、明朗、软弱、女性化的特点。低明度色调具浑厚、压抑、安定、男性化的特点。中明调的清色系是24色相全色系调入少量的白颜色，具清新、浓烈、鲜丽的特点。明色调的明色系是24色相全色系调入多量的白颜色，具明净、温和、明净、轻快、上升浮动的特点。其中，暖色系甜美、风雅；冷色系清凉、爽快、洁净、浪漫。明灰调（p）浊色系是24色相全色系调入少量的浅灰色，具高雅、清淡、柔软、素雅的特点。中灰调（1tg）是24色相全色系调入中灰色，具朴实含蓄、沉着、稳静的特点。暗灰调（g）是24色相全色系调入中暗灰色，具沉着、浑厚的特点。中色调（d）有庸浊、和谐、安稳的感觉。中暗调是24色相全色系调入少量黑色，具稳重的感觉。暗色调（dk）是24色相全色系调入大量黑色，具有深沉、冷酷、深邃的感觉。

2.2.2 景观色彩的来源

园林景观色彩以天然山水、气象变化的自然色彩为背景色，绿色是其主色调。

植物是园林景观色彩的主要来源，既活泼又稳定。植物色彩之所以活泼是因为它的季相变化，春季的嫩绿、盛夏的浓绿、初秋的黄绿、冬季的墨绿，以及由于树种之间的差异造成了绿色的深浅，如柳树的淡绿，冬青、女贞的亮绿，大叶黄杨的油绿，竹林的青绿，广玉兰、泡桐的粗犷斑驳的绿，侧柏的暗绿团块的堆叠。

建筑物、假山石、游人、动物、人工水景成为园林景观的点缀色。动物的色彩较稳定，但位置不固定。假山石、建筑小品的色彩较稳定，如白色的矮栏杆、亭、廊、地坪铺装、垃圾箱、雕塑等起到很好的点缀作用。人造水体如人造瀑布、喷泉、溢泉等可以配上人造灯光形成绚丽的夜景，为园林景观增添更多色彩。

游人是园林景观中最活跃、最动人、最不稳定的因素。

1）光对景观色彩的影响

前文提到，人之所以能辨别自然界中的各种色彩，皆因借助于光，没有光就没有色彩，一切都掩没在黑暗之中。太阳光包含红、橙、黄、绿、蓝、紫六种色光。由于各种物体的形状不同，对光的反应也不同。当太阳光照射到物体上时，一部分白光被全部反射出去，另一部分白光被分解，其中某些色光较多地被物体吸收，另一部分色光又较多地被反射出去，这些被分解后反射出去的色光和未被分解而反射出去的白光混合在一起，就呈现出该物体的色彩。

如果投照光是有色光时，物体表面色彩也会随之发生变化。如白纸，用红色光照射，反射红光，纸便呈红色状态；用绿色光照射，反射绿光，纸便是绿色状态。再如树叶用绿色光照射，仍然反射绿光，树叶便呈绿色，而用红色光照射，则红色光线全部被吸收，显出黑暗无反射现象，树叶遂呈黑色。白居易的诗“一道残阳铺水中，半江瑟瑟半江红”就道出了其中的缘由：一江水之所以出现两种色彩，半江红是受光源色的影响，而半江瑟瑟则是环境色影响的结果。这种受光源色和环境色共同影响所呈现出来的色彩称为条件色（见图2-2-2-1）。

只有在漫射光照射下，物体所呈现出来的色彩才是物体的固有色。由于光源色和环境色的共同影响，同一景物处于顺光、逆光和侧光等条件下，其色彩必然有所不同，景观的情感效应也不同。比如欣赏桂林漓江的山水风光以逆光胜于顺光：山和水在逆光下，前者轮廓清晰，后者波光粼粼，反差强烈，使景物简单化，呈现景观的剪影效果（见图2-2-2-2）。红叶的色泽在夕阳中的逆光下比在顺光下更加鲜艳，这是由于色光透过红叶使色光感到加强所致。当人们懂得了光对于景观色彩的影响规律，就可利用自然界中千变万化的物象色彩给景观增添魅力。唐代钱起的诗句“竹怜新雨后，山爱夕阳时”道出了光对景观色彩的影响。

图2-2-2-1 一道残阳铺水中，半江瑟瑟半江红

图2-2-2-2

图2-2-2-3 落霞与孤鹜齐飞，秋水共长天一色

图2-2-2-4 远上寒山石径斜，白云深处有人家

2）空气透视对景观色彩的影响

唐代王勃的名句“落霞与孤鹜齐飞，秋水共长天一色”描述了鄱阳湖傍晚的景色，真实的反映出色的空气透视和色消视现象（见图2-2-2-3）。一方面是当阳光透过空气层时，其中大部分的青、蓝、紫等短波长的色光被反射，使空气呈现蓝色，一切远景都被透明的蓝色空气所笼罩；另一方面，景物越远，其色彩的亮度和饱和度愈低，景物的色彩随距离的增加而减退其亮度和饱和度，最后与天空同色，所以在晴天时远山都会呈现蓝色，在阴雨天时都呈现灰色。在唐代杜牧的诗句“远上寒山石径斜，白云深处有人家（见图2-2-2-4）。停车坐爱枫林晚，霜叶红于二月花”中，前两句是指远景，用一个“寒”字道出了景观的空气透视，后两句则是指近景，道出了秋天的红枫在夕阳照射下呈现的色彩有何等的绮丽，色彩饱和度是何等的高！在了解了景观的空气透视和色消视原理之后，就能有意识的运用植物色彩的明度和饱和度来强调景观空间的层次和深度感，在山的东西两坡配置色叶树种，以加强层林尽染的色彩效果（见图2-2-2-5）。

图2-2-2-5 停车坐爱枫林晚，霜叶红于二月花

3）景观中随气象变化的自然色彩

无论天空、山、水、岩石、植物、动物、建筑物、景观小品与设施，无不呈现出各自的色彩。而日出、佛光、云海、赤壁等的色彩是完全不受人们意志左右的。设计中常常将这些多变的自然色彩组织到景观中，形成如峨嵋金鼎佛光、泰山日出、黄山云海、武夷丹霞赤壁等著名的景点。

天空色彩虽瞬息万变，但也有一定的规律可循。比如，日出和日落的晨辉与晚霞，使天空与大地色彩绮丽而灿烂；蓝天白云把大地的山山水水衬托的明明秀秀；在山雨欲来，乌云蔽日之时，风起云涌，犹如一幅泼墨山水画，正如宋代苏轼的诗句“黑云翻墨未遮天，白雨跳珠乱入船。卷天风来忽吹散，望湖楼下水如天”所描述的意境；晨雾似一层薄薄的轻纱，使景物色彩显得更为调和，具有朦胧的美。月夜，银光洒地，竹影摇曳，景物的色彩更为柔和与皎洁，等等。这些瞬间美景是可以被捕捉并加以利用的（见图2-2-2-6）。

图2-2-2-6

图2-2-2-7 甘肃张掖丹霞地貌

4）景观中山石、水体、动物的天然色彩

山、石、水体、动物等的天然色彩给景观带来了丰富的色彩变化，但这些天然色彩都不同程度地受到人为的干扰，并与景观所营造的气氛相协调。

天然山石的色彩种类繁多，有灰白、青灰、浅绿、棕红、棕黄、土红等，它们都是复色，不论在色相、明度与饱和度上都与园林环境的基调色——绿色都有不同程度的对比，既醒目又协调（见图2-2-2-7）。

天然水是无色的，但因水的面积、深浅及洁净程度的不同，或受光源色与环境色的影响而呈现出不同的色彩，比如海水的蓝色、桂林漓江水的绿色、九寨沟水的五彩色等（见图2-2-2-8）。人工水池可依据水面的大小与深浅，配上不同的池底材料和水下灯，营造出多样的水面色彩（见图2-2-2-9）。

景观中动物不仅形象生动，而且给环境增添了色彩。“鹅、鹅、鹅，曲颈向天歌，白毛浮绿水，红掌拨青波”。水中漂浮的白鹅，形、声、色俱全，美不胜收。鸳鸯戏水，不仅增添水中色彩和动态美，而且具有“美满幸福”的寓意。自然界中的丹顶鹤、孔雀、梅花鹿、熊猫、长颈鹿、羚羊等动物，蝴蝶等昆虫无不使湖山增色。动物本身色彩较稳定，但它们在景观中的位置却无法固定（见图2-2-2-10）。

图2-2-2-8 九寨沟五彩池

图2-2-2-9 蓝色人工水池

图2-2-2-10

5）景观中植物的色彩

植物的色彩是景观中最丰富、最有表现力的要素。植物的色彩通过植物的花、果、叶、枝、干皮等呈现出来。树叶的色彩是主要的、有大块面的效果；在冬季，落叶树干皮的色彩通常是景观中最重要的色彩；花色与果色有季节性，持续时间短，只能作为点缀，不能作为基本的设计要素来考虑。植物不仅可以营造出不同的绿色基调，还可以利用植物明显的季相变化，以植物色彩作为景观的主色调或重点色调，形成四季不同的色彩感受和丰富的景观效果（见图2-2-2-11）。

图2-2-2-11 植物的四季色彩

植物的色彩能吸引人的注意力，影响情绪，营造氛围，展示出特定的景观效果。不同的植物以及植物的各个部分都显现出多样的光色效果，绝妙的色彩搭配可令平凡而单调的景观升华，“万绿丛中一点红”就将少量红色突显出来，而“层林尽染”则突出“群色”的壮丽景象。以下是各种植物色彩的表现。

（1）植物中的红色。植物的红色是通过花、叶、果表现出来。

图2-2-2-12

红色系观花植物有桃、山桃、海棠花、贴梗海棠、李、梅、樱花、蔷薇、月季、玫瑰、石榴、红牡丹、山茶、杜鹃、锦带花、红花夹竹桃、毛刺槐、合欢、粉红绣线菊、紫薇、榆叶梅、紫荆、木棉、凤凰木、扶桑、郁金香、锦葵、蜀葵、石竹、瞿麦、芍药、东方罂粟、红花美人蕉、大丽花、兰州百合、一串红、千屈菜、宿根福禄考、菊花、雏菊、凤尾鸡冠花、美女樱等（见图2-2-2-12）；

图2-2-2-13 石榴果

果实为红色的植物有小檗类、多花枸子、山楂、天目琼花、枸杞、火棘、樱桃、金银木、南天竺、石榴、丝棉木等（见图2-2-2-13）；枝条为红色的植物有红瑞木、青刺藤等（见图2-2-2-14）；秋叶呈红色的植物有鸡爪槭、无宝枫、五角枫、茶条槭、枫香、黄栌、地锦、五叶地锦、小檗、火炬树、柿树、山麻杆、盐肤木等（见图2-2-2-15）；春叶呈红色的植物有石楠、桂花、五角枫、山麻杆等（见图2-2-2-16）；正常叶色呈红色的植物有三色苋、红枫等（见图2-2-2-17）。

图2-2-2-14 红瑞木

图2-2-2-17 红枫

图2-2-2-15

图2-2-2-16 石楠

（2）植物中的橙色。橙色系观花植物有美人蕉、萱草、菊花、金盏菊、金莲花、半支莲、旱金莲、孔雀草、万寿菊、东方罂粟等（见图2-2-2-18）；橙色系观叶植物有元宝枫等（见图2-2-2-19）；橙色果实的植物有柚、桔、柿、甜橙、柑桔、贴梗海棠等（见图2-2-2-20）。

（3）植物中的黄色。黄色系观花植物有连翘、迎春、金钟花、黄刺玫、棣棠、黄牡丹、羊踯躅、腊梅、黄花夹竹桃、金花茶、栾树、美人蕉、大丽花、宿根美人蕉、唐菖蒲、金光菊、一枝黄花、菊花、金鱼草、紫茉莉、半支莲等（见图2-2-2-21）；黄色果实的植物有银杏、梅、杏等（见图2-2-2-22）；秋叶呈黄色的植物有银杏、洋白腊、鹅掌楸、加杨、柳树、无患子、槭树、麻栎、栓皮栎、水杉、金钱树、白桦、槐、等（见图2-2-2-23）；正常叶呈黄色的植物有金叶鸡爪槭、金叶小檗、金叶女贞、金叶锦熟黄杨、金叶榕等（见图2-2-2-24）；叶具黄色斑纹的植物有金边黄杨、金心黄杨、变叶木、洒金东赢珊瑚、洒金柏等（见图2-2-2-25）；具黄色干皮的植物有金竹、刚竹、黄金镶碧玉竹等（见图2-2-2-26）。

图2-2-2-18 万寿菊

图2-2-2-19 元宝枫

图2-2-2-20a 柑橘

图2-2-2-20b 甜橙

图2-2-2-21a 菊花

图2-2-2-21b 迎春花

图2-2-2-22 银杏果

图2-2-2-23 银杏叶

图2-2-2-24 金叶女贞

图2-2-2-25 金边黄杨

图2-2-2-26 金竹

（4）植物中的蓝色。蓝色系植物常用于安静休息区或老年人活动区。蓝色系观花植物有瓜叶菊、翠雀、乌头、风信子、耧斗菜、鸢尾、八仙花、蓝雪花、蓝花楹、轮叶婆娑纳等（见图2-2-2-27）；蓝色果实的植物有阔叶十大功劳等（见图2-2-2-28）。

（5）植物中的绿色。多数落叶树之春叶为嫩绿色，如馒头柳、金银木、刺槐、洋白腊等。部分落叶阔叶树及针叶树的叶色为浅绿色，如合欢、悬铃木、七叶树、鹅掌楸、玉兰、银杏、元宝枫、碧桃、山楂、水杉、落叶松、北美乔松等（见图2-2-2-29）。阔叶常绿及部分落叶树的叶色为深绿色，如枸骨、女贞、大叶黄杨、水蜡、钻天杨、加杨、柿树等。多数常绿针叶树及花草类的叶色为暗绿色，如油松、桧柏、雪松、侧柏、青扦、麦冬、华山松、书带草、葱兰等。其他，翠蓝柏的叶为蓝绿色，桂香柳、银柳、秋胡秃子、野牛草、羊胡子草等也色为灰绿色。

（6）植物中的紫色。紫色系观花植物有紫玉兰、紫藤、三色堇、鸢尾、桔梗、紫丁香、木兰、木槿、紫花泡桐、醉鱼草、紫荆、耧斗菜、德国鸢尾、石竹、荷兰菊、二月兰、紫茉莉、半支莲、美女樱等（见图2-2-2-30）；紫色果实的植物有葡萄等（见图2-2-2-31）；紫色叶的植物有紫叶小檗、紫叶李、紫叶桃、紫叶榛、紫叶黄栌等（见图2-2-2-32）。

（7）植物中的白色。白色系观花植物有白玉兰、白丁香、白牡丹、白鹃梅、珍珠花、蜀葵、金银木、白兰、白花夹竹桃、白木槿、白牡鹃、杜梨、梨、珍珠梅、山梅花、溲疏、白兰花等（见图2-2-2-33）；具白色干皮的植物有白桦、白皮松、银白杨、核桃、白杆竹、粉单竹、柠檬桉等（见图2-2-2-34）。

图2-2-2-27 八仙花

图2-2-2-28 阔叶十大功劳

图2-2-2-29 鹅掌楸

图2-2-2-30 紫玉兰

图2-2-2-31 紫色葡萄

图2-2-2-32 紫叶小檗

图2-2-2-33 白玉兰

图2-2-2-34 白桦

6）景观中人工要素的色彩

景观中的人工构景要素如建筑物、构筑物、道路广场、雕塑、亭廊、灯具、坐凳以及垃圾箱等的色彩在景观中所占的比例不大，却非常重要。

主体建筑通常在景观中起着画龙点睛的作用，而在建筑的位置、造型、色彩三者中以色彩最引人注目。以山林为背景的南京中山陵建筑群，采用青色琉璃瓦的屋顶，充分显示庄严、朴实和安详的美（见图2-2-2-35）；印度泰姬玛哈陵洁白如玉的大理石所创造的气氛，给人一种圣洁沉静的美感。这些都说明建筑色彩对于建筑与环境的作用。

景观小品如白色的栏杆、红色的雕塑等的色彩能起到装饰和锦上添花的作用（见图2-2-2-36）。这类色彩比较稳定、持续时间较长，因而用色必须谨慎。

道路与场地是重要的园景之一，《园冶》有云："路径寻常，阶除脱俗，莲生袜底，步出个中来"，可见砌地铺路在传统园林中极受重视。花街铺地是中国传统园林的特色之一，仅用黑瓦、碎砖、卵石等材料铺设，却有许多变化，图案之精美，色彩之调和，铺砌之精巧，常令人赞叹不已。拥有更多材料和技术的现代园林中的道路广场铺地更应具有艺术特色，利用色彩的有机组合能产生不同的纹理，色彩对比能产生引人瞩目的效果（见图2-2-2-37）。

景观中，游人衣着的色彩是最为活跃的，通常具有增强艺术感染力的作用，但又是随意移动和最不稳定的因素（见图2-2-2-38）。

图2-2-2-35

图2-2-2-38

图2-2-2-36

图2-2-2-37

2.3 质地与肌理

质地是指材料品种及软硬、结构等特征，是与触觉有关的概念。质感是人通过触觉或视觉所感知的物体素材的结构而产生的材质感。肌理是在视觉可辨范围内的任何明暗和色彩变化都能产生一种视觉质感。高光、阴影、反射、层次、色调、强度和明度等都与肌理有关。毛石的反光与光面花岗岩的反光截然不同，磨光皮革与翻毛皮革的层次表现迥异。光源、光线和背景会影响肌理的表现，敏感的人善于区别不同的光线形成的肌理特性。

当人们接触到布帛、金属等材料时，会获得一定的感受，这种感受常与视觉、味觉、嗅觉和听觉相结合，综合起来就是人们对其质感的认识。材料的质感可以通过视觉感受到，也可以通过触觉感受到，视觉和触觉之间可以互相影响。不同的材料具有不同的质感：①从粗糙不光滑的质感中能感受到的是野蛮的、缺乏雅致的情调；②从细致光滑的质感中能感受到的是优雅的情调；③从金属上感受到的是坚硬、寒冷、光滑的感觉；④从布帛上感受到的是柔软、轻盈、温和的感觉；⑤从石头上感觉到的是沉重、坚硬、强壮等感觉。

摄影作品中的质感虽然完全是视觉上的，而且观赏者也无从接触体验，但是这种表面质地的外观本身就足以给人脑传送一个刺激，从而使人得到一种类似触觉的体验。触觉的产生有时并不完全取决于你是否真正接触物体，通过视觉或听觉也能获得对其表面特质的“触觉”（或者说是一种幻觉），通常被称之为“肌理”。质地偏向于触觉的感受，而肌理则可以借助于触觉之外的感官获得。肌理并不强调构成材料的具体素材，而只关心表面效果。

因此，要了解一种材料的真实质地要靠触觉才能识别，而眼睛往往会有错觉。本节从景观材料的分类入手，阐述质感的类别与特征，分析景观肌理的表现。

2.3.1 景观材料的类别

广义而言，所有自然的或人文的资源，只要能运用于造景者皆可算作景观材料。狭义而言，景观材料可分为：植物材料、饰面材料、景观照明材料、其他材料等。

随着社会文明的不断发展，人们对空间品质呈现出金字塔形的需求（见图2-3-1-1）。首先要达成环境上的需求，其次是功能上的需求，然后是美学上、提供知识、提供精神上或心理上的满足、求变化等的要求。而材料决定了的色彩与质感的表现，是影响空间品质的关键因素之一。

人们求变、求新的空间需求促成了现代材料的飞速发展，呈现多彩、制式化、可发光、可塑性高等特点。主要包括以下几类：①耐力板、玻璃等透明材料；②FRP、GRC、薄膜、铸造金属等可任意造型的材料；③景观沙石、马赛克等可任意组合的材料（组合元素细小化）；④投射灯、霓虹灯、水灯等会发光的材料；荧光漆等会聚光的材料。多色彩材料包括彩色地砖、彩色沥青、彩色水泥、彩色钢板、彩色马赛克等。制式材料包括地砖、排水沟、盖板、屋顶、游戏器具等，如图2-3-1-2所示。

为满足知识性的需求，景观中宜采用具地方特色的乡土材料，如石磨、竹制品、乡土植物等（见图2-3-1-3）。随着人们的环保意识的增强，环保材料也营运而生，包括透水地砖、可重复使用的模板、废弃物的再生利用（见图2-3-1-4）。同时，为完善空间的解说与指示系统，需大力发展各种解说用材料，如各种压克力或金属材质的制式解说牌等。

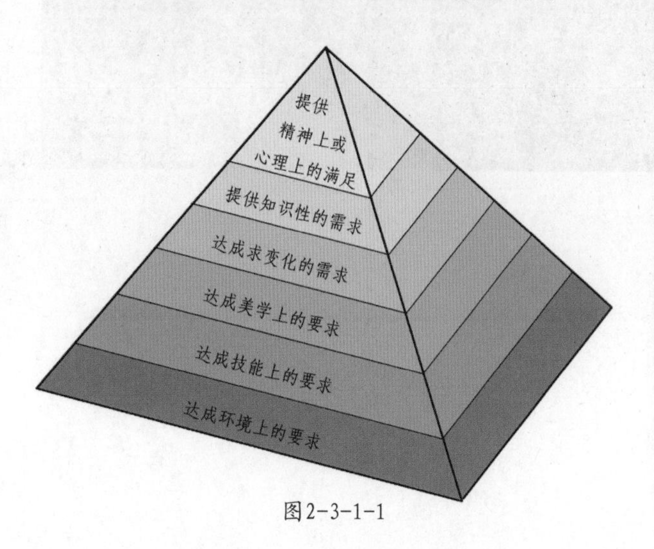

图2-3-1-1

图2-3-1-2 窨井盖板

图2-3-1-3a 石磨

图2-3-1-3b 竹亭

图2-3-1-4 环保雕塑

2.3.2 质感的类别与特征

依据材料的类别，质感可分为自然型和人工型。如空气、水分、草木、岩石和土壤等属自然型质感材料（见图2-3-2-1）。物体经过人为改造而呈现的表面感觉，称为人工质感，如金属、陶瓷、玻璃、塑胶、呢麻、绸布等属人工型质感材料。不同质感给人以软硬、粗细、光涩、枯润、韧脆、透明和浑浊等多种感觉形式。

依据人们对材料的感知方式，质感可分为触觉优先的质感和视觉优先的质感。触觉优先的质感如金属的光滑感、石头的粗涩感，是人们通过触摸感知到的材料的质地。视觉优先的质感如表面光滑、但有一定图案纹理的物体的质感，是人们通过视觉感知到的材料的肌理。

质感随着观赏距离的不同而变化。因此，质感还可根据观赏距离分为第一秩序质感和第二秩序质感（见图2-3-2-2）。近距离产生的视觉质感属第一秩序质感，远距离产生的视觉质感属第二秩序质感。例如，用花岗岩碎石预制的混凝土板嵌砌的外墙，从近处看有粗涩的触觉质感，但从远处看时由于硅酸盐水泥板的接缝，则产生视觉质感。

图2-3-2-1

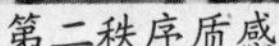

第二秩序质感　　第一秩序质感

图2-3-2-2

2.3.3 景观肌理的表现

从单个景观要素、到中型尺度景观、一直到城市尺度，景观肌理的表现是多样的。景观要素的类型、质感、要素组合的密度及间距影响着景观的肌理。

肌理与要素的间距关系密切，肌理指的是要素间距的视觉和触觉效果，它是景观整体格局中的一部分。所有的肌理都是相对的，它们取决于观察者离开物体的距离，随着距离的变化，肌理会有极大的变化。细质的要素之间的间距越小，肌理越细；粗质的要素之间的间距越宽，肌理越粗（见图2-3-3-1）。

不同类别或不同尺度的景观显示出不同的肌理，屋顶、墙面、道路、田地、森林、荒野、城市等展现出来的肌理是多样而各有意味的（见图2-3-3-2）。

1）植物的质感

植物的质感是指单株植物或群体植物给人视觉或触觉上带来的粗糙感和光滑感。质感受植物叶片的大小、枝条的长短、树皮的外形、植物的整体形态，以及视距等因素的影响。当人们用触觉去感知植物时，或光滑、或多刺、或倒刺每种触感都是植物质感的一部分。当把植物组织在一起时，则会产生截然不同的景观肌理（见图2-3-3-3）。

茎、叶、皮和芽是构成植物质感的外貌要素。由于这些特征大小、形态以及光与影对它们的作用，人们可以感觉到植物的质感从细致到一般到粗糙各不相同。大的叶子、茎和芽经常会产生粗糙的效果。但枝条和叶子以及它们之间的空隙也会影响到质感。浓密、紧凑的树叶会形成细密的质感，而宽大的树叶则形成粗糙的质感。光影的形式更多的取决于单片树叶的表面。在一个松散的结构中，叶团就所构成的间隙不能有效地反射光影，因而形成粗糙的质感。叶的生长形式与形态对质感也有影响：单叶植物比复叶植物显得粗糙。叶子边缘叶裂深的，如橡树，比同样大小的完整叶更显得质感细腻。

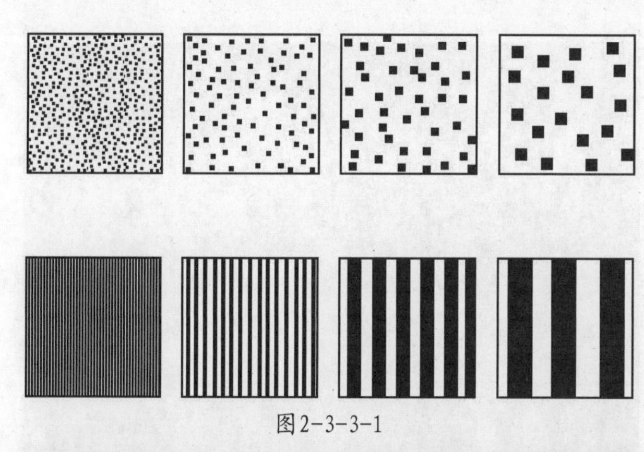

图2-3-3-1

图2-3-3-2

图2-3-3-3

观赏者距离植物越远，植物呈现给人的质感就越细。近距离观赏时，单个叶片的大小、形状、外表以及小枝条的排列都是影响视觉质感的重要因素。远距离观赏时，决定质感的主要因素则是枝干的密度和植物的一般生长习性。除随距离而变化外，落叶植物的质感也随季节而变化，落叶植物冬季的枝干比夏季的更为疏松。在植物配植中，植物的质感会影响布局的协调性、多样性以及视距感，景观的色调、观赏情趣及气氛也与植物的质地有关。

根据植物质感的特性及其在景观中的潜在用途，植物质地可分为：粗质型、中质型及细质型。

（1）粗质型。粗质型植物通常有大叶片、浓密而粗壮的枝干（无小而细的枝条）和松疏的形态，如法国梧桐、广玉兰、二乔玉兰、臭椿、凤尾兰、刺桐、火炬树等（见图2-3-3-4）。

粗质型植物给人以强壮、坚固、刚健之感，在园林景观中可作为视觉焦点而加以装饰和点缀，但过多使用则显得粗鲁而无情调。粗质性植物通常具有较大的明暗变化和外观上的空旷、疏松、模糊等特性，很难适应那些要求整洁形式、轮廓鲜明的规则式景观。另外，粗质型植物可使景物趋向赏景者，使空间显得狭窄和拥挤，易造成压迫感。因此，适宜用在大尺度的空间环境中，在狭小、舒适的空间如宾馆庭院内要慎用。

粗质与细质型植物的搭配具有强烈的对比感，会产生“跳跃”之感（见图2-3-3-5）。

图2-3-3-4 粗质型

图2-3-3-5 粗质与细腻植物搭配

（2）中质型。中质型植物是指有中等大小叶片与枝干，以及具有适中枝叶密度的植物，具有透光性较差而轮廓较明显的特征，多数植物属于此类型（见图2-3-3-6）。由于中质型植物占绝大多数，因而在种植中所占的比例较大，通常是植物群落中的基本结构，充当粗质型植物与细质型植物之间的过渡，并具有将各个成分连接成一个整体的能力。

在种植设计中，将中质型植物与细质型植物的连续搭配，能给人以自然统一的感觉（见图2-3-3-7）。

（3）细质型。细质型植物长有许多小叶片和微小脆弱的小枝，具有整齐而密集的特征，如榉树、鸡爪槭、北美乔松、菱叶绣线菊、馒头柳、珍珠花、地肤、文竹苔藓、结缕草、野牛草、早熟禾草坪等（见图2-3-3-8）。

细质型植物给人以柔软、纤细之感，在空间中易产生扩大距离的感觉，容易被人忽视，故宜用于紧凑狭窄的空间中。细质型植物因叶小而浓密、枝条纤细而不易显露，而轮廓清晰、外观文雅而细腻，宜作背景植物以展示整齐、清晰、规则的特殊氛围。

2）硬质景观的肌理

墙面与地面等硬质景观因饰面材料的不同而呈现光滑、粗糙、柔软、坚硬等质感特征，即使是同一种饰面材料也会因为机器抛光、人工制作，或砌筑方法不同而产生迥然不同的肌理效果（见图2-3-3-9，图2-3-3-10）。

3）大、中尺度景观肌理

就大尺度的景观而言，因土地利用方式的不同而产生差异较大肌理效果，如农田和荒野、围合的牧场和经过设计的景观（见图2-3-3-11）。登高远望一座城市，它的肌理随建筑物的密度而变化。有相似屋顶材料的、建筑密度较高的、较古老的区域会有较细的肌理，相反，由大建筑物构成的密度较低的区域有较粗的肌理（见图2-3-3-12）。

图2-3-3-6 中质型植物

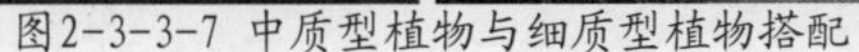

图2-3-3-7 中质型植物与细质型植物搭配

图2-3-3-8 细质型植物

图2-3-3-9 墙面肌理

图2-3-3-10 地面肌理

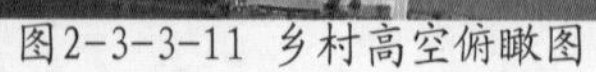

图2-3-3-11 乡村高空俯瞰图

图2-3-3-12 城市高空俯瞰图

3 景观要素的组合

文章之美在于遣词造句，词汇之美在于选择得当，而句子之美则在于词汇搭配。在合理选择景观要素的基础上进行要素间的搭配是非常重要的，多样化景观的奥妙在于要素间的搭配，不同的搭配方式形成了不同的景观形式和风格。比如：意大利台地园通常由多个台地组成，通过扶梯相连接，扶壁、喷水池、水扶梯、壁龛等要素采用明确的几何式布置；法国古典园林多由地毯式的花坛、林荫大道、整形的树丛喷泉、雕像等组成，采用对称式的轴线布置；英国自然风景园表现为起伏的草地、曲线形的道路、曲折的溪流、成组散布的树丛、单植的大树，采用顺乎自然的布置方式；中国园林则园中有园、园中有院，亭廊、曲桥、水榭、假山叠石，采用追求意境的自然式布置方式。

景观要素的组合是指采用一定的方式将要素组织在一起，构成一定的景观格局（结构）。景观要素的组合涉及到景观要素的数量、景观要素的摆放位置、摆放的方向、位置与特定方向组合而成的方位、间距等多方面的问题。

3.1 与景观要素组合相关的变量

3.1.1 数量

单个要素可独立存在，与其周围环境没有明显的关系。通过重复、相加或其他方法增多要素，每个要素之间就会发生视觉关系，并产生某种空间效果。如图3-1-1-1a所示，一个要素只能放在空间中的一个位置；如图3-1-1-1b所示，多个要素放置在空间中相互之间存在一定的关系。通常一种要素的数量越多，组成的格局就越复杂，如在景观中单个建筑的布置比多个建筑的布置要简单得多，多个建筑的布置需考虑相互之间的关系（见图3-1-1-2）。

表达多个要素的方法各不相同。单个形状本身可以由一系列别的形状组成（见图3-1-1-3a）；反之，单个完整的形状可以重复而形成某种格局(见图3-1-1-3b）。

视觉上的数量不是绝对的，如一排由多个单元组成的房子可以作为单个形状出现，相反，从一个树丛中则又能看到其中同龄单株植物的形状和尺寸。

数量特征还可以包含比例和数列（详见3.2.5）。

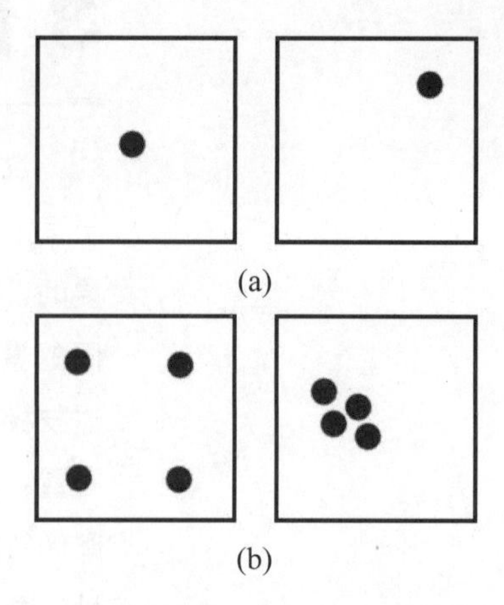

图3-1-1-1

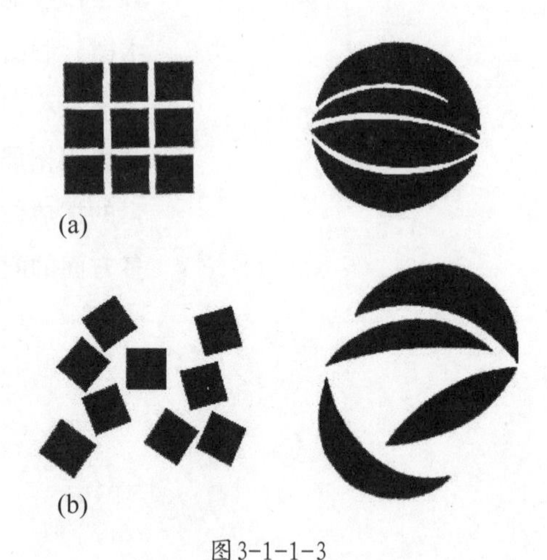

图3-1-1-3

图3-1-1-2

3.1.2 位置

要素组合有三种基本位置：水平（平行于地平线）、垂直（垂直于地平线）、倾斜（介于水平与垂直之间）（见图3-1-2-1a）。三种位置各具内涵：水平的位置看起来稳定、静止、不活动、贴着地面。垂直的位置用来表述与天空的关系，代表向上与生长；倾斜的位置创造出更动态的效果并可能显得不稳定。要素可以通过其位置形成平行、首尾相接、交叉三种相关关系（见图3-1-2-1b）。

点可以放置在空间的中心、外部、向着一侧或紧贴边缘（见图3-1-2-2）。每一种位置都建立一种关系，唤起一种感觉，或者是稳定、平衡，或者是力量、移动或紧张。不同位置产生的效果都来自于要素与整个空间的关系。

景观要素相对于不同地形的位置可以产生不同的效果，位于山顶的要素极具视觉冲击力。山上的高压电塔上滑过天空的电力线易产生视觉紧张。同样，位于山顶的雕塑或碑塔也会产生视觉紧张（见图3-1-2-3）。

建筑物在景观中的位置需综合考虑体、面、线的组成，以便维持和谐平衡。如图3-1-2-4所示，（a）图中小建筑位于林地边缘外的开阔空间，在视觉上占据了空间但没有切断林地的边缘线，在功能上建筑得到了充足的阳光，建筑物的布局显得宽松，但周边的道路与停车场不易设置；（b）图中的建筑物隐藏在林地的边缘内，建筑物的采光不足；（c）图中的建筑物贴近林地边缘，有助于吸引视线成为焦点，采光及外观均较好，道路设置方便，停车场可隐蔽在林地中。因此，（c）图中贴着林缘线布置的建筑物，一方面有助于景观的整体性，另一方面又没有（a）图和（b）图所示占地过多或采光不足的弊端。

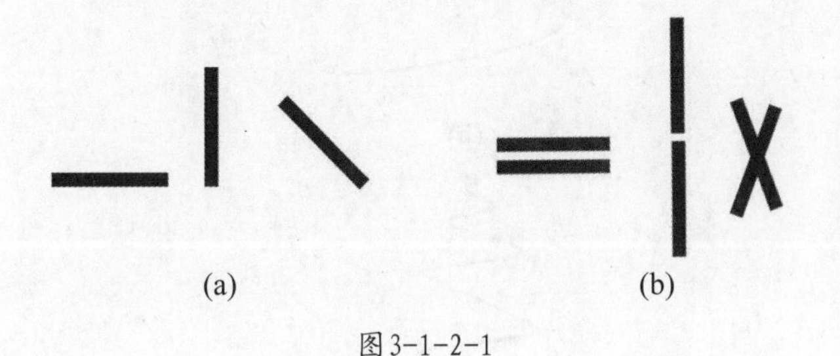

图3-1-2-1

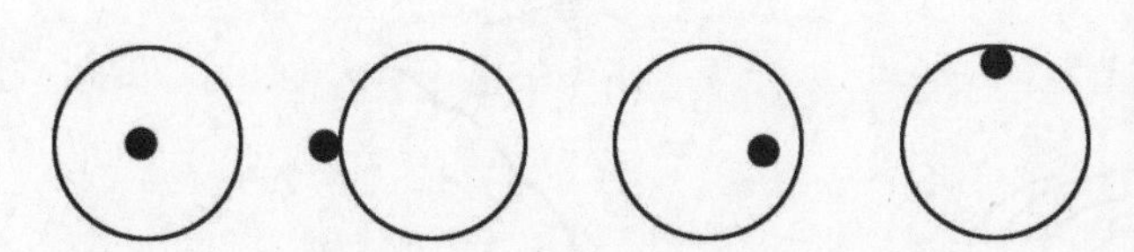

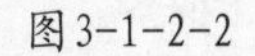

图3-1-2-2

图3-1-2-3

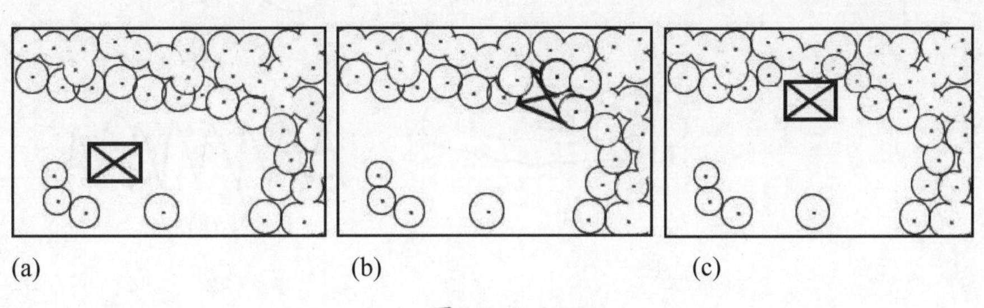

图3-1-2-4

3.1.3 方向

一个要素的摆放位置通常具有特定的方向和运动感，或从上到下（垂直），或从一侧到另一侧（水平）。要素的形状也可以加强方向感，特别是线或线性形状。图3-1-3-1（a）-（g）要素组合后的形态可表示不同的方向，（h）-（k）要素的方向性运动可形成不同特征的空间。

景观中的道路具有方向感，具有引导人们向前运动、组织视线的作用。当道路曲线在拐角处消失时，可以通过树丛位置的精确设计，把视线导向特殊的形体（见图3-1-3-2）。

图3-1-3-2

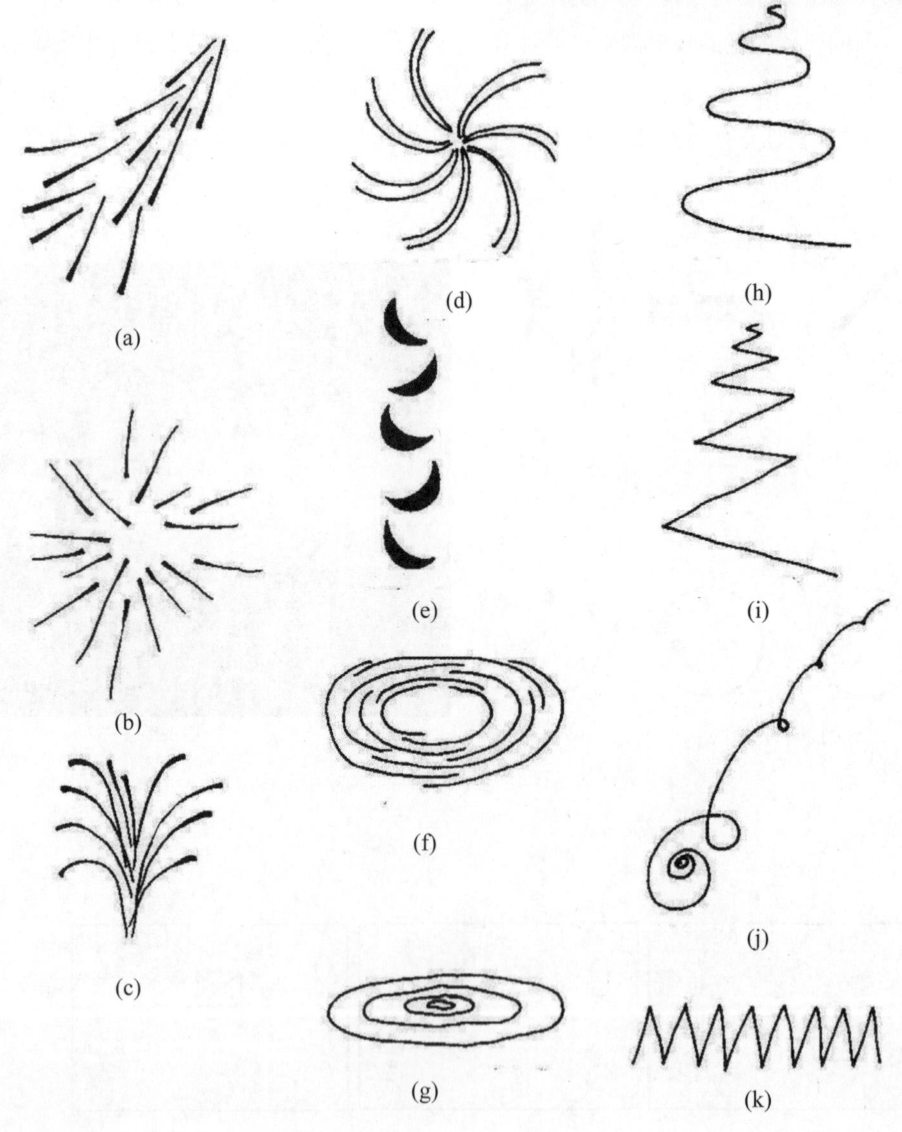

图3-1-3-1

3.1.4 方位

方位是位置和特定方向的组合。方位有三种基本类型：①按罗盘的方向，如阳光的方向和角度、一年中特定时间的盛行风的方向、太阳和月亮升起的方向（见图3-1-4-1）；②相对于其他要素是水平的或倾斜的；③物体与观察者的三种关系：物体面向观察者，物体的边缘向着观察者，物体翻倒。（见图3-1-4-2）。

宗教建筑通常有特定的方位，如土耳其伊斯坦布尔的蓝色清真寺，它的方位使礼拜者都朝着麦加。

通过设计可使观察者对方位和空间大小产生迷惑。图3-1-4-3所示的迷宫树篱比人高，游人在迷宫中不断转折，容易失去方向感。弯曲的小路通常使一个空间显得比实际要大。

图3-1-4-3

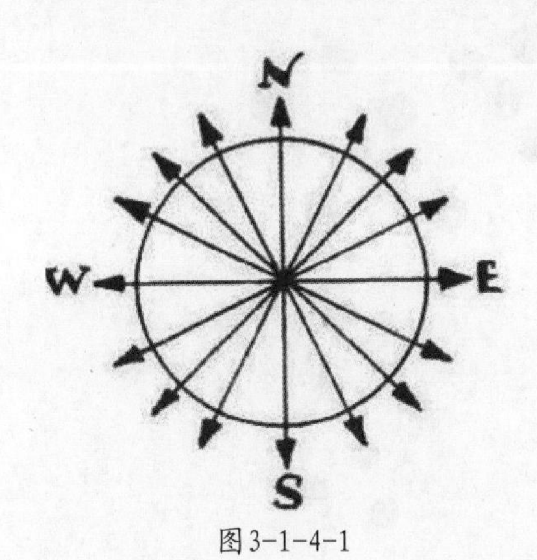

图3-1-4-1

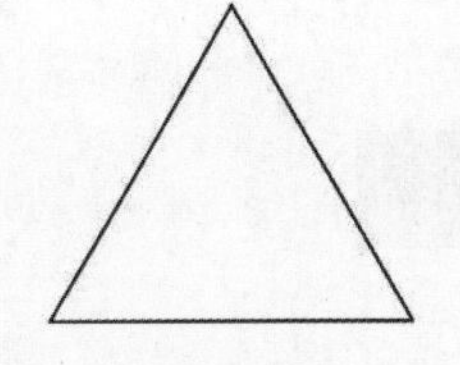
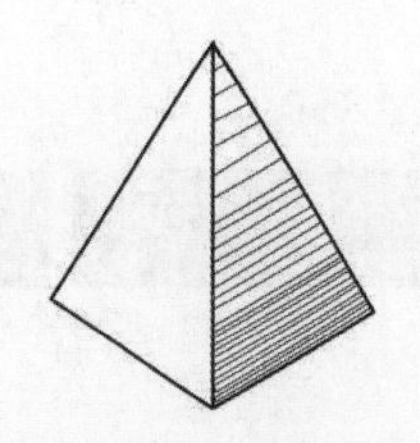
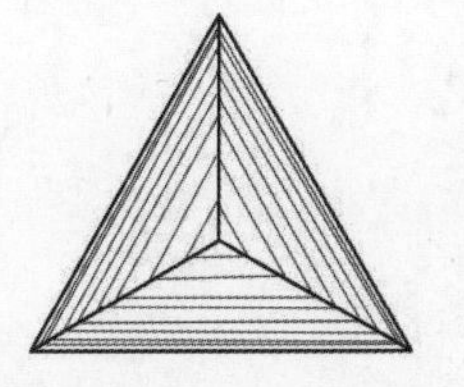

图3-1-4-2

3.1.5 间距

要素之间以及要素组成部分之间的间距是设计整体的必要部分。间隔可以是均等的或变化的（参见3.2.4）。均等的间隔创造一种稳定、规则和正式场合的感觉。变化的间隔可以是随机派生出来的，也可以是根据某种规则生成的，如数列，还可以有更复杂的格局。间隔可以用不同的方式表达（见图3-1-5-1）。图（a）表示等距隔开，图（b）表示要素不规则间隔，图（c）表示要素大而间隔小，图（d）表示要素小而间隔大，图（e）表示在一个方向上的间隔，图（f）表示在两个方向上的间隔，图（g）表示要素之间是小间隔而组合之间是大间隔。

以相等间距行列式种植的小树，与随机分散种植的同类树相比，具有强烈的秩序感；随着成排种植的小树的成长或因死亡等原因的日益稀疏，间距的可变性增加。图3-1-5-2a所示的幼树等距排列，图3-1-5-2b所示的是高龄树的间距变大。

无论是古典的还是现代的建筑，都以特定间隔的网格来决定它的形式、结构和规模。如雅典神庙多立克（Doric）柱式的间距（见图3-1-5-3）、巴黎蓬皮杜中心的建筑立面（见图3-1-5-4）以及无数的现代城市街区布局（见图3-1-5-5）。

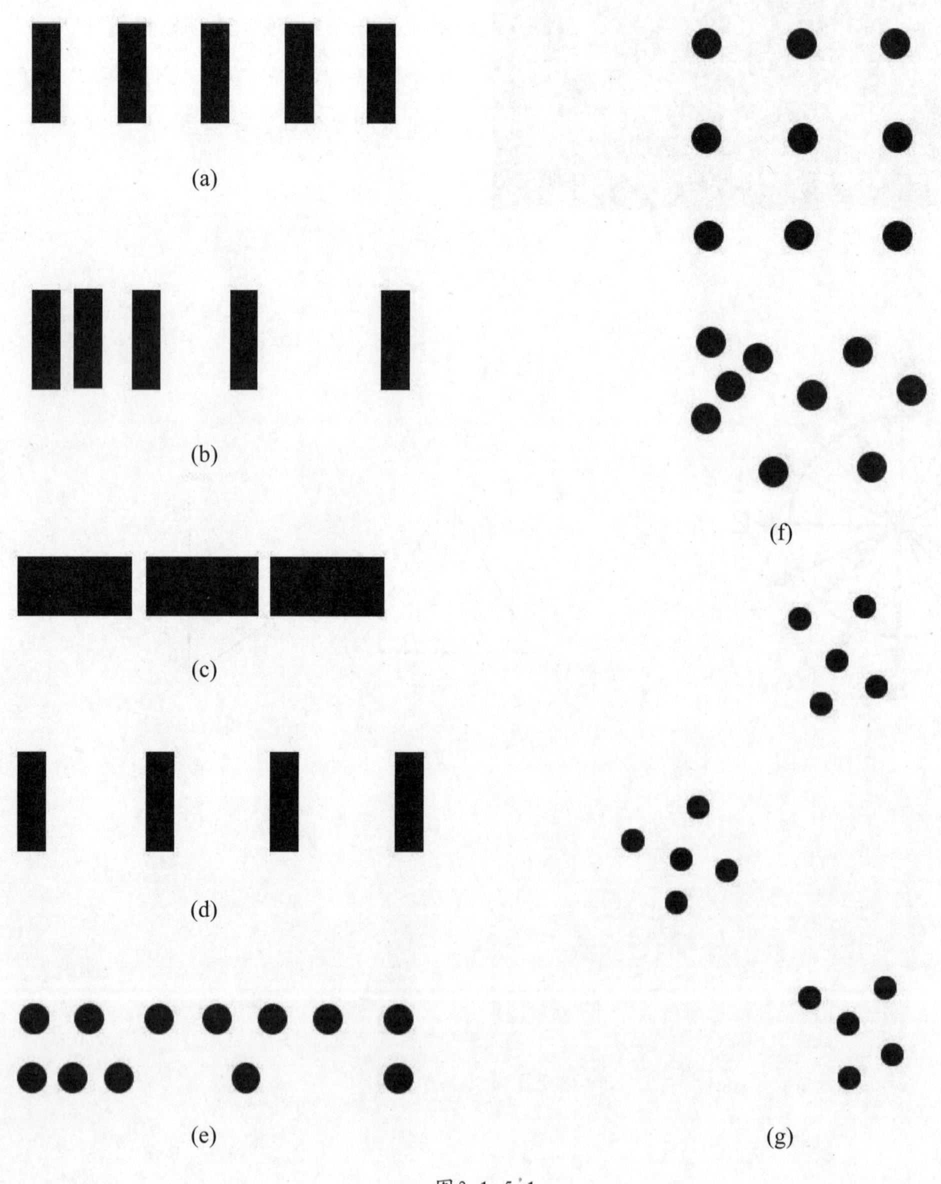

图3-1-5-1

(a)

(b)

图3-1-5-2

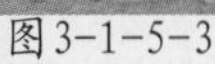

图3-1-5-3

图3-1-5-4

(a) 美国华盛顿特区

(b) 法国巴黎

图3-1-5-5

3.1.6 形状

形状是景观要素组合最重要的变量之一；线、面、体都有一定的形状（参见2.1）；形状的范围很广，从简单的几何形状到复杂的有机形状；自然形状通常是不规则的，只有少量是规则的；植物表现出不同的形状与形式；建筑物通常是由几何形式组成，但也有一些建筑是被设计成有机形状的；几何与有机的形式结合在一起时可产生有趣的效果。

形状是人们感知环境的重要因素。往往只要一条轮廓线就可以认出许多三维的形式（形式是三维的，相当于形状）。反过来说，假如只保留一个物体的基本形状而去掉其所有其他性质，人们仍然可以辨认出来（见图3-1-6-1）。

形状涉及线的变化和面、体的边缘的变化。线形可以是直的或曲的，或者是许多直线和曲线的组合。它们可以是规则的或不规则的几何形，或者是自然的不规则形。景观中的线很少是直的或几何形的，通常是不规则的曲线。如图3-1-6-2所示的蜿蜒道路通过一片起伏的地形，线的形状与地貌和谐一致，因此不会产生紧张感。线形的和谐一致是景观整体性的一个主要属性。一个不和谐的线形会引起视觉紧张和视觉冲击力。

平面形状的和谐一致对景观的整体性同样重要，除非设计的目标是追求平面形状之间的反差。几何平面形状与自然的不规则形状是相对的，如图3-1-6-3所示。在景观中人们可以察觉到最细微的平面形状变化。草地里的三棵树足以使人联想到三角形，四棵树则会联想到正方形、菱形或梯形。自然中重复的形状通常是相似的，但不完全一致。如沙漠上留下的纹理在总体上很相似，但每处都有细微的不同（见图3-1-6-4）。

二维平面和三维形式的互动可以产生有趣的结果。不规则地形上的规则的、几何形的田地和森林格局可能显得扭曲而使规则性减弱。

三维形式与线或面有同样的特性，它们可以是几何的或不规则的、有机的。晶体、软体动物壳和一些岩石地貌如厄尔斯特（Ulster）的巨人堤道（Giant's Causeway）是自然界中几何形的典例（见图3-1-6-5），但自然界中的几何形式并不多见。植物形状是一个自然体的典型例子，不同树种之间、同种树种不同年龄的树之间，生长在不同环境的同种树之间形状很不相同（参见2.1.4）。

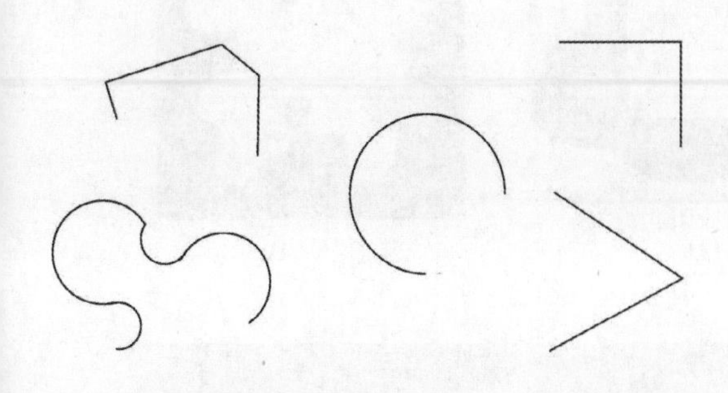

图3-1-6-1

图3-1-6-2

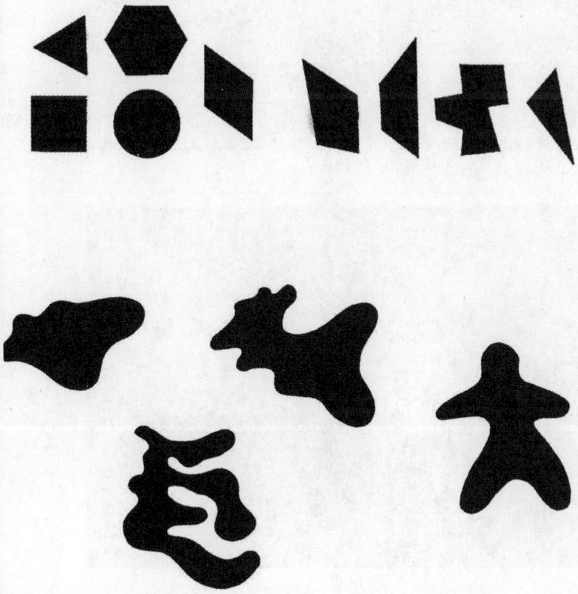

图3-1-6-3

图3-1-6-4

图3-1-6-5

开敞体（空间）形式与实体一样，可以是几何的或不规则的。当质体包含空洞时（即实体中的一个开敞体）所表现出来的形状存在多种可能，如自然山体内的规则山洞或在一片规则林地内的不规则开阔地（见图3-1-6-6）。相反，内部形式可以反映外部形式，就像很多建筑内部空间能反映建筑的外形，比如，伦敦的圣保罗大教堂（St.Paul Cathedral）的内部空间反映了教堂外部的穹顶（见图3-1-6-7）。

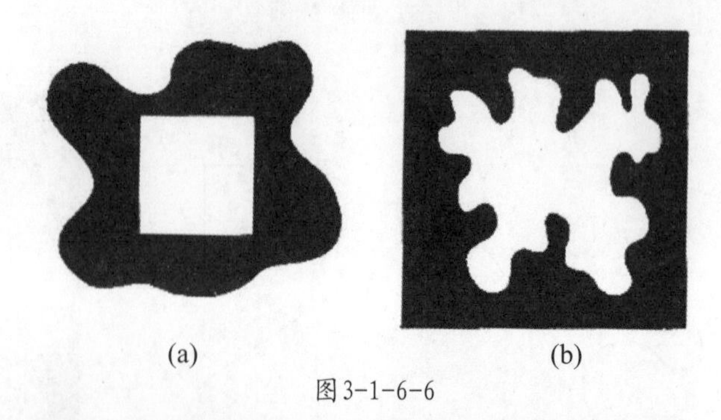
(a) (b)

图3-1-6-6

建筑物通常是几何形的，主要由几何形如立方体、金字塔、球体或这些形状的片断组合而成，如埃及金字塔（见图3-1-6-8）。自然界有机的形状也是建筑设计的模拟对象，比如北京奥林匹克公园中的鸟巢体育馆（见图3-1-6-9），加拿大渥太华文明博物馆，从空中看两翼，表现出独特的有机形状，加拿大地盾翼部（Canadian Shield Wing）有类似岩石地层的层次效果，近景可见弯曲的形状创造出非常有趣的节奏，表面纹理也很明显；后面的冰川翼（Glacier Wing）则有更厚重的结构。有些建筑材料如流态混凝土也允许建筑物被设计成自然形状。西班牙建筑师安东尼·高迪（Antonio Gaudi）设计的一些建筑具有弯曲、流动的形态（见图3-1-6-10）。

图3-1-6-8

形状反差较大的形状并列在一起是可产生有趣的效果，如规则长方形的铺装材料铺设在曲线的区域，规则的房子布置在自然的花园中。

图3-1-6-9

图3-1-6-7

图3-1-6-10

3.2 景观要素的组合原则

3.2.1 多样与统一

景观的格局和结构是对各种基本要素进行组织的结果。任何设计的终极目标就是在统一性和多样化之间取得平衡，并尊重地方精神。好的设计关键在于在统一与变化之间寻求平衡（见图3-2-1-1）。

1）多样性

多样性涉及的是景观中的变化和差异，多样性让人们对景观保持长久的兴趣。景观的多样性是一种基本需要。这种需要在人类历史的早期就产生了，因为人们认识到，包含多样性的景观会提供更多的掩蔽所，能防卫掠夺者的侵害，能在气候波动或其他周期性环境压力下有更多的幸存机会。早期的景观设计师汉弗莱•雷普顿（Humphry Repton）认为多样性和复杂性是景观必要的属性。

在单调景观中引入新的要素可以增加它的趣味性，但过于多样则会产生视觉上的混乱而无法维持统一。如图3-2-1-2所示，从（a）至（d）多样性增加，兴趣点也随之增加，而（e）的多样性程度太高，造成视觉混乱。

设计元素的多样性是景观多样性的基础，与建立在共同特性与相似性基础上的统一性不一样，多样性代表了设计的差异性，它是多样与复杂的。

多样性意味着不同的材质、空间尺度、构成元素、可能的使用方式等。但景观设计本质上要求设计元素不要太过复杂。因为所有的设计元素组合在一起实际上只代表了开放空间真正可见的使用多样性的一部分，而在空间中的使用者的行为（散步的情侣、妈妈推着婴儿车等），“自发地”创造了多样性，或者因为他们的使用，给环境留下来的痕迹——磨损的路面、褪色长椅、刻在树干上的图案，也使得空间丰富多样。

多样性就是形式主题通过变换位置或外观的重复。尽管看上去不一样，总是有一个基本形式存在其中，仍然可以清晰可读。如图3-2-1-3所示的“圆”的主题的多样性。

景观多样性程度受到地形结构、气候、人类历史、文化多样性等因素的影响。

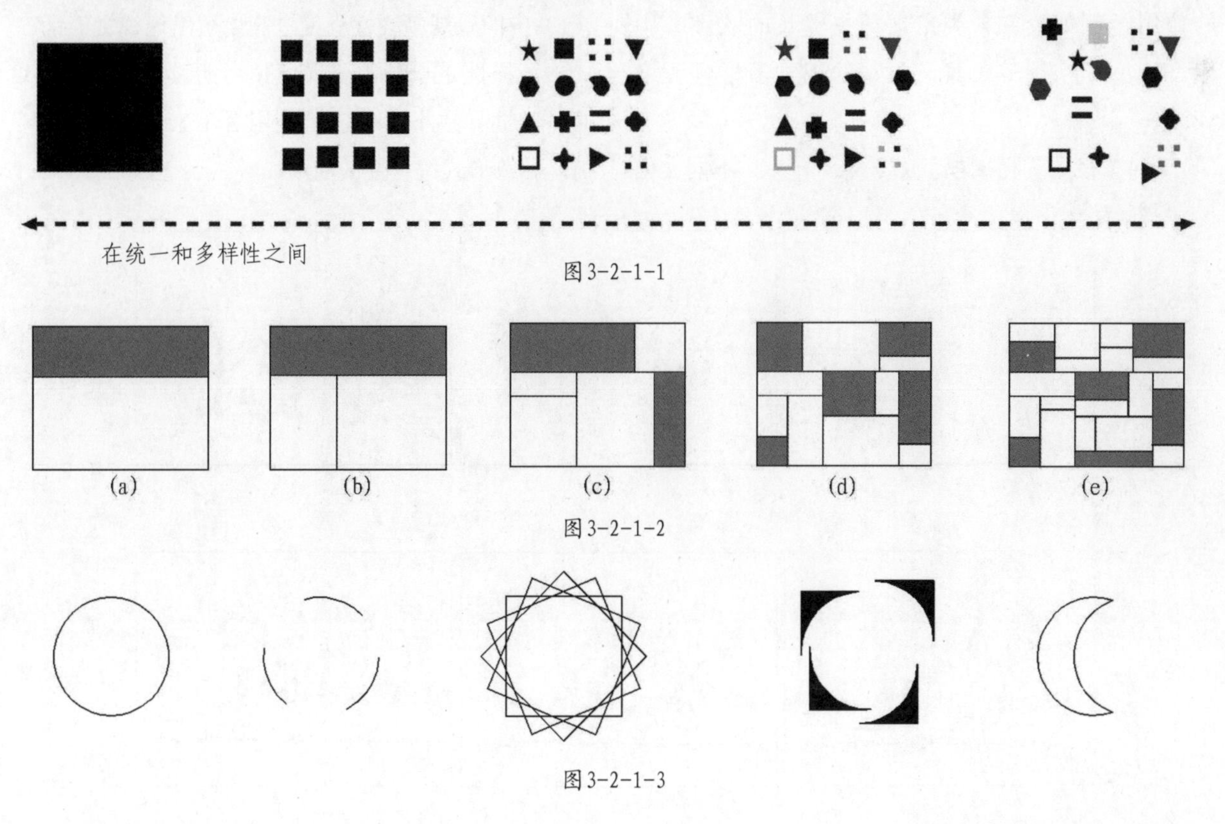

图3-2-1-1

图3-2-1-2

图3-2-1-3

（1）视觉多样性与地形结构的关系。景观视觉多样性与地形结构之间的关系紧密，地形结构越复杂，视觉多样性就越丰富。比如，由于英国的地形结构在很短的距离内就有显著的变化，人们可以在几小时内体验到威尔特郡（Wiltshire）的起伏草地和麦田，考茨沃尔德丘陵（Cotswolds Hills）的石灰石景观和赫里福德郡（Herefordshire）的木头房屋、用树篱围起来的小块田地以及小山丘中连绵的树木和林地，景观密集而多样。相反美国与加拿大平原地区的景观就显得单调很多。

（2）视觉多样性与气候的关系。景观中的多样性程度受气候的影响较大。气候极度寒冷、极度炎热或干燥的地区的植被种类很少，只有地质和地形有变化。而在植物的生长条件很好的热带地区，远看好似深绿色的海洋，景色非常单调，但深入热带雨林内部则可看到种类繁多的植物与动物，景观极其多样。

（3）视觉多样性与人类活动历史的关系。某个地区的建筑风格、选用的材料和耕作方式会受到在此长期定居的人类活动的影响与改变。反过来说，人类活动对当地的景观特征和多样性程度起着主要的作用，例如，在人类定居历史较长的欧洲、中东、印度和中国等国家，景观的视觉多样性程度较高。

（4）视觉多样性与文化多样性有关。不同文化交汇地的景观常有多样性。比如，从不同国家来的移民把各种风格的建筑物、景观和文化带到美国，导致纽约、芝加哥、旧金山等城市的不同人种区有非常不同的景观，移民文化还促进人们以新的形式开展创造性的活动，从而使这些城市的外观进一步多样化。

（5）视觉多样性和生态多样性的关系。视觉多样性和生态多样性之间的关系存在着多种可能。生态上最具多样性的景观之一的热带雨林从空中看可能特别单调，视觉多样性不够；而在视觉上高度多样性的城市景观，可能在生态上缺乏多样性；在纯自然景观中，在一定范围内的景观之间多半会有紧密的关系，比如山区和靠近水域的地方具有较大的吸引力的一个重要原因就是该地区同时具有视觉和生态的多样性。

景观的多样性和反差对于提升景观的活力和兴趣是重要的，但过于多样化并缺乏明显的视觉结构，则会失去统一性，造成视觉上的混乱。如图3-2-1-4所示，越来越多的要素加入景观中，兴趣点不断增加，（d）中的景观已有一定的多样性，（e）中的景观变化更多，但仍保持某种统一性，但（f）中的景观多样性程度过高以至出现视觉混乱。

多样性是一种需要谨慎使用的设计途径，过度的多样性导致不明确，给使用者带来过多的视觉负担，导致形式统一性的崩溃。

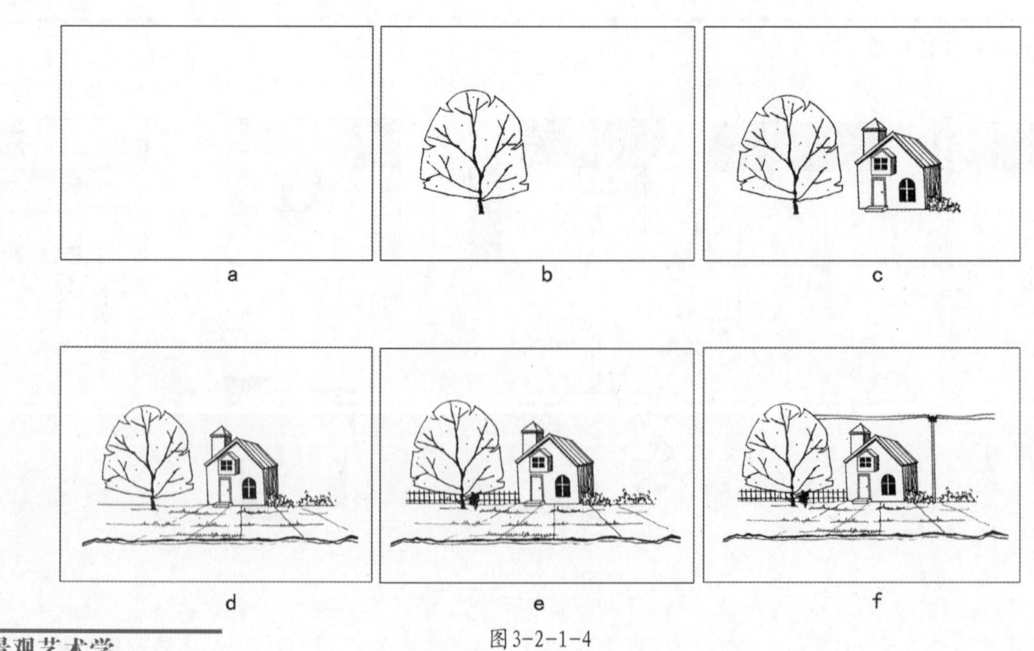

图3-2-1-4

2）统一性

统一性涉及的是景观的部分和整体的关系，寻求多种元素间的平衡与和谐。景观要素的数量越少，统一性就越容易达成。但如果过分使用相似性、平衡、比例与尺度或使用不当，就会在景观构造中形成缺乏生机的和谐。因此，在景观中适度引入紧张、节奏和运动的元素，是能注入生命而又不破坏统一的有效手段。同时，必须力求在景观中贯穿统一的主题与理念如重复的主题、不可见的组织网格、描述使用材料的数学公式或抽象的理念。

图3-2-1-5是在六个抽象图案系列中展示的设计统一性概念：（a）图采用了三个重复的相似形状，其背景的分区具有很好的比例关系。黑色三角具有边界与运动感，但又被结构线条连接成一个构造整体，构图的统一性很好；（b）图与（a）图一样，但主要形状的纹理不同。虽然形状是占支配地位的，但过多的多样性和纹理反差与视觉重量的不平衡减弱了统一性；（c）图背景的分割和三个黑色形状的位置是不平衡的，从而失去了统一性；（d）图三个黑色形状是不相似的，从而失去了节奏感与统一性；（e）图背景的灰色区被分成1：1，从而失去了比例和平衡，也减少了统一性；（f）图黑色形状的位置形成静止和无生气的构图，也失去了统一性。

在美术领域，构图可以独自存在而不需要直接参照周围环境，而景观设计通常都要考虑与其周围环境的关系。通常，原生态景观中的自然要素彼此关联，具有非常好的统一性。图3-2-1-6所示的景观就是一个很好的案例，森林的分布与地形和排水系统密切相关，在山谷和洼地较密集，而在岔路上没有树；建筑、土壤、裸露岩石的分布主要受到气候因素和地形变化的影响；前景中道路的线形也与地形有关。由于各种要素息息相关，景观显得十分协调统一。

在景观中，通过添加新的图案或要素，可以在混乱的景色中导入统一性。比如法国巴黎的拉•维莱特公园就是利用10米×10米的红色的立方体来统一整个公园的景观（见图2-1-3-13）。

如图3-2-1-7所示的是加拿大渥太华的议会大厦滨河景观，背景建筑物的形式、大小与比例不同，统一性较差；但前景议会大厦的屋顶形状、窗户格局和建筑物体块十分相似，足以产生强烈的相关性，加之建筑底部种植带起基准的作用，把所有的正立面在视觉上联系起来，从而具有较好的统一性。

设计意味着连贯性，所以要求各设计要素有某些一致性。设计要素的一致性表现为以下几个方面：

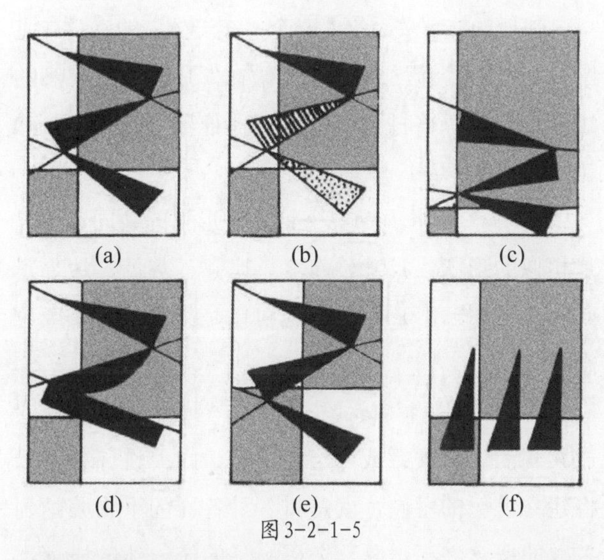

图3-2-1-5

图3-2-1-6

图3-2-1-7

（1）形式的统一。设计中把具有共同或类似特征的个体放在一起，就会形成一致性（见图3-2-1-8）。

（2）位置的统一。如前文所述，位置关系的形成取决于个体事物之间如何布局，如何在平面上选取一些特殊位置。这种位置关系内在联系的“力度”直接取决于这种特殊的程度。

邻近的位置关系给人一个“统一体”的感觉（见图3-2-1-9）。假如某个要素被布置成使用者熟悉的线形、圆环、格栅状、或者某种符号，整体统一感越强（见图3-2-1-10）。

（3）外形特征的统一性。外形上的共同点可以是相似的形状、尺寸、高度、比邻、数量、边界走向等（见图3-2-1-11），也可以是类似的材质或色彩等。

（4）主题特征的统一性。一致性也可以不通过共同的位置关系或外形特征来建立。设计者可以将建立统一的主题，就是将各种各样的事物归纳到主题的概念之下，是一个提高了的统一体的概念。比如分别以某种动物或植物为主题；或者以象“春天”、“极简主义”、“新中式”等为主题，各种各样的物体之间提供一个主题联系。

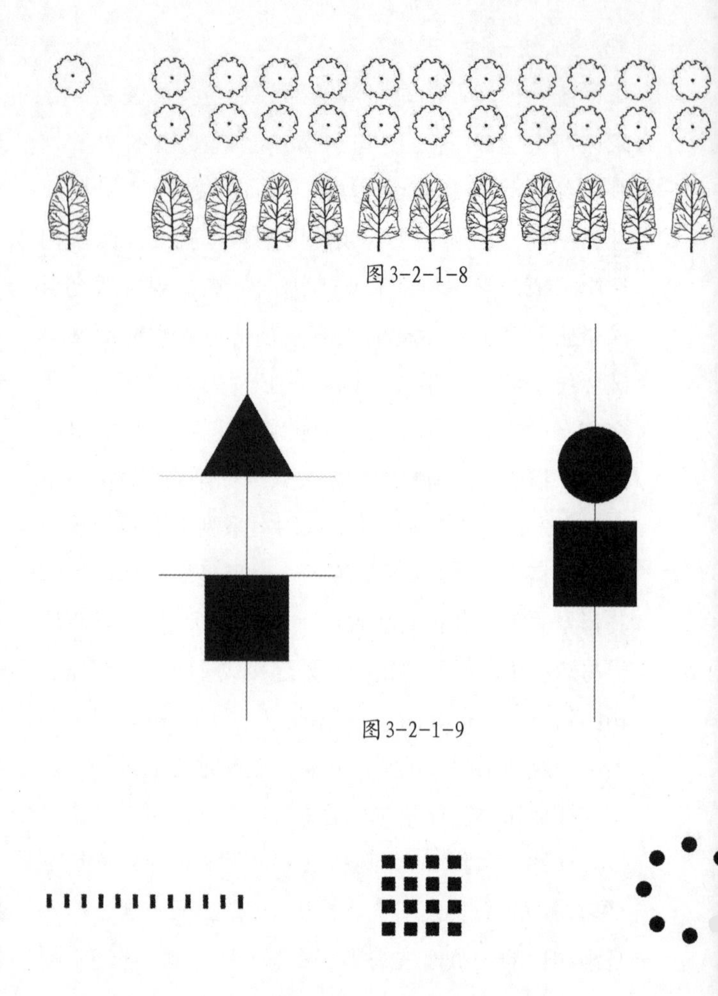

图3-2-1-8

图3-2-1-9

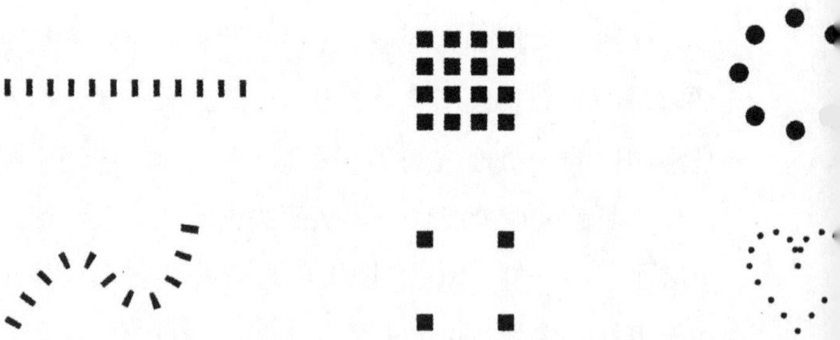

图3-2-1-10

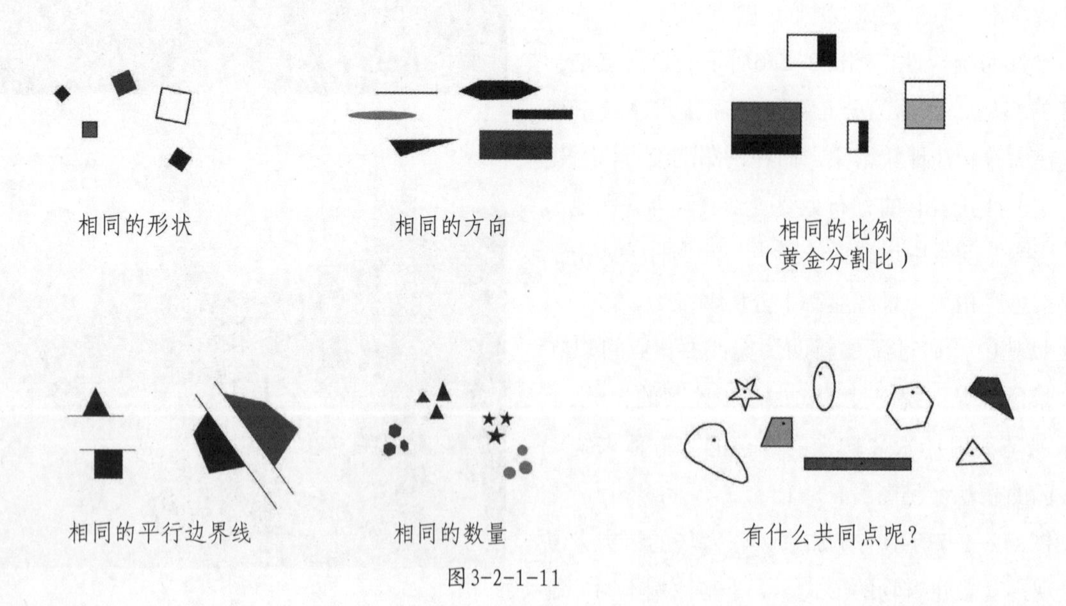

图3-2-1-11

3）统一中的变化

若要使景观具有创造性和独特性，必须包含一个统一的主题和主题背后的某种不变的理念。在景观设计中，多样性的程度必须与统一性的需要相平衡。随着要素的渐趋多样化，要素间会产生越来越多的相互作用，若不加以组织以维持统一性，可能会因变化的增多而景观变得失去控制，引起视觉上的混乱。

以绘画为例，如果画面缺乏变化，会使人感到平淡无奇；如果绘画只有变化而没有统一，就会使人感到杂乱无章。一件艺术作品的重大价值，不仅在很大程度上依靠构成要素之间的差异性，而且还有赖于艺术家把它们安排得统一。或者说，最伟大的艺术是把最繁杂的多样变成最高度的统一。

如图3-2-1-12所示，当屋顶花园的主题与格调以表现休闲为主时，设计者选用了圆和弧线为构图母题，因此虽然景观造型形式很多样，但都是统一于各种圆和弧线当中，使得设计显得丰富而协调。

与景观中的静态要素一样，动物、鸟类和人的存在也给景观带来活力和趣味，变化的天气、光线、云彩图案和风则会进一步给景色增添生气和短暂的多样性。如果没有它们，多样而统一的景观是不完全的。如牧场上如果没有游动的动物、风吹草动、飘动的云彩，甚至瞬间的电闪雷鸣，牧场景观将会单调，缺少趣味。

多样性的统一可以体现在不同的尺度上。以英格兰威尔士中部的波伊斯城堡（Powys Castle）为例，一个个整齐的花园组织得十分协调，但统一中又有变化，植物种类、种植形式、人造物的颜色和纹理各具特色（见图3-2-1-13）。各庭园内部的质体、开敞空间、树木和草地的颜色和纹理既多样又统一。庭园以外的农田景观并不单调，多彩的田野和多姿的树篱、树木表现出了景观的多样性，当视线从农田引向山岭时，半自然的植被格局又提供了别样的变化（见图3-2-1-14）。因此，整体协调的景色中包含了景观各部分之间以及各部分内部的多样性，这些多样性都是各部分按土壤的品质和气候形成的层次结构，在功能和景观上各得其所。

图3-2-1-12

图3-2-1-13

图3-2-1-14

3.2.2 对比与调和

作为一种艺术形式，景观中的各组成要素之间具有大量对比与调和的关系。对比是指对质或量极为不同的要素进行排列时，特别强调出相互间的不同特征；调和是强调不同事物之间，的共同性因素，使事物之间相协调。

对于一个完整的景观而言，两者都是不可或缺的和不可偏颇的。对比可引起变化，突出某一景物或景物的某个特征，使得景观变得丰富，从而吸引人们的注意（见图3-2-2-1），继而引起人们强烈的情感反应，但是过多的采用对比则会引起视觉上的混乱，使得人们因过于兴奋、激动、惊奇而感觉疲惫。调和强调的是各个元素之间的协调关系，但若过于追求协调而忽视对比，可能造成景观乏味、呆板。因此，如何有效地平衡对比与协调是事关设计成败的又一个关键因素。

1）对比与调和的类别

对比与调和可以表现在不同尺度的景观要素组合中，大到整个景观区，小到某一景物的局部。景观中的对比与调和主要包括形状的对比与调和、大小的对比与调和、色彩的对比与调和、质感的对比与调和等。

（1）体量大小的对比与调和。“三五步，行遍天下，六七人，雄会万师”，这是古典戏曲小中见大的形式对比。景物大小不是绝对的，而是相形之下比较而来，在景观要素组合中通常遵循“大中见小，小中见大”的法则。在一定程度上中国传统园林艺术是一门“对比”的艺术，以少胜多，以小衬大，精练、概括地以一拳一勺显现出自然山水林泉的情趣（见图3-2-2-2）。通常，景观艺术要素组合的过程就是不断地由小到大的转化过程。

（2）方向的对比与调和。方向的对比包括：水平与垂直、正与斜、左与右以及前与后等方向的对比。当方向呈放射状态时，呈现调和关系。景观设计中方向对比与调和的应用广泛，如碑、塔、阁或雕塑等垂直形景观小品与周边水平方向景观的关系、石与竹的组合就是典型的案例（见图3-2-2-3）。

（3）形状的对比与调和。主要表现在园林景物的面和体的形状比较。比如在圆形广场中央设置圆形花坛便形成了形状的调和关系，若在方形绿地中央设圆形休息平台便形成了不同形状的对比关系（见图3-2-2-4）。图3-2-2-5所示为中国传统园林中的漏窗与花窗之间的形状对比。园林植物的自然线条和形状与建筑的几何形直线外形常常相互对比衬托。

图3-2-2-1 平静的水面突出“塔”的竖向特征

图3-2-2-2 苏州网师园

图3-2-2-3 北京北海公园琼华岛

图3-2-2-4

图3-2-2-5

（4）色彩的对比与调和。“万绿丛中一点红”是典型的色彩对比与调和（见图3-4-1-3）。景观中常运用色彩的色相、明度之间的对比与调和达到变化与统一的目的，如利用互补色，可以达到对比效果，利用色相比较接近的红色与橙色、蓝色与绿色相衬托则能达到调和的效果（参见3.4.1）。

人们面对空间环境的明与暗会产生不同的心理感受，明则开朗活跃，暗则幽静柔美。园林中经常利用山洞、狭道、密林与林中空地营造出明暗的对比效果和空间层次的变化（见图3-2-2-6）。

（5）质感的对比与调和。质感调和可以是同一调和、相似调和、对比调和。选择地砖、卵石和磨石等粗糙、朴实质感的多种材料进行场地铺砌，可形成调和的铺装景观，相反，选择质感不同的铺装材料进行组合铺砌也可形成对比中有调和的铺地景观（见图3-2-2-7）；通常，质感的对比是提高质感效果的最佳方法之一，若处理得当，质感的对比能使各种素材的优点相得益彰（参见3.4.2）。

（6）虚实的对比与调和。所谓虚，也可以说就是空，或清空、空灵，或者说就是“无”；所谓实，就是实在、结实或质实，或者说就是“有”。后者比较有形、具象，容易被感知；前者则多少有些飘忽无定、空泛，不易为人们所感知。但两者对立并存、相生相长，缺一不可。

景观中，虚与实的对立表现在许多方面：就山水而言，“山”为“实”，“水”为“虚”；就山而言，其突出的部分如峰、峦为“实”，凹入的部分如沟、壑、涧、穴则为“虚”；就建筑来讲，虚是指空间，实是指体形，园林中的粉墙为“实”，廊以及门窗孔洞为“虚”（见图3-2-2-8）。

图3-2-2-6

图3-2-2-7

图3-2-2-8

2）对比与调和的比例关系

对比与调和是两个相对的概念，假如把调和比喻成渐进变化的方式，那么对比就是一种突变，而且突变的程度越大，对比越强烈。实践中，怎样使用对比与调和，到底对比多少程度、调和多少程度，两者之间没有一个明确的界限。

对比与调和使用的比例因具体景观空间的性质和要求不同而异。通常，出入口空间和娱乐空间的营造主要采用对比的手法，以形成视觉冲击力、营造出入口意象，引起感官刺激；休息空间则主要采用调和的手法，以营造安静、平和、稳定的空间感受（见图3-2-2-9）；儿童游戏空间主要采用对比手法，老人活动空间则多用调和手法，以形成符合不同使用者生理和心理特点的空间与景观。

图3-2-2-9

3.2.3 平衡与紧张

“平衡与紧张”、“节奏与韵律”、“比例与尺度”三者相互关联，是景观中各个要素的组合方式，属于“结构性”原则。

自然界中静止的物体都要遵循力学原则，以平衡的状态存在，不平衡状态会使人产生燥乱和不稳定感，即危险感。景观一般都要求赏心悦目，使人心旷神怡，所以，无论供静观或动观的景物，在艺术构图上都要求达到均衡。

1）平衡

影响平衡有以下几个因素：①运动方向。如图3-2-3-1所示，要素向相反方向运动可以互相平衡，快的、长的、频繁的运动比慢的、短的、不频繁的运动强。②要素外观的视觉强度。体量大的形状比体量小的形状更强一些，规则的封闭形状比不规则的开放形状更强一些，实体的形状比弥漫的形状更强。与此类似，颜色也影响视觉强度。深色比浅色强，前进性颜色比后退性颜色强。如图3-2-3-2所示，（a）图形状密实，视觉强度最高；（b）图空心的形状视觉强度稍差；（c）图弥漫的形状视觉强度也较差；（d）图没有明确边界的空心形状视觉强度最差。③位置。位置对平衡有很大的影响。垂直位置比水平位置强，水平显得更稳定，因为它们与水平线有关。强调建筑物的水平屋顶可以平衡位于其下的一系列要素。如图3-2-3-3所示，（a）图中的点位于中心是完全平衡的，而（b）图中的点偏到上半部就不平衡了。④平衡和对称或不对称之间有很强的关系。不对称平衡可以用于建造一个更自由、更富冒险精神和不拘礼节的景观；而对称平衡往往产生有秩序的、静态的和安全的效果。

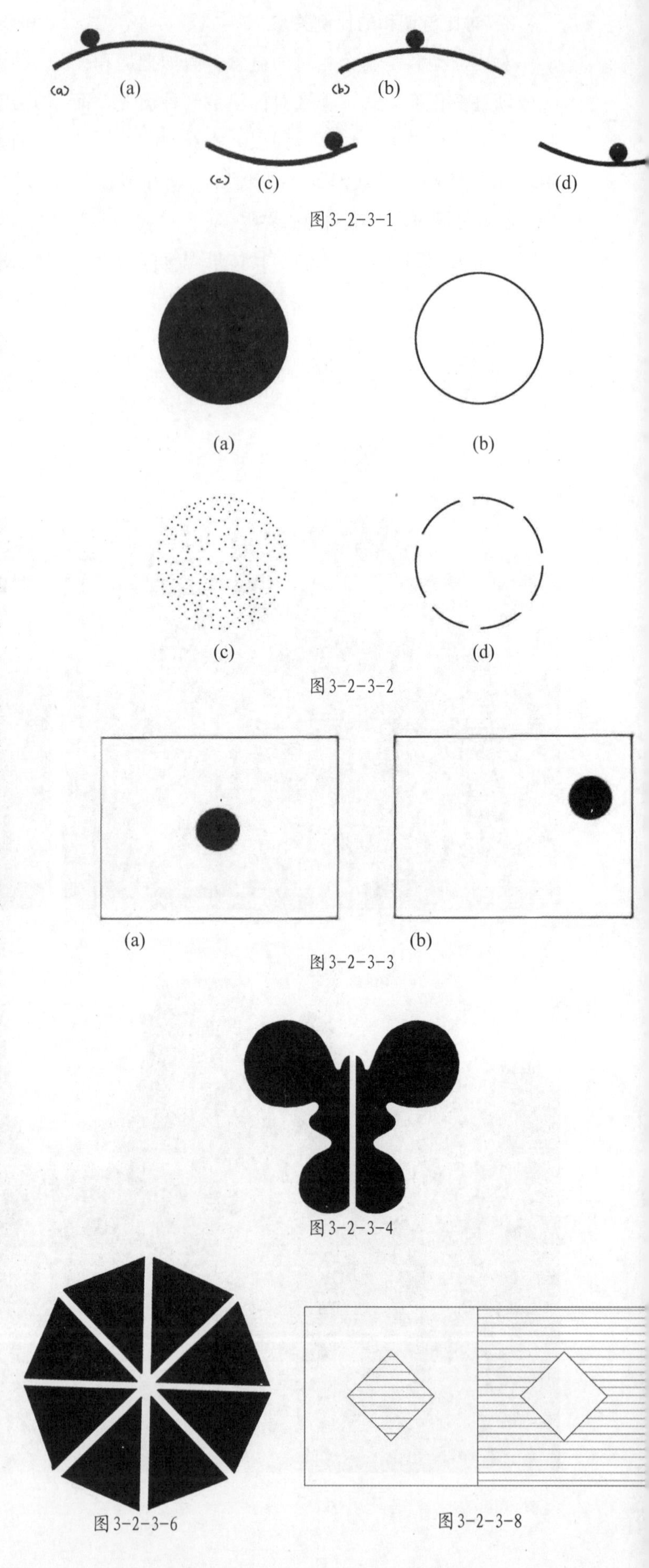

图3-2-3-1

图3-2-3-2

图3-2-3-3

图3-2-3-4

图3-2-3-6

图3-2-3-8

（1）对称平衡。对称源于希腊语，原意是“同时被计量”，所谓“同时被计量”就是两个以上的部分完全能被一个单位除尽。对称均衡的景观给人以整齐、单纯、寂静、庄严之感，但也会产生寒冷、坚固、呆板、消极、古典、令人生畏等消极之感。

对称是涉及构造中部分与整体关系及其平衡的原则。对称的格局显得非常整齐、稳定和宁静。对称包括三种类型：两侧对称、万花筒式对称、二元对称。

图3-2-3-4是最常见的的两侧对称，物体的一半是另一半跨过中线的镜像，也是最简单的一种对称，有明显的中轴线。这种对称可见于人体、很多树叶与花朵。规则式景观中就有明确的轴线，是典型的对称均衡（见图3-2-3-5）。但在自然景观中却是很少见。

图3-2-3-6所示的是相同形状准确重复的万花筒式对称，在中心点的周围有两个以上的重复。这在自然界中的花及水母就是这种形态。在建筑形式中也被广泛使用，如西方大教堂穹顶由围绕中心点的扇形组成（见图3-2-3-7）。西方古典园林中的花坛。

图3-2-3-8是二元对称，一个影像由两半组成，它们不完全一样，但好像要互相竞争。人们的目光试图把它们融合为一体，因此不如其他形式稳定。它用于精细的美术创作，产生一种特殊的模糊性。二元对称也可以是象征性的，存在于很多阴阳、正负的格局中。图3-2-3-9为英国格罗斯特郡（Gloucestershire）希德科特庄园（Hitcote Manor）建筑立面就是二元对称的例子。

图3-2-3-5

图3-2-3-7

图3-2-3-9

（2）不对称平衡。不对称均衡遵循力学上的杠杆平衡原理（见图3-3-1-11），自然景观中存在的平衡通常是不对称的。冰川带下来的大块岩石可能平衡地留在较小的岩石上。单株植物可能随风长的倾斜，一段悬崖峭壁可能显得随时都会倒下。这些例子都是真实的物理力量（而不是纯粹的视觉冲击力）处于均衡状态，而视觉上却感到不平衡。

图3-2-3-10 草地与林地的平衡关系

在景观中，平衡还包括土地不同用途的相对数量，如林地与开阔地的相对比例。每种土地的用途都在颜色、纹理、形状等方面都有各自的视觉强度。它们需要平衡以免其中一个太占支配地位（见图3-2-3-10，参见3.2.5）。

图3-2-3-11 物理上平衡，视觉上不平衡

一幢建筑物可能因其组成部分的相对尺度而显得不平衡。所产生的视觉效果及其相对位置使它看起来好像要倾倒一般。图3-2-3-11中的建筑在物理上是平衡的，但在视觉上是不平衡的，这是因为相对于支撑立柱的尺寸，屋顶的顶部太重，同时墙板的对角线铺设方向引导着视线，似乎它会倒向右边。假如使用更粗壮的立柱或减少面板的动态感就会恢复平衡。

图3-2-3-12 不对称建筑立面

不对称常用于营造非正式和轻松的景观空间氛围，偶尔两者也混合使用。一幢建筑物可以由完全对称的部分和另一段使整体不对称的部分组成（见图3-2-3-12）。

在景观要素组合中，实现不对称的平衡需要注意两点：①明确视觉中心，如道路上、休憩点，道路的端头或拐弯处；②考虑景物的视觉上的重量感与远近感，从而调整景物距离的远近。用一个视觉重量强而体量小的要素来抵消视觉重量弱而体量大的要素可以使景观达到平衡（见图3-2-3-13）。

图3-2-3-13 视觉中心两侧的景石与树丛形成不对称平衡

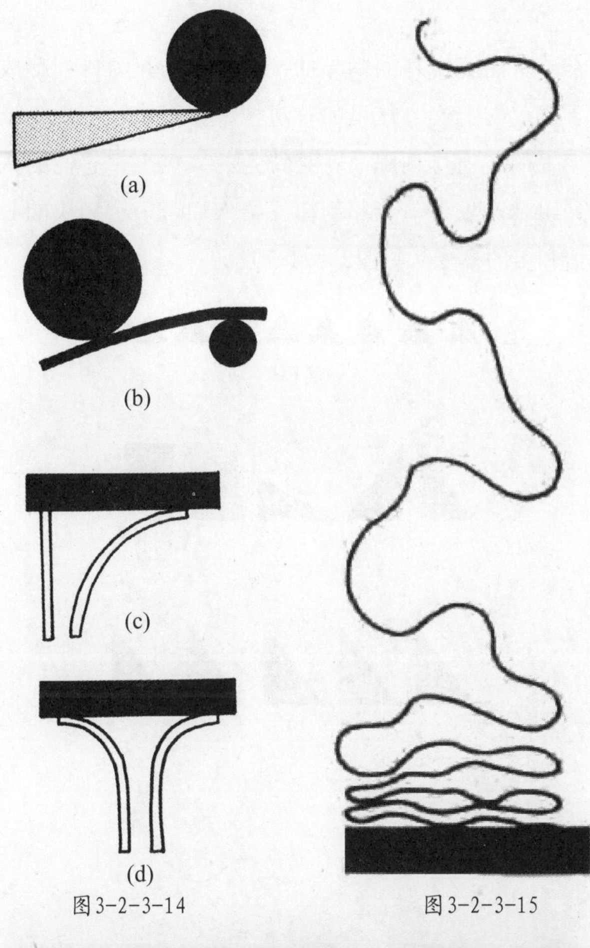

图3-2-3-14　　图3-2-3-15

2）紧张

紧张是视觉力冲突的结果。它会以某种方式维持结构的平衡，同时增加景观的活力。所有的形状都或多或少施加着视觉力。当一个施加强大视觉力的形状与较弱者发生冲突时，就会产生紧张。图3-2-3-14所示的是视觉重量或强度发生冲突时就产生紧张的效果：（a）对于密度较小的三角形来说，黑盘的视觉重量太大，从而引起紧张；（b）视觉重量使这条线弯曲，从而引起紧张；（c）一个支柱是弯的，重的黑板条似乎要倒向右边；（d）两个支柱都响应着视觉重量，因此更多的消除了紧张。这与弹簧在物理力的作用下处于紧张状态的效果相似，在视觉上产生紧张，只有紧张状态被释放时，才能达到平衡或均衡。这种释放可以产生与未释放的紧张一样多的活力，但效果会显得更为和谐。图3-2-3-15所示的是一条运动着的线停在密度高的黑色板条上。由于线条有被压缩的感觉，消除了一些紧张，但是仍然有紧张存在。一条路沿着山坡向下而不是拦腰折断，形状与视觉作用力的方向齐平，这个占主导地位的形状对其他较弱的要素施加影响，使紧张消失而又保持活力。

未释放的紧张可用于雕塑等艺术品的创作中，给人们带来适度的紧张感，以提高作品的生动性。在物理张力已经释放的形状中，如桥梁和桁架，从某种角度看，仍然有视觉紧张，如图3-2-3-16所示的桥梁由于桁架交叉引起的视觉混乱产生紧张感。引起这种感觉的部分原因是缺少明显的结构等级以及结构元件在方向上的变化。图3-2-3-17所示的是坐落在英格兰南威尔士的利恩布里亚内（Llyn Brianne）水库，水延伸至景观结构的心脏，水库两侧连锁的岔路引起的曲折运动，当人们随着岔路线移向水。它们似乎相互向内推动，挤压水域。这些产生视觉力的线条是有力的。如果有任何平面或线条添加到景观上，而它们的形状、位置、方向和视觉力与处于下面的地形相冲突，就会产生紧张，多半会有破坏性的视觉效果。例如有一条路莫名其妙地切断山坡，从而断开了天际线，自然会吸引视线。

图3-2-3-16

图3-2-3-17

3.2.4 节奏与韵律

1）节奏

节奏是指同一要素有规律的重复再现，如果还有强烈的方向感，节奏更为强烈；由于形状是最强的变量之一，相似形状要素的重复是产生节奏的最强手段。如图3-2-4-1所示：（a）中的三角形以同样的间隔重复出现，产生节奏感；（b）由于三角形的位置与方向的变化，显然没有任何的节奏感；（c）三角形等距等方向的排列后产生清晰的自左向右的运动，具有更强的节奏感。

形状可以影响节奏发展的方式，例如，一条懒散而缓慢运动的线与一条快速而断续运动的线产生的节奏感是不同的（见图3-2-4-2）。

节奏可以在任何方向产生。如图3-2-4-3所示，线性水平节奏。由于重复的屋顶形成强烈的从左到右的方向节奏。垂直节奏产生在教堂屋顶的重复形状或不同高度的树冠。如图3-2-4-4所示的屋顶山墙、窗户、门廊的重复三角形和屋顶的形状产生了自下而上的有节奏的图案，直达尖顶，细部有三角形的装饰，形成了较小的节奏。节奏还可以是三维的，如地形的重复。人工的节奏倾向于规则的，自然的节奏则更多是不规则的，比如沙漠上的波纹或反映波浪运动而冲刷上岸的海藻。如图3-2-4-5所示，在退潮后形成的海滩沙地上的波纹有不规则的节奏，反映着波浪运动。

节奏可以是组合的，由一群形状重复形成。在田野上重复密集花簇图案引导目光从一处转移到另一处，形成某种涌动。如图3-2-4-6所示，由很多点布置成的形状，它的边缘和较密的点簇产生“有机”的节奏。

在景观中，若将点状要素进行线状排列，形成有规律有节奏的组合，表示出特定的意义和意境。例如，排列整齐间隔相等的行道树，迎合了人们所期望的秩序井然的心态，这是一种秩序美；高低起伏，迂回曲折，疏密相间，形状颜色各异的卵石小径，卵石块犹如乐谱里的音符，穿插在各度空间之中，将游人引入诗一般的境界；水面的汀步如同弹奏一首清脆悦耳的钢琴曲；景墙上的花窗排列形成了优美的节奏。这里的行道树、卵石块、汀步、景墙上的花窗排列等，就是特定的“点”，它们的排列组合产生了节奏和韵律，给人们带来了愉快的心情和美的享受（见图3-2-4-7）。

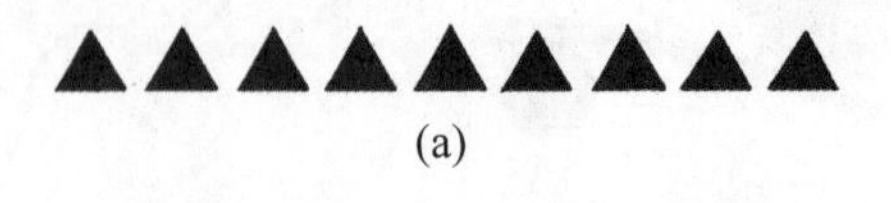

(a)

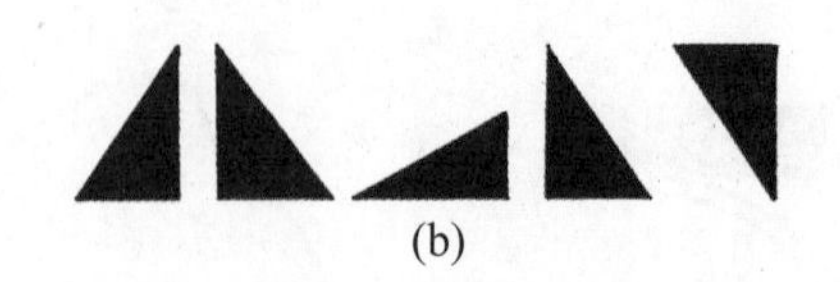

(b)

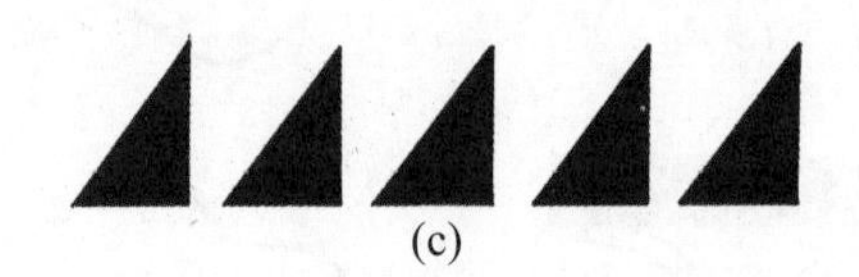

(c)

图3-2-4-1

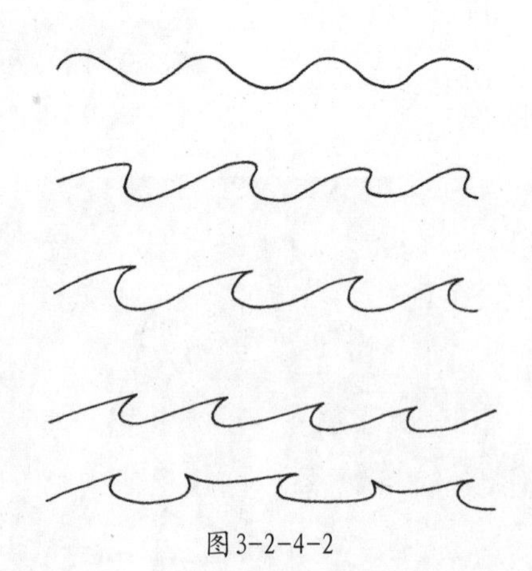

图3-2-4-2

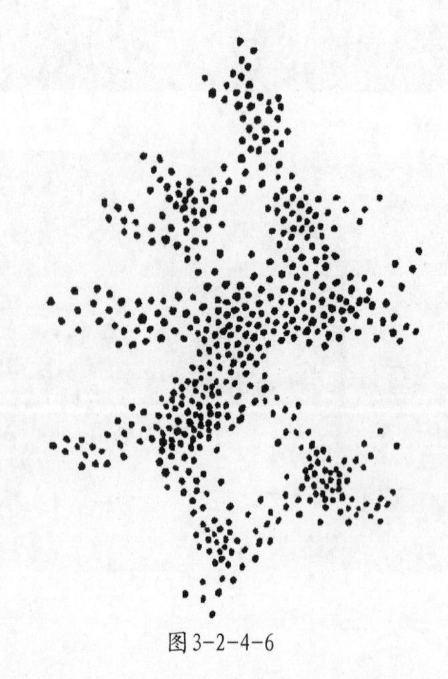

图3-2-4-6

图3-2-4-3

图3-2-4-5

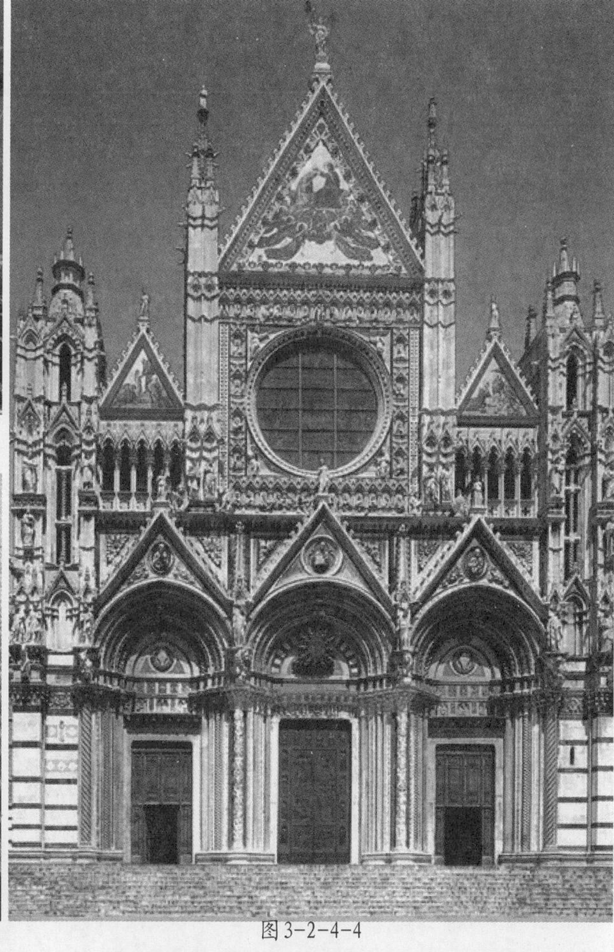
图3-2-4-4

图3-2-4-7 点状要素的线状排列形成节奏感

2）韵律

韵律是在节奏的基础上形成的既富于情调又有规律的属性。关于韵律的分类有两种方式，一将韵律分为相同形的韵律、相似形的韵律以及类似形的韵律三种类型；第二种分类方式将其分为静态韵律和动态韵律。本文主要讨论静态韵律与动态韵律。

（1）静态韵律。静态韵律又称简单韵律，是由同一形状与色彩的要素反复等距出现的连续构图，给人端正高雅之感，但也会造成软弱单调之感。如等距种植的行道树，等高、等宽的梯级登山道，等高、等距的爬山墙、游廊等（见图3-2-4-8）。

（2）动态韵律。与静态韵律相对的是动态韵律，动态韵律又可分为：渐变韵律、交错韵律、拟态韵律和起伏曲折韵律。

a.渐变韵律。渐变韵律是由同一形状、不同色彩或大小各异的要素作不同方向或不同距离的反复连续构图，给人以动态之感。渐变韵律包括色彩渐变和形态渐变两类（见图3-2-4-9）。

b.交错韵律。交错韵律是由两种以上的组成因素交替等距出现的连续构图。例如：两种树的间种、两种不同的花坛布置交替等距排列、一段阶梯与一段平台交替布置、空间明暗交替的出现等（见图3-2-4-10）。

c.拟态韵律。拟态韵律是由某一种组成因素作有规律的纵横穿插，交错布置。如在园林铺地中，以卵石、片石、水泥板、砖瓦等不同的材料铺地，可按纵横交错的各种花纹，组成连续图案，设计得宜，能引人入胜（见图3-2-4-11）。

d.起伏曲折韵律。起伏曲折韵律是由一种或一种以上的组成要素在形象上出现较有规律的起伏曲折的变化（见图3-2-4-12）。如连续布置的花坛、花径、水池、道路、林带、建筑等，为了防止板滞，宜遵循一定的节奏规律，应有起伏曲折的变化。如颐和园后山苏州河两岸的河流岸线有进有退，林缘线有起有伏，造成韵律。

图3-2-4-8 静态韵律

图3-2-4-9 渐变韵律

图3-2-4-10 交错韵律

图3-2-4-11 拟态韵律

图3-2-4-12 起伏曲折韵律

3.2.5 比例与尺度

1）比例

“比例”来源于拉丁语proportion，是指长度、面积、位置等系统中两个值之间的比率，以及这个比例与另一个比例之间的共同性和协调性。比例说明环境大小的相对关系，与具体尺寸无关（见图3-2-5-1）。在景观中，比例既包含景物本身各部分之间的比例关系，也包含景物之间、个体与整体之间的比例关系，这些关系难以用精确的数字来表达，而是属于人们感觉上和经验上的审美概念。

从远古时代起就有基于各种数学比率的比例法则。这些法则中最重要的是自古埃及和古希腊始就一直应用的黄金分割比率。其他常用的数学比率还有平方根比、等差数列比、等比数列比、费波纳齐数列比、调和数列比。

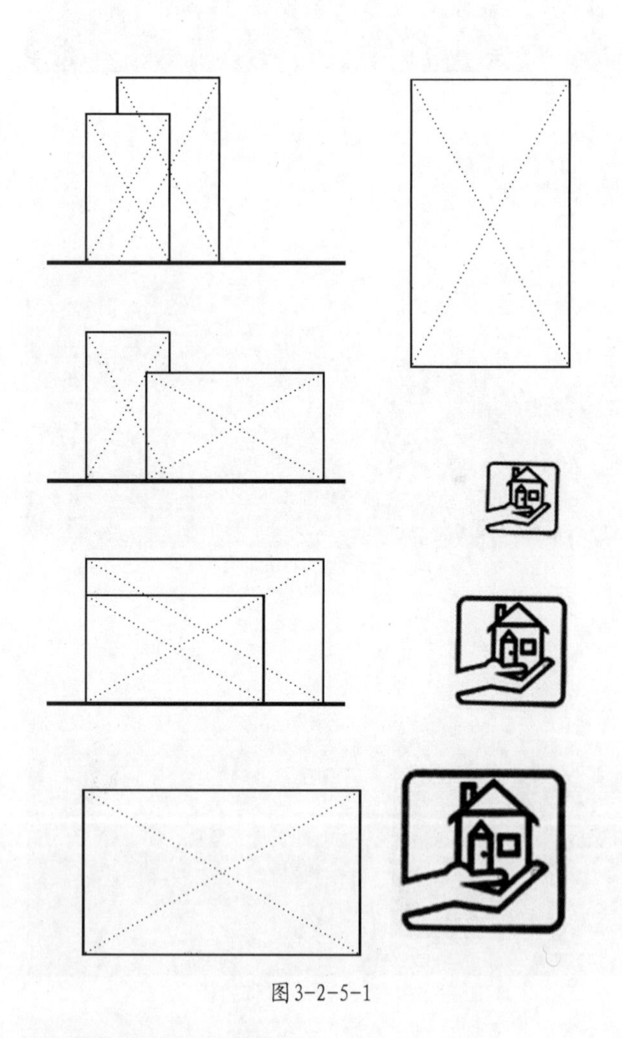

图3-2-5-1

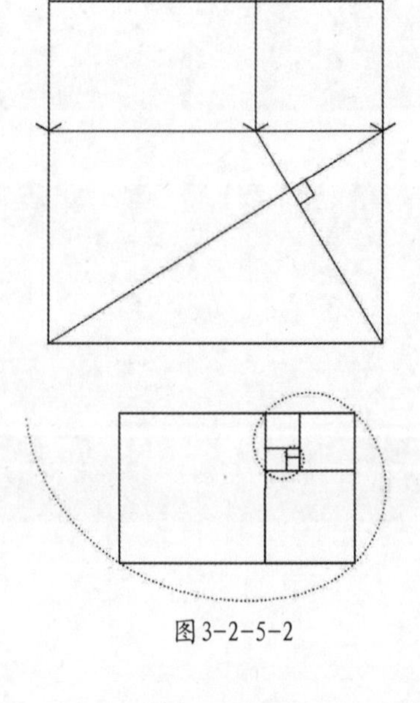

图3-2-5-2

（1）黄金分割比。黄金分割比在几何学上是可以简单求得的优美比例，若取至小数点第三位，则为1∶1.618。利用黄金分割比率建造一个矩形，其短边为1个单位长，长边为1.618个单位长。每次从矩形中去掉一个正方形，剩下的小矩形仍然有相同的比例。相反，在矩形的长边上添加一个正方形仍然有相同的比例。假如继续这种添加步骤，就会生成不断增大的螺旋线（见图3-2-5-2）。这种螺旋线常称为“生命曲线”，因为可以在很多生物的生长中找到，如软体动物的壳、树叶围绕树干的布置和尺寸。螺旋线是对数的，它的不断增长的比率由黄金分割比率决定。如图3-2-5-3所示：（a）为螺旋状的贝类生长线；（b）蕨类植物的叶子展开变直，形成对数螺旋的形状，也符合斐波那契级数。

五角形的比例和角度与黄金分割有关，金三角的形状是由五角形和黄金分割衍生出来的（见图3-2-5-4（a）、（b））。五角形也常见于植物花瓣的排列（见图3-2-5-4c）。

与黄金分割相关的数列是斐波那契数列比（1，1，2，3，5，8，13等），其中每个数是前两个数的和（也是黄金分割的现象）人们试图将人体的比例与黄金分割联系起来，如莱昂纳多·达·芬奇（Leonardo da Vinci）以及现代主义建筑师勒·柯布西埃（Le Corbusier）基于1.829米（6英尺）高的模型人产生了一个比例系统（见图3-2-5-5）。举手指间高2.26米，肚脐距地面高1.13米。这三个基本尺度的关系是：脐高是指间高的一半，指间到头顶距423毫米，头顶到肚脐距698毫米，两者比值为1∶1.618。另外，由肚脐到地面1130毫米，与脐到顶高698毫米，两者的比值为1.618∶1。这两个比值都等于黄金比。

(a) (b)

图3-2-5-3

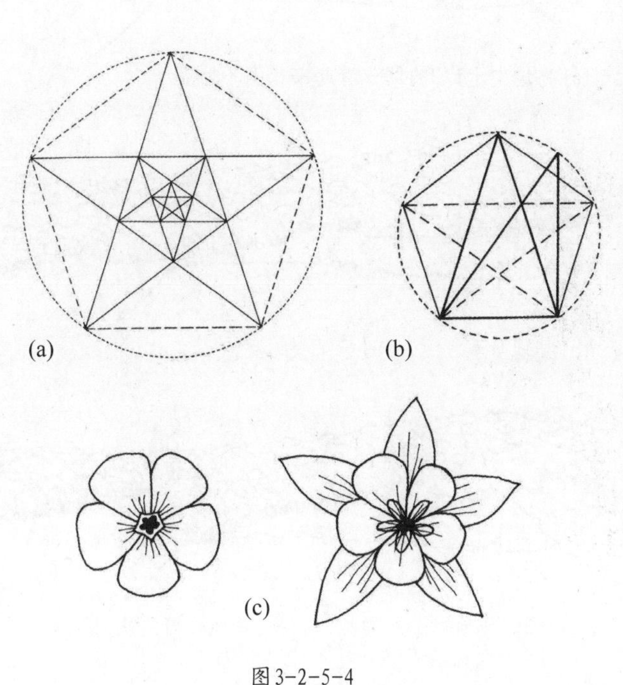
(a) (b)

(c)

图3-2-5-4

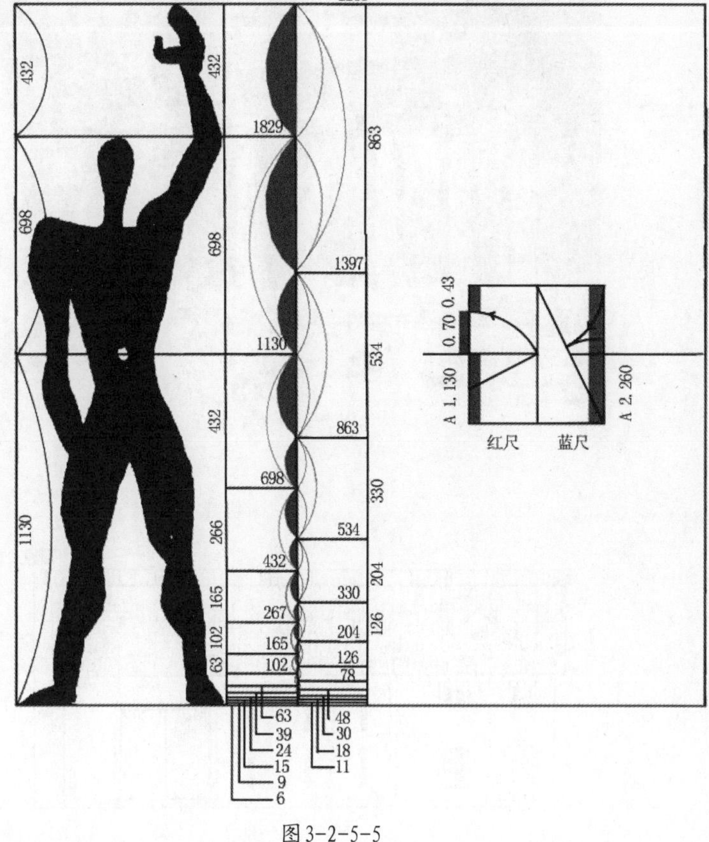

图3-2-5-5

在建筑艺术中也利用黄金分割法配置整个建筑与其各部分的比例，如雅典帕特农神殿屋顶的高度与屋梁的长度之比（见图3-2-5-6），米罗的维纳斯雕像的重要尺寸之比等都符合黄金分割比例。

景观设计中，花园的平面布置或建筑物的立面高度比较易于利用黄金分割比例。若景色随位置和角度而变，或者景观和地形不规则，则可采用从黄金分割中衍生出来的、更实际的方法——“三分法则”（见图3-2-5-7）。这个法则简单地指导景观中各要素比例的一般平衡。比如在开敞空间对林地，屋顶对墙。这个法则在调节要素面积或体积的比例时特别有用。建筑物的立面可分成3份，如屋顶平面对墙、门对墙、一种材料对另一种等等（见图3-2-5-8）。景观中林地的面积或林中空地的面积可以利用黄金分割进行安排，使得从各个角度来看，它们占据1/3或2/3的视野，但不是指在平面图中必须有1/3或2/3的准确面积。三分法则应用由来已久。英国的景观设计师汉佛莱•雷普顿（HumphryRepton）曾经用三分法则将树和开敞空间分成正确的比例，也在种植平面图中用过：2/3的区域种植同种植物，余下的1/3区域混交种植。

图3-2-5-6

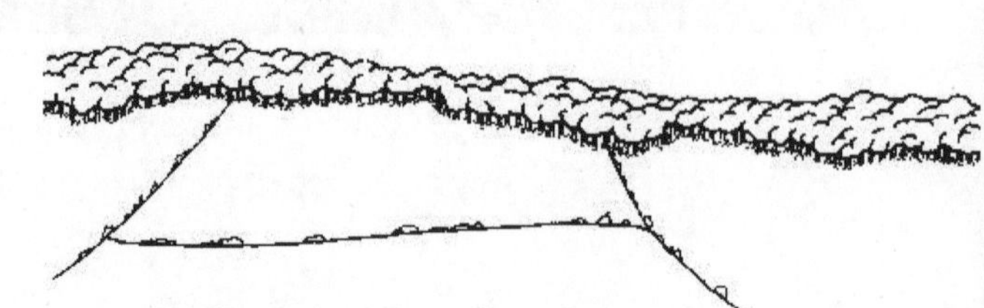

(a) 林地少于1/3的部分看起来比例不协调

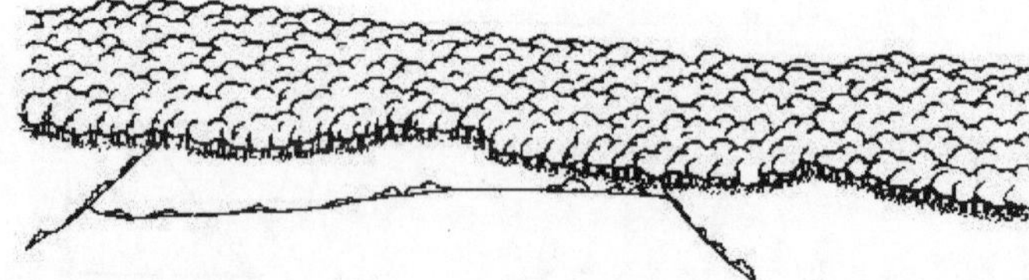

(b) 林地与草坪为1:1过于呆板，重点不突出

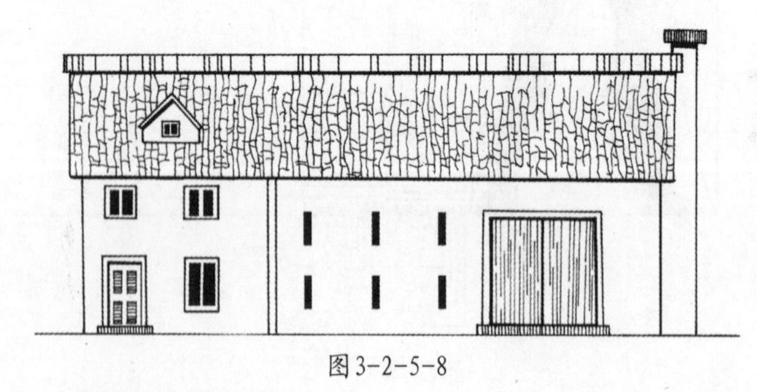

图3-2-5-8

(c) 1/3的林地对下面的2/3的开阔草地较好的比例

图3-2-5-7

（2）平方根比。平方根比是由包括无理数在内的平方根比，以此构成的矩形称为平方根矩形（见图3-2-5-9）。

（3）数列比。数列比研究3个值以上的各种比，如图3-2-5-10所示：(a)等差数列（a，a+r，a+2r，…a+（n-1）r）；(b)等比数列（1，a，a2，a3，…an-1）；(c)斐波那契数列（每项数等于前两项数之和——1，2，3，5，8，13，…p，q，(p+q)）；(d)调和数列（1，1/2，1/3，1/4，…1/n）（见图3-2-5-10）。

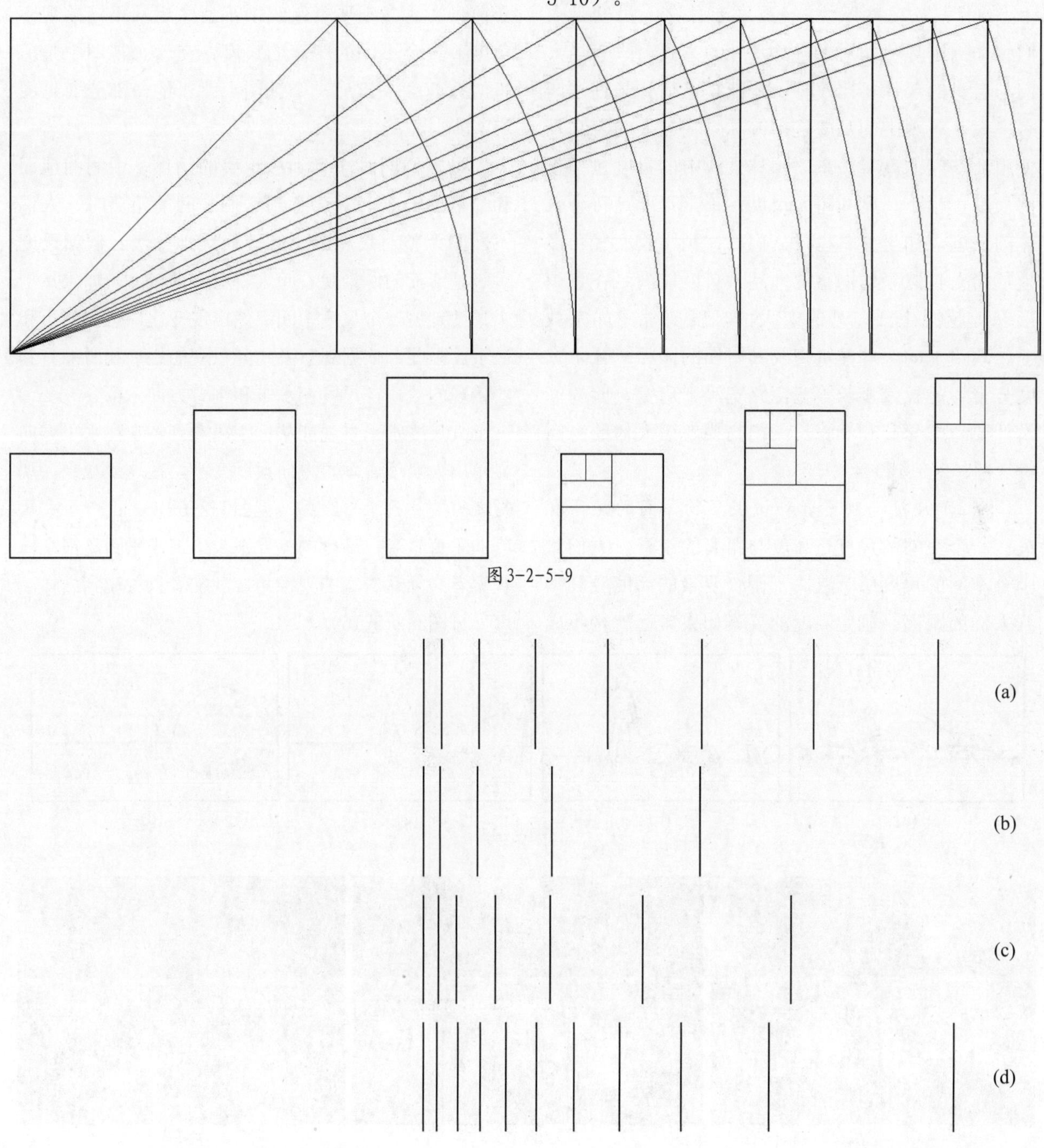

图3-2-5-9

图3-2-5-10

2）尺度

尺度涉及各景观要素相对于人体和景观的尺寸。尺度与比例有关。这是在视觉上对要素的尺寸和数量进行平衡的问题，即在整个设计中要素和人体尺寸或景观之间的平衡。

尺度是指与人有关的物体的实际大小与人印象中的大小之间的关系。如图3-2-5-11所示，（a）中的石块表示地面的肌理；（b）中石块成为一个整体；（c）中石块与人一样高，成为独立体；（d）石块比人大，难以评价其的全部形式。

（1）尺度参照物——观察者自身。尺度是人们感知周围环境相对于自身尺寸的方式。只有当人们与自身的尺寸相比较时，才能真正估计某件东西有多大。景观中的尺度是指园林景物与人的身高及使用活动间的度量关系。园林景观中的尺度包括正常尺度、稍小尺度和超大尺度：正常尺度是符合人体的尺度，如坐凳、栏杆、门廊；稍小尺度轻巧多趣，给人自然亲切的感觉；超大尺度能满足在意识形态上超脱生活以外的宏大的尺度要求，如宗教上、政治上的一些建筑物及其附属的园林。台阶宽度与平均足长或步长等宽，路宽等于肩宽，园椅的设计要考虑坐高和小腿长，门高要考虑人体的身高等（图3-2-5-12）。

（2）尺度与观察者和被观察物体间的距离有关。一个空间的尺度是高度与距离的组合，人们对围合空间的尺度感觉取决于围合要素的高度及其离开人们的距离。确定高度的要素如果太远就构不成围合，如果太近就会让人感到压抑，如图3-2-5-13所示：（a）较宽的空间给人空旷的感觉；（b）与（a）的围合要素有同样的高度，但空间宽度较窄，显得有压抑感；（c）与（d）围合要素有相同尺度，而高度是变化的。

人们对景观的感知是不断变化的。远距离观看开敞空间和天空时，某些形体好像是背景图案或纹理的一部分；中距离观赏时，个别的形体从背景中突现出来并形成自身的形式（中间的地面）；近距离时，人们集中注意较小的物体和景观中的细节（前景）。景观要素组织中都要考虑从不同的观察角度，三个不同的距离的尺度，在一个视图中是前景的东西会成为另一个视图中背景的一部分（见图3-2-5-14）。

当人们同时注意到远距离的物体、中间的地面和最近的前景，并注意到它们之间的距离时，人们不断的调整对尺度的感知，连续地分级。假如尺度等级是连续的，景观看起来就更和谐一些。如果从一个尺度到另一个尺度中间突然出现变化，景观就不和谐了。因此，依据观察者离开景观的距离和所能看到的景观的数量，尺度在水平和垂直方向上都会改变。一个大尺度水平景观能从远距离看到，它在水平方向显示出大尺度、垂直方向尺度变小，在这景观中，观赏者只关注到水平距离（见图3-2-5-15）；一个大尺度的垂直景观，高度的差异很大，但水平距离很小，观察者必须适应宽的视锥角，观赏者只关注到山体高度（见图3-2-5-16）。

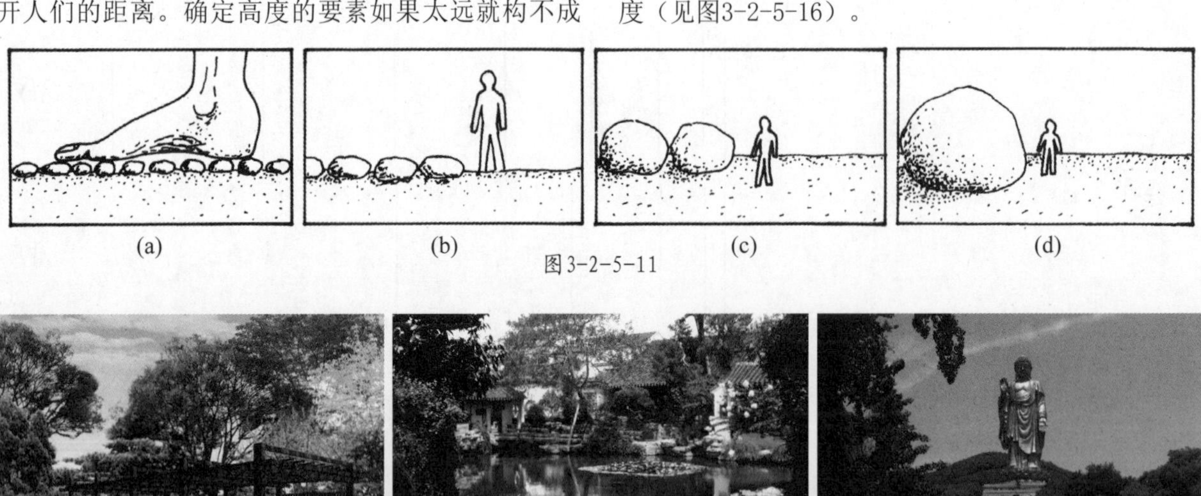

(a) (b) (c) (d)

图3-2-5-11

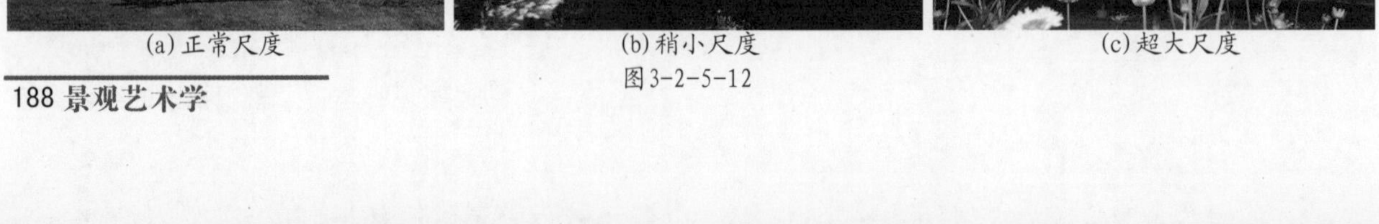

(a) 正常尺度 (b) 稍小尺度 (c) 超大尺度

图3-2-5-12

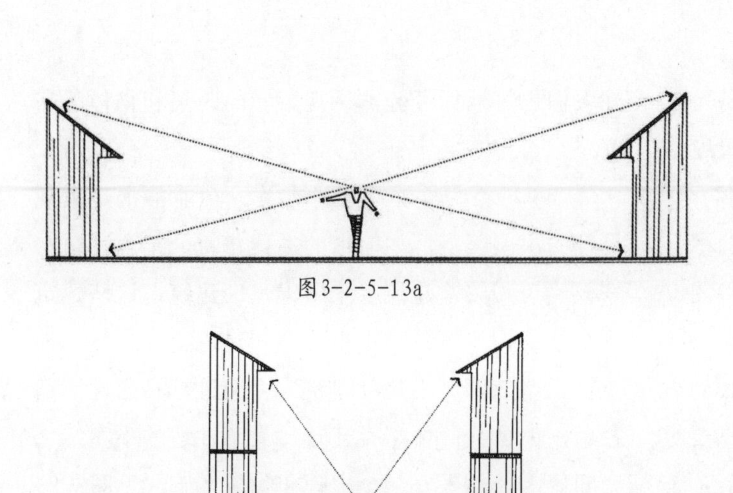

图3-2-5-13a

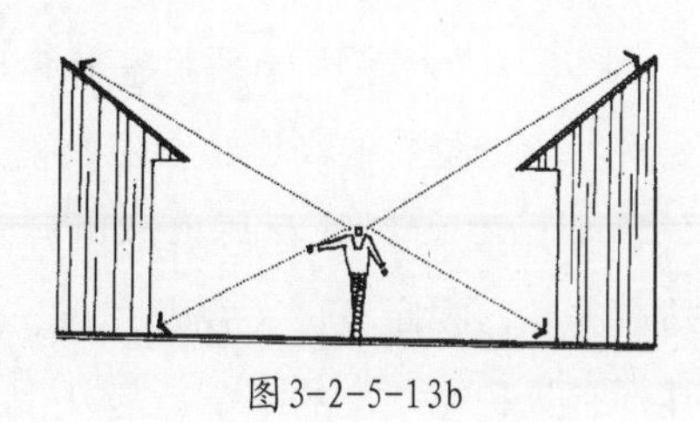

图3-2-5-13b

图3-2-5-13c

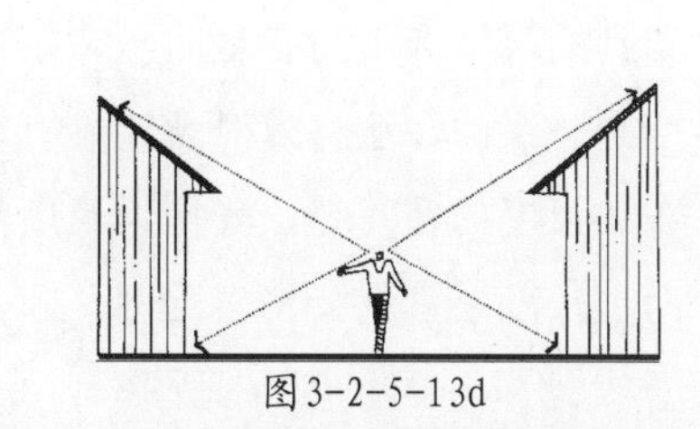

图3-2-5-13d

图3-2-5-14

图3-2-5-15a 德国福森

图3-2-5-16a 美国宰恩国家公园

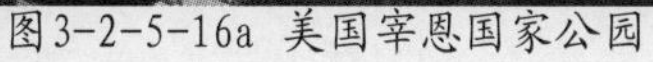

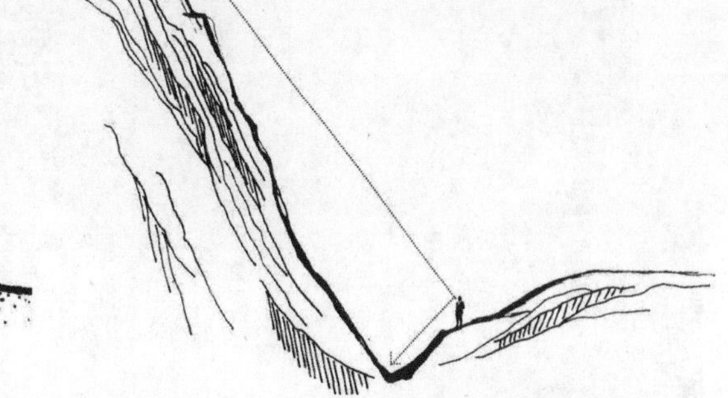

图3-2-5-15b 观景者关注到水平距离

图3-2-5-16b 观景者关注山体高度

（3）尺度与观察者和被观察物体间的高差有关。观察者所处位置的高度也会影响对景观尺度的感受。比如站在山谷里看与越过山谷看是不一样的。站在谷底，视距较短、视野有限、地形的围合感很强，有一种小尺度的感觉；而从围绕山谷的山顶上看，山谷是尺度更大的景观的一部分；在山谷中间感知到的尺度介于两者之间，暗示从谷底到山顶的尺度是分级的。这一点对设计具有非常重要的意义，在大尺度的空间中，安排大尺度的要素是合适的，而小尺度要素就会丧失比例。因此需要在设计中慎重考虑景观的尺度（见图3-2-5-17）。另外人们也可以凭经验测试观察者的距离和物体的高度。

（4）尺度与景观功能有关。功能常常是景观尺度的决定因素。如园中的主体建筑、纪念建筑、宗教建筑和政治建筑等采用大尺度建筑，这些建筑物往往使人产生自身渺小之感和建筑物的超然、神圣、庄严之感。小尺度建筑为人们进行私密性活动之用，如公共的休憩类建筑，大草坪边的小型绿化空间等，能给人安全、宁静和隐蔽之感（见图3-2-5-18）。

图3-2-5-17a 美国大峡谷国家公园

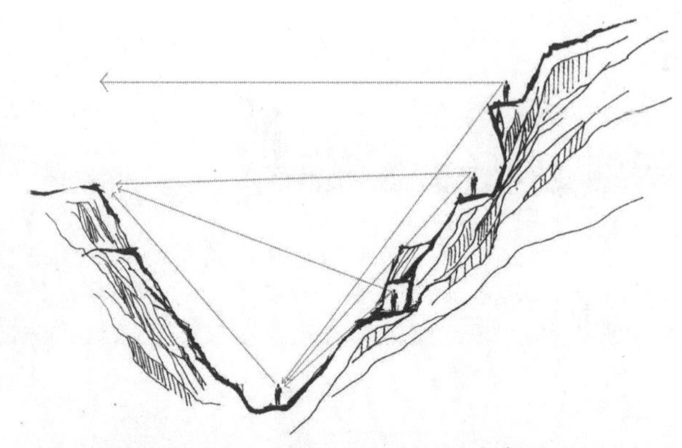

图3-2-5-17b 不同视高，空间尺度感不同

图3-2-5-18a 苏州盘门景区主体建筑

图3-2-5-18c 美国纽约哈德逊公园的大尺度空间

图3-2-5-18b 苏州盘门景区休憩建筑

图3-2-5-18d 美国纽约哈德逊公园的小尺度空间

3.2.6 主从与重点

自然界的一切事物呈现出“主与从”的等级关系，它帮助人们理解功能格局与生态格局。比如，①高山泉水汇成小溪，通过汇流逐渐扩大到江河，最后汇聚到湖泊，这种格局显示出清晰的重要性次序；②森林中的树木，单株植物的干与枝、花和叶、动物的躯干与四肢等等；③从山顶到谷底，各种区块的规模存在着主从等级，山顶的区域较大，而较小的区域隐藏在山谷；④由于耕作的需要，历史上还可以从田野的格局看到主从等级，山下富饶的谷地大规模地用作田地，而贫瘠的土地则较少被使用，它们正是凭借这种等级的差异在部分和整体的关系中建立秩序。因此，在一个有机的整体中，各要素之间应该具有主从关系，某一部分明显地更重要或者在视觉上支配其他的部分，假如各要素平等对待，或各要素都要有突出的表现，就会失去整体感和统一性。如图3-2-6-1所示（b）比（a）更能显示出主从的等级，格局存在着某种秩序。如图3-2-6-2所示的三角形的位置逐渐增大的尺寸建立了一组等级秩序。

1）城市中的主从关系

城市的土地利用格局存在着一定的等级性。比如教堂、寺庙或宅邸相对于农舍和村舍，在空间位置、形状和功能、规模尺寸、立面装饰都有明显的等级。这不仅是视觉上的，也有社会等级，象征着权利和影响。城市中等级的存在也归因于规划和经济的因素，如城市中心有金融和办公区段，中心区的外围是工业区，再外围是居住区。城市道路交通网络也存在着主从等级，快速路、高速路、主干道、次干道等创建了一种视觉格局和景观结构。

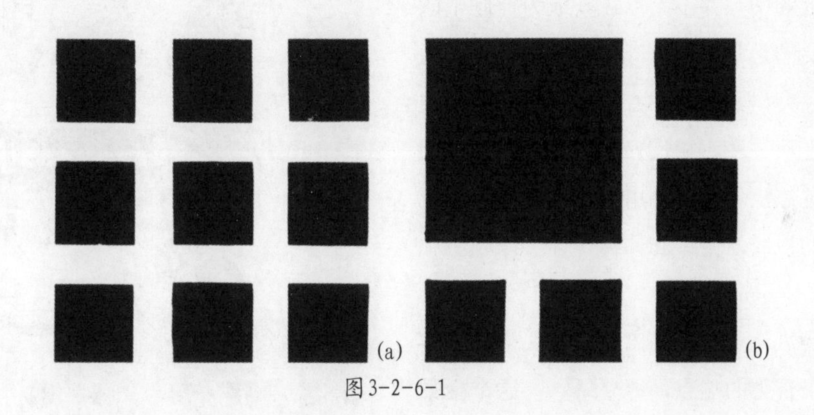

图3-2-6-1

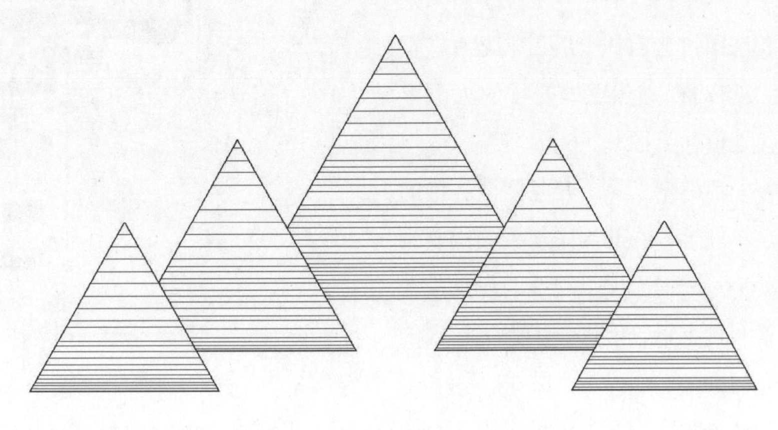
图3-2-6-2

2）景观中的主从关系

景观无论大小都有主景与配景之分，在园林中能起到控制作用的景叫“主景”，它是整个园林的核心与重点、是空间构图中心。主景能体现功能与主题，富有艺术上的感染力，是观赏视线集中的焦点；配景起着陪衬主景的作用。如图3-2-6-3所示的北京北海公园中，主景是琼华岛和团城，配景是北面隔水相对的五龙亭、静心斋、画舫斋等。琼华岛的主景是白塔，配景是永安寺、智珠殿、漪澜堂、琳光殿。

那么在景观组织中，主景该如何表达呢？突出主景的手法有以下几种：主体升高或降低；成为轴线或风景视线焦点；成为动势集中的焦点；或成为空间构图的重心。

（1）主景升高或降低法。首先通过地形的高低处理来吸引人的注意。抬高地形突出主景的手法在中国园林中广泛应用，最典型的是北京颐和园中的佛香阁（见图3-2-6-4），佛香阁体量庞大，位于万寿山的中轴线上，布局上的中心并不足以让其成为控制全园的主景观，更主要的是其处于万寿山的山腰上，成为立面上的制高点，突出其构图中心的位置，即利用主景升高法来表现主从关系。相反，降低场地的标高同样使景物成为视觉焦点。比如利用下沉的广场展示景观，同样吸引人的视线，俯瞰和仰视一样可以产生主景的中心（见图3-2-6-5）。

（2）在轴线和风景视线的焦点处安排主景。轴线的安排需要有一个有力的端点，即聚景点，这个聚景点就是主景设置的理想位置；同时在主副轴线的焦点和众多轴线的焦点上，风景视线的焦点上设置主景，形成对景。意大利和法国古典园林中最为常见。在很多的城市干道的交叉口的视觉焦点处安排的大型雕塑，突出了它的主体地位（见图3-2-6-6）。

（3）在动势向心处安排主景。凡是四面环抱的空间如水面、广场、草坪等，在其周围设置的次要景物，往往有向心的动势，趋向于一个视线的焦点，在这个动势向心的位置布置主景，能进一步强化景观的主题地位（图3-2-6-7）。

（4）在构图中心处安排主景。主景可安排在空间的重心处，包括规则式园林的几何中心和自然式园林的空间构图中心，如埃菲尔铁塔就是位于巴黎香榭丽舍大街的视觉中心处（见图3-2-6-8）；在很多城市广场的构图中心安排的大型雕塑或喷泉就是最适合的主景位置。

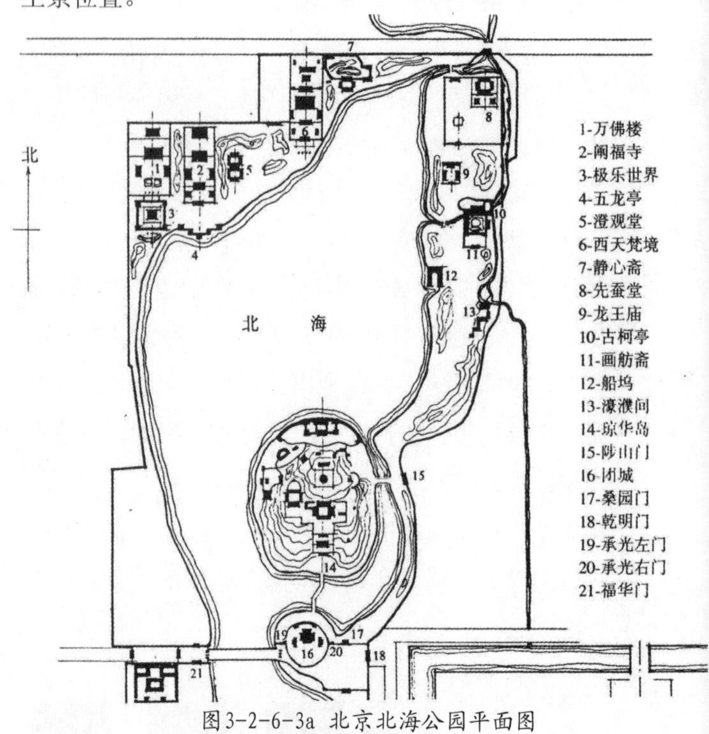

图3-2-6-3a 北京北海公园平面图

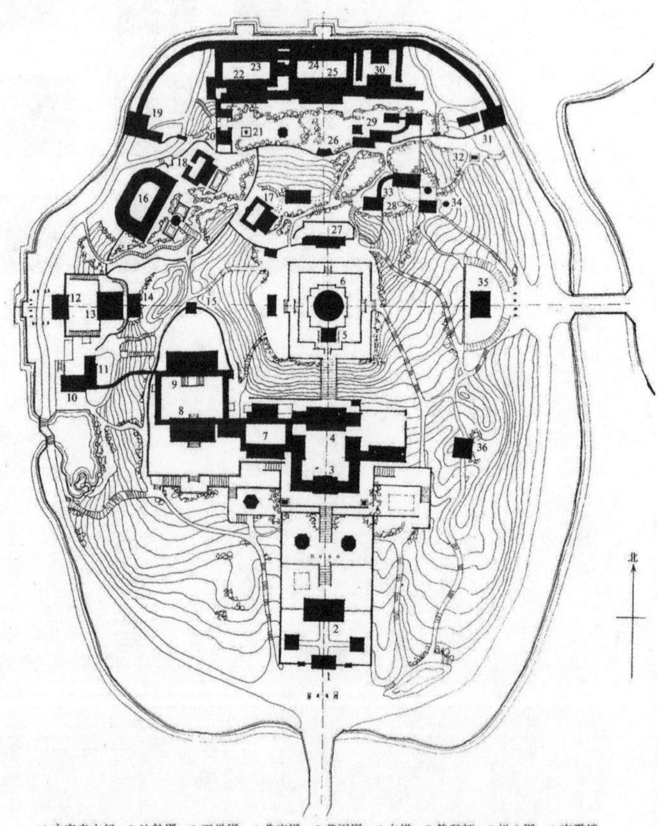

图3-2-6-3b 北京北海公园琼华岛平面图

图3-2-6-4 北京颐和园佛香阁

图3-2-6-6 美国奥兰多迪斯尼乐园

图3-2-6-7 美国麻省理工大学校园

图3-2-6-5 美国圣地亚哥海洋世界

图3-2-6-8 法国巴黎埃菲尔铁塔

3.2.7 风格与风俗

地方风俗或地方精神指的是一个地方区别于另一个地方的独特品质。地方风俗是不可触摸的，但对于景观是很有价值的因素，有助于使景观易于感知；地方风俗是难于识别的，不仅比较大而自成一体的区域可以有地方风俗，较小规模的区域也可以有地方风俗；任何设计必须把地方风俗作为重要的考虑因素。对于缺乏地方特征的景观，可以通过优秀的设计创造性的施加强烈的地方意识。

1）自然景观中的地方风情

地方风俗或地方精神可以属于广大的区域。美国科罗拉多州的梅萨佛德国家公园（Mesa Verde National Park）与周围环境截然不同。由于难于到达并在梅萨的峡谷深处隐藏着鲜为人知的人类遗迹而更为神奇。梅萨景观本身就是与众不同的，它由平顶的高原组成。高原由原始的植被所覆盖并被很多沟壑所分割。悬崖上有印第安人的村庄和土著人居住的、被称为“阿纳萨芝”（Anasazi——“古老的房屋”）的石屋。生动的视觉关系、历史上的联系、遗留下来的人造物，所有这些结合在一起形成一种地方风俗，使人们瞬间就能辨认（见图3-2-7-1）。

一些著名的小地方也有强烈的地方风俗。隐蔽而秘密的场所、生动的形体、自然形式的特殊组合、植被、水、光和地形都可以促成地方风俗的形成。人烟罕至的自然场地，如峡谷中层叠的瀑布或沟壑会深深撼动着前来的人们。激动人心的瀑布、水撞击岩石时发出的雷鸣般的声响及其在山谷中的回荡、水雾中出现的彩虹和紧贴山崖的植被都会让人心跳并激起人们的高昂的情绪，久久不能忘怀（见图3-2-7-2）。

图3-2-7-1 美国梅萨佛德国家公园“阿纳萨芝”石屋

图3-2-7-2 四川九寨沟诺日朗瀑布

2）地方风情的保留、更新与恢复

任何设计必须把地方风俗作为重要的考虑因素。对于缺乏地方特征的景观，可以通过景观组织创造性的施加强烈的地方意识。

（1）在设计中保留特色鲜明的地方风情。艺术家或作家能梳理出地方风俗的本质，他们以一种感情方式、或是非常个人化的方式理解地方风俗，让普通的人也能瞬间感知它的存在。画家特纳（J. W. M. Turner）和作家托马斯哈迪（Thomas Hardy）特别精于此道（见图3-2-7-3）。

地方风情是相当脆弱的，需要在设计中小心的加以保留。比如原始森林的砍伐意味着将丧失质朴的野生品质，大大的破坏地方的特色。又如尼亚加拉大瀑布中的马蹄瀑（Horseshoe Falls），由于面临太多游客造成的被破坏自然的压力，于是自1880年以来在河岸与断崖之间建造了公园（由奥姆斯特德设计），缓解了这种压力。同时，利用小船（“雾中少女”号船Maid of the Mist）（见图3-2-7-4）将游客带到瀑布前，在船上观看有助于了解瀑布的规模，并可以强调瀑布的规模和力量，提高瀑布的视觉效果。瀑布是主导的，驶向水雾的小船突出了瀑布的力量。

巴西景观设计师布雷·马尔克思善于运用巴西独有的热带植物、花木和具有神秘色彩的纪念性建筑物，给其作品烙上了巴西特有的南美洲的文化印记，是现代艺术与巴西自然文化相结合的产物（见图3-2-7-5）。

图3-2-7-3 特纳笔下庄严、静谧的场景

图3-2-7-4 小船“雾中少女”将游客带到瀑布前

图3-2-7-5“绘画大师”布雷-马克思作品

（2）在设计中更新与恢复地方风情。对于缺乏地方特征的景观，可以通过设计创造性的施加强烈的地方特色。比如为特殊目的而发展起来的美国马里兰州巴尔的摩内港（Inner Harbor）是城区更新、恢复地方风情的一个典型案例。这个城区是在20世纪80年代早期新生的，在这个曾遭遗弃的区域，沿着靠近巴尔的摩市中心的海边，重建了游艇码头、商店、餐厅和室外广场。雕塑、老船（1797年的护卫舰“星座号”〈Constellation〉与“凯斯皮克号”〈Chesapeake〉）以及通过港口眺望福特•亨利国家公园纪念碑（1812年战争中成名）的景色有助于展现当地独特的历史特征。岸上和海上的活动使该区域充满活力和激情。所有的这些加在一起体现出强烈的地方意识（见图3-2-7-6）。德国北杜伊斯堡风景园（200公顷）是在废弃的泰森钢铁厂上建造起来的，由彼得.拉兹（Peter Latz)设计，是对工业传统景观继承的典型案例。比如将炉渣堆改造成金属摇滚乐队高歌的场所，将原有巨大混凝土框架改造成登山俱乐部乐园，旧铁路筑堤筑成大地艺术品（见图3-2-7-7）。

图3-2-7-6a 美国巴尔的摩内港俯瞰

图3-2-7-7a 德国北杜伊斯堡风景园

图3-2-7-6b 美国巴尔的摩内港1797年护卫舰“凯斯皮克号”

图3-2-7-7b 德国北杜伊斯堡风景园——登山俱乐部乐园

图3-2-7-6c 美国巴尔的摩内港1797年护卫舰“星座号”

图3-2-7-7c 德国北杜伊斯堡风景园水渠

3）景观风格的形成

任何文化艺术的创作都涉及到风格的问题。景观风格反映了一个国家民族的文化传统、地方特点和风俗民情的园林艺术形象特征和时代特征。

（1）景观风格反映地域与时代的特点。不同国家风格各异。世界传统园林可分为以下几类（见图3-2-7-8）：西方规则式园林，以意大利与法国园林为代表；自然式风景园，以英国布朗式风景园为代表；写意山水园，以中国写意山水园为代表。

同一国家，由于时代不同，风格也有所不同，各国园林已从农业时代的以视觉美学指导的内向封闭式园林走向了遵循景观生态学园林的现代园林风格。比如法国与意大利园林已经摆脱了古典园林的束缚，向浪漫主义的自然式园林发展。中国园林也突破了围墙，从写意山水园，走向了为大众服务的自然山水公园。

（2）景观风格反映民俗特色。同为自然山水式园林，中日园林在风格上存在明显的差异。日本园林风格虽然源于中国，但结合了本土的地理条件和风俗民情，形成了自己的风格。日本造园家通过石组手法，布置茶庭和枯山水，把景观艺术简化到象征性表现，甚至濒于抽象，有一定的程式化，过于刻板（见图3-2-7-9）。又如在植物景观艺术中，无论它是自然生长或人工栽植的，都表现出一定的风格。

而地区群众的习俗与喜闻乐见，对于园林植物风格的创造，也产生一定的影响。如江南农村，尤其是浙北一带，家家户户的宅旁都有一丛丛的竹林，形成一种自然朴实而优雅宁静的地方风格；辽宁沈阳的小南街，在20世纪50～60年代，几乎家家户户都种有葡萄。每当初秋，架上的串串葡萄，清香欲滴，形成这一带居民特有的庭院风格，与西北地区新疆伊宁的家居葡萄庭院遥相呼应，这都是受群众喜闻乐见而形成的庭院植物景观风格。

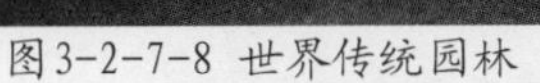
图3-2-7-8 世界传统园林

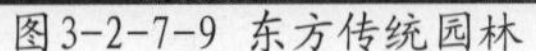
图3-2-7-9 东方传统园林

（3）景观风格具有个人特色。相同的基地、相同的主题与功能，由不同设计师创造出来的作品体现出个人的风格。这是因为设计师的生活经历、立场观点、艺术修养、个性特征不同，在处理题材、驾驭素材、表现手法等方面都有不同，各具特色。风格体现在艺术作品的内容和形式的各个方面，尽管如此，个人的风格是在时代、民族风格的前提下形成的；时代、民族的风格又是通过个人的风格表现出来的。比如劳伦斯•哈普林（Lawrence Hulprin）、丹•凯利（Dan Kiley）、彼得•沃克（Peter Walker）、玛莎•舒瓦茨（Martha Schwartz）、罗宾•泽恩（Roben Zion）等西方现代景观设计师的作品风格各异，特色鲜明（见图3-2-7-10）。

图3-2-7-10a 美国纽约帕雷公园——罗宾·泽恩（1965年）

图3-2-7-10b 美国波特兰市伊拉凯勒喷泉广场——劳伦斯·哈普林（1961年）

图3-2-7-10c 美国哈佛大学唐纳喷泉广场——彼得·沃克（1984年）

图3-2-7-10d 美国哥伦布市米勒花园——丹·凯利（1955年）

图3-2-7-10e 美国华盛顿HUD广场——玛莎·舒瓦茨（1990年）

图3-2-7-10f 爱尔兰都柏林大运河广场——玛莎·舒瓦茨（2006年）

3.3 景观要素形体的组合

景观要素的组合包括形体的组合、色彩的组合以及质感的组合三个方面。

3.3.1 形体组合的一般形式

点、线、面各个要素孤立存在的情况是很少见的。通常它们都组合在一起，而且它们之间的差异可能是非常模糊的。许多点可以表现为一条线或一个面，而从不同的距离看，平面可以像点、线（边缘）和实体或开敞体的面。如图3-3-1-1所示：（a）中的单个点重复出现时变成线；（b）无论是平直还是弯曲的线都可以形成面；（c）平面的边缘是线；（d）面可以形成线；（e）面可围合成体。景观要素组合的这种可变性对人们从不同距离、不同观察位置去理解景观格局有重要的意义。

如图3-3-1-2所示，一个工程堰坝形成的完美平面的水从边缘落下。一扫而过的平滑的线与水下有棱角的岩石形成强烈的对比，更加强了静止和运动、寂静和喧闹的反差。又如图3-3-1-3所示，在希腊埃皮扎夫罗斯（Epidaurus）的古希腊剧场中，看台以倒置圆锥体的形式布置成一个弯曲的平面，视觉上很和谐，表演舞台则是由平面、水平线和垂直线聚集于中心的圆形平面。观众在此可以得到完美的视听享受。即使坐在最上层的位置，也能听到舞台中心一根钉子坠落的声音。

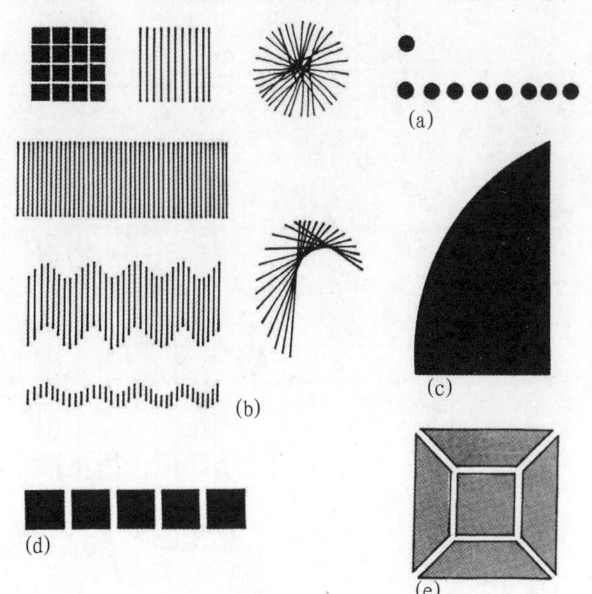

图3-3-1-1

总体而言，形体的组合包括配置、繁殖、分割等三种类型。配置与繁殖是指利用单元形进行叠加组合，形成更大规模的面。分割是指在限定的范围之内用选定的单元形将其划分成不同的区块，直至变成充实的画面。

图3-3-1-2

图3-3-1-3

1）配置

配置包括重叠配置、连接配置、分离配置、集中感配置、扩散感配置、中庸配置(对称)、和偏倚配置(均衡)。

（1）重叠配置。所谓形的重叠，一指重叠部分的下方隐而不见；二指合并的情况，即两个形融为一体，前提是原形必须同色。重叠配置的方法有以下三种形式：①合并，即同色重叠，融为一体（见图3-3-1-4a）；②添加，第一种是透明色重叠，重叠部分变成第三种颜色或肌理（见图3-3-1-4b），第二种是不透明色重叠，重叠部分隐而不见（见图3-3-1-4c）。图3-3-1-4d 所示是圆形与直线构成的复杂的前后关系。

（2）连接配置。所谓连接配置，是指形的轮廓具有重复的部分，重复的部分使得双方的形的界线消失，即双方的形已融合并成一体，见图3-3-1-5（a）、（b）；图3-3-1-5（c）、（d）以箭头为单位进行的连接配置，其所包围的“间隙空间”再度出现箭头形，或者十字形。图3-3-1-5e所示的是圆

（3）分离配置。所谓分离配置，是指当异质的形进行组合时，配置双方（形与色）都保持原状（见图3-3-1-6）。图3-3-1-7a所示是相似形的自由配置；图3-3-1-7b所示的是相同形的规则配置。

（4）集中感配置。所谓集中感配置，是指以某一点为中心进行构图，具统一感及动力感。集中的点称为焦点，这个点的位置在画面上的任何地方均可，但很少选在画面的边端，一般可利用透视图法作成一点集中型配置（见图3-3-1-8）。

（5）扩散感配置。与集中感配置相反，所谓扩散感配置，是指形在中央集中，再向四周分散。要产生这一效果，在形的配置上先让视线集中于中央，然后再向四周扩散。如图3-3-1-9所示的视线由中央向四周扩散。

（6）中庸配置与偏倚配置。中庸配置，即对称布局，具有安定、均齐之感，展现静态均衡之美（见图3-3-1-10）。

偏倚配置，是指不对称布局，充满紧张感（见图3-3-3-11）（参见3.2.3）。

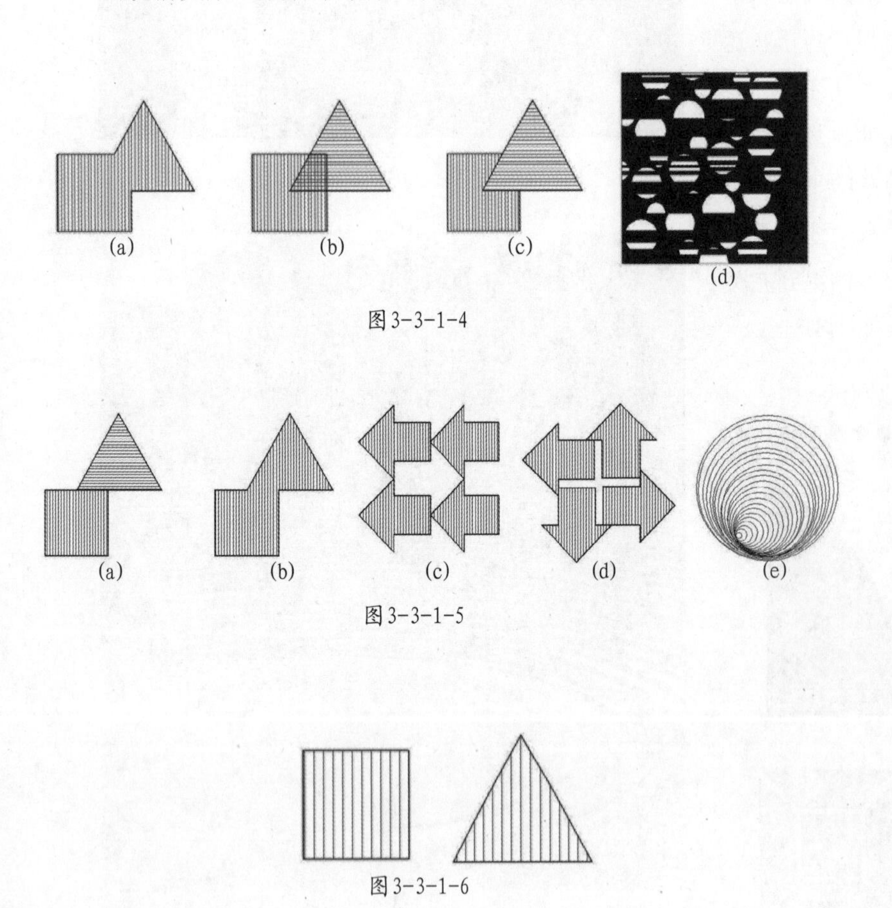

图3-3-1-4

图3-3-1-5

图3-3-1-6

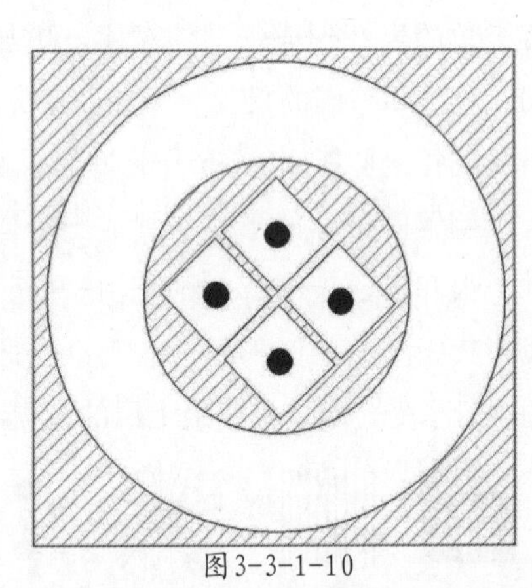
图3-3-1-10

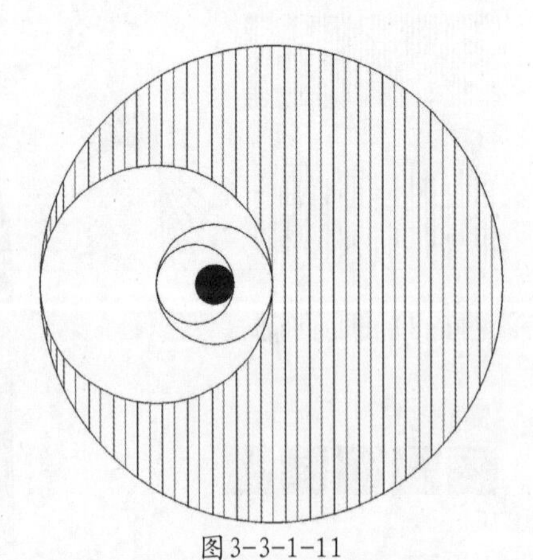
图3-3-1-11

2）繁殖

繁殖首先需要确定单位形，单位形以简单的几何形态（如方形、圆形、三角形等）为佳。新单位的繁殖构成分为重叠、连接和分离三大类及下文所述的6小类：

（1）线的发展。所谓线的发展，是以箭头为单位形的线状构成，把单位形用同样方法和同样方向连接起来即可，故操作上最为简单（见图3-3-1-12）。

（2）面的发展。当把单位形进行二元配置时，可产生比线状发展更具丰富表情的种种格子，即单位形的面之构成（见图3-3-1-13）。

（3）环状构造的形成。所谓环状构造的形成，是把线状发展的形予以弯曲，并连接两端，当中便形成环状构造，即箭头单位形的环状构成（见图3-3-1-14）。

（4）放射状构造的形成。从画面中心开始，向着画面周边把单位形作外延配置时，可形成集中或扩散的构图（见图3-3-1-15）。

（5）镜相构造形成。由"镜相"作用而产生左右对称单位式造形，能表现出十分严格的整齐之形（见图3-3-1-16）。

除以上所探讨的例子之外，繁殖构成还包括点对称的单位式造形等其他类型。

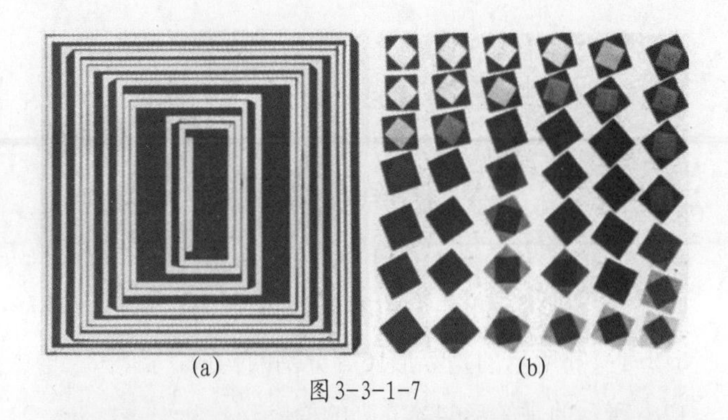
(a) (b)
图3-3-1-7

图3-3-1-8

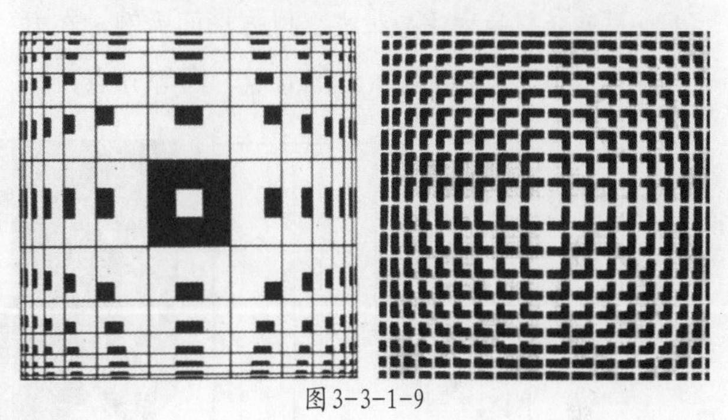
图3-3-1-9

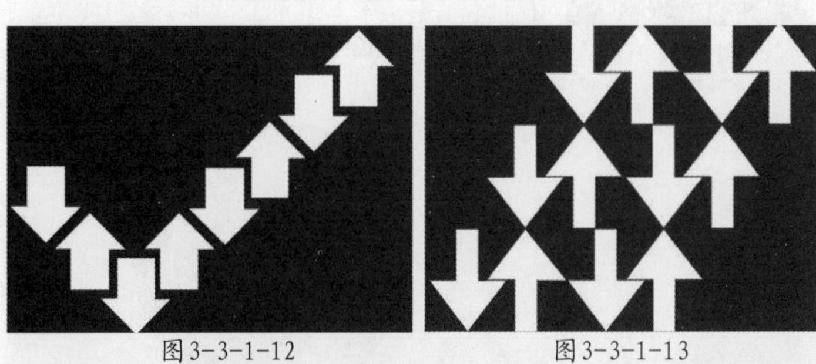
图3-3-1-12　图3-3-1-13

图3-3-1-14　图3-3-1-15　图3-3-1-16

3）分割

（1）等形分割。等形分割是形状与面积完全一样的分割，即用“单位形”把一个平面埋得密密麻麻的方式。在由等形分割而成的图形中，有不少的画面不加润饰就十分耐看，若将邻接形态的分界线再加以取舍，则可作出更好的图形(见图3-3-1-17a)。图3-3-1-17b所示的是等形16等分割的构成；图3-3-1-17c 所示的是等形64等分割的构成。

（2）等量分割。等量分割是等量不等形的分割，比等形分割更加富于变化。在空间经过等量分割以后，消去一部分分割线，以求形的融合或合并。通常有平行四边形的等量分割、三角形为主题的等量分割、圆形为主题的等量分割、正方形的等量分割等几种类型（见图3-3-1-18）。图3-3-1-19所示是基于等量分割的自由构成。

（3）分割的方法与种类。以方形面为例，在方形面各边使用二等分点、三等分点、四等分点，并作水平、垂直方向的分割，可形成175种图形（见图3-3-1-20）。

a.一条线分割。在水平和垂直边上各有5个分割点，所以一条线分割可形成从No.1至No.10的10种图形。

b.两条线分割。两条线分割共有三种方式：两条水平线分割，形成10种图形；两条垂直线分割，形成10种图形；垂直线和水平线分割，形成25种图形。因此，两条线分割共可得到从No.11至No.55的45种分割图形。

c.三条线分割。三条线分割共有四种方式：水平三条线分割，形成10种图形；垂直三条线分割，形成10种图形；水平两条线和垂直一条线分割，形成50种图形；水平一条线和垂直两条线分割，形成50种图形。因此，三条线分割共可得从No.56至No.175的120种分割图形。

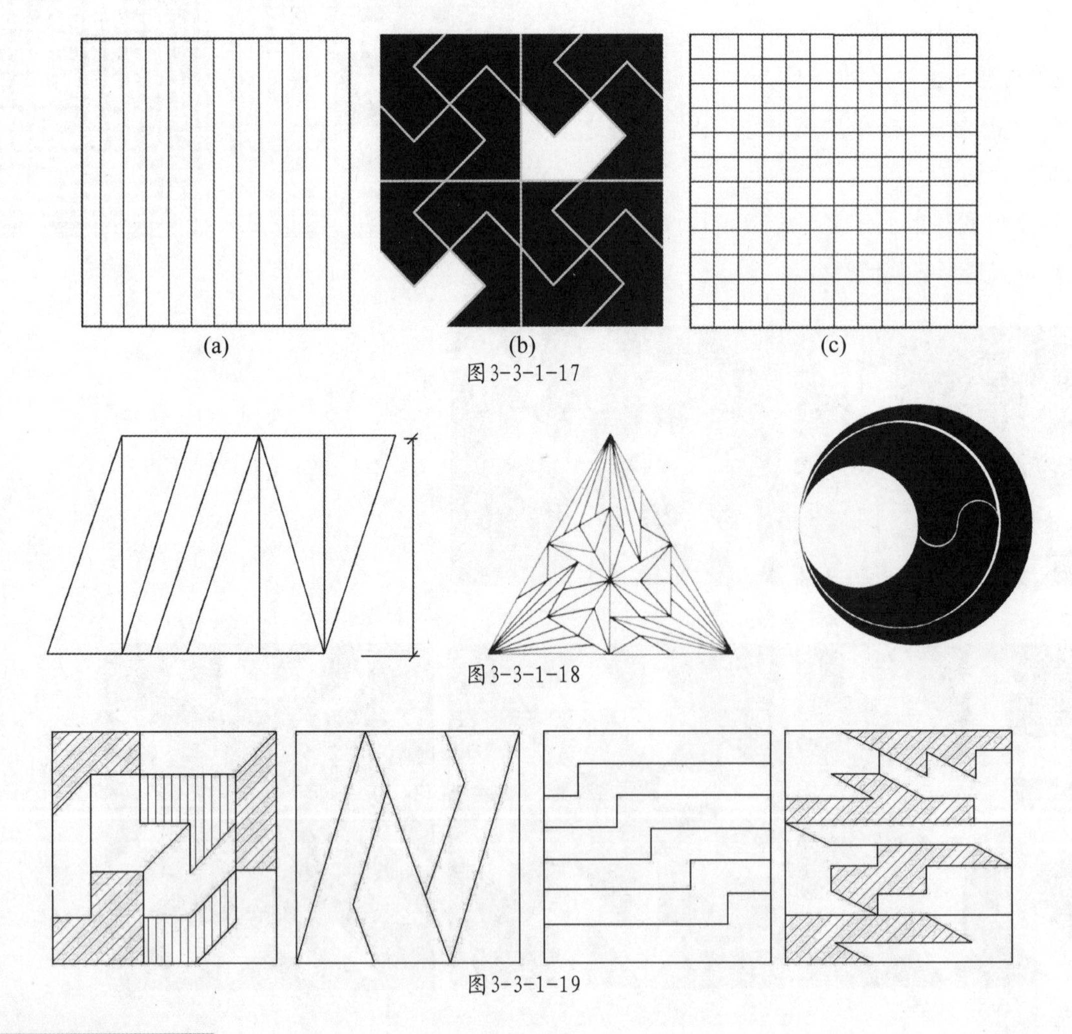

图3-3-1-17

图3-3-1-18

图3-3-1-19

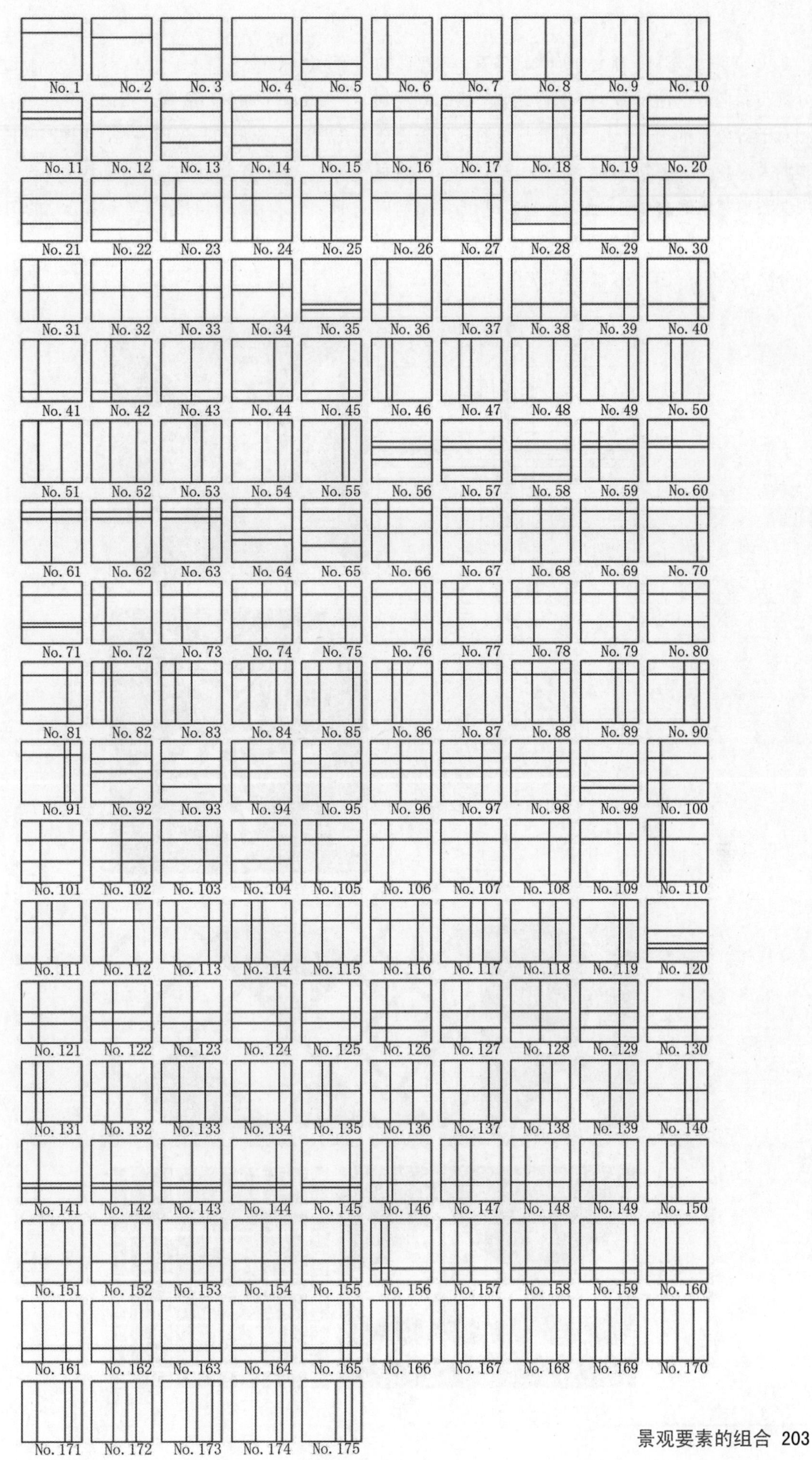
No. 1
No. 2
No. 3
No. 4
No. 5
No. 6
No. 7
No. 8
No. 9
No. 10
No. 11
No. 12
No. 13
No. 14
No. 15
No. 16
No. 17
No. 18
No. 19
No. 20
No. 21
No. 22
No. 23
No. 24
No. 25
No. 26
No. 27
No. 28
No. 29
No. 30
No. 31
No. 32
No. 33
No. 34
No. 35
No. 36
No. 37
No. 38
No. 39
No. 40
No. 41
No. 42
No. 43
No. 44
No. 45
No. 46
No. 47
No. 48
No. 49
No. 50
No. 51
No. 52
No. 53
No. 54
No. 55
No. 56
No. 57
No. 58
No. 59
No. 60
No. 61
No. 62
No. 63
No. 64
No. 65
No. 66
No. 67
No. 68
No. 69
No. 70
No. 71
No. 72
No. 73
No. 74
No. 75
No. 76
No. 77
No. 78
No. 79
No. 80
No. 81
No. 82
No. 83
No. 84
No. 85
No. 86
No. 87
No. 88
No. 89
No. 90
No. 91
No. 92
No. 93
No. 94
No. 95
No. 96
No. 97
No. 98
No. 99
No. 100
No. 101
No. 102
No. 103
No. 104
No. 105
No. 106
No. 107
No. 108
No. 109
No. 110
No. 111
No. 112
No. 113
No. 114
No. 115
No. 116
No. 117
No. 118
No. 119
No. 120
No. 121
No. 122
No. 123
No. 124
No. 125
No. 126
No. 127
No. 128
No. 129
No. 130
No. 131
No. 132
No. 133
No. 134
No. 135
No. 136
No. 137
No. 138
No. 139
No. 140
No. 141
No. 142
No. 143
No. 144
No. 145
No. 146
No. 147
No. 148
No. 149
No. 150
No. 151
No. 152
No. 153
No. 154
No. 155
No. 156
No. 157
No. 158
No. 159
No. 160
No. 161
No. 162
No. 163
No. 164
No. 165
No. 166
No. 167
No. 168
No. 169
No. 170
No. 171
No. 172
No. 173
No. 174
No. 175

图3-3-1-20

（4）渐变分割。渐变分割包括垂直、水平线的分割与斜向分割两个部分。垂直、水平线的分割是相对于等分割的渐变分割，即分割线的间隔采用依次增大或减小的级数分割，图3-3-1-21a所示的是利用斐波那契比例的分割；图3-3-1-21b所示的是斜向分割使用斜平行线与等差数列的渐变分割。除以上两种分割方式外，还有波纹状分割(见图3-3-1-21c)、漩涡状分割(见图3-3-1-21d)等渐变分割形式。

（5）相似形分割。相似形分割属于等比分割，包括非具象形和具象形两类（见图3-3-1-22）。

（6）自由分割。自由分割是不设规则，只将画面进行自由分割的方法。自由分割的图案能产生自由明快之感（见图3-3-1-23）。

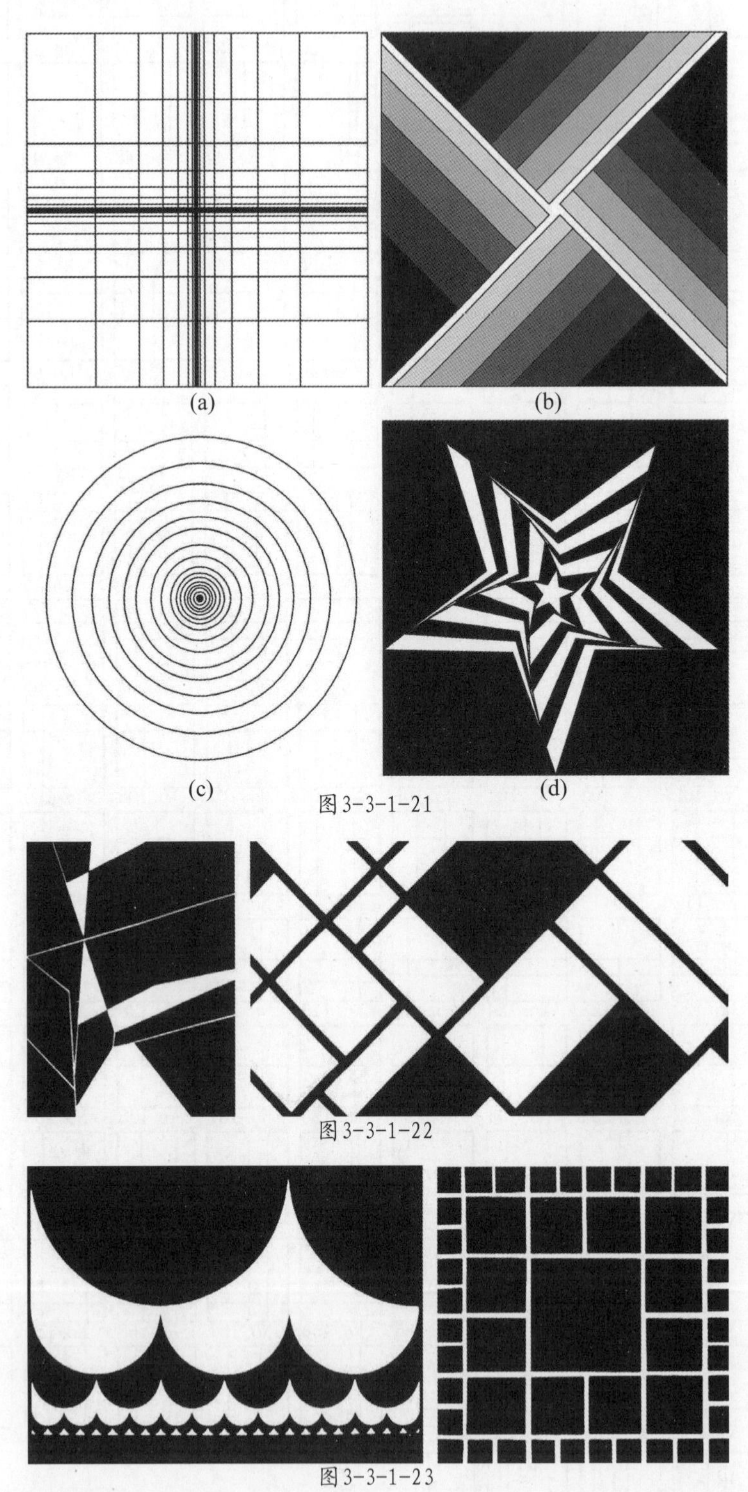
(a) (b) (c) (d)
图3-3-1-21

图3-3-1-22

图3-3-1-23

3.3.2 植物配置形式

园林植物的组合形式千变万化，在不同地区、不同场合，由于不同的功能与要求，可以有多样的组合与配置方式。但植物配置始终要考虑数量、形态、位置、间距、方位、方向等多方面的因素。“协调统一”是植物组合必须遵循的基本原则，是通过“简洁、多样、重点、均衡、序列、比例”等六个原则综合运用而实现的。植物配置的基本形式有三种：规则式、自然式与抽象图案式。

1）规则式

规则式配置强调排列整齐、对称、有一定的株行距，强调每株植物有近似的形态，给人以雄伟、庄严和肃穆的感受。在中国纪念性园林及西方规则式园林中都有广泛的应用。在西方规则式园林中，植物常被用来组成、渲染或加强规整图案，比如古罗马时期盛行的灌木修剪艺术就是将规则式种植作为建筑设计的一部分。在规则式配置中，乔木成行成列地排列，有时还可以修剪成各种几何形体、各种动物或人的形象；灌木等距直线种植，或修剪成绿篱镶边、或修剪成规整的图案作为平地上的构图要素，例如法国规则式园林的代表作凡尔赛宫苑中就大量使用了排列整齐、经过修剪的常绿树，如毯的草坪，以及利用黄杨等慢生灌木修剪而成的复杂、精美的图案（见图3-3-2-1）。

图3-3-2-1

在积极提倡建设节约型、低碳型的园林景观的大形势下，这种追求形体统一、错综复杂的图案装饰效果的规则式种植方式，由于需要高成本的养护而不被广泛应用。但是，在现代景观中规则式种植仍是不可缺少的，但需要赋予新的含义，在城市礼仪性空间中规则式种植就十分合宜（见图3-3-2-2）。而稍加修剪的规整图案对装点城市街景有着重要的作用。

规则式植物配置方式包括：对植、列植、篱植等，花卉的规则式种植形式有花坛、花池与花台、花钵等。

图3-3-2-2

（1）对植。对植是指两株植物按照一定的轴线关系对称或均衡种植的配置方式（见图3-3-2-3）。

对植多应用于入口或桥头的两侧。例如，在公园入口对植两棵体量相当的树木，可以对入口及其周围的景观起到很好的引导作用；在桥头两旁对植能增强桥梁的稳定感。对植也常用在有纪念意义的建筑物两侧，树种在姿态、体量、色彩上要与景点的主题相吻合，既要发挥其陪衬作用，又不能喧宾夺主。

对植宜采用同一树种，姿态可以稍有不同，但动势要向构图的中轴线集中，不能形成背道而驰的局面，影响景观效果。另外，可用两个树丛形成对植，树种和组合方式要比较近似，栽植时注意避免呆板的绝对对称，但又必须形成呼应关系，给人以均衡的感觉。

对植在景观构图中始终作为配景，起陪衬和烘托主景的作用，如利用植物的分枝状态或适当加以培育，形成相依或交冠的景框，构成框景。

（2）列植。列植指成行成列地种植树木，是点状要素的线状排列，是对植的延伸，属于对称配置。列植形成的景观比较整齐、单纯、有气势，能形成节奏与韵律感（见图3-3-2-4）。

列植多运用于道路、建筑、矩形广场、规则水池等附近。列植与道路结合，可构成夹景，引导游人视线。列植可形成背景景观，种植密度大的列植可以起到分隔空间的作用，形成树屏。作为背景的列植树种，既要能对景点起到衬托作用的种类，同时也要四季常绿，若在纪念性园林中的列植树种就应该选择具有庄严肃穆气氛的圆柏、雪松等。作为行道树的列植树种，首先要选用具有较强抗污染能力的、遮荫效果佳、姿态优美、树形与规格相当的高大乔木。列植具有施工、管理方便的优点。

列植的栽植形式有等行等距和等行不等距两种基本形式。栽植间距取决于树木成年冠幅大小、苗木规格以及场地的功能等。一般乔木种植间距采用3-8米，灌木种植间距为1-3米。

图3-3-2-3

图3-3-2-4

（3）篱植。篱植是指灌木或小乔木以相同的株、行距，单行或双行种植形成紧密绿带的配置方式，可充当篱垣的功能，与建筑材料相比，更加价廉物美，富有生机，习称为绿篱，又称篱植（见图3-3-2-5）。

早在三千年以前的《诗经》中就有应用篱植的记载——“折柳攀圃”之句。篱植大多用在宅园菜圃的围篱，而在庭园中并未得到充分利用。篱植在欧洲庭园中应用很广，16-17世纪，篱植常用作道路和花坛的镶边；17-18世纪，雕塑式的植篱盛行，将植篱顶部或尾部加工成鸟兽形状；在帝王和大庄园主的整形花园中常把黄杨修剪成低矮的窄篱，修剪成各种几何形状，绿篱、绿墙、绿屏以及壁龛等。中国自20世纪初以来，在新建的公园和城市绿地中已较普遍地利用植篱，作为绿地和道路的镶边、道路及花坛的背景等。植篱的种类很多，依据观赏性和用途，植篱可分为绿篱、花篱、彩叶篱、蔓篱及刺篱等；依据高度，植篱可分为高篱（1.5米以上）、中篱（1～1.5米）、矮篱（0.2～1米）；依其形式，植篱可分为不加人工修剪的自然式、经人工修剪的规则式、自由式三种（见图3-3-2-6）。

植篱的作用包括以下几个方面：①围护防范，作为园林的界墙，多采用高绿篱、刺篱；②模纹装饰，作为花境的“镶边”，起构图装饰作用，多采用矮绿篱；③组织空间，用于功能分区、屏障视线，起组织和分隔空间的作用；④组织游览路线，起导游作用，多采用中、高绿篱；⑤障丑现美，或作为建筑物与构筑物的基础栽植，修饰下脚等，多采用中、高绿篱。

图3-3-2-5

图3-3-2-6a 人工修剪的规则式树篱

图3-3-2-6b 人工修剪的自然式树篱

（4）花坛。花坛是由一种或多种花卉组成的规则式花卉布置形式，多设于广场、道路的中分带与两侧绿带以及公园、机关单位、学校等观赏游憩地段和办公教育场所，应用十分广泛。花坛还可以起到美化环境、组织交通、引导视线的作用。

花坛以表现开花时的整体效果为目的，展示不同花卉或品种的群体及其相互配合所形成的绚丽色彩与优美外貌。因此，花坛布置要做到图案简洁，轮廓鲜明。植株的高度与形状对花坛纹样与图案的表现效果有密切关系，一般选用植株低矮、生长整齐、花期集中、株形紧密、花或叶观赏价值高的一、二年生花卉或球根花卉。花坛选用的花卉以花朵繁茂、色彩鲜艳的种类为主，如金盏菊、金鱼草、三色堇、矮牵牛、万寿菊、孔雀草、鸡冠花、一串红、百日草、石竹、福禄考、菊花、水仙、郁金香、风信子等。在配置时应注意陪衬植物的种类要统一，花色要协调，花色相同的花卉集中布置，不能混种在一起，以免过于杂乱。花坛中心宜用较高大而整齐的花卉材料，如美人蕉、扫帚草、毛地黄、金鱼草等。花坛边缘常用矮小的灌木绿篱或常绿草本作镶边栽植，如雀舌黄杨、紫叶小檗、沿阶草等。

依据花材，花坛可分为盛花花坛（见图3-3-2-7a）、模纹花坛（见图3-3-2-7b）、盛花与模纹相结合的花坛（见图3-3-2-7c）。

依据空间形态，花坛可分为平面花坛、立体花坛、斜面花坛：平面花坛表现的是平面效果，花坛表面与地面平行（见图3-3-2-8a）；立体花坛形成纵向景观，可四面观赏（见图3-3-2-8b）；斜面花坛的斜面为观赏面（见图3-3-2-8c）。

依据布局及组合方式，花坛可分为独立花坛、带状花坛和花坛组群（见图3-3-2-9）：独立花坛即单体花坛，包括平面和立体花坛；带状花坛即长形花坛（长：宽≥4：1），一般设置在道路中央、道路两侧或建筑物基部、草坪边缘。

图3-3-2-7a 图3-3-2-7b 图3-3-2-7c

图3-3-2-8a 图3-3-2-8b 图3-3-2-8c

图3-3-2-9

（5）花台。花台是将花卉栽植于高出地面的台座上的布置形式，类似花坛但面积较小，在我国古典园林中较常见，现在多应用于庭院中（见图3-3-2-10）。由于面积狭小，花台通常整形布置一种花卉。因花台高出地面，宜选用株形较矮、繁密匍匐或茎叶下垂于台壁的花卉，如玉簪、芍药、鸢尾、兰花、沿阶草等。

（6）花钵。花钵是一种可移动的花坛。种植钵多以素色调为主，造型美观大方，纹饰简洁（见图3-3-2-11）。花钵造型有圆形、方形、高脚杯形、六角形、八角形、菱形乃至花车等多种形式，造型新颖别致。花钵使用方便，能迅速成景，钵内花卉可随季节更换，装饰效果好，花钵在城市景观中广受欢迎，在广场、街道及建筑物前随处可见。

花钵布置可选用的植物种类十分广泛，一年或二年生花卉、球根花卉、宿根花卉及蔓生性植物都可应用。实际应用时多选用应时花卉作为种植材料，如春季用石竹、金盏菊、雏菊、郁金香、水仙、风信子等，夏季用虞美人、美女樱、百日草、花菱草等，秋季用矮牵牛、一串红、鸡冠花、菊花等。所用花卉的形态和质感要与钵体相协调，色彩上以对比为佳。如白色的种植钵与红、橙等暖色系花搭配会产生艳丽、欢快的气氛，与蓝、紫色等冷色系花搭配会给人宁静素雅的感觉。

图3-3-2-10 花台

图3-3-2-11a 木质花钵

图3-3-2-11b 石质花钵

2）自然式

自然式又称风景式、不规则式，是指将同种或不同种的植物进行孤植、丛植和群植或营造风景林，没有固定的株行距，充分考虑植物的生态习性，植物种类丰富多样，以自然植物群落为蓝本，创造生动活泼、清幽典雅的自然植物景观。如自然式丛林、疏林草地、自然式花境、花丛与花群等。

18世纪英国形成了与法国、意大利规则式园林风格迥异的自然式风景园（见图0-1-1-5）。园中的种植很简单，通常只用有限的几种植物组成疏林或林带，草坪和落叶乔木是园中的主体，有时也偶尔用雪松和橡树等常绿树。比如在布朗式风景园中，树群的品种单一（如桦树、栎树、松树、冷杉、云杉等），种植需要依靠地形、开阔的水面和溪流等共同组景，景观显得单调与乏味。美国早期的公园建设深受这种设计形式的影响。这种仅仅利用草坪和树木两层的种植都不是真正的自然式种植，真正的自然式种植应该是层次丰富、立体的种植。

19世纪后期生态学的兴起为种植设计奠定了科学的基础，英美等国提出了以自然生态学方法来代替以往单纯从注重视觉效果的配置方式，大大促进了种植设计以自然植物群落结构和视觉效果为依据的配置方法，这与将植物作为装饰或雕塑为主的规则式种植的方法差别很大。

总体而言，自然式种植注重植物本身的特性与特点，植物间或植物与环境间在生态和视觉上关系和谐，体现了生态设计的基本思想。生态设计是一种取代有限制的、人工的、不经济的传统设计的新途径，其目的就是要创造更自然的景观，提倡用种群多样、结构复杂和竞争自由的植被类型。如20世纪60年代末，日本横滨国立大学的宫胁昭教授提出的用生态学原理进行种植设计的方法，就是将所选择的乡土树种的幼苗按自然群落结构密植于近似天然森林土壤的种植带上，利用种群间的自然竞争，保留优势种，两三年内可郁闭，10年后便可成林，这种种植方式管理粗放，形成的植物群落具有一定的稳定性。

自然式种植包括孤植、丛植、群植、林植等几种形式。此外，花卉的自然种植形式包括花丛、花群、花境等。

（1）孤植。孤植是指单株植物孤立种植的配置方式，在景观中属于点状要素。孤植树通常具有两种造景功能，一是作为空间的主景，展示树木的个体美；二是发挥遮荫功能。

从观赏功能来考虑，孤植树种要求姿态优美，色彩鲜明，树体高大，寿命较长，特征显著；从遮荫角度来考虑，孤植树宜选择树冠宽大，枝叶茂盛，叶大荫浓，病虫害少，无飞毛、飞絮污染环境的品种，如香樟、核桃、悬铃木等。树冠不开展、呈圆柱形或尖塔形的树种，如新疆杨、雪松、云杉等，均不适合用于遮荫树。因此，孤植树种大体具备以下几个方面的特点：①体形特别高大，能给人以雄伟浑厚的感觉，如榕树、香樟等；②树体轮廓优美，姿态富于变化，枝叶线条突出，给人以龙飞凤舞，神采飞扬的艺术感染力，如柳树、合欢等；③开花繁多，色彩艳丽，景观宏伟，给人绚丽缤纷的感受，如木棉、玉兰等；④具有香味的树种，如白玉兰、桂花等；⑤变色叶树种，如枫香、银杏等。常见的适于做孤植树树种如下：雪松、白皮松、油松、圆柏、侧柏、毛白杨、白桦、元宝枫、紫叶李、核桃、柿子、白蜡、槐、皂荚、白榆、臭椿、银杏、薄壳山核桃、朴树、冷杉、云杉、悬铃木、栾树、丝棉木、加杨、无患子、乌桕、合欢、枫香、枫扬、鹅掌楸、香樟、紫楠、广玉兰、鸡爪槭、七叶树、喜树、糙叶树、金钱松、黄兰、白兰、小叶榕、榕树、菩提树、腊肠树、芒果、荔枝、橄榄、木棉、凤凰木、洋楹、柠檬桉、南洋杉等。

孤植树常配置于宽阔开敞的草坪上，以绿色的草地作背景，四周空旷，便于树木向四周伸展，并有较适宜的观赏视距。但孤植树不宜种植于草坪的正中心，而应偏于一端，布置在构图的自然中心，与草坪周围的景物取得呼应。孤植树也可以配置在开朗的水边，以明亮的水色作为背景。孤植树还可配置于大型广场上，既可为广场上活动的人群遮荫又能成为广场的视觉焦点。为这些开阔空间选择的孤植树，雄伟高大是首选的条件，同时树种的色彩也要与周围的环境相协调。在较小的空间利用孤植树造景时，选择的树种要小巧玲珑，外形优美潇洒，色彩艳丽，最好是观花或观叶树种，如鸡爪槭、玉兰等。孤植树配置于山岗上或山脚下，既有良好的观赏效果，又能起到改造地形，丰富天际线的作用。在道路的转弯处配置姿态优美或色彩艳丽的孤植树有良好的景观效果。在以树群、建筑或山体为背景配置孤植观赏树时，要注意所选孤植树在色彩上与背景应有反差，在树形上也能协调，如图3-3-2-12所示。

图3-3-2-12

（2）丛植。丛植属于点状要素的分散布置。丛植是将两株至十几株不等、同种类或相似种类的树种较为紧密地种植在一起，使其林冠线彼此密接而形成一个整体的配置方式。丛植所形成的种植景观称为树丛。树丛的组合，主要表现的是树木的群体美，但也要在统一构图中考虑表现单株的个体美，所以树丛中的单株树木的条件与孤植树相似，即必须挑选在庇荫、姿态、色彩、芳香等方面有特殊价值的树种。

从景观角度考虑，丛植须符合“多样统一”的原则，所选树种要相同或相似，但树的形态、姿势及配置的方式要多变化，不能对植、列植或阵列种植。丛植时对树木的大小、姿态都有一定的要求，要体现出对比与和谐。树丛大小差别很大，组成树丛的最小单位为两株至九株，若乔木与灌木配置在一起则更多。不同大小的树丛配置方式不同：两株植物配置方法因具体构图要求而不同，两株植物体形大小类似，则栽植距离要近，形成连理枝的感觉(见图3-3-2-13a)；若是大小形态各异，则应选择一老一少，一向左一向右、一倚一直、一昂首一俯首等形态的支柱配置在一起，使之相互呼应，顾盼有情，给人以情的感染(见图3-3-2-13b)。

三株植物配置在一起，它们的株距关系最好呈不等边三角形。若把三株植物的树丛作为主景，则这三株植物应紧密地组合在一起，成为整体，起到孤赏树的效果；若三株植物的树丛作为配景，首先要确定树丛在地面上的位置，其次确定最高大的植株的位置，最小株应近最大株，有相依之感，但应位于最大株前面，中等植株离最大株距离稍远，与最小株能起到相互呼应的关系（见图3-3-2-14）。

四株配置在一起的株距关系可以呈不等边三角形或四边形，将四个植株依其大小分别编成四个号，1号最大，依次递减，4号表示最小。如果株距呈不等边三角形，则将1号种在三角形的重心上，4号种在离重心最近的角上，2号种在离重心最远的角上，剩下的角上种第3号植株。这种配置，三面都很丰满。如果四株树的株距关系呈不等边四边形，则宜将1号植株种在最大的钝角上，2号植株种在离1号株最远的角上，4号株种在离1号株最远的一角，余下的种3号植株（见图3-3-2-15）。

掌握了以上的配置规律后，5株可分成3株一组与2株一组配合；若树丛由6株以上的植株组成，则可以把它分成2株一组和4株一组配合，7株配置可以由2株、4株与1株交相搭配，全局要求达到疏密有度，聚散自如（见图3-3-2-16）。

丛植形成的树丛既可作主景，也可以作配景。作主景时四周要空旷，有较为开阔的观赏空间和通透的视线，或栽植点位置较高，使树丛主景突出。树丛配置在空旷草坪的视点中心上，具有较好的观赏效果；在水边或湖中小岛上配置，可作为水景的焦点，能使水面和水体活泼而生动；公园进门后配置树丛既可观赏又有障景的作用。树丛与岩石组合，设置于白粉墙前、走廊或房屋的角隅，组成景观是常用的手法。除作主景外，树丛还可以作假山、雕塑、建筑物或其它园林设施的配景。同时，树丛还能作背景，如用雪松、油松或其它常绿树丛植作背景，前景配置桃花等早春观花树木或花境均有很好的景观效果（见图3-3-2-17）。

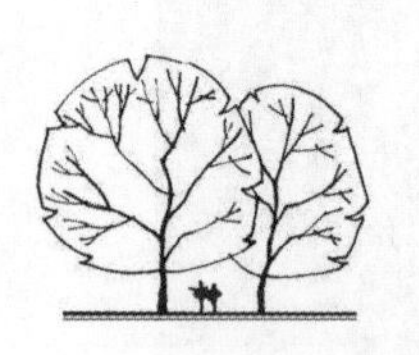
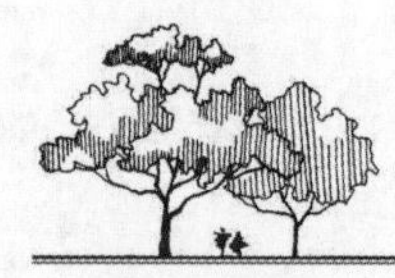
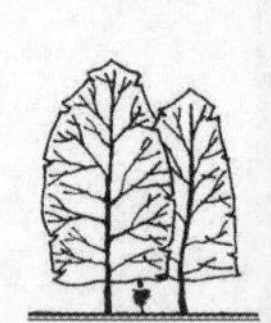

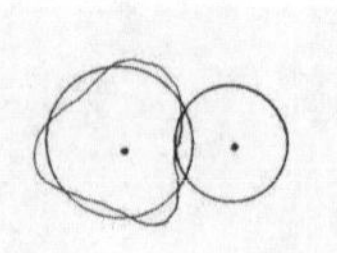
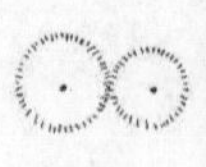
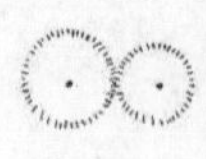

图3-3-2-13a

图3-3-2-13b

图3-3-2-13c

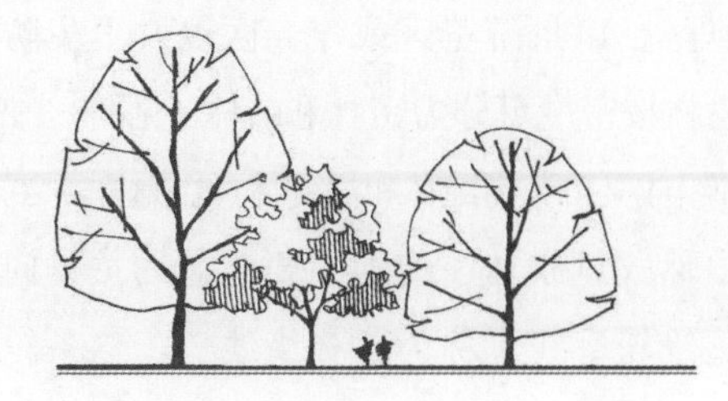

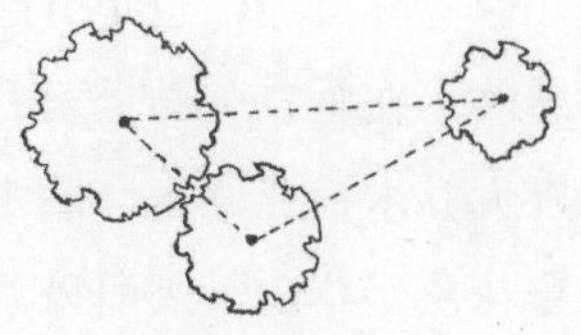

图3-3-2-14a

图3-3-2-14b

图3-3-2-15a

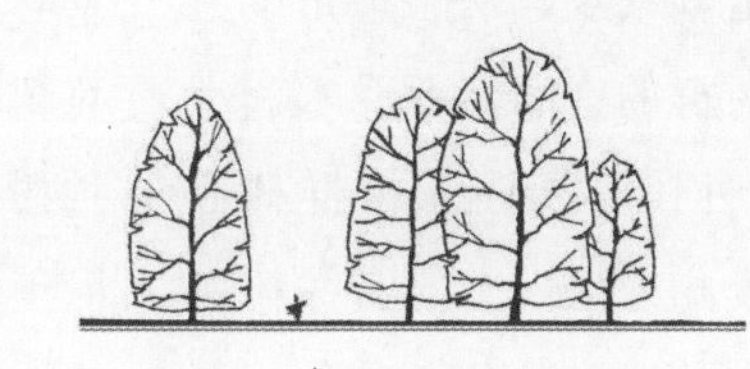

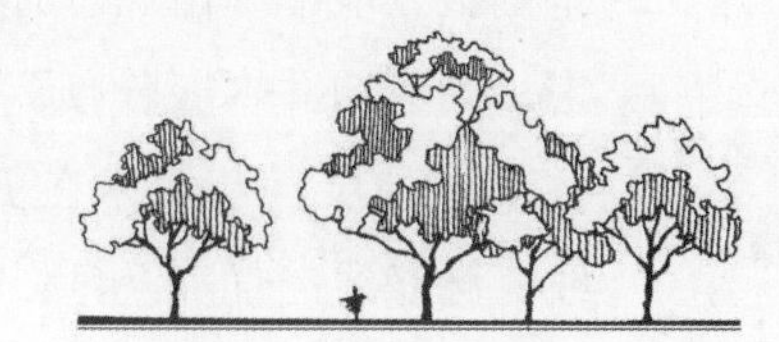

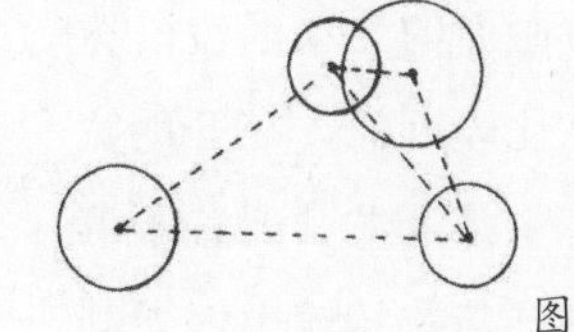

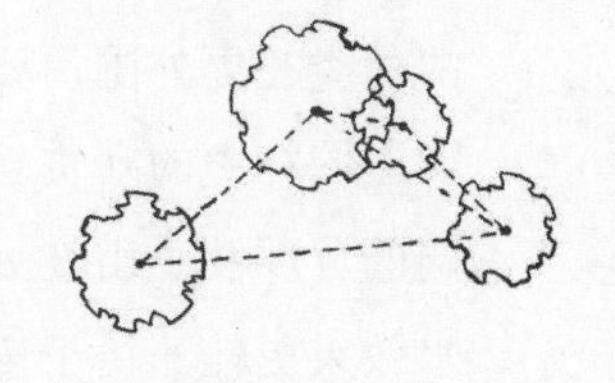

图3-3-2-15b

图3-3-2-17

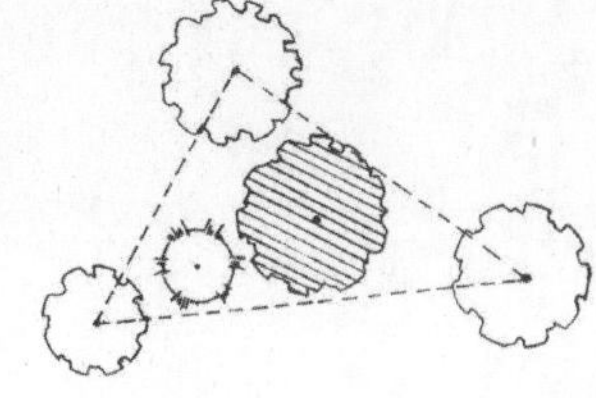

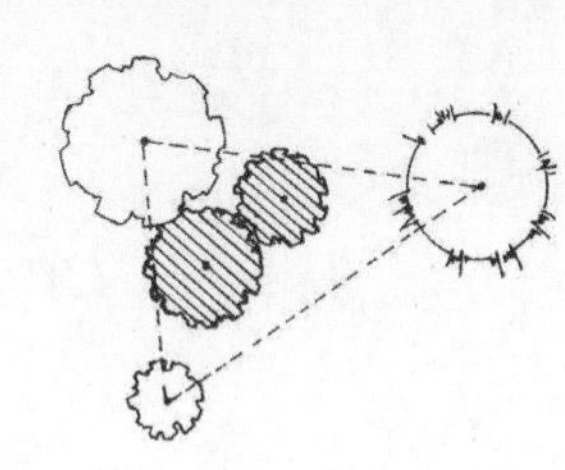

图3-3-2-16

（3）群植。群植通常是指由20-30株乔、灌木混合成群种植的配置方式（见图3-3-2-18）。群植所形成的植物景观称为树群。树群可由单一树种组成，也可由数个树种组成。树群与树丛的区别在于：一是组成树群的树木种类或数量较多；二是树群的群体美是配置中主要考虑的因素，对树种个体美的要求没有树丛严格，因而树种选择的范围要广。

由于树群的树木数量多，特别是对较大的树群来说，树木之间的相互影响、相互作用会变得突出，因此在树群的配置和营造中要十分注意各种树木的生态习性，创造满足其生长的生态条件，在此基础上才能配置出理想的植物景观。从生态角度考虑，高大的乔木应分布于树群的中间，亚乔木和小乔木在外层，花灌木在更外围。要注意树群林冠线、林缘线的优美及色彩季相效果。一般常绿树在中央，可作背景，落叶树在外缘，叶色及花色艳丽的种类在更外围，要注意配置画面的生动活泼。树群在园林中的观赏功能与树丛比较近似，在开朗宽阔的草坪及小山坡上都可用作主景，尤其配置于滨水效果更佳。由于树群种类多样，数量较大，尤其是形成群落景观的大树群具有较高的观赏价值，同时对城市环境质量的改善又有巨大的生态作用，是今后景观营造的发展趋势。

（4）林植。林植是指以大量树木成片、成块进行栽植的配置方式。林植所形成的植物景观称为树林，又称风景林。树林多用于规模较大的公园的安静休息区、风景游览区或疗养区以及卫生防护林带等。树林按密度可分为密林和疏林（见图3-3-2-19）；按林种组成又可分为纯林和混交林(见图3-3-2-20)。

自然式风景林在配置中要考虑的关键问题是树林的边缘轮廓线，称为“林缘线”。这条轮廓线呈不规则的流畅曲线；同时要求在林冠与天空之间所构成的天际线，即“林冠线”也是有起伏变化和富有韵律和节奏感的。在垂直分布上要有层次，尤其在林缘上应当以大乔木、亚乔木、灌木、高杆多年生草花、矮杆草花及至草皮，因而风景林往往由不同树林和不同树种所构成。但风景林尤其是人工风景林常常由同龄树构成，在林缘上可以由密到疏、有树群、树丛及孤植树等配置形式的变化，虽然这种树林在垂直分布和天际线上缺乏变化，但能取得简单纯朴的风景效果，同时营造在地形上有起伏变化的地方，则林冠线也就能随地形的起伏而显示其韵律感。

用不同树种构成的风景林，在树种的选择上应有一种在数量或质量上占优势的主景树，如将组成风景林的各个树种混栽，特别在数量上相近时则景色枯涩贫乏。在组成针阔叶风景林时，如以针叶树为主景，阔叶树所占的比重应在一成以下；如果以阔叶树为主景，则针叶树所占的比重达3-4成。若是风景林中有两种树种相邻栽植时，应注意在两种树种之间逐渐相互转化的问题，还要根据树林的疏密来选择中下层及地被植物。

图3-3-2-18a 树群

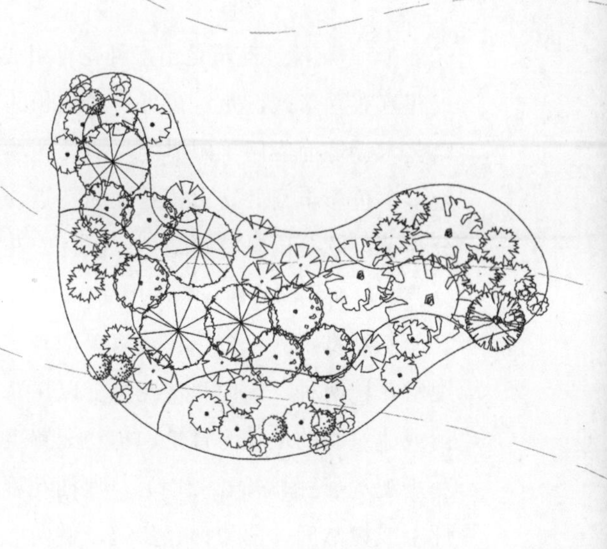
图3-3-2-18b 树群平面布置图

图3-3-2-19a 林植——疏林

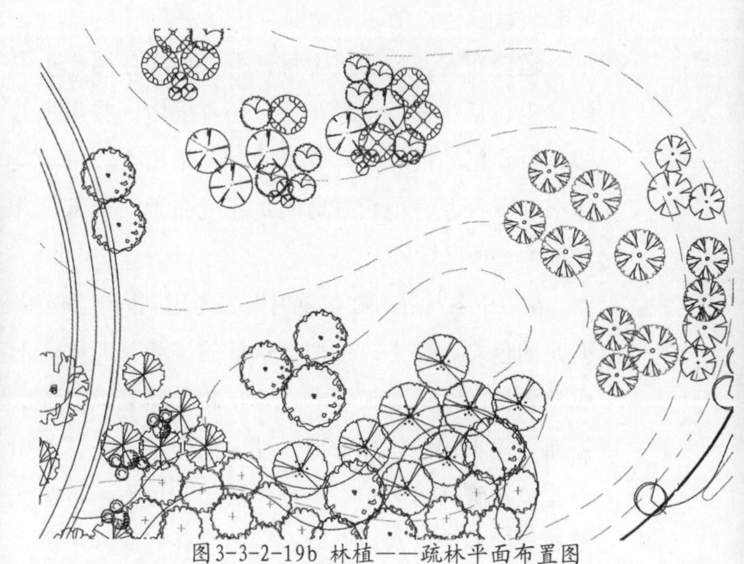
图3-3-2-19b 林植——疏林平面布置图

图3-3-2-20a 林植——混交林

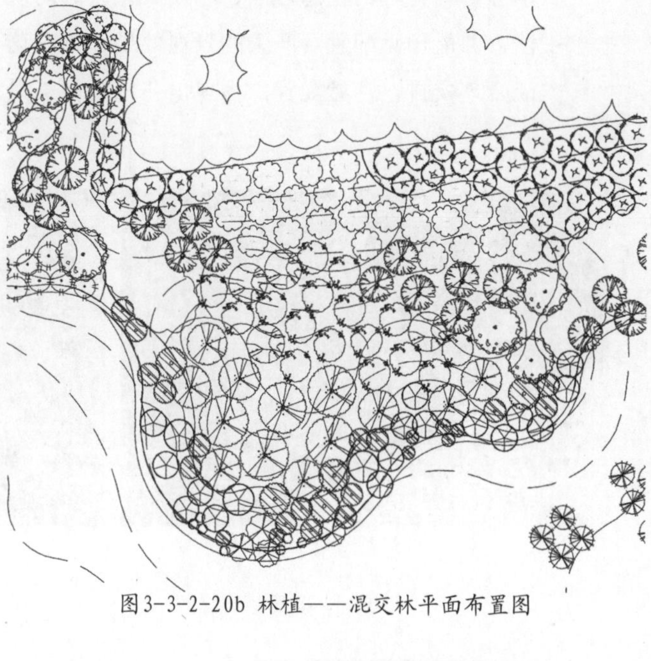

图3-3-2-20b 林植——混交林平面布置图

（5）花境。花境是由多种花卉组成的带状自然式花卉布置形式，是对花卉自由生长的自然风景加以艺术提炼而应用于园林的形式。花境具有花卉种类多、色彩丰富并富山林野趣的特点，观赏效果十分显著。欧美国家特别是英国园林中花境的应用十分普遍，而我国目前花境应用尚少。

从观赏形式来分，花境有单面观赏花境和双面观赏花境两种。单面观赏花境多以树丛、树群、绿篱或建筑物的墙体为背景，植物配置上前低后高，利于观赏(见图3-3-2-21a）。双面花境多设置于草坪上或树丛间，两边都有步道，供两面观赏，植物配置中间高两边低，各种花卉呈自然斑状混交(见图3-3-2-21b）。

适合布置花境的植物材料很多，既包括一年生的，也包括宿根、球根花卉，还可采用一些生长低矮、色彩艳丽的花灌木或观叶、观果植物。特别是宿根和球根花卉能较好地满足花境布置的要求，并且维护管理比较省工。

花境中各种花卉在配置时既要考虑到同一季节中彼此的色彩、姿态、体型、数量的调和与对比，形成整体构图，同时还要求在一年之中随着季节的变换而显现不同的季相特征，使人们产生时序感。由于花境布置后可多年生长，不需经常更换，若想获得理想的四季景观，必须在种植设计时深入了解和掌握各种花卉的生态习性、花期、花色等的观赏特性，并能预见配置后产生的景观效果，只有这样才能合理安排，巧妙配置，体现出花境的优美景观效果。例如郁金香、风信子、荷包牡丹及耧斗菜类仅在上半年生长，在炎热的夏季即进入休眠，花境中应用这些花卉时应配置生长茂盛而春至夏初又不影响其生长与观赏的其它花卉，以使整个花境不至于出现衰败的景象。再如石蒜类的植物，根系较深，先花后叶，若能与浅根性、茎叶葱绿而匍地生长的爬景天混植，不仅相互间不会产生影响，生长良好，而且由于爬景天茎叶对石蒜类花的衬托，景观效果显著提高。另外，花境中相邻花卉的生长势和繁衍速度应大致相似，以利于长久稳定地发挥花境的观赏效果。

花境的边缘不仅确定了花境的种植范围，也便于周围草坪的修剪和整理清扫。依据花境所处的环境不同，边缘可以是自然曲线形，也可以采用直线。高床的边缘可用石头、砖头等垒砌而成，平床多用低矮致密的植物镶边，也可用草坪带镶边。

（6）花丛与花群。花丛和花群是将自然风景中野花散生于草坡的景观应用于城市园林的花卉布置形式，可增加园林绿化的趣味性和观赏性。花丛和花群布置简单，应用灵活，株少为丛，丛连成群，繁简均宜（见图3-3-2-22）。花卉选择高低不限，但以茎干挺直、不易倒伏、花朵繁密、株形丰满整齐者为佳。花丛和花群常布置于开阔草坪上的林缘，使树丛树群与草坪之间有一个联系的纽带和过渡的桥梁；也可以布置在道路的转折处或点缀于院落之中，均有较好的观赏效果。同时，花丛和花群还可布置于河边、山坡、石旁，使景观生动自然。

图3-3-2-21a

图3-3-2-21b

图3-3-2-22

3）抽象图案式

巴西著名景观设计师罗伯托·布雷·马尔克思（Roberto Burle Marx）早期所提出的抽象图案式种植方法。由于巴西气候炎热、植物自然资源十分丰富、种类繁多，马尔克思从中选出了许多种类作为设计素材组织到抽象的平面图案中，形成了不同的种植风格。从他的作品中可以看出马尔克思深受克利和蒙特里安的立体主义绘画的影响。种植设计从绘画中寻找新的构思，反映出艺术和建筑对景观设计有着深远的影响（见图3-3-2-23）。

在马尔克思之后的一些现代主义景观设计师们也重视艺术思潮对景观设计的渗透。例如，美国著名景观设计师彼特·沃克（Peter Walker）和玛莎·舒沃兹（Martha Schwartz）的设计作品就分别带有极简主义抽象艺术和通俗的波普艺术的色彩。这些设计师更注重景观设计的造型与视觉效果，设计往往简洁、偏重构图，将植物作为一种绿色的雕塑材料组织到整体构图中，有时还单纯从构图角度出发，用植物材料创造一种临时性的景观。甚至有的设计还将风格迥异、自相矛盾的种植形式用来烘托和诠释现代主义设计（见图3-3-2-24）。

20世纪90年代初，中国诞生了一种新的园林形式——抽象式园林，以简洁流畅的曲线为主，从西方规则式园林中吸取简洁明快的画面，有从中国传统园林中提炼出流畅的曲线，在整体上则灵活多变，轻松活泼；强调抽象性、寓意性，求神似而不求形似；注重植物造景，充分利用自然型和集合形的植物进行构图，通过平面与立面的各种变化，造成抽象的图形美与色彩美；形体的变化富于人工装饰美，既善于变化又协调统一，不流于程式化；形式新颖、构思独特，具有创造性。

从景观效果来看，抽象式园林的平视景观，富于自然美，而俯视景观则富于人工装饰美，如图3-3-2-25所示。

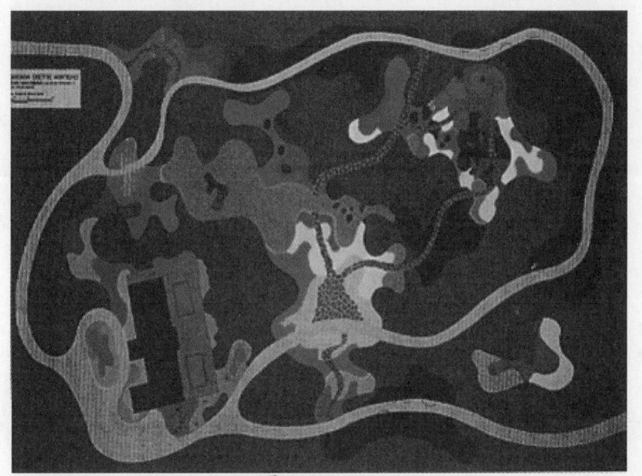

图3-3-2-23

图3-3-2-24

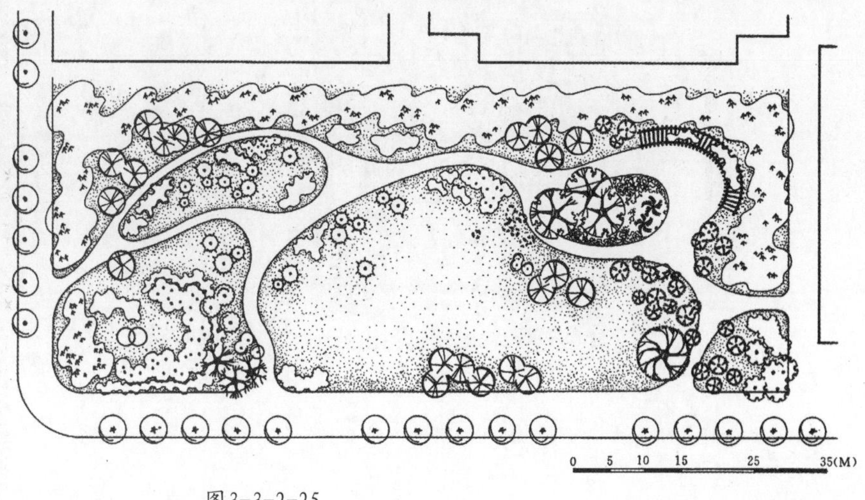

图3-3-2-25

3.3.3 景石组合方式

景观中常用少量景石零散布置或点缀在景观中，组合得法很容易收到事半功倍的艺术效果。景石组合可运用于庭院、水畔、墙隅、路旁、树下。

早在春秋时期，中国人的祖先就以把岩石置于几案上或园墅中供玩赏（见图3-3-3-1）。以丰富的想象，艺术夸张的手法，使岩石形象化，做到"片山有致，寸石生情"。

景石组合有以下几种方式：特置、散置、山石与其他景观要素的组合。

1）特置

园林中特置的山石称为孤赏石。特置是以自然峰石为蓝本。如长江三峡的神女峰、黄山的仙桃峰，都是以耸立在山顶上的一块巨大岩石的形态而命名。由于这些岩石形态奇特，位置险要而引人注目，成为不可多得的风景。

特置景石犹如书法中的单字书法和舞蹈表演中的独舞，在景观中属于点状要素。因此，特置石自身应有完整的形态结构与形式美感，或秀丽多姿，或古拙奇异而具有独特的观赏价值。特置石可以选用形态奇特的单块峰石，也可选用两三块或三四块岩石拼合而成，但必须做到天衣无缝，不露一点人工痕迹，凡有缺陷的地方，可用攀援植物遮掩。形神兼备的湖石、斧劈石、石笋石等皆可作为特置石。

特置峰石可用榫插的方法设置于岩石基座之上，使其结构坚实并能起到强化造型的作用。这种基座可以是规则式的石座，也可以是自然式的。凡用自然岩石做成的基座称为"盘"。特置石的总体趋势宜上大下小，立之可观或由两三块拼掇，似有飞舞之势。

特置景石亦可置于盆中，盆置石易于搬移，常用于点景或孤置细赏，盆置景石常见于皇家园林。特置石若半埋于土中则更显自然天成。竖立的特置峰石称为竖峰，最为常见（见图3-3-3-2）。横卧的特置景石称为卧峰，如北京颐和园的青芝岫（见图1-2-3-11）、中山公园的青云片石均为卧峰。

特置景石的设置重在成"景"。应从景观空间总体布局出发，斟酌环境背景、空间尺度、石型特点和观赏角度等，综合相关因素予以置放。特置石作为主景时，可作为入口的对景、障景、点景、引景等。详见1.2.2。

图3-3-3-1

图3-3-3-2a

图3-3-3-2b

2）散置

散置指将石料零散布置的手法。散置难就难在“散”上，其要点是“有聚有散、疏密有致、宾主分明、高低错落、顾盼呼应”，使众石散而不乱，散得有章法，按传统造园手法，散置的格局长循画理使其聚散有致。

明代画家龚贤《画诀》云：石必一丛数块，大石间小石，然后联络。面宜一向，即不一向亦宜大小顾盼。石小宜平，或在水中，或从土出。以上描述，既是画石要领，也是散置石的设计施工要领。

散置石包括以个体为单元的散置形式和以群体为单元的散置形式。详见1.2.2。无论采用哪种形式，配搭时宜依据“三不等”原则：石之大小不等、石之高低不等、石之间距不等进行配置。按照配置方式的不同，可分为墩配、剑配和卧配等。采用何种配置方式，视环境而定，但须注意主从分明、层次清晰（见图3-3-3-3）。

集合群体单元往往以数块石材堆砌而成，借以形成较大的体量，与单体散置相比，有“以多代少”和“以大代小”的特征。

图3-3-3-3

3）山石与其他景观要素的组合

（1）山石与墙面的组合。山石与墙面的组合又称为峭壁石（参见1.2.2）。

（2）山石与水体的结合。山石具有固坡护岸的功能，一般选用黄石、湖石、千层石沿水面或高差变化较大的山麓进行组景（见图3-3-3-4）。利用引水至山石的顶部，可形成山石瀑布（见图3-3-3-5）。

（3）山石与景观建筑的组合。用假山石做成建筑的基座、抱角和镶隅，如同建筑座落在天然的山崖上。山石还可以做桥墩、护栏、台阶以及装饰桥头两侧的岸坡等，比如北京北海静心斋亭山（见图3-3-3-6）。用假山石也可做成楼和阁的室外楼梯，人们可自室外经蹬道上楼，仿佛楼阁是依山而筑的。这种由假山石砌成的楼梯称为“云梯”。《园冶》掇山篇中提到“阁皆内敞也，宜于山侧，坦而可上，以便登眺，何必梯之”。这种由室外的假山进入室内敞厅的设施，不仅使建筑与岩石结合得更为自然紧密，而且通过假山蹬道，沟通室内外，从而使建筑与自然环境融为一体（见图3-3-3-7）。

（4）山石与植物的组合。假山石与植物结合，筑成花池和树池，种植花草树木，再配以峰石，构成庭园小景，收之园窗，可作无心画或尺幅窗；也可作墙垣和建筑的基础栽植，缓和建筑线条，成为建筑与庭园的过渡。独立的牡丹花池，大多设在厅堂的前庭，作为庭院的主景。还有假山石常用以点缀在花草树木之间（见图3-3-3-8）。

另外，利用自然岩石堆叠成各种形式的蹬道随地势高低屈曲与假山混然一体。

图3-3-3-5

图3-3-3-6

图3-3-3-7

图3-3-3-4

图3-3-3-8

3.4 景观要素色彩与质感的组合

3.4.1 色彩组合

色彩与景观意境的创造、空间构图以及空间艺术表现力等有着密切的关系（参见2.2）。配色是依据设计的目的与立意，考虑与形态、质地相关联的色彩搭配，同时确定各种色彩的面积大小关系。

1）色彩组合的一般形式

依据色相环的位置关系，色彩的组合包括4种基本形式：互补色组合，对比色组合，近似色组合，同类色组合。前两种组合形成强烈的对比效果，后两种形式易形成调和的关系。除了四种基本的组合形式外，还要考虑多种色彩的组合，主景与背景的组合，不管采用哪种形式，色彩组合的总原则是调和。

（1）互补色组合。在色相环上处于180度关系的两种色彩称为“互补色”（见图3-4-1-1），具有极强的视觉冲击力与热烈感，但互补色的组合极易产生生硬、浮夸、急躁的景观氛围。

（2）对比色组合。在色相环上处于大于135度关系的两种色彩称为“对比色”（见图3-4-1-2），对比色组合产生中强对比效果，既活泼又旺盛，如万绿丛中一点红（见图3-4-1-3），能产生清新、活泼、令人赏心悦目的景观意象，在花丛、树丛、草坪中都可见这种对比色的调和。

对比色组合须讲究色块大小、集散、浓淡的表现。冷色、明色、弱色的面积要大一些，宜作为背景色；暖色、暗色、强色面积小一些，宜作为图形色。色块的集中（成片涂抹）可以增强效果，色块的分散（零星点缀）则使效果减弱。

图3-4-1-1

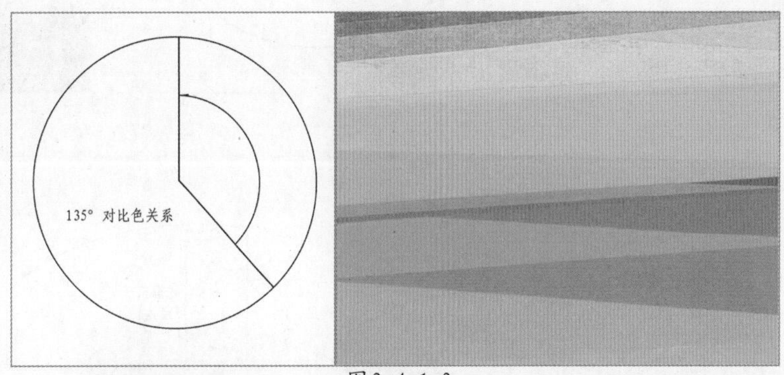

图3-4-1-2

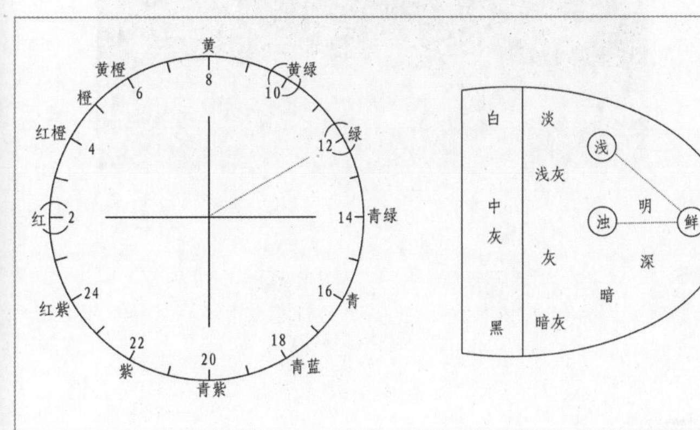

图3-4-1-3

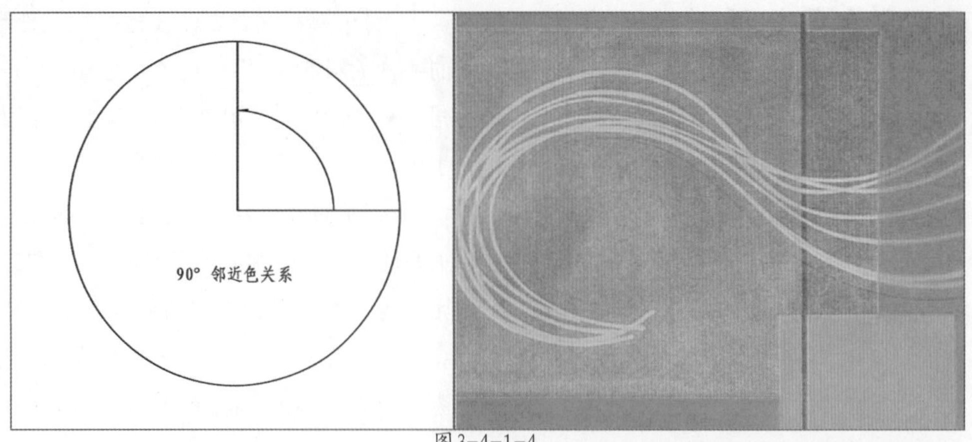

图3-4-1-4

图3-4-1-5

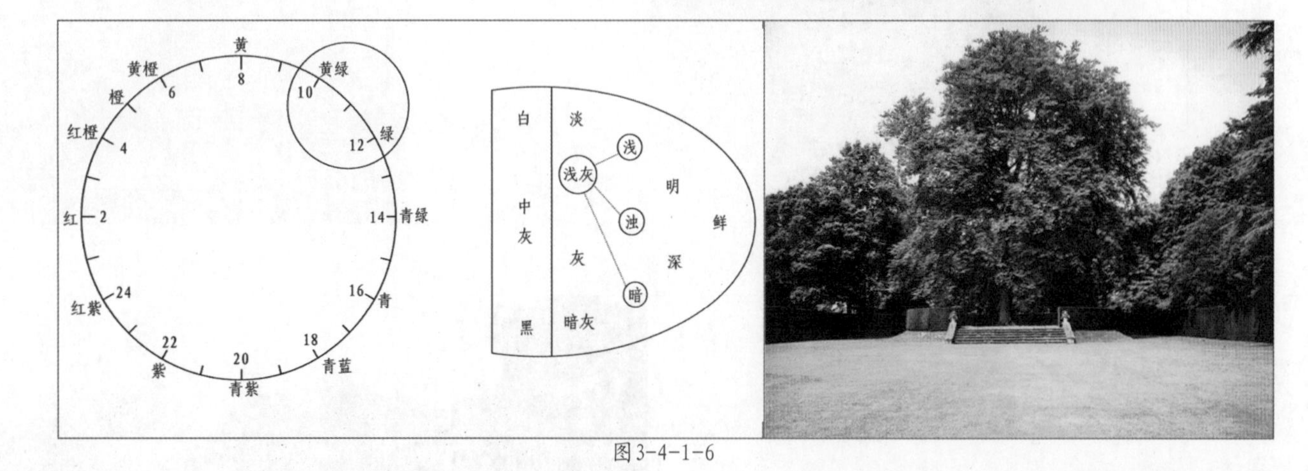

图3-4-1-6

图3-4-1-7 三种以上配色

图3-4-1-8

（3）近似色组合。在色相环上处于90度关系的两种色彩称为“近似色”（见图3-4-1-4），近似色的组合产生中对比效果，色调统一和谐。

（4）同类色组合。在色相环上处于45度关系的两种色彩称为“同类色”（见图3-4-1-5），同类色的组合产生弱对比效果，属于极协调、单纯的色调。

深深浅浅的绿色就属于同类色的调和（见图3-4-1-6）。绿色是中性色调，形成朝气、安全、和平的绿色意象，如草坪、阳光下树林、逆光下树林、灌木带等；红、橙、黄、褐也属于近似色的调和，这种暖色调的调和有温暖、活跃、华美的景观意象，如树干、树叶。

（5）三种色相的组合。三种以上颜色的组合，形成色彩缤纷的景观意象（见图3-4-1-7）。配色可以采用两种暖色和一种冷色进行调和。当几种色彩冲突时采用统调法：在各色中加入相同的色相而取得色相统调；加白或黑，取得明度统调；加灰色，取得纯度统调。同时还需要注意增强景深感，如花小而艳宜远置，花大而淡则宜近置。若要强调整体感时可以成片涂抹。颜色较多时最好要确定主色调，才不会显得杂乱。

（6）背景色与前景色的组合。叶色浓郁、终年常绿、枝叶茂密的树种形成的绿色背景的前景色应是暖色、明色的花木及小品(见图3-4-1-8a）；建筑形成的砖红色背景应用中性偏冷色的花木及小品作其前景色(见图3-4-1-8b）；建筑形成的灰、白色背景应用中性偏暖色的花木及小品作其前景色(见图3-4-1-8c）。

2）配色与景观功能相适应

不同功能的景观空间具有特定的配色要求。纪念性建筑、烈士陵园等景观环境，营造的气氛庄重的、肃穆的、严肃的，因而较为稳重的冷色系中的类似色可以营造出相应的气氛（见图3-4-1-9）；而娱乐性空间，例如主题公园、游乐园等则需要营造出活跃的、热烈的、欢快的气氛，配色时就应该充分利用明度和彩度比较高的对比色来形成丰富的视觉感受（见图3-4-1-10）；在安静休息区，需要的是宜人的、舒适的、平和的气氛，配色时应该采用以近似色为主的调和色，即以自然环境色彩为主，同时采用一些重点色形成视觉焦点，从而，满足人们较长时间休息的心理需要（见图3-4-1-11）；儿童活动区的配色，应该采用彩度较大的暖色系，符合儿童喜爱鲜艳温暖色彩的心理（见图3-4-1-12）；老年活动区的配色，应采用稳重大方调和的色彩，以符合老年人的心理需要（见图3-4-1-13）。

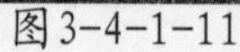

图3-4-1-11

图3-4-1-9

图3-4-1-12

图3-4-1-10

图3-4-1-13

3）配色突出景观的风格与个性

依据法国色彩学专家朗科洛关于色彩地理学的分析，地域和色彩是具有一定联系的，不同的地理环境有着不同的色彩表现，因此色彩的搭配应深入的了解当地的民俗文化、体验当地的生活，领会场所的精神，提炼出场所的“色彩”，以创造出别具风格与个性的景观空间。

景观配色可突显出民族传统和地方特色，比如北方皇家园林的色彩以暖色调为主，似浓重的油画，是红、黄、蓝、绿的纯色组合，具有华丽、高贵的色彩意象，象征皇权的神圣，显现帝王的气派，同时可减弱冬季园林的萧条气氛。标志性的景观元素有红墙、大红柱子、黄瓦、彩绘、汉白玉栏杆等。北方皇家园林也有朴素淡雅的色调，像有些行宫受江南园林影响较大，色调也就比较淡雅（见图3-4-1-14）。

江南私家园林的色彩以冷色调为主，像淡雅的水墨画，主要是黑、白、灰的组合，具有素雅质朴的色彩意象，显示出文人高雅淡泊的情操，同时可减弱夏季的酷暑感。典型的景观元素有深灰色的青瓦屋面、深棕、红棕色木作、淡雅的彩画、粉墙等（见图3-4-1-15）。

寺庙园林风格各异，色彩也就各异。藏式风格的承德外八庙（见图3-4-1-16），江南特色的苏州戒幢律寺（西园寺）（见图3-4-1-17），闽南特色的泉州开元寺（见图3-4-1-18）。

图3-4-1-15

图3-4-1-14

图3-4-1-17

图3-4-1-16

图3-4-1-18

日本园林最典型的枯山水石庭属于无彩色，景观元素包含白沙、块石、不开花的树（见图3-4-1-19）；日本茶庭也属于无彩色，景观元素包括石山的青苔、常绿树、木质的纹理、踏步石、步行小径、石灯、水井、洗水钵等（见图3-4-1-20）。

墨西哥人热爱阳光，感情热情奔放。因此墨西哥景观设计师路易斯·巴拉甘对各种浓烈色彩的运用是其设计中鲜明的个性特色（见图3-4-1-21），这些也成为墨西哥建筑的重要设计元素，他所设计的墙体的色彩取自于墨西哥传统色彩尤其是民居中的绚烂的色彩，传统的墨西哥通过巴拉甘对色彩的应用得以充分的表达。

图3-4-1-19

图3-4-1-20a

图3-4-1-20b

图3-4-1-20c

图3-4-1-21

3.4.2 质感组合

质感的组合应尽量依据设计意图、综合考虑材料与观赏者之间的距离、质感之间的调和度，发挥材料的固有美(参见2.3)。

质感的组合应遵循如下原则。

1）依据空间需求选择适宜的材料

任何一种材料都会给人带来特有的质感，表现出一定的肌理。设计中应依据景观空间特质选择适宜的材料，注重展现材料固有的特质，用简单的材料创造出不平凡的景观。比如，城市自然公园与城市广场、商业步行街的选材皆有不同（见图3-4-2-1）。

2）注重材料质感的对比与调和

质感的对比能使各种素材的优点相得益彰。如图3-4-2-2所示采用碎石英岩、暗色玄武岩和黄杨树从质感对比，形成了丰富的视觉效果，并赋予庭院独特的景色和趣味。另外在设计中可在庭院中点缀的石头和踏步石，有的布置在苔藓中，有的布置在草坪中，还有的布置在水中，都是根据庭院的环境特征、规模、功能定位等而设计的。但在一般情况下，草坪和石头的配合不如苔藓同石头配合更为优美，这是由于石的坚硬强壮的质感与苔藓的柔软光滑的质感的对比，从不同的素材中看到了美（见图3-4-2-3）。

质感调和可以是同一调和、相似调和、对比调和。如图3-4-2-4所采用的地面铺装，选择了丰富的材料，有花岗岩、砂石等，但材料的质感具有粗糙、朴实的共性，因此即可形成丰富的特性，同时又具有一定的线条感；质感的对比是提高质感的效果的最佳方法之一。

3）依据视距选择材料

从不同的距离感知景观，其质感是变化的。因此质感还可根据素材与人们的距离分为第一秩序质感和第二秩序质感。近距离产生的视觉质感属第一秩序质感，远距离产生的视觉质感属第二秩序质感（见图2-3-1-4）。例如，用花岗岩碎石预制的混凝土板嵌砌的外墙，从近处看有粗涩的触觉质感，但远处看时由于硅酸盐水泥板的接缝，产生视觉质感。反过来说，细腻的质感宜于近观，粗糙的质感宜于远观。

图3-4-2-1

图 3-4-2-2

图 3-4-2-4

图 3-4-2-3a

图 3-4-2-3c

图 3-4-2-3b

图 3-4-2-3d

4 景观空间与组织

不同物体的形、光、色引起人的感知觉，让人了解存在物体的空间形态。当人的视线到达物体，由物体的光反射到人的眼睛，产生视觉形象。从视觉对象到人眼之间的空的部分集合在一起被感受，就是人存在的空间，即视觉空间。当人的视线遇到物体而被物体阻挡时，空间就形成了，而空间的形态是由阻挡视线的物体边界形成的。这就是视觉空间的形成原理。由此可见，空间是根据视觉确定的一种相互关系，是由一个物体同感觉它的人之间产生的相互关系形成的。

人们会在日常生活中无意识的创造空间，如图4-0-0-1所示，在草地上铺一块毯子，一个野餐聚会的空间就被划分出来了，而收掉毯子，空间就消失了；撑开的雨伞形成了伞下的2人空间；在户外，演讲人周边围聚的观众，产生了以演讲人为中心的紧张空间，演讲借宿群众散去，这个紧张的空间就消失了。

所谓空间就如老子所说“埏埴以为器，当其无有器之用。凿户牖以为室，当其无有室之用。是故有之以为利，无之以为用”。实际上，捏土造器，其器的本质也不再是土，在它当中产生了“无”的空间。设计师创造的这个“无”的空间时，土这个材料时必需的。

景观空间的组织就是利用艺术的手法创造各种类型和规模的内部与外部景观空间。

图4-0-0-1

4.1 空间界定

有效空间的创造必须有明确的限定，而且限定物的尺度、形状、特征决定空间的特质。

4.1.1 空间界定的三要素

人所感知到的空间是指由地平面（底），垂直面（墙）以及顶平面（顶）单独或共同组合成的具有实在的或暗示性的范围围合（见图4-1-1-1）。

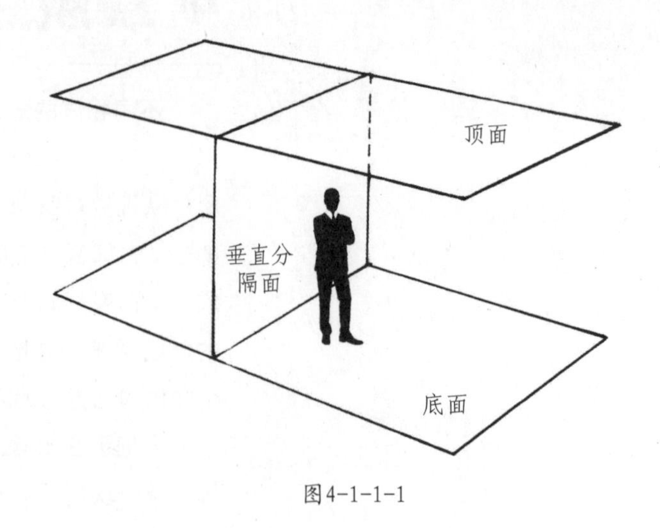

图4-1-1-1

1）底面

广义而言，空间底面是各种生物栖息的地球自然表面，主要有硬质的矿物、水体、植被等。狭义而言，空间底面可以是泥土、沙石、石块、水体、草坪、木板、混凝土、沥青、或各种形状的陶制品等多样化的质地。在一定的区域内，底面的饰面材料、图案、色彩、尺寸的不同，暗示了不同的空间用途（见图4-1-1-2，图4-1-1-3）。底面是以暗示的方式界定空间，形成的空间是虚空间。

反过来讲，底面的特质是由场地功能决定的，因此，底面与场地规划关系紧密，场地规划就是安排底面上各个地块的功能，同时也要确立每个功能地块的相互关系。场地规划应该在保护场地原有肌理的基础上，进行科学安排，而不应该无故干扰或调整自然地表。底面材料和质地的选择中应考虑以下几个因素：功能用途、相容性、耐久性、吸热性、防滑性、经济性、易于获取、易于排水、方便维护等(参见6.3.3）。

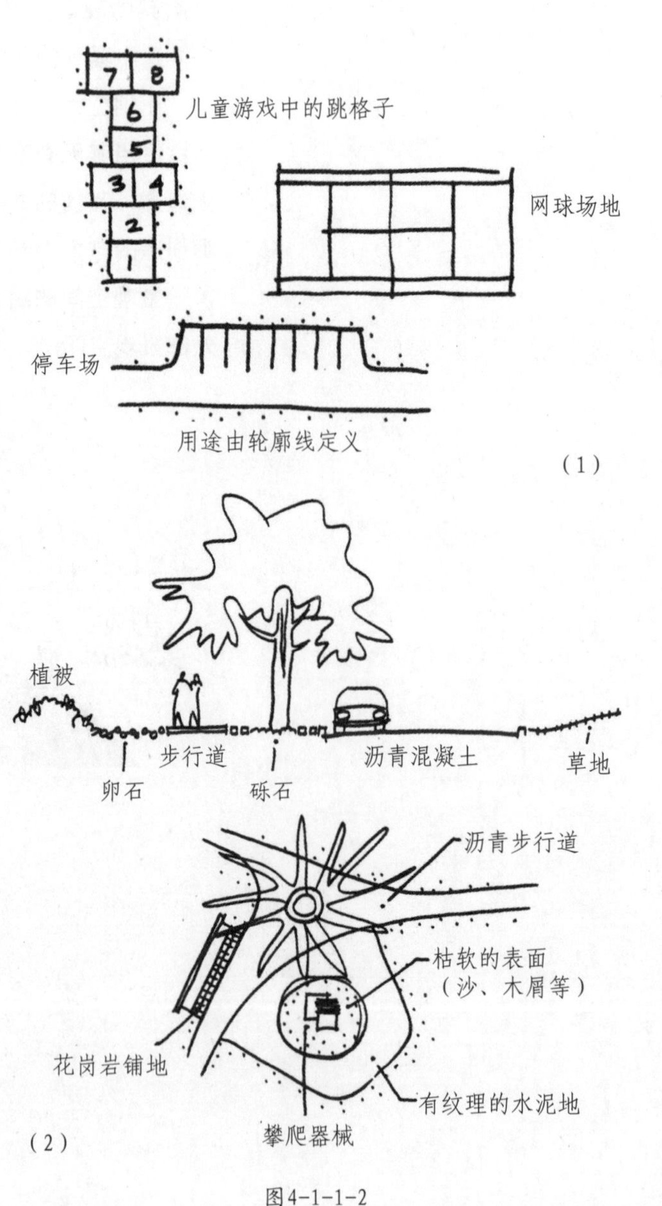

图4-1-1-2

图4-1-1-3

2）顶面

塑造空间的顶面可以是开阔无垠的天空、高大的树冠、形式各异的顶棚等，顶面的限定物的形式、高度、图案、硬度、透明度、反射率、吸音能力、质地、颜色、符号体系和程度都会对它们所限定的空间特征产生明显的影响（见图4-1-1-4）。

限定空间的顶面可以是轻盈的，如通透的织物或叶子组成的格网；可以是坚固的，如横梁、厚板或钢筋混凝土；可以是多孔的、穿透的或百页窗式的。不同的顶面限定物可产生不一样的光影效果：色彩可以是珍珠色、乳白色、琥珀色、钴色、柠檬色、水色、墨色、硫磺色或银色；明暗度可从黯淡、柔和或透明到明亮、耀眼、刺目；光是运动的，可直射、可穿透、可振动、可跳跃、可闪烁、可潜行、可一泻千里、可缓若溪流。光影具有特殊的个性与效果——有斑驳的光；有柔和、刺目或耀眼的光；有探索的、反射的、朦胧的、闪烁或发亮的光；有充满意境的光；有幽暗、神秘的光，温馨的、诱人的或令人兴奋的光；使人放松、恢复或高兴的光。实体的顶面可遮挡或调节自然光线，或者它也可作为直射或反射光的光源（见图4-1-1-5）。

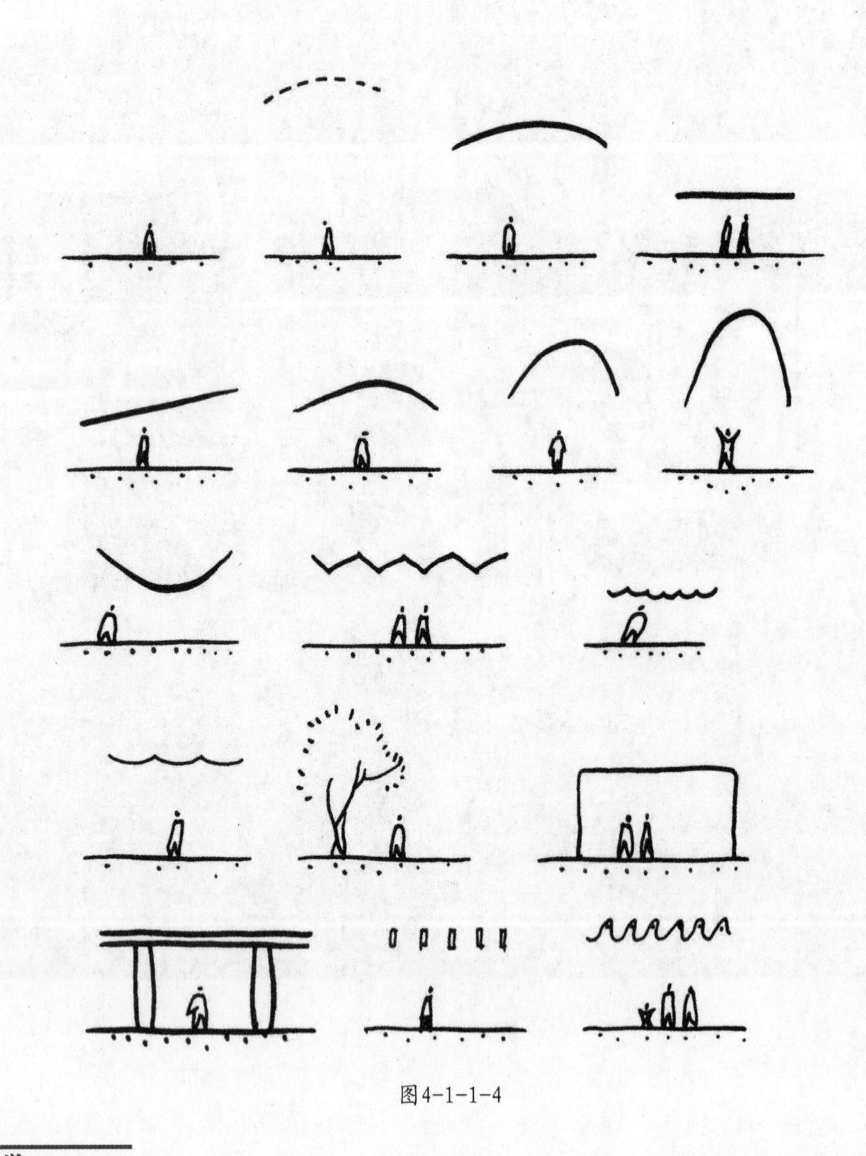

图4-1-1-4

图4-1-1-5a 德国柏林犹太人纪念馆庭园

图4-1-1-5b 美国洛杉矶Orange County Great Park

图4-1-1-5c 埃及开罗

3）垂直面

垂直因素是空间限定三要素中最显眼且易于控制的，在创造室外空间的过程中具有重要的作用。如利用砌石墙体、或分枝点较低的树丛可有效的界定室外空间。场地空间的容积是由垂直围合的程度来决定的（见图4-1-1-6）。

缺乏有效的围合是许多不尽人意的空间的关键所在，因此，垂直界定的恰当方式和程度是非常重要的。一切好的场地设计都意味着垂直面和顶面的组织会产生最佳的围合和最优的展示。

垂直限定物决定了空间围合的程度与种类。如图4-1-1-7所示，垂直围合可形成私密的空间；用于判别空间的尺度感；对阳光、风、阴影、温度、声音、空气污染起到过滤与散播的作用；形成空间的神秘感；垂直面可投影阴影图案（传递者），在墙面上撒下斑点，跳跃、爬行、轻击、颤动、伸展、在模糊寒冷中拓展空间，或在一个投影平面雕刻上有力的建筑图案（接受阴影投射）；控制风向、光照及视线。

空间的围合可集中人的兴趣，形成渐进的序列，控制视线（见图4-1-1-8）。场地空间的垂直围合可由地形、栅栏、墙、建筑物、植物等单独或共同作用（见图4-1-1-9）。墙是建筑和景观之间的连接物，是最有力的空间界定者和围合物，墙具有围合、区域分割，安全、视觉屏障，背景、遮荫避阳、吸收热量与辐射，支撑屋顶、藤架、亭子、座椅、家具等的实际用途。可以通过波浪形，设置转角或壁柱，减小墙体的份量感（见图4-1-1-10）。通常，垂直要素的高度由功能决定（见图4-1-1-11）。

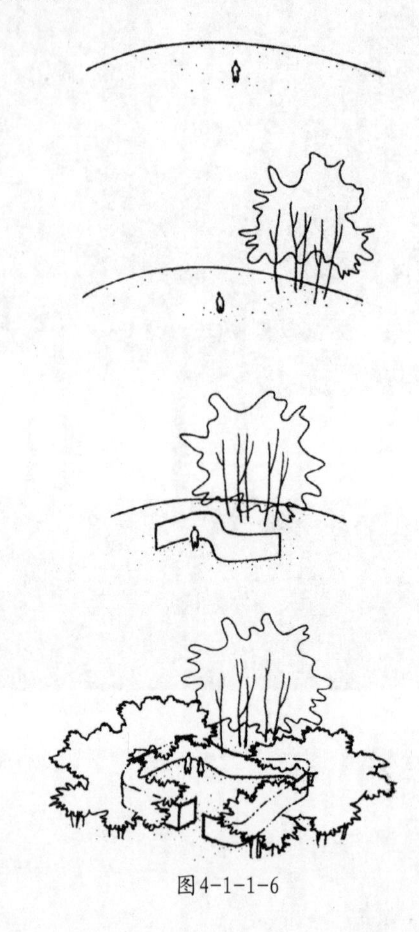

图4-1-1-6

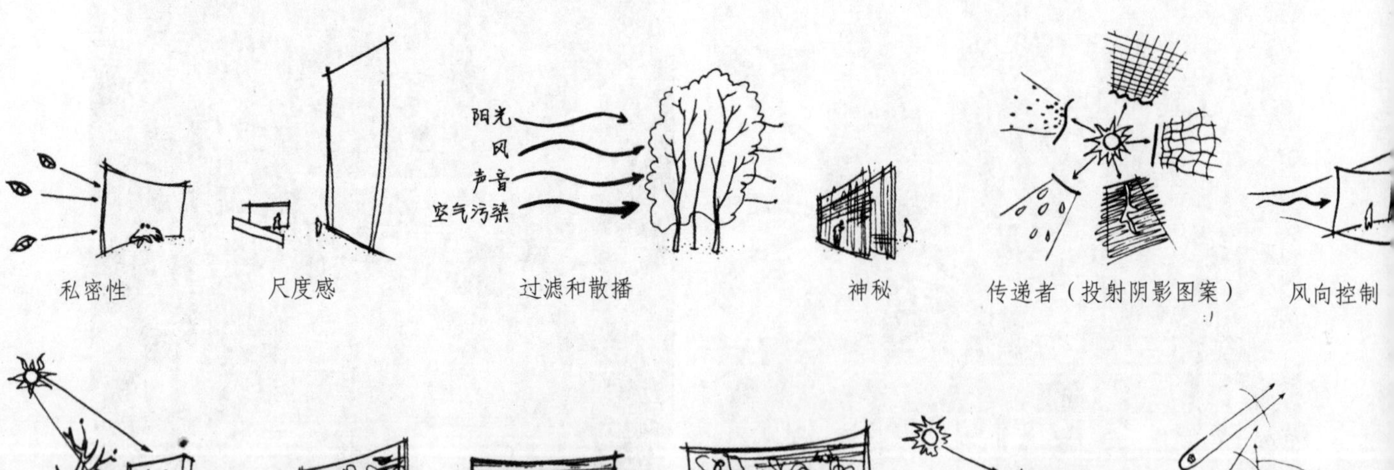

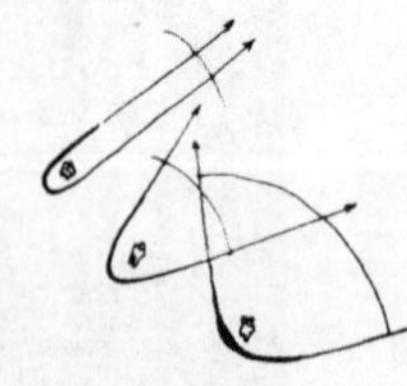

图4-1-1-7

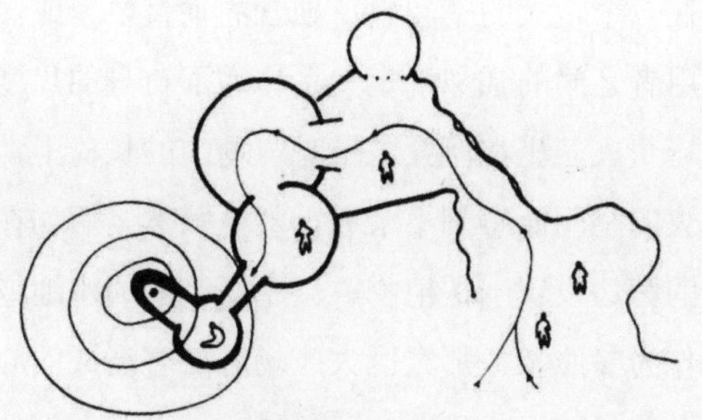

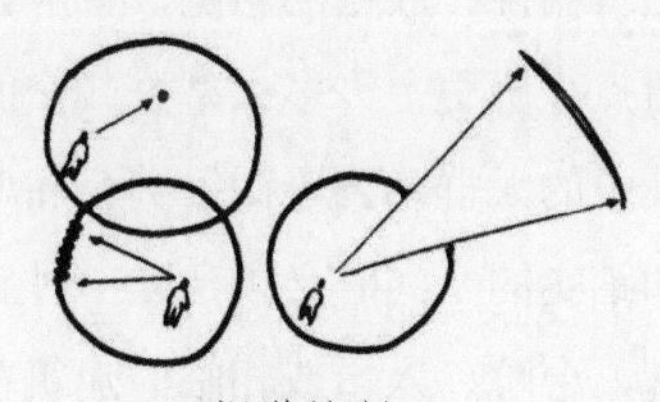

图4-1-1-8

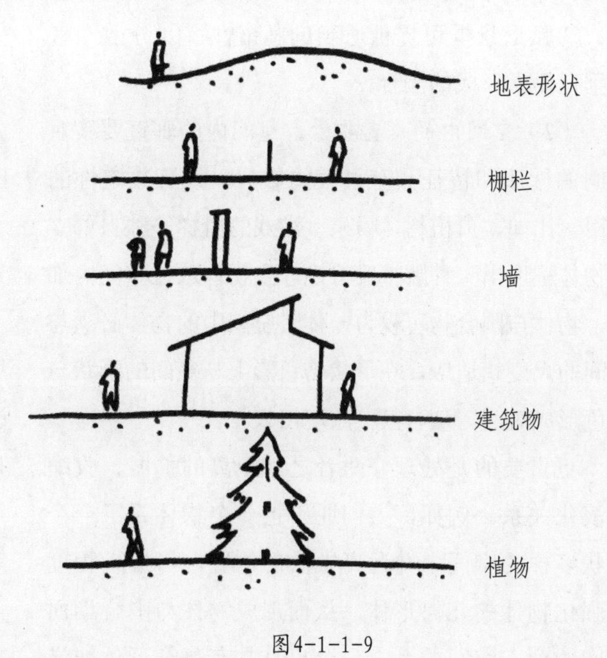

图4-1-1-9

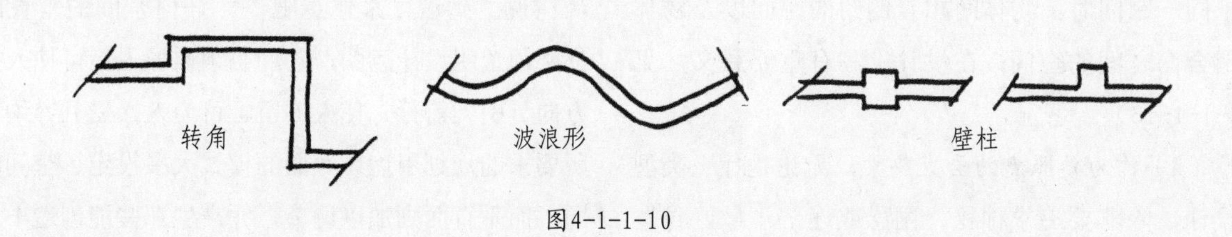

图4-1-1-10

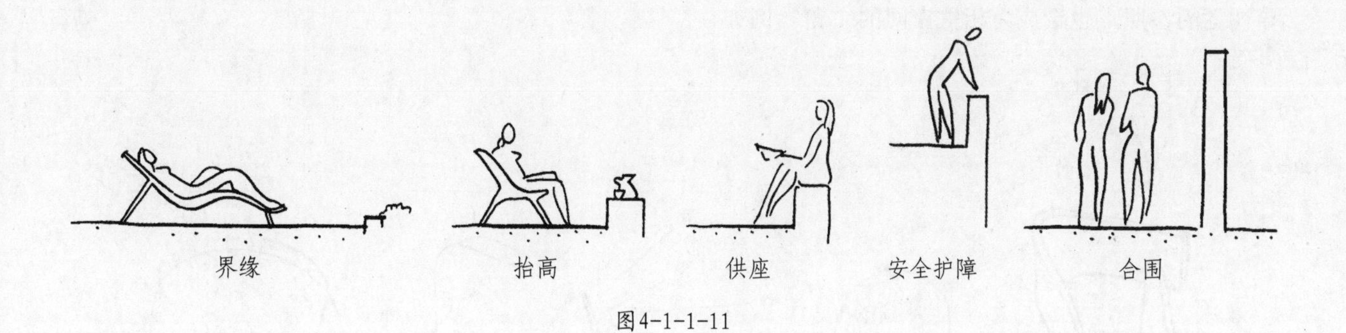

图4-1-1-11

（1）创造私密空间的垂直要素。垂直界定可创造私密性，私密程度由垂直限定物的高度决定。寻求私密的围合不需要完全闭合，一个放置得当的屏障或一些分散安排的垂直要素就足以形成私密空间。如图4-1-1-12所示：①实或虚的围合均可形成私密性；②弧形景框可提供适当的私密性；③分散布置的垂直要素形成的围合。

（2）空间内的垂直要素。空间内的垂直要素对空间的性质和特征具有很大的影响，具有决定性的作用。比如，孤植树、喷泉、游戏的滑梯等独自耸立的物体呈现出一种雕塑般特性。当物体放在空间内部时，物体与围合物可视为一体。空间中的物体必须与空间的尺度相适应，在形状与色彩上与空间的形状与颜色形成对照，从背景下凸现出来。

更重要的是处理好两者之间距离的扩展、收缩或演化关系。例如，人们通常把一个物体置于一个形状多样的空间中并远离中心的位置，可最大程度地强化物体的几何形体，从而形成物体与围合墙面之间的动态空间关系。一个自身具有复杂形体或错综线条的物体最好陈列在形状简单的空间中，以强调这个物体而不是扰乱或消弱其形态。当多个物体置于同一空间时，物体间相互制约的空间以及物体与围合面之间的空间，在设计上具有重要意义（见图4-1-1-13）。

（3）作为参照点的垂直要素。无论是什么类型的设计，除非要追求神秘、困惑或迷茫，最好设置足够的视觉引导来为使用者指明方向。通常这种引导视觉的参照点也会成为相关空间的主题。例如，一个旋转的摩天轮可把人吸引过来，同时它也是游乐园的象征（见图4-1-1-14）；校园内斜坡上的大雪松、图书馆的钟楼或操场上庆典用的旗杆，都可引导人们前行。在高尔夫球场上，人们正是在一个接一个的果岭的指引下开展活动的。

在一个较大的空间内，独立的垂直要素或面以其与使用者之间的强烈视觉关系传递了自身的尺度。例如，一个人若坐在巨大、空旷广场中的长椅上，就会因巨大的空间而感到不亲近，甚至骇然。假如在这个长椅的旁边设置一棵植物、一个石制的喷水池或一堵景墙作为参照物，那么巨大广场对游客造成的心理压力就会明显减轻（见图4-1-1-15）。在一个大的空间里，若想追求愉悦、放松的感觉，就应设置多处这样的人为参照点（历史上许多大型公共空间的最初目的是使聚居其中的人群感到卑微、甚至屈辱），当需要营建舒适和踏实的空间时必须建立一种宜人亲切的尺度感。通常，台阶、入口或相临的建筑窗户足以建立一种尺度感；否则就需要设置人为的参照点。同时，独立的垂直物具有强调并解释底面的交通与使用模式的作用。比如，突出于车行道的门廊好像在说 “请进”，蜿蜒道路上的景石在说“请跟我来”，入口平台在说“到这里来休息吧”。任何空间的垂直因素都必须阐明设计意图，它们必须诱导人、可使人掉转方向、引人前行、使人停留、可为人接受且容纳场地所要求的规划用途。底面的模式大多设定了空间的主题，而垂直面则加以调节，并产生那些能创造丰富和谐的多种形式（见图4-1-1-16）。

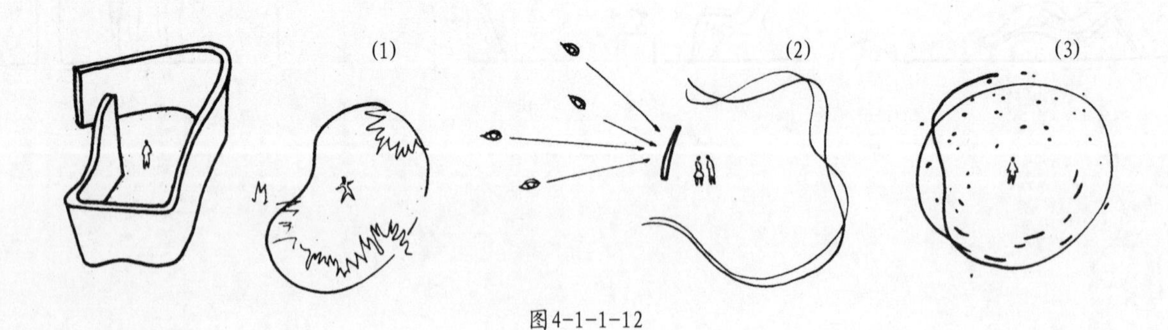

图4-1-1-12

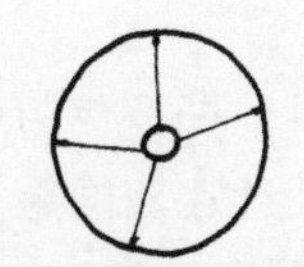

没有空间变化一静止

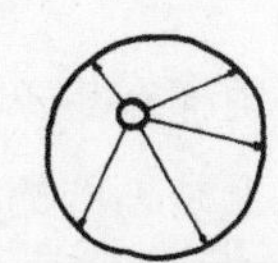

变化一动态

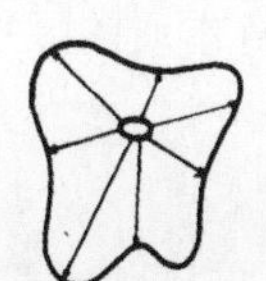

增加空间的变化和趣味

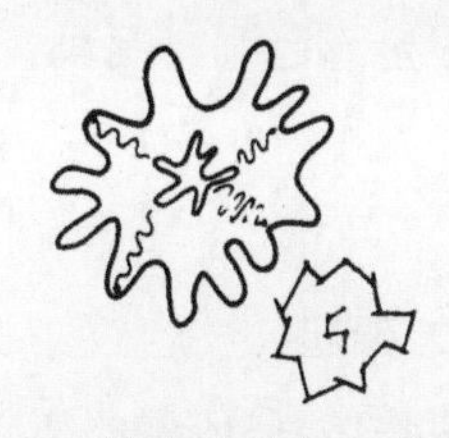

因不恰当的外框而导致物体形状的明晰性丧失

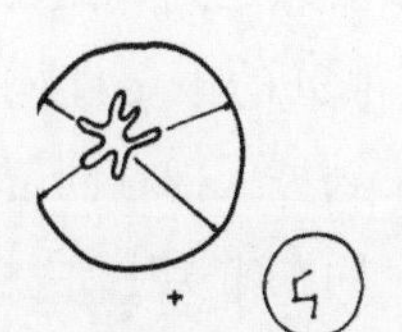

简单的外框提高了复合形状的趣味

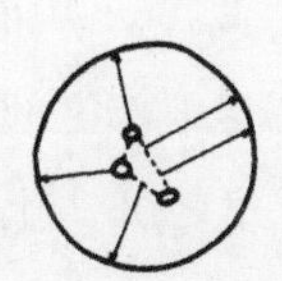

空间内的几个物体与空间围合的联系不只是作为单体，而是作为一个组群

图4-1-1-13

巨大的广场一使人产生巨大的压力

广场中的长椅一更使人骇然不可亲近

由植物、长椅和水池组成的空间一使人容易亲近

图4-1-1-15

（4）与水平视域有关的垂直因素。垂直因素通常最能引起视觉兴趣，但与人的视高相同或相近的垂直物，比如篱笆或墙，是最煞风景的。最怡人的视觉处理之一就是让人的视线舒适地停止于一个对象或平面上，形成令人愉悦的透视或聚焦。而且，当观察者在被观察的物体上发现了其与场地空间和用途以及与人之间微妙且和谐的关系时，愉悦感就会得以强化。这种关系有时是偶然的，但更多的情况下则需要有意识的进行设计（见图4-1-1-17）。

图4-1-1-14

图4-1-1-16

图4-1-1-17

4.1.2 空间界定的方式

空间特质因界定要素及其组合方式的不同而不同，空间的界定方式主要有以下几类：

1）围合——垂直面的界定

“围合”仅限于垂直面的限定，顶面是空的，人的视线可伸展到无限远。“围合”所界定的空间为“垂直空间”，垂直空间给人“安定、私密”之感。由于人的行动多为水平方向的，所以在“围”空间中人会觉得行动不够自由。

围合物越高，越有封闭感、私密感和神奇感。如果围合物的高度低于眼睛的高度，则封闭感就会失去，私密性、神奇感也随之失去。因此，眼高是围的高度的一个突变点（见图4-1-2-1）。

2）覆盖——顶平面的界定

覆盖所形成的空间称为“覆盖空间”，给人“含蓄、暖昧”之感，因为它只有顶界面，具有水平方向的自由性，人可以自由地出入其间。这种空间在园林景观中较为常见，如“亭”与“高大乔木”下的空间。这种空间正符合审美的自在、随机特征，常能引发人们的想象和审美（见图4-1-2-2）。

3）凸起

图4-1-2-3所示的凸起部分限定出了一个空间，成为“凸起空间”。凸起空间同样是一种想象空间，因为当人水平行走到边界处必须作向上或向下的运动，从而对于人的行为和情态具有显现性。如舞台、司令台、祭坛等都做成凸出的形态，具有等级性。

4）凹入

图4-1-2-4的凹入部分限定出了一个空间，成为“凹入空间”。类似于凸出空间，凹入空间的存在，也同样有想象的成分。不过，凹入与凸出两者在情态上是不同的，凹入空间往往比较隐蔽、含蓄，两者正好一露一藏。这二种空间的限定度随着凸起与凹入的程度而变化，凸起或凹入的越多，空间的限定感越强。另外，凹入空间的垂直面高度一般低于人眼高度较多，与围合空间有本质的区别。

5）架起

图4-1-2-5所示的架起空间，与凸起空间相似，可视为把凸起空间的下部解放出来。为满足人的活动需求，被解放的下部空间通常必须达到人能在其中活动的高度，从而使得架起部分的限定度比较强烈，而其下部空间往往感觉不到被上部空间覆盖着，限定度较低。上部的架起空间在审美上往往产生活泼多变的感觉，在游乐性的空间中较常见。

6）设立

设立空间与以上几个空间都不同。从图4-1-2-6中可知，所谓设立，是将一个实心的物体设在中间，物体的水平占有范围甚小，物体四周的空间是该“设立物”所限定的空间。常见的纪念碑就是这种空间。这类空间的形成较为含蓄，而且空间的“界”是不稳定的，时大时小。空间范围随设立物本身的大小和强弱而定，也随人的心理感受而定。空间限定程度随着与“设立物”的距离而变，离“设立物”愈远，空间的限定愈弱；反之则越强。有人把这种空间说成“负空间”，从而与“围”这种“正空间”相对应。

7）底面肌理变化

如图4-1-2-7所示，在一个既不凸起又不凹进，上无覆盖物，垂直面上无界定的平面上，若要限定一个空间范围，可以利用底面的图案与肌理形成一种特殊的空间感。底面肌理变化以心理的高层次语言限定出空间。在景观中，常利用地面材料的肌理变化来限定出空间，别有情趣。

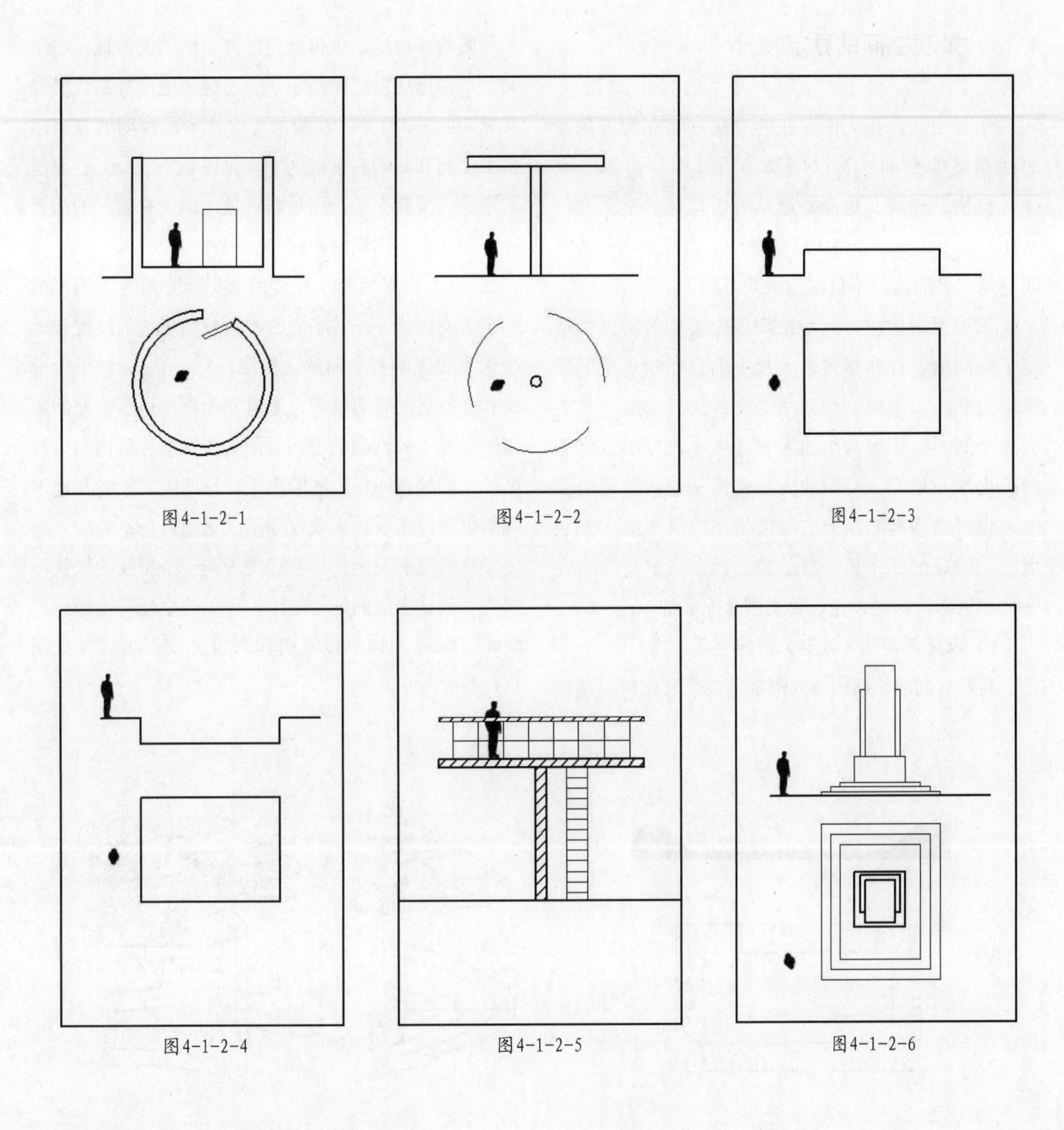

图4-1-2-1　图4-1-2-2　图4-1-2-3

图4-1-2-4　图4-1-2-5　图4-1-2-6

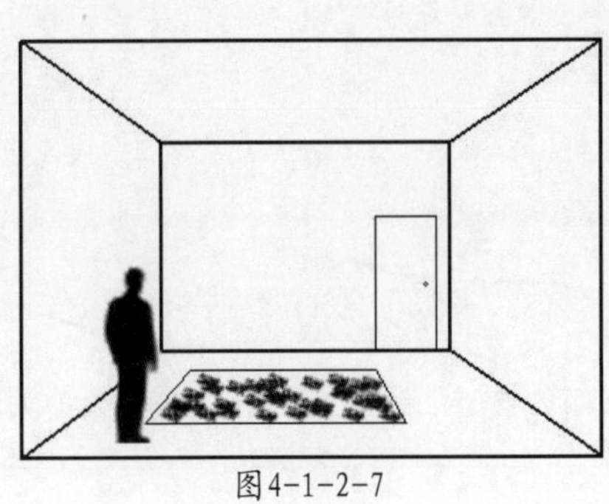

图4-1-2-7

4.1.3 景观空间的界定物

景观空间，指人所存在的空间，旨在为人的游憩而塑造的空间。可以理解为由天空、山石、水体、植物、建筑、地面与道路等所构成的全景空间（whole space）。格式塔心理学认为视觉感知的空间总是全景的，而不仅仅是景观空间。

景观空间构成方式和空间限定要素的特殊性决定了空间的特性和形式。大尺度的自然景观空间常以地为底、山为墙、与天空之交界为天际线，三者成为空间界定不可缺少的因素。中小尺度的景观空间可由沙石地面、开阔的天空和树丛松散地组合而成，也可由水磨石镶嵌的铺装地面、磨光的大理石墙面、镂花的红木板、有色玻璃、图案丰富的陶瓷壁画和色彩明快的顶篷等要素围合而成的。

1）以高差变化（地形）界定空间

高差有创造空间的巨大潜能，高差变化可以是棱角分明的梯形地，也可以是过渡自然的缓坡地。在平面上，梯形地以堤岸线表示、而缓坡地用等高线模拟（见图4-1-3-1）。在断面上，梯形地鲜明的显示出水平空间和陡峭斜坡的区别（见图4-1-3-2a）、而缓坡地是“柔软”的，缓坡与陡坡之间没有明显的边界线，断面上是圆润的曲线(见图4-1-3-2b）。

（1）地形的三个可变因素影响空间感。地形的三个可变因素——谷底面范围、封闭斜坡的坡度和地平轮廓线影响着空间感（见图1-1-2-4）。地平轮廓线和观察者的相对位置、高度和距离都可影响空间的视野以及可观察到的空间界限。在这些界限内的可视区域，往往就叫做“视野图”，空间因观察者及地平线的位置而出现扩大或收缩感（见图1-1-2-5）。
地形除能限制空间外，它还能影响一个空间的气氛：平坦、起伏平缓的地形能给人以美的享受和轻松感，陡峭、崎岖的地形极易引起兴奋感或恣纵感（见图1-1-2-8）。

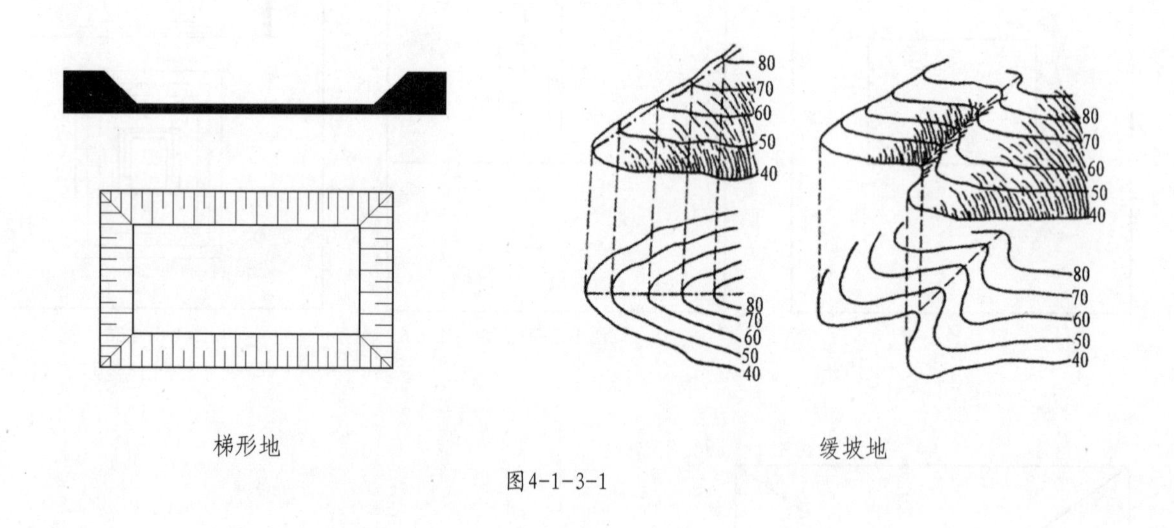

梯形地　　　　缓坡地

图4-1-3-1

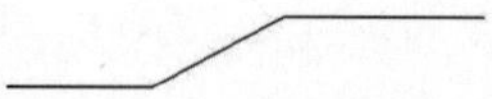

陡峭的梯形边界 　　平缓的梯形边界

图4-1-3-2a

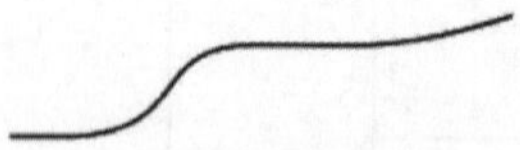

陡峭的坡地 　　平缓的坡地

图4-1-3-2b

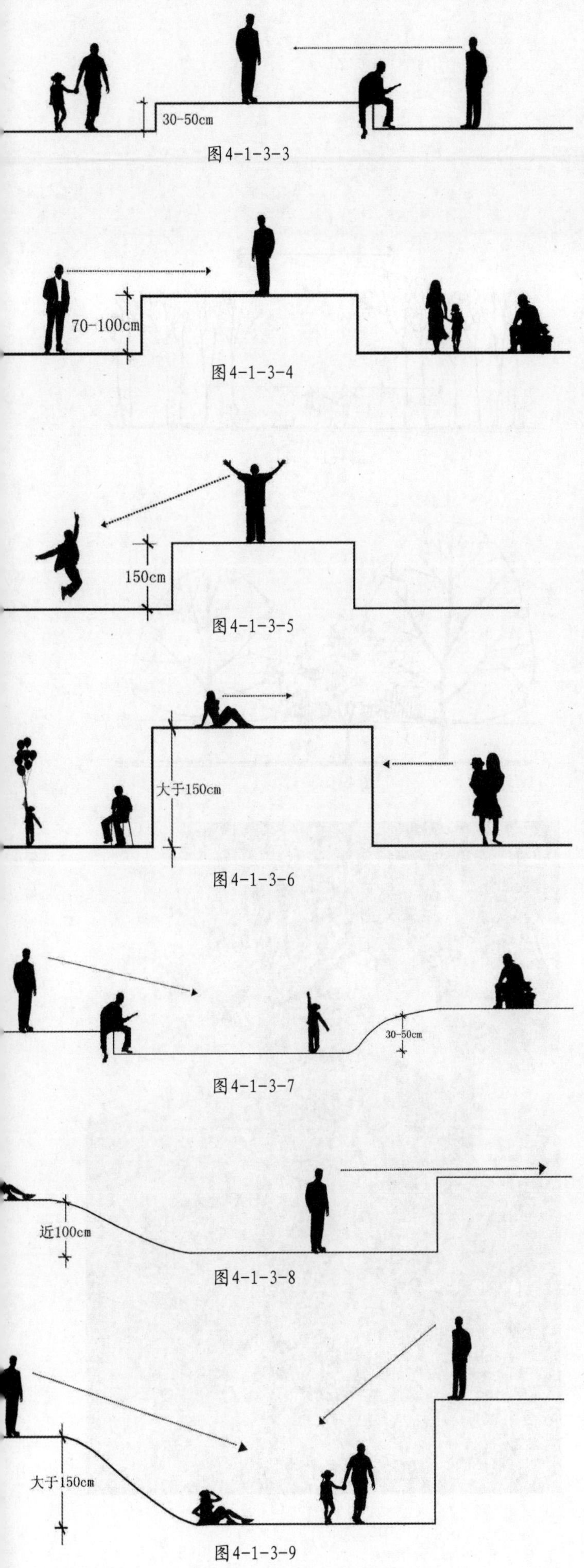

图4-1-3-3

图4-1-3-4

图4-1-3-5

图4-1-3-6

图4-1-3-7

图4-1-3-8

图4-1-3-9

（2）高差与空间感。如前文所述的凸起空间，高于周边环境的抬高地面，能形成空间感，抬高至30-50厘米时，场地就有独立感了，但与环境的联系感、归属感仍然很强烈（见图4-1-3-3）；抬高到70厘米（或100厘米），特别是在面材和肌理区域相同的情况下，产生了一种微妙的平衡，但对于高于这个凸起面的人来说，这个凸起面与周围的环境看起来并不孤立，而对于儿童来说，这个区域有了强烈的分离感（见图4-1-3-4）；当抬高至150厘米时，抬高的区域有外向感、归属感和开放感（见图4-1-3-5）；抬高超过150厘米时，使人有隔离感和私密感（见图4-1-3-6）。

同样的，低于周边环境的下沉块面，营造了感觉孤立的空间，让人感觉有某种保护感。当降低地面30-50厘米时，下沉地与周围环境的联系感占主导地位（见图4-1-3-7）；降低地面近100厘米时，传达出隔离的感觉（见图4-1-3-8）；降低地面超出150厘米时，上下两个高差面的联系马上消失，尽管与外界有视线接触仍让人不舒适，人的安全感还是增加了（见图4-1-3-9）。

2）利用植物界定空间

（1）植物能在景观中充当像建筑物的地面、天花板、墙面等限制和组织空间的因素。在地平面上，植物可以不同亮度和不同种类的地被植物或矮灌木来暗示空间的边界。草坪和地被植物之间的交界处，虽不具有实体的视线屏障，但却暗示着空间范围的不同（见图4-1-3-10）。在垂直面上，植物能通过几种方式影响着空间感：树干如同直立于外部空间中的支柱，以暗示的方式限制着空间，其空间封闭程度随树干的大小、疏密以及种植形式而不同；植物叶丛的疏密度和分枝的高度也影响着空间的闭合感（见图4-1-3-11）。在顶平面上，植物的枝叶犹如室外空间的天花板，限制了伸向天空的视线，并影响着垂直面上的尺度（见图4-1-3-12）。

此外，植物空间的组织还受到季节、枝叶密度、以及树木本身的种植形式等可变因素的影响。同时，植物界定的空间会因为植物的不断生长而产生非常大的变化，因此利用植物营造空间一定要熟悉植物的成年生长的高度、若干年后的预期效果及其和场地的关系。如图4-1-3-13所示，苏州留园中部因为成年银杏树过于高大，而大大削弱了树下可亭在中部假山上的主景地位。

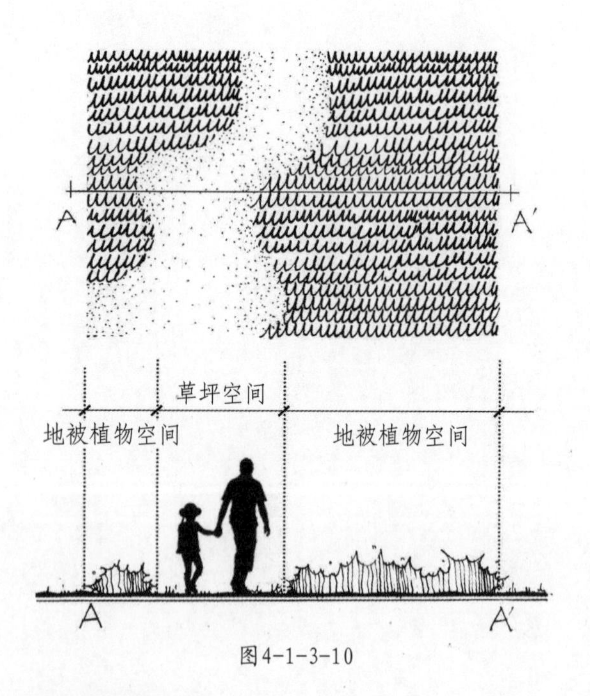

图4-1-3-10

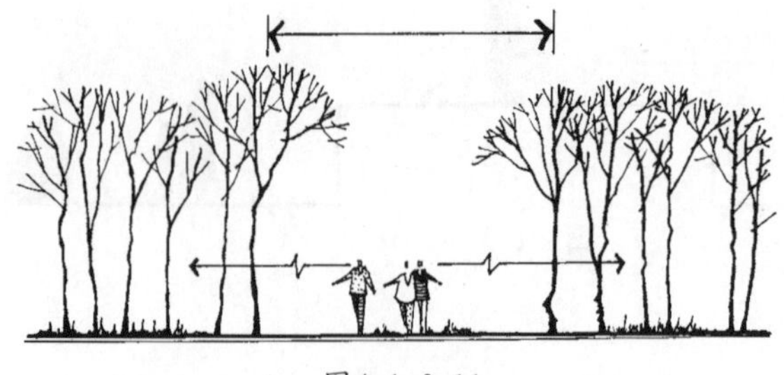
图4-1-3-11

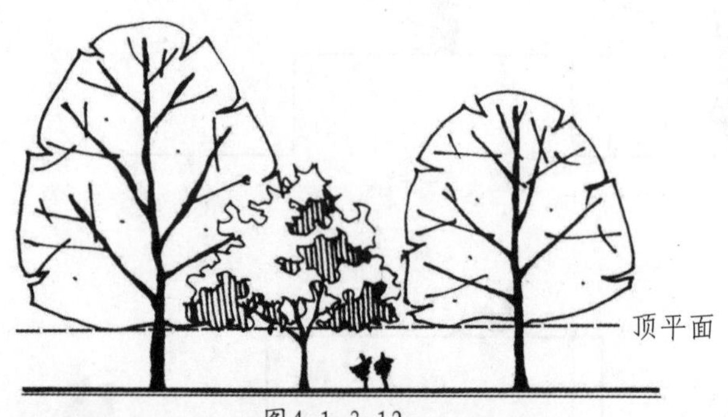

图4-1-3-12

图4-1-3-13

（2）植物改变地形界定的空间，影响空间的天际轮廓线。植物能使面积小且地貌普通的区域看起来有不同的空间感。比如，选择适当的树种，梯状种植的植物能使堤坝看起来抬高或降低（见图4-1-3-14）。

在丘陵地上，植物能增强或减弱地势（见图4-1-3-15）。在丘陵顶部种植高或半高的植物，丘陵看起来更灵动，因为人的视线能从树下空隙穿过，地貌的形态得以保留；但是顺着丘陵的地形种植封闭的植物组团，会提升整个地形，植物与山体融为一体，使丘陵看起来更“高”，更“庞大”，这时，丘陵本来的地貌根本就不能辨别出来了。

种植在山坡上的植物使得地形变得模糊，种植在山前的植物使得地形看起来平坦了，削弱了山体的高度（见图4-1-3-16）；微凹的洼地上种植两排高大的植物，提升其断面的效果，给洼地带来独立的空间感（见图4-1-3-17）。

同样，高大植物种在谷地边缘，低矮浓密的植物种在坡上，能使陡峭的斜坡在视觉上变得平坦；假如高大植物种在坡上，斜坡会更陡峭（见图4-1-3-18）。

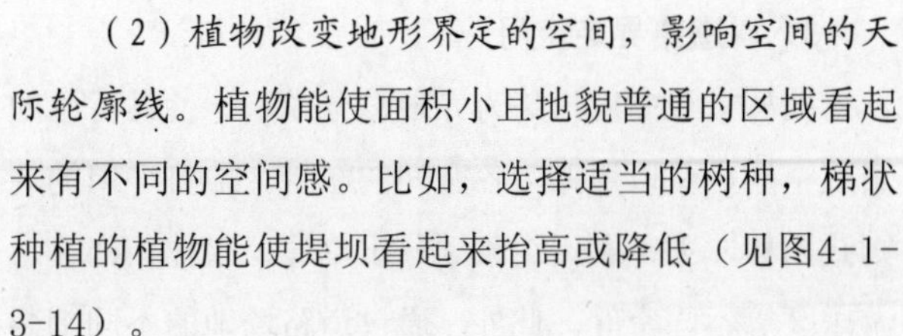

图4-1-3-14

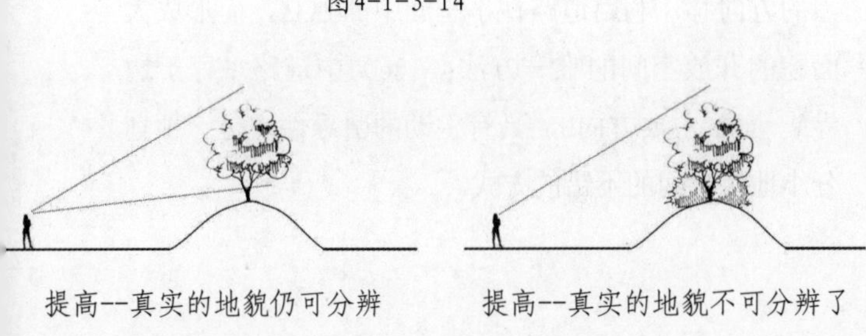

图4-1-3-15

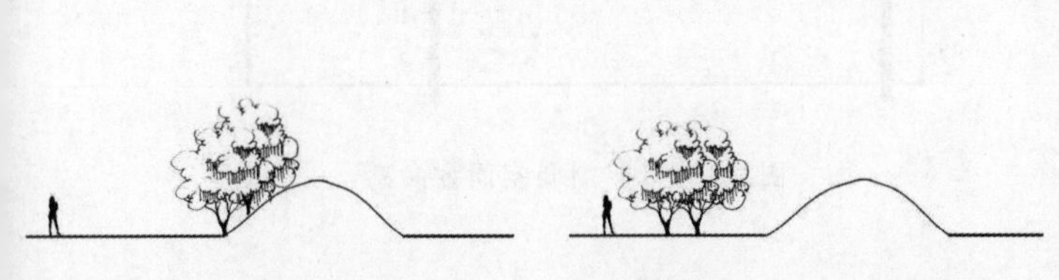

图4-1-3-16

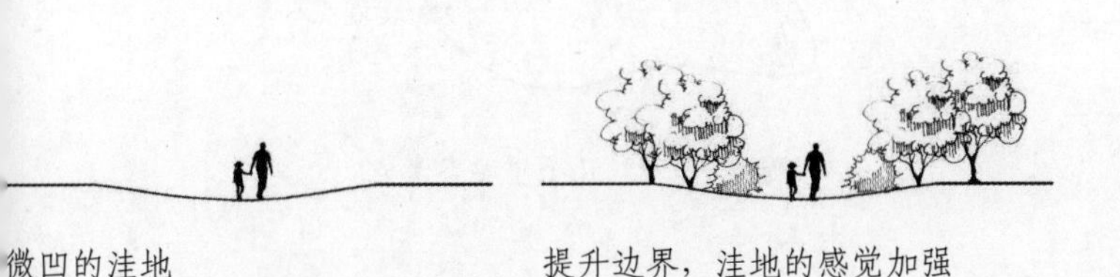

图4-1-3-17

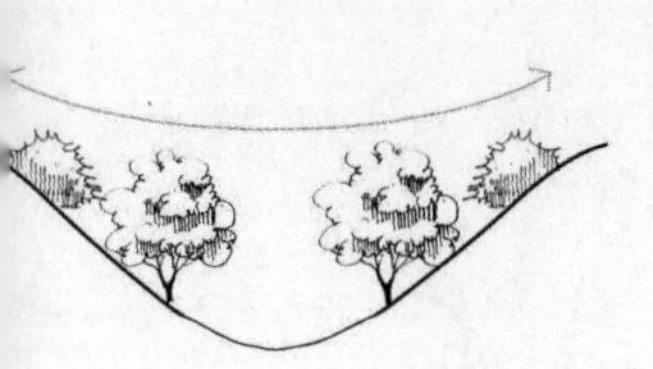

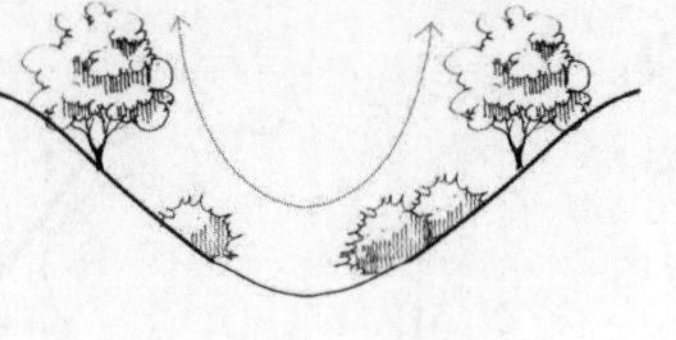

图4-1-3-18

3）以道路界定空间

园林景观中以道路为界限划分成若干各具特色的景观空间，又以道路为各空间的纽带。地势平坦的规则式园林，大都利用道路划分出草坪、疏林、密林、游乐区等不同空间。此外，通过道路场地的不同铺装形成的不同地平面肌理也能起到分隔空间的作用（见图4-1-1-3）。

道路线形对空间形态具有一定的影响。当道路线形顺应空间的主导方向，道路与空间的方向性相互加强（见图4-1-3-19）；当道路与场地短边相交，即与空间主导方向正交，使空间感觉“缩短”了，削弱了空间方向感（见图4-1-3-20）。

图4-1-3-21为具有自由边界、水平、无主导方向的空间，空间划分有几个重要的参考点（见图4-1-3-22），理想的道路划分空间的方式如图4-1-3-23（a）所示，而（b）不如（a），但仍然是一个划分出小尺度空间场地的有效方式；而（c）中的园路有离散场地空间的感觉；（d）中沿边界的路径具有强烈的方向感，利用道路在小空间中的独立，而形成大面积的开放空间的唯一方法；（e）中道路平行于边界A一直到主要方向B，具有主动的引导性，是一种划分小地块空间的不错的方式。

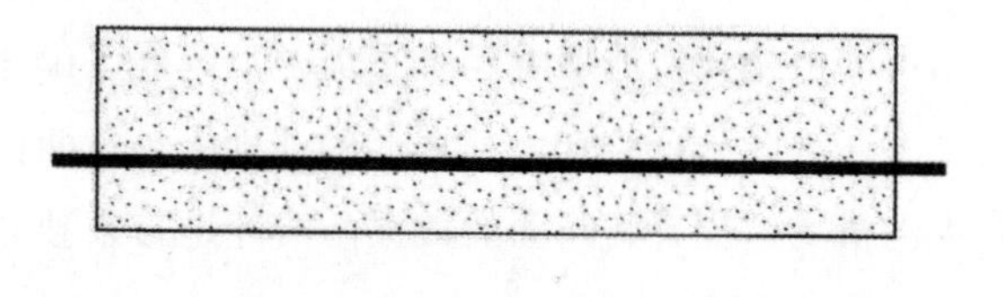

图4-1-3-19 道路与空间方向相互加强

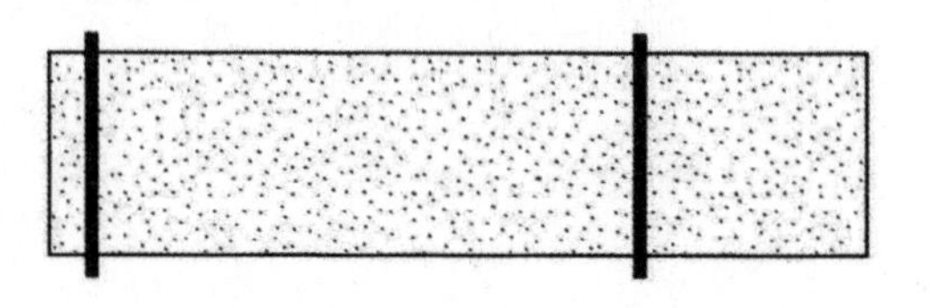

图4-1-3-20 削弱空间方向感

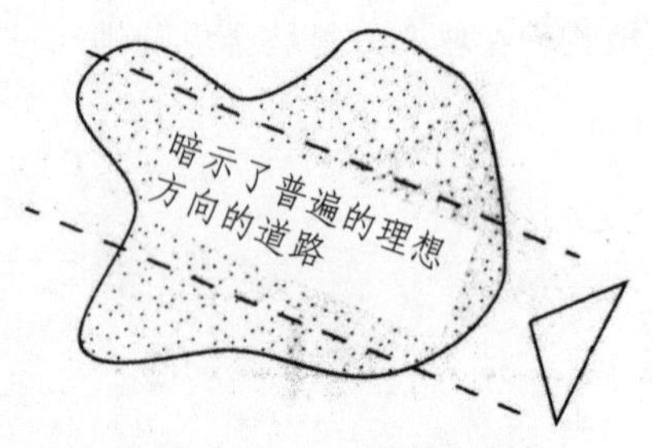

图4-1-3-21 自由的边界

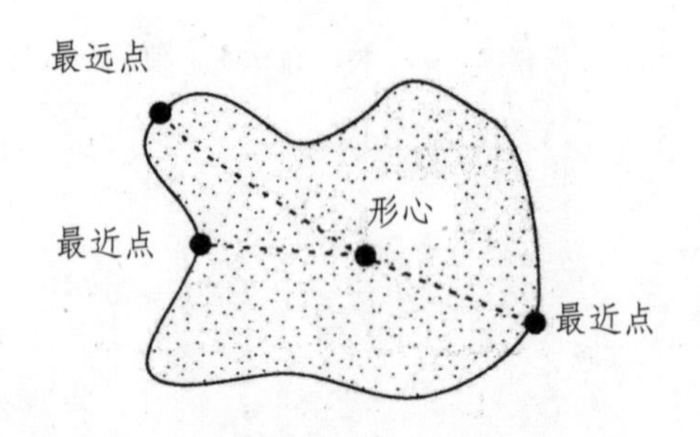

图4-1-3-22 几个重要参考点

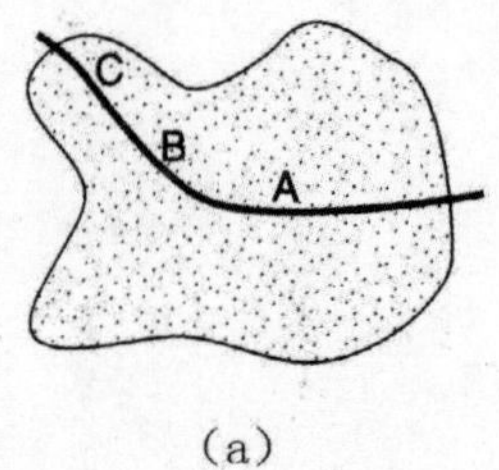

（a）

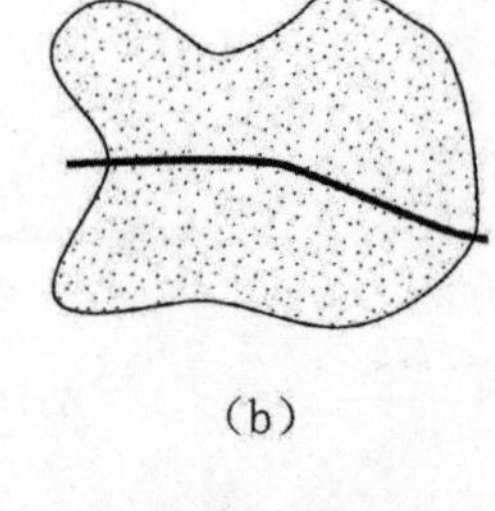

（b）

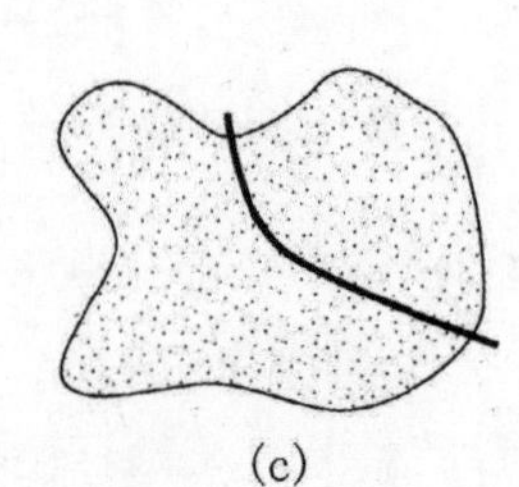

（c）

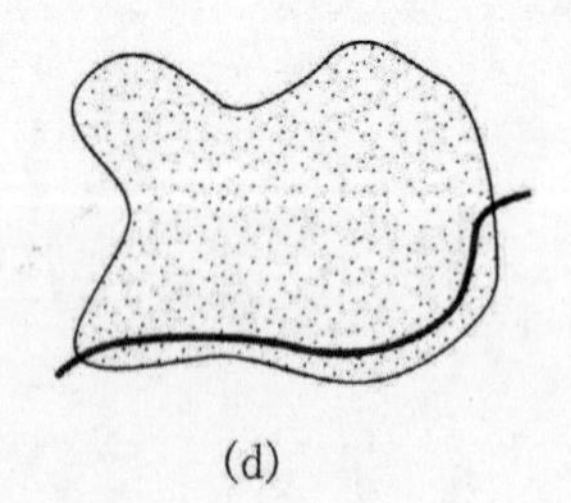

（d）

（e）

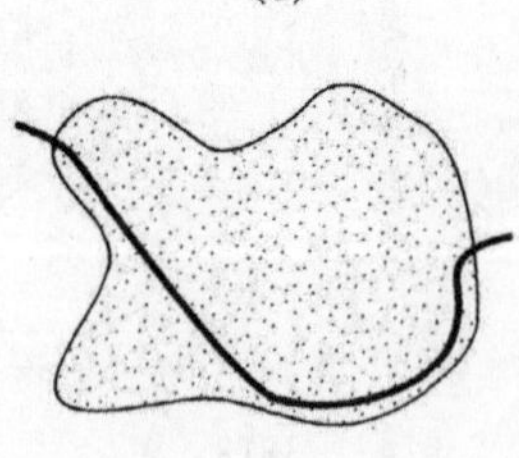

（f）

图4-1-3-23 几种不同的路径

4）以水体界定空间

水体是造景的重要因素之一，能为园林景观空间增添生动活泼的气氛，形成开朗的空间和透景线。用水面限定空间是在底面暗示空间的变化，比使用墙体、绿篱等手段生硬地分隔空间、阻挡穿行要来得自然、亲切，由于水面只是底面上的限定，能保证视觉上的连续性和渗透性，使得人们的行为和视线不知不觉地在一种较亲切的气氛下得到了控制（见图4-1-3-24）。同时，水体也有联系空间的功能，（参见1.3.3）。

图4-1-3-24

5）以建筑和构筑物界定空间

以景墙、廊架、构架、假山石、桥、建筑等要素界定的空间可形成封闭、半开敞、开敞、垂直、覆盖空间等不同的空间形式。如图4-1-3-25所示的，多以建筑物为空间界定物，以水体为构景主体，妙用山石、花木、门窗，使得空间的联系、转换和过渡达到炉火纯青的境界。另外，在以建筑为主体的景观空间中，室内庭园也是一种重要形式，将自然物巧妙地从外界引入占地少且带有顶盖的室内或半室内空间，具有自然的趣味。通常，利用建筑和构筑物或其组合形式分隔空间，在空间的序列、层次和时间的延续中，具有时空的统一性、广延性和无限性。

综上所述，景观空间的界定物和界定方式多种多样，设计中既要灵活应用更要擅长于综合利用，才能达到完美效果。以平地或水面和天空共同界定的空间具有旷达感（见图4-1-3-26）；以峭壁或高树夹持，其高宽比大约6：1～8：1的空间有峡谷或夹景感（见图4-1-3-27）；由六面山石围合的空间，则有洞府感（见图4-1-3-28）；以树丛和草坪构成的空间高宽比大于1：3，有明亮亲切感（见图4-1-3-29）；以大片高乔木和矮地被组成的空间，给人以荫浓景深的感觉（见图4-1-3-30）。一个山环水绕、泉瀑直下的围合空间则给人清凉世界之感（见图4-1-3-31）。一组由山环树抱、庙宇林立的复合空间，给人以人间仙境的神秘感（见图4-1-3-32）。一处四面环山，中部低凹的山林空间，给人以深奥幽静感（见图4-1-3-33）。以烟云水域为主体的洲岛空间，给人以仙山琼阁的联想（见图4-1-3-34）。还有，中国古典园林的咫尺山林，给人以“小中见大”的空间感。而大尺度空间中的园中园，给人以“大中见小（巧）”的感受。

图4-1-3-25

图4-1-3-26 水天一色

图4-1-3-27 峡谷空间

图4-1-3-28 洞府空间

图4-1-3-29 树木草坪的围合空间

图4-1-3-30 荫浓景深

图4-1-3-31 山环水绕、泉瀑直下的围合空间

图4-1-3-32 山环树抱、庙宇林立的复合空间

图4-1-3-33 山林谷地

图4-1-3-34 洲岛

4.2 空间的形式与特性

景观设计既能创造出一种使人产生愉快体验的空间，比如，绿草如织、连绵起伏，舒展开阔的高尔夫球场；同时空间也可以是为折磨使用者而设计，比如颜色复杂、光线强烈刺眼的拥塞空间。因此，空间的尺度、形状、特征必须与其功能相适应。

空间可以是内向、静态的，它可内向引导且集中人的兴趣或视线，整个空间似乎是为了收缩或压倒一切而建造，以产生激动或压抑感；空间可以是外向的，它可以无限扩展，把人的视线引向外部空间，促进向外运动的欲望。空间可以是私密的，不被人打扰，没有视线的干扰，人们可以悠然的歇息；空间可以是喧嚣热闹的，充满各种视觉要素与色彩，人们可以在此娱乐狂欢。空间的变化可从大到小，从轻盈缥缈到凝重沉闷，从动态到平静，从粗旷到精致，从简单到精巧，从阴郁到灿烂。空间的尺寸、形状、特征可以无止境的变化。

任何一种空间都具有抽象的特质或空间属性，每一种特质都是为了引发某种反应而设计的，也就是说不同的空间可以引发不同的感受，如紧张、松弛、欢乐、沉思、动感、愉悦等。不同空间可以诱发人们不同的行为，比如暗示人们停留或通过，同时人们会因不同的行为需求而选择不同的空间。因此，确定空间的性质是开展空间设计的第一步。

4.2.1 静态空间的视觉规律

上述各种空间感，多半是由人的视觉、触觉或习惯感觉而产生的。经过科学分析，利用人的视觉规律，可以创造出理想的空间艺术效果。

1）最佳视域

以眼底视网膜黄斑处中央微凹处为中心，作一中视线，再以中视线为中心轴，作成一圆锥形视锥，视锥的顶点就是眼球底部的黄斑，这样的视锥可称为“视域锥”或简称“视域”。双眼形成的视域为中心眼视域。人在眼球不转动时，在1度视域范围内的景物，能被分辨出精确细节，比如浮雕上的文字能被识别；在垂直视角为26度～30度，水平视角约为45度的视域内的景物的形状能被辨别；在60度视域范围外的景物便模糊不清了，人需要移动头部才能看清物体（见图4-2-1-1）。

人在转动头部的状态下赏景，景物的整体构图或整体印象就不够完整，且容易使人感到疲劳。最适视域，如主景是雕像、建筑、植物群落等，最好能在垂直视角为30度，水平视角约为45度的视域范围内。但是良好的视域是和观景点的距离（视距）、观景点的高低、赏景的方式以及不同的环境条件密切相关的。从景物的动静来分，动的如行云流水、人物舟车，静的如花草树木、建筑山石；从季候来分，有春夏秋冬、阴晴雨雪、夕阳晨曦；从景物的布局来分，有敞有聚、有明有暗；景物有的宜远观、有的宜近赏，应按照不同的情况做不同的处理。

2）最佳视角与视距

按照正常人的视力，明视距离为25～30厘米；明确看到景物细部的视野为30～50米；能识别景物类型的视距为250～270厘米左右，如识别雕像的造型与花木的类别；能辨认景物轮廓的视距为500米；视距大于500米时，只能辨识景物模糊的形象；能明确发现景物存在的视距约为1200～2000米，但观赏效果较差。至于远观山峦、俯瞰大地、仰望太空等，则是畅想与联想的综合感受了。利用人的视距规律进行造景和借景，将取得事半功倍的效果。

为了获得较为清晰的景物形象和相对完整的静态构图，景物设置时应尽量使视角与视距处于最佳位置。古代建筑师（如维茨鲁德）通常将水平视角控制在30度～35度间。这意味着在10米距离外，看到6米的高度，或者空间的长宽比例是5:3。许多古代的广场正是符合这个比例关系。

通常垂直视角为26度～30度、水平视角为45度时观景效果最佳（见图4-2-1-2）。维持这种视角的视距称为最佳视距，若假设景物高度为H，宽度为W，人的视高为h，α为垂直视角，则最佳视距与景物高度或宽度的关系表示如下：

$D_H=(H-h)\cot\alpha=(H-h)\cot(1/2*30^\circ)=(H-h)\cot 15^\circ=3.7(H-h)$

$D_W=\cot 45^\circ/2*w/2=\cot 22^\circ 30'*w/2=2.41w/2=1.2w$

式中D_H是指垂直视角下的视距，D_W是水平视角下的视距。由于景物垂直方向的完整性对构图影响较大，若D_H和D_W不同时，应在保证D_H的前提下适当调整以满足D_W。例如苏州网师园中部水池及周边岸景空间小巧而不局促，水池居中，亭廊轩榭依水而建，从月到风来亭观对面的射鸭廊、竹外一支轩和黄石假山时，垂直视角约为30度、水平视角为45度，均处在较佳的范围内，观赏效果较好（见图4-2-1-3）。

在欧洲，雕塑的传统经验认为，人的视野决定了观看雕塑的最佳点，通常设置以下三种视角与视距关系（见图4-2-1-4）：①当观景点位置处于D：(H-h)=3：1、垂直视角接近18度时，能看景物全貌及周边环境，即全景最佳视角与视距；②当观景点位置处于D：(H-h)=2：1、垂直视角接近27度时，基本能看清景物的整体，即雕塑或碑体最佳视角与视距；③当观景点位置处于D：(H-h)=1：1、垂直视角接近45度时，只能看清景物的局部或细部，即细部最佳视角与视距。为了防止观景者不小心进入小于观察细节的地带而看到景物失真的形式，在许多古老的纪念碑的这个界限边界会设置绿篱、栅栏、铁链或高高的台阶。

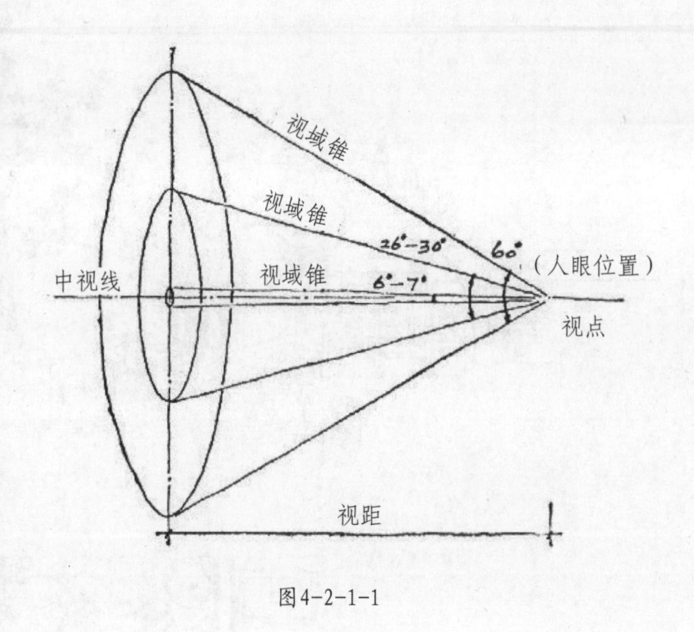

图4-2-1-1

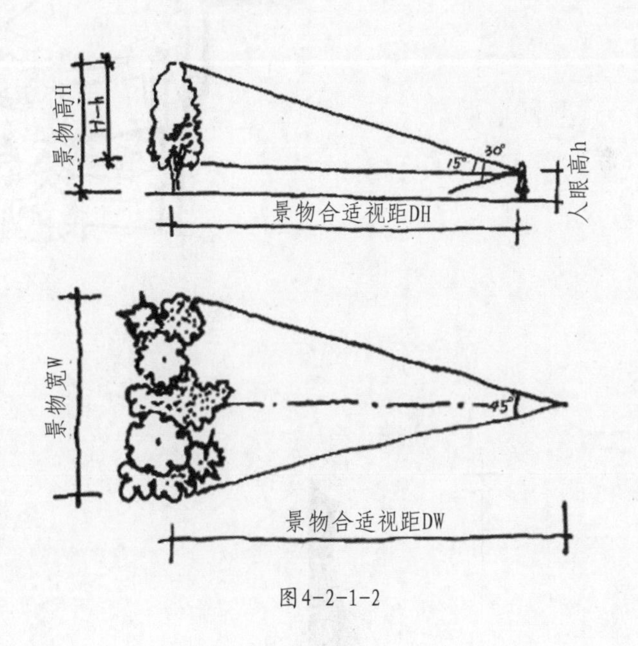

图4-2-1-2

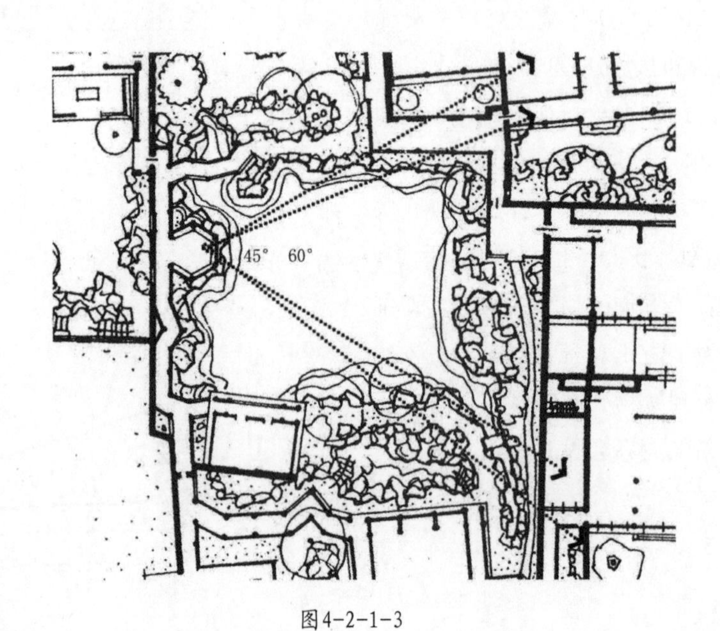

图4-2-1-3

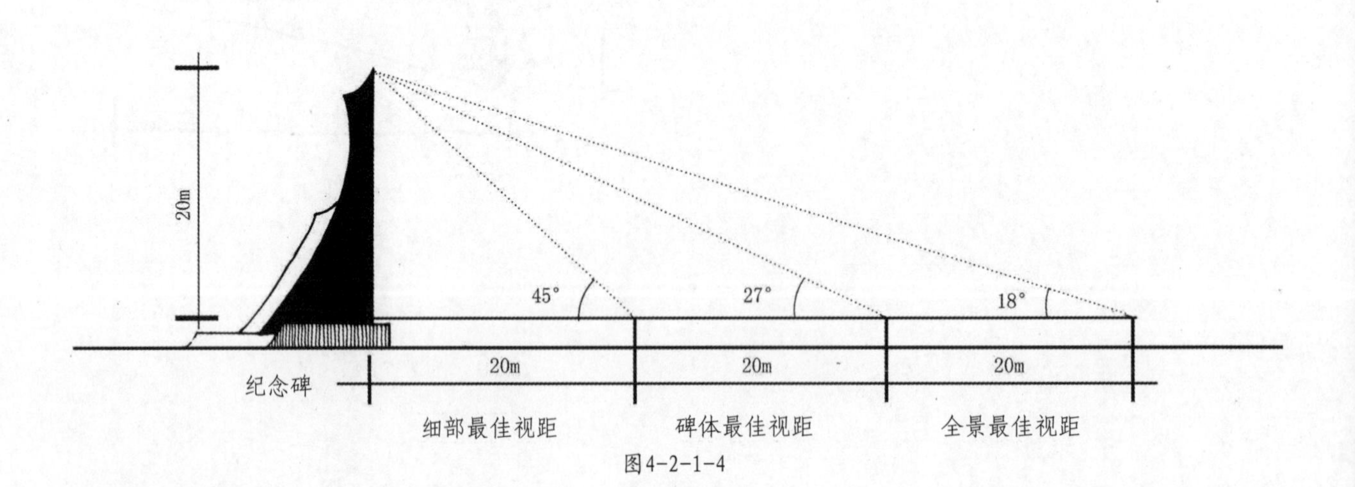

图4-2-1-4

3）平视、仰视、俯视

游人在观赏的过程中，因所处位置不同，或高或低而有平视、俯视、仰视之分。在平坦的滨水空间观景，景物深远，多为平视；在低处仰望高山或高楼，则为仰视；登上高山高楼，居高临下，景色全收，则为俯视。

（1）平视。平视是中视线与地平线平行而伸向前方，游人头部不必上仰或下俯，可以舒展的平望出去，不易疲劳，给人以广阔宁静的感受，坦荡开朗的胸怀。平视景观由于与地面垂直的线组在透视上无消失感，故景物的高度效果较弱；不与地面垂直的线组均有消失感，因而景物的远近深度表现出较大的差异，有较强的感染力。因此，平视景观宜设置在视线可以无限延伸的位置，具有平静、深远、安宁的气氛。如城市公园中的安静休息区或休、疗养地区，并布置用于休息远眺的亭廊构架。杭州西湖多恬静舒适，与有较多适于平视的景点分不开（见图4-2-1-5）；扬州平山堂上展望江南诸山，能获得“远山来此与堂平”的感觉，故堂名取平山。若想获得视野宽阔的平视景观，可利用提高视点的方法。

（2）仰视。仰视是中视线上仰，不与地平线平行，与地面垂直的线组产生向上消失感，故景观高度方面的感染力较强，具有高远感，易形成雄伟严肃的气氛。一般认为视景仰角分别为大于45度、60度、80度、90度时，由于视线的消失程度可以产生高大感、宏伟感、崇高感和危严感。若大于90度，则产生下压的危机感。这种视景法又叫虫视法。在中国皇家宫苑和宗教园林中常用此法突出皇权神威，或在山水园中创造群峰万壑、小中见大的意境。北京颐和园中，从德辉殿仰视佛香阁，仰视角为62度，由下往上看，佛香阁宛如神仙宫阙，高入云霄，眼前石阶又如云梯，步步引导上升，产生宏伟感。但仰视景观对人的压抑感较强，使游人情绪比较紧张，产生自我渺小感（见图4-2-1-6）。

又如一座50米高的纪念碑，站在距离约10米处观赏，碑的下部就显得特别庞大，上部因向上消失关系，体型感逐渐缩小，能增加纪念碑的雄伟气氛（见图4-2-1-7）。

在园林景观中，有时为了强调主景的崇高感，常把视点安排在主景高度1倍的范围内，并不留有后退的余地，运用错觉形成景物的高大感。中国古典园林中堆叠假山，不从假山的绝对高度去考虑，而是将视点安排在较近的距离内，使假山有高入云霄的感觉（见图4-2-1-8）。

（3）俯视。俯视是指中视线与地平线相交，因而垂直地面的线组产生向下消失感，故景物越低就显得越小。“会当凌绝顶、一览众山小”即为此意。

居高临下，俯看大地，绘画中称之为鸟瞰。俯视也有远视、中视和近视的不同效果。若游人站在高处而视线水平向前，下面的景物就不能映入60度的视域内，因此必须低头俯视。一般俯视角小于45度、30度时，则分别产生深远、深渊、凌空感。当小于10度时，则产生欲缀危机感。居天都而有升仙神游之感。

俯视景观易有开阔惊险的效果。在形势险峻的高山上，可以俯瞰深沟峡谷。滨水地段无地势可用者可建高楼高塔，如镇江金山寺塔、杭州六和塔、昆明西山龙门、北京颐和园的佛香阁、美国纽约洛克菲勒中心观光台上俯瞰纽约中央公园（见图4-2-1-9），都有展望河山使人胸襟开阔的好效果。而峨眉山的全景，高达3000米多，有“举头红日白云低、五湖四海成一望”的感觉，若有“佛光”、日出、雪山等，更是气象万千了。

图4-2-1-5

图4-2-1-6

图4-2-1-7

图4-2-1-8

图4-2-1-9

4.2.2 空间的虚实

空间的虚实不同于文学、电影、绘画、雕塑等的虚实，空间的虚就是“无”，人可存在其中；空间的实就是“有”，就是实体。设计者关心的不是空间虚实的本身而是空间的虚实给人带来的审美心理效应。如图4-2-2-1所示的三种空间给人的感受截然不同，从形象所引出的行为心理来看：图(a)空间封闭；图(b)空间开敞；图(c)空间无拘无束，但较含蓄，要靠想象。

空间并非越虚越美，而是要视不同的功能需求采用相应的处理手法，形成“虚实并举、实中有虚”的有效空间。下面分别以杭州的西泠印社和扬州个园为例，对空间的虚实问题进行分析。

如图4-2-2-2所示的西泠印社位于杭州西湖孤山西侧。沿孤山路有围墙、漏窗、圆洞门，其立面实中有虚。入园后的第一进空间，北有主体建筑柏堂，西有小巧玲珑的竹阁作为陪衬，在西泠印社整个序列空间中成了“序空间”。由东围墙、廊、柏堂（1）、竹阁（2）及南围墙合成的空间有几个豁口，特别是强调上山去的通道，东为实墙，不做漏窗，北端又有一廊，更引人入胜。然后蹬道北上，经过一段“曲径通幽”的虚空间（树林不密，属虚的处理）。山川雨露书室（3）和四照阁（4）两个建筑位于半山腰，形成山上山下的过渡地带，游人在此可稍作停留。但这二个建筑的虚实处理手法不同，山川雨露书室的建筑横向展开，与行进方向垂直，将山上山下二个空间分开，是“实”的处理。而在踏步尽头有一通道，形成豁然开朗之趣。穿过山川雨露书室拾级上山，折向东，踏步尽头即四照阁，侧墙一挡，视线反弹，有石级“指路”，转向北，上山顶。山顶空间更妙，空间围而不合，以虚为主。建筑布置于四周，南面建筑临崖、西有石室，北有观乐（5）、华严径塔（6）及岩石，东有题襟阁（7），山顶中间有一石池。游人既可以感受到空间的围合，又能见到山下的西湖美景。由此可见，西泠印社的空间虚实极为得体。

如图4-2-2-3所示的扬州个园的空间布局与一般的古典庭园式布局不同，入园之后，迎面是主体建筑“桂花厅”，中轴线对称，但两侧没有以廊或围墙构成封闭式中庭，而是通透的，让主体建筑桂花厅形成一个“实体”，设立于园的正中。园的北面以二层的楼廊“抱山楼”界定，两端连接假山，人在园中，感觉北向空间无限伸展，也是虚的处理手法。园中水池，池中一桥，池东一亭，让水面空间虚虚实实，情趣甚浓。个园的虚实处理的唯一缺点是入口的漏窗，面积似太大，从墙的整体看，虚实各半，主次不清。

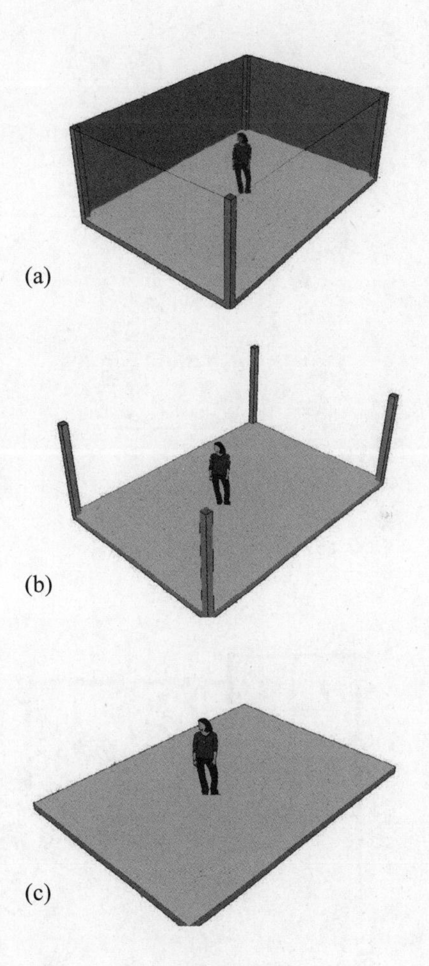

图4-2-2-1

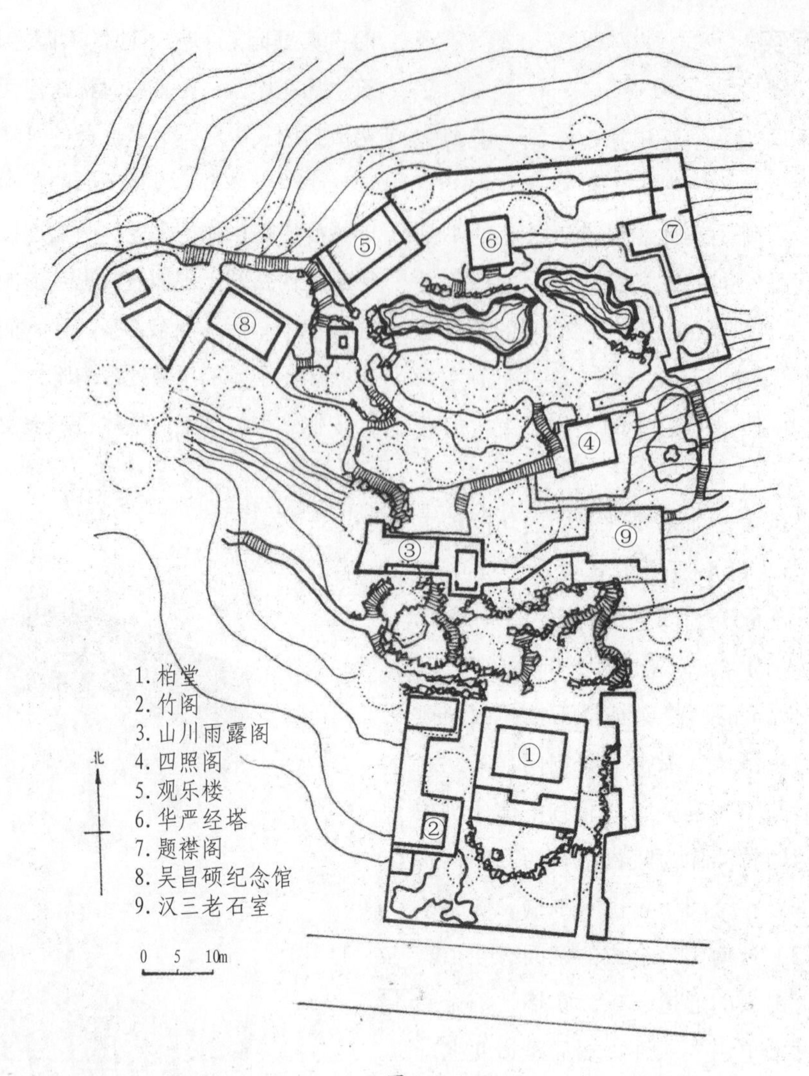

图4-2-2-2

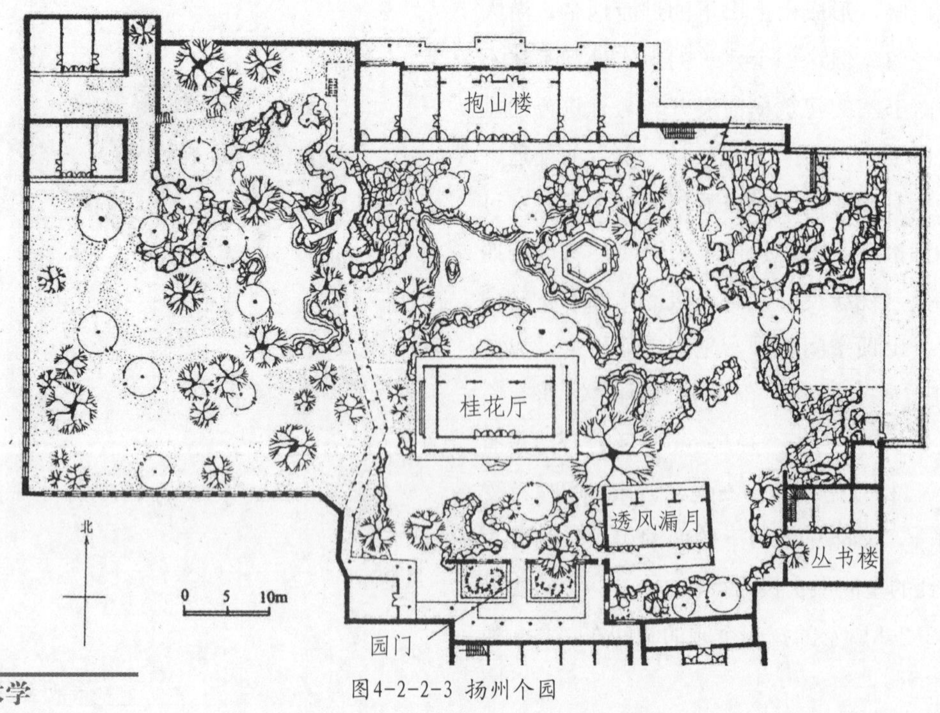

图4-2-2-3 扬州个园

空间的虚实与“知、情、意”三种审美层次存在一定的关联性。

“知”是人人都具有的不断地“知”的愿望，这种“知”的过程也会升华为美感，人们从长期的生存经验中下意识地积淀出这种属于审美意识的求“知”性。空间的含蓄、藏露、虚实，也就从“知”之无穷中显现出它的美。如图4-2-2-4所示的两座山，在视线方向重叠起来，给人以空间的“虚”，其中的（a）比（b）好，因为两山之间形成了一个空间，人希望“知”这个空间，所以产生审美上的“引力场”。空间的虚可以是“无”中生“有”。如图4-2-2-5所示的空间只是几根柱子，这个空间的限定度很弱，要靠人去想象，这也是“知”的审美升华。北京天坛里的圜丘，只有三层台，没有顶，但人们知道“天圆地方”，知道此为皇帝祭天之处，人们会发现它的“屋顶”就是天穹（见图4-2-2-6）。这种“知”之美也就立即显露出来了。

空间之“情”，对于虚实来说，在于关系。如果说，一个空间，上顶下地，四周实墙，岂不象牢笼！但一块空地，什么限定物也没有，空间成为乌有！虚实之间必须巧妙取之，才产生情态。“暧昧”空间（见图4-2-2-7）就是一种既虚又实的空间。

“意”高于情，完全是形式的美。如果一个空间能被解读出一定的结构关系，就产生一种形式感，美亦在其中。图4-2-2-8所示的是苏州留园的静中观一景，体现的是一种“悟”的关系，达到了审美的“意”的境界。这种“意”，就是视对象的形式美，也是“知”和“情”的升华。

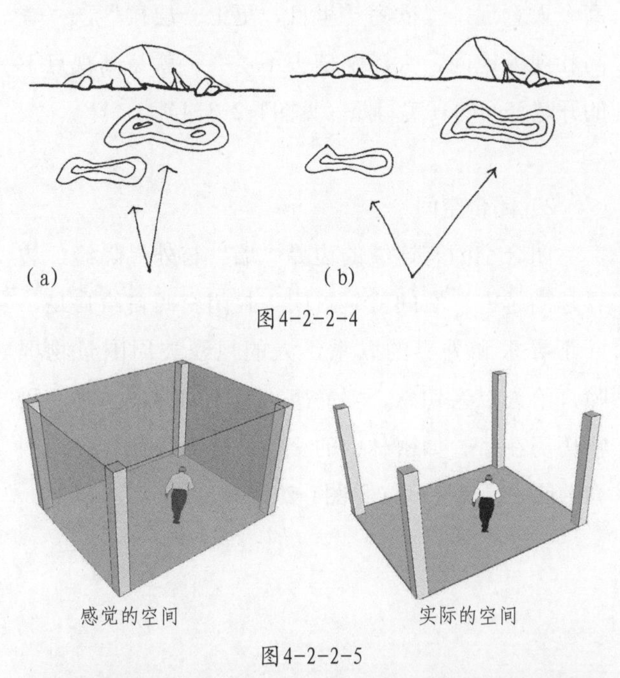

图4-2-2-4

图4-2-2-5

图4-2-2-8

图4-2-2-6

图4-2-2-7

4.2.3 空间的开闭

空间的开闭程度取决于围合空间的竖向要素（边界）的高度、密实度和连续性。竖向要素是空间的分隔者、屏障、挡板和背景，称为“墙”，包括建筑、墙体、栅栏、山石、植物等。复合边界由沿边界线排列的不同元素组成：单棵的树、单片的灌木丛、曲折的建筑、室外家具（长凳、灯具、柱体）、石头、连续的墙。

根据卢原义信外部空间的设计理论，不同“墙”高影响空间的开闭程度：“墙”高30厘米时，能够勉强区别领域，几乎没有封闭性，由于它刚好成为座凳的高度；60厘米的高度与30厘米较为相似，在视觉上有连续性，还没有达到封闭性的程度；“墙”高达到120厘米时，身体的大部分逐渐看不见了，让人安心的感觉，与此同时，作为划分空间的隔断性加强了，但在视觉上仍然具有较强的连续性；当“墙”高超过人的眼高时，遮挡了地面的连续性，形成封闭空间。由此可见，空间的封闭性就是比人视线高的“墙”体隔断了地面的连续性而产生的（见图4-2-3-1）。

空间的开闭程度还取决于围合的竖向要素的“墙”的密实度与连续性：实墙完全分隔，形成封闭空间（见图4-2-3-2a）；带有漏窗的隔墙或植物隔断使得空间相互渗透（见图4-2-3-2b）；双面空廊则使空间通透（见图4-2-3-2c）。

1）开敞空间

开敞空间的边界是开放的，与外界产生或多或少的清晰的定向联系，关键是运动的自由度与视线。

开敞空间是以平地（或水面）和天空构成的空间，有旷达感，令人心旷神怡。面对开敞空间时，若游人的视点很低，与地面透视成角很小，则远景模糊，易取得平静的意境。古人诗云“孤帆远影碧空尽，惟见长江天际流”就是低视点下的开敞空间的真实写照（见图4-2-3-3）。若把视点的位置提高，与地面透视成角加大，远景鉴别率就会逐步提高，视点愈高，空间范围扩展，视界也愈开阔。登高令人意远，“欲穷千里目，更上一层楼”，“登高壮观天地间，大江茫茫去不返”，就是高视点下的开敞空间的真实写照（见图4-2-3-4）。

2）闭合空间

闭合空间有连续的边界“墙”与外界隔绝，边界越高越密，空间就越封闭。封闭空间自给自足，并不寻求和外界的联系，人的视线被周围景物屏障，给人以亲切感、安静感，近景的感染力强，景物历历在目。如密林中的空地、环山谷地、高墙围合的园中园等空间（见图4-2-3-5）。

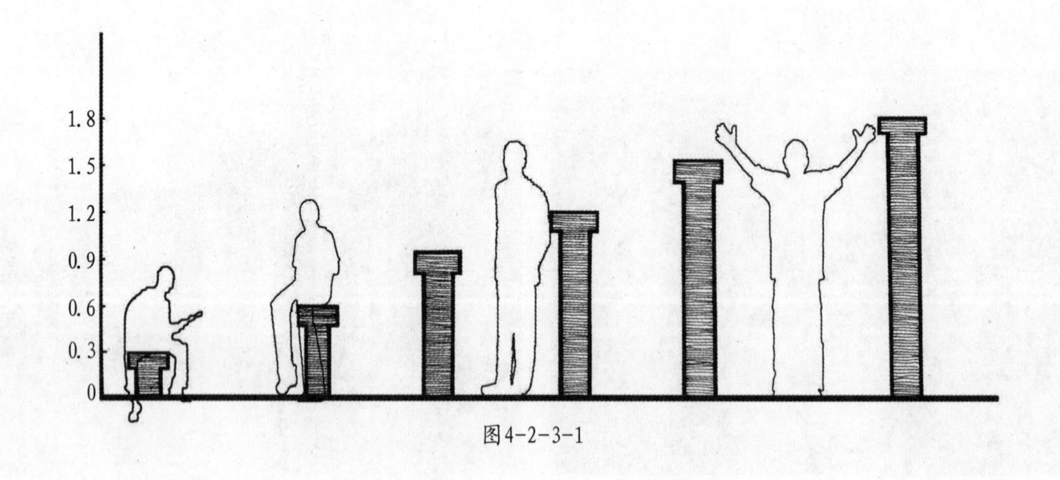

图4-2-3-1

图4-2-3-2a

图4-2-3-2b

图4-2-3-2c

图4-2-3-3 孤帆远影碧空尽，惟见长江天际流

图4-2-3-4 登高壮观天地间，大江茫茫去不返

图4-2-3-5 高墙围合的空间

4.2.4 空间的尺度

1）空间尺度应合乎空间的使用功能和氛围

众所周知，与人密切相关的各种空间的尺度极大地影响着人的情感与行为。人们在室外环境体验到的是一系列从巨大到微小相互联系的空间。不同尺度的空间可以提供不同的用途，人们会为那些适合自己需要的空间所吸引，而对于那些看来与人们想像中的用途不相适合的空间会产生排斥，或者至少对其不感兴趣。因此，空间尺度应合乎空间的使用功能和氛围。

很多成功案例就有许多符合人体固有尺度和个性化特征的景观空间，这种空间只要有人存在时才是完美的。例如，日光寺院花园，只有当寺院主持和他的追随者们安然坐于低矮而宽阔的台阶上或在枝桠横生的松树间及安静的池塘边沉思漫步的时候，它才是完美的。

空间尺度既要符合空间的使用需求外，还要符合空间氛围的营造需求。大尺度空间给人气势磅礴之感，感染力强，使人肃然起敬，如法国巴黎的凡尔赛宫苑、北京天安门广场等政治空间或纪念性空间，象征着财富与权力（见图4-2-4-1）；小尺度空间则营造舒适宜人亲切的空间氛围，在这种空间中交谈、漫步、坐憩常使人感到舒坦、自在，比如江南的私家园林、居住组团的绿地空间（见图4-2-4-2，图4-2-4-3）。

某些空间是人为控制的，通常人手臂的可及范围或轿车的转弯半径决定其尺度。而另外一些空间则控制着人们的情绪，大峡谷的参观者会被那高得令人眩晕且深不可测的峡谷风景所深深震撼。而身处峡谷中的人们则会如一只在茫茫天穹之下的蚂蚁一样惊惶于自己的渺小。

图4-2-4-1 大尺度空间—北京天安门广场

图4-2-4-2 小尺度空间—苏州网师园殿春簃

图4-2-4-3 小尺度空间—居住区组团绿地

2）空间尺度取决于人的远近

从社会心理学的角度，空间尺度取决于人的远近。E. T. 霍尔（E.T.Hall《隐藏着的距离》）认为空间有4种距离：亲密距离（小于0.5米）、私人距离（0.5～1.0米）、社会距离（1.0～2.5米）、公共距离（5～10米）。

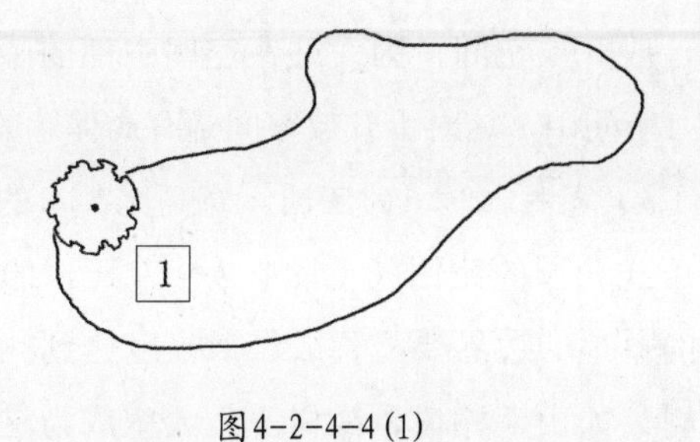

图4-2-4-4(1)

亲密距离（小于0.5米）是人与人之间的距离小于0.5米，只有很亲近的人在这种距离中相处才不会紧张，这时的信息主要靠触觉和嗅觉传递，视觉反而不重要。

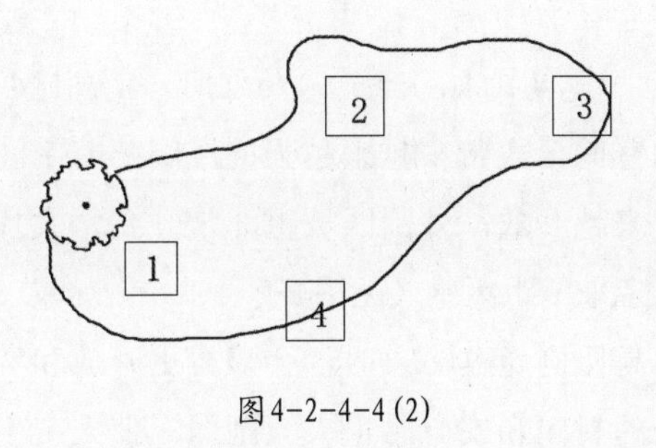

图4-2-4-4(2)

私人距离，即人与人之间0.5～1.0米距离，基本符合一个人的保护圈的大小。触觉与嗅觉在信息传递中起部分作用，视觉开始起支配作用。在私人距离的空间里，陌生人会感到紧张，本能会移远距离，假如这种移动无法实现，则人会感觉不可靠的恐惧、紧张及无助。例如在载满人的电梯与拥挤的公交车上，或快餐店中小桌上的陌生人及在公园中长椅中坐着的陌生人。

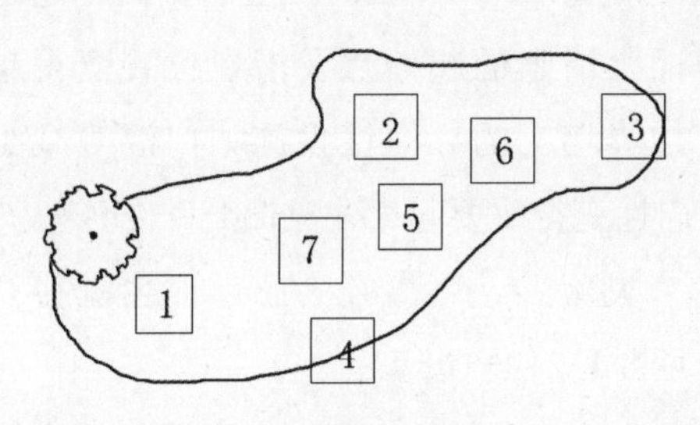

图4-2-4-4(3)

社会距离通常在1～2.5米及2.5～5米之间的距离，能从一个人的肢体语言观察一个人，认知完全依靠视觉和听觉。在空间设计中要注意合理安排长凳、桌子宽度、游戏位置等时，陌生人互相影响有助于维持社会距离。社交距离使人有交流的欲望，在小的社会距离里进行不交流活动，如阅读，会让人产生不安的感觉，人会本能的离陌生人更远；在大的社会距离里，交流的压力会明显减小。

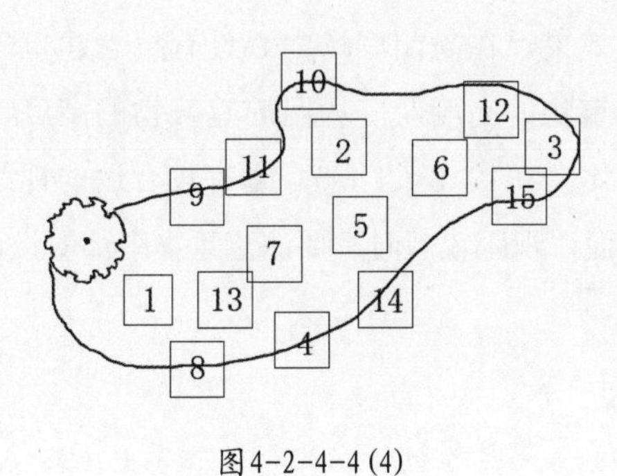

图4-2-4-4(4)

公共距离的覆盖范围是5～7～10米，陌生人保持社会距离是抗拒交流的明显标注。比如，在一个气候舒适的下午，在日光浴草地上，人对空间位置的选择，有一棵树在西南角，人们会选择坐在哪里呢？如图4-2-4-4所示，（1）中表示第一个来到这个场地的人会选择靠近大树；（2）陆续过来的3～4个人会选择边界的区域；（3）当第5个人来到草地，为了保持社会距离只能选择中部区域；（4）所有后来的人都保持了较远的社会距离。

3）空间尺度感取决于人与空间的关系

空间尺度感几乎不依赖于测量上的尺寸。空间所传达的狭窄或宽广感是依赖于观察者与空间中构成边界的实体距离及观察者眼睛与边界实体的高差。评价一个空间尺度是否适宜的标准就是人与空间的比例关系。也就是说，空间感取决于两个方面的因素：观察者和被观察物体间的距离（见图3-2-5-13）；观察者和被观察物体间的高差（见图3-2-5-17）。

4）空间尺度的适宜性分析

相对闭合空间给人以亲切感、安静感，近景的感染力强，景物历历在目。当空间宽度为景物高度的3～10倍时，景观艺术价值渐高；当空间宽度与景物高度之比小于3或大于10倍时，景观艺术价值渐低。特别是当空间宽度小于景物高度的3倍时，会有“井底之蛙”的感觉。

（1）宽高比1∶1的空间。在公共开放空间，通常不推荐使用宽高比1∶1的空间，因为这时看不见天空，空间感觉狭小局促。但在建筑中庭等私人空间中，能唤起积极的联想，比如有保护感、安全感等（见图4-2-4-5）。

宽高比1∶1的空间适用于希望保持孤立隔绝的环境中。假如因为现存建筑、大树而造成的空间局促感可使用以下方法改善：①使边界减少支配感；②加强界面基础或削弱边界顶部；③在边界中部设置构架等设施、在边界下部1/3处设置低矮植物或雕塑；④增加花境或运用多色彩的地面铺装将人的注意力转化到地面来。

（2）宽高比2∶1的空间。假如寻求具有一定隔离感或安全感、但没有局促感的空间，推荐使用宽高比2∶1的空间（见图4-2-4-6）。关键是要保证隔离感，边界和地面需要稳固的实体相接，如不透明、封闭的边界墙。但2∶1空间不适合明确强调中部的一般开放空间，因为站在空间中部的感觉类似在1∶1空间中，这对于开放空间是有局促感的。

（3）宽高比3∶1的空间。宽高比3∶1的空间是古代英式花园的比例（见图4-2-4-7）。100～120米宽的草地的边界要配置成年后高度达到30～40米的大树，如山毛榉树、橡树等，天空成为这片草地视觉上的重要组成部分，从边界来看，空间看起来很开放宽敞；从中部看，空间显得有保护感和封闭感。

（4）宽高比4∶1至6∶1的空间。宽高比4∶1到6∶1的空间给人带来越来越强的广阔感，空间的中部也越来越开放，外围区域也非常开阔，大片可见的天空带来了距离感（见图4-2-4-8）。如果一个空间的宽高比例超过6∶1时，会显得更开放和宽阔，边界处的封闭和安全感也大大削弱。使人产生“巨大天空下的失落感”，但是也能感觉自由与明亮。

（5）宽高比6∶1的空间。空间宽高比超过6∶1时，地面上清晰的起始点及潜在位置变得越来越重要；边界墙上的导向性设施如门洞等减少，通道的导向性变得重要起来（见图4-2-4-9）。10∶1空间有“失落”、“离开”感，但也觉得开阔、自由（见图4-2-4-10）。

景观建筑如有精致而优美的外形，可分别在建筑物高度的1、2、3、4倍距离处设置场地布置观景点，使观景者在不同视距内对同一景物能收到步移景异的效果。在封闭广场中心设有纪念建筑时，该纪念建筑物的高度及广场四周建筑物的高度与广场直径之比宜在1∶3～1∶6，方有较合适的视距。若用地局促，视距较短时，要注意景物细部的设计。

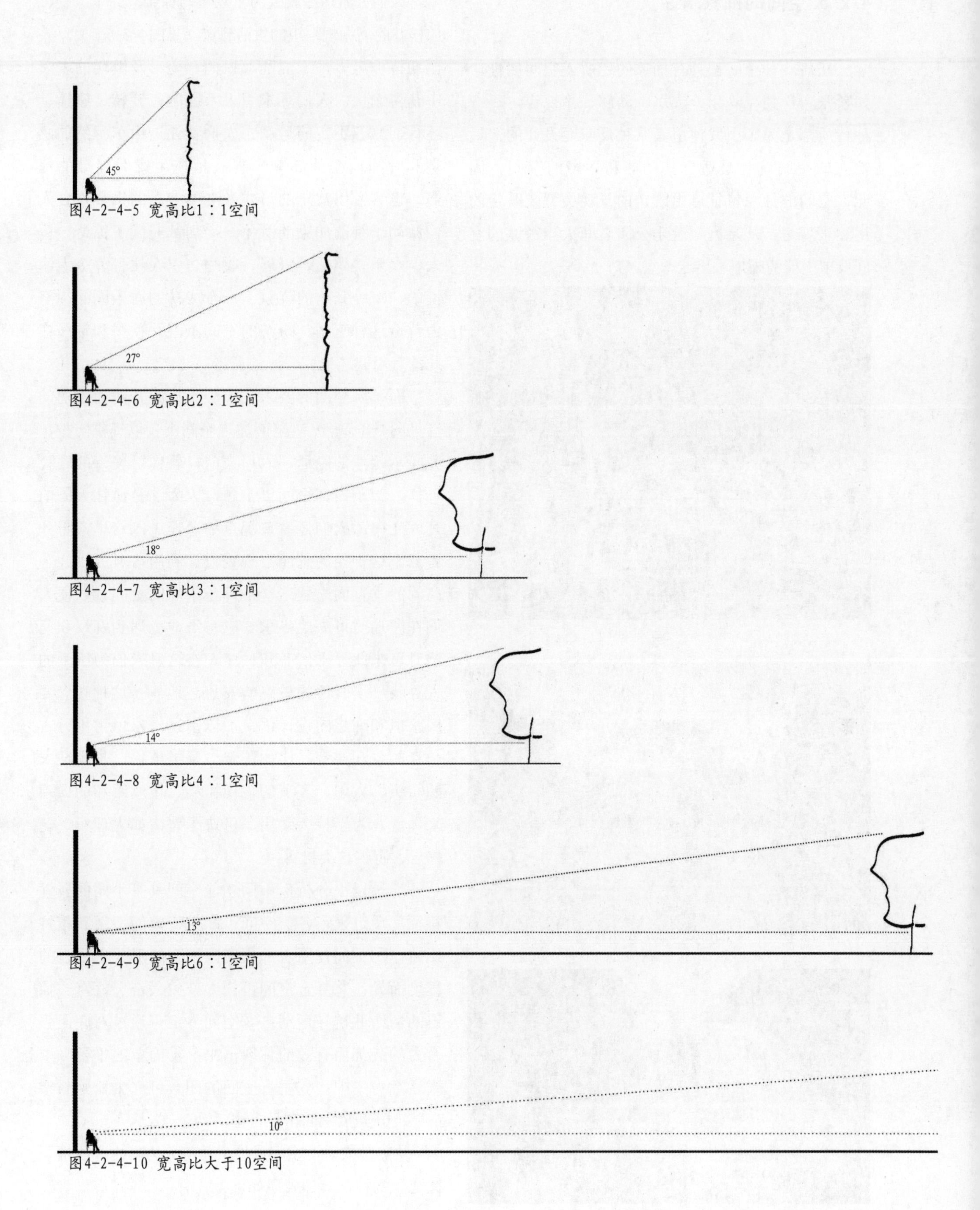

图4-2-4-5 宽高比1：1空间

图4-2-4-6 宽高比2：1空间

图4-2-4-7 宽高比3：1空间

图4-2-4-8 宽高比4：1空间

图4-2-4-9 宽高比6：1空间

图4-2-4-10 宽高比大于10空间

4.2.5 空间的抽象属性

任何一种空间都具有抽象的特质或空间属性，如紧张、松弛、欢乐、沉思、动感、愉悦等，每一种特质都是为了引发使用者某种反应而设计的。最怡人的空间就是最适合其功能和环境的空间，因此，空间的抽象特征可由既定的景观类型或既定的用途来表达。从墓园与游乐公园之间大相径庭的空间要求中能清晰地看出这一点。

图4-2-5-1 游乐园

图4-2-5-2 南京中山陵

图4-2-5-3 黄果树瀑布

人们去游乐园就是为了欢笑与惊奇，为了改变、放松并脱离循规蹈矩的生活轨迹（见图4-2-5-1）。人们期待被愚弄，于混乱、扭曲、变形及滑稽的表演中获得愉快。人们寻求引人入胜的、旋转、碰撞、环行、飘忽不定的运动。人们喜爱过山车飘然的感觉和呼啸而至的高潮，喜欢招揽生意者轻敲的锤声，也喜爱以欢乐的形式弹奏的喧嚣的钢琴声。人们激动于绚丽如染的颜色。一切都充满了惊奇、诱人、娱乐、飘摇、舒展、收缩、引人注目、令人愉悦的、喧哗狂欢的气氛。一个成功的游乐园必须努力营造这种喧闹、纷杂的空间氛围。秩序和轴线在此没有用武之地。

而墓园空间的要求是宁静不朽、开阔而美丽的（见图4-2-5-2）。墓园通过空间围合以提供防护，并暗示超然的隐退。入口大门，就像赞美诗的序言一样，给予内部空间以主题，因为这是通往天国的凡间之门。人们怀着最沉重的悲痛进入这里，将死者葬于这神圣的墓园。规划设计利用古典的轴线、高耸的垂直面来营造一个神圣崇高的空间，以便人们在悲痛时可来此寻求安慰与舒适；遇到麻烦和问题时可来此寻求信心和秩序。在这里人们为所爱的人寻找一块合适的最终的安息之地——这种观念要用永恒和理想的设计语言加以阐述。永恒可用万古长青的景观要素，比如苔藓、蕨类植物、长满地衣的石头、太阳、多节的古橡树林、坡度缓和的山顶来体现。为了持久耐用，可选一些诸如大理石、花岗岩、青铜这类材料。

通过以上分析，不同功能空间具有不同的属性特征。反过来，各类空间可产生特定的情感和精神影响：①空间使用者的反应因围合的形式或围合的程度而异；②复合空间可让人产生兴奋、好奇、惊讶的情绪并诱导运动；③空间界定可通过对底面强有力的装饰而有效的体现出来；④简单的平台吸引人注意力集中；⑤垂直空间的闭合可产生松弛与宁静感；⑥开放空间诱导自由活动。

从美学来讲，空间属性大体可分为言志和缘情、比德和畅神，具体表现如下：

1）崇高性空间

什么是崇高？从美学的观点说，崇高与惊惧心理有一定联系。英国哲学家博克（1729～1797）认为：“自然界的伟大和崇高所引起的情绪是惊惧。在惊惧的心情中，一切活动都有某种程度的恐惧和停顿。这时人们的心完全被对象占领而不能同时注意到其他对象。惊惧是崇高的极端效果，次要的效果是欣羡和崇敬。”因此，景观空间的崇高性要从惊惧和欣羡之间把握。

从审美上说，崇高与言志、比德这两种审美心理是相结合的。美是在一种折服中产生的，所以孔子说“仁者乐山”。如气势磅礴、一泻千仞的黄果树瀑布、巍峨的泰山等景象空间之所以有崇高之美，也正是人们在令人惊惧而又尚未被吓得恐怖不堪的心理中，感到这种环境有一种“压倒心灵”的带有宗教的心态（见图4-2-5-3）。

寺庙为什么都建在山上，纪念塔为什么要建在高地，就是借助山或高地的崇高，使这种景观空间更符合宗教和纪念的需求。如图4-2-5-4所示，人在低处，山势渐高，空间层层上推，是一种旨在给人以言志、比德的审美情态。

2）寄情性空间

寄情性是就空间的情态而言的，寄情符号是其核心，包括原型的与俗成的两种。如杭州西湖“断桥”有关“白蛇传”的情态积淀就是一种俗成的缘情符号。空间的深远感是一种情态的表述，是寄情的原型符号。比如，苏州拙政园虽然不大，但苏州园林精湛的造景技法，使视线无限延伸，空间有深远之感。营造深远感的手法有3种：①收缩视野，产生深度与宽度上的对比；②增加层次，形成深度判断上的错觉；③掩映手法，产生含蓄之感。②与③的两种手法，本身也是缘情之美，因此，以苏州拙政园为代表的中国古典园林总是通过艺术的手法寄情于景。

空间正是从限定物的视觉信息中映射出空间气质的。从缘情性来说，塔本是佛教建筑之一，但中国的佛塔具有特殊性。自从佛塔世俗化之后，塔的形象也变得多情起来，已不属于原型，而增加了许多俗成的元素，比如杭州雷锋塔的典故等。

3）畅情性空间

宗炳曰：“神之所畅，孰有先焉？”。畅神，是审美心态中的最高境界，它排除了种种社会伦理习俗等文化层次，而跃到了一个新的审美境界。康德认为：“审美情趣是一种不凭任何功利性而单凭是否有愉悦感来对一个对象或一种形象显现方式进行判断的能力。能给人带来愉悦感的对象，就是美的。”所谓功利性，就是由种种社会因素所引起的，诸如尊重、归属、伦理关系等，而“美”一旦排除了这些因素，则就走向纯形式的美，只留下自然的美，这就是形式美。

因此，畅神性的空间也包括情态性景观空间，如水乡秀色、人工的庭园景观、建筑造型等都排除了“功利性”这一层次。又如黄山天都峰与庐山三跌泉等景观空间（见图4-2-5-5），给游人既带来了惊惧的崇高美感，又带来经过艰难历程达到目的之愉悦感，这就是畅神性景观空间——能引起人们既惊惧又欣喜的情感反应。

图4-2-5-4 不丹的虎穴寺

图4-2-5-5 黄山天都峰

4.2.6 空间的层次、序列及轴向

1）空间层次

宋代词人欧阳修的诗句“庭院深深深几许？杨柳堆烟，廉幕无重数”所描述的庭院空间可被“译”成视觉语言（见图4-2-6-1），即空间层次在于限定物的适当安排。如图4-2-1-4，就是以山作为限定物，形成的三部分空间，即山前、二山之间、山后。因此，从“旷奥”来说，层次属于奥。而空间层次感的审美在于“知”和“情”，并且由此而升华为“意”，即形式感。具体可从以下几个方面理解：

第一，视觉上的空间层次。例如杭州西湖——第一层由“三潭印月(小瀛洲)”内的堤，形成湖面空间的层次，第二层由白堤、苏堤而形成湖面空间的再分隔，一直到后面的宝石山、保俶塔。而从形式来说，水面空间在大小上也有对比的关系，即近小、中大，远小（见图4-2-6-2）。

第二，“非视觉直观”的空间层次。例如江南私家园林，空间层层深入，情趣无穷。苏州怡园，从入口开始层层深入，形成序列式的空间，而不是一眼能望到头的（见图4-2-6-3）。因此，它的美也由“知”和“情”升华为“意”。而苏州留园的入口处，空间转弯抹角，有大有小，有长有扁，有明有暗，这就叫“引人入胜”（见图4-3-4-5）。层次空间的运用应当别出心裁，恰到好处。利用空间层次的处理，可形成“小中见大”的效果。

总体而言，层次的处理有两种形式（参见4.3）：一是单个空间的处理方式，即利用藏露，使空间扩大；二是多个组合空间的处理方式，即利用空间序列，使空间有“无穷”之感。无论采用哪种处理形式，设计者都必须注意这一点：层次不是目的，空间之大、之多，也不是目的，目的只有一个，就是形式的美感。

图4-2-6-1 庭院深深深几许

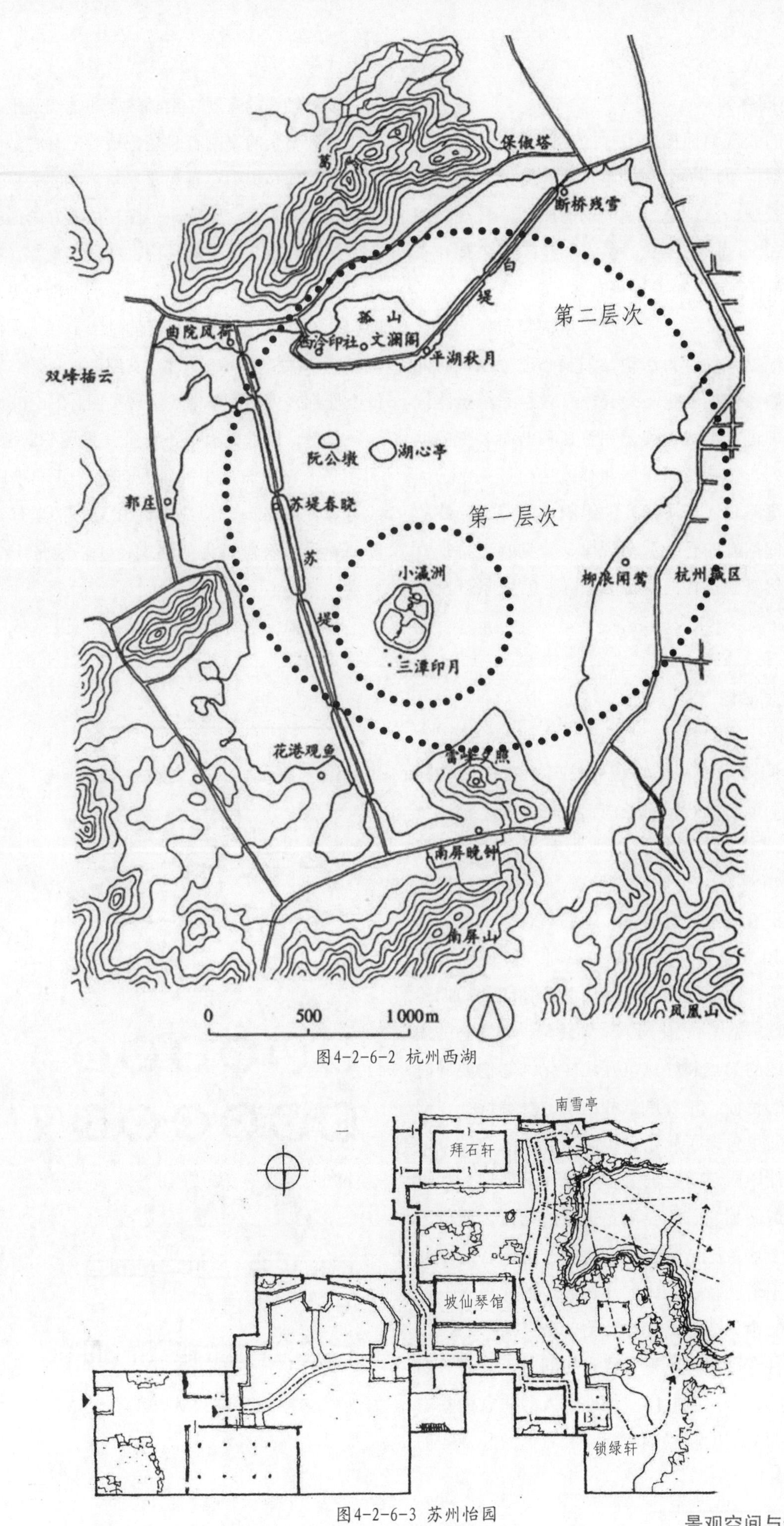

图4-2-6-2 杭州西湖

图4-2-6-3 苏州怡园

2）空间序列

不同的景观界面构成多样的空间类型，而不同的空间类型应组成一个有机整体，并给游人展现丰富的连续景观，这就是景观的动态序列。景观空间序列的建立如同写文章一样，有起有结，有开有合，有低潮有高潮，有发展也有转折。

空间序列是关系到园的整体结构和布局的全局性问题。根据人的行为活动、知觉心理特征，时间与自然气候条件的变化与差异，有效组织游览路线和观赏点，可以形成连续、完整、和谐而多变的动态空间序列。影响空间布局和整体结构最关键的因素就是游览路线（导游线）的组织。而游览路线的组织必须依据人的行为活动规律、知觉心理特征、时间与自然气候条件的变化与差异。有关景观空间序列的建立（参见4.3.4）。

3）空间轴向

空间限定物的特征会引起人们心理上的空间轴向感。空间限定物可呈轴线对称与不对称两种格局。本质上讲，空间轴向是由轴线控制的。轴线是连接两点或更多点的线性规划要素，如园路、河流、城市街道、纪念性景观路等。轴线具有控制性，其他景观要素需服从它。轴线具有方向性、秩序性，可用来建立空间秩序和规则。但轴线较单调，不易于产生放松、令人愉快的选择或人们期望享受的体验（见图4-2-6-4）。轴线是一条动态的规划线，轴线的起点和终点可互相转化。它们要同时表现源头的特征、轴线风景和运动的终端特征，即在同一空间里包含了起始、中间和终端三个部分，在规划设计中应将这三部分作为整体来处理。如果轴线是干道，那它首先要满足干道的功能，两侧的景物都属于这条干道，每一个通向干道中心的空间都要带有干道的特征。比如雄伟大道的代表——巴黎的香榭丽舍大街的端头是壮丽的戴高乐广场，该广场作为具有震撼力的视觉终点的同时，又是香榭丽舍大街的起点，凯旋门威严地将人的注意力集中到这条宽阔大道的起点。空间弥漫着倨傲和神圣的气氛（见图4-2-6-5）。

邻近轴线的景观要素必然要和轴线发生联系。轴线对景观要素的影响有时是积极的，有时是消极的。人们的兴趣多集中在景观要素与轴线的关系上，而不是景观要素本身。比如，一株长势较好的孤植乔木，人们就会观察其枝干的结构、细枝、嫩芽、叶子、光影图案及其优美的外轮廓和精致的细部（见图4-2-6-6a）。但如果它与一条显著的轴线关联，人们对轴线两侧的单棵植物一略而过，其细微、自然、独一无二的个性都丧失在这条轴线上（见图4-2-6-6b）。

总之，轴线具有以下特征（见图4-2-6-7）：①加在一个自由布局中的轴线可建立新的秩序；②轴线可弯曲或转向，但决不许分叉；③强有力的轴线需要一个具有震撼力的终端；④轴线是一个统一的要素。

有关轴线空间的组织手法（参见4.3.5）。

a)实的或者隐含的两点之间连线是轴线

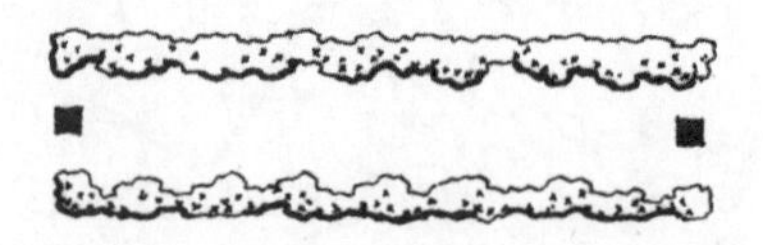

b)在植被质体之间由线性空间定义的轴线

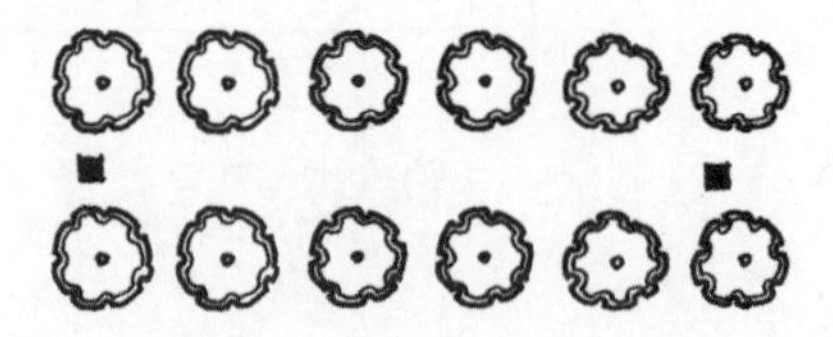

c)用于标记一条轴线的林荫道

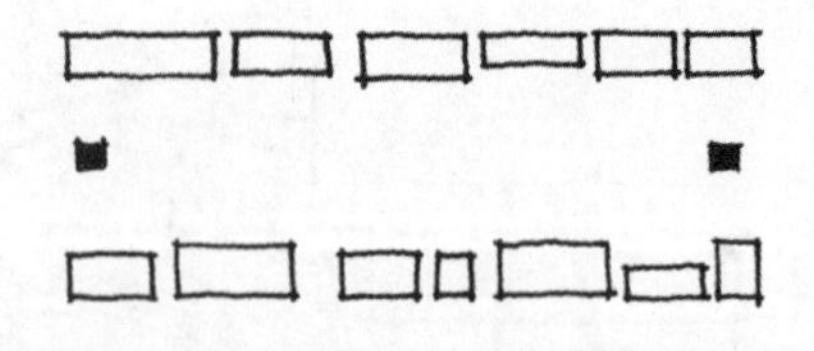

d)定义轴线空间的建筑形状

图4-2-6-4

图4-2-6-5a 法国巴黎香榭丽舍大街

图4-2-6-5b 广州星海园

图4-2-6-6a

图4-2-6-6b

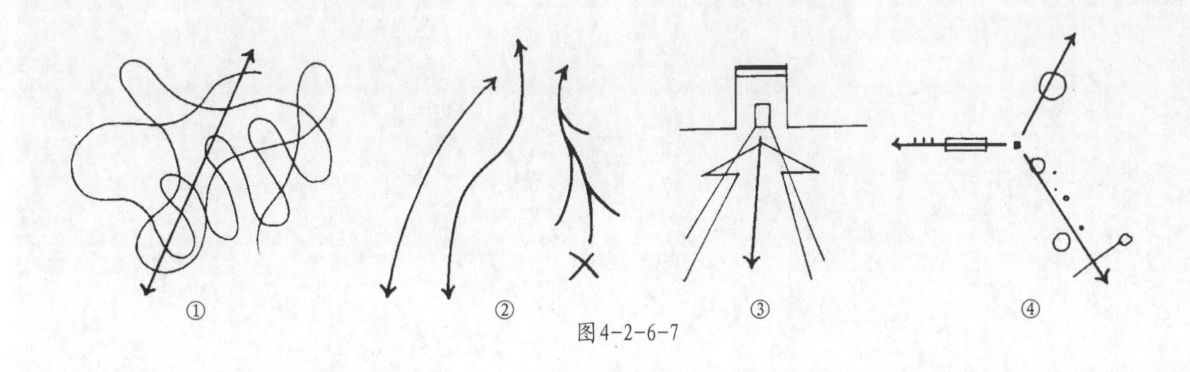

图4-2-6-7

4.3 景观空间组织

景观空间组织应从单个空间本身和多个空间之间的关系两个方面来考虑。单个空间的处理，如前文所述，应考虑空间的尺度、虚实、开闭，空间界定的方式、界定要素的特征（形、色、质感等），以及空间所表达的抽象属性。而多个空间的处理则应以空间的层次、序列以及轴向关系为主。

景观就空间层次可分为近景、中景、远景及全景。近景是视域范围较小的单独景物；中景是目视所及范围的景致；远景是辽阔空间伸向远处的景致；全景是一定区域范围内的所有景色。合理的安排前景、中景及远景，可以丰富景观空间层次，使人获得深远的感受。为加强景深与空间层次，可采用空间分隔、借景、空间对比、空间的贯通与渗透等手段。

多个空间的组织必须综合考虑空间的整体关系，合理安排游览路线，注意空间的起承转合，从而创造出富有特色的空间序列。而空间的轴向可通过对景、夹景来强化。

隋代展子虔绘《游春图》中的山树、古寺、小桥、流水
图4-3-1-2

图4-3-1-1 苏州留园

4.3.1 东西方的空间组织观念

由于传统文化和思想方法的不同，东西方国家对空间的理解存在着不少差异，并且很自然地影响到对景观空间的认识与创造。

1）东方人的空间组织观念

由于受佛教和道教的影响，东方人是用心灵感受景物的，善用较小的尺度创造无限的空间。与建筑空间相比，中国传统园林的景观空间要自由灵活得多。它常常是开敞流通，分隔随意和变化多端的。它没有西方空间那样一眼就能识别的范围和体量，所以观赏者对园林空间的大小、形状、方位等的知觉常常是模糊的、不确定的。认识和把握它的空间特征也要比建筑室内空间来得困难。致使不少游赏者每每忽略了园林空间的存在，而不能完全领会风景空间美的感人魅力。然而恰恰是这些灵活多变的空间组合，形成了中国园林特有的风神情调，使其显出了含而不露、曲直对比、虚实相济等传统艺术特有的美学特性（见图4-3-1-1）。

老子在《道德经》中说：“埏埴以为器，当其无有器之用。凿户牖以为室，当其无有室之用。是故有之以为利，无之以为用”。人们用泥土做坛坛罐罐，或者开门凿窗造房子，都是为了使用它们中间的“无”，但这个“无”是不能独立存在的，它必须通过“有”的手段，也就是用土“埏埴”或者垒墙开门窗，才能使有用的小空间和外部的大空间分开，从而保证了中间那个“无”的存在。对于园林来说，容纳游人在内的各种观赏空间就是“无”，而组成园林的各种景物，如假山石峰、池塘溪流、树木花草和亭台廊桥就是“有”，人们游赏的各种空间就是由这些多样的景观实体经过不同的排列组合而形成的。

古代中国人将空间观与宇宙观结合起来，将空间视为“天圆地方”。秦汉时代，君王钟情于以建筑形式去拟象天道，于是体象天地、仿之圆方的建筑文化模式，就逐渐积淀下来，并在建筑、园林中不断地显现出来。北京天坛就是“天圆地方”说的典型显现（见图4-2-2-6）。天坛外围墙北圆南方，以象征天圆地方，俗称“天地墙”。宗白华先生曾评价道：“我们看天坛的那个祭天的台，这个台面对着的不是屋顶，而是一片虚空的天穹，也就是以整个宇宙作为自己的庙宇。”

中国山水画的空间特征，更接近于一种时空的转换，画家不仅考虑的是看见了什么，更关心人的内心想到什么。由于没有象西方绘画中光影、质感、透视的约束，中国山水画更多地依靠虚实、遮挡以及不规范的大小比例关系来暗示行云、流水、山石、树木的空间，从而使得对自然的表现更加肆意、主观、淋漓尽致（见图4-3-1-2）。所谓“低仰自得，心游太空，心融融于玄境，意飘飘于白云，忘情勿我之表，纵志于有无之间。”一幅画可以从山前到山后，从山顶到山脚，一幅长卷可容下一年四季、阴晴、雨雪。它不是特定的山，特定的水。它有明暗、有表情、有灵性、更有生命，可以使欣赏者与之一起喜怒哀乐。

流动灵活、自由多变的风景空间是中国传统园林含蓄、曲折、有韵味的艺术美不可缺少的条件。游中国古典园林，在穿廊渡桥、山穷水尽之时，常常会出其不意地发现新的景致，新的主题，令人感到趣味无穷。这主要归功于中国园林在艺术创造上对风景空间塑造的重视；归功于规划布局上灵活多样的空间处理方法，即围而不隔、隔而不断的空间创造手法。

2）西方人的空间组织观念

古代西方学者和艺术家对空间的认识直接来源于数学和几何学，并将空间看作同实体一样的具体存在，认为空间是有一定长、宽、高的几何形象。法国学者笛卡尔认为：“凡有广延空间的地方必有实体”，“空间和物体实际上没有区别。”他们认为，空间也是稳定的，可以触及的实在，是“关系明确的量”。对于规整、明确的建筑空间来说，这一概念是完全正确的，它规定了建筑室内空间的性质。因此西方古典建筑空间划分明确清楚，很少有流通的，或者半室内、半室外，互相渗透的综合开敞空间出现。即使对于以欣赏游览为目的的花园，西方人也要明确按建筑轴线来规划布置，使花园完全受到规整的建筑空间的制约。

西方人善用巨大尺度创造真实而有限的空间（见图4-3-1-3），如罗马大斗兽场高为48米，中世纪的大教堂的中央大厅穹窿顶离地达60米。文艺复兴建筑中最辉煌的作品圣彼得大教堂，高137米。这些大尺度的建筑物反映了西方人对神灵的狂热崇拜心理。

图4-3-1-3a 巴黎圣母院室内空间

图4-3-1-3b 罗马斗兽场

4.3.2 景观空间对比

空间的对比就是把具有显著差异的两个空间毗邻地安排在一起，可借两者的大小、明暗、动静、纵深与广阔、简洁与丰富等特征的对比而突出各自的特点。

景观空间的组织可采用大小的对比、虚实的对比、主从的对比、形体的对比、旷奥的对比和人工与自然的对比等手法来丰富空间层次。

苏州留园的入口部分既曲折狭长，又十分封闭，但由于处理得很巧妙，不仅不会使人感到沉闷单调，相反，正是由于充分利用它的狭长、曲折和封闭性而使之与园内主要空间构成强烈对比，如大小对比，明暗对比，虚实对比，开闭对比等。曲折、狭长、封闭的空间极大地压缩了人的视野，过此，明瑟楼、涵碧山房、闻木樨香轩，可亭、濠濮亭、曲溪楼、清风池馆、汲古得埂处、远翠阁等景点映入眼帘，空间豁然开朗（见图4-3-4-5）。

1）大小的对比

大、小悬殊的两个空间相连接，当由小空间而进入大空间时，由于小空间的对比、衬托，将会使大空间给人以更大的幻觉。

江南一带私家园林，由于占地小而且规模有限，为了求得小中见大的艺术效果，常常借助“欲扬先抑”的手法来组合空间，即在进入园内主要空间之前，有意识地安排若干小空间，这样就可借两者的对比而突出园内的主要景区。比如南京瞻园的入口空间处理（见图4-3-2-1）。

现代园林中的小空间，如低矮的游廊与亭榭、树荫覆盖下的草地空间、靠近叠石或墙垣的坐憩空间、精致的小院空间等，都是人们乐于停留的地方。这些小空间一般处于大空间的边界地带，以敞口对着大空间，从而取得空间的连通和较大的进深。小空间能够衬托和突出主体空间，适合于人们在游赏中心理上的需要，使人们在游园过程中产生归属感。

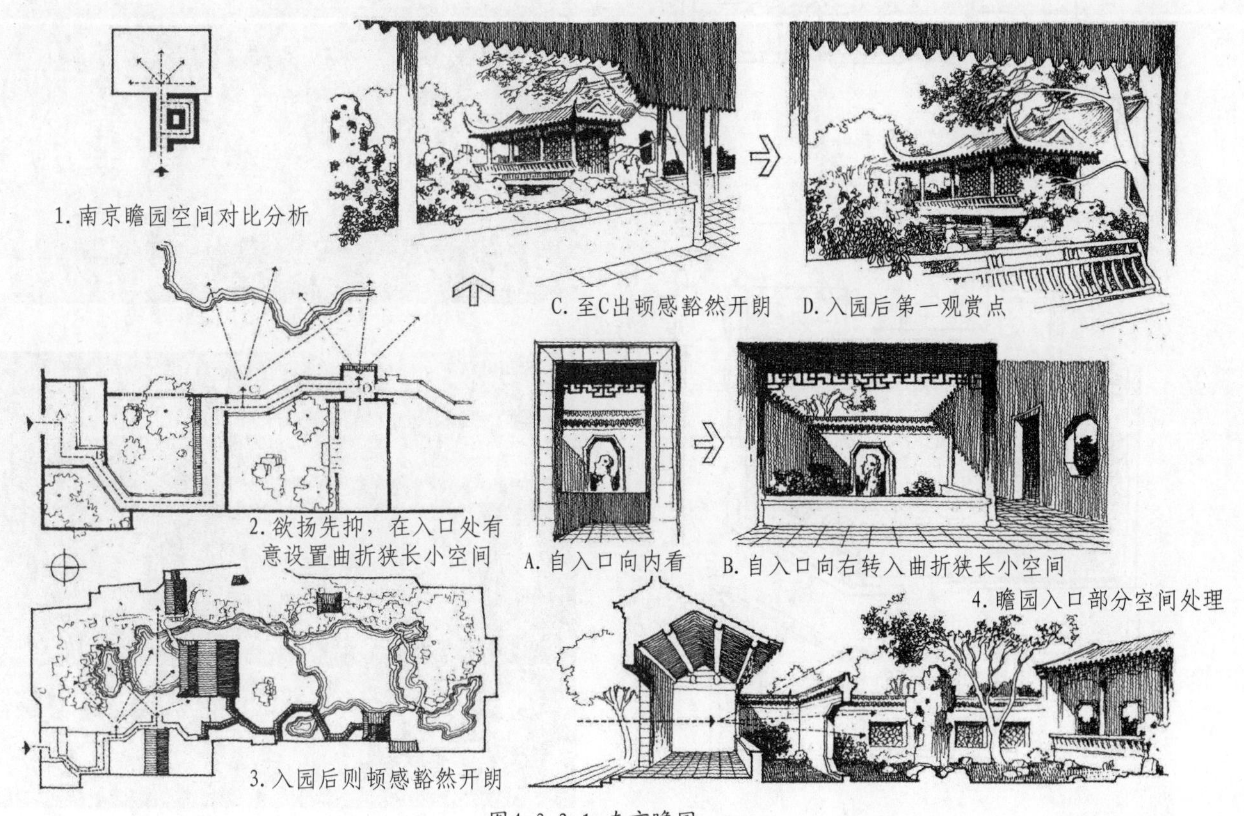

图4-3-2-1 南京瞻园

2）虚实的对比

虚实对比的手法是和疏与密、藏与露、浅与深相互联系的。疏与密从某种意义上将也包含了虚与实的特点，稀疏的空间边界显得空，而密实的空间界面就显得实。藏得深的空间使人感到恍惚迷离就是虚的一种表现，而袒露于外的空间给人以实的感觉。一般认为，凡清空的地方多能使人感到深沉，而质实的处所使人有浅露的感觉。虚是借实的对比而存在的，没有实就没有虚。在诗词和文艺理论中所谓的“求空必于其实”或“善用其实”，深刻地揭露出虚与实的辩证关系。

虚实处理所达到的情趣表现在三个方面：

一是含蓄。含蓄对空间来说就是藏露问题，也就是说，景观空间往往不让人全部识读，“尤抱琵琶半遮面”是最佳的效果。图4-3-2-2所示的是苏州留园中的石林小院，站在揖峰轩望石林小屋，或者站在石林小屋望揖峰轩，都被中间的石峰挡去一部分，因此空间就有含蓄性，有情趣。又如苏州拙政园东南角的三个相邻的庭园（见图4-3-2-3a）：枇杷园（见图4-3-2-3b）、海棠春坞（见图4-3-2-3c）和听雨轩（见图4-3-2-3d），它们以实墙和花墙加以分割，而又以曲折的游廊连成一个整体。这三个庭院大小、形状、特点各不相同，但它们都以近赏为主，性质很相似，因此，在空间处理上有分有合，围中有透，组成一个幽静的小院集群。

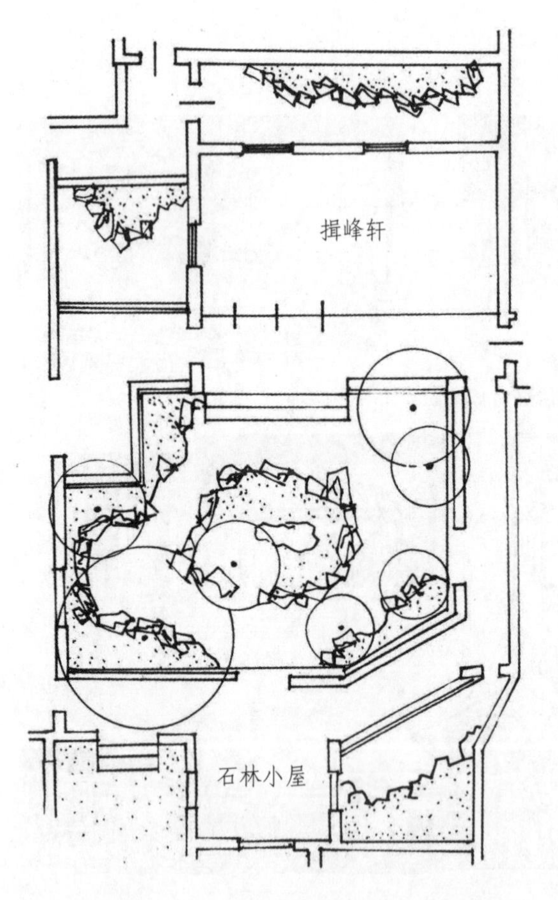

图4-3-2-2a 苏州留园石林小院平面图

图4-3-2-2b 苏州留园石林小院

图4-3-2-2c 苏州留园石林小院

二是暧昧。如图4-3-2-4所示的空间，被“围”限定，但围而不密，有一小半是开着的，这就给人一种判断上的困难。图中深色部分是否属于被限定的空间呢？这一部分空间，就是暧昧空间，或者说是虚的。例如，浙江金华的双龙洞，前面一部分空间是个大厅式的半山洞，空间似有似无，虚虚实实，边界也模糊。

三是渗透。漏空花墙的渗透以及林木的渗透使空间有不尽之意（见图4-3-2-5）。所谓“春色满园关不住，一枝红杏出墙来”。

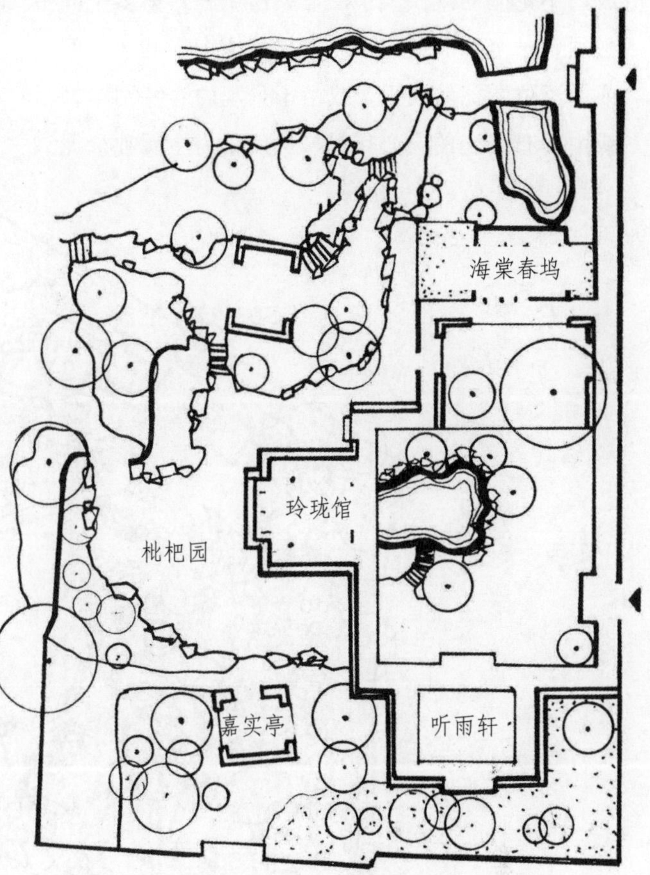

图4-3-2-3a 苏州拙政园中部园中园

图4-3-2-3b 苏州拙政园枇杷园中园入口

图4-3-2-3c 苏州拙政园海棠春坞

图4-3-2-3d 苏州拙政园听雨轩

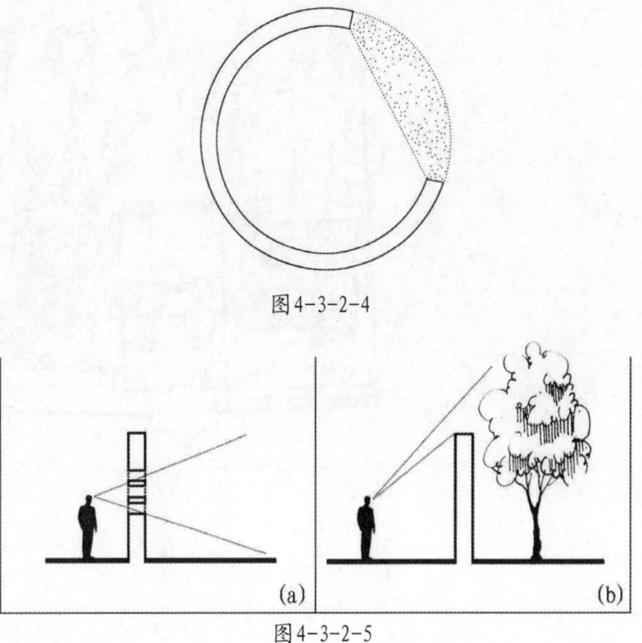

图4-3-2-4

图4-3-2-5

3）主从的对比

园林景观空间的主次总是相比较而存在，相协调而变化的。

从园林的整体结构来看，大多由若干个空间组成，不论园的规模大小，为突出主题，诸多空间中必须有一个空间或由于面积显著地大于其他空间，或由于位置比较突出，或由于景观内容特别丰富，或由于布局上的向心作用，从而成为全园独一无二的重点景区。

无锡寄畅园的秉礼堂庭园，虽规模很小，但却划分成为四个空间院落，位于秉礼堂前的一处院落不仅地位突出，面积显著地大于其他空间，而且由于借水池、山石、花木等要素组成的景观内容十分丰富，从而成为园内唯一的重点景区，其它各空间院落则处于从属地位，仅起着烘托陪衬的作用（见图4-3-2-6）。

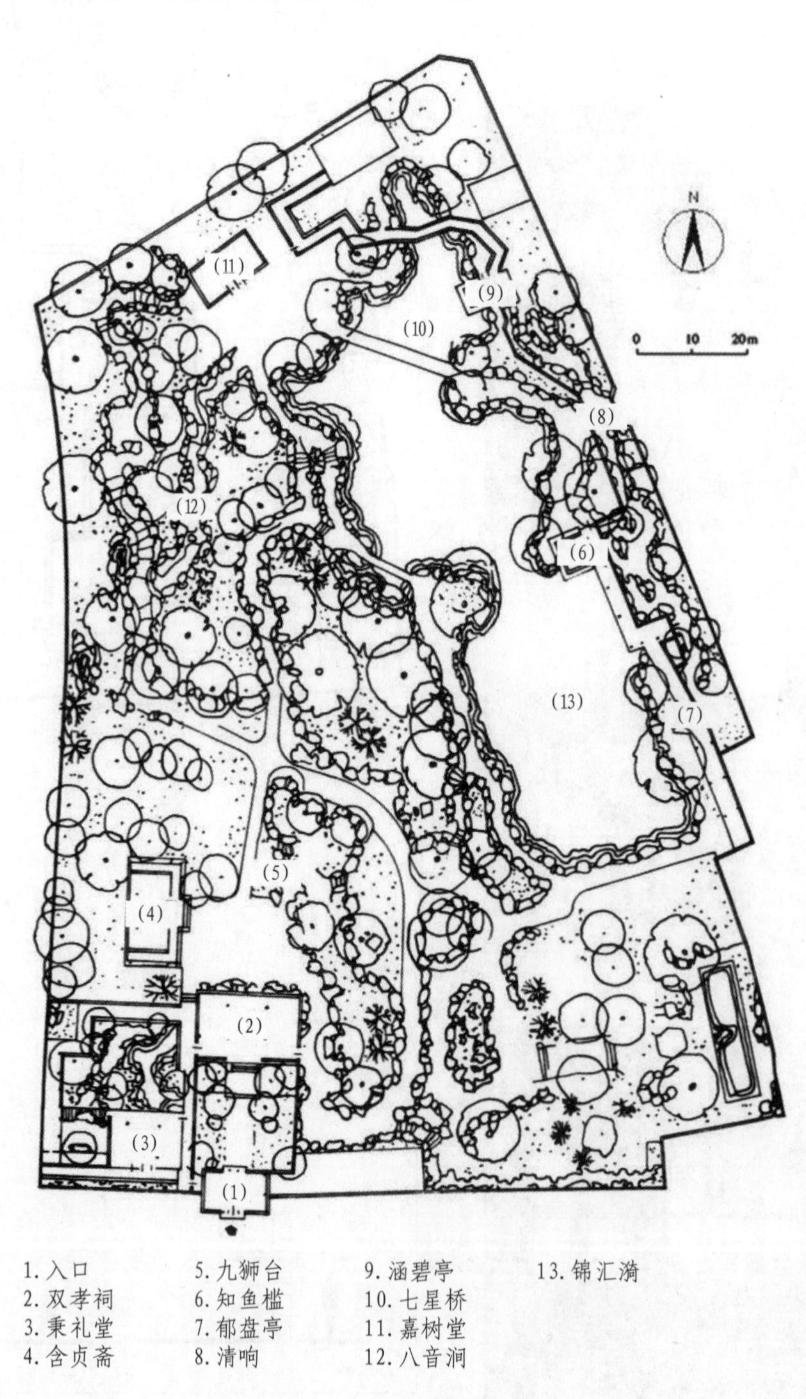

图4-3-2-6 无锡寄畅园

4）形态的对比

规整空间与自由布局的空间形成对比，也常能使空间处理富于变化，并使规整空间更觉严谨，使自由布局的空间更觉活泼。

严整的空间院落与富有自然情趣的空间院落由于气氛的不同而有强烈的对比作用，北海静心斋就是一个典型的例子（见图4-3-2-7，图1-6-2-6）。静心斋的入口是严整的矩形水院，后面的主要景区是横向展开的不规则院落。院中既有曲折水池，又有林立的山石和繁茂的花草树木，由严整水院来到这里，瞬间气氛突变，从而强烈地感受到一种自然情趣。

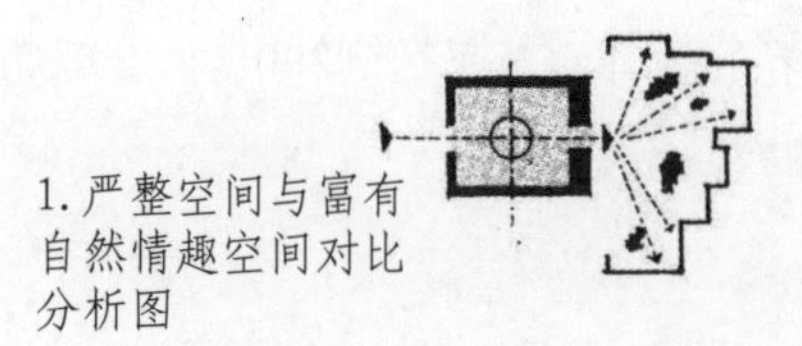

1.严整空间与富有自然情趣空间对比分析图

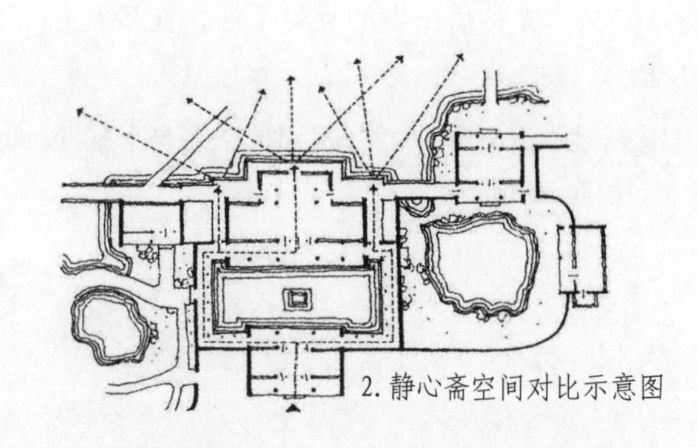

2.静心斋空间对比示意图

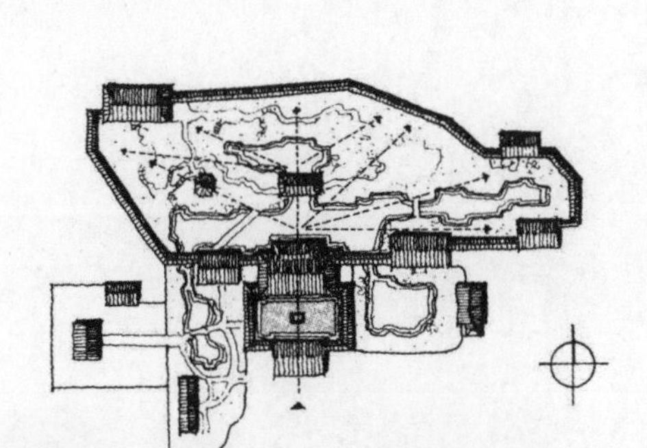

5.过厅堂，来到园的主要景区，一派自然情趣突然间呈现于眼前，可使人的情绪为之一振。

6.前后两院气氛迥然不同，判若两个天地，利用两者对比，可大大增强主要景区的自然情趣。

3.入园后，首先来到静心斋主要厅堂前方整的水院，气氛十分严肃。

4.通过回廊自两侧绕过水院，可进入静心斋主要厅堂。

图4-3-2-7

5）旷奥的对比

旷奥的对比就是空间的幽深与开阔的对比，即开与合的对比。合者，空间幽静深邃；开者，空间宽敞明朗。若从开敞空间骤然进入闭合空间，便有视线突然受阻、天地变小，顿生压抑感；相反，从封闭空间转入开敞空间时会有豁然开朗、心情舒畅的感受。这是“先抑后扬”的反衬手法，在景观空间组织中被广泛运用。

中国庭院式住宅，入大门后通常是一个影壁阻隔着的小空间，经绕行才逐步进入主要的庭院空间，从而产生了对比效果。如苏州拙政园的原入口空间，入大门后首先以一组黄石假山作为屏障，山上布满奇峰，怪石藤罗荆棘，然后经过曲折的游廊，穿插于较小的园林空间之间，当进入作为主体建筑的远香堂及南轩，园内的主要景物才全面展开，境界的展开面几乎达到360度的全景范围（见图4-3-2-8）。

1. 以山石代替影壁，起遮挡视线作用。

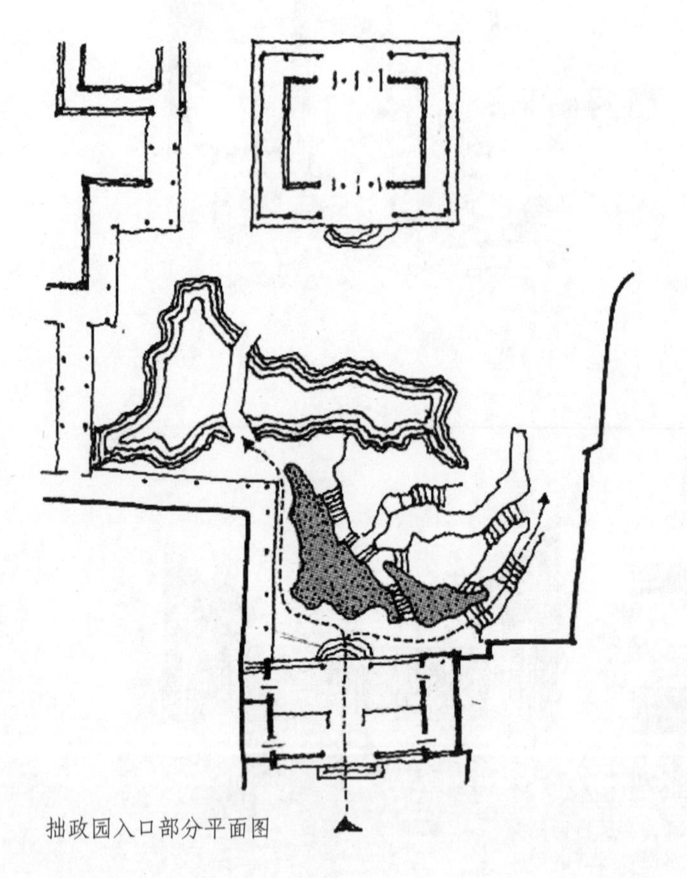

拙政园入口部分平面图

2. 拙政园中部景区入口处理，进腰门后，怪石嶙峋，苔藓斑驳，犹如一面翠嶂横呈眼前。尚无此山石，园中景色悉入目中，含蓄深邃之感失之殆尽。

自腰门向内看示意

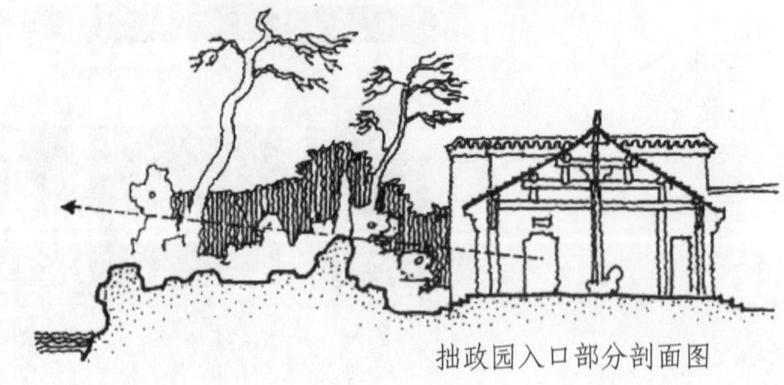

拙政园入口部分剖面图

图4-3-2-8

6）人工与自然的对比

人工与自然的对比是指人工的建筑空间与自然空间的对比。比如，大型皇家苑囿常处于自然风景优美的环境之中，常以有限的人工空间来与无限的自然空间形成对比，以谋求豁然开朗的效果。

在园之入口部分的空间处理上，皇家园林与私家园林有颇多类似之处。为了满足功能要求，大型皇家苑囿必须在入口附近安排一些处理朝政的殿宇，这样便以人工的方法而形成一些较严整、封闭的空间院落。穿过这些空间院落时，不仅气氛严肃，而且人们的视野基本上处于收束的状态。巧妙地利用这些空间与自然空间的对比，便会给人带来意想不到的惊喜。例如，北京颐和园的主入口位于园的东部，入园后首先来到仁寿殿前院，这是一个以建筑围合而成的三合院，气氛极为庄严。过此，经过一段曲径便进入玉兰堂前院，这又是一个既方正又封闭的四合院，待穿过这些空间来到昆明湖畔，顷刻间大自然的湖光山色全呈眼底，视野豁然开朗（见图4-3-2-9）。

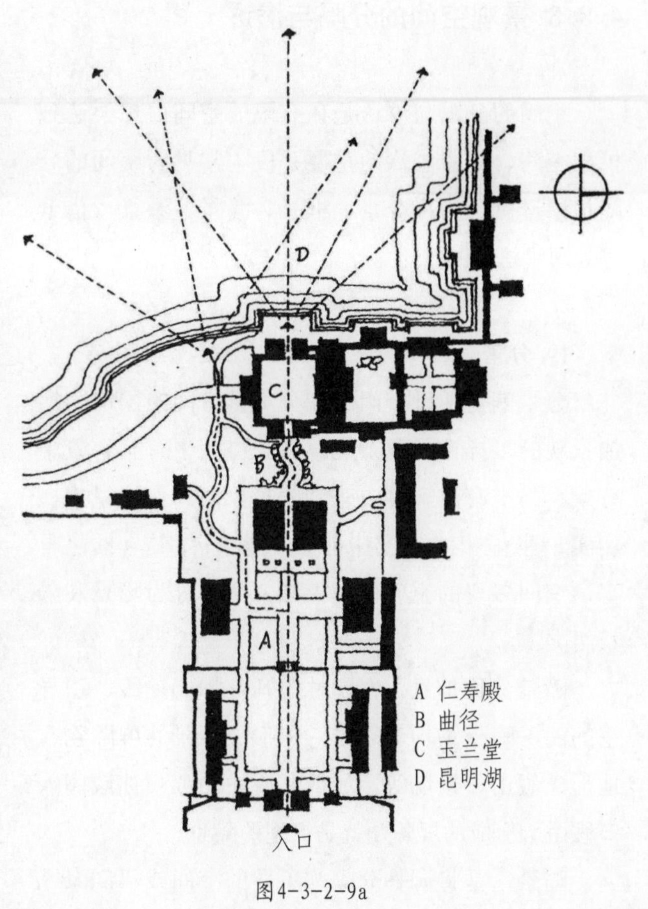

图4-3-2-9a

1.仁寿殿前院（A），由正殿及南北配殿围成，呈长方形，气氛较严肃。

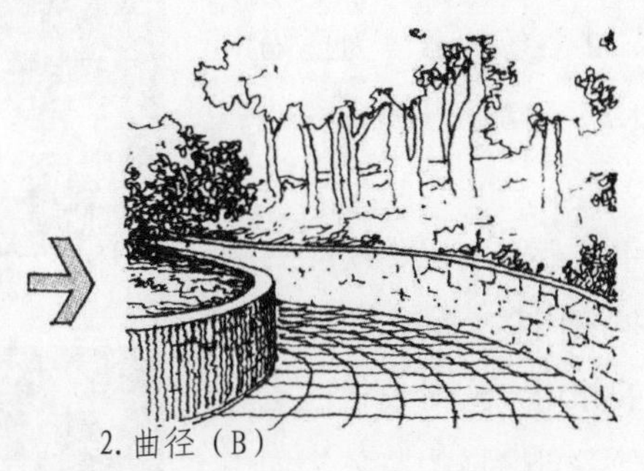

2.曲径（B）

3.连接仁寿殿与玉兰堂的“夹巷”（B），既曲折狭长，又十分封闭。

4.过玉兰堂前院（C）至西配殿，即可透过槅扇见昆明湖及玉泉山塔影。

5.出西配殿至昆明湖岸（D），视野突然开阔，昆明湖及西山一带自然景色全呈现眼底。

图4-3-2-9b

4.3.3 景观空间的分隔与渗透

空间的分隔与渗透是在有限的空间内想要达到扩大空间、丰富层次的重要手段。常见的空间的分隔与渗透可分为：分景、框景、漏景、添景、借景等处理手法。

1）分景

分景就是通过空间的划分丰富空间的层次、增加景观的多样性与复杂性，以获得园中有园、景中有景、岛中有岛、湖中有湖的景象，并使园景虚虚实实、半虚半实或实中有虚、虚中有实，景色丰富，空间多变的空间处理手法。分景分为障景和隔景两类。

障景又称抑景，在园林中凡是抑制视线、引导空间的屏障景物均为障景，可形成障景的屏障物有地形、假山、景墙等，如前文所述的苏州拙政园入口假山所形成的屏障，就是典型的障景。

隔景，是将园林分隔为不同的空间或不同景区的所有景物。隔景有实隔、虚隔之分，或虚实并用。利用实墙、山石、建筑等的分隔为实隔，利用水面、空廊、花架、疏林、山谷等的分隔为虚隔，水上设堤桥（见图4-3-3-1a）、墙上开漏窗等的分隔为虚实隔（见图4-3-3-1b）。

“园中有园”的布局手法就是中国传统园林划分景区的主要手法，起到扩大园林空间、丰富景观层次、满足多样游憩需要的作用，同时也很注意各景区之间的联系与过渡，使各景区成为整体空间中的有机组成部分，就像是一部乐曲的几个互相联系的乐章一样。例如，承德避暑山庄在山岳区与湖泊区、平原区相毗连的山峰上分别建有几座亭子，并在进入山岳区的峪口地带重点布置了几组景观建筑，它们既点缀了风景，又起引导作用，把山岳区、湖泊区与平原区联系起来（见图4-3-3-2）。江南私家园林常通过大量设置完全透空的门洞、窗口而使被分隔的空间互相连通、渗透。例如苏州留园的鹤所，呈敞厅的形式，东临五峰仙馆前院，由于在这一侧的墙面上开了若干个巨大的、完全透空的窗洞，从而使被分隔的内外空间有一定的连通关系，使身处敞厅之内的游人可以透过各个窗洞看到另外一个空间内的景物。

图4-3-3-1a

图4-3-3-1b

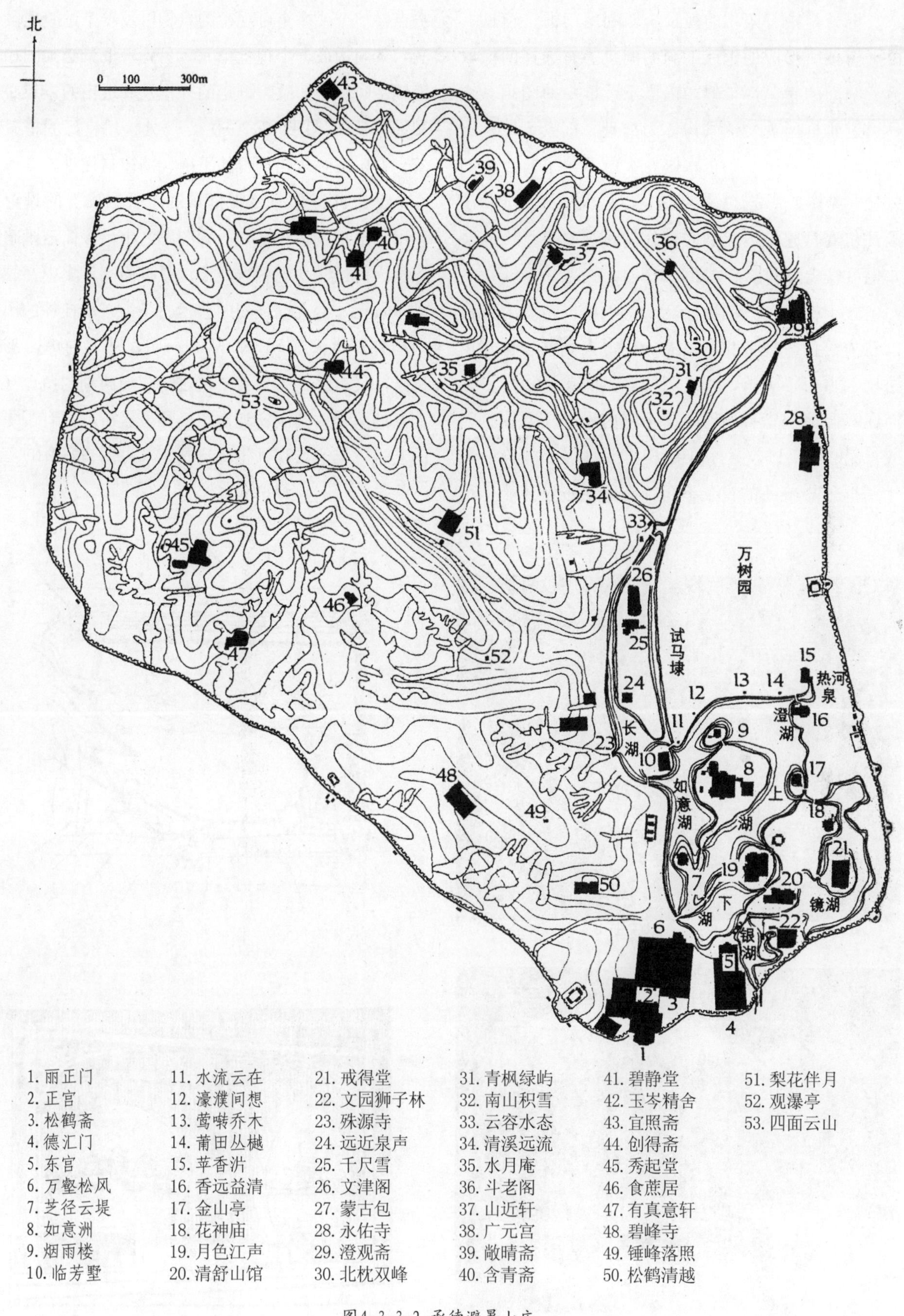

图4-3-3-2 承德避暑山庄

2）框景

框景是指有限定的视景，即利用门框、窗框、树干树枝所形成的框或山洞的洞口等有选择的摄取另一空间的景色，恰似一幅嵌于镜框中的图画。这种透过景框所观赏的景物称为框景。框景可以是自然的，比如越过一条日本樱花大道透出了富士山的风景（见图4-3-3-3）；框景可以是人工的，如从法国凡尔赛宫建筑内见到的雄伟的海神喷泉；山石洞穴也可以成为框景（见图4-3-3-4）。

关于框景，《园冶》有云："藉以粉壁为纸，以石为绘也。理者相石皴纹，仿古人笔意，植黄山松柏、古梅、美竹，收之圆窗，宛然镜游也"；李渔在《闲情偶寄》中写道：于室内设"尺幅窗"、或"无心窗"以收室外佳景。

框景与普通的视景不同，必须通过设计全面地加以处理并精确地控制。每一个框景至少有一个观赏点、一个或多个可观察的景物以及一个过渡地段，三者共同构成一个视觉单元。另外，框景必须同相关地域空间协调一致，框景的外框及其透出的景致必须和谐一致（见图4-3-3-5）。一处构思良好的框景有着交响乐或弦乐四重奏的平衡、韵律与优雅。

北京北海便有专视框景的"看画廊"的设置：利用景框把景物统一在一幅图画之中，以简洁幽暗的景框为前景，使观者视线通过景框而高度集中在画面的主景上，给人以强烈的艺术感染力。从桂林的山洞内向外观赏漓江风光，从暗向明，从实向虚，形成框景，又有另一番景趣。透过扬州瘦西湖钓鱼台（吹台）的两个大圆洞窗观赏白塔和五亭桥，便有了更高的艺术效果，景观顿生诗情画意（见图4-3-3-6）。

图4-3-3-3 日本富士山

图4-3-3-5

图4-3-3-4 洞穴框景

图4-3-3-6

3）漏景

漏景由框景发展而来。框景中的景色清晰，漏景则是景色若隐若现，比较含蓄，有“犹抱琵琶半遮面”的感觉和效果。

漏景不仅从漏窗取景（见图4-3-3-7a），还可以通过漏屏风、漏隔扇等取景，也可通过树干、疏林、柳丝中取景（见图4-3-3-7b）。从树干中取漏景，宜在树干的背荫处，树干的排列宜平行有序，以免杂乱；从花木中取漏景，花木不宜华丽，以免影响主景的景观效果。

4）添景

造景中为求主景或对景有丰富的层次感，在缺乏前景的情况下可作添景处理。添景可由建筑物、花木等来形成（见图4-3-3-8）。体型高大、姿态优美的树木，无论一株或几株往往都能起良好的添景作用。如当人们站在北京颐和园昆明湖南岸的垂柳下观赏万寿山远景时，万寿山因为有倒挂的柳丝作为装饰而生动起来。

图4-3-3-7a 漏窗取景

图4-3-3-7b 柳丝中取景——杭州西湖天地

5）借景

借景可将园外的景观引到园内，不仅扩大了空间，也丰富了空间的层次。借景能够打破界域，扩大空间，将有限的空间融入无限宇宙。借景的功能有二：一是扩大园内的视景空间，无偿地将园外景色纳入园内；二是因为借来了远景，从而扩大了景深。《园冶》有云：“园内巧于因借、精在体宜”；“借者园虽别内外，得景则无拘远近，晴峦耸秀，绀宇凌空，极目所至，俗则屏之，嘉则收之”。陶渊明的“采菊东篱下，悠然见南山”，杜甫的“窗含西岭千秋雪，门泊东吴万里船”，都描绘了通过借景作用所呈现出来的园林景观。

（1）借景的手法。借景主要是处理观景点与园外景面的关系，包括三种处理方式：一是提高视点的位置；二是借助门窗或墙上的漏窗；三是开辟透景线进行借景。

有诗云：“欲穷千里目，更上一层楼”，视点越高，视野越大，所见的景物越多，远山近水尽收眼底。在江南园林中的叠假山、筑高台、在高处设亭或敞轩多是为借景创造条件。远借或近借都可以通过提高视点的方法来达成（见图4-3-3-9）。

通过门窗或围墙上的漏窗可以把邻近的园景借过来（见图4-3-3-7a）。《园冶》中提到：“倘嵌他人之胜，有一线相通，非为间绝，借景偏宜；若对邻氏之花才几分消息，可以招呼，收春无尽”以及“轩盈高爽，窗户邻虚，纳千顷之汪洋，收四时之烂漫”。由此可见，借景可以沟通园内外与室内外的空间，延展和扩大空间感。

图4-3-3-8 杭州西湖

空间组织中可通过开辟透景线把远处的景物借过来，比如苏州拙政园通过开辟东西方向的透景线，远借园外人民路的北寺塔（见图4-3-3-10）。

（2）借景的类型。《园冶》卷二与卷六“借景”专题篇中，把借景分为远借、邻借、仰借、俯借和应时而借。说明所借之景可在园外，亦可在园内，园内景物也可以相互因借；既可“因地而借”，亦可“因时而借”。

以空间距离和空间方位作为分类标准，即“因地而借”，借景可分为远借、邻借、仰借和俯借四种类型。

若以时间流程作为分类标准，即“因时而借”，借景可分为朝借旭日、晚借夕阳、春借桃柳、夏借塘荷、秋借丹枫和冬借飞雪等类型。

若以借景内容作为分类标准，借景可分为借山、借水和借建筑与花木三类。借山如沧浪亭的见山楼、颐和园的山色湖光共一楼，借水如杭州西湖的三潭印月、平湖秋月，借建筑与花木如苏州拙政园借北寺塔。

若以景物的形式美作为分类标准，借景又可分为借形、借色、借光和借声等类型。

远借，能最大程度地拓展视域、远化空间。如颐和园远借玉泉山及西山，无锡寄畅园远借锡山、惠山及龙光塔（见图4-3-3-11）。

邻借，又称近借，是将与园相邻的的园外景物借入园内，不论是山、水，还是建筑、植物，均可借。如苏州沧浪亭近借园外葑溪之水（见图4-3-3-12），苏州拙政园宜两亭借植物之景，正如诗词所描绘：“明月同好三径夜、绿杨宜作两家春”。

仰借，是以仰视园外的高处景物，可借山峰、宝塔、建筑、大树等。如北京北海公园借景山，南京玄武湖公园借钟山，苏州虎丘拥翠山庄仰借虎丘塔等。

俯借，是指身居高处俯视可借看的园外景物。如登杭州六和塔展望钱塘江上景色，登西湖孤山观赏湖上游船、湖心亭及三潭印月（见图4-3-3-9）。

图4-3-3-9 登高俯借湖中三岛——杭州西湖

图4-3-3-10 苏州拙政园远借北寺塔

图4-3-3-11 无锡寄畅园远借龙光塔

图4-3-3-12 苏州沧浪亭临借葑溪

4.3.4 景观空间序列的建立

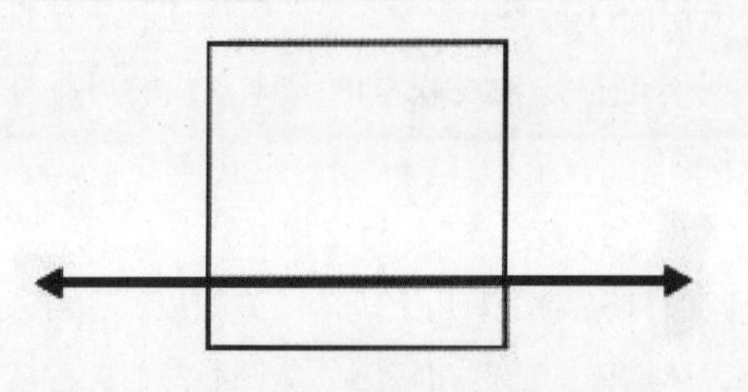

图4-3-4-1 道路直接与场地相交

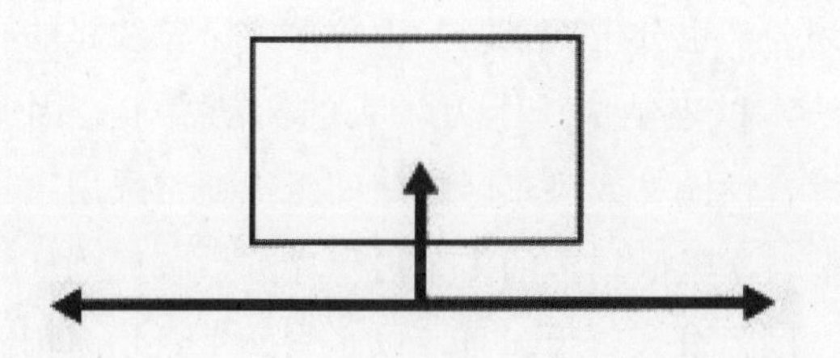

图4-3-4-2 道路间接与场地相交

空间序列是关系到景观整体结构和布局全局性问题。景观是一个流动的空间，一方面表现为自然风景的时空转换，另一方面表现在给游人带来的步移景异的景观感受。当将一系列的空间组织在一起时，应通过空间的对比、渗透、引导，注意空间的起承转合，创造富有特色的空间序列。

1）游览路线与动态空间序列

游览路线（导游线）是连结各个景观区和景点的纽带，具有交通的功能，但更主要的是展现风景序列和组织游览的媒介。游览路线的布置既要结合地形，又要考虑景物的视觉条件及其感受量。一般而言，无景或景色平淡地段的游览路线宜短，有景地段的游览路线宜长，路线要顺其自然，曲中有直，直中有曲，曲直自如，并与景物的感受与变化相适应。

游览路线的组织与用地规模直接相关。随着用地规模的由小到大，其游览路线组织也必然是由简单到复杂。为方便游人，小型绿地的游览路线以环形游线为主，加上“越水登山”的小路，形成环上加环的路线，总体上宜隐不宜显；大型绿地的游览路线由几条组合而成；大型的风景区可以有一日游线、二日游线、三日游线之分。

道路线形直接影响空间的特征。直接将场地与路径联系起来的道路产生更为公共的、不太安宁而利于交流的空间（见图4-3-4-1）；迂回道路形成较为安静、更为私密的空间单元（见图4-3-4-2）。

（1）贯穿（串联）式的空间序列。空间可以沿着道路成排设置，或者成组设置，成为贯穿（串联）式的空间序列，串联式的空间序列强有力地帮助人们获得方向感，所以非常适于不断有新的使用者的空间或空间序列，如园艺展览、旅游点等（见图4-3-4-3）。成排的空间序列有非常明确的导向性，但是要到达每一个空间单元需要相对较长的流线（见图4-3-4-4）。各个空间还需借大与小，自然与严谨，开敞与封闭等方面的对比，获得抑扬顿挫的节奏感。

串联式的空间序列与传统的宫殿、寺院及四合院民居建筑十分相似，具有比较明确的轴线（见图4-3-4-5）。如中国传统园林——故宫乾隆花园（见图4-3-4-6），尽管五进院落大体上沿着一条轴线串联为一体，但除第二进外，其它四个院落都采用了不对称的布局形式，另外，各院落之间还借空间的对比，形成节奏感。

轴线联系具有清晰的起点和重点，将沿轴线不同的、并无关联的空间联系起来（见图4-3-4-7）。轴线联系使得起点和终点非常特殊、重要。现代园林中纪念式园林的空间序列也多由贯穿式的游览路线来组织的（见图4-3-4-8）。假如这种重要性无法建立或不可行，轴线联系的设计方式的可行性就要遭到质疑。

（2）闭合的、环形的空间序列。闭合、环形的游览路线可分为几下几个段落：开始段、引导段、高潮段、尾声段。如苏州畅园（见图4-3-4-9）。

为了适应现代生活节奏的需要，多数综合性园林或风景区采用了多向入口，循环道路系统，多景区划分（也分主次景区），分散式游览线路的布局手法，以容纳成千上万游人的活动需求。因此现代综合性园林或风景区的空间组织通常采用主景区领衔、次景区辅佐的多条展示序列，各序列环状沟通，以各自入口为起景，以主景区主景物为构图中心，以综合循环游憩景观为主线，以满足园林功能需求为主要目的（见图4-3-4-10）。

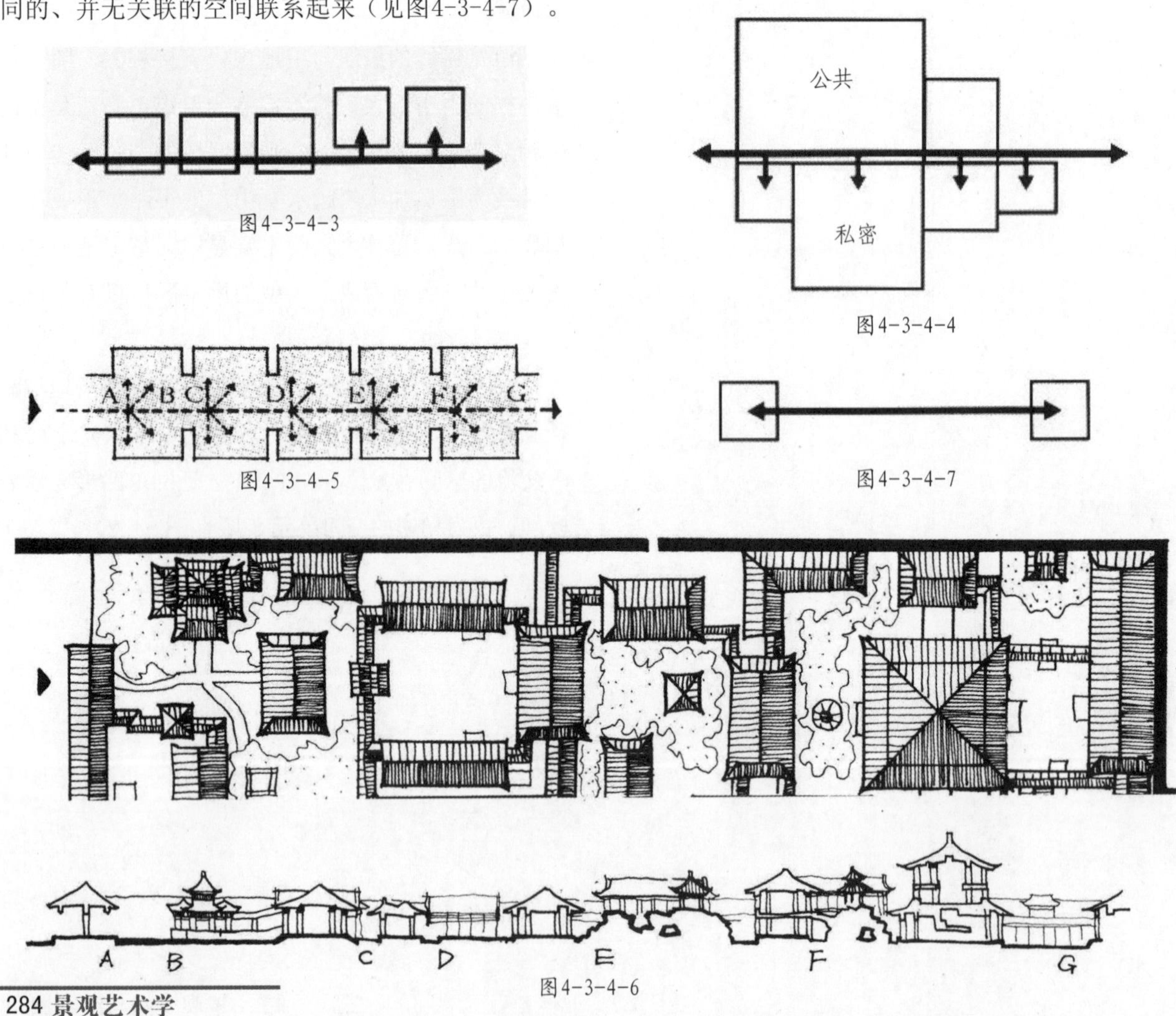

图4-3-4-3

图4-3-4-4

图4-3-4-5

图4-3-4-7

图4-3-4-6

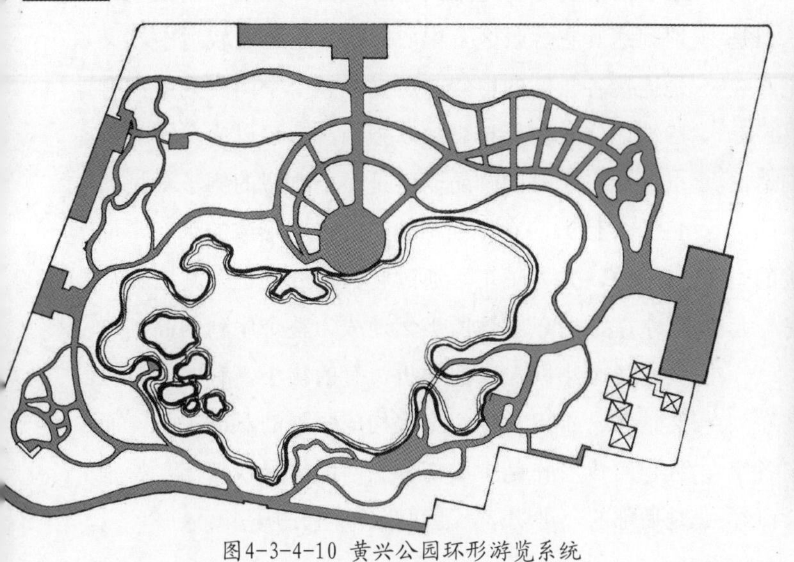

图4-3-4-10 黄兴公园环形游览系统

图4-3-4-8 现代纪念性园林—南京雨花台烈士陵园

7.过高潮后转入园的西侧，与东侧相对应也设有若干观赏点。至待月听（F）又可居高临下俯瞰园景，继而转入序列的尾声。

6.接着来到主要厅堂留云山房前的露台，至此又顿觉开朗，并可一览全园景色（E），从而形成高潮。

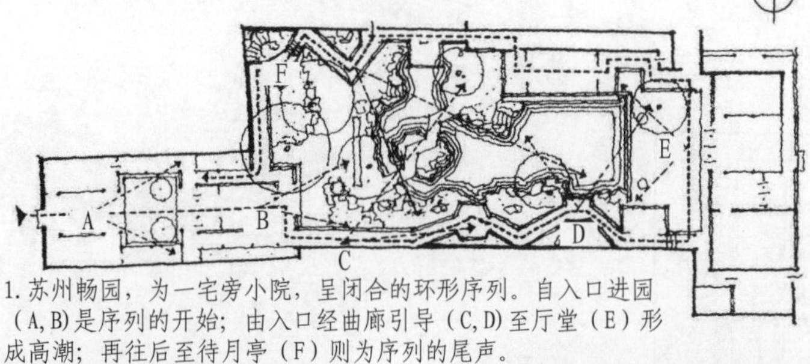

1.苏州畅园，为一宅旁小院，呈闭合的环形序列。自入口进园（A,B）是序列的开始；由入口经曲廊引导（C,D）至厅堂（E）形成高潮；再往后至待月亭（F）则为序列的尾声。

5.穿插于曲廊之中有两个观赏点——延辉成趣亭及方亭，图示为自方亭（D）看涤我尘襟。

2.入园后首先进入桐华书屋前院（A），这是一个既小又方正的天井，作为空间序列的开始，可起收束视野的作用。过此，经桐华书屋便进至园的主体部分。

3.过桐华书屋入园（B），借大与小、方正与自由的对比，空间豁然开朗，气氛迥然不同。

4.入园后经曲廊引导（C）走向园的纵深处，同时又可窥视西侧园景。

图4-3-4-9 苏州畅园空间序列分析

（3）辐射（并联）式的空间序列。与成排空间相对应的是成组的空间序列流线，简洁易达，但是空间导向不明，人们很难找出完整正确的游览路线（仅靠道路本身不能有效地引导流线）（见图4-3-4-11）。将两者结合，线性排列的空间组合创造出并置的空间形式，根据各个空间开放程度的不同选用直接或间接的空间连接方式。而在相互连接的空间序列中，不同的空间单元实际上就融合在一起了，形成并联式空间序列。

按辐射（并联）式游览路线来组织的空间序列具有以下特点。以某个空间院落为中心，其它各空间院落环绕着它的四周布置，游人从园的入口经过适当的引导首先来到中心院落，然后再由这里分别到达其它各景区。中心院落由于位置较适中，又是连接各景区的枢纽，所以在整个空间序列中占有特殊地位，如果稍微加以强调，就可以为全园的重点，北京北海的画舫斋就是一个典型的例子（见图4-3-4-12），它以四幢建筑及连廊形成的水庭，位置适中，方方正正，通过它又可分别进入其它各从属水院，所以它理所当然地成为整个序列的高潮。其它各个小院，有的曲折，有的狭小，有的富有自然情趣，不仅与中心庭院构成强烈的对比关系，而且也可以看作是中心部分空间的扩展或延伸。特别是后部的一进院落，更可当作序列的尾声。

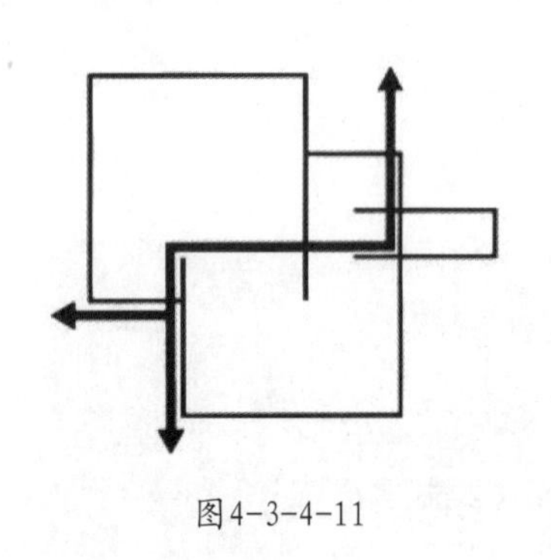

图4-3-4-11

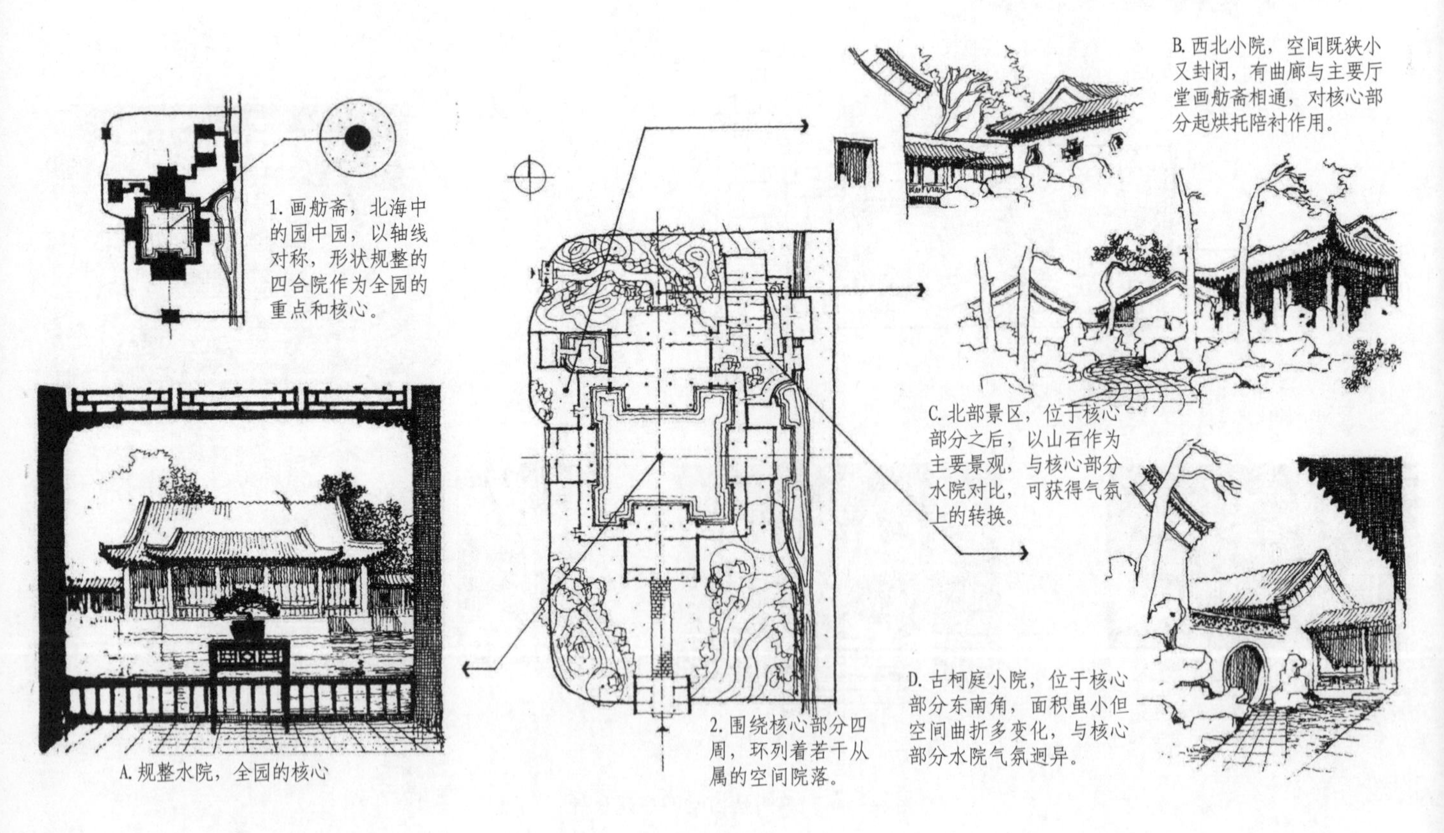

图4-3-4-12

2）视线组织与动态空间序列

利用方向预启和方位诱导的方法组织空间序列是从景物视线的组织和易识别环境的功能出发，使人易于了解自己所在的位置，辨明要去的方向和目标，从最近、最好的观赏角度去接近景物，认知并体察环境，在头脑中形成清晰的意象，由联想而产生移情感受。即利用人的运动知觉，让景物在人们的心灵中形成运动和追随，给人以一种期待、向往、探求的感觉，以诱导人们前进、停留、转向与到达目的地。为满足观赏行为心理和动态景观的美感要求，景点间的联结通常是采用路线的安排、有兴趣的景点组织、景观特质表现、足够的预示和诱发性景物构设、诱导可达途径、动态空间景物造型等方式来表现。此外，还可以借助文艺表现手法，在空间景物布置时巧设“悬念”，诱导游览者进入另一个空间境界。简单而言，景观视线的组织，主要在“隐”与“显”二字上下功夫。在实践中隐与显往往并用，一般应遵循“小园宜隐、大园宜显，小景宜隐、大景宜显”的原则。

利用景观视线组织的动态空间序列主要有三种：

（1）开门见山、众景先收。开门见山、众景先收的景观视线组织能给人开阔明朗、气势宏伟之感。这是“显”的手法，可用对称或均衡的中轴线引导视线前进，中心内容、主要景点始终呈现在前进的方向上。如法国凡尔赛宫苑、意大利的台地园、南京中山陵园的景观空间布局都给人以开阔疏朗之感（见图4-3-4-13）。

图4-3-4-13b 法国凡尔赛宫苑中轴景观

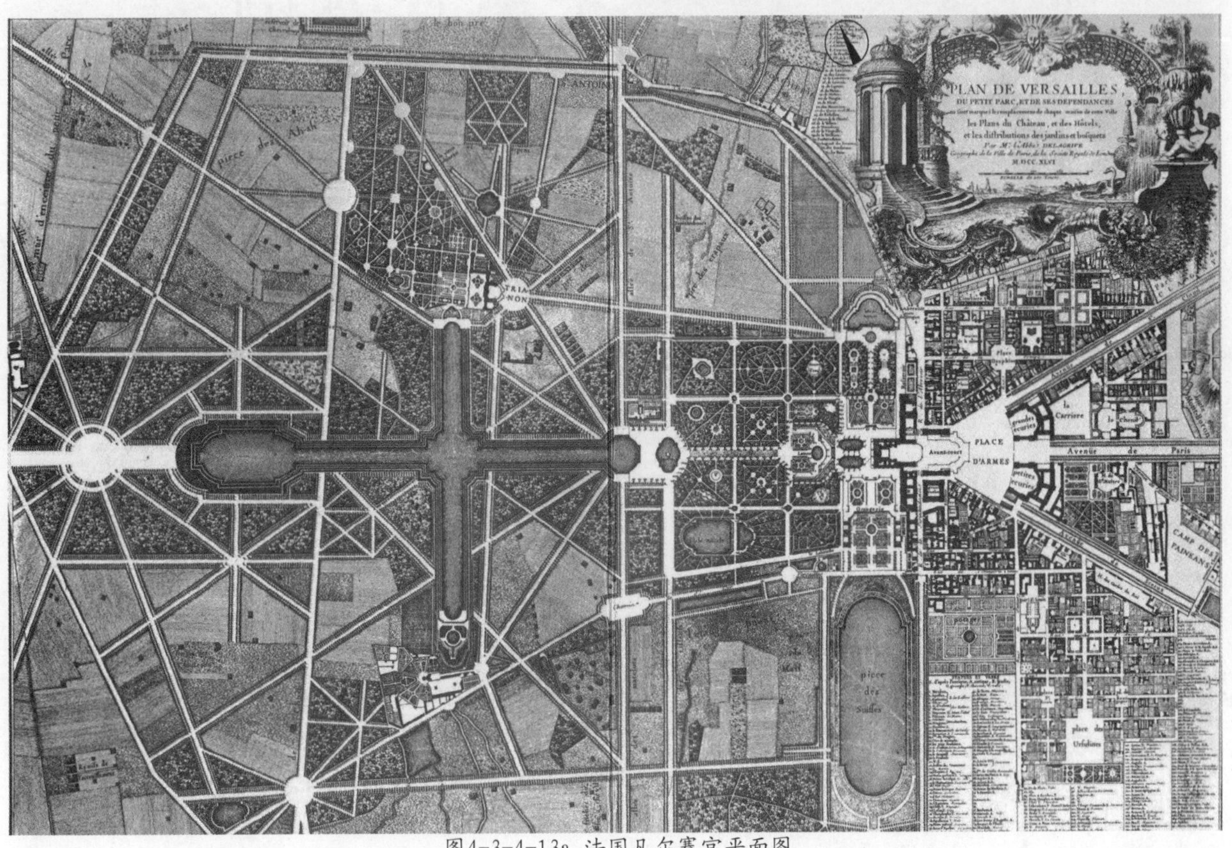

图4-3-4-13a 法国凡尔赛宫平面图

（2）半隐半现、忽隐忽现。半隐半现、忽隐忽现的景观视线是“显隐结合”的手法。如苏州的虎丘（见图4-3-4-14），在很远的地方就能见到虎丘顶上的云岩寺塔，起着指示的作用。邻近虎丘，塔影又消失在其他景物的后面。进入山门以后，塔顶又显现在正前方的树丛山石之中。继续前进，塔影又时隐时现，并在前进道路的两旁布置各种景物，使人在寻觅宝塔的过程中同时观赏沿途景物，在千人石、说法台、白莲池、点头石、二仙亭等所组成的空间中，进入高潮，同时也充分展示了宝塔、虎丘剑池、双井桥、第三泉等景观。最后登至山顶宝塔处，登高一望沃野平畴，眼界顿开，收到良好的景观效果。最后由拥翠山庄步出山门，风景视线到此终结。

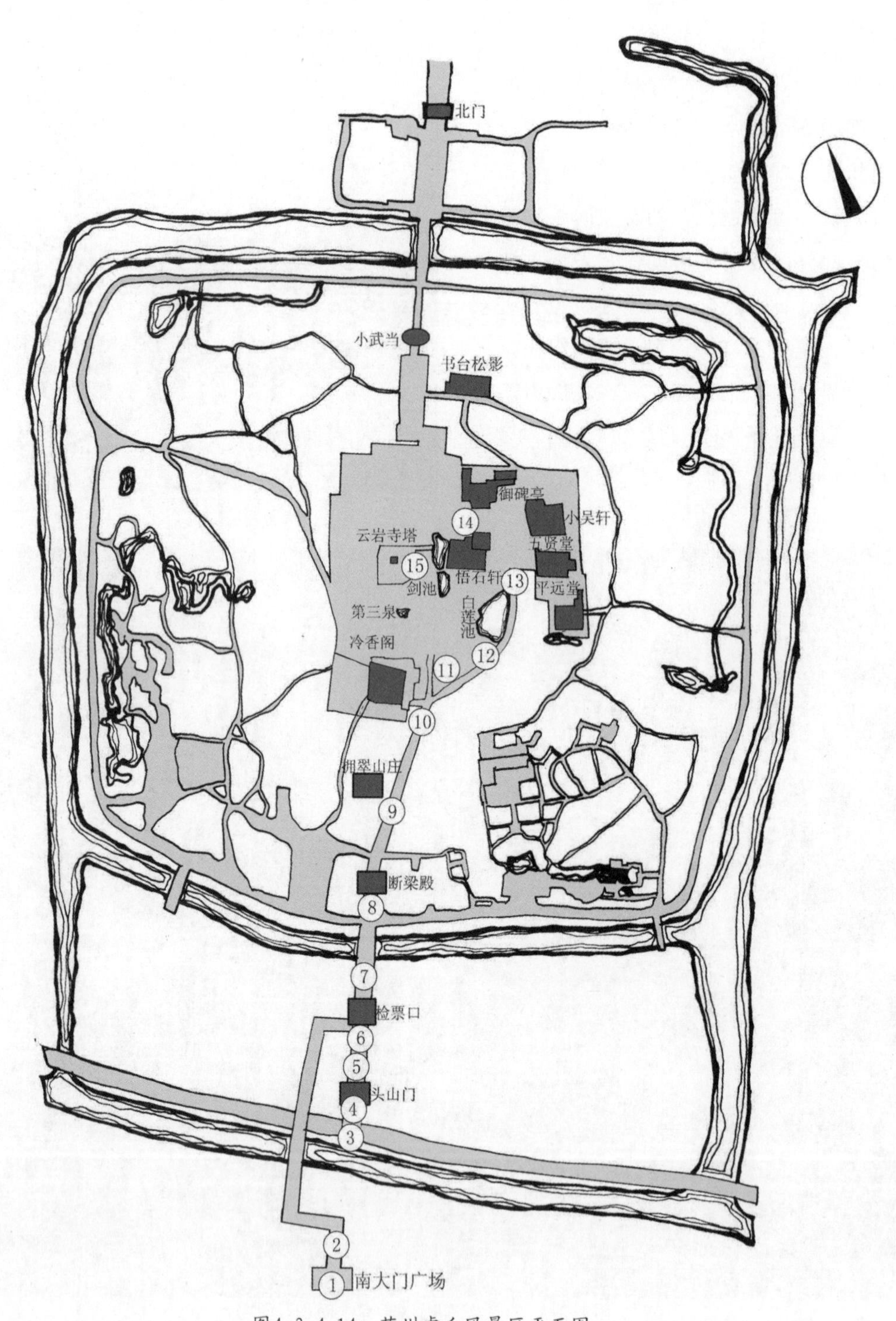

图4-3-4-14a 苏州虎丘风景区平面图

图4-3-4-14b 苏州虎丘风景区序列景观

（3）深藏不露、出其不意。深藏不露、出其不意的景观视线组织能产生柳暗花明的意境。规划中常将景点、景区深藏在山峦丛林之中，由甲景观视线至乙景观视线，再到丙景观视线、丁景观视线等，其间景点或串或并。景观视线可从景点的正面或侧面迎上去，甚至从景的后部较小的空间内导入，然后再回头游览，造成峰回路转、柳暗花明、深谷藏幽、豁然开朗的境界。整个风景隐藏在山谷丛林或变幻的空间当中，景观是在游人的探索中展开的。

如苏州留园入口空间较曲折、封闭，给人压抑之感，当进入园内主要空间后，会顿时产生豁然开朗之感，出其不意（见图4-3-4-15）。又如北京颐和园入口处的建筑空间严肃庄重，当穿过这些空间院落到达昆明湖畔，大自然的湖光山色尽收眼底，给人柳暗花明之感。

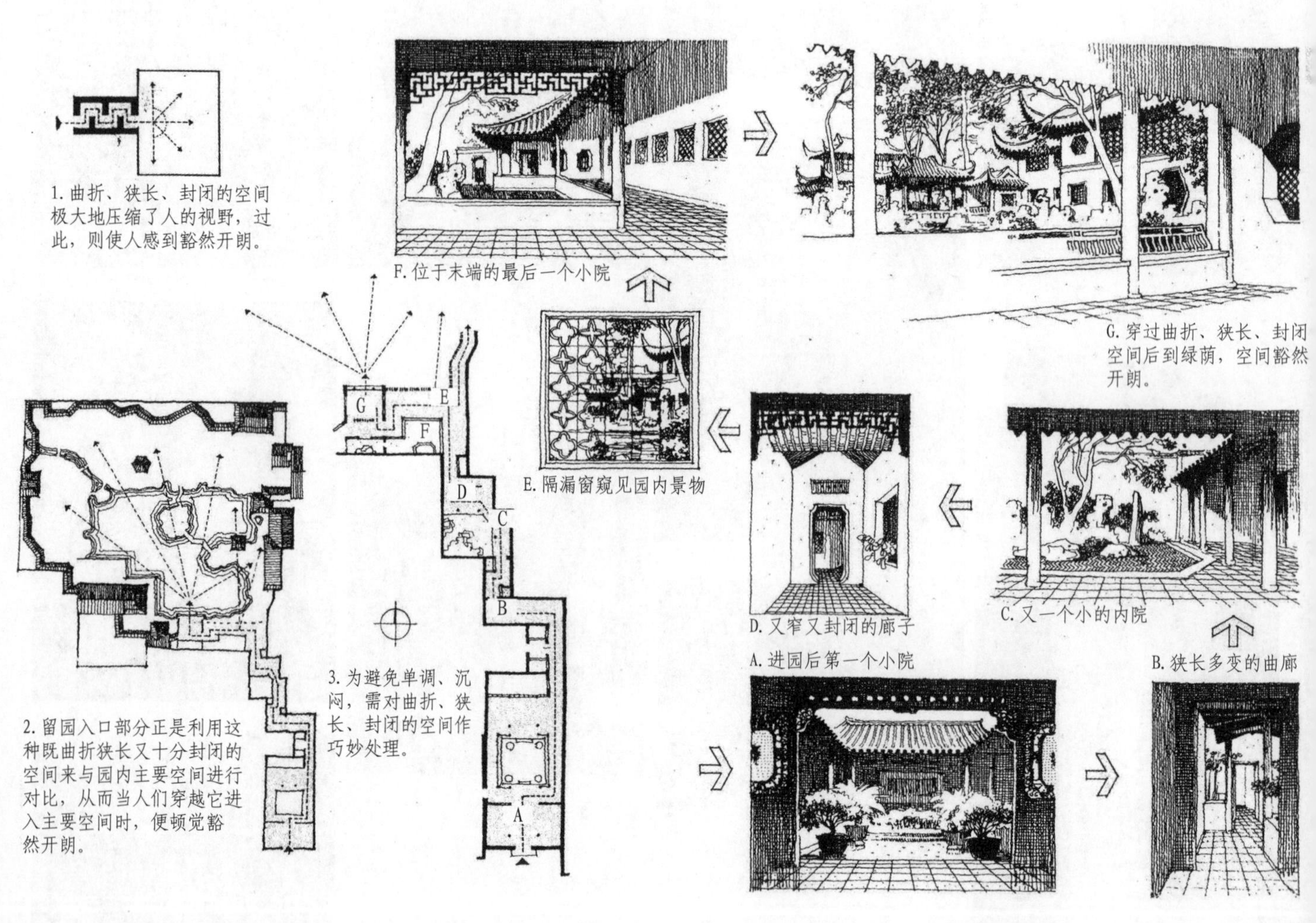

图4-3-4-15

4.3.5 景观空间轴线组织

自然生长的事物，包括人，通常是对称的，因为种子和细胞可能天生是对称的，所以在其基础上生长发育的形状也是对称的。但在自然景观中，布局对称是极少见的，人们很少能发现景观要素在视线两侧是对称平衡的。自然界中对称意味着一种强加的秩序系统（见图4-3-5-1）。然而，一切受人青睐的组合和艺术在视觉上都是平衡的。从心理学来说，空间的对称中轴线与不对称流水性轴线都是“拟人”的心理反应。人眼不停地向四周巡视，搜寻并探索不断变化的、若隐若现的视觉印象，这是一种下意识的感觉；动作间隙，大脑允许或指导眼睛从视觉不稳定的状态中提取某些视觉形象，并有意识的聚焦，这是一种创造性的印象。因为大脑要求眼睛“组织”一个完整平衡的视觉形象。这是脑与眼合作的印象。可接受的平衡不单单是一种形状平衡、价值平衡或色彩平衡，而是一种综合平衡。因此，尽管在自然界中人们所看到的组合极少在视觉轴线两侧是对称平衡的，但由于所有视觉形象都要求平衡，所以两边非对称的或隐含的平衡一定是可能存在的。除了因为某些原因而有意设计两侧对称的情况，人们都是通过隐含的平衡来组织和理解周围世界的（见图4-3-5-2）。

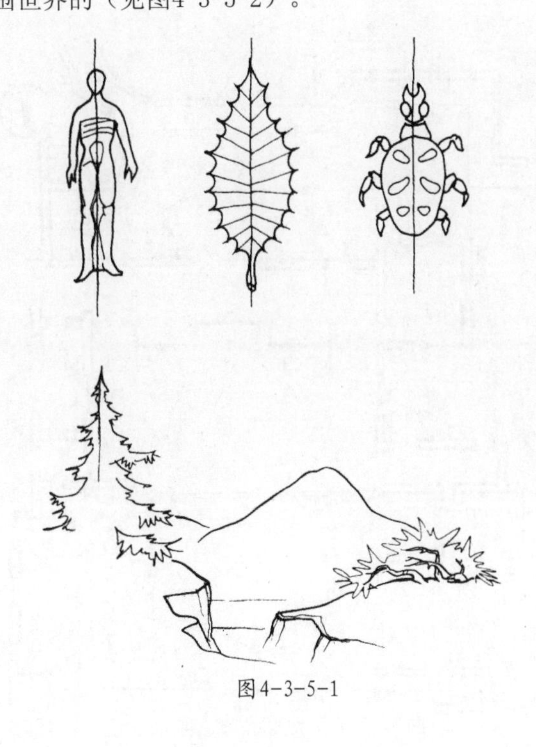

图4-3-5-1

隐含的平衡

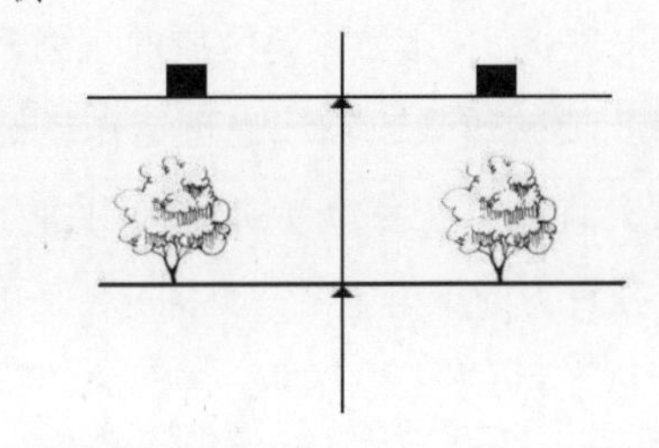

对称平衡：视觉轴线或支撑点两侧的平衡权重相等或相似

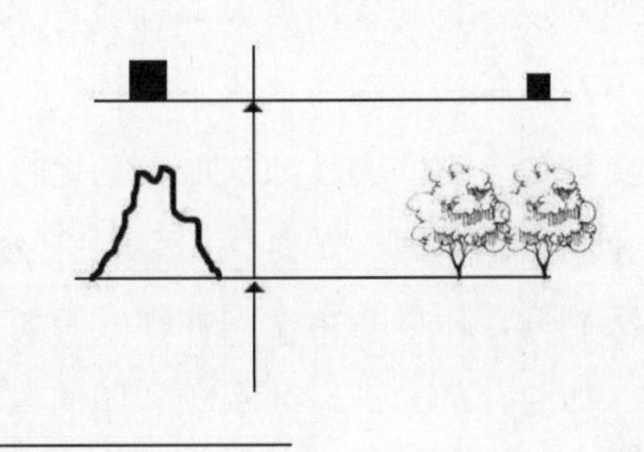

非对称的隐含平衡：不相等和不相似的权重在视觉轴线两侧形成平衡。

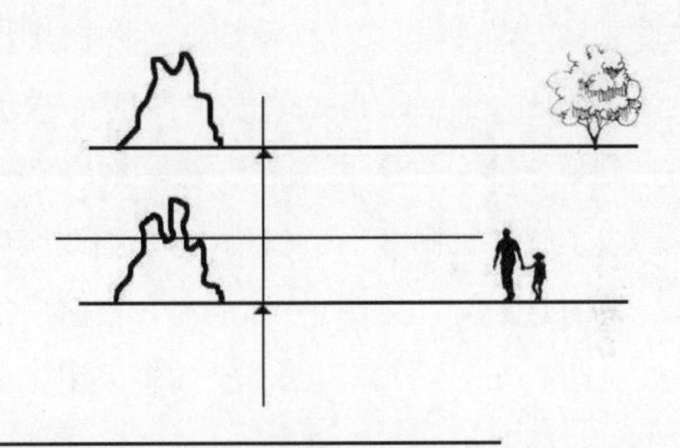

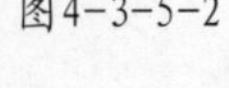

非对称的隐含平衡：均衡源于脑与眼对形状、质量、价值、色彩和它们相互关系的估计。

图4-3-5-2

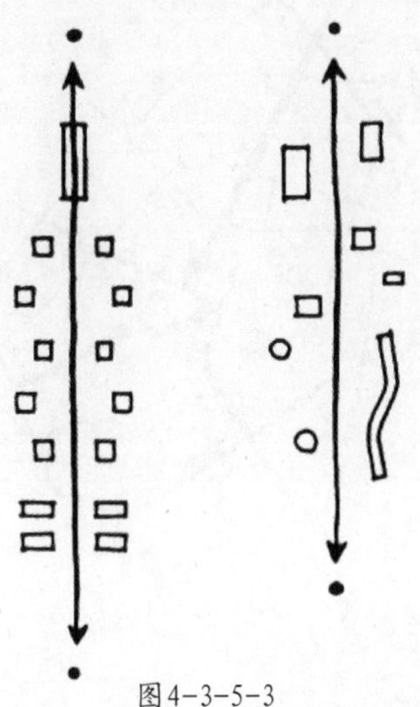

图4-3-5-3

规划中，轴线可能是对称的，但多数是不对称的（见图4-3-5-3）。比如展览区域的规划，小的展览区域没有主要的透景或轴线也可运作良好。这种主题展览区允许人群在各个专类区中自由穿梭，但必须有一个强有力的聚集中心（见图4-3-5-4）。

而大型展览区的图式化的、合理的环路规划应具有以下特征（见图4-3-5-5）：主入口、次入口、主景、次景、强有力的聚集点、主要的巡回路线、次要路径以及次要的聚集区域和便于到达的相关点。

从类型来说，景观空间有对称轴线与不对称轴线两种，不对称轴线又称为“流水性轴线”。何种为上，则要看这个空间的性质功能及场地特征了。比如皇家苑囿，虽然属于游赏性的，但它还要遵循一定的等级制度，所以其主空间往往具有明确的对称中轴线。如北京的景山，北京颐和园的东宫区，法国的凡尔赛宫等。

江南宅园中的住宅部分呈现中轴线对称布局，即典型的江南民居形式，而园林部分大多采用不对称流水性轴线，局部采用对称轴线。苏州网师园的中部是不对称空间，其轴线是流水性的，缘池而行，到月到风来亭处转入内园殿春簃，殿春簃略有对称中轴线之感（见图4-3-5-6）。苏州拙政园中的玉兰堂（见图4-3-5-7，见图1-3-3-4）、留园中的五峰仙馆（见图4-3-5-8）等局部小空间也采用轴线对称的形式。布局形式由功能决定。

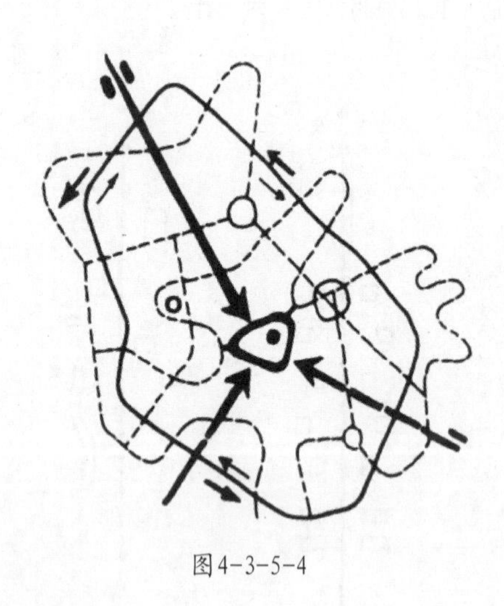

图4-3-5-4

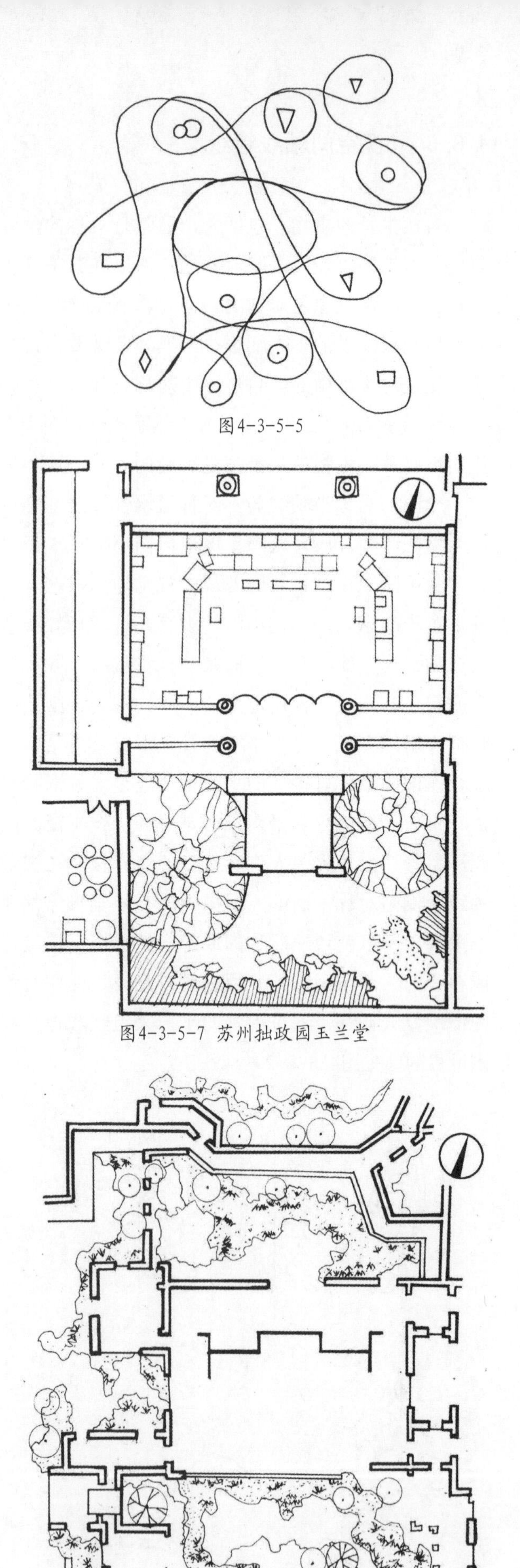

图4-3-5-5

图4-3-5-7 苏州拙政园玉兰堂

图4-3-5-8 苏州留园五峰仙馆

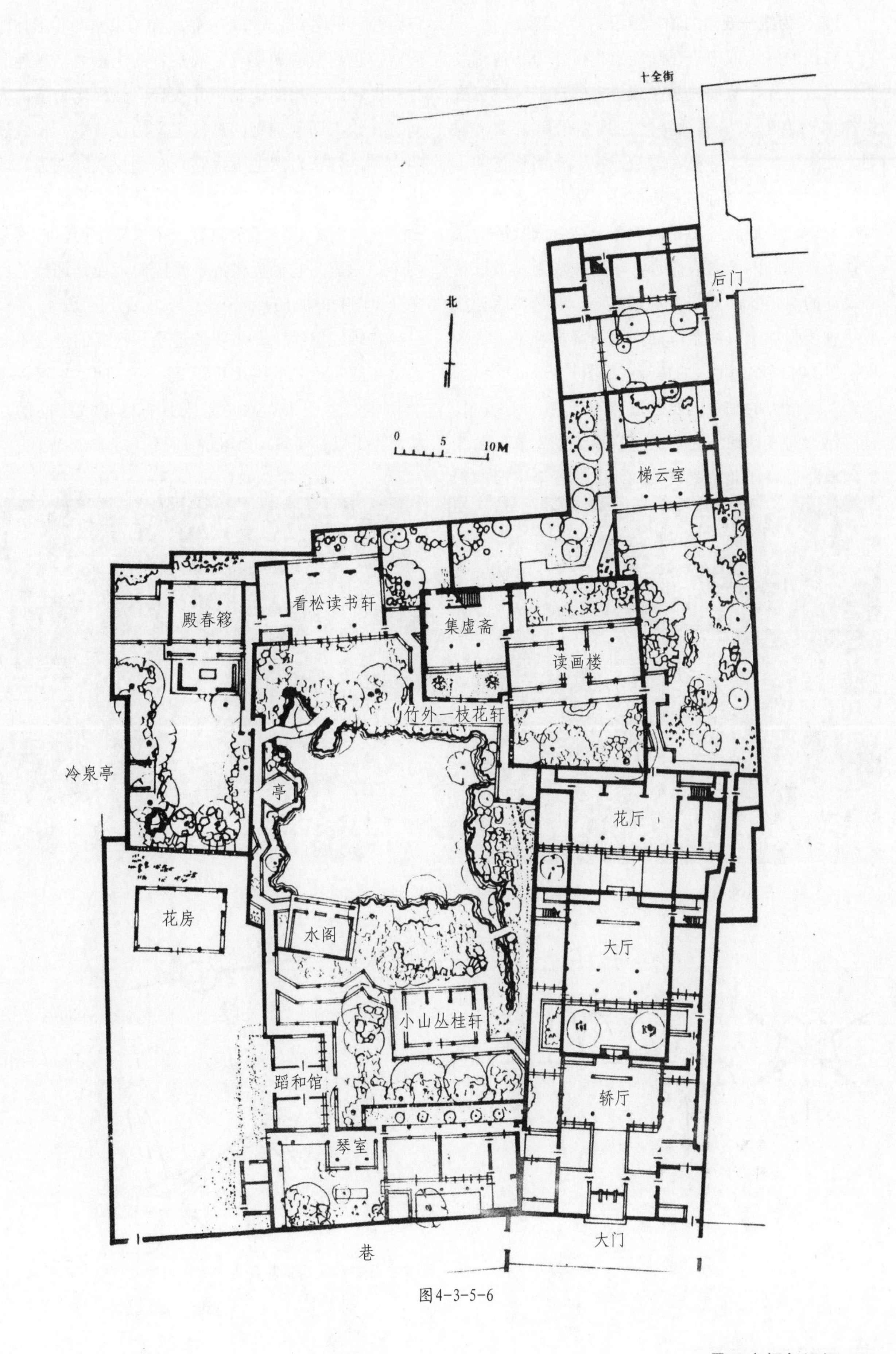
十全街
后门
北
0
5
10M
梯云室
看松读书轩
殿春簃
集虚斋
读画楼
竹外一枝花轩
冷泉亭
亭
花厅
花房
水阁
大厅
小山丛桂轩
蹈和馆
轿厅
琴室
巷
大门

图4-3-5-6

1）作为统一要素的轴线组织

轴线的终点或中点在功能上也可作为其他轴线的终点或中点，从而使两个或更多的规划区域可聚集在同一点上。华盛顿特区的规划采用了这一原则，汇聚于公园、环岛、建筑或纪念堂的长长的、放射状的、绿树成行的大道框住了优雅的透景，将城市复杂、伸展且各不相同的部分结合成紧凑的统一体。就规划的纪念性而言，华盛顿规划是经过精心设计的、最紧凑的都市规划之一。但是，这种放射状轴线强加于直线组成的街道图案却产生了许多极别扭的片断和不怡人的特征（见图5-3-3-5）。

具震撼力的轴线需要有适当的终点。相反，具有震撼力的设计通常在形式或特点上也要求有轴线型入口路径。如北京紫禁城轴线上的各个庄严的入口路径（见图4-3-5-9）。轴线在约束空间和形体的同时，也约束着观察者。观察者的注意力、兴趣和行动受轴线结构的控制，并被导向强极化力量的方向。在给人印象深刻的形式主义的设计中，轴线表明人类凌驾于自然之上，它意味着权威、武力、国民、宗教、皇室、古典和不朽。因此，当轴线止于一个建筑时，建筑通常应有一个或三个门，而不是两个门，因为它们提供的不是障碍，而是迎接的姿态（见图4-3-5-10）。

在轴线组织中，主要的透景和次要的透景不必是垂直的，透景的终端可以是一个空间，也可以是个物体；主透景和次透景既具有区域或空间的功能，也可以是一条入口道路（见图4-3-5-11）。

图4-3-5-9

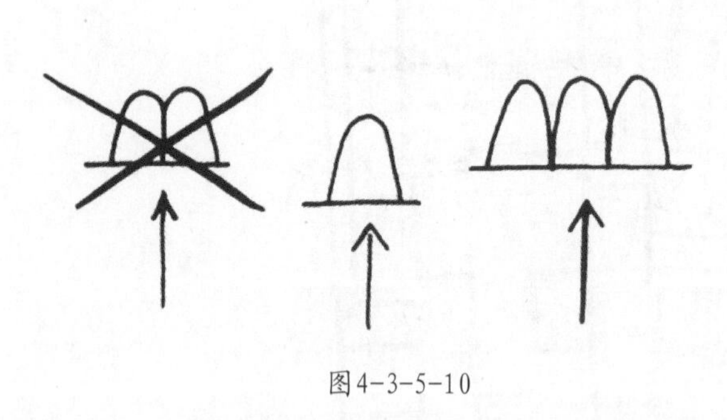

图4-3-5-10

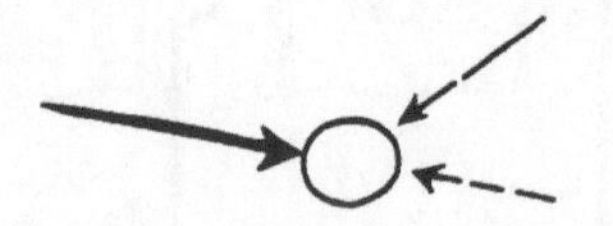

透景的终端可以是一个空间，也可以是一个物体

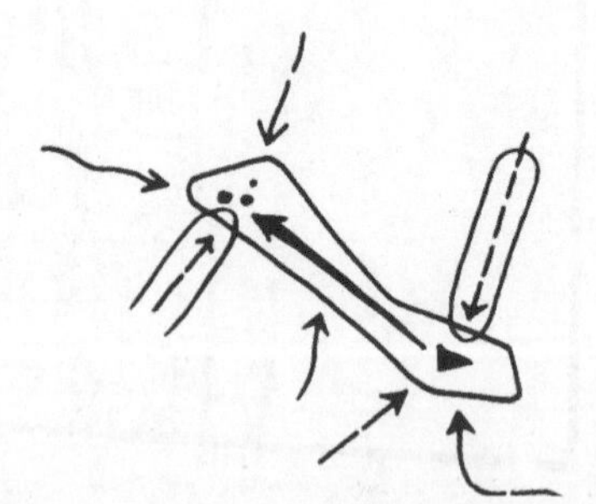

主透景和次透景既具有区域或空间的功能，也可以是一条入口道路

图4-3-5-11

2）对称轴线空间组织

对称轴线空间的景观要素都是围绕中心点或在轴线两侧的对应面形成平衡。中心点可以是物体或场地，比如水池或包含水池的广场（见图4-3-5-12）。

对称轴可以是有功能的一条线或一个平面，如小路、宽阔林荫道或商场；还可以是由视线或运动线强有力的引导者，它可以是穿过一大片开放草地的恬静的透景线，其每一侧的物体似乎都是对等平衡的。

对称可以是完全的，就像西班牙阿尔罕布拉宫狮子院内支柱林立、雕刻精美、打磨得体的完美极品一样（见图4-3-5-13）。对称也可以是松散或随意的，隐含于类似一条乡村路边的篱笆和干草堆所体现的那种平衡的秩序中。

通过对称轴线组织，两个看起来截然分离的对立要素或构筑物间会产生明显的吸引力和张力。两者连同共享空间和其内部所容纳的一切，在对立要素合而为一之处紧密联系。

对称框架中的每个要素都服从于整体的构图关系。对称轴线控制着景观，它使景观系统化，且将其组织成刻板的图案。不仅景观要素特征要服从于一种有组织的对称布局中，人也如此。模式化的轴线图案将人的运动路线限制在规划的路线上，同时也控制着人的视线，人们有意识的为变化的节奏、平衡的重复等所刺激，下意识的与事物的对称秩序相协调。但如果过分一致，则会导致景观单调和乏味。总之，经过巧妙处理的对称平面形式可用于渲染某种观念或引发一种纪律感、高度秩序感，甚至还有无可挑剔的完美感。

图4-3-5-13 西班牙阿尔罕布拉宫

南京中山陵在总体上说是个中轴线空间（见图1-4-3-8），这是由于陵墓空间要求崇高雄伟、庄严肃穆的性质所致。对轴线两侧及起结点的景物进行适当安排，可形成对景空间与夹景空间：

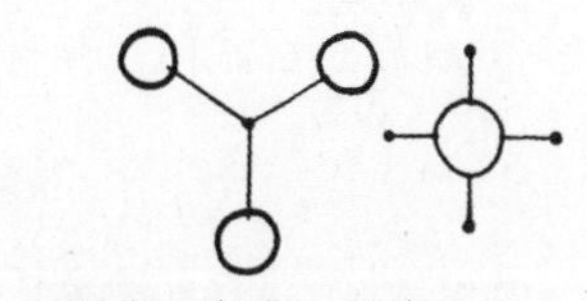

●围绕一点或一区域

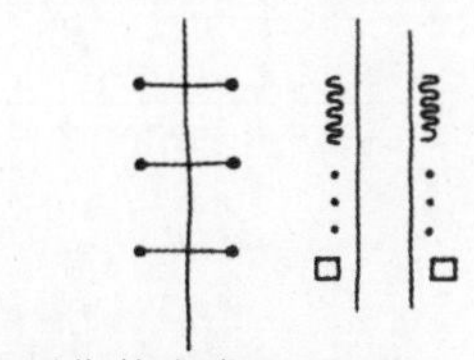

●围绕轴线或平面

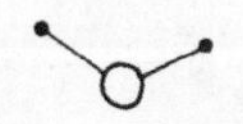

●两边对称——像枫树翅果的两翼

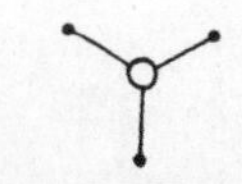

●三边对称——像仅仅抓牢的钩子

●多边对称——像雪花

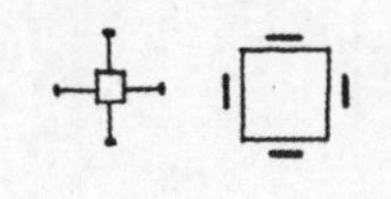

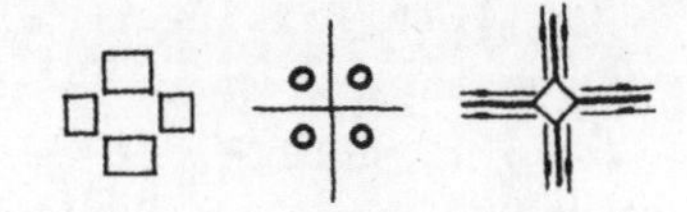

●四边对称——像几何构形

图4-3-5-12

（1）对景空间。凡位于空间轴线及风景视线端点的景物称为对景。对景用来处理观景点与园内景面的关系，所形成的对景空间为虚空间。对景分为正对和互对两类。

正对多用于对称轴线布局中，在轴线的端点设置景物，作为主景，能产生庄严雄伟的效果。如美国华盛顿纪念碑就是华盛顿中轴线的焦点景观，国会大厦或林肯纪念堂是最佳对景（见图4-3-5-14），北京景山公园中的景山和景山上的五亭，不仅是景山公园的对景，能开门见山，开门见亭，而且是故宫中轴线上的对景。步出故宫的玄武门，向前一望，景山和景山五亭便迎在前方。

互对是在空间轴线或风景视线的两端设景，两景相对，互为对景。可在道路、广场的两端组织对景，亦可在水面两岸及两个对立的山头组织对景。如北京颐和园中的佛香阁和龙王庙；苏州拙政园中的远香堂与远香堂对面假山上的雪香云蔚亭（见图4-3-5-15a）；留园中的涵碧山房与涵碧山房对面假山上的可亭，都是互为对景（见图4-3-5-15b）。还有巴黎香榭丽舍大街两个端点的景物安排就是互对。

图4-3-5-14

（2）夹景空间。夹景是运用透视线、轴线突出对景的手法之一。为了突出优美的景色，常将视线两侧的较贫乏的景观，利用树丛、树列、山石、建筑等加以隐蔽，形成了较封闭的狭长空间，以突出空间端部的景物。这种左右两侧起隐蔽作用的前景称为夹景。如在北京颐和园后山的苏州河中划船，远方的苏州桥所形成的主景，为两岸起伏的土山和美丽的林带所夹峙，构成了明媚动人的景色（见图4-3-5-16）。

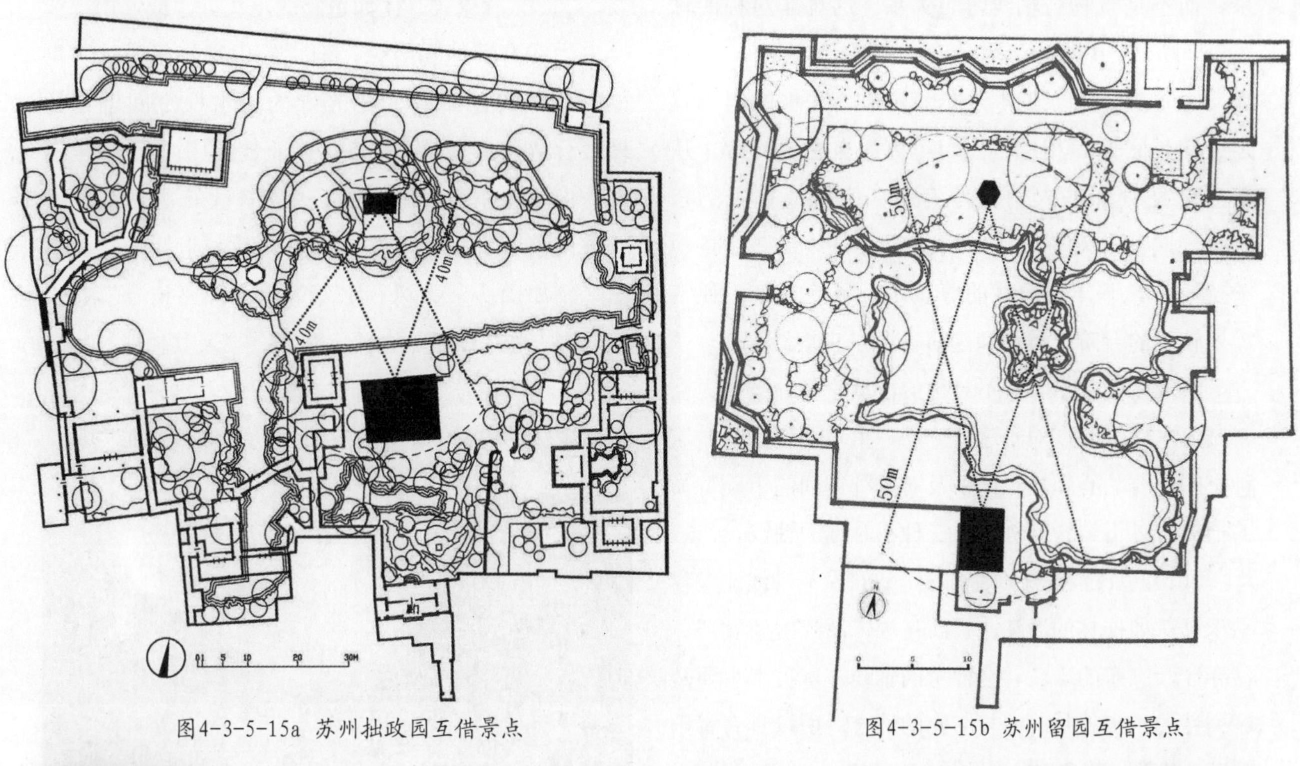

图4-3-5-15a 苏州拙政园互借景点

图4-3-5-15b 苏州留园互借景点

图4-3-5-16

3）非对称轴线空间组织

与对称性空间相比，非对称轴线空间的组织的路线更为自由、景观变化无穷。人们可看到并欣赏景观中的每个事物本身或它与其他景观要素的关系，而不是景物与轴线间的关系。这种非对称的轴线空间形式更微妙、更随意、更令人放松、更有趣，也更人道。人们不是一步步沿着呆板的组合行走或穿越它们。相反，人们可更加自由地探索，从景观中发掘那些人们认为美丽、愉快或有用的东西。同时，非对称轴线空间组织对自然或已建景观干扰较少，基于对自然的尊重进行场地规划，通常需要较少的台阶、屏蔽和建筑，所以也更经济。

景观空间基本上是不对称的，从空间轴线来说也就属流水性轴线。对于这种空间，重点要把握的是这种空间轴线的心理性识读以及对这种空间的审美特征的把握。以下结合实例分析三种不对称的轴线。

（1）以江河为流水性轴线。这种空间轴线比较容易识读，如桂林的漓江，长江三峡，浙江的新安江、富春江，广东的珠江。这种空间轴线在审美上主要是序列性的，也就是时间与空间的结合，所以具有音乐效应，就像一部交响曲（见图4-3-5-17）。

（2）以路为流水性轴线。这种路往往不是笔直的，而是“山路弯弯”，而且有起伏，上山下岭，变化无穷。例如，黄山，从砀口的黄山宾馆处上山，一路风光，直至北海，形成流水性轴线空间。从认知心理来说，路不管怎么转，怎么上下，总是缘路为向。它的审美性基本上与以江为轴相同，不过往往要比江河更富有变化。

（3）意象式。比如道路的尽头处，或遇山，或逢水，或有其他物阻住，但轴线仍存，仍连续。例如，杭州灵隐附近的韬光寺的流水性空间轴线处理很有特色（见图4-3-5-18），它的山门设在半路上，但轴线正对大殿，到转弯处，上山分两条路，一条向前方，上北高峰，一条向后，上韬光寺。自然之物如山头、大树、水弯等是一种“记号”，人工之物，如塔、桥、台阶、雕刻、亭及其他建筑物等又是一种“记号”。设计风景游览线，这种“记号”是轴线延续的关键，是空间轴线的意象性存在物。

图4-3-5-17 长江三峡

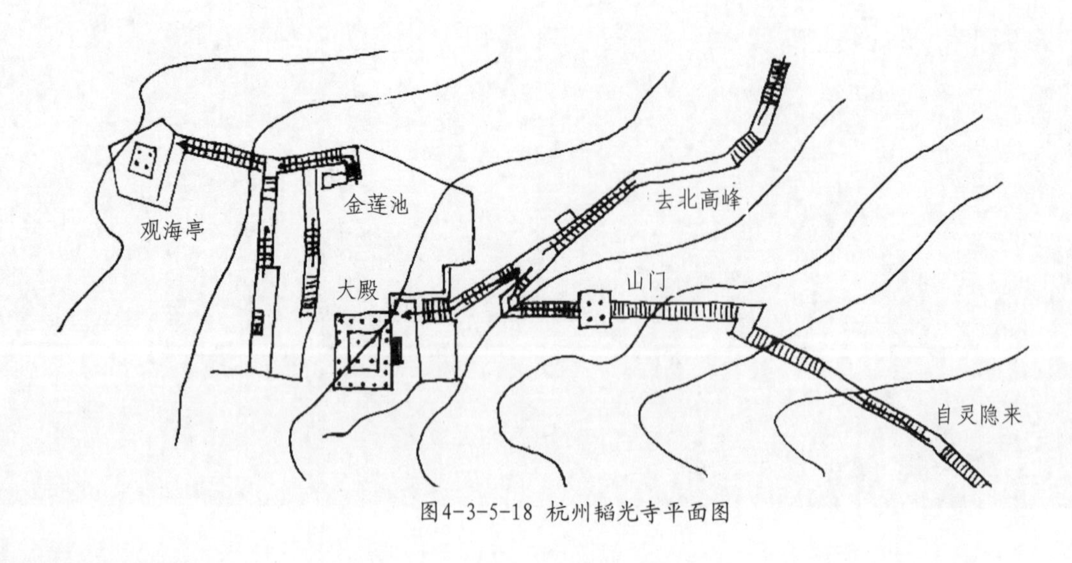

图4-3-5-18 杭州韬光寺平面图

5 景观立意与布局

前面的章节已经探讨了景观的基本要素及其组合的法则。而如何经历一系列分析和创造性的思考过程，处理各景观要素与场地的关系、解决存在的问题、创造出符合功能要求的优美环境是本章的重点，主要包括构思与立意、分区与布局、视觉分析与景物设置等问题。

中国传统园林讲究“三分匠人、七分主人”。造园之始先相地、立意，做到“胸有丘壑”后再具体实施。现代景观创造既注重功能、形式、设计的个性与风格、技术与工程，更注重使用者的需求、价值观以及行为习惯。

5.1 构思与立意

在中国传统园林中有“造园之始，意在笔先”之说，这是由画论移植而来的。意，可视为意志、意念或意境，它强调在造园之前必不可少的创意构思、指导思想、造园意图。这种意图是根据园林的性质、地位而定的。皇家园林必以皇恩浩荡、至高无上为主要意图；寺观园林当以超脱凡尘、普度众生为宗；私家园林有的想耀祖扬宗，有的想拙政清野，有的想升华超脱，而多数崇尚自然，乐在其中。这就是《园冶·兴造论》所谓“三分匠，七分主人”之说，它表明设计者的意图对方案所起的决定作用。

“意在笔先”，即在规划设计布局之先，要实地勘察、测绘与分析，明确用地的性质与功能要求，然后确定设计的风格与形式，做到成竹在胸，对方案的主题与意境构图等有明确的想法。立意是一种构思活动，设计立意可理解为设计构思。但立意又比构思具有更深的文化内涵及更高的文化层次。因为立意是景观设计师根据一定的环境与现实条件、时代审美思想，运用形象思维，创造观念中的景观艺术形象的过程。

在项目设计中，构思的优劣决定方案设计的成败，反过来说，一个好的设计在构思立意方面必定有独特与巧妙之处。

（1）结合画理、创造意境对讲究诗情画意的中国古典园林是一种较为常用的创作手法。如扬州个园以“石”为构思线索，从春夏秋冬四季景色中寻求意境，结合画理“春山淡冶而如笑，夏山苍翠而如滴，秋山明净而如妆，冬山惨淡而如睡”来营建景观，由于构思立意不落俗套而能在众多的优秀古典园林中脱颖而出。

（2）直接从大自然汲取养份、获得设计素材和灵感也是提高方案构思能力、创造景观意境的方法之一。例如，美国著名的风景园林设计大师劳伦斯•哈普林（Lawrence Halprin）与保尔•克利（Paul Klee）后的许多现代主义设计大师一样，都以大自然作为设计构思的创作源泉。哈普林在他的《笔记》一书中记录了对石块周围水的运动，以及石块的块面、纹理和质感变化等自然现象及变化过程的观察结果（见图5-1-0-1），但在他的作品中既没有照搬，也没有刻意去模仿，而是将这些自然现象及变化过程加以抽象，并且艺术地再现出来。在美国波特兰市凯拉凯勒水景广场设计中，哈普林成功地、艺术地再现了水的自然过程（见图5-1-0-2）。

图5-1-0-1

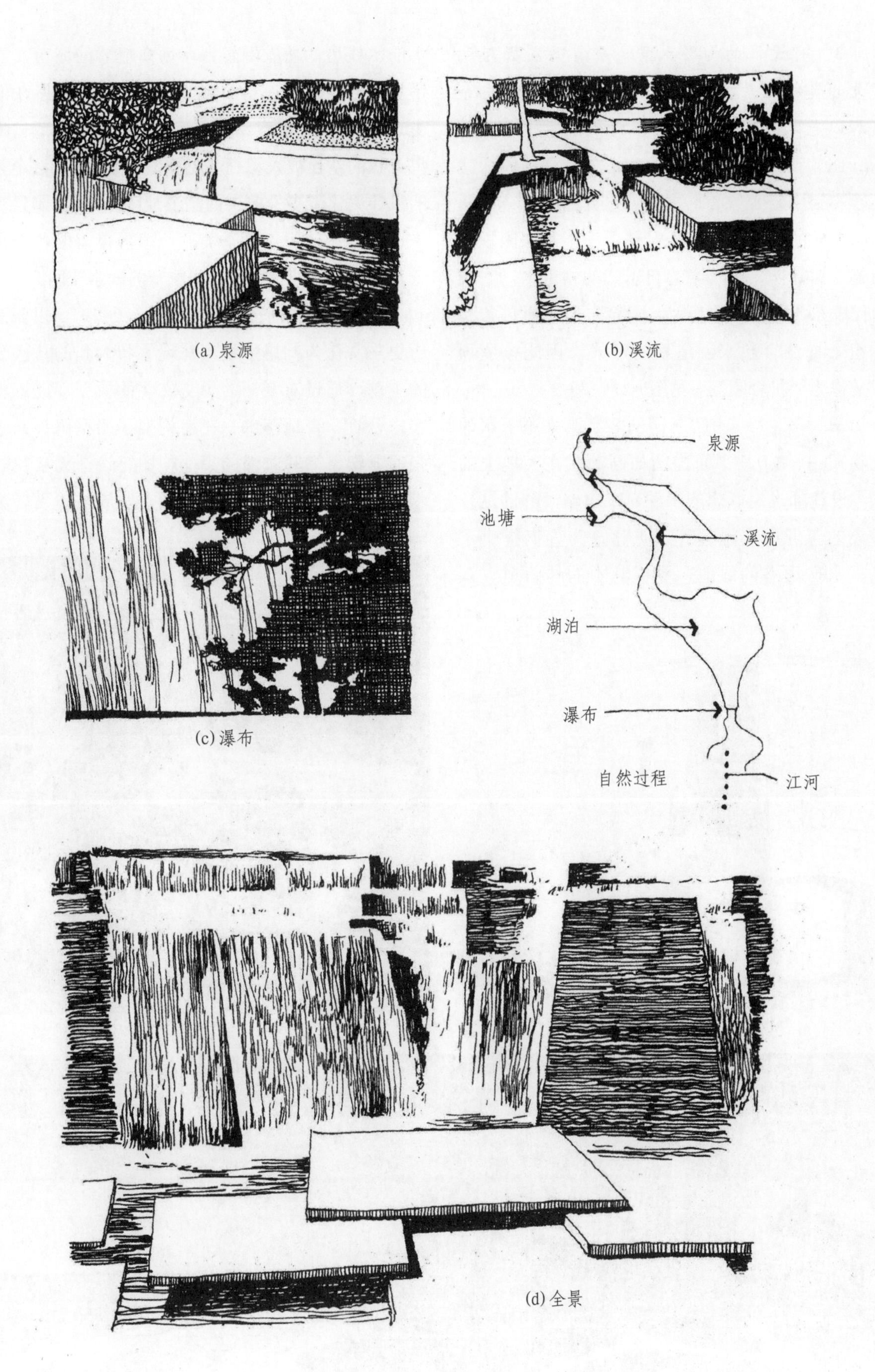

图5-1-0-2

（3）对设计的构思立意还应善于发掘与设计有关的题材与素材，并用联想、类比、隐喻等手法加以艺术地表现。如玛莎•舒瓦兹（Martha Schwartz）设计的某基因研究中心的屋顶花园，就是巧妙的利用研究中心从事基因研究的线索，将两种不同风格的景观形式溶于一体，一半是法国规则式的整形树篱园，另一半为日本式的枯山水，它们分别代表东西方园林的基因，隐喻它们可通过象基因重组一样结合起来创造新的形式，因此该屋顶花园又称为“拼合园”（见图5-1-0-3）。

加拿大多伦多市HTO公园的名字则来源于水的组成物质——H_2O，平面构图如同洒落在大地上的水珠，设计师运用联想的手法对安大略湖畔的这片受污染的工业废弃地进行了重建，为人们提供了沙滩、水珠形态的绿地，穿梭其中的林荫道、滨水的木栈道，使人幻想自己远离喧嚣的城市，而交错贯穿整个场的块石面路，则使人回想起悠久的历史。HTO的设计很容易因水边数英里的黄伞或俯瞰呈星点状的沙丘被人识别（见图5-1-0-4）。这个大胆的设计美化了多伦多市的湖滨地区。HTO公园景观随季节而变化，不仅夏季美丽，冰雪覆盖的冬季别有一番情趣，是一个适合任何季节的滨水空间。

江苏昆山张浦公园（见图5-1-0-5），以张浦的历史与文化为构思主线，体现家和人和的社区公园的主题，通过对张浦的历史文化的梳理，提炼出金字塔台阶、台地落水、花树构架、船型码头、脉动张浦雕塑、书写张浦的平面构图等设计元素，以艺术的表现形式诠释张浦的起源、发展与腾飞（见图5-1-0-6）。

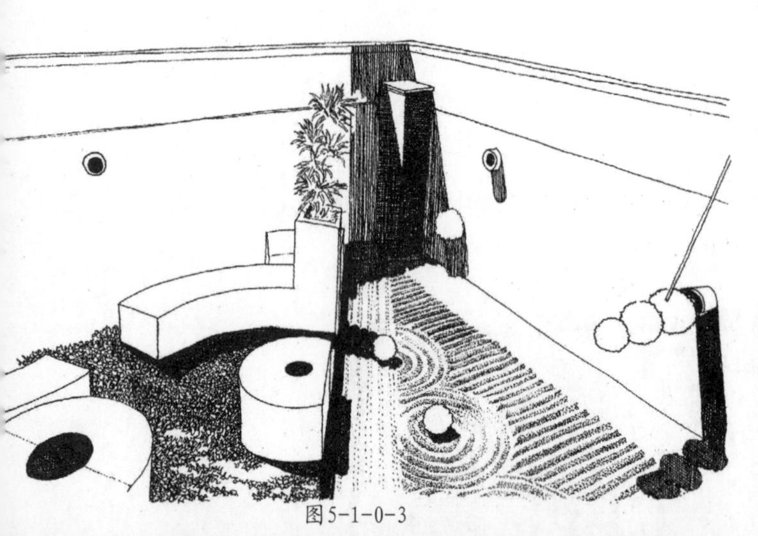
图5-1-0-3

图5-1-0-4a 多伦多HTO公园

图5-1-0-4b 多伦多HTO公园

和合园——家和人和　　脉动张浦——张浦的成长与演变

	灵感来源	要素提炼	创意表现
张浦的源起	赵陵山遗址---良渚先民的智慧之光	土筑金字塔	金字塔台阶
		（飞禽纹、鸟纹、冠形饰）陶器、玉器及透雕玉饰	台地落水 鸟禽纹浮雕景墙
张浦的发展	渔业及农耕文化 太阳神崇拜	太阳之花	花树构架
		渔米乡情	滨水漫步道 船形码头
张浦的腾飞	和谐新镇 经济新镇	和谐的市民文化	“家和人和”雕塑
			脉动张浦雕塑
		健康向上的群众活动	市民活动广场 门球场
			书写张浦

图5-1-0-5a 昆山张浦公园设计概念与主题

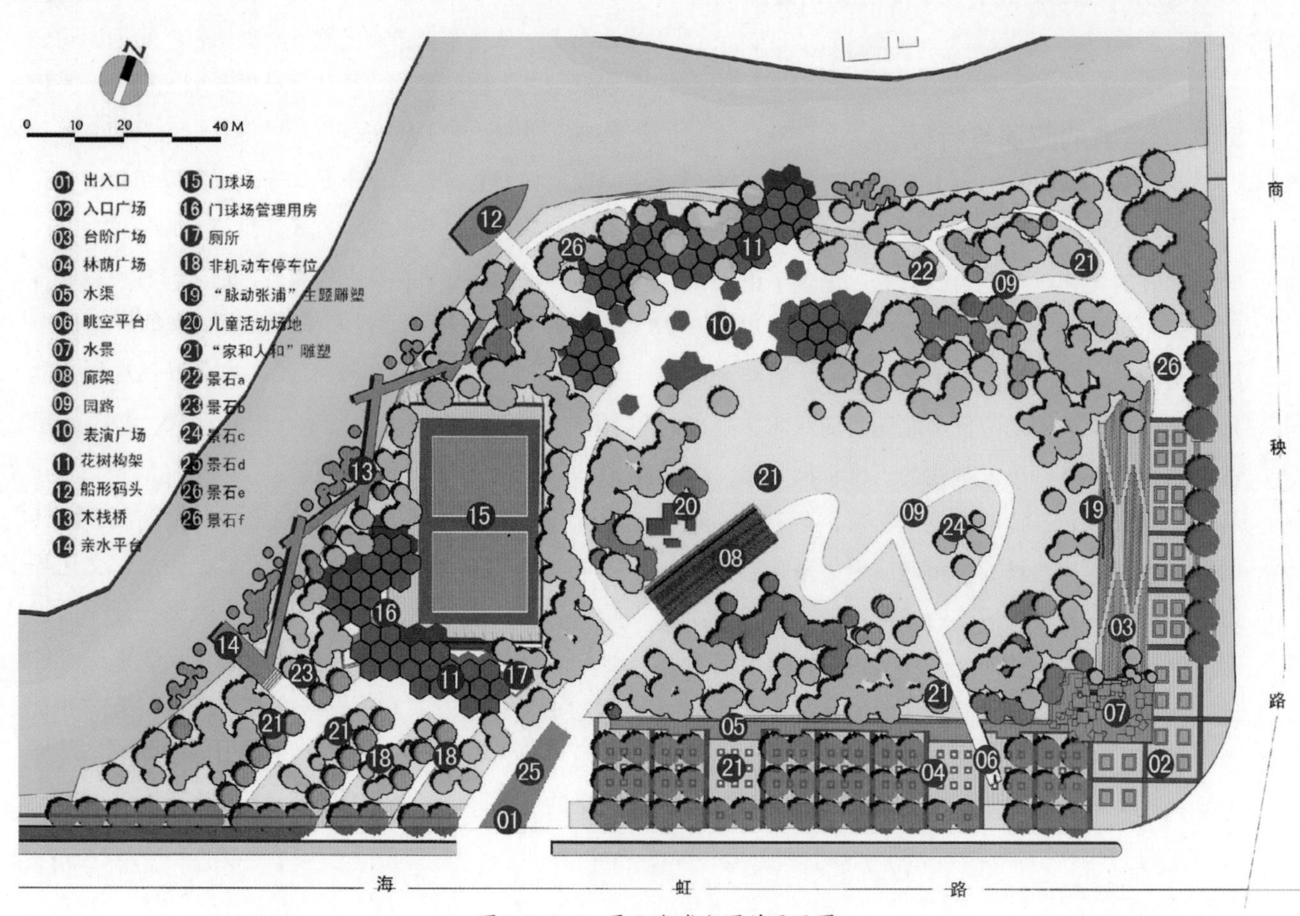

图5-1-0-5b 昆山张浦公园总平面图

5.2 意境的创造与表达

意境是设计者在其作品中所表现出来的一种艺术境界，是人们感知设计者的主观设想之后，通过联想所唤起的“表象”与情感，是景域之“景”，物外之情，言外之意。中国古典园林讲究“意境”的营造，现代园林也追求游览中的体验。任何优秀的设计都能赋予空间无穷的想象，并唤起人们的内在情感。因而，具有一定实用功能和游赏价值的园林，不仅是一种空间的造型艺术，更可寄托人类的精神。通过具体场地空间及其景物的处理，使空间景象获得一定的寓意和情趣的过程，就是空间意境的创造。景物的构设应先立其意，注重“贵在意境”的原则。

园林景观中不仅要有优美的景色，而且还要有幽深的境界。方案设计应有意境的设想，寓情于景、寓意于景，把情与意通过景的设置而体现出来，使人能见景生情，因情联想，把思维扩大到比园景更广阔更久远的境界中去，创造幽深的诗情画意。

5.2.1 意境的起源与特征

园林意境的思想渊源可以追溯到东晋至唐宋年间，当时的文艺思潮是崇尚自然，出现了山水诗、山水画和山水游记。园林创作也出现了转折点，从以建筑为主体转向以自然山水为主体。园林意境创始时代的代表人物是两晋南北朝的陶渊明、王羲之谢灵运、孔稚圭，唐宋时代的王维、柳宗元、白居易、欧阳修等人。他们既是文学家、艺术家，又是园林的创造者与建设者。陶渊明用“采菊东篱下，悠然见南山”去体现恬淡的意境，被千古传承；王维所经营的辋川别业，被誉为“诗中有画，画中有诗”的典范。此后元、明、清的园林创作大师倪云林、计成、石涛、李渔等人，都集诗、画、园等诸多文艺修养于一身，在继承园林意境创造传统的基础上力创新意，为中国园林的光大发展做出了杰出的贡献。

园林景观是一个真实的自然境域，其意境随着时间而演替变化。这种时序的变化，被称为是“季相”或“物候”，朝暮的变化，称“时相”；阴晴、雨雪、霜风、烟云的变化，称为“气象”；植物的生命周期演绎变化，称为“龄相”。

园林景观是一个自然的空间境域，园林意境寄情于自然物体及其综合关系之中，情生于境而又超出由此所激发的境域事物之外，给感受者以余味或遐想。中国园林艺术是环境、建筑、诗画、楹联、雕塑等多种艺术的综合表达，园林意境产生于园林境域的综合艺术效果，给予游赏者以情意方面的信息，但客观的自然境域与人的主观情意相统一、相激发时，才能产生意境，焕发物外情、景外意。

意境是艺术创作和鉴赏方面的一个极其重要的美学范畴，表现为主观的感情、理念熔铸于客观生活、景物之中，从而引发鉴赏者类似的情感激动和理念联想。中国传统哲学在对待“言”、“象”、“意”的关系上，从来都把“意”置于首要地位，它们影响、浸润于艺术创作和鉴赏，从而产生意境的概念。先哲们很早就提出“得意忘言”、“得意忘象”的命题，只要能做得到得意，就不必拘守原来用以明象的言和存意的象。汉民族的思维方式注重综合和整体理念，佛禅和道教的宣讲往往立象设教，追求一种“意在言外”的美学趣味。近代人王国维在《人间词话》中提出诗词的两种境界：“有我之境，以我观物，故物皆著我之色彩。无我之境，以物观我，故不知何者为我，何者为物”。

中国古典园林的成长、完善，乃至在世界园林艺术之林中独树一帜，是由于政治、经济、文化等诸多复杂因素的培育，与中国传统的天人合一的哲理以及注重整体理念、注重直觉感知、注重综合推衍的主导思维方式有着直接的关系。正因为园林景观意境蕴涵如此深广，中国古典园林所表达到的情景交融的境界，也就远非其他园林体系所能企及的了。

5.2.2 意境的形成与创造

意境的形成经历了物像—表象—意象—意境的过程，清代画家郑板桥画竹的过程就体现了意境的形成过程（见图5-2-2-1）。由于观赏者的个体差异，设计者要营造的不一定是观赏者所能感受到的意境。因此，意境的形成必须发挥设计者与观赏者双方的思维、想象力和各种器官功能的全感受性，这种联想的方式就是意境的形成过程。意境的创造手法表现为以下几个方面：

1）延伸和虚复空间

运用延伸空间和虚复空间的特殊手法可以组织空间、扩大空间，强化园林的景深，丰富美的感受。

延伸空间就是借景（参见4.3.3）。虚复空间并非客观存在的空间，是由光的照射，通过水面、镜面或白色墙面的反射而形成的虚假重复的空间，即所谓“倒景、照景、阴景”。它可以增加空间的深度与广度，扩大园林空间的视觉效果；丰富园林空间的变化，创造园林静态空间的动势；增强园林空间的光影变化，尤其是水面虚复空间的奇妙效果。“闭门推出窗前月，投石冲破水底天”这样的绝句所描绘的就是由水面虚复空间创造的无限意境（见图5-2-2-2）。

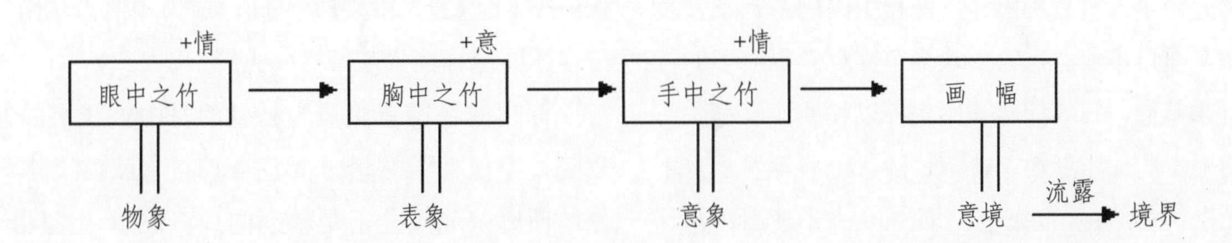

图5-2-2-1

图5-2-2-2

2）比拟与联想

（1）以小见大、以少代多的比拟联想。摹拟自然，以小见大，以少代多，用精炼浓缩的手法营造“咫尺山林”的景观，使人有真山真水的联想。如无锡寄畅园的“八音涧”，就是摹拟杭州灵隐寺前冷泉旁的飞来峰山势，却又不同于飞来峰。中国园林在摹拟自然山水的手法上有独到之处，善于综合运用空间组织、比例尺度、色彩质感、视觉幻化等艺术原理，使一石有一峰的感觉，使散石有平冈山峦的感觉，使池水迂回有曲折不尽之意。犹如一幅国画，意到笔随，或无笔有意，使人联想无穷。

日本禅宗庭院内，树木、岩石、天空、土地等常常是寥寥数笔即蕴涵着极深的寓意，在修行者眼里它们就是海洋、山脉、岛屿、瀑布，一沙一世界，这样的园林无异于一种精神园林。源自中国的另一支佛教宗派禅宗在日本流行，为反映禅宗修行者所追求的苦行及自律精神，日本园林开始摈弃以往的池泉庭园，而是使用一些如常绿树、苔藓、沙、砾石等静止、不变的元素，营造枯山水庭园，园内几乎不使用任何开花植物，以期达到自我修行的目的，这种枯山水庭园对人精神的震撼力也是惊人的。

（2）不同植物姿态、色彩等各种特征引发的比拟联想。松象征坚贞不屈，万古长青；竹象征虚心有节，清高雅洁的风尚；梅象征不畏严寒，纯洁坚贞的品质；兰象征居静而芳，高雅脱俗的情操；菊象征不畏风霜，活泼多姿。白色象征纯洁；红色象征活跃；绿色象征和平；蓝色象征幽静；黄色象征高贵；黑色象征悲哀。这些象征并非放之四海而皆准的定论，因民族、习惯、地区、处理手法的不同而有很大的差异。如“松、竹、梅”的“岁寒三友”之称，“梅、兰、竹、菊”的四君子之称，都是中国古代诗人、画家的封赠。广州的红木棉树称为英雄树，长沙岳麓山广植枫林，有“万山红遍，层林尽染”的景趣，而爱晚亭则令人联想到“停车坐爱枫林晚，霜叶红于二月花”的古人名句（参见6.5.1）。

（3）景观建筑、雕塑造型引发的比拟联想。景观建筑、雕塑的造型常与历史、人物、传闻、动植物形象、自然界的日月星辰等相联系，能使人产生思维联想。

昆山夏驾河“水之韵”休闲文化公园庆典广场中设置的“彩虹型构架”，犹如舞动的迎宾彩带，律动的城市节奏，亦是波浪、亦是彩虹、亦是绸带…… 给人无限的想象空间，成为“活力昆山”城市客厅的地标性景观节点（见图5-2-2-3）。

苏州博物馆新馆最为独到的是中轴线上的北部庭院，不仅使游客透过大堂玻璃可一睹江南水景特色，而庭院北墙之下是独创的片石假山（见图5-2-2-4），这种“以壁为纸，以石为绘”，别具一格的山水景观，呈现出清晰的轮廓和剪影效果。看起来仿佛与旁边的拙政园相连，新旧园景笔断意连，巧妙地融为了一体。

城市公园中布置蘑菇亭、月洞门、小广寒殿等能使人置身其中如临神话世界或月宫之感；儿童游戏场的大象和长颈鹿滑梯则培养了儿童的勇敢精神，有征服大动物的豪迈感；立在名人雕像前，则会有肃然起敬之感。

图5-2-2-3

图5-2-2-4

（4）运用文物古迹而产生的比拟联想。文物古迹发人深思。游览成都武侯祠，会联想起诸葛亮的政绩和三国时代三足鼎峙的局面；游览成都的杜甫草堂，会联想起杜甫的传诵千古的诗篇；游览杭州的岳坟、南京的雨花台、绍兴风雨亭，会联想起许多可歌可泣的往事，使人得到鼓舞。

位于美国华盛顿特区的越战纪念碑，由用黑色花岗岩砌成的长500英尺的V字型碑体构成，用于纪念越战时期服役于越南期间战死的美国士兵和将官（见图5-2-2-5），好像是地球被战争砍了一刀，留下了这个不能愈合的伤痕。黑色的、像两面镜子一样的花岗岩墙体，两墙相交的中轴最深，约有3米，逐渐向两端浮升，直到地面消失。V型的碑体向两个方向各伸出200英尺，分别指向林肯纪念堂和华盛顿纪念碑，通过借景让人们时时感受到纪念碑与这两座象征国家的纪念建筑之间密切的联系。后者在天空的映衬下显得高耸而又端庄，前者则伸入大地之中绵延而哀伤，场所的寓意贴切、深刻。当你沿着斜坡而下，望着两面黑得发光的花岗岩墙体，犹如在阅读一本叙述越南战争历史的书。

文物在游览中也具有很大的吸引力，在景观设计中，应掌握其特征，加以发扬光大。如国家或省、市级文物保护单位的文物、古迹、故居等，应分别对待，“整旧如旧”，还原本来面目，使其在旅游中发挥更大的作用。

（5）强化感知而产生的比拟联想。声音作为园林景观的重要感知特征，能引起人们的关注，是激发诗情的重要媒介。鸟语虫鸣、风呼雨啸、钟声琴韵等，均可以声夺人，使之共鸣，产生意境。《园冶》中就有“夜雨芭蕉，似鲛人之泣泪”，“静枕一榻琴书，动涵半轮秋水”的描述；北京圆明园“曰天琳宇”响水口的潺潺流水声，竟成为宫中的音乐，给景观空间带来了无尽的自然情趣。

香气作用于人的感官虽不甚强烈，但同样能激发人的精神。苏州拙政园的“远香堂”，南临荷池，夏日荷风扑面，清香满堂；留园的“闻木樨香轩”，秋高气爽季节，丹桂“春风吹不断，冷霜听无声。扑面心先醉，当头月更明”。

图5-2-2-5 美国华盛顿越战纪念碑

3）文景相依，诗情画意

中国传统园林常用匾额、楹联、诗文、碑刻等形式来点景、立意，表现园林的艺术境界、引导人们获得园林意境美的享受。中国古典园林是“标题园”。

中国古园的名称，如“留园”、“怡园”、“拙政园”等，突出了园林的主体思想和主旨情趣。诗文不仅用于突出全园的主题，也常被用作园内景点的点题和情景抒发。园中的景象，有了诗文题名的启示，才引导游者联想，使情思油然而生，产生“象外之象”、“景外之景”、“弦外之音”。苏州拙政园中部湖山上植有梅树，由于其中建筑题名“雪香云蔚”，才使人顿觉踏雪寻梅的诗意。

园中好的景点命名和题咏，是对景观艺术进行的高度概括，起到画龙点睛、烘托园景主体的作用，增添古朴典雅的气氛，使园林增色，帮助人们领悟园林艺术意境，启发人们联想，激发游人对景生情。陈毅同志游桂林诗有云：“水作青罗带，山如碧玉簪。洞穴幽且深，处处呈奇观。桂林此三绝，足供一生看。春花娇且媚，夏洪波更宽，冬雪山如画，秋桂馨而丹。”短短几句，描绘出桂林的“三绝”和“四季”景色，提高了风景游览的艺术效果。

中国传统的造园，立意着重艺术的创造，寓情于景，触景生情，情景交融。中国园林艺术之所以流传古今中外，经久不衰，一是有符合自然规律的造园手法，二是有符合人文情意的诗、画文学。“文因景成，景借文传”，正是文、景相依，才更有生机。同时，也因为古人造园，到处充满了情景交融的诗情画意，才使中国园林深入人心，流芳百世。

文、景相依体现出中国风景园林对人文景观与自然景观的有机结合，泰山被联合国列为文化与自然双遗产，就是最好的例证。泰山的宗教、神话、君主封禅、石雕碑刻和民俗传说，伴随着泰山的高峻雄伟和丰富的自然资源，向世界发出了风景音符的最强音。《红楼梦》中所描写的大观园，以文学的笔调，为后人留下了丰富的造园哲理，一个“潇湘馆”的题名就点出种竹的内涵。唐代张继的《枫桥夜泊》一诗，以脍炙人口的诗句，把寒山寺的钟声深深印在游客的心底，每年招来无数游客，寒山寺才得以名扬海外。

中国园林的诗情画意，还集中表现在它的题名、楹联上。北京“颐和园”表示颐养调和之意；“圆明园”表示君子适中豁达、明静、虚空之意。表示景区特征的如承德避暑山庄康熙题景四字和乾隆三十六景三字景名。四字的有烟波致爽、水芳岩秀、万壑松风、锤峰落照、南山积雪、梨花伴月、濠濮间想、水流云在、风泉清听、青枫绿屿等；三字的有烟雨楼、文津阁、山近轩、水心榭、青雀舫、冷香亭、观莲所、松鹤斋、知鱼矶、采菱渡、驯鹿坡、翠云岩、畅远台等。杭州西湖更有苏堤春晓、曲院风荷、平湖秋月、三潭印月、柳浪闻莺、花港观鱼、南屏晚钟、断桥残雪等景名。引用唐诗古词而题名的，更富有情趣，如苏州拙政园的“与谁同坐轩”，取自苏轼诗“与谁同坐？明月、清风、我”。利用匾额点景的有北京颐和园的“涵虚”，“罨秀”牌坊，涵虚一表水景，二表涵纳之意；罨秀表示招贤纳士之意。北海公园中的“积翠”、“堆云”牌坊，前者集水为湖，后者堆山如云之意，取自郑板桥诗“月来满地水，云起一天山”。如泰山普照寺内有“筛月亭”，因旁有古松铺盖，取长松筛月之意。亭之四柱各有景联，东为“高筑席缘先得月，不安四壁怕遮山”；南为“曲径云深宜种竹，空亭月朗正当楼”；西为“收拾岚光归四照，照邀明月得三分”；北为“引泉种竹开三径，援释归儒近五贤”，对联出自四人之手。这种以景造名，又借名发挥的做法，把园景引入了更深的审美层次。登上泰山南天门，举目可见“门辟九霄仰步三天胜迹，阶崇万级俯临千嶂奇观”，真是一身疲惫顿消，满腹灵气升华。杭州灵隐用“飞来峰”景名给人带来无限的神秘感。雕在山石上的大肚弥勒佛对联“大肚能容容世间难容之事，佛颜常笑笑天下可笑之人”，再看大肚佛憨笑之神态，真是点到佳处，发人深思。再如“邀月门”取自李白“举杯邀明月，对影成三人”，“松风阁”取自杜甫“松风吹解带，山月照弹琴”。

除了引诗赋题名外，还有因景传文而名扬四海的，如李白的“西辞白帝彩云间，千里江陵一日还。两岸猿声啼不住，轻舟已过万重山”诗句给重庆白帝城增辉不少。对于园林中特定景观的文学描述或取名，给人们以更加深刻的诗情画意。如对月亮的形容有金蟾、锦兔、金镜、金盘、银台、玉兔、玉轮、悬弓、婵娟、宝镜、素娥、蟾宫等。春景的景名有杏坞春深、长堤春柳、海棠春坞、绿杨柳、春笋廊等。夏景有曲院风荷，以荷为主的诗句“毕竟西湖六月中，风光不与四时同。接天莲叶无穷碧，映日荷花别样红”。夏景还有听蝉谷、消夏湾（太湖）、听雨轩、梧竹幽居、留听阁、远香堂(拙政园)。秋景有金岗秋满(苏州退思园)、扫叶山房（南京清凉山）、闻木樨香轩、秋爽斋、写秋轩等。冬景有风寒居、三友轩、南山积雪、踏雪寻梅。

总之，文以景生，景以文传，引诗点景，诗情画意，这是中国传统园林艺术的特点之一，对现代景观设计也有重要的借鉴意义。

在古典园林中，人们擅长于利用地形、植物等自然物质属性，加以季相、气候的辅助来营造意境。而在此基础上，现代园林的意境的创造则更多元化。现代园林并未止步于场景的诗情画意，而是借助新材料和新技术的创新运用，如钢结构、玻璃、木材等等，强化了园林的现代感。意境不再只是整体氛围的诗意迷人，也可以成为某种新材料的构筑物所带给游客的对时代的感慨和对未来的遐想。著名华裔建筑师贝聿明在法国古典建筑卢浮宫广场前设计的透明玻璃金字塔（见图5-2-2-6），就带给游客一种非同一般的意境享受，它传递给人们的信息不同于古典建筑带给人们的凝重与历史沧桑感，而是一种与传统的对比与叛逆，引导人们遐想未来。

图5-2-2-6 巴黎卢浮宫前庭广场

5.3 分区与布局

主题立意确定以后，需要结合基地条件合理地进行场地的规划，一方面为具有特定要求的内容安排适宜的位置；另一方面为不同条件的基地布置恰当的内容。场地总体规划过程是一个做出决定的系统过程，安排最佳关系的科学与艺术。因此，场地规划需要考虑以下几方面的内容：①明确功能定位，划分功能区域，确定各分区之间理想的功能关系；②在基地调查和分析的基础上合理利用基地现有的资源；③精心安排与组织空间序列。

布局有空间组景之意，即确定景观要素（建筑、山石、水体、植物、园路、桥梁等）在总体布局中的位置以及与之相应的地形改造规划。换言之，总体布局就是充分利用基地条件，分析人的行为心理，在场地规划的基础上，在一定的空间范围内安排各个景观要素，组织各种空间，并与自然环境有机地溶合在一起。这也就是中国传统造园中所说的“经营位置”。

5.3.1 布局原则

1）根据基地条件、用地的性质与功能确定其设施与形式

性质与功能是影响规划布局的决定性因素，不同的性质、功能就有不同的设施和规划布局形式。同时，不同的地形地貌条件也影响规划布局。例如，城市动物园以展览动物为主，采用自然式布局；烈士陵园应该严肃，则采用规则式布局。

2）不同功能区域、景观区域宜各得其所

安静休息区和娱乐活动区，既有分隔又有联系。不同景观区域也应各有特色，不致杂乱。如北京颐和园分为东宫区、前山区、后山区及湖堤区等景观区。前山区是全园的主景区，主景区中的主要景点是以佛香阁、排云殿为中心的建筑群。其余各区为配景区，而各配景区内也有主景点，如湖堤区中的主景点是湖中的龙王庙。功能分区与景观分区有些是交叉的，需作具体分析（见图5-3-1-1）。

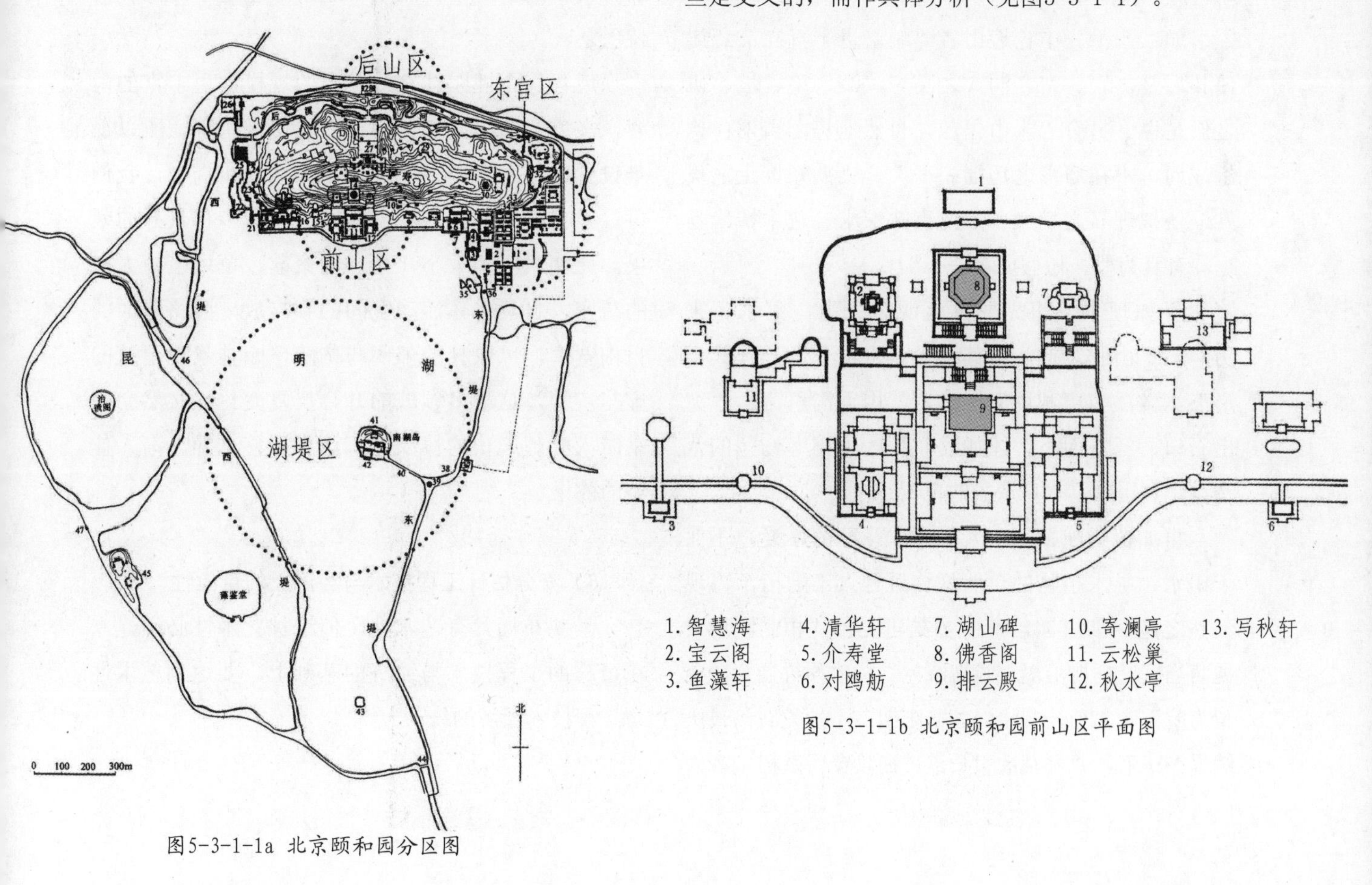

图5-3-1-1a 北京颐和园分区图

图5-3-1-1b 北京颐和园前山区平面图

3）突出主题，在统一中求变化

规划布局忌平铺直叙。如无锡锡惠公园是以锡山为构图中心、龙光塔为特征的。但在突出主景时还应注意到次要景观的陪衬烘托，注重处理好与次要景区的协调过渡关系。

4）因地制宜，巧于因借

规划布局应在洼地开湖，在土岗上堆山，做到“景到随机、得景随形”，“俗则屏之，嘉则收之”。如北京颐和园、杭州西湖都是在原有的水系上挖湖堆山、设岛筑堤形成的著名自然风景区。

在中国传统园林中，无论是寺观园林、皇家园林或私家庭园，造园者顺应自然，利用自然和仿效自然的主导思想始终不移。认为只要“稍动天机”，即可做到“有真有假，做假成真”，无怪乎外国人称中国造园为“巧夺天工”。

纵览中国造园范例，皆顺天然之理、应自然之规。换言之，中国造园遵循客观规律，符合自然秩序，撷取天然精华，造园顺理成章。

如《园冶》中论造山者“峭壁贵于直立；悬崖使其后坚。岩、峦、洞穴之莫穷，涧、壑、坡、矶之俨是”。另有“未山先麓，自然地势之嶙增；构土成岗，不在石形之巧拙……”。“欲知堆土之奥妙，还拟理石之精微。山要意味深求，花木情缘易逗。有真为假，做假成真……”。

又如理水，事先要“疏源之去由，察水之来历”，“山脉之通，按其水径；水道之达，理其山形”。做瀑布可利用高楼檐水，用天沟引流，“突出石口，泛漫而下，才如瀑布”。无锡寄畅园的八音涧是利用跌落水声造景的范例。

再如植物配植，古人对树木花草的厚爱，不亚于山水，寻求植物的自然规律进行人工配植，再现天然之趣。如《园冶》中多处可见：“梧荫匝地，槐荫当庭，插柳沿堤，栽梅绕屋”，“移竹当窗，分梨为院”，“芍药宜栏，蔷薇未架；不妨凭石，最厌编屏……”，“开荒欲引长流，摘景全留杂树。古人在植物造景中，突出植物特色，如梅花岭、柏松坡、海棠坞、木樨轩、玉兰堂、远香堂(荷花)等。清代陈扶瑶的《花镜》有“种植位置法”，其中有“花之喜阳者，引东旭而纳西晖；花之喜阴者，植北囿而领南薰”。“松柏……宜峭壁奇峰”；“梧、竹……宜深院孤亭”；“荷……宜水阁南轩”；“菊……宜茅舍清斋”；“枫叶飘丹，宜重楼远眺”。

5）起结开合，步移景异

如果说欲扬先抑给人带来层次感，起结开合则给人以韵律感。写文章、绘画有起有结，有开有合，有放有收，有疏有密，有轻有重，有虚有实。造园又何常不是这样呢？人们如果在一条等宽的胡同里绕行，尽管曲折多变，层次深远，却贫乏无味，游兴大消。而当人们行进在富有节奏与韵律感的空间，通过视点、视线、视距、视野、视角等反复变化，产生审美心理的变迁，通过移步换景的处理，增加引人入胜的吸引力。风景园林是一个流动的游赏空间，善于在流动中造景，也是中国园林的特色之一。

现代综合性园林有着更大的规模，更丰富的内容，多方位的出入口，多种序列交叉游程，所以很难设置起结开合的固定程序。在规划布局中，我们可以效仿古典园林的收放原则，创造步移景异的效果。比如景区的大小，景点的聚散，草坪上植大树的疏密，自然水体流动空间的收与放，园路路面的自由宽窄，风景林的郁闭与稀疏，园林景观建筑的虚与实等，这种多领域的开合反复变化，必然会带来游人心理起伏的律动感，达到步移景异、渐入佳境的效果。

6）充分估计工程技术与经济上的可靠性

景观布局具有艺术性，但这种艺术性必须建立在可靠的工程技术与经济的基础上。要达到艺术性与工程技术经济的统一。

5.3.2 利用图解法确定分区及其功能关系

项目用地的规模与性质不同，其组成内容也不同，有的内容简单、功能单一，如美国纽约帕雷公园仅有450平方米，设计者泽恩在42×100英尺大小的基地尽端布置了一个水墙，潺潺的水声掩盖了街道上的噪音，两侧建筑的山墙上爬满了攀援植物，作为“垂直的草地”，广场上种植的刺槐树的树冠，限定了空间的高度。树下有一些轻便的桌子和座椅，入口的小商亭可提供饮料和点心，这个“有墙、地板和天花板的房间”对于市中心的购物者和公司职员来说，是一个安静愉悦的休息空间（见图5-3-2-1）。有的内容丰富、功能关系复杂，如城市综合性公园，作为城市生态系统、城市景观的重要组成部分，既要满足城市居民的休闲需要，提供休息、游览、锻炼、交往，又要具有举办各种集体文化活动的场所（见图5-3-2-2）。

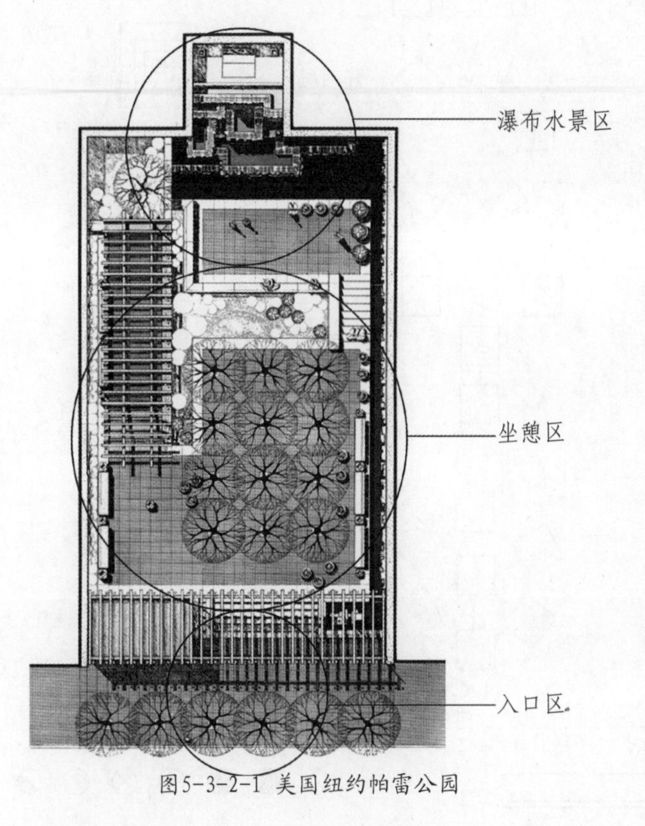

图5-3-2-1 美国纽约帕雷公园

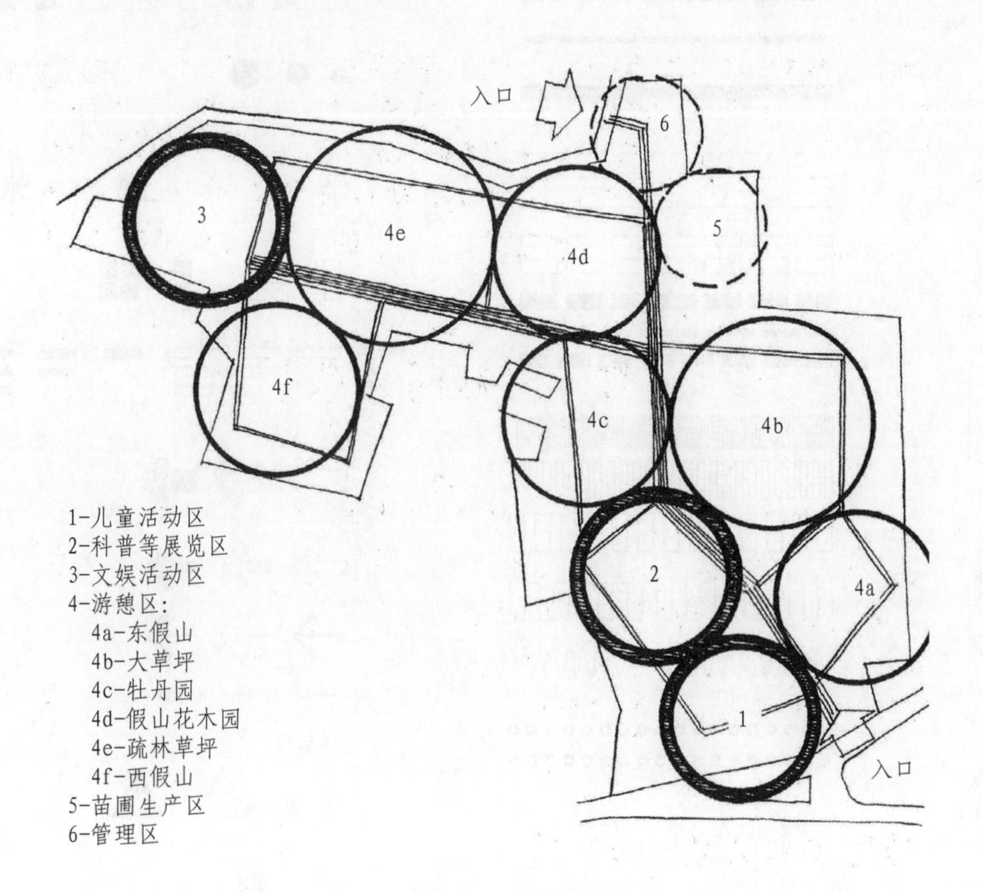

图5-3-2-2 综合性公园功能分区图

场地规划的第一步就是确定各项内容的功能关系。场地内各个内容之间常会有一些内在的、逻辑的关系，例如动与静、内与外的关系等。假如按照这种逻辑关系安排不同性质的内容就能保证整体的秩序性而又不破坏其各自的完整性。图5-3-2-3是常见的平面结构关系。

当内容多样、功能关系复杂时就应借助于图解法来进行分析。图解法主要有泡泡图、区块图、矩阵和网络四种方法。其中，泡泡图法能快速记录构思、解决平面内容的位置、大小、属性、关系和序列等问题，是景观规划设计中一种有效的方法。在泡泡图法中常用“区块”表示各分区，用“线”表示其间的关系、用“点”来修饰区块之间的关系（见图5-3-2-4）。

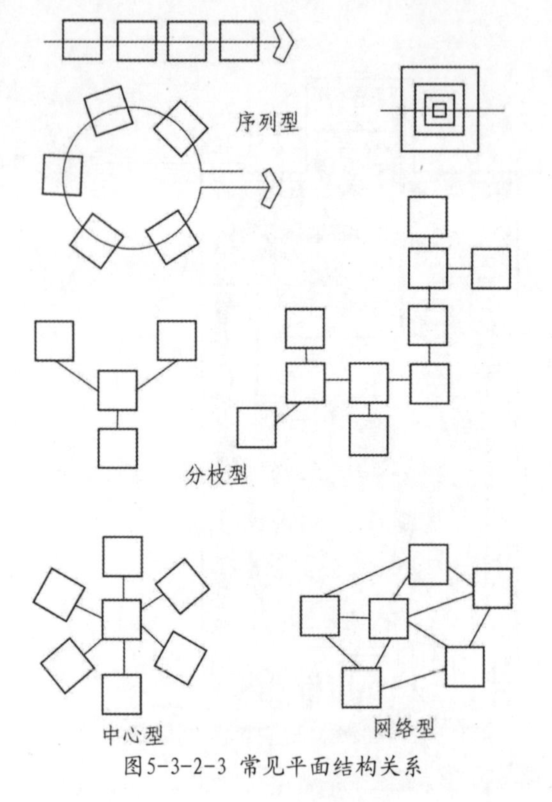

图5-3-2-3 常见平面结构关系

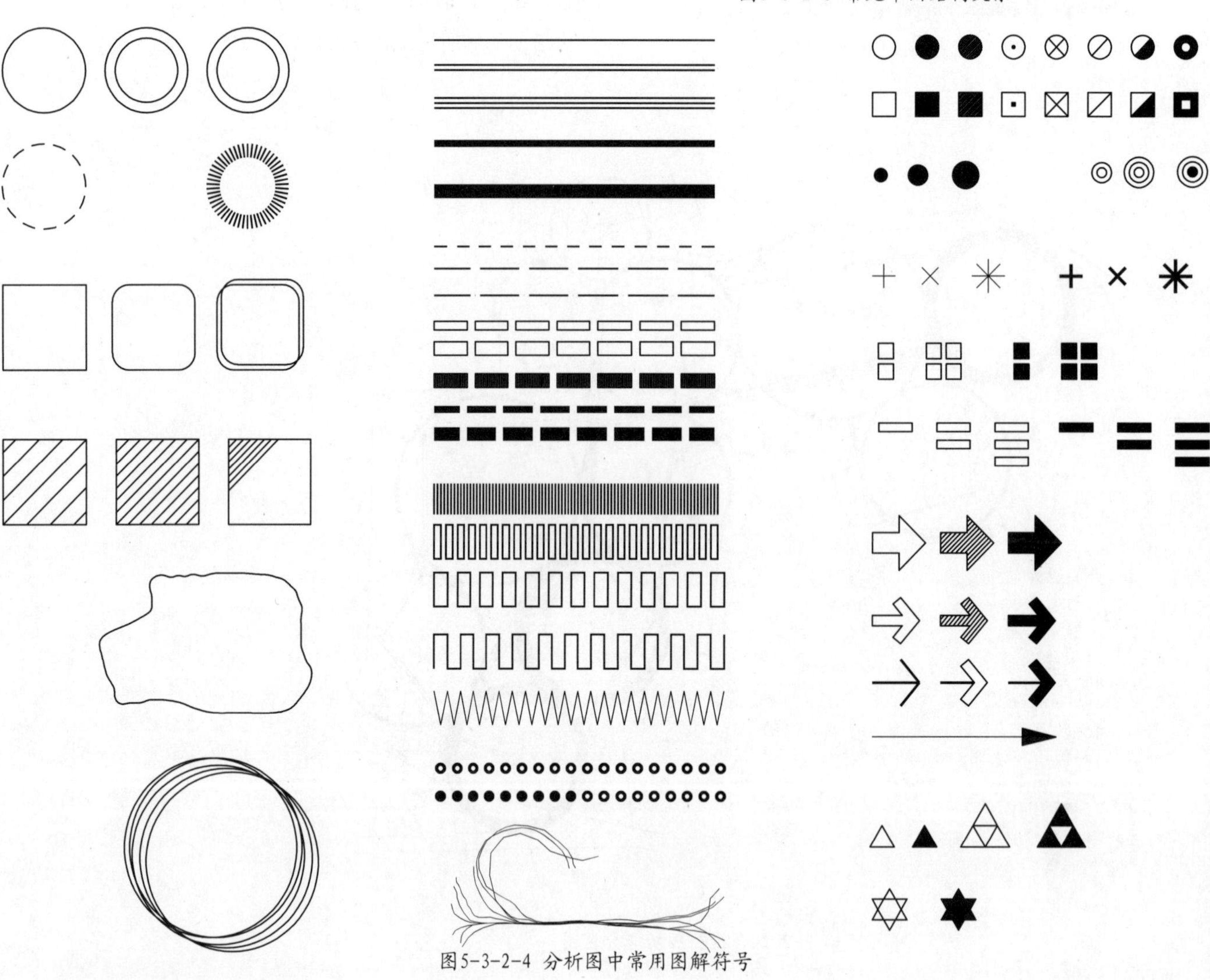
图5-3-2-4 分析图中常用图解符号

1）利用图解法确定各项内容的强弱关系

在图解法中可借助于不同强度的联系符号或线条的数量，清晰、明了地表示各分区之间关系的强弱。当内容较多时，可将各项内容排列在圆周上，然后用线的粗细来表示其关系的强弱，关系强的一些内容自然形成了相应的分组（见图5-3-2-5）。

当明确了各项内容之间的关系及其强弱程度后就可进行场地规划及平面布局。在场地规划中要依据各项内容的重要程度进行排序，优先解决主要的问题。在平面布局时可先从理想的分区出发，结合基地的具体条件确定分区；也可从各分区着手，找出其间的逻辑关系，综合考虑后定出分区。

2）从理想关系确定功能分区

首先，建立抽象、理想的关系；第二，解决存在的矛盾，提出一些基本构思；第三，考虑相对的尺度及主要交通关系；第四，作出平面较为肯定的方案（见图5-3-2-6）。

3）从内容本身解决功能关系

首先，将所需布置的内容排列出来，用粗框表示主要内容；第二，对各种内容及其关系进行分析，找出它们之间的逻辑关系；第三，综合以上关系形成的网络，只表示各项内容的相互关系，并没有确定各项内容明确的位置与距离（见图5-3-2-7）。

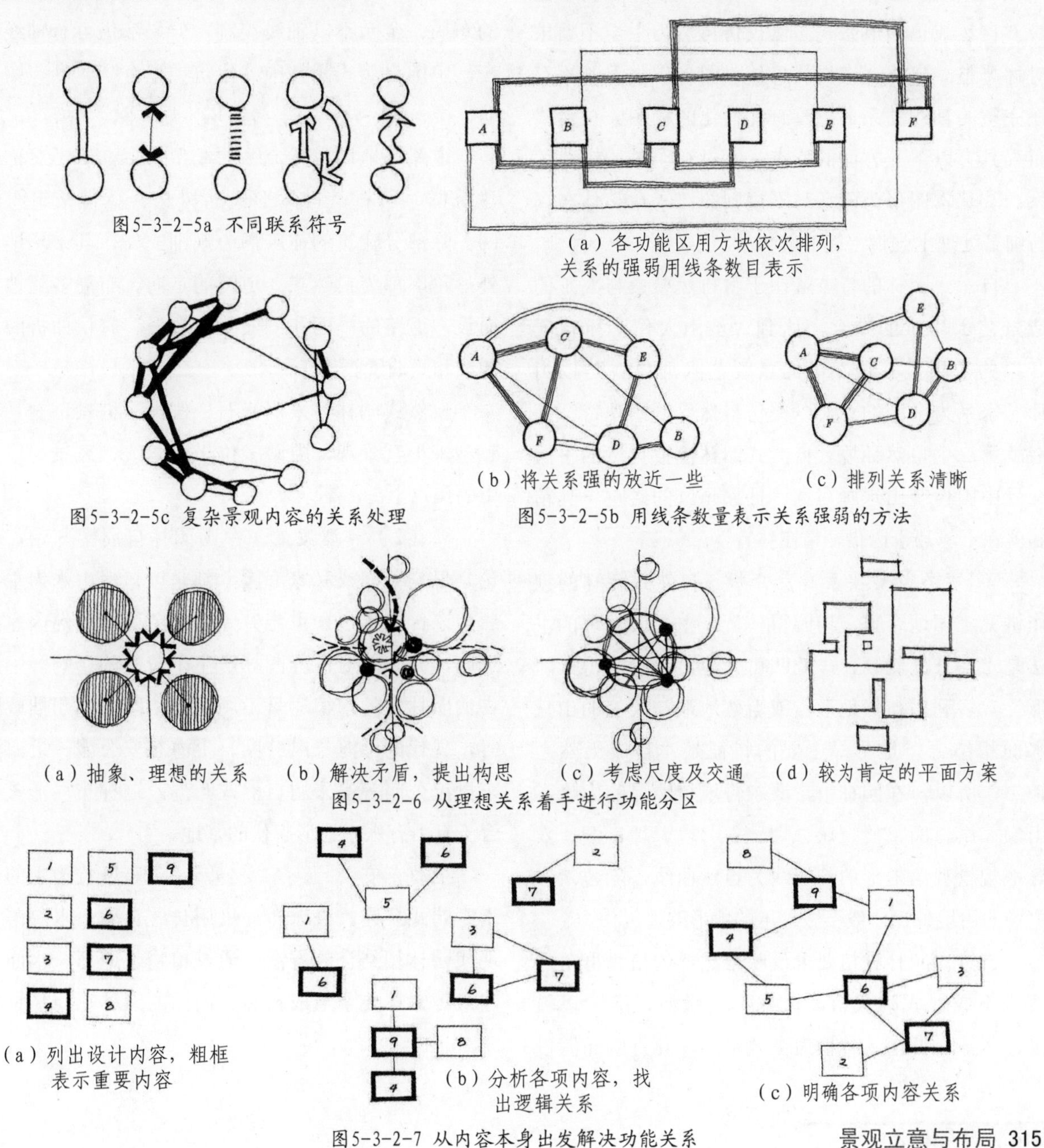

图5-3-2-5a 不同联系符号

(a) 各功能区用方块依次排列，关系的强弱用线条数目表示

(b) 将关系强的放近一些

(c) 排列关系清晰

图5-3-2-5c 复杂景观内容的关系处理

图5-3-2-5b 用线条数量表示关系强弱的方法

(a) 抽象、理想的关系　(b) 解决矛盾，提出构思　(c) 考虑尺度及交通　(d) 较为肯定的平面方案

图5-3-2-6 从理想关系着手进行功能分区

(a) 列出设计内容，粗框表示重要内容

(b) 分析各项内容，找出逻辑关系

(c) 明确各项内容关系

图5-3-2-7 从内容本身出发解决功能关系

5.3.3 布局形式

景观规划布局形式，原则上分为三种：自然式、规整式、混合式，而近现代园林景观出现了许多创新性的布局尝试，在这里将其归类于现代新式。

如前文所述，布局的基本形式就是点、线、面的组合，理论上讲相同的内容可以有无数种“形式”。究竟选择什么样的布局形式，设计中需综合考虑多种因素。

1）自然式

自然式也叫风景式，以模仿自然为主，不要求对称严整。自然式布局从总体“图形”来看既不存在完整的轴线关系，也没有几何化的构图。自然式布局具有以下几方面的特点：①没有明显的轴线关系；②基本图形为随意与不规则的；③在整体布局与细节处理上强调“随形就势”。

自然式园林的特点就在于将自然要素与人工的造景艺术巧妙的结合，达到“虽由人作，宛自天开”的效果。其最突出的景观艺术形象就是以山体、水系为全园的骨架，模仿自然界的景观特征，造就第二个自然环境。自然式园林模拟自然的手法深受中国传统山水画写意、抽象画风的影响。其精髓就在于“巧于因借，精在体宜”。

（1）各景观要素造景分析。自然式园林的创作讲究“相地合宜，构园得体”，主要的处理的手法是“高方欲就亭台，低凹可开池沼”的“得景随形”。多利用自然地形，或自然地形与人工的山丘水面相结合。地形最主要的特征是“自成天然之趣”，所以，在园林中，要求再现自然界的山峰、山巅、崖、岗、岭、峡、岬、谷、坞、坪、洞、穴等地貌景观。地形的剖切线为自然曲线，除建筑、广场的用地外，一般不做人工的地形改造工作。

自然式园林种植要求反映自然界的植物群落之美，不成行成列栽植，树木不做修剪，配置以孤植、丛植、群植、林植为主要形式。花卉的布置以花丛、花群为主要形式。庭园内也有花台的应用，多不采用修剪的绿篱和毛毡花坛，不采用行列对称，以反映植物的自然之美（参见3.3.2）。

自然式园林的水体讲究“疏源之去由，察水之来历”，模拟自然的水型，主要有湖、池、潭、沼、汀、溪、涧、洲、渚、瀑布、跌水等。水岸自然曲折，水岸平面线形为自然曲线，水岸断面为自然的倾斜坡，驳岸主要用自然山石、石矶等形式。根据造景的需要，在建筑临水平台等处可局部采用条石砌成的直线或折线驳岸。

单体建筑多为对称或不对称的均衡布局；建筑群或大规模建筑组群不要求对称，采用不对称均衡的布局；全园不以轴线控制，但局部仍可有轴线存在。中国自然式园林中的建筑类型有亭、廊、榭、舫、楼、阁、轩、馆、台、塔、厅、堂、桥等。

道路场地以自然流畅的线型为主，以不对称的建筑群、山石、自然形式的树丛、林带来组织空间。除部分建筑的前广场为规则式外，其余场地的外形轮廓都为自然式。道路的走向、布局多随地形而设，道路的平面和剖面多为自然、起伏曲折的平曲线和竖曲线。

自然式园林多采用峰石、假山、桩景、盆景、雕塑来丰富景观，雕塑多位于透景线、风景视线集中的焦点上。

（2）典型案例。中国园林自周秦开始，无论是皇家苑囿或私家庭园，都是以自然山水为主，唐代东传日本，18世纪开始影响英国等欧洲国家的造园，并因此对世界园林产生了较大的影响。中国古典园林中的承德避暑山庄的湖泊区及苏州拙政园等，现代的上海长风公园、上海东安公园、上海浦东世纪公园等都采用自然式布局。这种布局形式适合于有山有水、地形起伏的基地。

上海东安公园。东安公园是一座以竹为主的江南庭园式公园。公园布局采用传统自然山水院落与现代园林相结合的方法，通过植物、地形、水面、建筑等园林要素组成自然、简洁的园林空间（见图5-3-3-1）。

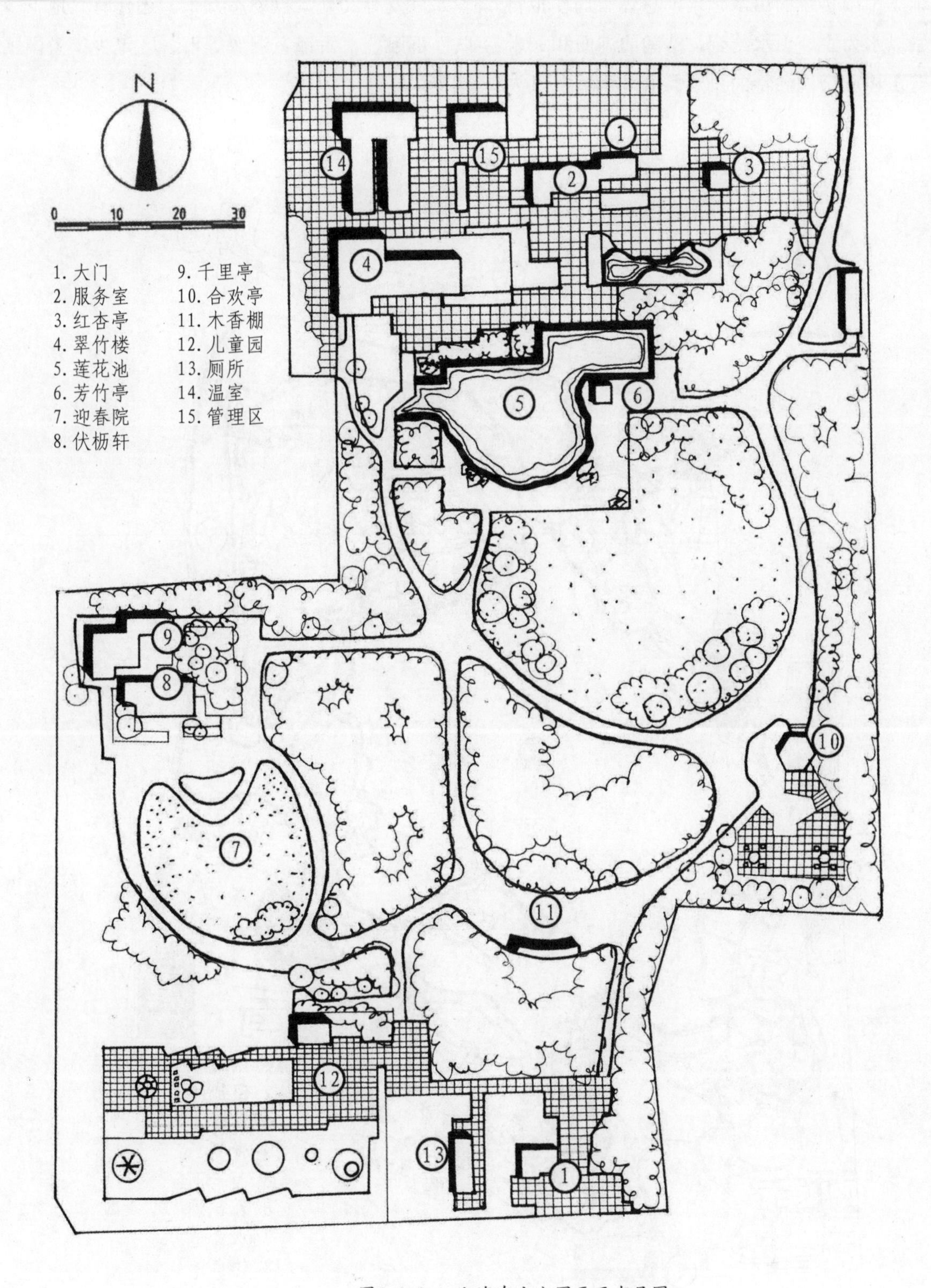

图5-3-3-1 上海东安公园平面布局图

上海长风公园。长风公园是上海市大型的综合性山水公园（见图5-3-3-2），国家4A级旅游景区。公园继承了中国传统的山水艺术，总体布局模拟自然，造景以水为主、山水结合，浩瀚的湖面和26米高的铁臂山构成全园独特的景观。湖畔山侧，供人休憩的亭、榭、廊古朴轻盈，在湖面烟波中隐隐倬倬，铁臂石景、银锄碧波、青枫绿洲、夕阳晚照、岁寒三友等20处景点姿态万千。还建有“地下少先队”群雕、“雷锋”铜像等市、区青少年爱国主义教育基地等。

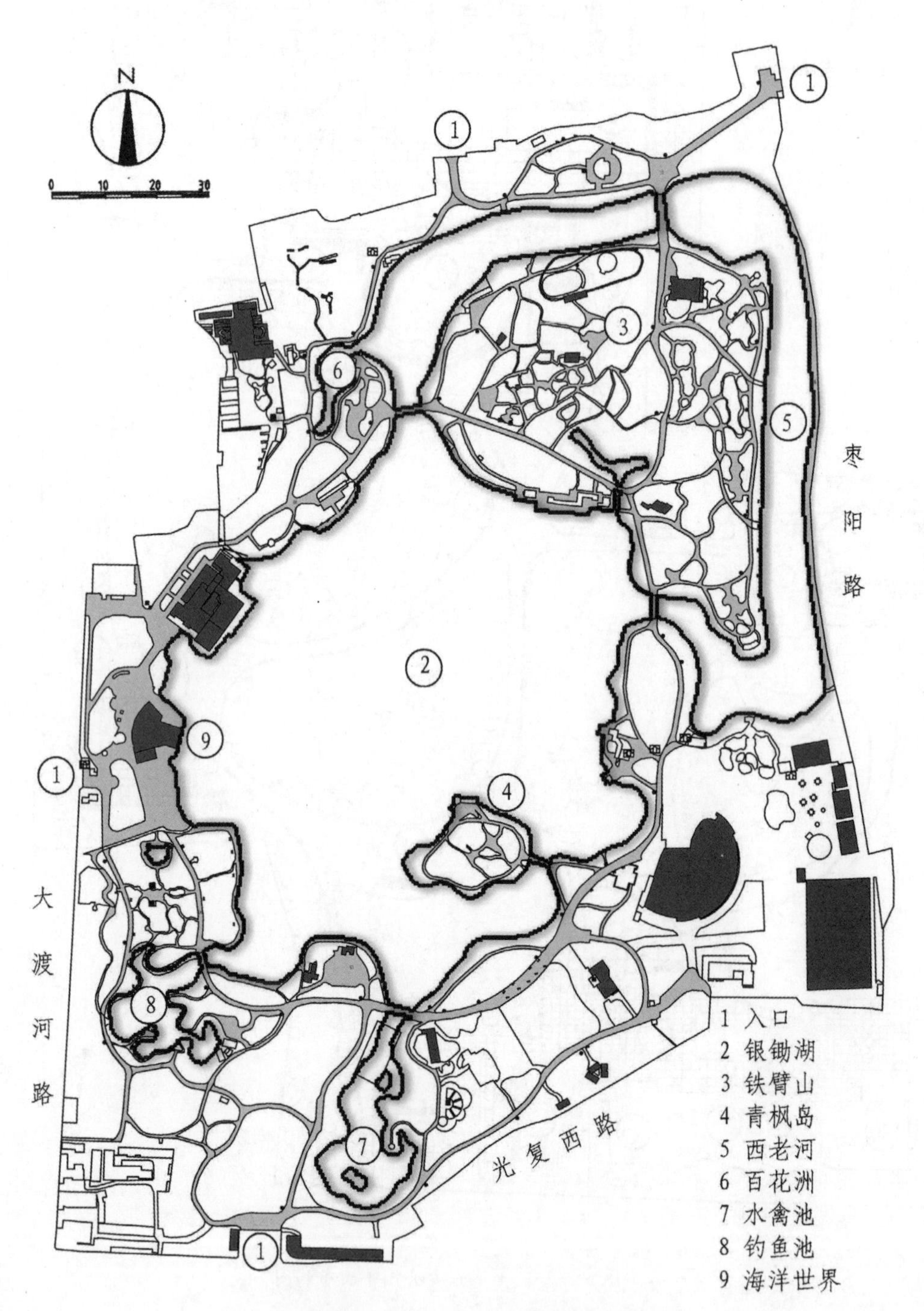

图5-3-3-2 上海长风公园平面布局图

2）规则式

规则式又叫整形式和几何式，平面布置、立体造型以及建筑、广场、道路、水面、花草树木等都要求严整对称。西方园林在18世纪出现风景式园林之前，基本上以规整式为主，平面对称布局，追求几何图案美，多以建筑及建筑所形成的空间为园林主体，其中以文艺复兴时期意大利台地园和法国勒诺特式宫苑为代表。规则式一般给人以庄严肃穆、整齐雄伟之感，适用于宫苑、纪念性园林及具有对称轴的建筑庭园中。

（1）基本特征。规则式布局又称轴线布局，平面布局有明显的中轴线，在中轴线的左右、前后进行对称或拟对称布置，场地的划分大多为几何形体。在形式上表现出轴线、几何、整形三大特征。

轴线法——以由纵横两条相互垂直的直线组成的“十字架”控制全园布局，然后由两个主轴延伸出若干次要的轴线，或相互垂直、或呈放射状分布。布局强调左右对称、上下对称，图案性十分强烈。

几何规则式布局——在整体结构上以轴线来构筑几何美，如轴线交叉处的水池、水渠、绿篱、绿墙、花坛等一律采用几何形。

整形种植——采用树墙、绿篱、模纹花坛、草坪等修剪整齐的方式，体现规整的植物效果。

（2）景观要素分析。规则式布局中的地形由不同标高的平地、台地、倾斜地面及台阶组成，剖切线以直线组合为主。

水景的类型有整形水池、瀑布、喷泉、壁泉及水渠等，古代神话雕塑与喷泉构成水景的主要内容。水池形状都为几何形，以圆形和长方形为主、驳岸严整。

植物配置以等距离行列式、对称式为主，以绿篱、绿墙划分空间。同时对树枝、树形进行整形修剪，并做成绿篱、绿柱、绿墙、绿门、绿亭等形式。花卉布置，以图案式毛毡花坛、花境为主，或组成大规模的花坛群（参见3.3.2）。

主体建筑群和单体建筑多对称地布置在中轴线上，主体建筑群、次要建筑群与广场道路相结合组成主轴、次轴系统，控制全园的总格局。

道路场地以对称或规整的建筑群、林带、树墙来围合封闭的草坪和广场空间，广场多呈规则对称的几何形，主轴和次轴线上的广场形成主次分明的系统；道路由直线、几何方格、环状放射来形成中轴对称或左右均衡的布局系统。道路与广场共同构成方格形式。环状放射形、中轴对称或不对称的几何布局。

园中的装饰有盆树、盆花、雕像、瓶饰、园灯、栏杆等。西方园林中的雕塑主要以人物雕塑为主，通常布置在道路轴线的起点、交点、终点上，常与喷泉、水池结合，构成水体的主景。

（3）典型案例。规则式园林具有明显、强烈的轴线结构，产生庄严肃穆、整齐雄伟的景观效果。帝王宫苑、纪念性园林、城市广场，如意大利台地园、法国凡尔赛宫苑、英国伦敦的都铎王朝最著名的汉普顿宫、美国华盛顿纪念园林、印度的泰姬玛哈陵、波兰首都华沙撒克松公园、南京中山陵等，通常都是这种布局形式的典型代表。

印度泰姬玛哈陵的布局是轴线法的极品，位于邻近亚缪娜河的地带，是一座优美平坦的陵园。陵园以建筑物的轴线为中心，取左右均衡的布局方式，即用十字形水渠将园分为四个部分，陵墓建筑不在园林的中心，而是侧于一边，在通向巨大的拱形大门之外，以一个高于地面的白色大理石的喷水池为中心，在池水中形成倒映，带圆塔的建筑物如侍女一般立在左右（见图5-3-3-3）。

意大利台地园是适合丘陵地形的布局形式。台地由倾斜部分和下方的平坦部分构成，建筑物建于高处或露台下方，有较好的眺望视野。平面采用轴线法布置，除一条主轴外，还有数条与主轴平行或垂直的副轴线；轴线两侧对称统一布置，以水渠、露台、花坛、泉池等为面，园路、绿篱、行列式的乔木、阶梯、瀑布等为线，小水池、园亭、雕塑等作点状布局（见图5-3-3-4）。

美国首都华盛顿特区备受世界各国的瞩目，它是名副其实的世界政治中心，而法国著名建筑师皮埃尔·朗法制定的华盛顿特区计划，则使它成为全世界为数不多的美丽都市之一。朗法规划中最重要的一点就是确定了首都的建筑中轴线，中轴线从西到东依次为美国国会大厦，华盛顿纪念碑和林肯纪念堂，而它们也正是华盛顿特区的三座著名地标式建筑。夜幕降临，三座建筑灯火交相辉映，倒映于池水中，成为华盛顿特区的一大胜景（见图5-3-3-5）。

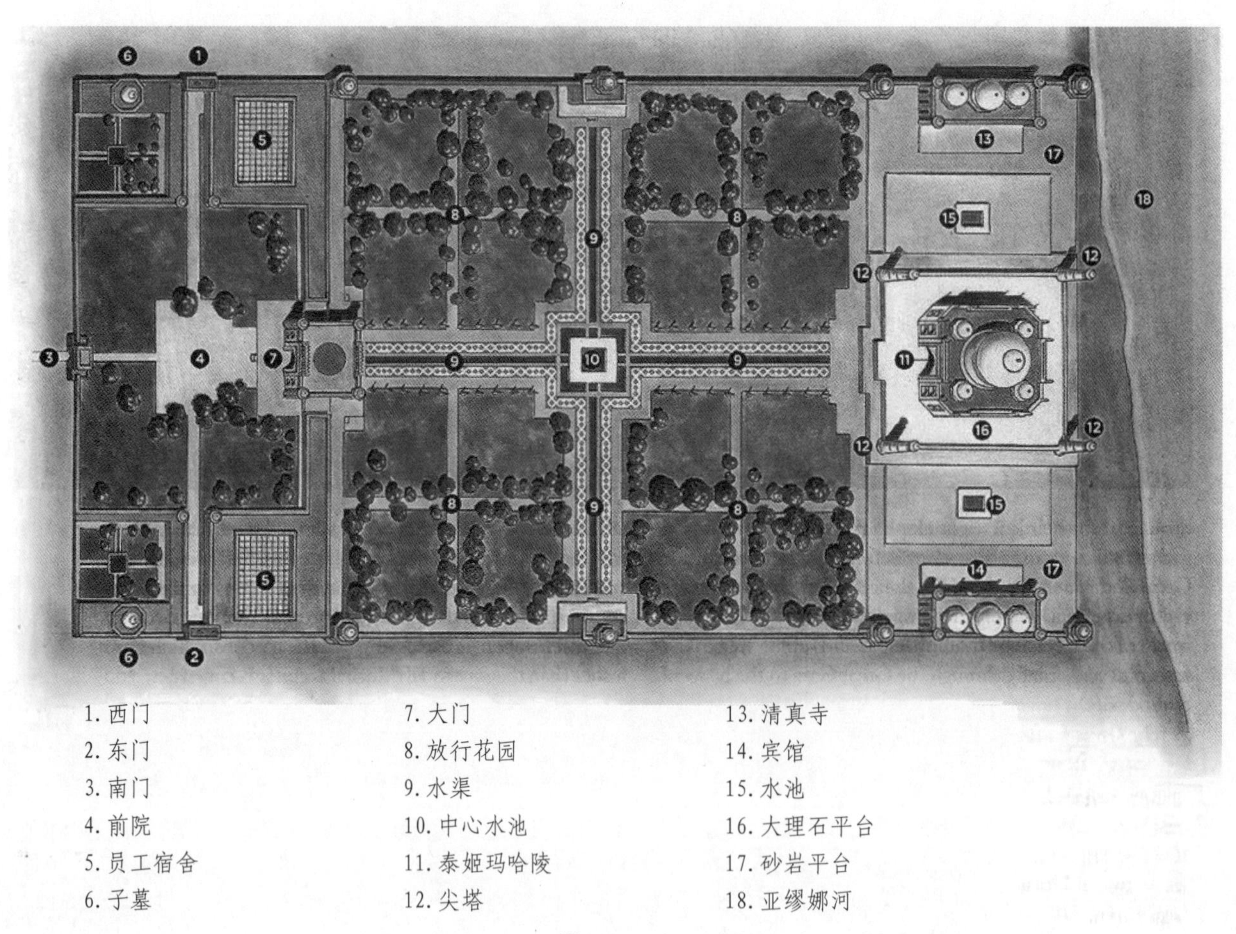

图5-3-3-3

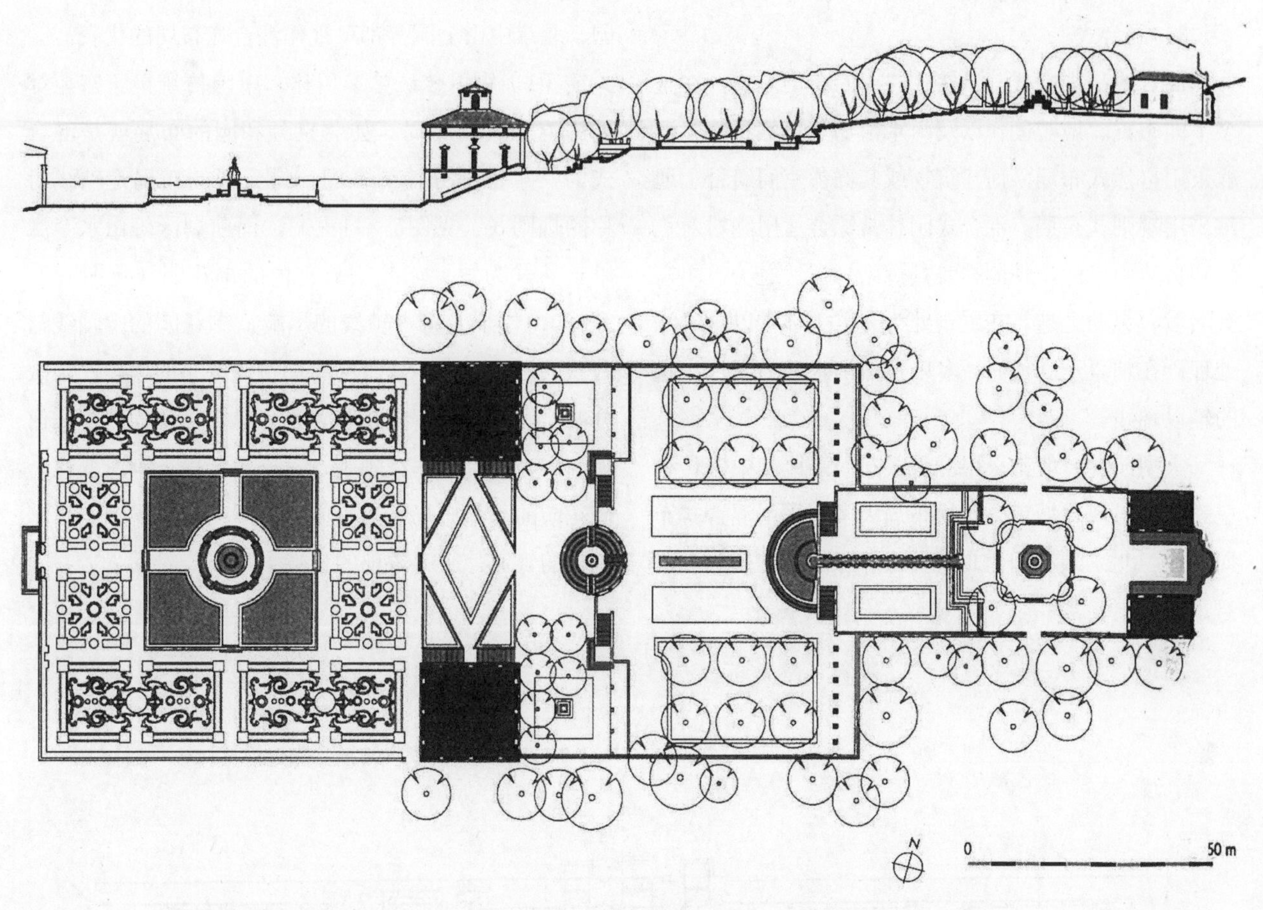

图5-3-3-4

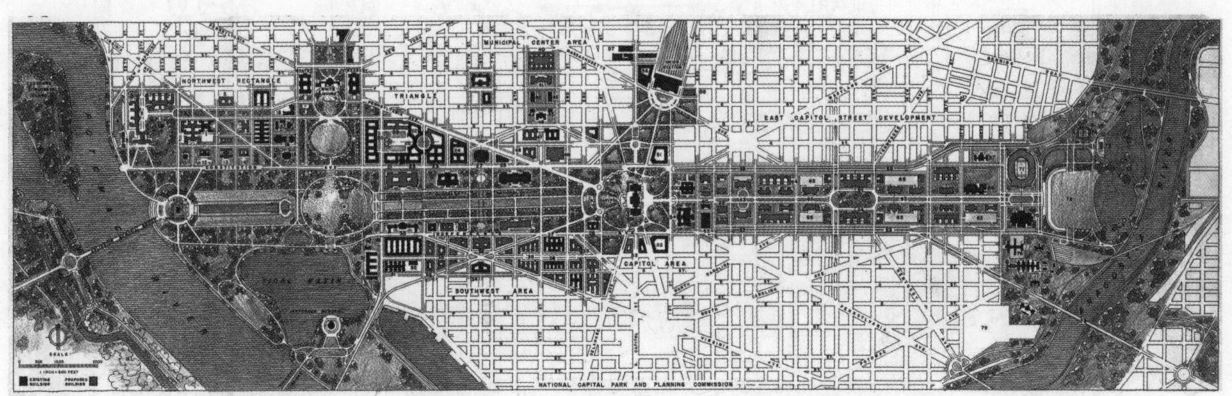

图5-3-3-5 美国华盛顿特区平面图

3）混合式

混合式是规则式与自然式并用的布局形式。在整个平面布置、地貌创作以及山水植物等自然景物上一般采用自然式布局，而建筑物或其群体空间组合上通常采用规则式布局。混合式园林常综合运用绝对对称法和自然山水法，使园林兼具规则与自然之美，更富有活泼、灵动之趣。在主景处为突出主体常以轴线法处理；在辅景及其他区域多以自然山水法为主，少量的辅以轴线。

大型园林一般都采用混合式布局，比如中国传统皇家园林与现代城市公园的布局大多都采用混合式布局形式。北京颐和园、北京香山静心斋、广州烈士陵园、北京中山公园等都可视作混合式布局的代表。

（1）中国传统皇家园林。中国传统皇家宫苑都采用混合式的布局。如北京颐和园的布局就是混合式的，东宫部分、佛香阁、排云殿的布局是轴线对称的规则式（见图5-3-1-1），而前湖区等山水亭廊以自然式为主。如北京故宫内的御花园（见图5-3-3-6），位于北京中轴线的尽端，御花园的中轴线与故宫的轴线重合，建筑的布局按照宫苑的模式，主次分明、左右对称，园路布置亦呈纵横交错的规整几何形，山、池、花木在规则、对称的前提下有所变化。御花园的总体布局于严整中又富于变化，显示了皇家园林的气派，又有浓郁的自然趣味。

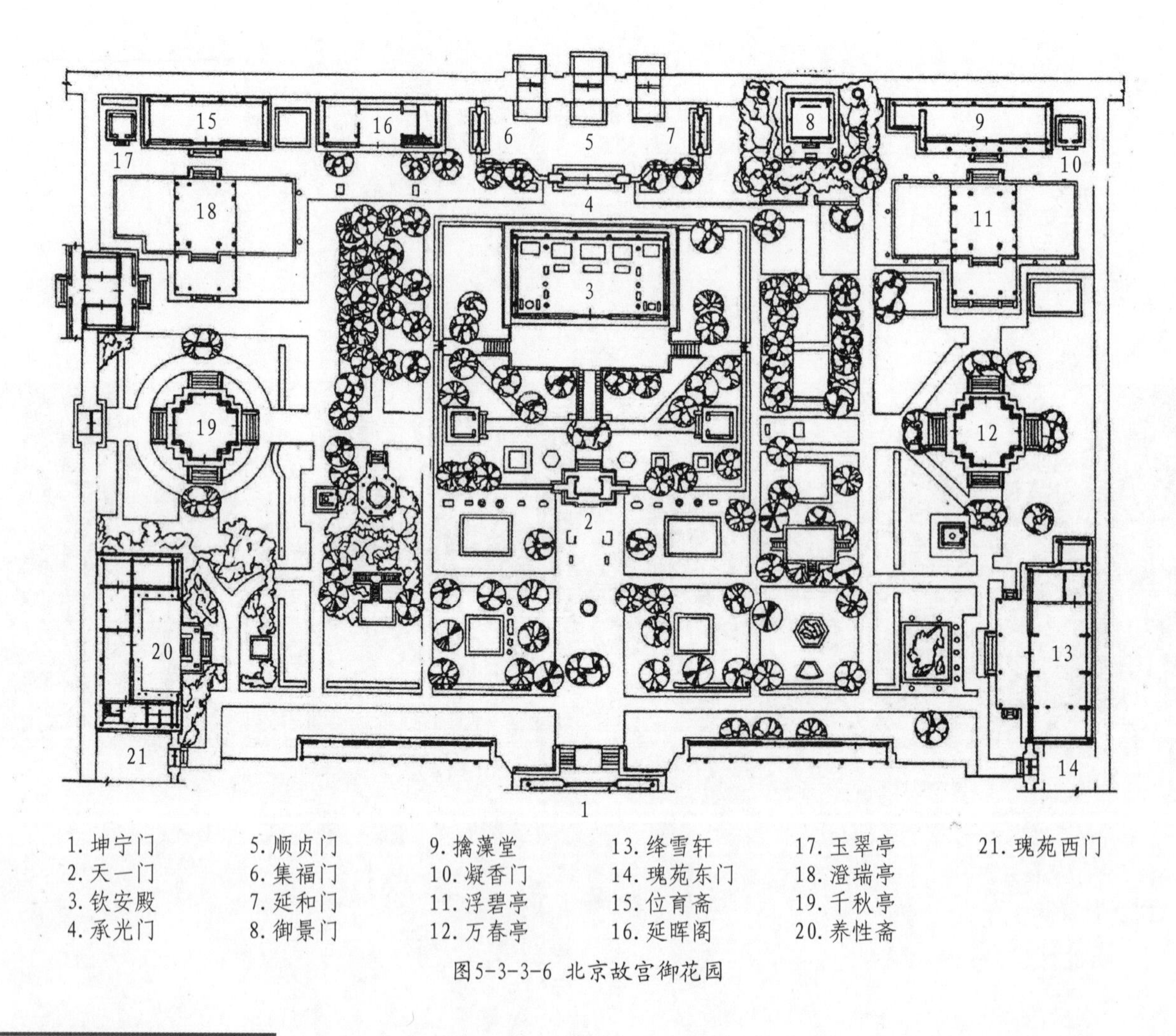

1.坤宁门　5.顺贞门　9.摛藻堂　13.绛雪轩　17.玉翠亭　21.瑰苑西门
2.天一门　6.集福门　10.凝香门　14.瑰苑东门　18.澄瑞亭
3.钦安殿　7.延和门　11.浮碧亭　15.位育斋　19.千秋亭
4.承光门　8.御景门　12.万春亭　16.延晖阁　20.养性斋

图5-3-3-6 北京故宫御花园

（2）现代城市公园。混合式布局在现代城市公园也很常见。如上海广中公园（见图5-3-3-7）。公园东北角的地势较低，平坦开阔，规划采用中轴对称的规则形式，设置了欧式的沉床园、模纹花坛等，从东入口至西部管理处约250米长的中轴线贯穿到底。然后，一条南北向的次轴线与主轴线垂直，将方向引向南部，逐渐转变为公园中部与西部自然式的景观空间。公园的中部借鉴英国自然式风景园的布局手法，设置大草坪和大水池相接，形成宽阔大空间，格兰亭耸立在土丘之上，小巧别致，透过西式平桥，与南隅竹林遥遥相对，一座竹石结构的水榭跃然水边。与前半部分平坦规则布局相反，后半部地形起伏，水流弯曲，步道蜿蜒，给人以“庭院深深深几许”的感觉。这里，吸取了日本庭园的特长，以小拱桥、“清趣”亭、景致的石组及植物烘托，气氛浓郁。广中公园从规则到自然的变化体现了因地制宜的设计要旨，同时也使公园游览更具有趣味性。

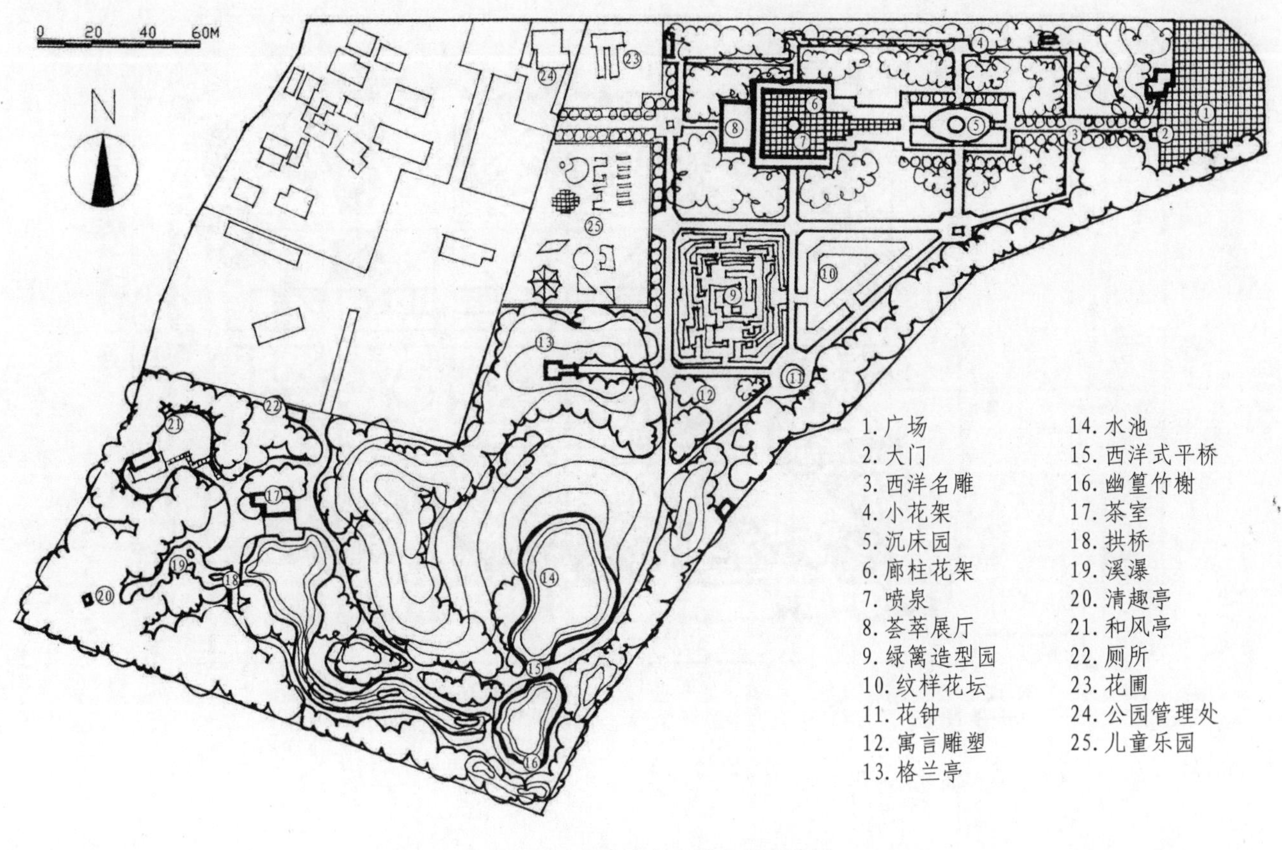

图5-3-3-7 上海广中公园平面布局图

4）现代新式

现代景观由于受到多元艺术思潮的影响，很多案例难以用三种传统的布局模式加以概括。比如，具有解构主义特征的法国巴黎的拉维莱特公园、极简主义风格的美国德州伯纳特公园（Texas Burnett Park,USA）、现代主义风格的美国北卡国家银行广场、西班牙巴塞罗那北站公园、美国纽约的泪珠公园、美国纽约高线公园（High Line）等。

极简主义风格的美国德州伯纳特公园（见图5-3-3-8），设计师彼得·沃克继承了西方古典园林以规则为美的特征，又用现代设计手法进行简化概括，直线造型的“米”字形布局既保证了广场最大的道路通达性，又极其符合城市中心的环境要求。公园对称部分安排的不同的树木与偏离中轴线设置的方形水池从本质上克服了规整行布局的呆板和沉闷。直线喷泉再次体现了极简主义的特征，做到粗中有细，流动的水声激活了这一片区域。树木的栽种使整个公园广场呈现低伏于地面的态势，给人亲切放松之感。

现代主义风格的美国北卡罗那联合银行广场（见图5-3-3-9），丹·凯利在广场设计中运用了黄金分割比的建筑模数构图，沿用并强化了建筑设计简洁的主要特征，网状的几何式划分、条状的水渠、圆形的小喷泉、规整式种植的矮灌木使得整个空间得到精致的划分和限定，表现出难得的静谧与灵气。

西班牙巴塞罗那北站公园是为了1992年奥运会对原有的北火车站进行改建而成的一个新的城市公园。设计师通过大地艺术景观“沉落的天空”和“旋转的树林”等的塑造，为城市营造了富有艺术气息的公共空间（见图5-3-3-10）。

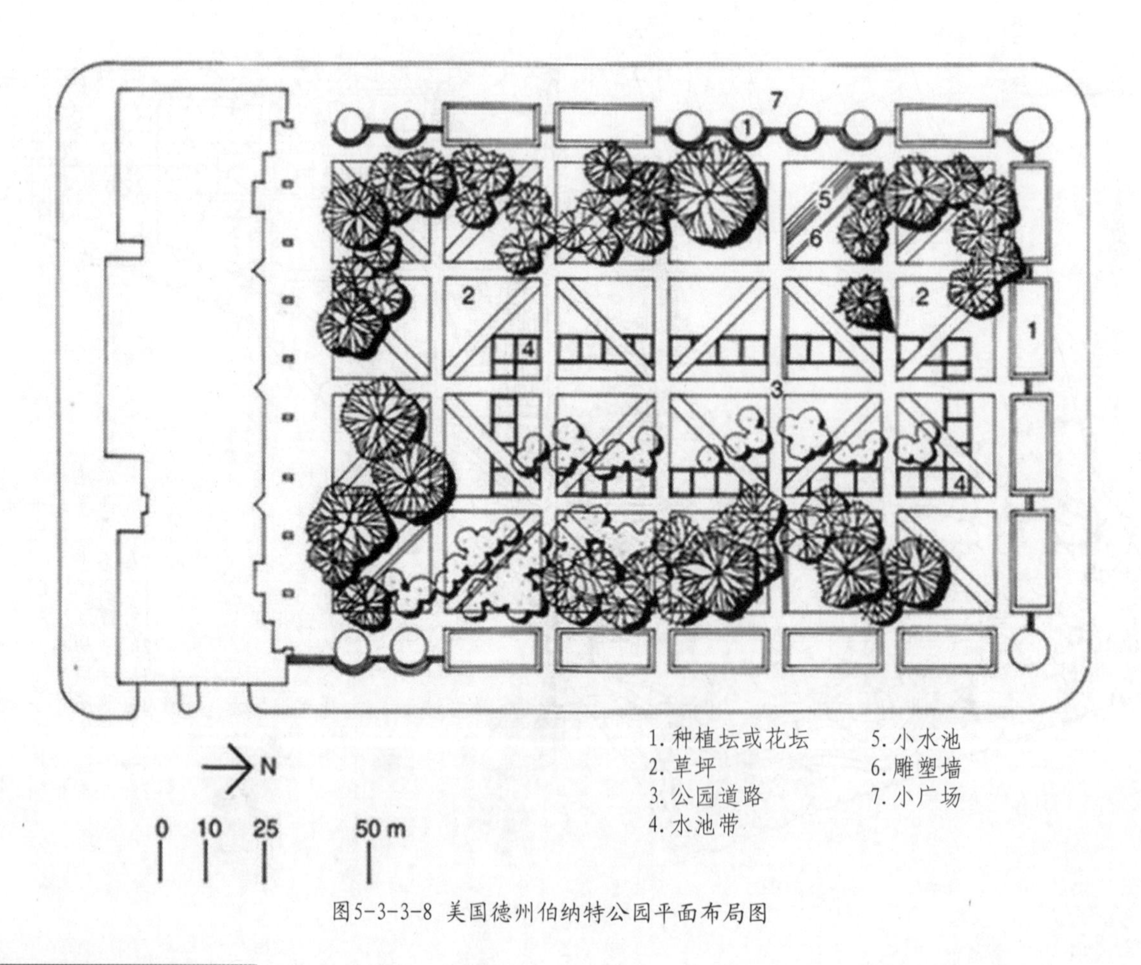

图5-3-3-8 美国德州伯纳特公园平面布局图

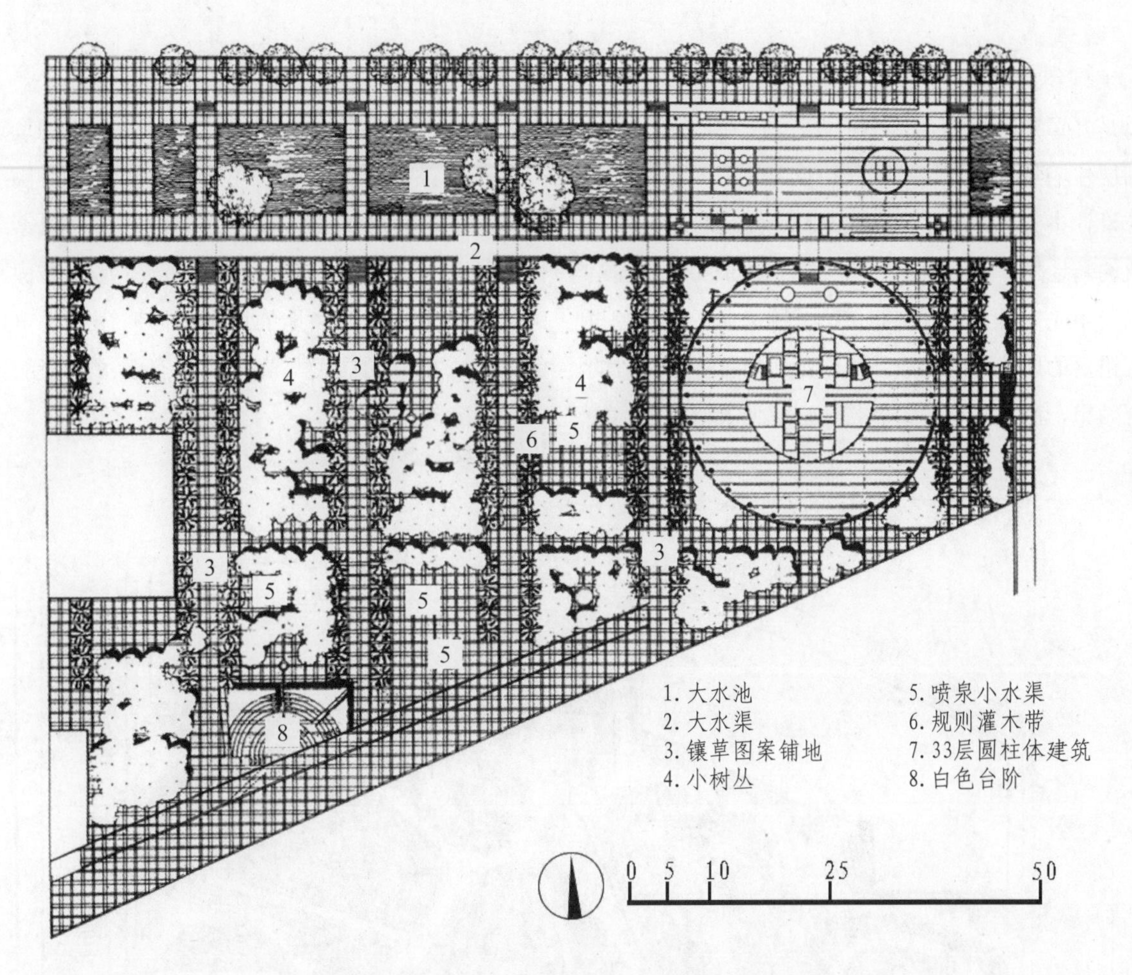

图5-3-3-9 美国北卡罗那联合银行广场平面布局图

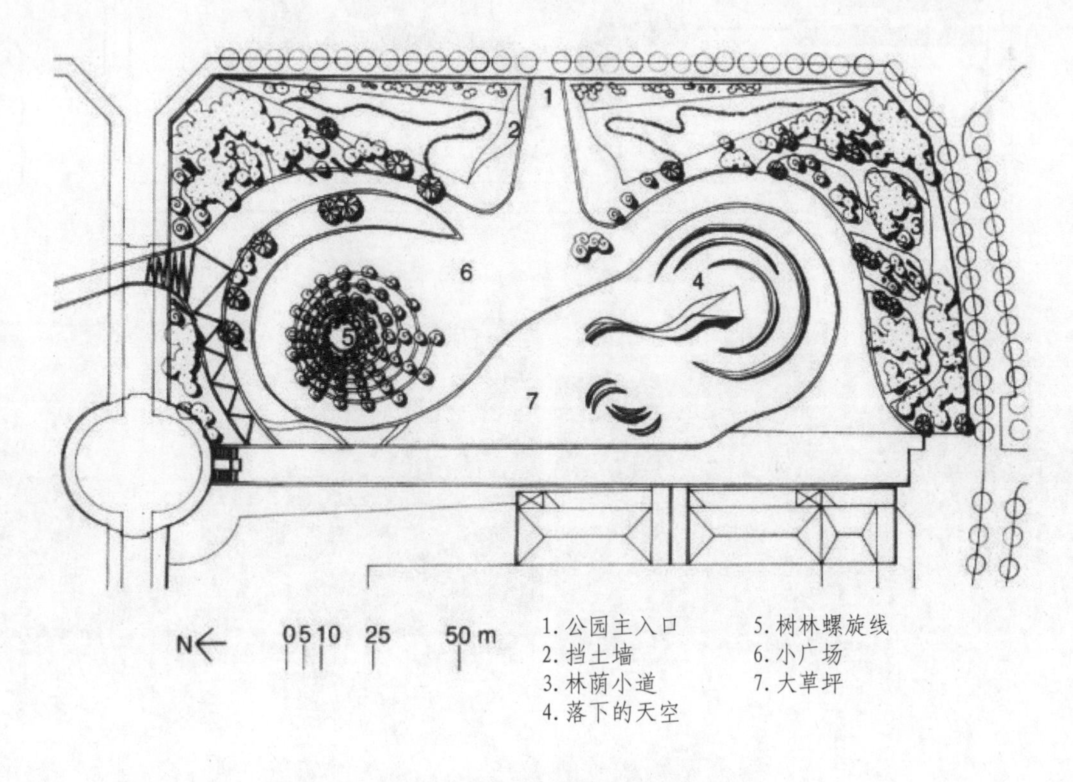

图5-3-3-10 西班牙巴塞罗那北站公园平面布局图

美国纽约泪珠公园是纽约市专为儿童设计的公园，是儿童想象力与创造力的庇护所。由于地块被4栋高层住宅建筑所环绕，因此迈克尔·范·瓦肯伯格景观设计事务所力图创建一块石材、泥土和葱郁植被构筑的新地形。通过激烈的尺度差异和杂乱的流线组织以及事先安排来提升空间体验。蜿蜒曲折的石径与高低错落的地势浑然天成，不仅营造出移步换景般的景观效果，而且高处的景观带还可以使人们越过高楼遥望到哈德逊河的美景（见图5-3-3-11）。

美国纽约市高线公园在城市极具挑战性的场地上拔地而起，场地有一半处在著名的高架铁路快线的路基下面，设计师将其铺上石板使之成为国家最热情奔放的城市公园。高架线路的倒锥形就够优雅的跨过铁路基，成为当地的地标，同时创造了电影般的场景，内部的居民与高架线路有了最亲密的接触（见图5-3-3-12）。

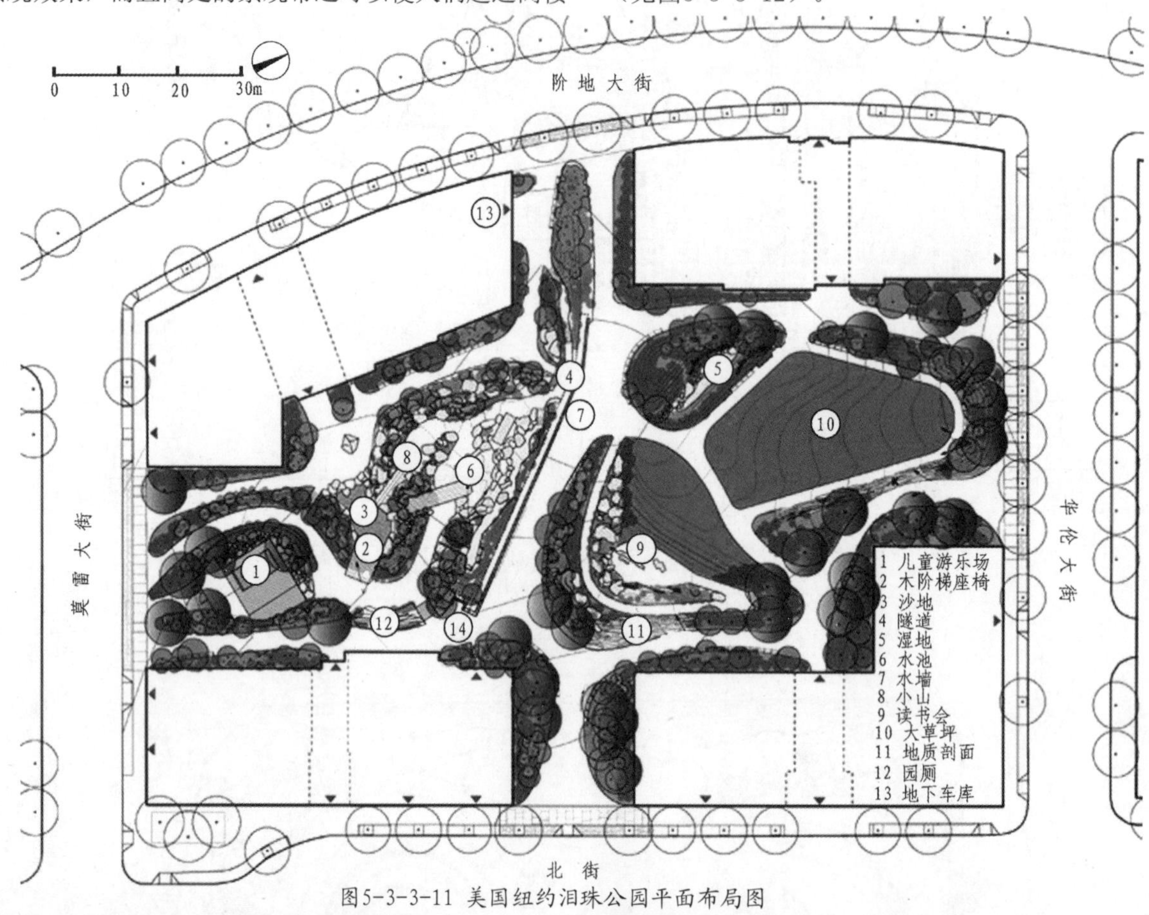

图5-3-3-11 美国纽约泪珠公园平面布局图

图5-3-3-12 美国纽约高线公园

5.4 视觉分析与景点设置

设计应该让视景随观赏者的移步而易景，如同登山者在攀登的过程中越向上越能体会到更多的景致，直至看到全景。视景设计可利用框景、漏景、添景、借景、对景、分景、聚景、点景及暗示的艺术手法，营造“步移景异”的景观效果。

视线分析是景观设计中处理景物与空间关系的有效方法。可视景观的影响因素有视线所及范围（视域）的远近、阻挡视线屏障的高低和视角的宽窄。因此，可视景观的设计要考虑观赏距离（视距）、观景者与景观间的相对位置（视点、视态）和观景视野角度的宽窄（视域）。

5.4.1 视距分析与景点设置

视距分析可用来控制和分析景点与视点之间的关系，在视点已知的情况下，确定景点的位置；或者是在景点位置与尺度已知的前提下，确定视点的位置。

1）视点选择

视距分析首先要确定视点的位置，游人观赏景物与路径、边界与节点有关，也就是说视点的位置存在于道路及道路交叉口、边界与节点中。

如前文所述，路径不仅为了交通而存在，它还是连接各个景点的纽带，在通往不同景点的过程中引导着观赏者的视线。在路径的转移变化中，视点也随之而变，而且它可以将不同的视觉感受串联起来，还可以创造动态视点。

边界是景物空间领域的暗示，也是不同景物之间的分界线，它属于过渡地带，景观的丰富度较高，容易吸引观赏者将其作为停留点，包括建筑的边界，如古典建筑的台基与入口台阶，建筑室外的平台边界、水体边界等。因此视距分析通常在边界地带选取视点。

建筑物与构筑物，如亭廊、桥梁等是是绝佳的视点位置。因为建筑物与构筑物通常是景观中的点景要素，与其他景观要素关系密切，功能、造型与空间构景紧密结合，具有“看”与“被看”的功能。

2）景点的设置

在园林中能成为景点的景物既可以是建筑、山石、水体、植物等单个构景要素，也可以是多个元素的综合体。视距是从视点到垂直于视线的二维景面的几何中心之间的距离。

依据静态空间的视觉规律，为获得最佳的全景观赏效果，景点应该设置在离视点的距离是景物高度三倍的位置（见图5-2-1-4）。

如苏州拙政园的雪香云蔚亭位于中部的山体上，小山驳岸黄石凸显、山体浑厚坚实、山上林木茂盛、古树参差，林木烘托着亭子，亭子又点缀着山林，是一处优美的景点。观赏雪香云蔚亭的视点分布在中部逆时针的游览路线上，远香堂的平台、绣绮亭、梧竹幽居通往北山亭的折桥、荷风四面亭、香洲、见山楼、柳荫路曲廊等视点，通过比较分析得出，远香堂平台是最佳视点位置，能看清亭子全貌就山体优美的轮廓线（见图5-4-1-1）。

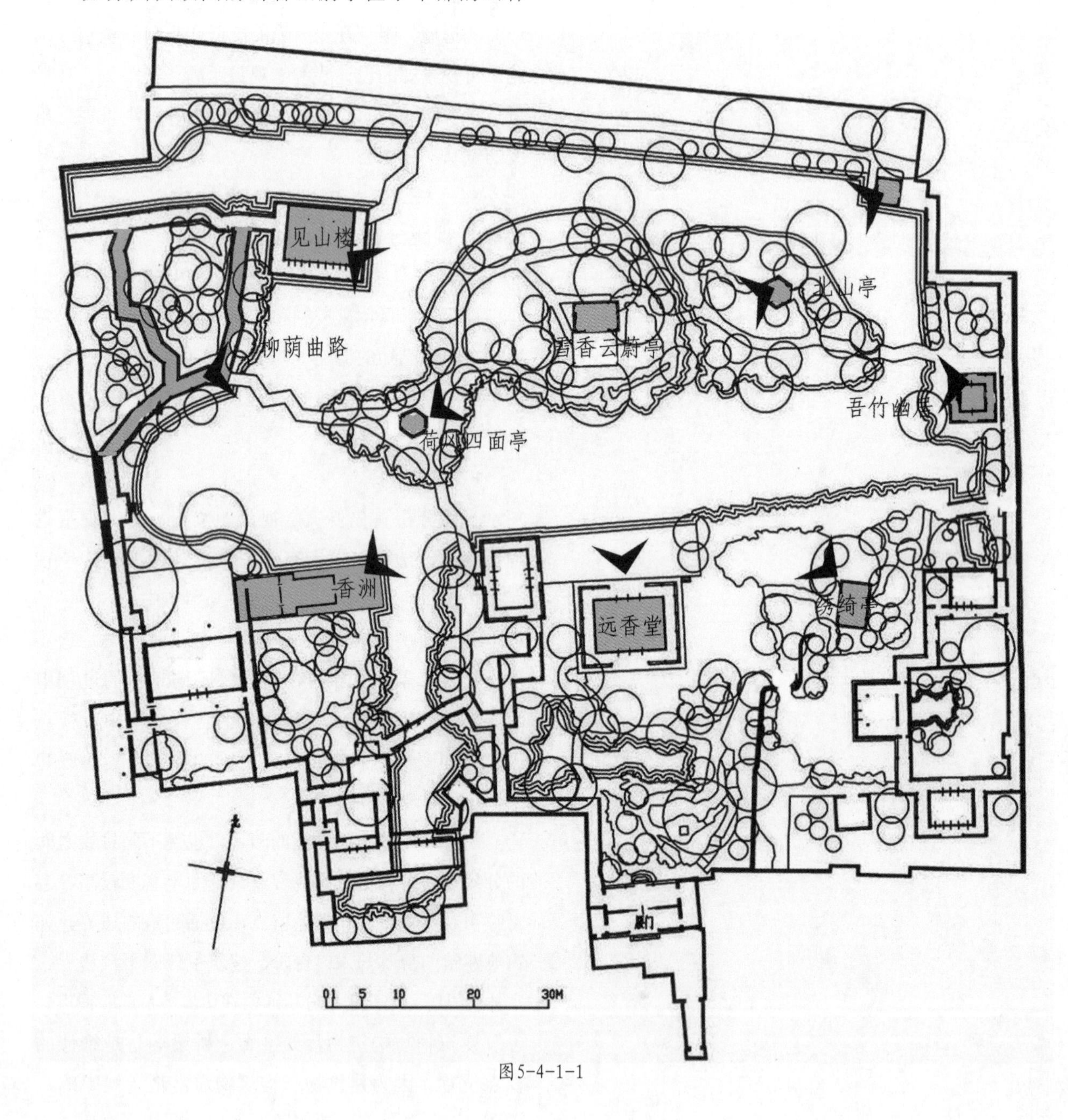

图5-4-1-1

5.4.2 利用视域分析确定景物之间的构图关系

最佳视域可用来控制和分析空间的大小与尺度、确定景物的高度和选择观景点的位置。

设置静态景物时可用视线分析法调整空间中景物的关系，使前后、主次各景之间相互协调，增加空间的层次感。如图5-4-2-1所示，当视点、视距确定的前提下，可通过调整景观高度及其所在位置场地的标高来取得最佳景观效果。如图5-4-2-2所示，从观景点到水池对岸的点景物之间假设添加一前景，设定前景处于DX处，若将参照画面选在该处，则前景实际尺寸不变。从A点向B点的景物引出的视线与画面相交，通过交点位置的分析可判定前景位置是否恰当、前景背景之间的构图是否完整。

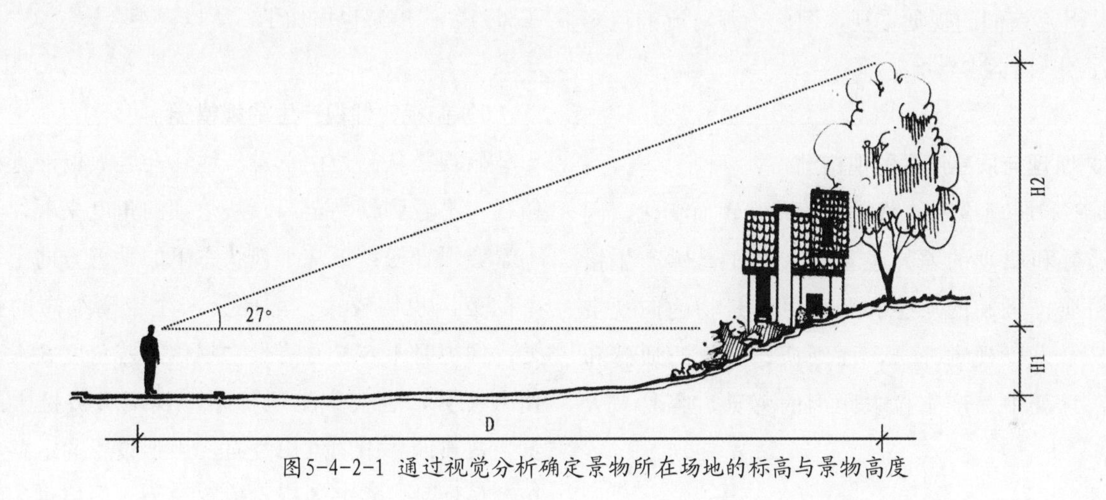

图5-4-2-1 通过视觉分析确定景物所在场地的标高与景物高度

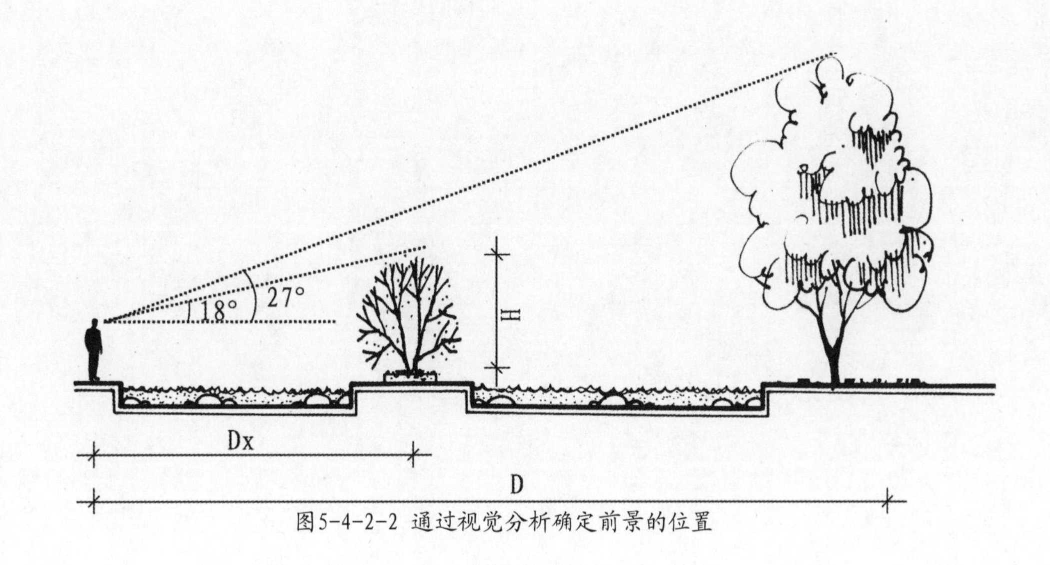

图5-4-2-2 通过视觉分析确定前景的位置

5.4.3 利用视错觉增强景物的观赏效果

引发视错觉的因子很多，其中视距是关联因素之一，视错觉的产生会使视距产生拉大或缩短的效果。

1）色彩引发的远近感

如前文所述，不同色彩会给人带来不同的远近感，使人产生视错觉。暖色会使人觉得距离拉近，冷色则感觉很远；高亮度的色彩使人感觉比较近，而低亮度的色彩有后退的感觉；高纯度的色彩使人感觉比较近，底彩度的景物则有后退感。

色彩的组合也会产生视错觉，如强对比色的组合容易引起人们的视觉重视，因此，强对比的色彩组合适合于视觉焦点景观。

2）肌理与质感产生的视错觉

质感和肌理给人的感觉会随着视距而变化，因此，质感和肌理的差异也会使人对距离感产生错觉。粗质、坚硬的质感和肌理可使景物趋向观赏者，易给人以视觉冲击，而细质、光滑的质感和肌理在景观中易产生拉大距离的感觉，容易被人忽视。

3）虚实产生的视错觉

如前文所述，所谓虚，也就是空灵、虚涵，易使人产生联想，对空间的界定效果弱，会使人感觉距离拉大。所谓实，即具象、厚重，更容易被感知，若与虚结合，形成对比，就会产生视错觉，视距被缩短。建筑、山石、水体、植物等景物的虚实变化，对视距产生的影响是不可忽视的。

4）框景、夹景产生的视错觉

利用框状物把景物框进去而产生的框景，形成二维视觉画面，由于二维空间是没有深度的，因此会使人觉得视觉缩短。

夹景使得景物位于夹景通道的末端，突出强调了景点，深度感也增加了，所以视距会被拉大。

5）俯视、仰视产生的视错觉

俯视是从高处往下看，往往会给人以深远感。俯视容易看到景物全局，从生理的角度来看，人向下看会很轻松；正常平视状态下的垂直方向上，向下的范围也比较大，因此会产生距离缩短的视错觉；仰视时不容易看清景物整体，若角度太大，会使人疲劳，也会产生压抑感，视距又被拉大的感觉。古典园林中的堆山叠石，山上设置的道路、建筑、场地是是较好的视点位置，为人们提供俯视、仰视的条件。

6 景观设计的程序与方法

什么是设计？设计是为了满足一定的目的和功能，把形（点、线、面、体）、色彩、质感等视觉要素组织化，使之具有美的形态；同时要考虑风土，材料，技术等方面的限制；在设计的风格上要考虑到传统与时尚的问题。因此，设计就是构成的过程，是一种构筑形式的创造性活动。

任何一种艺术和设计学科都具有特殊固有的表现方法，景观设计也一样。正是利用这些手法将设计师的构思、情感、意图变成实际形象，即具有三维空间的景观艺术形象，创造出舒适、优美的游憩环境。

设计是一个动态的过程，从脑到手的转换，从概念到符号的转换，又从手到脑，符号到概念。设计图中每一条线、每一个点都是设计师脑中概念的近似转换。

6.1 景观设计程序

正如第五章所述，任何项目的设计都要经过由浅入深、从粗到细、不断完善的过程。设计师应先进行基地调查，熟悉基地的自然地理环境、历史文化环境以及视觉环境，仔细研究项目的要求，然后对所有与设计相关的内容进行概括与分析，明确功能定位，合理选择设计途径，引入不同的价值标准，考虑不同利益群体的意见，最终形成合理的设计方案。

景观规划设计基本的程序包括四个阶段：前期研究阶段、方案设计阶段、扩初设计阶段、施工图设计阶段。前期分析包括相地、基址分析及案例比较分析等；方案设计阶段包括初步方案构思、方案草图设计、方案比较与影响评价、方案正图设计等；扩初设计阶段是在方案设计完成后应协同委托方共同商议，依据商议结果对方案进行修改与调整，明确项目建设内容、确定风格与材料、估计投资概算；施工图设计是将设计与施工连接起来的环节，是为项目实施提供技术文件，解决工程实施过程中的技术问题。

以下重点阐述规划设计过程中的关键问题。

6.1.1 相地

“相地”就是园址的选择、勘测与评价，是中国传统踏勘及选定园林基地的通俗用语。景观规划设计应对基地进行全面、系统地调查和分析，为设计构思提供细致、可靠的依据。众所周知，任何看似自然和谐的规划案例都是场地与功能高度适应的结果。

计成在《园冶》相地篇中将相地归纳为五个方面：第一，园基选择不拘朝向，其重点应着眼于造景的有利条件，例如是否有山林可依？是否有水系可通？能不能与繁忙的交通道路有一定的隔离？第二，在勘察过程中必须同时展开造景构图的设想，不仅注意地形（如方、圆、偏、正），而且要注意地势（如“环曲”、“铺云”等动向趋势），以及“培高控低”利用的可能性，克服地形、地貌上的缺点来筹划方案等。第三，必须重视水文和水源的梳理问题，尤其是景观建筑布局必须联系园林理水。第四，选址也必须考虑建园的目的性，城市土地虽不是很好的造园环境，但鉴于便利园主兼享城市生活，还是可以选用；如选乡村土地造园，要便于眺望田野景趣，如选定不利于野眺的地位，就是相地的失败。第五，要十分重视原有大树等的保存和利用。

1）相地与风水术

风水学是一种相地术，这种学说发端于“针”，发展为专用于相地的“望气”、“堪舆”；唐宋时将罗盘用于看风水，逐步形成了一套系统理论。

风水学理论建立在古代中国哲学“气”的概念之上。古人认为宇宙是由“气”生成的，世界万物都是“气”的生化结果。生气忌风喜水，风要藏，水要聚，藏风得水，生气才旺盛。

风水宝地是一种“背山面水，左右围护”的理想环境模式和约定俗成的择地模式。通常北有高山为屏障，左右有低岭岗阜“青龙”、“白虎”环抱围护，南有池塘或河流婉转经过，水前又有远山近丘的朝岸对景呼应（见图1-1-2-17）。

形成于周代的王城建设制度和汉晋的中国风水术充分表达了我国古代营国匠人及城镇建筑营造先祖对城市空间和环境的理性思维和意识：“匠人营国，方九里，旁三门。国中九经九纬，经涂九轨。左祖右社，面朝后市，市朝一夫”（见图6-1-1-1）。

景观项目通常应建立在风景优美、有山水之胜的地方，这种基址只要稍加人工整理，就能成为游览胜地。如《园治》中所述：“自成天然之趣，不烦人工之事”。“相地合宜，构园得体”就能起到事半功倍之效果。自古以来，名园胜景的形成，都是建立在这个原则的基础上的。

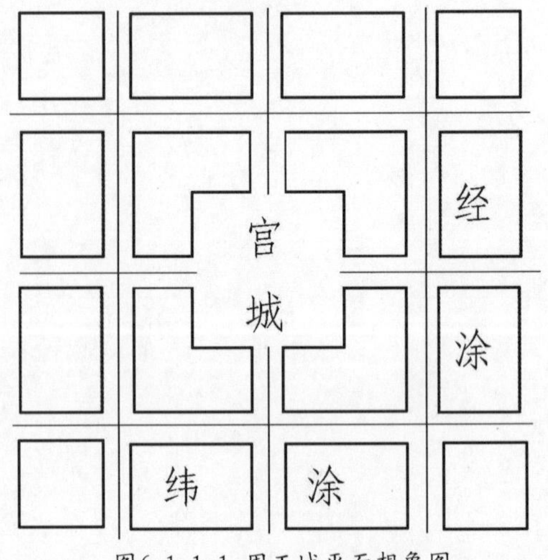

图6-1-1-1 周王城平面想象图

2）项目选址

任何一个项目的开发建设，首先涉及到的问题是选址。规划设计师应该关心的是如何使项目功能与场地相匹配，因此规划设计师应该以专业的方式引导业主争取最佳的项目选址。

首先必须列出计划中的项目必须或有益的场地特征；其次，基于遥感影像图或城市相关规划的图纸寻找和筛选场址的范围。然后经过现场踏勘，对于大尺度范围的调查最好借助于直升飞机。当选址范围缩小到几个地块后，再仔细对它们进行分析，比较每块场地的优劣势并向业主提交选址报告，由业主最终做出决定。

一个理想的场地可通过最小的变动、最大程度的满足项目要求。这也是《园冶》所述的“相地合宜，构园得体”就能起到事半功倍之效果。

6.1.2 前期研究

前期研究阶段主要包括项目背景与任务书的解读、收集与研究基础资料、编制项目任务书、基地现场踏勘与分析。

项目背景与任务书的解读，首先是对项目开发的相关情况予以介绍，包括主要的开发性质与服务群体；第二，充分了解委托方的要求与意愿，项目投资额以及设计期限等。主要以文字说明的形式表达。

在解读任务书的基础上，着手收集基地所在区域的自然地理、历史人文、上位规划、法律法规等相关基础资料。有些技术资料可从有关部门查询得到，如基地所在地区的气象资料、基地地形及现状图、管线资料、城市规划资料等。对于查询不到的但又是设计所必须的资料，可通过调查、勘测得到，如基地及环境的视觉质量、基地小气候条件等。若现有资料精度不够或不完整或与现状有出入则应重新进行勘测与补测。

在充分研读基础资料与设计任务书的基础上编制项目计划书，进一步明确工作内容、制定工作进度、设计成果明细表、落实项目组成员。项目计划书主要以文字与表格的形式表达。

获取测量图纸及其他相关数据固然很重要，但是规划设计师必须通过至少一次的、最好反复多次的现场调查经历。只有通过实地的踏勘，设计师才能把握场地与周围环境的关系，从而全面领会场地状况，逐步认识场地和它的特征，培养与场地的感情，理解这个场地的情绪、它的缺陷、它的潜力。

在进行设计构思之前，应对基地进行全面、系统的调查和分析，为设计提供细致、可靠的依据。

以下针对前期研究的主要内容与成果要求做详细说明。

1）区位与周边环境分析

首先应该分析基地的区位与交通条件；其次是分析自然环境与历史人文环境条件，周边的用地性质等。

（1）区位与交通。了解基地在区域中的位置，基地周围的交通状况，包括与周边道路的连接方式、交通量，并进一步分析基地的可达性。

（2）周边用地性质。分析基地周围的用地类型，比如工厂、商业、居住等，根据基地的规模了解服务半径内的人口数量及构成。

（3）知觉环境。了解基地环境的总体知觉质量，包括了解基地周边噪声的位置和强度，并注意噪声与主导风向的关系，了解基地周边空气污染源的位置及其影响范围，可以与基地视觉质量评价同时进行。

（4）气象条件。了解基地所在地区或城市常年积累的气象资料，需要调查的内容包括：①年平均气温，一年中最低和最高温度；②持续低温或高温阶段的历时天数；③月最低、最高温度和平均温度；④每月的风向和强度，夏季及冬季主导风风向。

（5）水文状况。常年洪水位、常年低水位、10年、20年、50年或100年洪水位等水文信息。

2）上位规划解读

城市总体规划对城市各种用地性质、范围和发展已做出明确的规定。因此，要使景观规划符合城市总体规划的要求就必须了解基地所处地区的用地性质、发展方向、邻近用地的发展以及包括交通、管线、绿地系统、休闲与旅游系统等专题规划的详细资料。

3）基地现状调查与分析

基地调查是在收集基地相关资料的基础上进行实地踏勘、测量工作。现状调查并不需要面面俱到，而应根据基地的规模、内外环境和使用目的分清主次，主要的应深入调查，次要的可简要地了解。

基地的调查是手段，分析才是目的。基地分析是在客观调查与主观评价的基础上，对基地及其环境因素做出综合性的分析，充分挖掘基地的潜力。基地分析在整个景观创作过程中占有重要的地位，深入细致地进行基地分析有助于用地规划和后续的详细设计，并且在分析过程中产生的一些设想也很有利用价值。

基地现状分析包括：①在地形资料的基础上进行坡级分析、排水类型分析；②基于土壤资料进行土壤承载力分析；③基于气象资料进行日照分析、小气候分析等；④水文、水体、道路、现状的建筑物与构筑物、植被状况等。

（1）地形地貌。基地地形图是最基本的工作底图，在此基础上结合实地踏勘可进一步地掌握现有地形的起伏与分布、整个基地的坡级分布和地形的自然排水类型。其中地形的陡缓程度和分布应用坡度分析图来表示。地形陡缓程度的分析很重要，它能帮助我们确定建筑物、道路、停车场地以及不同坡度要求的活动内容是否适合建于某种地形上。因此，基地的坡度分析对如何经济合理的安排用地，对分析植被、排水类型和土壤类型等内容都有重要的作用（见图6-1-2-1、图6-1-2-2）。

图6-1-2-1 地形现状图

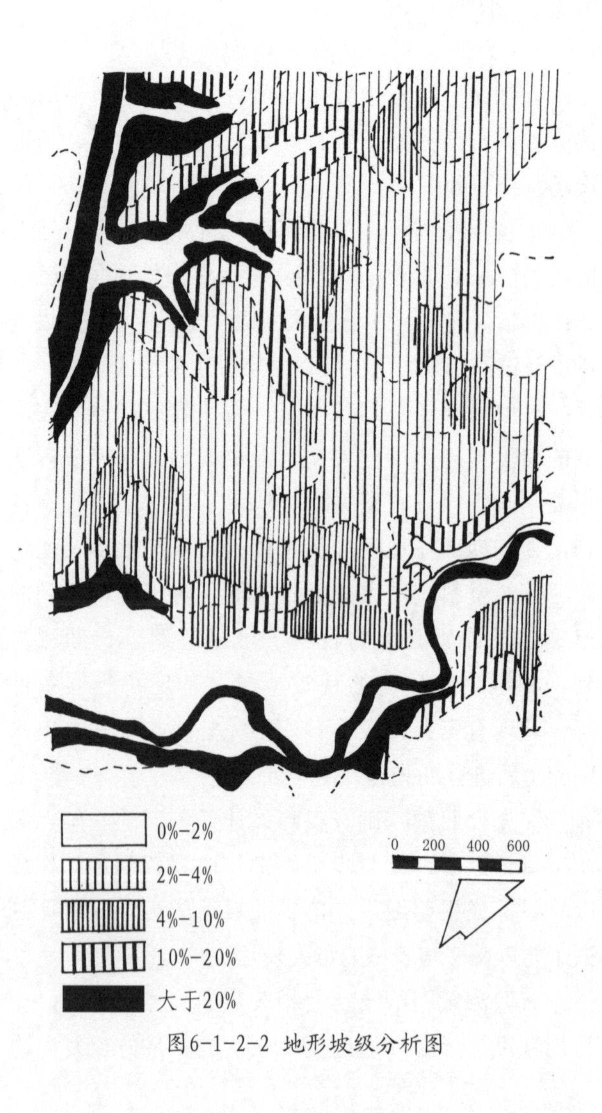

图6-1-2-2 地形坡级分析图

（2）水体状况。水体现状调查与分析的内容包括：①现有水面的位置、范围、平均水深；常水位、最低与最高水位、洪涝水面范围和水位；②水岸情况，包括水岸的形式、受破坏的程度、岸边的植物、现有驳岸的稳定性；③地下水的波动范围，地下水及现有水面的水质，污染源的位置及污染物成分；④基地内外水体的关系，包括流向与落差，各种水工设施（如水闸、水坝等的使用情况）；⑤结合地形划分出汇水区，标明汇水点、汇水线及分水线，地形中的脊线通常是分水线，是划分汇水区的界限，而山谷线是汇水线，是地表水的汇集线。此外，还需了解地表径流的情况，包括地表径流的位置、方向、强度、沿程的土壤和植被状况以及所产生的土壤侵蚀和沉积现象（图6-1-2-3）。

（3）土壤状况。土壤调查的内容包括：①土壤的类型、结构；②土壤的PH值、有机物的含量；③土壤含水量、透水性；④土壤的承载力、抗剪切强度、安息角；⑤土壤冻土层深度、冻土期的长短；⑥土壤受侵蚀状况。一般而言，较大的工程项目需有专业人员提供有关土壤情况的综合报告，较小规模的工程则需了解主要的土壤特征，如PH值、土壤承载极限、土壤类型等（图6-1-2-4）。

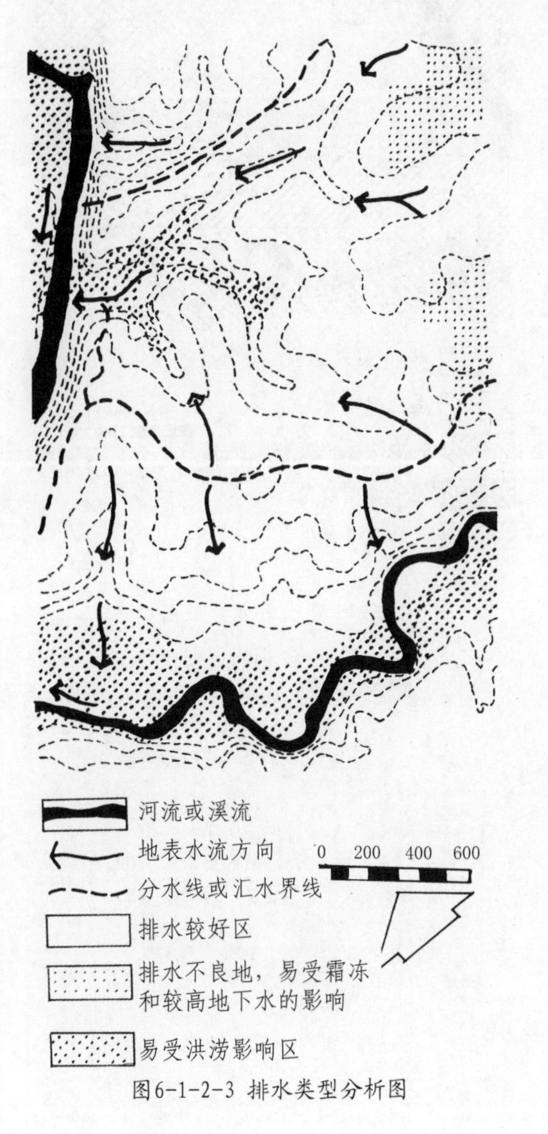

图6-1-2-3 排水类型分析图

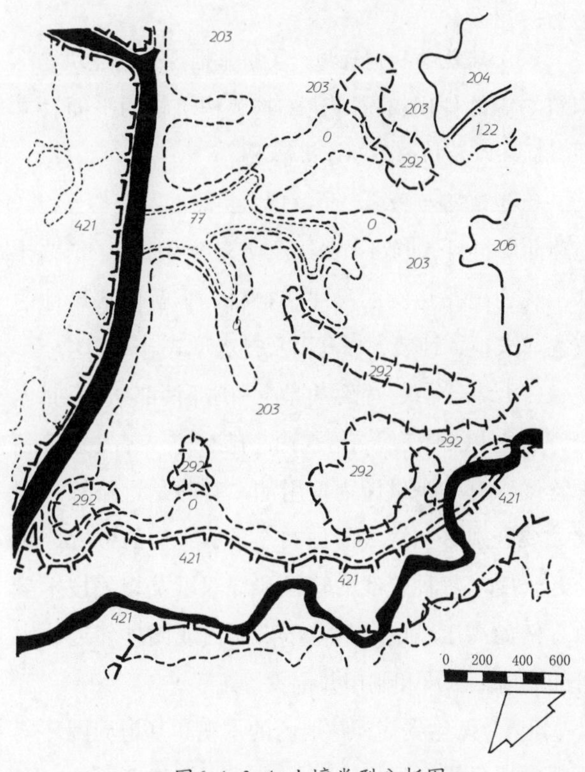

图6-1-2-4 土壤类型分析图

（4）植被状况。　植被现状调查的内容包括现状植被的种类、数量、分布以及可利用程度。在基地范围小，种类不复杂的情况下可直接进行实地调查和测量定位，这时可结合现状地形图和植物调查表格将植物的种类、位置、高度、长势等标出并记录下来，同时可作些现场评价。对于规模较大、组成复杂的林地应利用林业部门的调查结果，或将林地划分成格网状，抽样调查一些单位格网林地中占主导的、丰富的、常见的或稀少的植物种类，最后作出标有林地范围、植物组成、水平与垂直分布、郁闭度、林龄、林内环境等内容的调查图（见图6-1-2-5）。

（5）建筑物和构筑物。了解基地现有的建筑物、构筑物等的使用情况，建筑物或构筑物的平面、立面、标高以及与道路的连接情况。

（6）道路与场地。了解现状道路的宽度与分级、道路面层材料、道路平曲线及交叉点的标高、道路排水形式、道路边沟的尺寸和材料。了解现状场地的位置、大小、铺装、标高以及排水形式。

（7）综合管线。管线有地上和地下两部分，包括电线、电缆线、通信线、给水管、排水管、煤气管等各种管线。有些是供园内使用的，有些是过路管。因此，要区别这些管线的种类，了解它们的位置、走向、长度，每种管线的管径和埋深以及相关技术参数。例如高压输电线的电压，园内或园外邻近给水管的流向、水压和闸门井位置等。

（8）视觉质量。基地内的景观和基地周围环境景观的质量需要经过实地勘查后才能作出评价。在勘查中常用速写、拍照或记笔记的方式记录一些现场的视觉印象。

① 基地内景观。对基地中的植被、水体、山体和建筑等组成的景观可从形式、历史文化及特异性等方面去评价其优劣，并将结果分别标记在景观调查现状图上，同时标出主要观景点的平面位置、标高、视域范围。

② 周边环境景观。环境景观又称介入景观，是指基地外的可视景观，它们各自有各自的视觉特征，根据它们自身的视觉特征可确定其对将来基地景观形成所起的作用。现状景观视觉调查图上应标出确切的观景位置、视轴方向、视域、清晰程度（景的远近）以及简单的评价。

图6-1-2-5 植被现状图

（9）小气候条件。了解基地外围植被、水体及地形对基地小气候的影响，主要包括基地的通风、冬季的挡风和空气湿度等几方面内容。了解基地附近的高层建筑之间的穿堂风的方向。处于高楼间的基地，还要分析建筑物对基地日照的影响，划分出不同长短的日照区。

基地中建筑物、构筑物或林地等北面的日照状况可利用太阳高度角和方位角分析日照状况、确定阴坡和永久无日照区。通常用冬至阴影线定出永久日照区，将建筑物北面的儿童游戏场、花园等尽量设在永久日照区内；用夏至阴影线定出永久无日照区，在此区避免设置需要日照的内容。根据阴影图还可划分出不同的日照条件区，为种植设计提供依据。

由于下垫面构造特征如小地形、小水面和小植被等的不同，使热量和水分收支不一致，从而形成近地面大气层中局部地段特殊的气候，即小气候，它与基地所在地区或城市的气候条件既有联系又有区别。较准确的基地小气候数据需要通过多年的观测积累才能获得。通常在了解当地气候条件后，随同有关专家实地观察，合理地评价和分析基地地形起伏、坡向、植被、地表状况、人工设施等对基地日照、温度、风和湿度条件的影响。小气候资料对于大尺度的景观规划和小规模的设计都很有价值。

基地内的下垫面的地形起伏会对基地的日照、温度、气流等小气候因素产生影响，从而使基地的气候条件有所改变。引起这些变化的主要因素为地形的凹凸程度、坡度和坡向（见图6-1-2-6）。

4）案例比较分析

依据项目特点与基地条件，选取国内外同类典型案例进行比较分析，从项目定位、规划布局、设计理念与技术细部设计等方面总结经验与启示，并将其运用于本案的规划设计中。

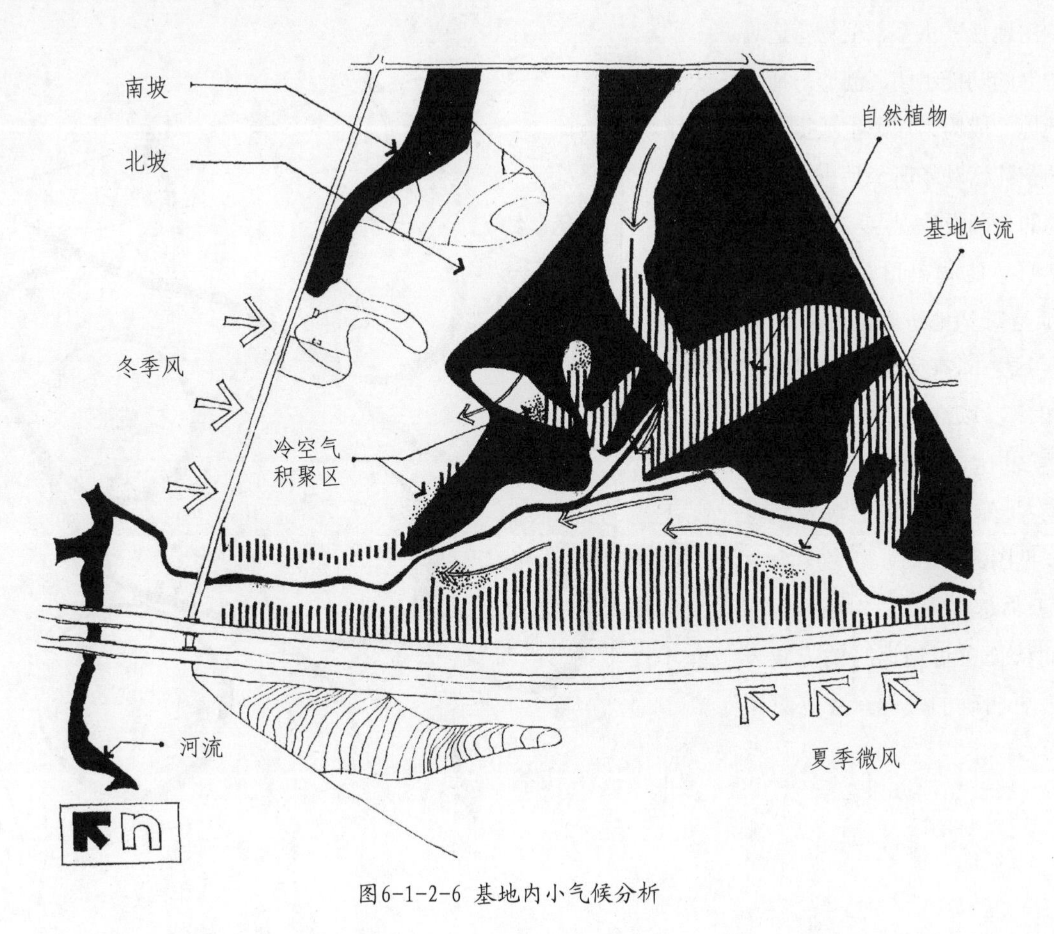

图6-1-2-6 基地内小气候分析

6.1.3 方案规划设计

1）设计构思阶段

如5.1所述，设计构思是在对项目基地与周边环境的勘察与分析的基础上明确项目定位与功能，确定设计概念与主题（见图5-1-1-5）。以项目定位分析图（见图6-1-3-1）、概念示意图、功能构想图以及构想速写图来记录与表达初步设计思路。

（1）概念示意图。对于小项目来说，概念示意图是设计构思的基础记录，对于大项目来说，作为与其他设计者或业主沟通的工具。以泡泡、箭头及其他抽象符号表达，辅以简单的文字；具有抽象、直接、活泼、随意的特点。如图6-1-3-2所示，设计确定的概念为“营养团”。利用地形、水系、植物营造具有“养份”的功能组团，创造舒适的微气候环境，成为为居民生活提供“养料”的交往活动场所，是一种生态可持续性的公园设计观点。

（2）功能构想图。初步构思的第二步是对基地进行功能区的划分，各区域之间有确定的空间关系或线路组织。以泡泡、箭头及其他抽象符号表达，并辅以简单的文字；具有抽象、直接、活泼及随意的特点（见图6-1-3-3）。

（3）构想速写图。对于节点的三维空间特征，可用速写的方式表达，给人更明确的空间意象（见图6-1-3-4）。

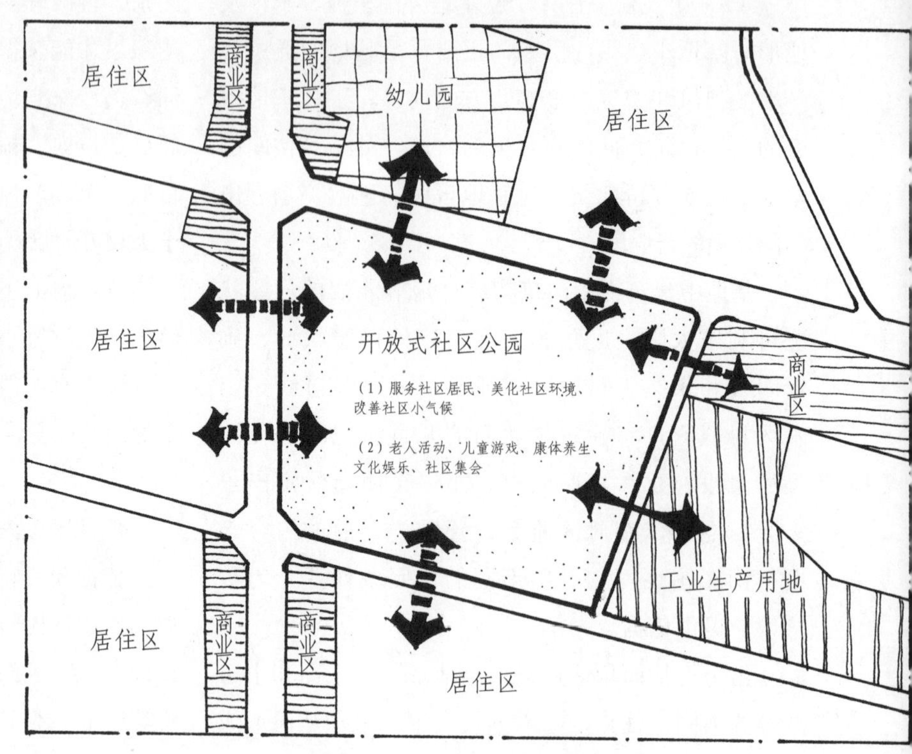

图6-1-3-1 项目定位分析图

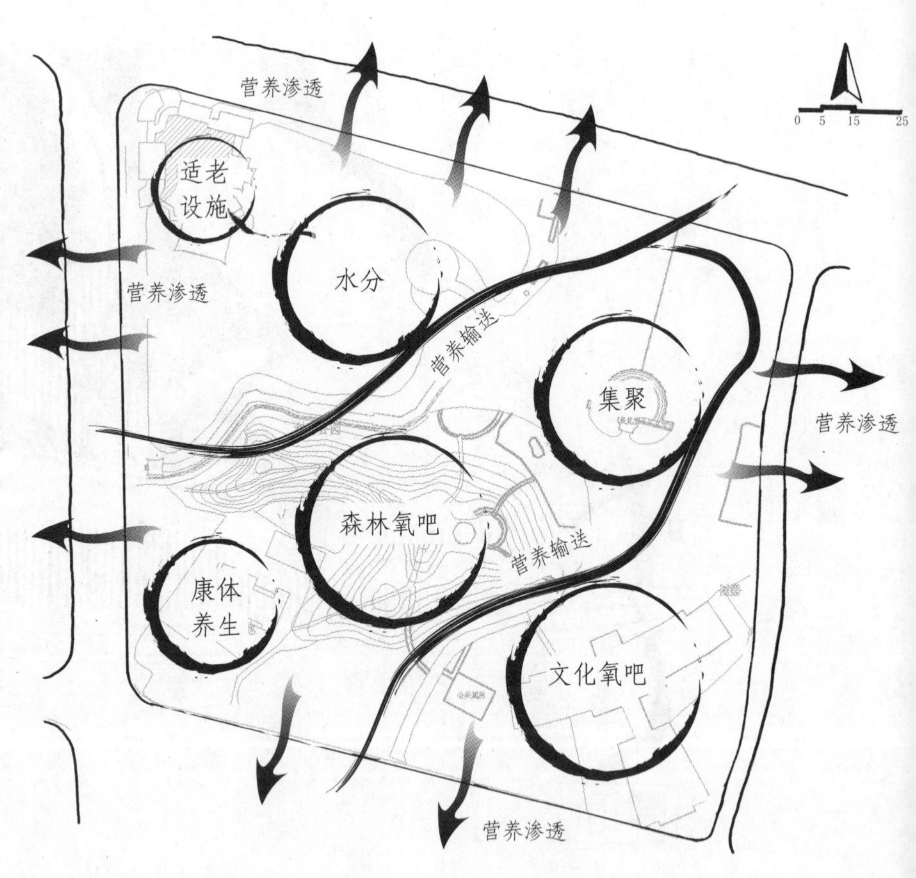

图6-1-3-2 概念示意图

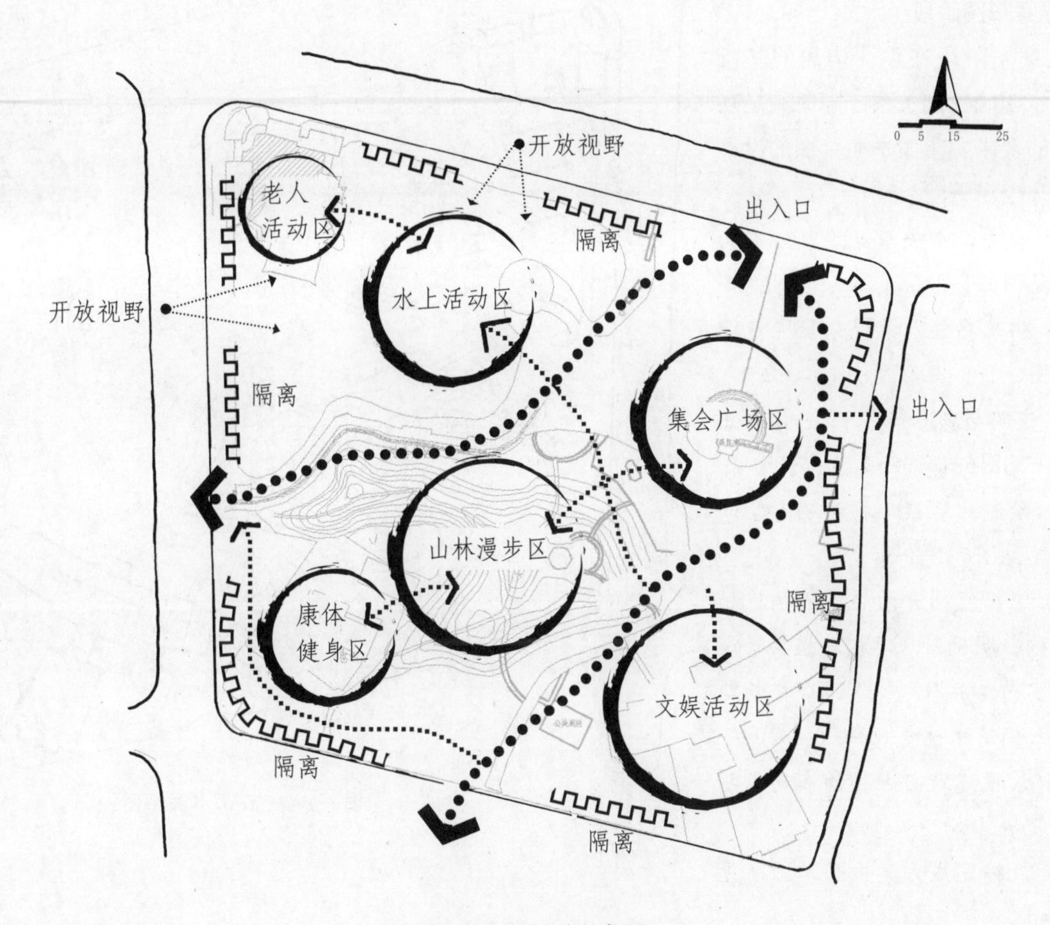

图6-1-3-3 功能构想图

图6-1-3-4 构想速写图

2）方案草图阶段

方案草图阶段在设计构思的基础上，进一步明确空间关系，同时满足功能与美学的要求。方案平面草图的设计包括以下几个步骤:

（1）确定山水关系，绘制地形与水系图（见图6-1-3-5a）。

（2）明确功能与景观分区（泡泡图）（见图6-1-3-3）。

（3）道路与场地布局，第一次修正山水关系（见图6-1-3-5b）。

（4）绘制林缘线，初步确定空间开合关系（见图6-1-3-5c）。

（5）依据空间开闭类型，构建植物景观结构，明确景观季相与植物景观分区、落实植物品种选择。综合植物与地形的关系确定林冠线（详见6.5.2）。

（6）景观建筑与小品的布局，明确场地铺装。

（7）最终完成方案平面草图（见图6-1-3-4d）。

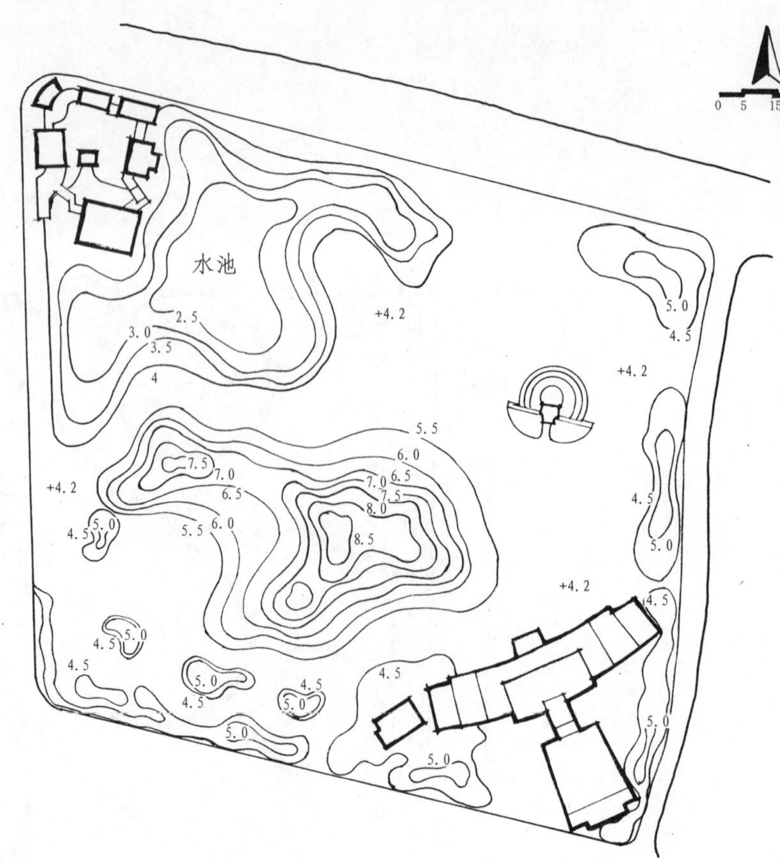

图6-1-3-5a 山水关系图

3）多方案比较分析

方案设计的过程就是一个解决问题的过程。根据特定的基地条件和设置的内容多做些方案加以比较也是提高做方案能力的一种方法。不同的方案在处理某些问题上也各有独到之处，因此，应尽可能地在权衡诸方案构思的前提下定出最终的合理方案，最终的方案可以以某个方案为主，兼收其他方案之长；也可以将几个方案的优点综合起来。

多方案比较还能使设计者对项目存在的问题做深入的探讨。

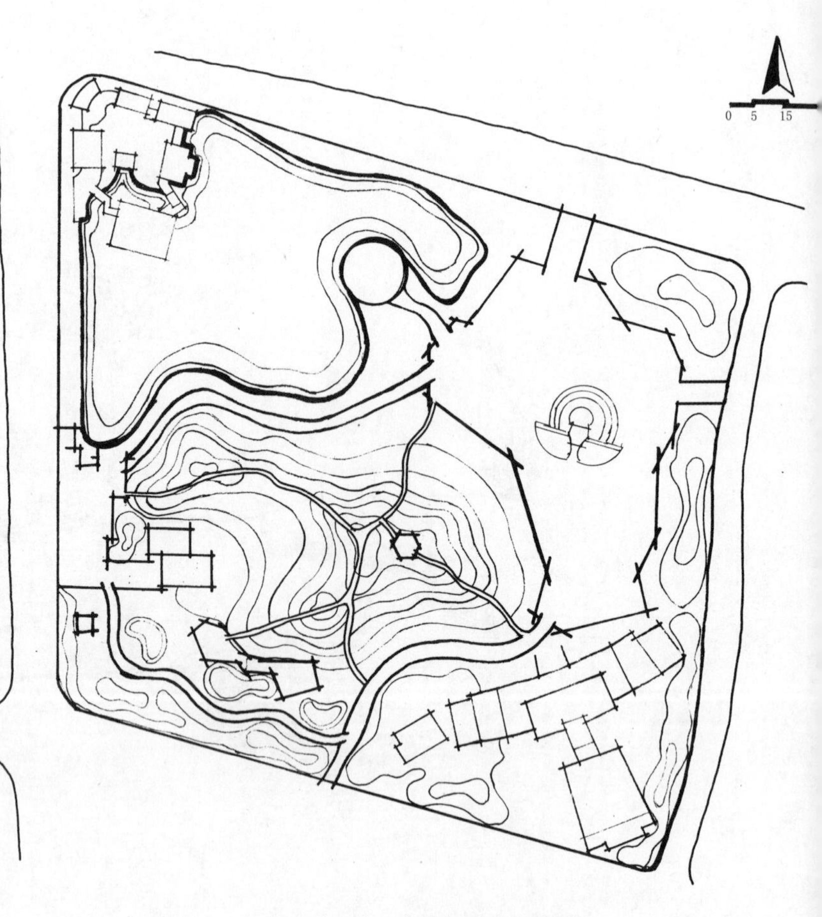

图6-1-3-5b 道路与场地布局图

4）方案正图阶段

在多方案草图比较的基础上确定最为合理的方案。设计成果文件包括方案设计说明书、设计图纸、技术经济指标与造价匡算。设计成果内容包括以下几个方

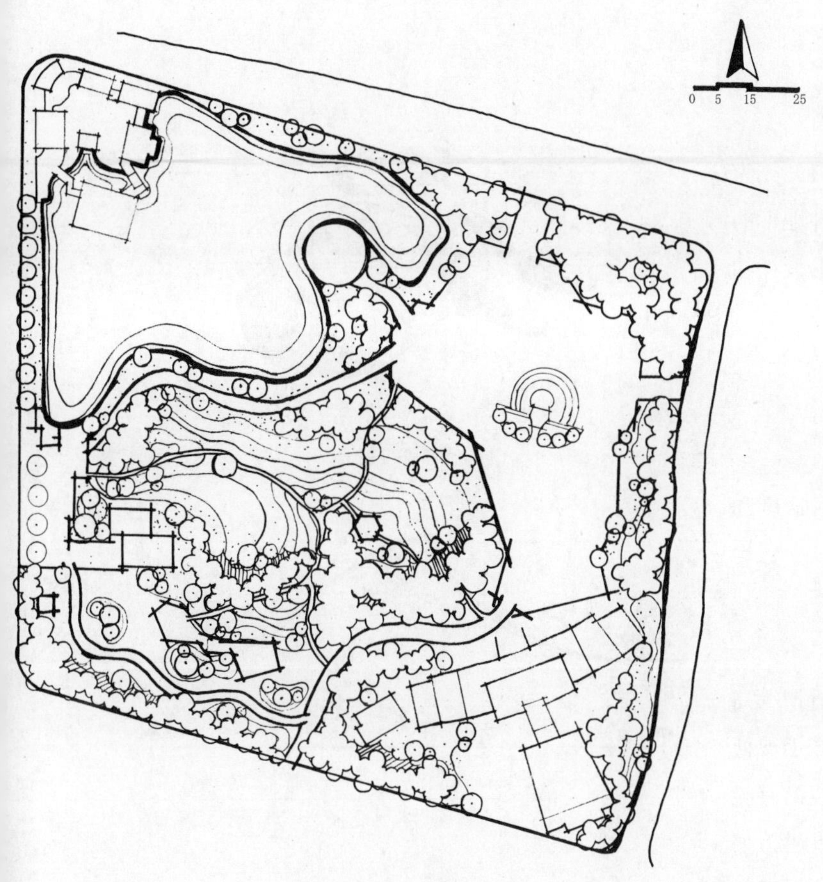

图6-1-3-5c 种植平面图

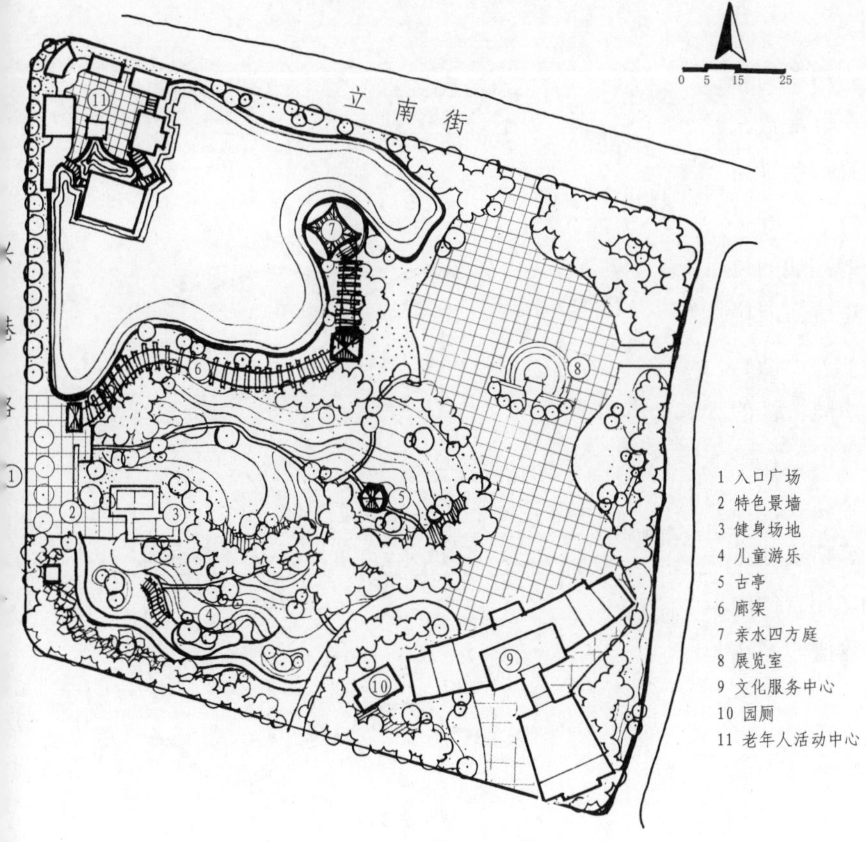

图6-1-3-5d 方案平面草图

（1）前期研究——项目背景、区位分析（地理位置与交通、自然地理、人文历史）、周边环境分析、基地概况、上位规划分析、项目特点分析、案例比较分析、设计依据——图示分析为主，文字为辅。

（2）总体构思与布局——设计目标与策略，设计概念与主题，布局与空间组织特色，功能分区与景观分区——概念示意图、总平面图、鸟瞰图、分区结构图（功能分区与景观分区、或两者合二为一）、景观空间与视线分析、简单文字说明。

（3）分区设计——分区位置示意图、分区平面图、效果图或意向图、简单文字说明。

（4）竖向与水体设计——地形平面图（需标注等高值与标高）、重要地段剖立面图、水岸剖面图、水体景观分析图，附简单文字说明。

（5）道路场地设计——道路场地分析图（图上注明道路级别与宽度，主要活动场地及规模，出入口位置及数量）、主要道路断面图、主要铺装材料与意向图。

（6）植物景观设计——植物景观分区图、植物景观意向图、植物景观空间与群落一览表。

（7）景观建筑与小品设计——建筑小品平面索引图、单体效果图或意向图、简单设计说明。

（8）建筑设计——建筑平面索引图、单体效果图或意向图、简单设计说明。

（9）景观照明设计——照明效果示意图、灯具示意图。

（10）生态环保专项设计。

（11）防灾、防震专项设计。

（12）无障碍设计。

（13）游人容量与常规配套设施。

（14）技术经济指标与造价匡算。

6.2 地形设计

在景观中，地形具有重要的意义（参见1.1）。为了能有效的使用地形这个要素，首先应对各种地形的表达方法有一个清楚的了解。其次，分析地形设计的法则以及地形设计程序。

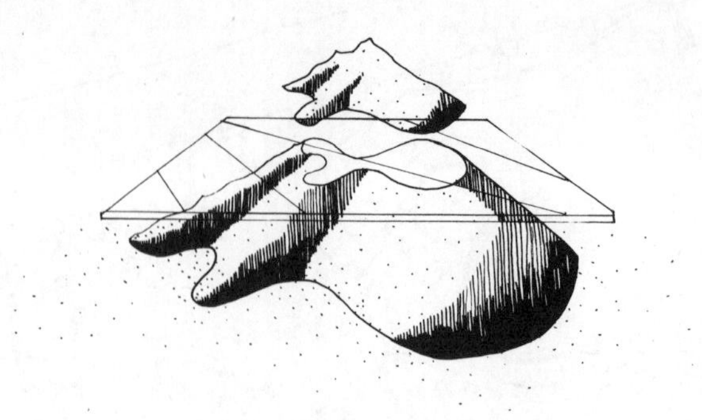

图6-2-1-1

6.2.1 地形表示法

地形常用的表示方法包括：等高线、明暗度和色彩、蓑状线、数字表示法、三维模型法。

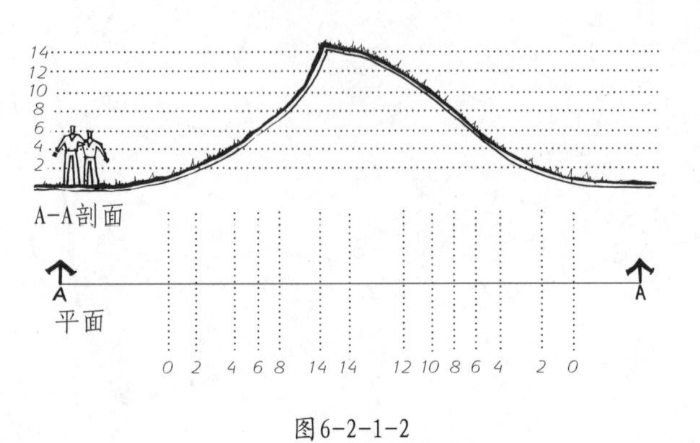

图6-2-1-2

1）等高线表示法

等高线是最常用的地形平面图表达法，所谓等高线，就是绘制在平面图上的线条，它将所有高于或低于水平面，具有相等垂直距离的各点连结成线，有时人们又将它称为基准点或水准标点。从理论上讲，如果用一个玻璃的水平面将其剖开，等高线应该显示出一种地形的轮廓（见图6-2-1-1）。等高线仅是一种象征地形的假想线，在实地中是不存在的。

“等高差”是指在一个已知平面上任何两条相邻等高线之间的垂直距离，而且等高差是一个常数。例如，等高差为1米，就表示在平面上的每一条等高线之间具有1米的海拔高度变化。

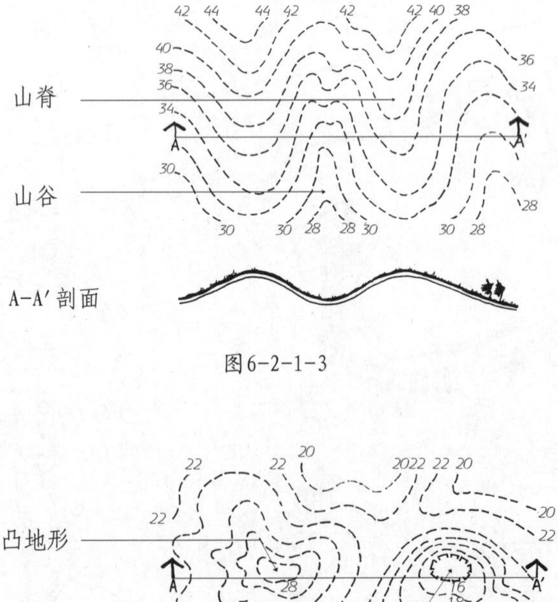

在平面图里，等高线是不能交叉的，等高线的疏密说明了坡度的陡峭程度。坡底的等高线疏、而接近坡顶密的斜坡就是凹状坡（见图6-2-1-2）。凸状坡的情形正好相反，底部密而顶部疏。不同特征的地形，等高线的图示是不一样的。比如，山谷在平面图上的标志是等高线指向数值较高的等高线；山脊在平面图上的标志是指向数值较低的等高线（见图6-2-1-3）。凸状地形在平面上由同轴、闭合的中心最高值等高线所表示。凹状地形最低数值等高线在等高线自身的内部（见图6-2-1-4）。

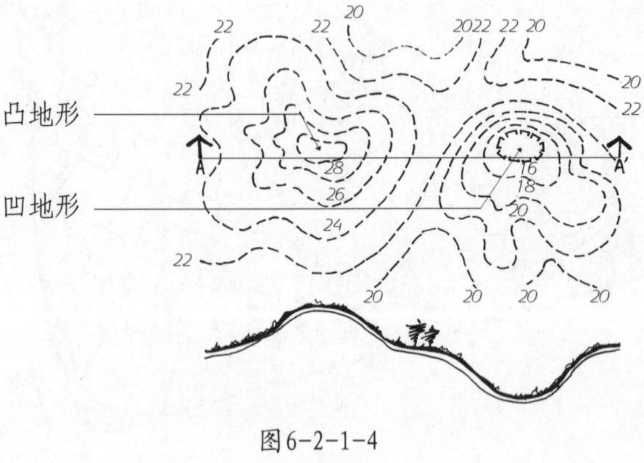

图6-2-1-3

图6-2-1-4

设计等高线时，应遵循以下基本原则。第一，原地形等高线可用虚线表示，而改造后的地形等高线在平面图上用实线表示。地形的改造必须建造合理的排水系统，适应建筑、道路、停车场、活动广场的需要，并且应具有美的特征。地形改造中，在场地上添加土方称为“填方”。“挖方”则是用来表示从场地中挖走的土方。在平面图上，当等高实线从原等高线位置向低坡移动时（走向较低数值的等高线），这就是“填方”；反过来，设计等高线走向高坡（走向高数值等高线）则表示“挖方”（见图6-2-1-5）。用来表示基地土方平整的平面图叫“地形改造图”，“地形改造图”既要表示地形改造的等高线和原地形等高线，同时也表示所有建筑物、道路、围墙的轮廓，以及其他的设计要素（见图6-2-1-6）。第二，等高线总要各自闭合、若等高线在某处断开，则表示由挡墙收头。第三，等高线不能交叉（见图6-2-1-7）。

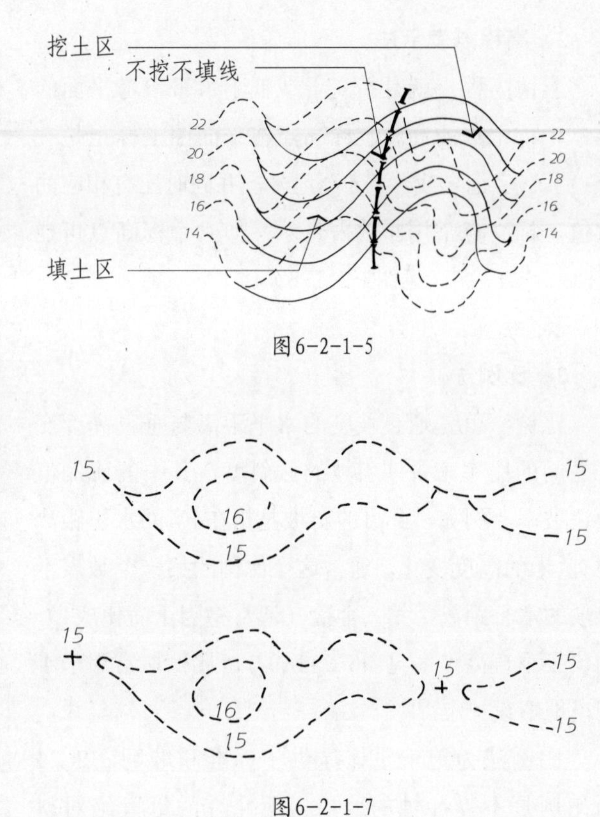

图6-2-1-5

图6-2-1-7

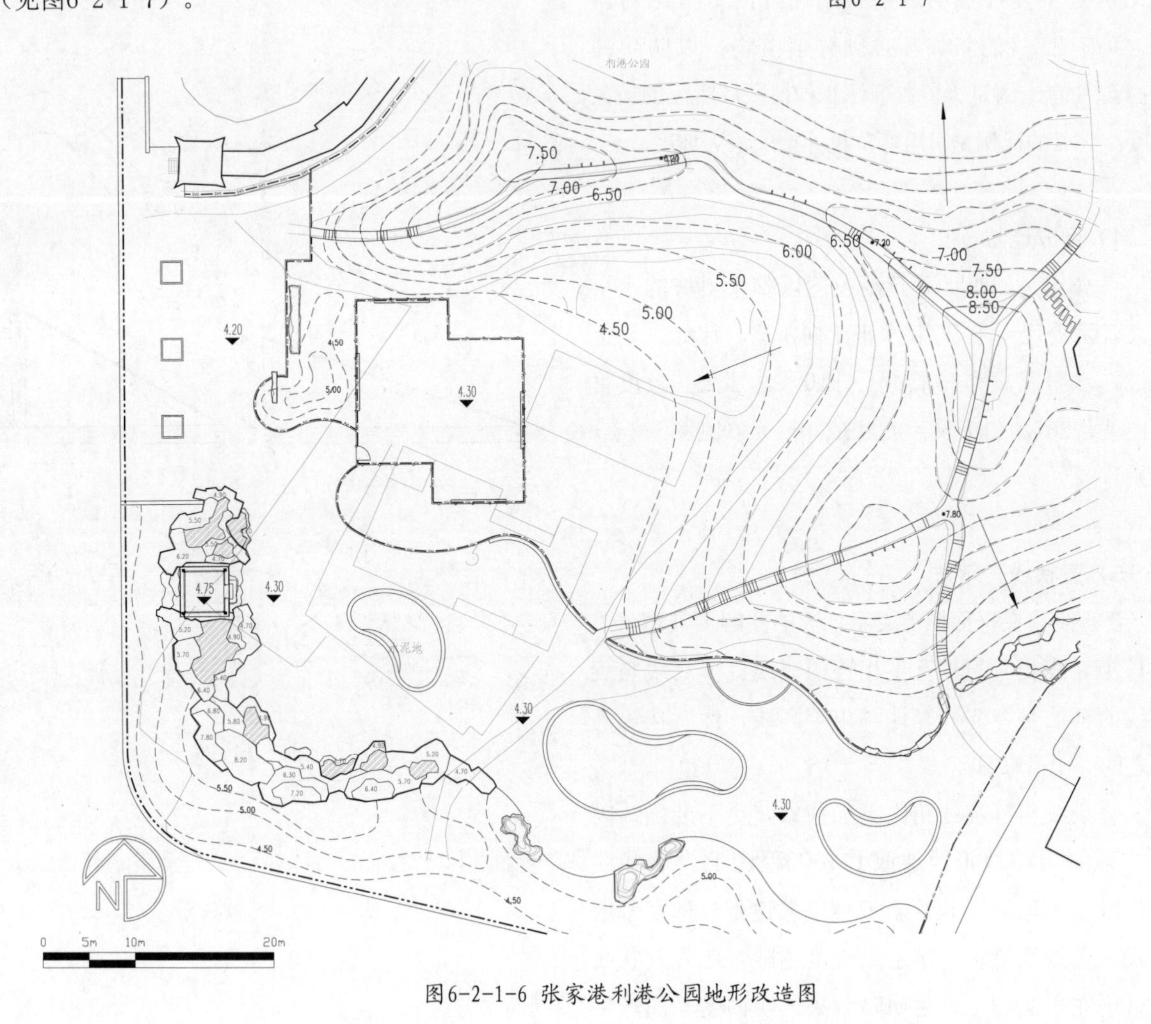

图6-2-1-6 张家港利港公园地形改造图

2）高程点表示法

所谓高程点就是指高于或低于水平参考平面的某单一特定点的高程。标高点在平面图上标记是一个“＋”字记号或 “·”记号，并同时配有相应的数值。标高点常用小数来表示，如一个标高点可能是51.3或75.15（见图6-2-1-8）。

3）比例法

比例法就是通过坡度的水平距离与垂直高度变化之间的比率来说明斜坡的倾斜度，其中的比例值为边坡率。例如，4∶1的斜坡是指在4米的水平距离间有1米的高度变化。通常这个比例的第一个数表示斜坡的水平距离，第二个数（通常将因子简化成1）则代表垂直高差（见图6-2-1-9）。比例法常用于小规模地形设计上。

比例法为地形设计提供了标准和准则。2∶1的比例是不受冲蚀的地基上所允许的最大绝对斜坡。所有2∶1的斜坡都必须种植植物，以防止冲蚀；3∶1的比例是大多数草坪和种植区域所需的最大坡度；4∶1的比例是可用剪草机养护的最大坡度。

4）百分比法

百分比是斜坡的垂直高差除以整个斜坡的水平距离。百分比＝上升高/水平走向距离。比如，一个斜坡在水平距离为50米内上升10米，那么其坡度百分比就是20%（10/50＝0.20或20%）（见图6-2-1-10）。

5）蓑状线表示法

蓑状线是在平面图上表示地形的图解工具之一。是与等高线相垂直的互不相连的短线。等高线与蓑状线的画法是：先轻轻地画出等高线，然后在等高线之间画上蓑状线。

蓑状线与等高线相比更加抽象，更不准确，因此它不能用在地形改造或其它工程图上。蓑状线的粗细和密度对于描绘斜坡坡度来说是一种有效的方式。蓑状线越粗、越密则坡度越陡。此外蓑状线还可用在平面图上产生明暗效果，从而使平面产生更强的立体感。一般而言，表示阴坡的蓑状线暗而密，而阳坡蓑状线明而疏（见图6-2-1-11）。

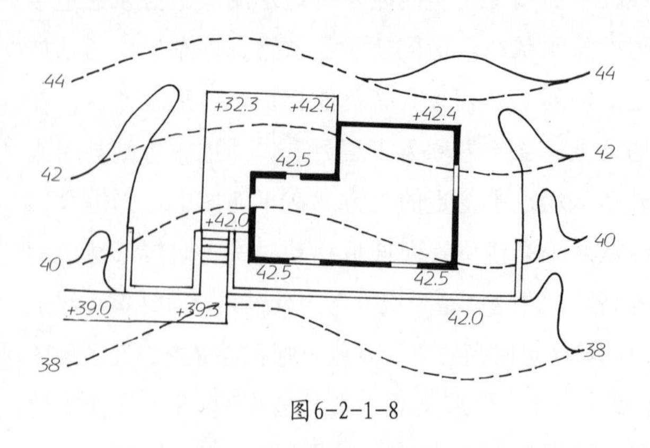

图6-2-1-8

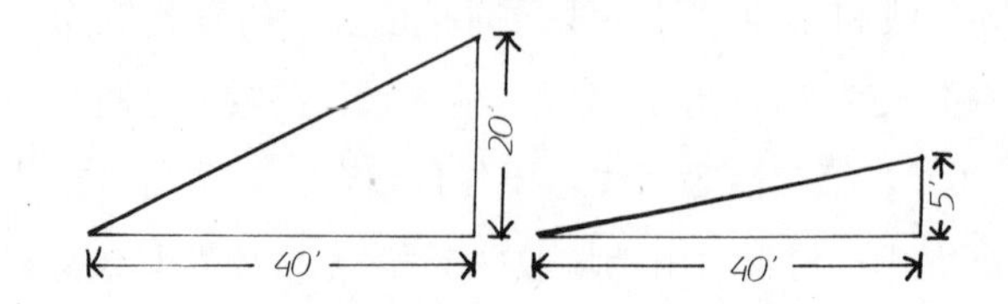

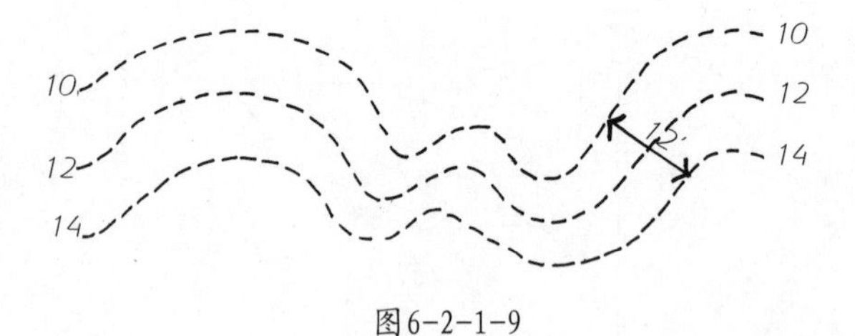

图6-2-1-9

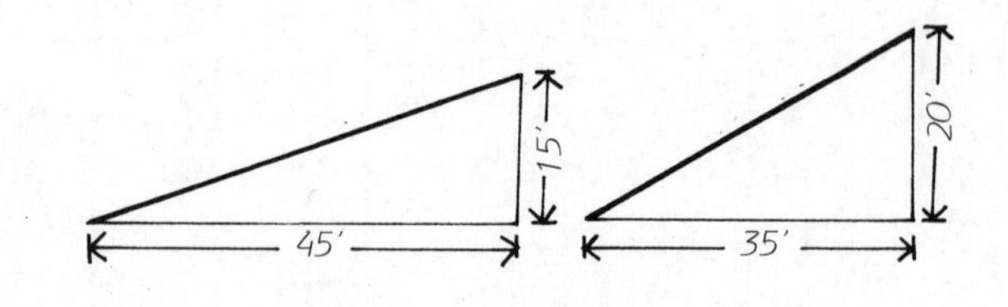

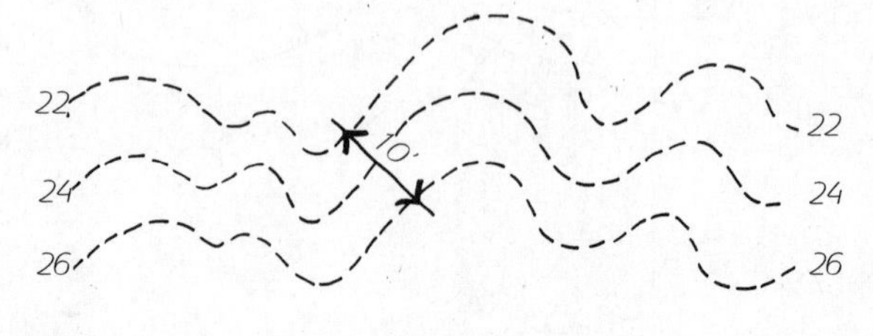

图6-2-1-10

6）明暗与色彩表示法

明暗调（灰调）和色彩也可以用来表示地形。明暗调和色彩最常用在“海拔立体地形图”上，以不同的浓淡或色彩表示高度的不同增值。

每一种独立的明暗调或色彩在海拔地形图上，表示一个地区其地面高度介于两个已知高度之间。较淡的色调都用来表示较高的海拔，以产生有效的高度形象。当明暗色调层次渐进和均匀时，整个海拔图的外观最佳（见图6-2-1-12）。明暗度和色彩也被用在坡度分析图上。“坡度分析图”也是一种用以表达和了解某一特殊园址地形结构的手段。坡度分析图以斜坡坡度为基准，图上深色调一般代表较大坡度，而浅色调则代表较缓的斜坡（见图6-2-1-13）。

7）实体模型表示法

实体模型是表示地形最直观有效的方式。但模型通常笨重、庞大，不利于保存和运输，并且制作起来耗时耗资。制作地形模型的材料可以是陶土、木板、软木、泡沫板、厚重纸板或者聚苯乙烯脂等（见图6-2-1-14）。

8）计算机模拟法

现有的一系列计算机程序，可让使用者对地形的某一区域的平面和立体面有一充分认识。图象等的输出，依据程序和计算能力而显示在终端荧光屏上，或是象“硬拷贝”一样复制在白纸上。计算机图示方法的优点就在于它能让使用者从各个有利角度来观察地形的各个区域。这一方法能使设计师“看到”平面移动等高线所得到的结果，以及能在设计实施之前正确地估价和完善设计方案。某些更复杂的计算机图示系统，还能允许观察者“深入”设计。此外该方法的潜在用途对于设计师来说几乎无所限制。

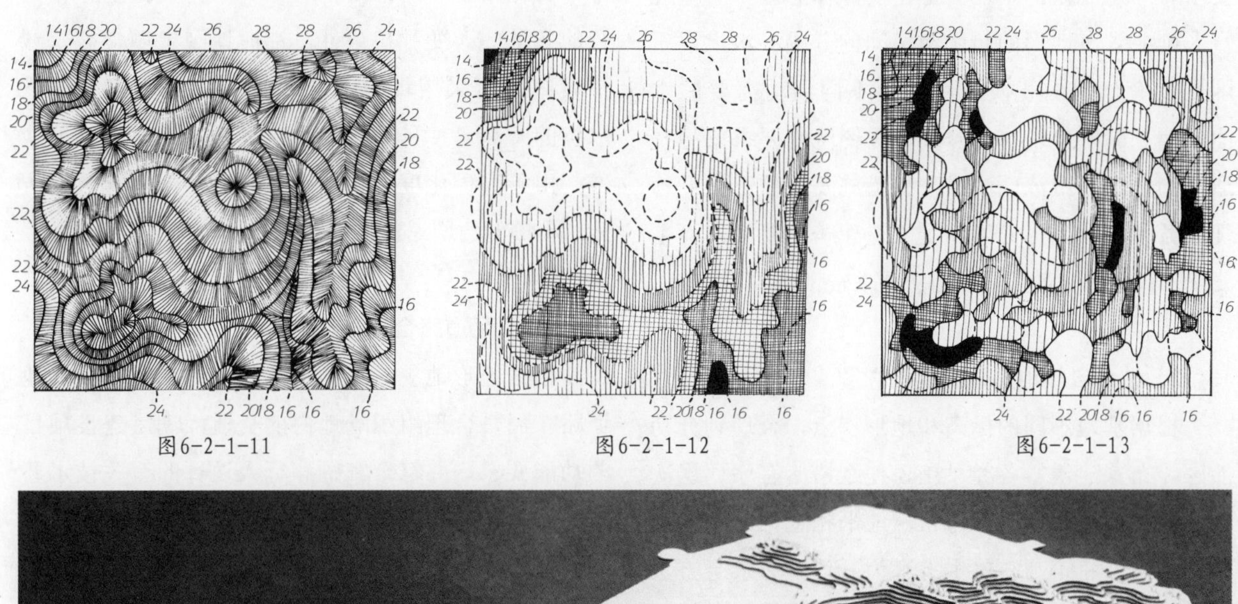

图6-2-1-11　　图6-2-1-12　　图6-2-1-13

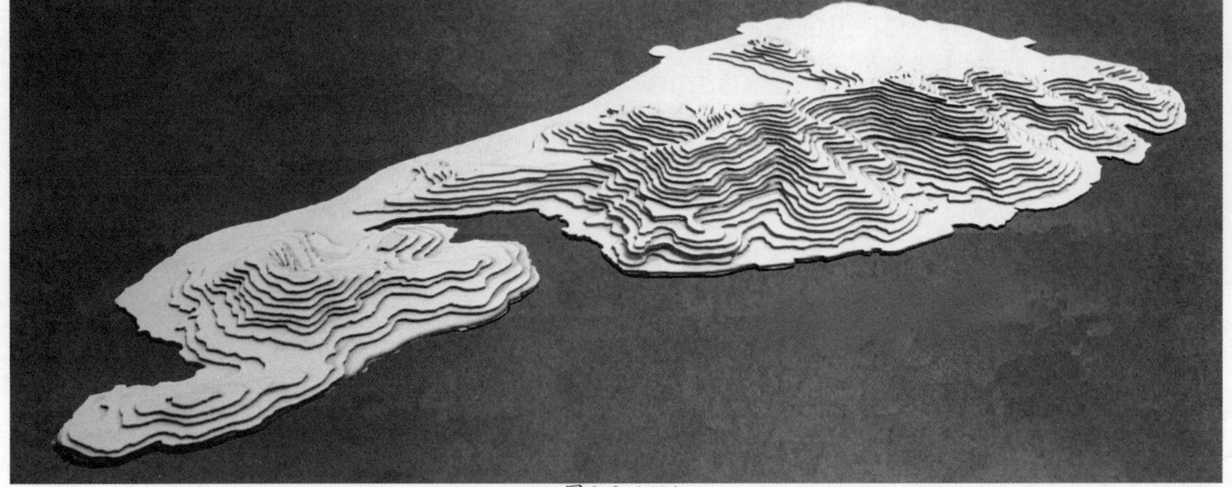
图6-2-1-14

6.2.2 地形设计的法则

地形塑造是一种高度的艺术创作，它虽师法自然，却要比自然风景更精炼、更概括、更典型、更集中。只有掌握了自然山水美的客观规律，才能循自然之理，得自然之趣。

景观地形要满足功能与造景两方面的要求。不同的地形、地貌反映出不同的景观特征，影响景观的布局与风格。但是地形的处理尽量做到土方的就地平衡。

地形设计应从基地原始现状出发，结合绿地功能、工程投资和景观要求等条件综合考虑设计方案。

1）满足功能要求

不同功能的景观区域对于地形的要求也不同，一般来讲，文化娱乐、体育活动、儿童游戏等区域，要求有一定规模的平坦场地；安静休息区、游览观赏区则要求有地形的起伏及空间的分隔；水上娱乐区则要有一定面积及可以满足不同活动需要的水面，如划船区要求水面开阔，垂钓区则要求安静及适当的分隔，游泳区注重防护措施及水体卫生；管理服务区要求地形必须满足兴造建筑的要求。而主要出入口应有集散广场，地势要求较平坦。

2）结合自然地形、减少土方量

根据基地不同的标高和地形特点，合理划分功能区，布置建筑等各类设施，使之错落有序、层次分明，场地标高的设计与自然地形相适应，少动土方，将人工建筑与自然生态融为一体。力求土方工程总量最小，避免深挖高填，减少挡土墙、护坡和建筑基础的工程量，使填、挖方量接近平衡；并因地制宜的适当考虑分期、分区填挖平衡，以利土方的运输，岩石地段，应尽量避免或减少挖方。

3）满足造景要求

造景要依据景观用地的具体条件及艺术要求，通过地形改造构成不同的空间。开阔的地段形成开敞的空间效果；幽静富于层次的山地则可形成峰回路转，山重水复的山林空间；由低平的地段过渡到高耸的山巅可形成一个流动的空间，同时还可于高处形成公园的主景。值得注意的一个问题是无论哪种地形，都应该遵循自然山水地形、地貌的形成规律，但并不等于机械地模仿照搬，而是人工地加以提炼、概括，使在有限的用地内获得最大限度的景观效果，做到“虽由人作，宛自天开”的境界。

4）满足植物种植的要求

首先从设计构思一开始就应对原地形上已有的较好的植被予以保留，原则上不改变原有地形。根据植物的生长习性，比如为阳性、阴性、水生、沼生、耐湿、耐旱等不同的植物种类，创造出各自的种植环境，这样可极大地丰富园内的植物景观，保证植物在其所要求的生态环境中生长。

对于土质较差的土壤应采取普遍换土（如栽植草坪、花木）和局部换土（大乔木树穴换土）相结合的方法，改变种植条件。沿海地区土壤含盐、碱量较高，可采用铺设渗透水管等方法，控制地下水位的升高，使种植土经过一段时间的冲洗排掉盐碱。由于高矿化度的地下水被阻止，因而有效地防止了土壤的急剧返盐，可明显降低盐碱的含量。

5）满足道路合理布局的技术要求

根据地形地貌、总体布局和车流密度确定场地道路布局，合理组织场地内的交通，满足建设项目的功能要求，并符合车辆和行人通行的有关技术要求，如纵坡和坡长限制、竖曲线、平曲线及路口的最小车行转弯半径等。

6）满足工程技术上的要求

地形的设计要注意园内排水，满足护坡、护岸的要求，为景观的营建准备较好的基础条件。

6.2.3 地形设计程序

地形是景观的基础与骨架，因此地形图常被称为“基础平面”或基址原始地形图。这种原地形图可通过现场勘测、地图测绘或航测等方式绘制而成（见图6-2-3-1）。基址的原始地形图是景观设计师进行规划设计的基础，所有的设计方案都是基于原始地形图完成的。

地形改造是景观设计的组成部分。主要包括以下几项内容：①基地范围内的等高线设计图（或用标高点进行设计），图纸比例采用1：200～1：500，设计等高线高差通常为0.25～1米，图纸上要求注明各项工程平面位置的详细标高，如建筑物、绿地的角点、园路、广场转折点等的标高，并要表示该地区的排水方向。②土方工程施工图要注明进行土方施工各点的原地形标高与设计标高，作出填方挖方与土方调配表。③园路、广场、堆山、挖湖等土方施工项目的施工断面图。④土方量估算表可用体积公式估算，或用方格网法估算。⑤工程预算表。⑥说明书。

以下针对方案阶段的地形设计程序做进一步的说明。

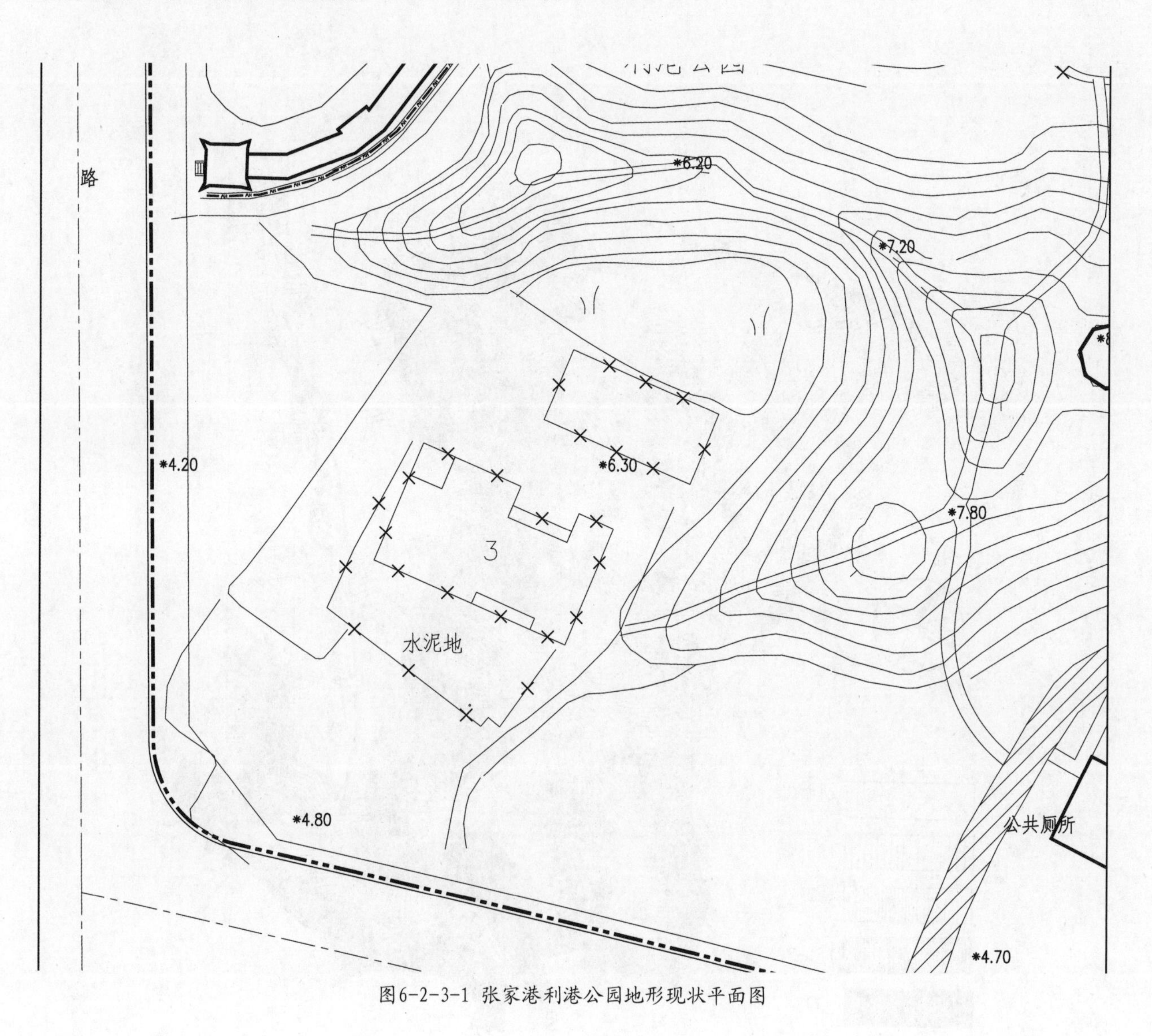

图6-2-3-1 张家港利港公园地形现状平面图

1）资料收集与分析

首先要全面了解和分析各种现状资料，核查第一手设计资料的真实性。经过现场勘察，了解熟悉地形地貌，进行环境分析，研究其对利用和改造的各种可能性。资料准备包括以下几个部分：①收集基地及周边的地形图，并核实现有地物，注意哪些需要保留与利用的地形、水体、建筑、文物古迹、植物等，绘制基址原地形平面图（见图6-2-3-1）；②收集城市市政道路、排水、地上地下管线及与附近主要建筑的关系等资料，以便合理解决地形设计与其它市政设施可能发生的矛盾；③收集基地及其附近的水文、地质、土壤、气象等现状及历史资料；④了解当地施工力量，包括人力、物力和机械化程度；⑤现状踏勘。根据设计任务书提出的对地形的要求，在掌握上述资料基础上，设计人员要现场踏勘，对资料中遗漏之处加以补充；⑥基地现状地形陡缓程度分析与自然排水分析，对确定建筑物、道路、停车场以及不同的活动内容有着重要的作用（见图6-2-3-2、图6-2-3-3、图6-2-3-4）。

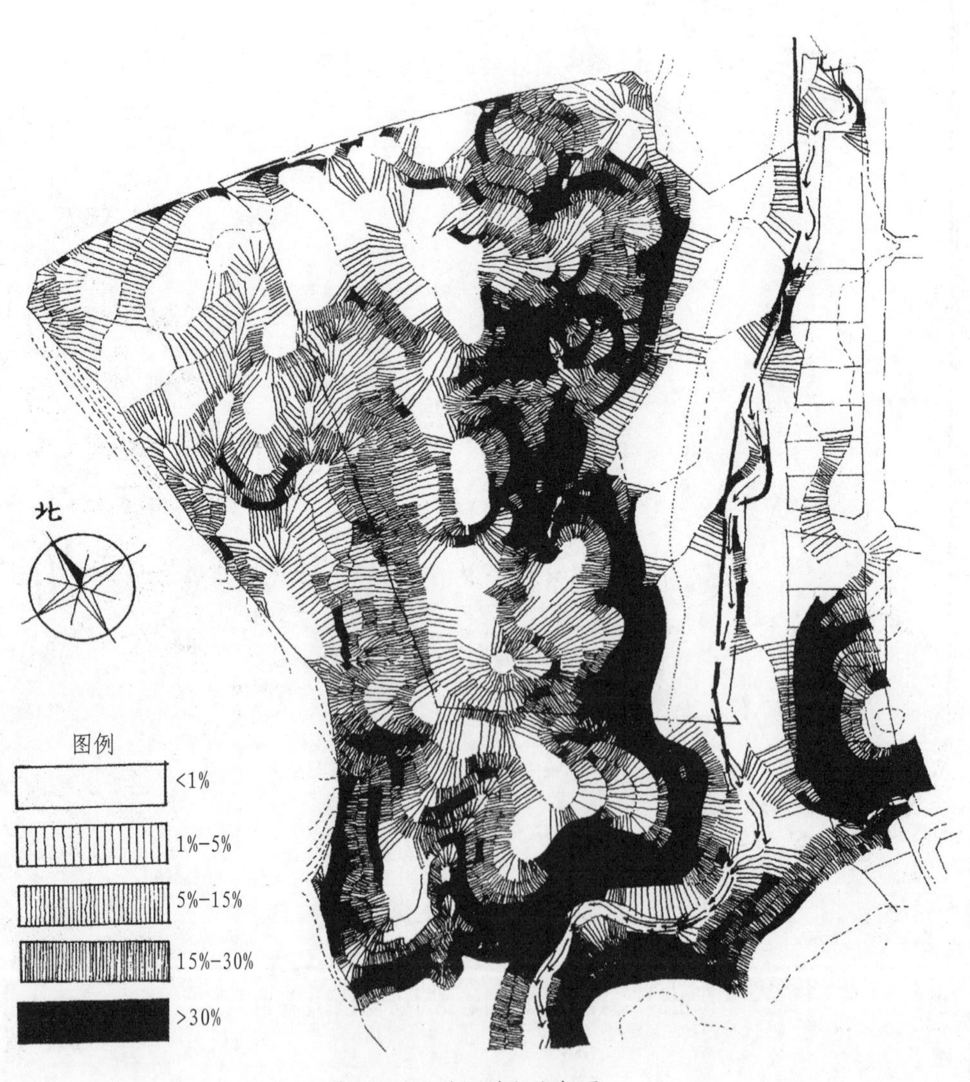

图6-2-3-2 地形坡级分析图

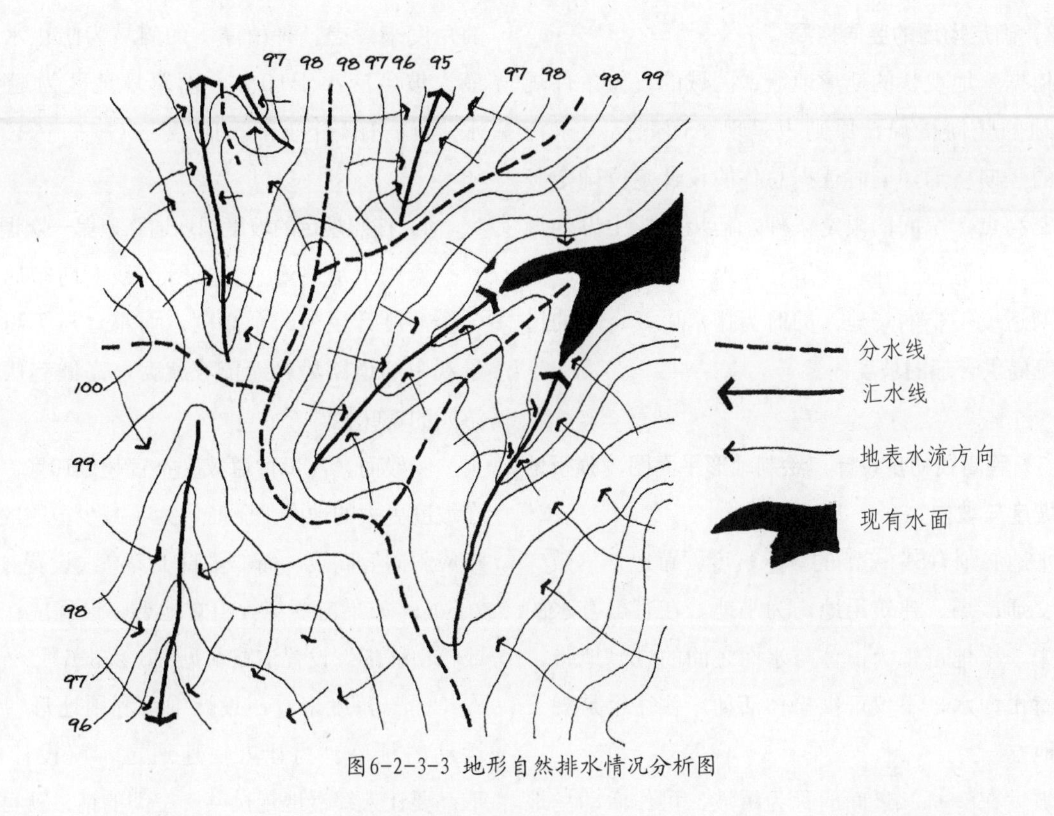

图6-2-3-3 地形自然排水情况分析图

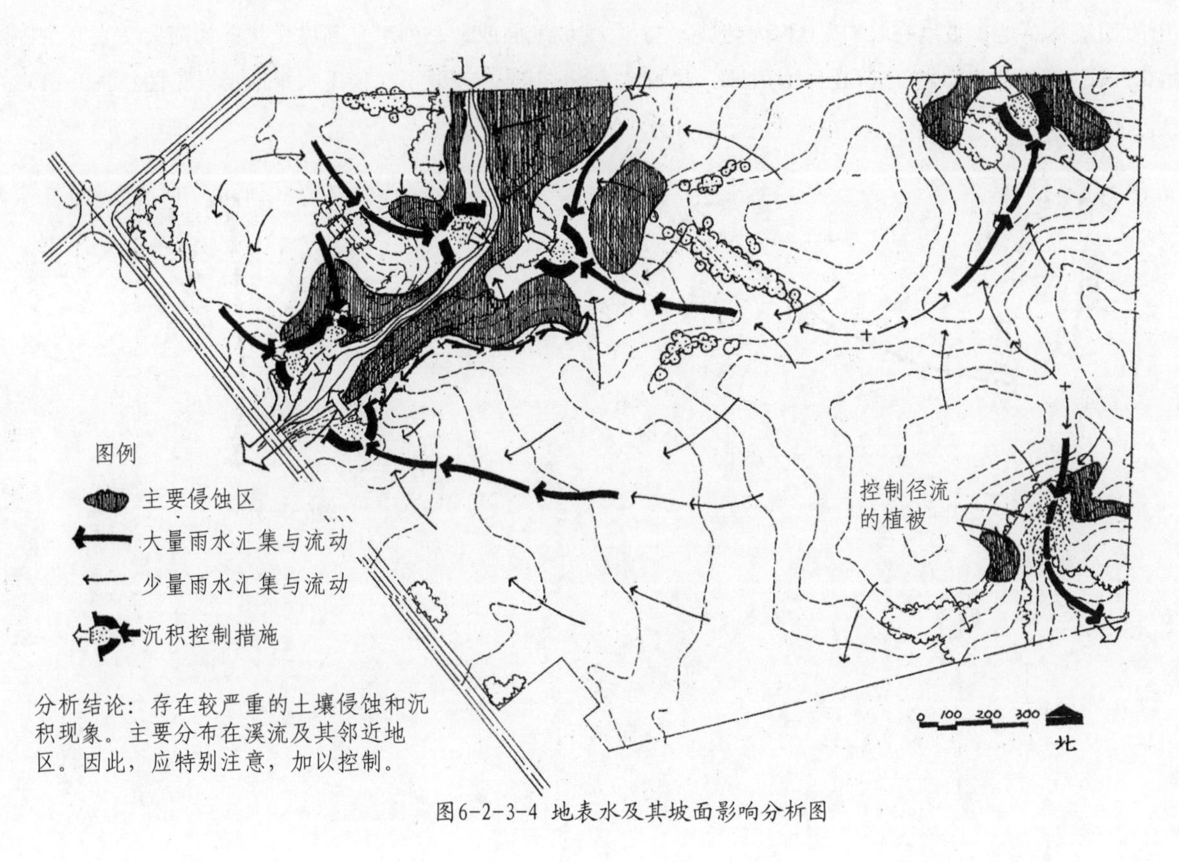

分析结论：存在较严重的土壤侵蚀和沉积现象。主要分布在溪流及其邻近地区。因此，应特别注意，加以控制。

图6-2-3-4 地表水及其坡面影响分析图

2）确定场地的竖向格局

依据基地现状的地形地貌、区域的气候条件规划场地的竖向格局，原则上呈现“西北高、东南低”的竖向格局，同时依据总体的设计定位确定竖向的制高点、空间的限定条件，初步形成土方的调整方案，创造适合建筑、道路场地、草坪空间、或功能的适度平整的场地，同时为排水以及合理的道路系统提供合理的坡度。

3）等高线初步设计，绘制地形平面图，分析地形的坡度与坡向

平地必须有5%～5‰的排水坡度。草地、集散广场、交通广场、建筑用地均为平地。在有山有水的公园中，平地可视为山体与水面之间的过渡地带，可谓背山面水，不仅可供集体活动，往往也是观景的好地方。

坡度在8～12%之间的称为缓坡，可作活动场地之用比如疏林草地；坡度在12%以上称为陡坡，与平地配合时，可作为观众的看台或种植用地。从排水的角度来考虑，种植灌木的斜坡为防止水土流失，最大坡度应小于10%，而草坪地区为避免出现积水，就需有不小于1%的坡度。

4）按照规定的坡度规划道路，第一次调整等高线

原则上道路沿着地形等高线方向布局，逐渐从一个高度升至另一个高度，而不宜与等高线垂直。景观中的道路尽可能依坡就势，高低起伏，以增加游园的趣味性。

一般而言，步行道坡度不宜超过10%。如果需要在坡度更大的地面上下时，为了减少道路的陡峭，道路应斜向等高线，而非垂直于等高线设置（见图6-2-3-5）。如果需要穿行山脊地形，最好应在“山洼”或“山鞍部”设置道路（见图6-2-3-6）。

另一角度来看，设计中可利用地形塑造来改变运动的频率。为让人快速通过，就设计成水平地形；要让人缓慢地走过某一空间的话，就可以做成斜坡地面或一系列水平高度变化；当需要让人完全停留下来时，就要再次使用水平地形（见图1-1-2-14）。

20
18
18
14
12
可行
20
18
16
14
12

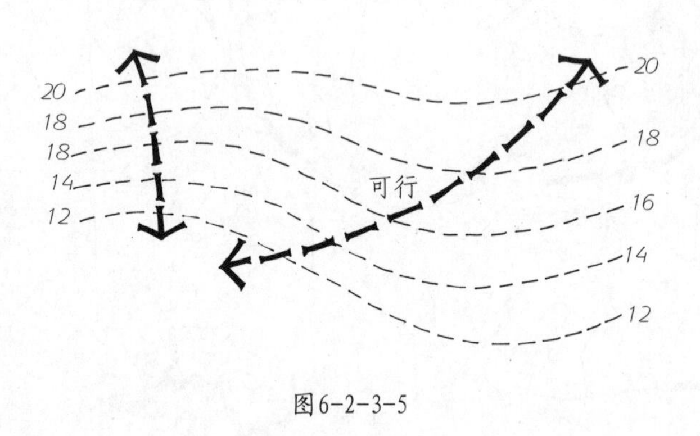

图6-2-3-5

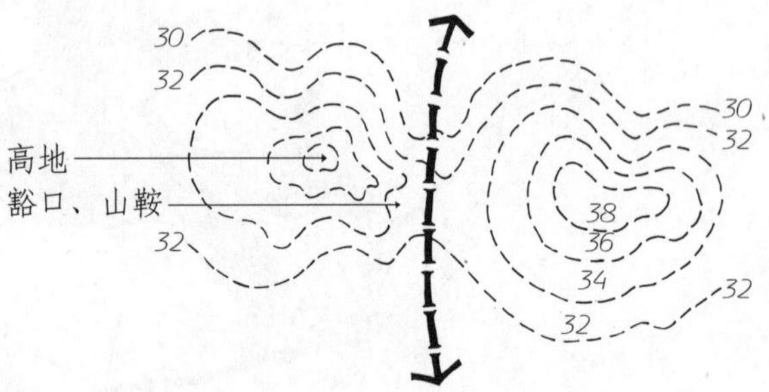

30
32
高地
豁口、山鞍
32
30
32
38
36
34
32
32

图6-2-3-6

5）确定地形的等高线平面图

按照不同的坡度与坡向进行功能布局，布置建筑、小品、植物等各类景观要素，绘制断面图，第二次调整等高线，确定地形的等高线平面图（见图6-2-3-7）。

各种功能用地的坡度适宜性如下。

（1）0～1%的坡度。0～1%坡度过于平坦，排水性较差。1%的坡度最好让其成为一片开阔地或是一片保护区，在这些区域偶尔出现的积水，决不会带来任何副作用。因此，它除了适宜作为受保护的潮湿地外，几乎不适宜作室外的功能性空间。

（2）1～5%的坡度。1～5%的坡度对于许多外部空间来说较理想。它可为土地的开发提供最大的机动性，并最适应大面积工程用地的需要，如楼房、停车场、网球场或运动场等。而且不会出现平整土地的问题。不过，这种条件的坡度有一个潜在的缺点，那就是这种坡度的区域过大，就会在视觉上变得单调乏味。此外，这类斜坡若较平缓，不透水地面上的排水就很难解决。1%的坡度是假定的最小坡度，主要是草坪区域；2%的坡度是适合草坪运动场的最大坡度，这种斜坡也同样适合平台和庭院铺地；3%的坡度使地面倾斜度显而易见；若低于3%的比例，地面则呈相对的水平状。

（3）5～10%的坡度。5～10%的坡度的斜坡可适合多种形式的土地利用，不过考虑到斜坡的走向，应合理安排各种工程要素，在这种坡度上若配置较密集的墙体和阶梯的话，完全可能创造出动人的的平面变化，这种坡度的排水性总的来说是不错的，但若不加以控制，排水则很可能会引起水土流失；作为人行道来说，10%的坡度是最大极限坡度；

（4）10～15%的坡度。对于许多土地利用来说，　10～15%起伏型斜坡似乎过于陡斜，为了防止水土流失，就必须尽量少动土方，所有主要的工程设施须与等高线相平行，以便能最大程度地减少土方挖填量，并使它们与地形在视觉上保持和谐，在该种斜坡的高处，通常视野开阔，能观察到四周美景。

（5）大于15%的陡坡。大于15%的陡坡因其陡峭度大多数不适于土地利用，况且环境和经费开支也不容许在其上进行大规模的开发，不过此类地形若使用得当，它便能创造出独特的建筑风格和动人的景观。

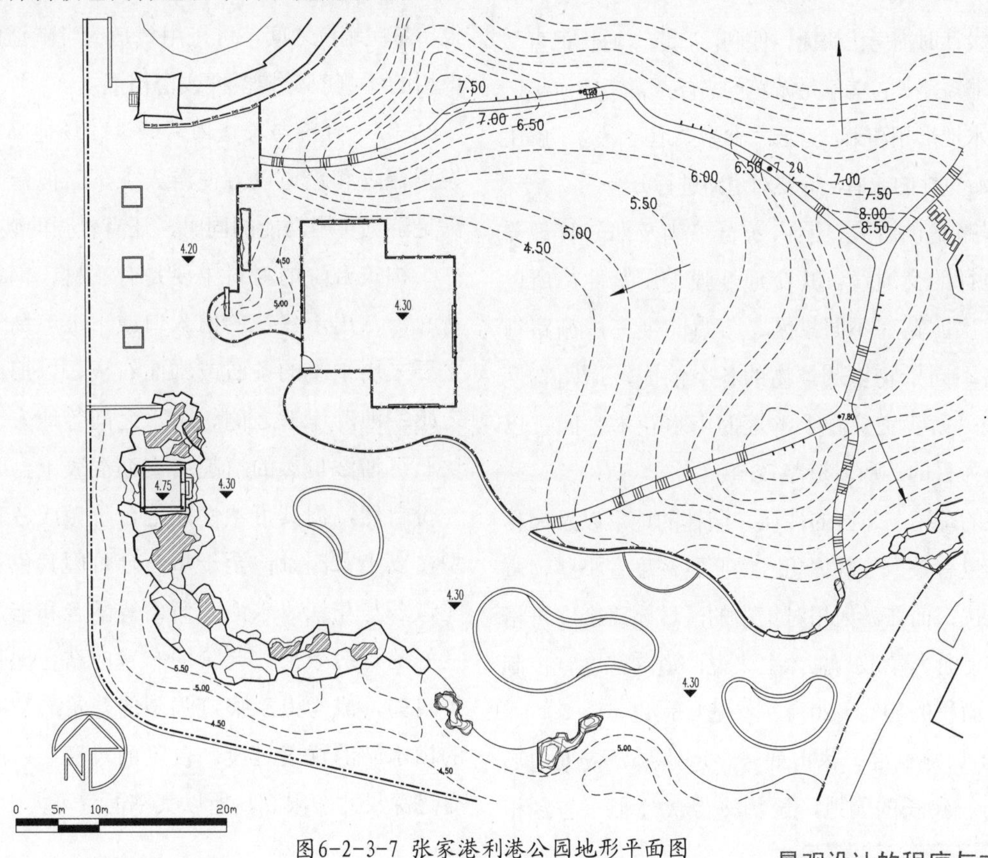

图6-2-3-7 张家港利港公园地形平面图

6.3 道路与场地设计

6.3.1 道路设计

道路是联系景区、景点的纽带，构成园林的骨架，它具有组织交通、引导人流、疏导空间、构成景致、连接场地高差、协调管线和排水组织的作用，是成景和导景的重要条件。

道路的设计是根据人的行为心理、游览路线、空间视线组织、地形地物条件、景观意境表达等因素决定。就造景而言，园路之妙在于“路从景出，景从路生”。园路线形宜曲折迂回，含蓄有致，高低起伏，顺其自然。路面应力求选材朴素，宽窄相宜，曲直有度，坡度舒适，安全耐久。

道路设计的质量绝非仅仅在于道路本身，当然很重要一点就是它能指出前进的方向，引导参观者到有可观之物的地方，同时也要让参观者舒适放松，能够欣赏沿途的其他美景。

1）道路布局

（1）主次分明，疏密得当。为满足交通的需要，道路设计时需考虑快捷、便利，宜选“通长抵直”的路线、缩短路长；为满足游览的需要，需考虑游趣、与自然山水地形相和谐，宜选“曲型”道路；为了解决交通性与游览性的矛盾，需要对道路进行分级。

主园路是供游人、园内游览车辆及部分管理养护车辆通行的交通线，其交通性强于游览性，所以要宽阔；次园路在不同景区、景点间展开，循路行进可领略不同景物以及景物的各个侧面，道路宽度略窄一些；游步道穿行于幽邃的山水花木之间，以体验宁静为目的，所以道路较窄。

园路的疏密与景区的性质、园林的地形以及园林的游人容量有关。安静休憩区的园路密度宜小些，避免相互干扰；而在游人相对集中的区域园路密度可稍大，以方便游人集散。总体上来说，道路密度宜控制在全园总面积的10%～20%（参见4.3.4）。

（2）因地制宜，依山就势。道路最好依据地形进行布局。狭长的园地，景物按带状分布，与之相连的园路也应成“带状”；以山水见长的区域，景物环山绕湖而分布，道路也需按照观景的要求而设计为环套状。

道路还可以从游览观景的角度布局。所以道路可以布置成环状，但不宜布置成龟纹状或方格网状。

山路布置应根据山形、山势、高度、体量以及地形的变化、建筑的安排、花木的配置情况综合考虑，注意起伏变化，满足游人登山的欲望。

较大山体上的道路布置要分主次；主路作盘旋布置，坡度应较为平缓；次路结合地形，取其便捷；游步道则翻岭跨谷，穿行于岩下林间。较小山体上的道路应蜿蜒曲折，以使感觉中的景象空间得以扩大。

山林间的游路不宜太宽，主路不得大于3米，游步小径宜小于1.2米。道路坡度小于6%；若坡度在6%～10%之间，沿等高线作盘山路以减小道路的坡度；若纵坡超过10%，需做成台阶，以防游人下山时难以收步；若纵坡在10%左右，可局部设置台阶，更陡的山路则需采用磴道，山路的台阶磴道通常在15～20级之间需设置一段平缓的道路，必要时设置眺望平台或休憩小亭、座椅。

若山路需跨深涧峡谷，可布置飞梁、索桥；若山路设于悬崖峭壁之间，可采用栈道或半隧道的形式；沿山崖的路侧应安装栏杆或密植灌木。

（3）台阶与蹬道因需而设。场地高差较大，需设置台阶和蹬道以方便游人上下。但台阶和蹬道在满足游览实用功能的同时，还有较强的装饰作用。

构筑台阶的材料主要是有石材、钢筋混凝土及塑石等。用于建筑的出入口或下沉广场周边的台阶主要采用平整的条石或饰面石板，以形成庄重典雅之感；池畔岸壁之侧、山水之间等地方，使用天然块石可增添自然的情趣；钢筋混凝土台阶虽然少了一份自然，但其可塑性能把台阶做成各种需要的造型，以丰富园景；至于塑石台阶因其色彩可随意调配，若与花坛、水池、假山等配合和谐，则能产生良好的点缀效果。台阶的布置应结合地形，使之曲折自如，成为人工痕迹强烈的建筑与富有自然情趣的山水间的优美过渡。台阶的尺度要适度，因为没有进深尺寸的限制，所以其踏面宽可大于建筑内部的楼梯，而每级高度也应较室内小，以便上下更为轻松省力。一般踏面宽度可设计为30～38厘米，高在10～15厘米之间。

山间小路翻越于较为陡峻的山岭时常常使用蹬道。所谓蹬道其实就是用自然形的块石垒砌的台阶，这种块石除踏面需要稍加处理使之平整外，其余保留其原有的形状，以求获得质朴、粗犷的自然情趣。

2）道路节点设计

（1）沿途引导物设置。成功的道路系统设计总会在道路沿途设置许多有趣的节点，增强游人在通往目的地的趣味性。沿途中的支路越少，留给游人游览的景点就越宜人。分支少的路线能积极控制游人到达目的地的约束。在此，中途设置的节点起到了非常关键的作用：它让人不时感到“目标很快达到”、“已经达到分段的目的地”、“离目的地越来越近了”，这让游人乐意沿着这一路径走下去。

与此相反的是，“消极控制”让游人觉得他们在通往自己目的地的途中受到了阻碍，游人不得不去克服这些阻碍。这些阻碍使得游人试图离开设计途径，直接奔向自己的目的地。如果不能，游人会感到不舒服甚至恼怒。

直接引向目标道路的主要特点就应该让选定目标可见，而且直接可达；这时组织道路的自然之道，也是最贴近人本能选择的方式（见图6-3-1-1）。

间接引向目标道路微微偏离通往目标的直线。明智的作法是不要让目的地一目了然，以降低游人抄近道的欲望。中途设置一些有吸引力的节点，如座椅、景点、特色植物等等，可以避免人们直接奔向目的地——“积极控制”（见图6-3-1-2）。而“消极控制”就是目标可见，而抄近道的欲望受阻（见图6-3-1-3）。

无明确目的地的运动也需要积极地控制。所有的户外活动者，即使本意只在运动本身，比如慢跑，都会被沿途的路标和特色景观所吸引；这种吸引会有意或无意地引导游人选择继续原来的方向或偏向原来的方向。沿途的节点设置对于无目的的运动非常重要，它们能够有效地强化运动过程的体验，并提供了各种特色，如可停顿的地方、运动场、视觉联系等等，提高了沿途景观质量。在很大程度上，好的道路系统的质量就在于沿途迷人的景观节点的数量（见图6-3-1-4）。

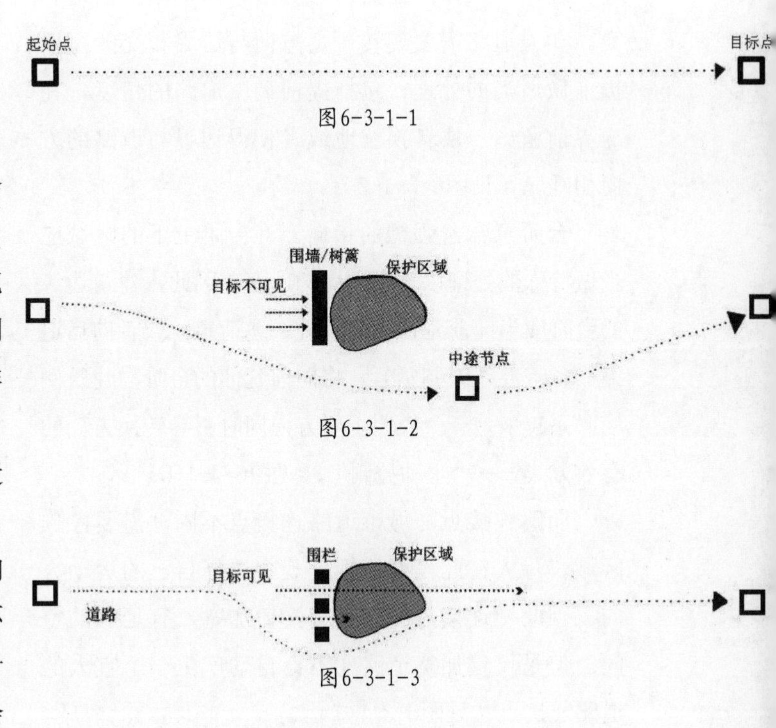

图6-3-1-1

图6-3-1-2

图6-3-1-3

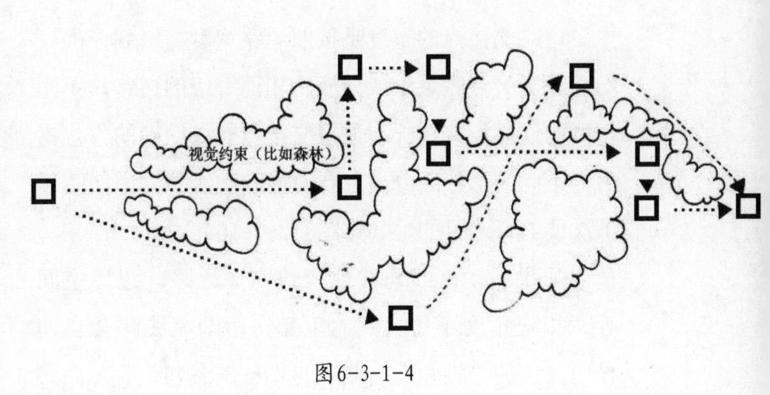

图6-3-1-4

（2）特殊小空间设置。道路节点是道路沿线一些小尺度的特殊空间；道路节点包括穿越特定空间边界的道路和入口，联系不同高差的台阶和坡道，道路交汇点，以及沿途的停顿休息点。它们非常适于用在改变道路路线的位置。

过道和入口。道路与边界应该以适当的角度相交。如果道路需要旋转一定方向与边界相交，可以提前做适当的处理。包括提前调整道路的角度，在边界前留出一块转换空地或者使得边界与道路的方向相呼应（见图6-3-1-5）。

台阶意味着强烈的指向。在台阶上下的区域应当做特殊的处理以表明方向的改变。因此，建筑边缘的台阶应当向前延伸（公共性、邀请感）或者向后退缩（私密性、限制感）。将向前延伸的台阶与建筑侧墙联系起来是一个表明主要方向同时引导转换方向的有效方式——“主动控制”（见图6-3-1-6）。

园路连接点与城市道路连接点不同，需要停顿区域。行人在此稍作停顿，观察选择自己的运动方向。因此，连接点需要在交叉口加宽，有足够的空间。但是仅仅加宽道路并不会自动产生一个宜人的道路连接点（见图6-3-1-7）。

所以，设计目的是要形成一个可供停顿的区域，而且要避开主要的活动流线（见图6-3-1-8）。比如偏置就是一个可行的办法；它避免了“无止境的”视线，产生了可停顿的区域——中间节点（见图6-3-1-9）。

道路交接点的宽度是按照道路宽度等级划分的。均衡的交叉点联系上或分流出相同等级的道路，不同宽度的通道连接在一起使得交接点有更明确的方位指引，不同的形状区分出主要方向和次级的通道，暗示了次要的可达目的地（见图6-3-1-10）。

如果运动流线与线性构筑物（道路，边界空间等）相交角度不是自然的正交，运动流线就会自动导向开放的“钝角”一侧（见图6-3-1-11）。

停顿区域是沿途的放大节点。从而将漫长的路径分成若干段，提供了沿途的休息区，而并不会让人感到脱离了道路的走向，脱离那些新奇往来的事物。停顿区域不是简单地贴在路边，而应该是从道路的某些位置可以看见。如果某些区域需要独立出来（比如围合的儿童游戏场），也不应该是路边随意的一块场地，而应该明确地后退限定出来，并有自己独立的通道（见图6-3-1-12）。

在开放空间中，长凳就好比“砌房的砖”，作为运动的补充，提供了明确的休息停顿的邀请。室外座椅的设置必须与周围环境结合。有三个重要标准：安静的环境（座椅区），可观之物（比如有清晰视点可以看见繁华的城市广场，引人瞩目的景观，邻近的道路等等），安全的背景依靠（靠近围墙、树篱、高灌木、树干与露台）（见图6-3-1-13）。

沿途设置的室外座椅不应“在路上”，但是在足够宽的道路中间，室外座椅能形成自己安静区域。否则也最好在路边凹入一点，形成一个座椅“避风港”。而且最好在座椅前留出不大于30～60厘米的空地，同时也建议在座椅背后种植保护性的背景树。停顿区域的座椅以适当角度设置可以创造出更宜于交流的空间（见图6-3-1-14）。

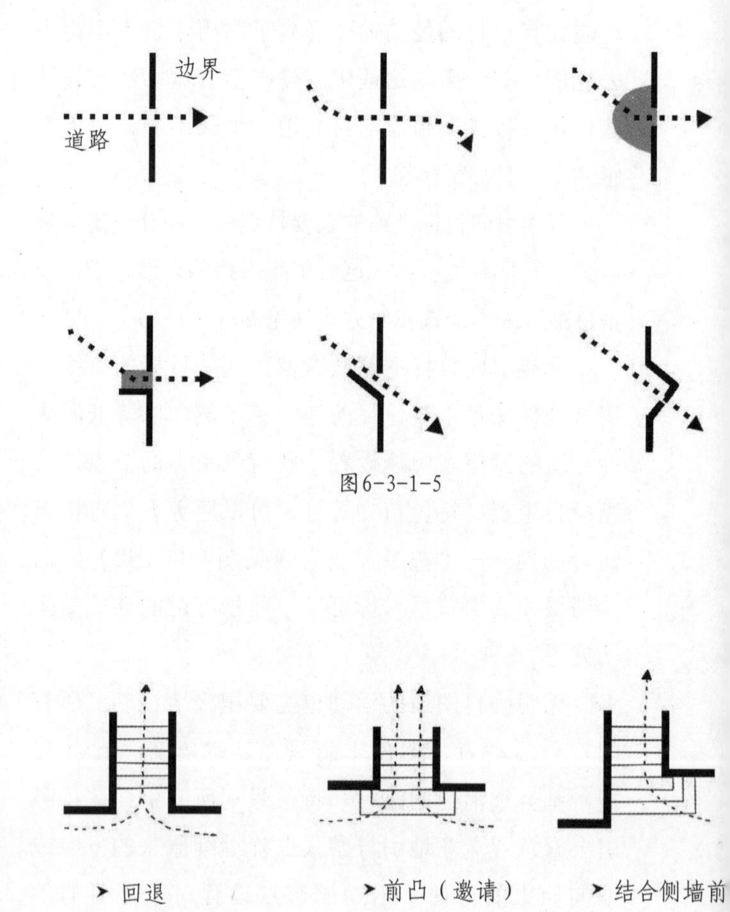

图6-3-1-5

图6-3-1-6

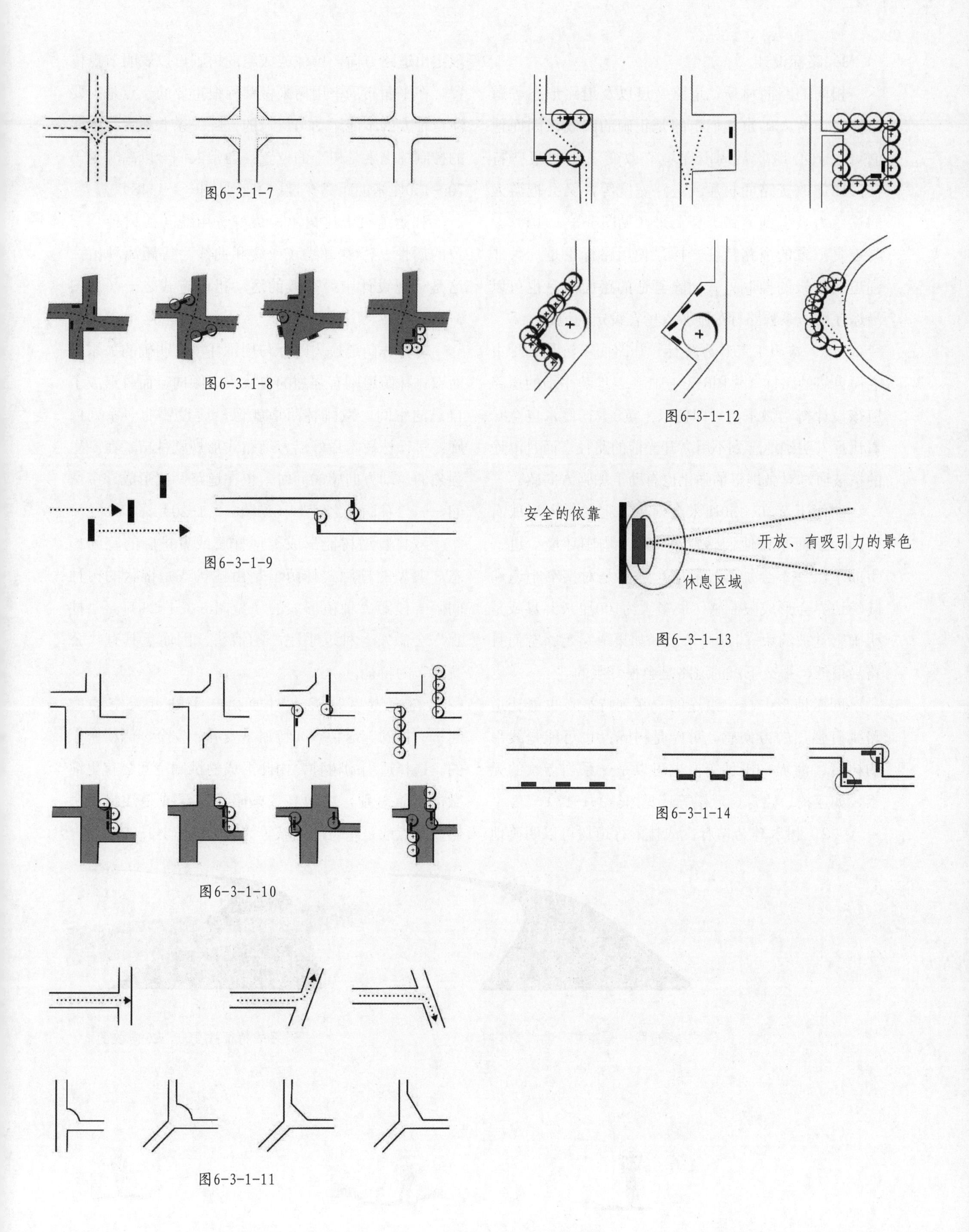

图6-3-1-7

图6-3-1-8

图6-3-1-9

图6-3-1-10

图6-3-1-11

图6-3-1-12

图6-3-1-13

图6-3-1-14

3）路标设计

相同的路面材质、道路宽度以及道路形态等道路特征让游人确定他们走的是正确的路线，因而他们可以放心地欣赏周围环境。改变道路的某些特征，比如改变路面材质或道路宽度等，又会把游人的注意力吸引到道路本身上来（见图6-3-1-15）。与连贯一致的道路特征一样，使用路标也是一种非强迫的积极的控制方式。除舒适的路面外，也可以沿途使用一系列路标鼓励游人留在设定的道路上。

（1）路面下沉作为路标。让路面下沉是一种古老而自然的路标（见图6-3-1-16）。地势平坦的道路应该设计得略微下沉。即使只下沉5～15厘米也意味着让行人明确地感到不用离开当前的路径，而且沿途的植被通过对微地形的强化也有助于加强方向感。

路面下沉30～50厘米会对道路上的行人形成有力的控制而不让他们感到“脱离”周围环境。进一步的下沉并不会加强控制感，尤其是对狭窄小道和陡峭边界会形成限制感（最多大约100厘米）甚或是明确感觉被约束（150厘米）。如果道路足够宽而且路沿很低，那么下沉的道路是会很舒服的。

同微地形一样，沿途的一系列特征点也能让道路具有强烈的方向感。可能是树阵；也可能是线形的树篱、河堤、围墙等；也可以是一系列点状的元素，如座椅、路灯、雕塑等（见图6-3-1-17）。

（2）树木作为路标。成排的行道树可以明确地限定出道路方向，单体或成组的树则可以表明节点位置。在平面布局中用树来做路标很重要的一点是：要注意行人的本能运动与树冠的位置关系并不大，主要的控制性因素是树干的位置；通常人们会以离开树干70～150厘米的距离穿过树木（见图6-3-1-18）。

林荫道有多排树木，最好选用统一的树种、一致的属性，沿着直线（或缓和曲线）等距离种植。这是景观设计中最有效的运动指向方式之一（见图6-3-1-19）。

单排林荫道作为路标与周围环境有明确的关系，而双排林荫道则有强烈的自我限定倾向，而且形成了自己的空间。双排林荫道就像沿途设置的一系列门廊；每一株树木最好沿着道路线形规则种植。在产生强烈的运动方向感的同时，也在道路两侧形成许多空间——“林荫道之窗”（见图6-3-1-20）。

双排行道树能形成类似柱廊或者拱廊的空间形态。典型的柱廊式林荫道是由柱状或是锥状的树种间隔一段距离种植形成的（见图6-3-1-21）。“柱廊”会激发一种近乎庄严的情绪，因而更具有“公共性”的特征。

树冠宽度足够大时便会产生贴近天空的空间——拱廊。这种空间特质是安静、安全、“秘密”的。选择适当的树种，由此形成的拱廊空间会有更细微的气氛差别，或敞亮或幽暗，深绿或是浅绿的阴影，光点或是暗斑的区域等等（见图6-3-1-22）。

图6-3-1-15

图6-3-1-16

河堤　　草丛、灌木　　座椅、围墙　　路灯

图6-3-1-17

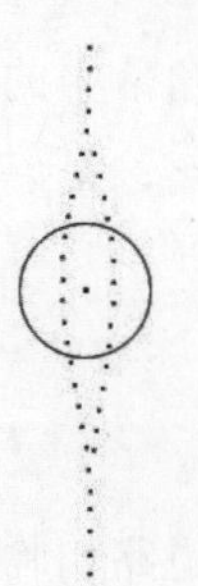

经过树木的典型路线

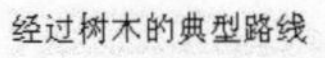

正确：道路离开树干70-150cm

不正确：道路与树冠的关系——设计常见错误！靠近树干的位置很可能会沿着人们理想的路线被踩出一条小径。

图6-3-1-18

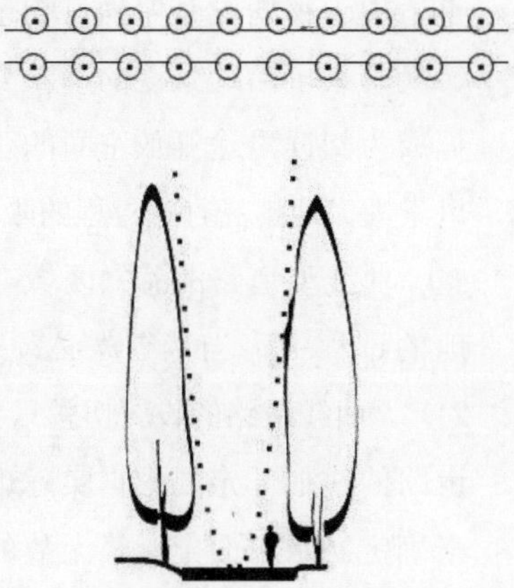

树木形成的廊柱

图6-3-1-21

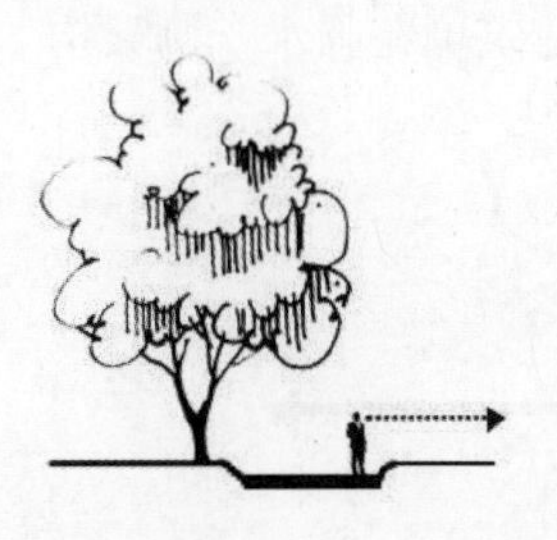

单排林荫道

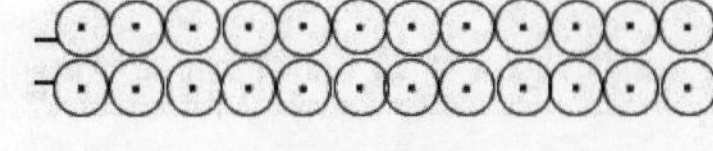

双排林荫道（“真正的”林荫道）

图6-3-1-19

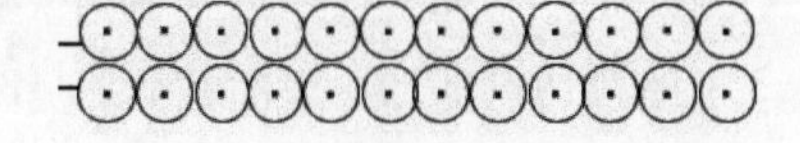

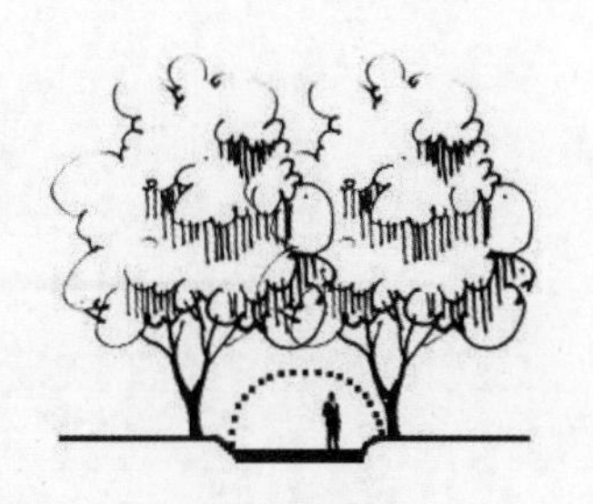

树木形成的拱廊

图6-3-1-22

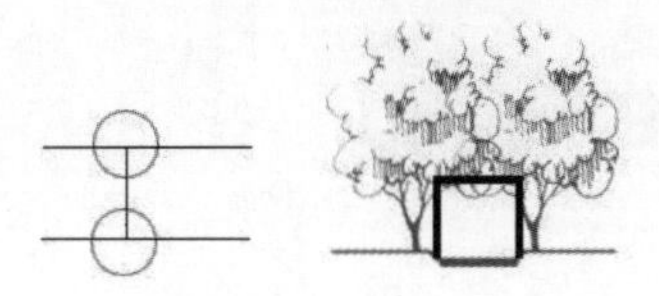

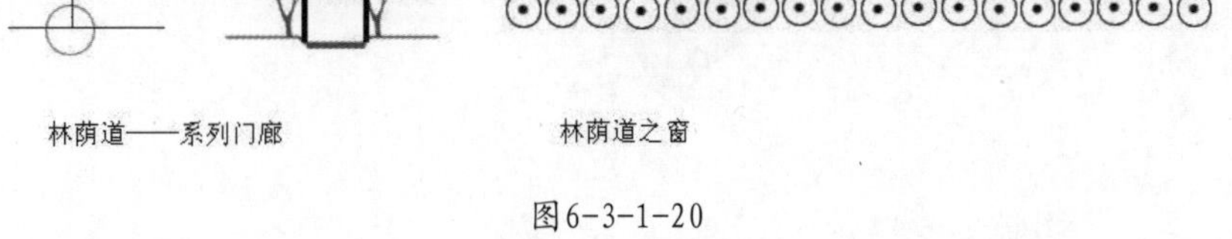

林荫道——系列门廊

林荫道之窗

图6-3-1-20

4）道路线形设计

目标明确的道路要求尽快到达目的地。因此，平坦地段的道路线形呈一条直线，如果遇到起伏地形也会尽量选择平稳的路线。对整个道路的感知区域主要受目的地的引导。直线型道路的“自动”感知区域中能清楚感知的视觉通道：上下大约各15度，视角范围30度～35度（见图6-3-1-23）。这并不适用于那些没有明确目的地的道路。道路线型的转换带来了沿途景观的不断变化。在道路行进的过程成为阅读沿途开放空间的过程。沿途丰富多彩的风景大大地提高行进过程的吸引力。

曲线型道路的感知区域在通向丰富多彩的目的地的过程中，当然首先必须有景可观（见图6-3-1-24）。曲线道路的设置切忌只关注道路木身的形式，道路的线形一定要根据实际地形和相关的景观要素来确定。水平面上无缘无故的“蛇型”道路会让人感到武断、恼人、令人厌烦。它们违背了人们本能的活动规律，必然会导致场地因人们抄近道而被破坏。没有景观控制的曲线型道路，结果被抄近道的人们破坏了（见图6-3-1-25）。曲线型道路结合开敞的景致，曲线随视觉联系和视线约束而定，寻求与道路周边可能和必要的融合（见图6-3-1-26）。

5）道路与场地的关系

高质量的道路在于它产生或保留的供人们体验的有用空间的可能性。道路一般沿场地边界设置，因为这样的线性运用和场地使用之间的相互影响会被减到最小，而大片的场地能保留为连贯的单元。同时，场地的边缘也因为从其侧边通过的道路而得到加强（见图6-3-1-27）。

斜线道路对小尺度的场地非常不适宜，因为斜线将场地划分成很难利用的小尺度空间，空间形态具有不适宜的强迫性。同时在尖锐局促的角落中的植物也很难养护。如果必须要采用斜线道路，最好与边界正交（见图6-3-1-28）。

6）道路与建筑的关系

大型建筑通过广场与道路相联系，与道路相临的建筑应将主立面对向道路，并适当后退，以形成由室外向室内过渡的广场（见图6-3-1-29）。

规模不大、功能简单的建筑，采用加宽局部路面，或分出支路的方法与建筑相连。

串接于游览路线中的景观建筑，可将道路与建筑的门、廊相接，也可使道路穿越建筑的支柱层。

依山建筑利用地形可分层设出入口，以形成竖向通过建筑的游览线。依水建筑可在临水一侧架构园桥或安排汀步。

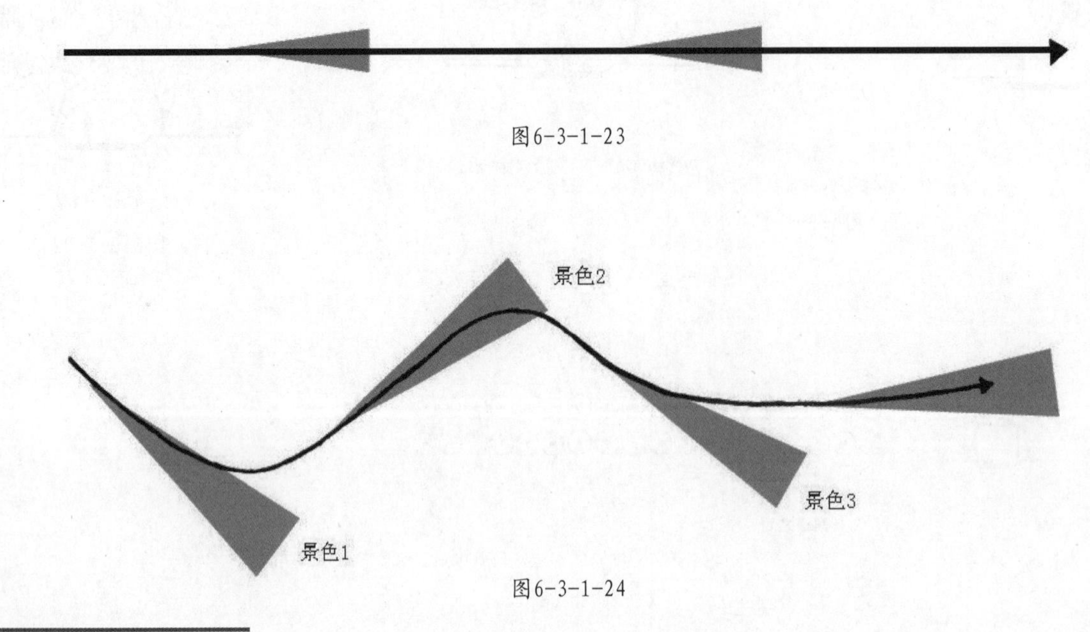

图6-3-1-23

图6-3-1-24

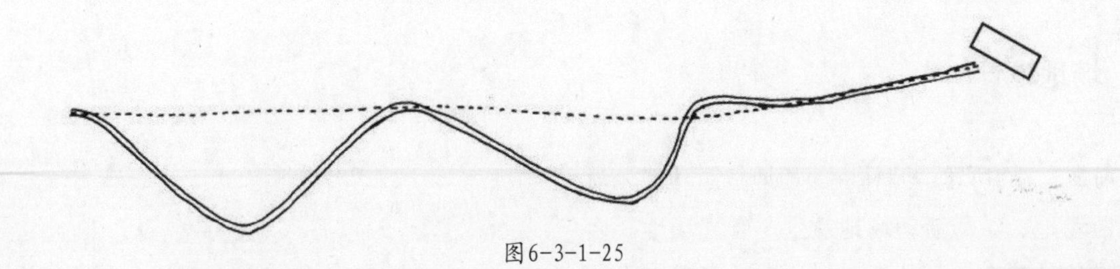

图6-3-1-25

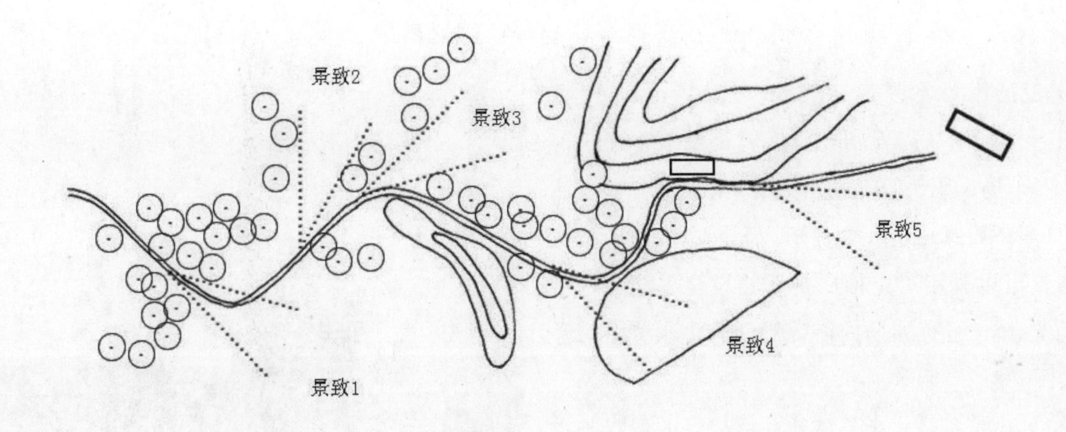

图6-3-1-26

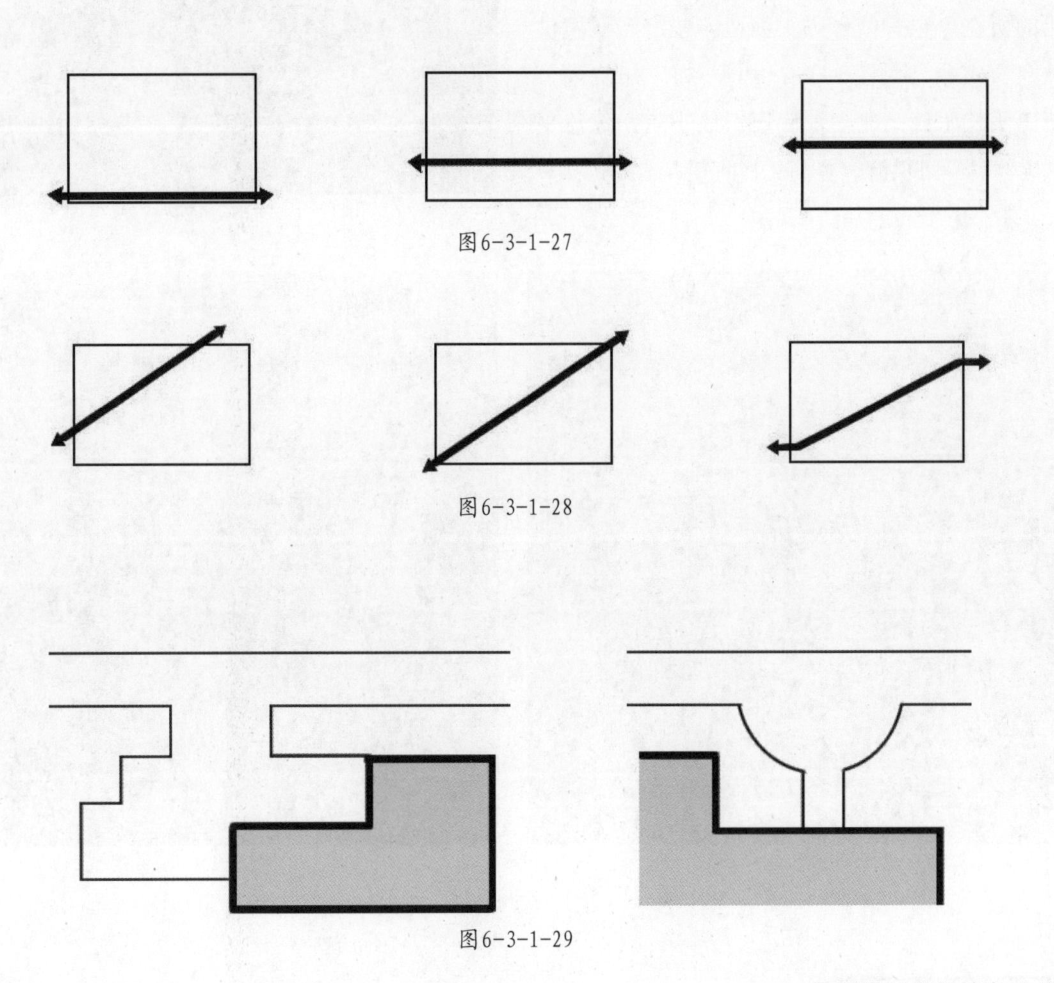

图6-3-1-27

图6-3-1-28

图6-3-1-29

6.3.2 场地设计

如前文1.7.2所述，园林中的场地按照功能分为交通集散场地、游憩活动场地及生产管理场地。由于各类场地性质不同，其布置方式和艺术要求也须有区别。

1）交通集散场地

出入口广场、露天剧场、展览馆及茶室建筑前广场、停车场、码头等都属于交通集散广场。

（1）公园绿地出入口广场。公园绿地出入口广场的布置可以采用“先抑后扬”的设计手法，也可以开门见山，还有外场内院、T字障景等常用的手法。如图6-3-2-1所示。

（2）建筑前庭广场。建筑前庭广场的形状与大小应该与建筑物的功能、规模、风格相一致。如图6-3-2-2所示。

（3）游船码头广场。游船码头主要是提供游客上下船的所在，也有结合码头创造一些空间环境供游客休息、赏景（见图6-3-2-3）。如广州晓港公园游艇码头在水廊上建亭，底层组成小院和休息平台，二层休息亭可供游客登高凭栏眺望。

图6-3-2-2 宜兴竹海入口管理建筑前庭广场

图6-3-2-1 上海浦东世纪公园入口广场

图6-3-2-3 游船码头广场

2）游憩活动场地

游憩活动场地可以用作休憩散步、康体健身、文化娱乐、体育活动、儿童游戏等。各类场地因为其活动内容的不同而应采用不同的处理手法，但都需要做到美观、适用而具有特色。

（1）康体健身场地。用于康体健身的场地应靠近出入口广场，但不能紧临城市主要交通干道；周边应有良好的绿化，以保证空气新鲜；场地的周围或大树下应设置一定数量的园椅，以便健身者休憩小坐；场地可以采用草坪或者硬质铺装，但地势应该平坦。如图6-3-2-4所示。

（2）集聚活动场地。集聚活动的场地要求宁静、开阔、景色优美且阳光充足，一般被布置在园地中部的草坪内或林间的空地，可依山傍水，四周绕以疏林，场地地面若能稍有起伏，则更增自然情趣。这样的场地既可用于集聚活动，又能成为公园主体景观之一。如图6-3-2-5所示。

（3）儿童游戏场地。儿童游戏场地需要设置数量较多的游戏设施，故应集中布置，一般位于园地的一角，且要靠近出入口，场地的外围用疏林与公园主体相隔离，场地的周边布置亭廊园椅，供家长休息。如图6-3-2-6所示。

（4）休憩散步场地。适于人们休息、赏景、散步等场地则应布置在有景可赏的区域，适当安排亭、廊、大树、花坛、棚架、园椅、园灯、山石、雕塑、喷泉等，使人能在此长时间的停留。如图6-3-2-7所示。

图6-3-2-4 康体健身场地

图6-3-2-5 集聚活动场地

图6-3-2-6 儿童游戏场地

图6-3-2-7 休憩散步场地

（5）*体育活动场地*。规模较大的综合性公园中还设有溜冰场、网球场、篮球场、迷你高尔夫球场等群众性的体育活动场地，此类场地可按照相关运动的要求予以布置。如图6-3-2-8所示。

（6）*平台和内院*。平台和内院属于连接了户外与室内的道路因素。同时，它还可以作为室外用餐、集会的场所、也是休息放松的地方。

内院多建在地平面上，通常用硬质材料铺设地表，如混凝土、砖块、石板、木板等。它们提供了硬实、易清扫的地坪通道，而且可以为大量人流涌入毗邻草坪区提供可能。如图6-3-2-9所示。

平台的大小往往比内院要受到更大的限制，因为平台周边设有扶手或长凳。平台常常高于内院，架空在草坪之上，如图6-3-2-10所示。

平台可以建于不能建造内院的地方，如不平坦地带，建筑的高层入口通道，如图6-3-2-11所示。平台的作用在本质上与内院相同，但通常造价更高。木制平台在夏天比内院更凉快，因为它们不像浅色内院表面那样放热，而且空气可以通过平台铺板得到流通。平台板比内院地表更有弹性，但由于铺板之间存在接缝，对穿高跟鞋的女性朋友来说可能更不便。

内院可由混凝土、砖块、平板石、石板、石板瓦、或其他材料辅助构成。其边界和分界常用对比材料，目的在于使其外观显得丰富多样。平台由防腐木为主，扶手、长凳以及其他规整的要素可以有很大的弹性，用一个平台和一条木板路连接了两个相隔较远的内院区。

3）生产管理场地

园务管理、生产经营所用的场地属于生产管理型场地。随着家用轿车的发展，为园务管理人员提供内部停车场变得必不可少，内部停车场应该与管理建筑相邻，设有专门的对外和对内的出入口，以便园务工程及与外界的联系。

图6-3-2-8

图6-3-2-9

图6-3-2-10

图6-3-2-11

6.3.3 铺装设计

1）铺装设计原则

铺装的设计应依据项目总体设计的目的与定位来确定材料与铺装形式。

（1）协调统一原则。设计中应以一种铺装材料与形式为主导，过多的材料变化与繁琐的铺装图案易造成视觉上的杂乱无章。占主导地位的材料还可贯穿整个设计的不同区域，以便建立统一性和多样性。

铺装材料的选择和图案的设计，应与其他设计要素的选择和组织同时进行，以便确保铺装地面无论从视觉上，还是功能上都被统一在整个设计中。

铺装的选择应对其在平面造型和透视效果上加以研究。在平面布局上，应着重注意构成视线的形式，以及与其他要素的协调作用。如建筑物的边缘线和轮廓也应与其他相邻的铺装地面相协调，以便能达到与铺装地面的视觉联系。同时临近的铺地材料应与种植池、照明设施、雨水口、树墙和座椅等图案相协调（见图6-3-3-1）。一种铺装的形状和线条应延伸到相邻的铺装地面中去，地面伸缩缝和混凝土伸缩缝，或条石和瓷砖材料接缝、灰浆接缝应与铺装图案相协调。如图6-3-3-2所示。

图6-3-3-1

图6-3-3-2

人们在场景中往往是以透视的角度来观赏铺装的，所以设计中应从透视的角度来研究铺装形式。在透视中平行于视平线的铺装线条，强调了铺装面的宽度，而垂直于视平线的铺装线条则强调了铺装的深度感。当行人穿行于一个空间，并获得不同的视点时，铺装的视觉效果也随之而改变。如图6-3-3-3所示。

图6-3-3-3

铺装的选择还要考虑地面的承重、活动的需求以及造价等限制条件。如自行车、轮椅及婴儿床需要通过的地方铺装就不能太松软、或凹凸不平、或有凹槽。而对于需要车行的铺装就要考虑防滑与耐压的特性。

不同的铺装形式具有不同的视觉特征，应依据空间的特性选择铺装。比如较庄重的铺装适于公共空间，活泼的铺装适于儿童活动空间。

图6-3-3-4

（2）在没有特殊目的的情况下，不要随意变换相邻场地的铺装材料与形式。如1.7.3所述，地面铺装的变化，意味着场地功能的变化。而为了特殊目的而变换铺装材料与形式时，必须考虑以下几个因素：①在同一个平面空间，铺装的形式与材料不要有任何的变化（见图6-3-3-4）；②铺装形式与材料不同的两个空间，在地面高程上应该有变化，或者采用在视觉上有中性效果的材料放在中间，在短距离内能达到良好的视觉分隔，并缓解不一致的形式和线条相互发生的冲突。如图6-3-3-5所示。

图6-3-3-5

（3）光滑质地的铺装应作为主导，因为这种材料色彩较朴素，不引入注目，可以作为其他设计要素的背景；而粗质材料应少量的使用，已达到主次分明和赋予变化。

2）铺装材料的选择要点

在景观中广泛使用的铺装材料有三类：①松软铺装材料，如砂砾；②块状铺装材料，如石砖、瓷砖或条石、木板等；③粘性材料，如水泥、沥青、塑胶等。以上三类材料及其特殊形状都有其独特性以及在景观中的潜在用途。

（1）松软铺装材料。砂砾具有不同的形状、大小、色彩，即可整体铺设，也可呈散碎状。砾石具有很强的透水性，有助于补充地下水以及为植物提供所需的水分。因此，砾石是一种经济性、生态性、美观性兼具的铺装材料。

但砾石路面还有很多的不足与缺陷：①松软的砾石需要借助其他的材料加以固定与控制。如金属边条、木材或混凝土等都可将其固定在所处的位置，如图6-3-3-6所示。②砾石铺地也带来了养护管理的问题，需要定期将其耙平、清扫落叶与垃圾、冬天的积雪。③存在不适于斜坡铺装及行走艰难等问题。

尽管砾石有很多不足，但在室外环境中仍然有潜在的用途和功能。它疏松、粗糙的质地特征适合应用于非正式场合或乡野环境中，能形成自然朴素的效果，同时给人悠闲自在的情趣（见图6-3-3-7）。当砾石被适当的加压并铺在稳定的基础上时，它就会形成一个结构细腻而且安全的行走路面，用在很多正式的场合，如美国华盛顿的集会广场、法国的凡尔赛宫苑都大量的使用了砾石铺装。

环氧胶结砾石是砾石的一种变异材料，是由砾石和环氧树脂粘结成一定形状的石块，可以有丰富的色彩变化。不过在整个砾石块中都存在气隙，仍具有透水性。这种材料适于气候较温暖的地区，因为霜冻降雪会损害这种路面。

在景观中，砾石作为可任意塑形的自然铺地材料，与混凝土和沥青一样是一种流体材料，它可以适应所处地面的任何形状或形态。

砾石可用于那些缺乏阳光或水分而难以种植地被的地方。如美国西南部的荒漠地区也常使用易风化的花岗砾石来代替草坪与地被，极易与地面其他物质相协调，也不需要浇灌。而在气候温和的地方一般不适宜用砾石来代替环绕植物根部的覆盖物，否则会减少植物的繁衍，使植物根部附近温度升高，并造成根部的损伤，当然沙漠植物除外。

图6-3-3-6

图6-3-3-7

（2）石块。　石块是天然的材料，石块按地质起源分为沉积岩石、变质岩和火成岩三类。①沉积岩是由物质长期存积在水底，由于地壳作用而形成。多气孔、硬度低，是极易加工的材料，但容易失去光泽或风化，在强作用力下易受损坏。其中的沙岩和石灰岩适用于步行路面的铺装材料。②变质岩是一种经过强大的压力而转变成的岩石，极其坚硬耐用。如大理石等，这种材料既昂贵又难以加工。③火成岩是一种地热熔化的物质经冷却后形成的岩石。强度与耐力与变质岩相似。著名的火成岩有花岗岩，它是一种具有强度大、耐磨性好而常用的铺装材料。

以上三种地质石材还可以依据产地分为毛石、卵石、石板和加工石材等。①毛石又可称为天然散石，很难用于铺地材料，因为单体石块极难相互搭配在一起，同时毛石表面粗糙并有奇形怪状的形象。可作为装饰性地面空间，不适于公共活动空间的地面（见图6-3-3-8）。②卵石是经过流水或落水冲刷而变得圆滑的石头，是最有用的铺地材料之一，利用沙浆可使其形成一个聚合体，呈现出粗糙而引人注目的质地。适合作为健康步道，触感较好。同时因其质地与水的自然共生性而被用于水池底部或驳岸（见图6-3-3-9）。③石板通常是采掘、加工而成的一种较光滑、较匀称的材料，有四边形、方形、三角形或不规则形状等，并有目的的应用在各种形状的铺装中。石板既可铺设在较软的基础上，如沙或粉状石灰石上，又可被置于混凝土等坚实的基础上（见图6-3-3-10）。软基础上铺设石板较便宜，适用于人行或没有重压的地面，同时软基础还有将地面流水通过接缝渗到下层土壤中的优点。基础的选择应视造价与使用功能而定。④加工材料是指那些被人工切割成各种大小与形态的石料。包括砌墙的石砖和铺地的石板。薄型加工石既可铺在软地基上，又可铺在硬地基上，选择何种地基要视造价和使用功能而定。它与石板的主要区别在于石板在工地上现场加工，为适应某种需要而临时加工而成，而加工石则是被加工成标准的尺寸，供铺砌之用。

图6-3-3-8

图6-3-3-9

图6-3-3-10

图6-3-3-11

（3）砖。砖是将泥做成一定的形状，然后将其放于窑中烧炼而成。烧炼的温度越高，则成砖的硬度就越高。硬度低的砖不适宜做铺装材料，因它一旦受到磨损或冰冻作用就会破碎。

砖具有多样的设计特点。砖的显著特点就是具有暖色调，能形成引人注目的视觉效果。当砖与其它冷色调、单调的材料如混凝土组合在一起的时候更能发挥其优势。砖有相对固定的形状与尺寸，最适用于直线与折线的铺地（见图6-3-3-11），也可以用于辐射状或圆弧状的图案中（见图6-3-3-12）。砖通常被砌成的图案线条感较强，具有较强的视觉引导作用。在以直线铺砌时，应以垂直于视线方向的横线条，而不应是与视线平行的竖线条，因为横铺的观赏面比竖铺大（见图6-3-3-13,图6-3-3-14）。

砖可铺在软基础上，如沙、灰土、或小砾石上，也可铺在混凝土等硬基础上。但砖铺设在沙土等软基上，需要用固定镶边来制约砖，就像制约易于移动的砾石一样。

另一种与普通砖相似的铺地材料是楔形花砖，与砖一样是机制而成（见图6-3-3-15）。之所以被称为花砖是因为每一个模件形状都能与相邻的模件相连接，就像拼图的形状。花砖是一种密度极大的材料，通常被铺设在软地基上，它也能承受极大的重量，不过密度越大，透水性就越差。

瓷砖又被称为“薄型铺料”，其厚度范围为1.2～1.6厘米（图6-3-3-16）。这种砖是人工模压泥经过大于2000度的高温烧炼而形成。与一般的砖相比，密度和强度都较大，因而具有耐磨、耐冻、耐热的特点。瓷砖因为较轻而易于安装铺设。不过瓷砖需要安放在混凝土等坚硬的基层上，以受到结构支撑。因此瓷砖可被当作装饰性铺地材料。瓷砖形状包括长方形、正方形及六角形等，色彩也很多样。但瓷砖防滑性差，当走在潮湿的瓷砖地面上容易滑倒。光滑表面的瓷砖可用在需要光亮的室外环境，或在地平面上相连接的室内外空间的过渡地带，能起到视觉连接的作用。

图6-3-3-12

图6-3-3-13

图6-3-3-14

图6-3-3-15

图6-3-3-16

（4）混凝土铺装。混凝土是主要的粘性铺装材料之一。从工艺角度而言，混凝土就是由水泥、沙及水混合凝固而成的。混凝土作为铺地材料用于景观中一般有两种形式，现浇和预制。现浇指的是根据现场的具体形状而浇注；而预制是事先浇注成一定的形状和各种标准尺寸的构件，一般不在施工现场完成。与石块与砖相比，混凝土更适用于无固定形状的铺地形式中（见图6-3-3-17）。混凝土是一种经久耐用的铺地材料，它能承受长期强作用力的使用，而不受损坏，此外，混凝土的造价均低于石块和砖，而且无需过多的养护。

混凝土一个明显的特征和设计因素就是假缝和真缝（伸缩缝）。伸缩缝（又称隔离缝）就是混凝土的垂直分界，使路面的膨胀和收缩不会引起铺装结构的毁坏，是大面积铺装地面必须设置的缝隙。这一空隙通常用沥青或橡胶处理过的物质填充。作为铺地的构筑物，杉木隔板也具有伸缩缝的功能。一般而言，伸缩缝的最大间距不超过9米。假缝是混凝土地面的刻线（见图6-3-3-18），假缝的深度一般为0.3～0.5厘米。假缝的作用就是一个缓冲槽，以调节可能在铺装表面形成的不规则龟裂。假缝最好的间距为16厘米。由此可见，混凝土路面上的假缝多于伸缩缝。除了结构功能外，真缝与假缝可为混凝土铺装地面提供视觉上的节奏、质地、规模以及观赏趣味等（见图6-3-3-19）。真缝与假缝在平面布局以直线为宜，若铺成曲线或弧线，真缝与假缝与铺地边缘应成直角。

混凝土铺地不足之处是，它会强烈的反射阳光，特别是在夏季或阳光充足的地方。由于混凝土路面的耀眼和热反射使行人走在上面感到极不舒服；另一个缺点就是不透水性。因此，混凝土路面具有极大的径流量，从而需在其上铺设更多的下水道与排水管道。另外，混凝土路面还易受到冬季用盐融化冰雪时的腐蚀。

为增强混凝土单调的色彩与呆板的形式，设计中可采用以下措施：①混凝土可与石块与砖结合起来使用，以增强其视觉效果（见图6-3-3-20）。②在混凝土未完全凝固之前，使用扫帚拂扫其表面，可是表面产生粗糙质感，同时能防止反光，在下雨时也能防滑。③在未干的混凝土路面上印刻不同的图案或造型，可模拟石板、砖、瓷砖等图案，再加以类似这些材料的涂料，便达到以假乱真的效果，而且造价也比这些材料低很多。常被称为“压花水泥”。但这种做法随着时间的推移容易褪色。

一种具有混凝土多种特性，并用来构成具有视觉吸引力的铺装混凝土的变种就是“颗粒外露混凝土”。这种混凝土使路面呈现多种结构、象砾石一样的外形（见图6-3-3-21）。颗粒的大小与色彩因需而设，又称为“透水混凝土”。这种混凝土比普通混凝土要贵，通常用于需要极强观赏效果的地面上，或那些既要有砾石的结构，又要避免砾石之不足的地面上。

预制混凝土可以用于全铺装上，也可用于草地中，间隔排列，使混凝土块之间有一定的间距。这样可使浅色的混凝土块与深色草坪形成对比，构成强烈的视觉效果。适用于草坪与铺装之间的自然过渡。另一种独特的混凝土构件被设计用来将草坪或地被植物与铺装地面组成一方格状造型，被称为“嵌草铺装”（见图6-3-3-22）。最适合用于需要较稳固坚硬又不能出现铺装地面呆板、枯燥的地面上。另外，在水流量较大的停车场，或较少使用的便道，或混凝土地面与草坪之间的过渡地区，也常使用这种预制混凝土嵌草铺装。嵌草铺装具有透水性，能有效减少铺装区域的地表径流，同时减少排水装备而减少投资。

图6-3-3-17

图6-3-3-18

图6-3-3-19

图6-3-3-20

图6-3-3-21

图6-3-3-22

（5）沥青铺装。沥青是由细小的石粒和原油为主要成分的沥青粘剂而构成。是一种柔韧性的铺装材料。

与混凝土一样，沥青所具有的一个特点就是具有可塑性。沥青也能适应于地面上的任何形体。沥青优于混凝土之处在于它不需要伸缩缝，也不需要过多的修整或加工，而且在施工中沥青比混凝土更简单和方便。但是，沥青比混凝土需要更多的养护。常规的黑色沥青路面没有吸引人的视觉效果，但极易与深色的草坪或地被相融合。而且沥青路面几乎不反射阳光，但会引起很大的热聚集。

现代材料技术的发展能给沥青着色，依据需要选定颜色，是对沥青视觉效果的大大提升。沥青适宜于大面积的铺装，而不适合在小空间或私密空间中使用。

（6）塑胶铺装。塑胶由聚氨酯预聚体、混合聚醚、废轮胎橡胶、EPDM橡胶粒或PU颗粒、颜料、助剂、填料组成。塑胶跑道具有平整度好、抗压强度高、硬度弹性适当、物理性能稳定的特性，有利于运动员速度和技术的发挥，有效地提高运动成绩，降低摔伤率。具有一定的弹性和色彩，具有一定的抗紫外线能力和耐老化力，是国际上公认的最佳全天候室外运动场地坪材料。如塑胶跑道，塑胶篮球场，塑胶网球场，塑胶排球场，塑胶羽毛球场，室内塑胶球场，幼儿园印花团塑胶地面等。如图6-3-3-23所示。

（7）木板铺装。天然木材具有独特的质感、色彩与弹性，可令步道更为舒适。但木材是天然材料，在室外环境使用的过程中需进行防腐处理。适用于露台、广场、人行道、滨水平台、码头等（见图6-3-3-24）。

木栈道、砖砌路面、木屑路面等是景观中最常见。木质路面具有独特的质感，较强的弹性和保温性，而且无反光，可提高步行的舒适性和保温性，被广泛的运用于露台、广场和园路的地面铺装。景观中的木质铺装除防腐处理外，还应选择耐久性、耐磨损性强的木材。另外，还有预制组装拼接型，施工方便，修补容易。木屑路面是利用针叶树树皮、木屑等铺成的，其质感、色调、弹性均好，并使木材得到有效的利用，一般用于公共广场、散步道、步行街等场所的铺装。有的木屑路面不用粘合剂固定木屑，只是将砍伐、剪枝留下的木屑简单地铺撒在地面上。如图6-3-3-25所示。

图6-3-3-23

图6-3-3-24

图6-3-3-25

6.4 水体设计

6.4.1 水体聚分设计

聚即水面辽阔，宽广明朗；分即萦回环抱，似断似续，和崖壑花木屋宇相掩映，构成幽深景色。水面的聚分是藉用一定手段划分而成的。

中国传统园林中的中小庭园一般集中用水，即“聚”，如苏州网师园、畅园水池居中（见图6-4-1-1）。而大型园林则有“聚”有“分”，主次分明。则以堤、岛分隔，形成大小水面的强烈对比；分散用水使水来去无源流，而产生隐约迷离和不可穷尽的幻觉；艺术再现自然溪流的带状水面，利用宽窄对比，形成忽开忽合、忽收忽放的节奏感。比如北京颐和园（见图6-4-1-2）、北京北海公园（见图6-4-1-3）等的水体利用方式。

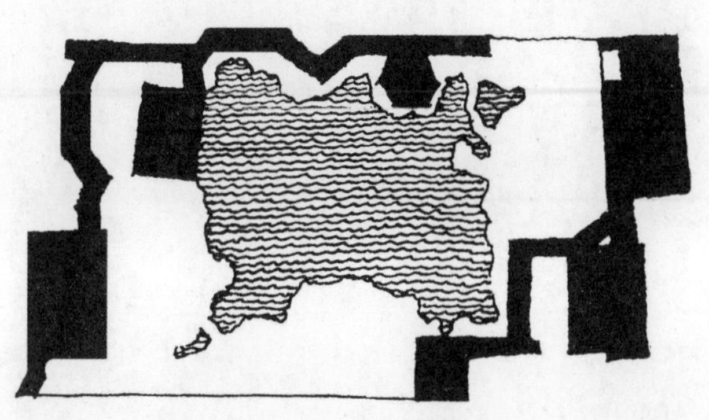

图6-4-1-1a 苏州网师园聚分关系

图6-4-1-1b 苏州畅园聚分关系

现代园林中的小型园林水体宜分，以溪涧、濠瀑等线型水体靠边布置。大型园林宜聚分结合，水面的形状和布置方式应与空间组织结合。以水为主体的园林都以聚为主，如上海长风公园水体10公顷左右（见图6-4-1-4），约占全园面积的23.72%，湖面宽达300米，可容纳300多条游船，亦可开展水上体育活动，河湾长约600米，为游船提供回荡和静憩的幽静水域。与水体相接的溪涧、河流则意味着水系源流的关系，并可用来与大水体作对比，构成情趣迥异的幽深空间。以山为主，以水为辅的园林，则往往用狭长如带的水体环绕山脚，深入幽谷，以衬山势之峥嵘和深邃。如大山面前宜有大水。而水面的聚分关系主要借助汀石、桥、堤、岛、洲、渚等要素划分水面空间而形成的。

1）汀石

水中落脚的石头称汀石或汀步，亦称踏步，日本园林中被称为跳石。汀石常被布置成近似曲桥桥墩的形状，引导游人行进，使人有如在自然山水中跨越溪流险滩之感，从而增添游兴（见图6-4-1-5a）。比如北京香山饭店庭园汀石（见图6-4-1-5b）、苏州虎丘万景园汀石。

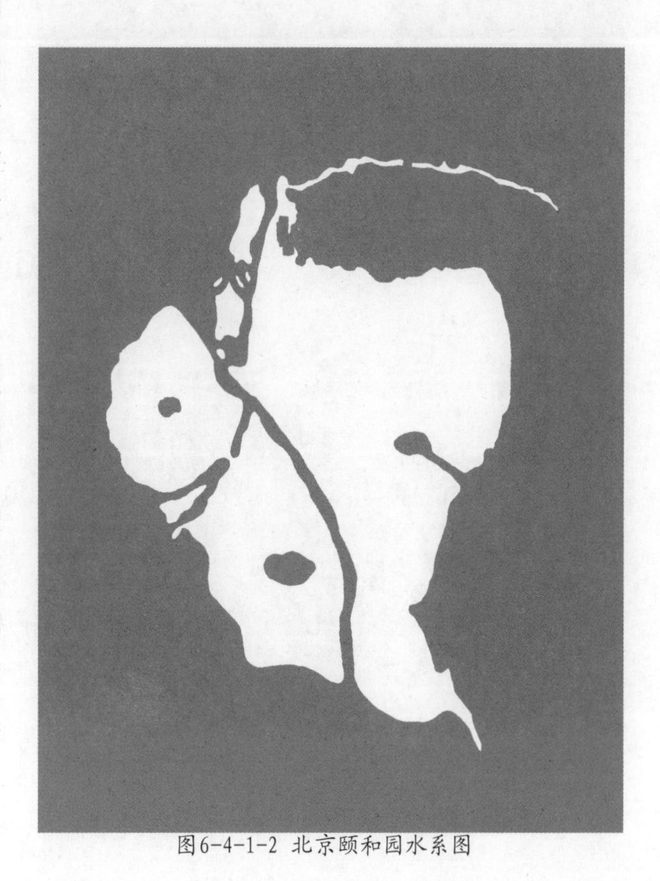

图6-4-1-2 北京颐和园水系图

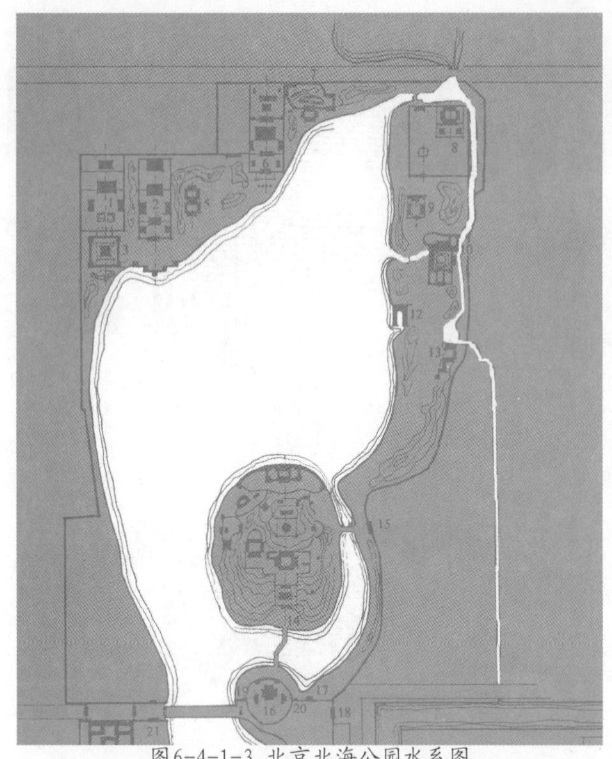

图6-4-1-3 北京北海公园水系图

图6-4-1-5a 汀石

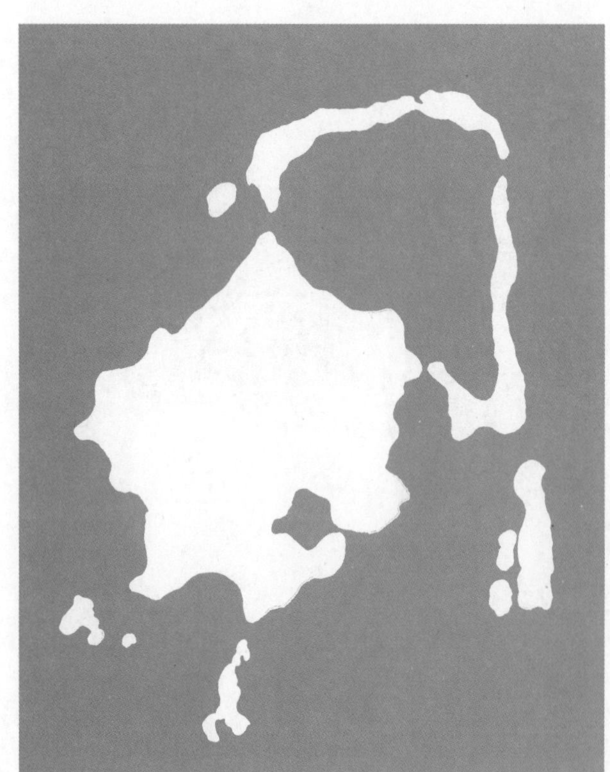

图6-4-1-4 上海长风公园水系图

图6-4-1-5b 北京香山饭店庭园汀石

2）桥

小水面的分隔及两岸的联系常用桥，使水面隔而不断，一般均建于水面最狭窄的地方，但不宜将水面平分两块，仍需保持水面的完整（见图6-4-1-6，图6-4-2-1）。为增加桥的变化和景观的对位关系，可利用折桥分隔水面，在折桥的转折处应设置对景（见图6-4-1-1b，图6-4-1-7）。通行船只的水道上，可应用拱桥。拱桥的桥洞一般为单数，并常考虑拱桥倒影在常水位时成圆形的景色（见图6-4-1-8）。在观景效果较好的桥上，须设置便于游人停留的空间，或者采用可遮风避雨的廊桥，即可形成半虚半实的水面空间，又可丰富水面景观。水廊常有高低转折的变化，使游人感到“浮廊可渡”。如苏州拙政园中部的小飞虹、昆山夏驾河水之韵休闲文化公园中的江南桥（见图6-4-1-9）。

3）堤

大型园林中往往用长堤把开阔的水面划分为几个隔而不断的水面，在每一个水域中以岛、山石、建筑或花木配合水体，形成不同的主题水景。堤不仅能分隔水域、增加空间层次和深度，还有引导游线和丰富水面景致的作用。堤身应尽可能低平而临近水面，使人行走其上有凌波之感。以堤划分水域，应有助于形成主从有序的水景效果，堤作为水面游路不宜过曲或过长，长堤应有断有续，断处以桥相连，桥上人走，桥下船行，既便利交通又丰富堤岸。堤上植树应疏密有致，空间隔而不断，组景应有连续起伏的韵律感与天际线。著名的堤景有：杭州西湖苏堤与白堤（见图4-2-6-2，图6-4-1-10）、杭州西湖小瀛洲环形堤、北京颐和园昆明湖西堤、承德避暑山庄“芝径云堤”等。

图6-4-1-6 平桥分隔水面--苏州留园中部

图6-4-1-7 折桥分隔水面--苏州畅园

图6-4-1-8 北京颐和园十七孔桥

图6-4-1-9 昆山夏驾河水之韵休闲文化公园江南桥

图6-4-1-10a 杭州西湖白堤

图6-4-1-10b 杭州西湖苏堤

4）岛

岛是水中耸立的山岩，也泛指水域中较小的陆地，多方位临水，只有较少部分与陆地相连的岛称作半岛。秦汉兴起的“一池三山”，即以池岛为中心的构园形式。在宽广的水域中筑三岛，借以象征道家传说中的蓬莱、方丈、瀛洲三座仙山。“一池三山”对中国园林影响至深，并成为中国皇家园林的主要模式。一池三山的造园模式还曾远播海外，对日本、朝鲜等国的园林产生深远影响。

岛的大小应与水域面积比例适当，形成池岛精致、水域浩渺的水景风光，成为水面的焦点景观，其自身又是观赏四面水景的最佳处。同时也是增加水域空间层次的重要手段。如北京北海琼华岛象征古代神话传说中东海仙山“蓬莱”（见图3-2-6-3a，图3-2-6-3b，图6-4-1-11）。岛的数量不宜过多，“一池三山”一般仅用于大型水域。杭州西湖小瀛洲是杭州西湖三岛之一，又名三潭印月，象征“瀛洲”（见图6-4-1-12）；杭州西湖阮公墩，象征“蓬莱”（见图6-4-1-13）。

岛小曰“屿”，如承德避暑山庄沧浪屿。园林中的小岛也有成为墩的，如北京颐和园凤凰墩、杭州西湖阮公墩。

5）洲、渚

洲为水中较大面积的陆地，园林中洲与岛屿的区别在于岛高耸于水面，而洲则为水中较为平缓的陆地，如承德避暑山庄的如意洲、环碧洲与云洲，屈曲的芝径云堤将这三个风格各异的洲联为一体，以洲代岛，也有“一池三山”的象征喻意。“如意洲”形若一柄如意，故而得名；“环碧洲”四面环水，富于野趣；“云洲”形如云朵，故名若云朵。

洲小曰“渚”，承德避暑山庄有“芳渚临流”景名。

图6-4-1-11 象征“蓬莱”的北海琼华岛

图6-4-1-12 象征“瀛洲”的杭州西湖小瀛洲

图6-4-1-13 象征“蓬莱”的杭州西湖阮公墩

6.4.2 水体源流设计

在自然界中，山有来龙去脉，水有来源去流。园林理水中也同样存在源流的问题，一是水功技术上的源流；一是艺术景象上的源流。

1）水功技术上的源流

所谓水功技术上的源流是指给水与排水系统。水网密集的江南地区的园林可利用原有地表水或因就低洼处稍加疏浚引水成池，例如杭州郭庄就是引西湖之水入园为池；也可直接在平地下挖1米左右池形成地表水面。然而，随着城市河道淤塞，甚至堆满垃圾以致填改为道路，所以现存的许多古典园林中水池成为死水了。为保持水质的清洁，不能与园外流动的地表水相连的园中水体，除养鱼吸食微生物以防止水质腐败外，并在水底挖掘深井，使园内的地表水与移动的地下水相沟通，从而改善水质。据调查，苏州怡园、拙政园、狮子林、畅园等池底都有井。当地把这种池底的井叫做“泉眼”，其实仍是浅层地下水源的水井。

现代城市园林绿地中，特别是居住小区中的绿地都是人工的水池，主要依靠自来水给水，直接排放到排水管道中。随着雨水收集与处理技术的发展，水景的给水与绿地浇灌大量的使用雨水收集并净化后的水体为水源，在节约水源的同时，也对污染的雨水起到净化的作用，并能有效的补充地下水。

2）艺术景象上的源流

在水景设计中，多种水型都需要表现源流。如湖泊型的水体，常设计支流水口以象征来源去流；有的更延伸而成为溪涧、河流水型。这种源流，在艺术创作上，关键在于其尽端的处理。表现水的来源有两种处理手法：第一，可以创作地表水的自然发源景象，如苏州留园中部“闻木樨香轩”一侧的瀑布（见图6-4-2-1），表现象征性的源流；还可以表现真实的引水口或象征引水口的景象如杭州郭庄引西湖水入园的石山涵洞。

流逝景象即水尾处理，可以采用建筑手段，布置一座水榭作为溪涧、河流的结束，使水有不尽之意（见图6-4-2-2），如苏州留园“活泼泼地”、苏州拙政园的“松风水阁”、“芙蓉榭”、苏州网师园“濯缨水阁”；还可采用洞穴作为水尾的处理。

流水景象可唤起水流穿越的动态联想。用跨水粉墙、洞门能表现动态，如上海豫园的“水月洞”（见图6-4-2-3），苏州狮子林的桥洞；用跨水石山涵洞来表现，如苏州狮子林跨水石山涵洞（见图6-4-2-4），苏州怡园跨水石山涵洞。

总之，水源与水尾的处理需要采用“藏”的手法，引导流水方向。

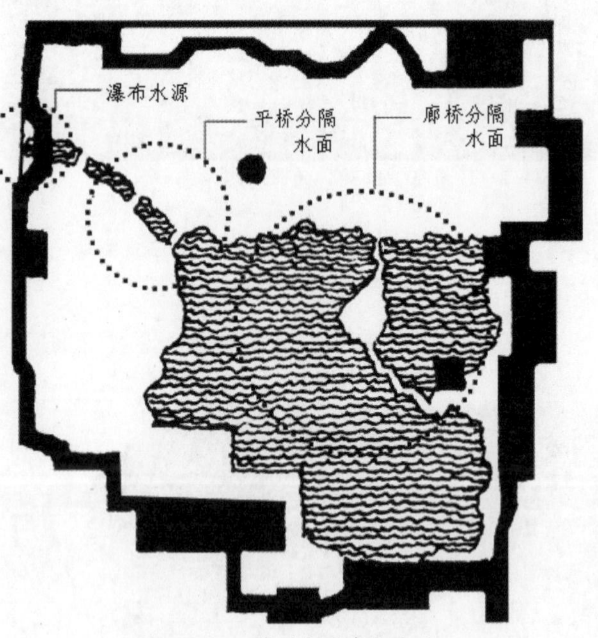

图6-4-2-1 苏州留园中部水体

图6-4-2-2a 水尾处理—苏州留园“活泼泼地”

图6-4-2-2b 水尾处理—苏州网师园“濯缨水阁”

图6-4-2-3 流水景象—上海豫园“水月洞”

图6-4-2-4 流水景象—苏州狮子林修竹阁下跨水石山涵洞

6.4.3 水体的尺度和比例

水面的大小与周围环境的比例关系是水景设计中需要慎重考虑的问题，除自然形成的或已具规模的水面外，一般应加以控制。过大的水面散漫、不紧凑，难以组织，而且浪费用地；过小的水面局促，难以形成气氛。水面的大小是相对的，同样大小的水面在不同的环境中所产生的效果可能完全不同。比如苏州怡园（见图6-4-3-1a）和艺圃（见图6-4-3-1b）两处古典宅园中的水面大小相差不大，但艺圃的水面显得更为开阔和空透，与苏州网师园的水面相比，怡园的水面虽然面积要大出三分之一，但大而不见其广、长而不见其深，相反，网师园的水面反而显得空旷幽深（见图6-4-3-1c）。

水景的尺寸和水量与它所在的整体空间环境有密切的关联，这意味着不仅要考虑水景的平面尺寸，而且还需将其放在立体的、综合而且精确的多维空间尺度里进行检测，要在整体空间的体积感上进行调整与对比。所以在进行尺度设计时应注意其所在空间的体积比例，即水景设置时所占的高度、宽度与深度，需要结合环境进行综合的考虑。

新西兰蒂尔堡Interopolis庭园，为三角形的场地。设计者通过几何形的切割与组合。使其极富个性特点，其台式静水池与块状草坪的搭配和谐一致，形成一个完整而融合的空间。日本大阪府吹田市大阪学院“学生喷泉”广场景观。水景的尺度充分考虑了空间的立体比例及色彩的对比，使其从各个视角观赏都能与整体环境相契合。

把握设计中水的尺度需要仔细地推敲所采用的水景设计形式、表现主题、周围的环境景观。小尺度的水面较亲切怡人，适合于宁静、不大的空间，例如庭院、花园、城市小公共空间；尺度较大的水面浩瀚缥缈，适合于大面积自然风景、城市公园和巨大的城市空间或广场。无论是大尺度的水面，还是小尺度的水面，关键在于掌握空间中水与环境的比例关系。例如，美国基督教科学总部的水面（见图6-4-3-2），长约200米，宽约20米，对城市空间而言其尺度无论如何都是十分巨大的，水池的一端还设计了直径约20米的大型圆形组合喷泉，但是，这组水景却与四周摩天楼群有着朴素、相称的构图关系，浩瀚的水面在这样巨大的城市空间之中仍然保持着良好的比例关系。相反，苏州网师园彩霞池的大小不过350平方米，尺度宜人，与周围的建筑比例和谐，与环绕的月到风来亭、竹外一枝轩、射鸭廊和濯缨水阁等一组建筑物却保持着和谐的比例，堪称小尺度水面的典型例子（见图6-4-3-3，图4-3-5-6）。托马斯·丘奇（Thomas Church）设计的多奈尔宅园中柔和的曲线形水池和周围的环境关系处理得也很好，整个空间充满着亲切感（见图6-4-3-4）。

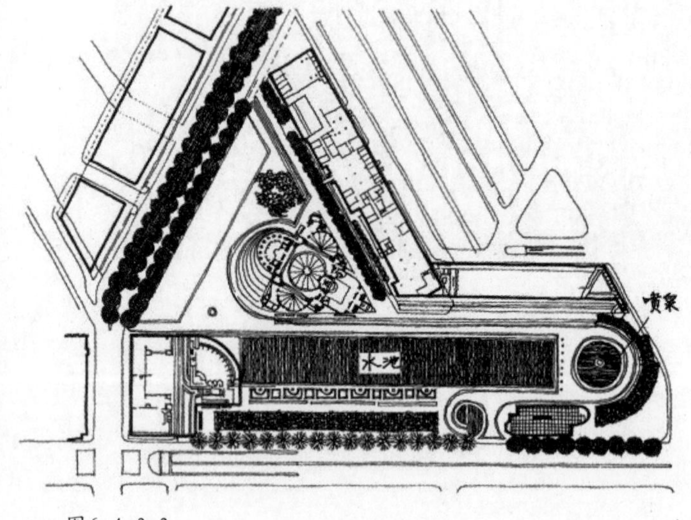

图6-4-3-2

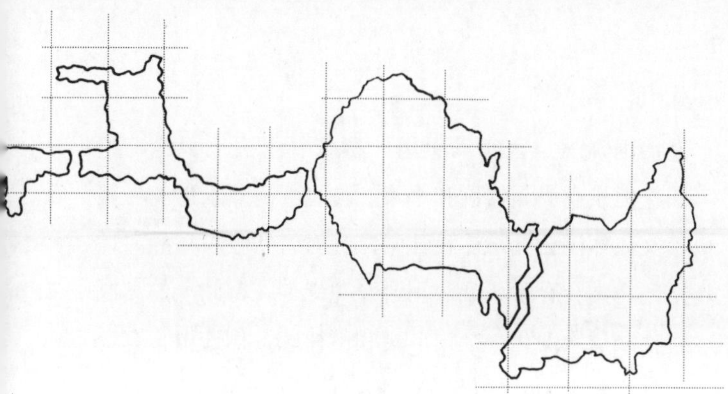

图6-4-3-1a 苏州怡园水系

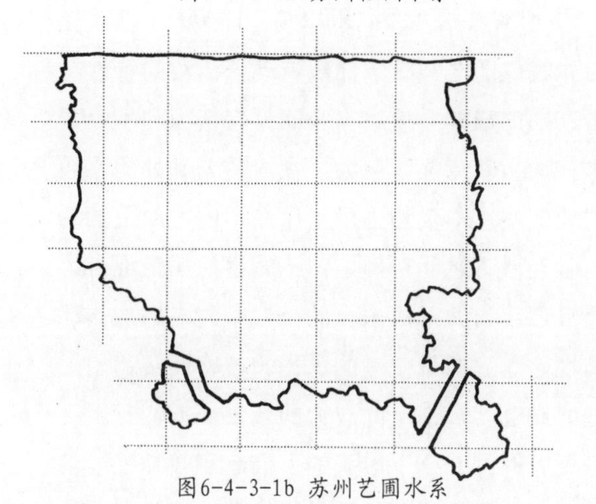

图6-4-3-1b 苏州艺圃水系

图6-4-3-4a

图6-4-3-4b

图6-4-3-1c 苏州网师园水系

图6-4-3-3 苏州网师园彩霞池

图6-4-3-4c

6.4.4 水岸设计

水岸作为水域和陆域交接的边界，是一个错综复杂的景观系统。水岸线的形状、水岸断面形态与构造特征、植物群落特色等因素互相协同，共同影响水岸整体生态效益的发挥，决定了滨水景观空间的特征。水岸的“安全性”因素制约了其得天独厚的临水、亲水优势。

水岸设计要遵循安全性、生态性、艺术性、游憩性、文化性原则。当岸坡角度小于土壤的安息角时，设计中宜保留软质的自然坡。为防治水土的冲刷，可在坡上种植植物，利用植物根系保护岸坡。这种做法使岸线保持自然形态，具有良好的景观效果和最大的亲水性，但是防洪性与安全性较差。当岸坡角度大于土壤的安息角时，则需砌筑硬质护岸。

水岸设计包括水岸平面、水岸断面、护岸形式、水岸空间等方面的内容。

1）水岸平面设计

岸线的平面形态，又可称为水岸线。一般有直线、曲线、折线三类。水岸线的设计应遵循自然规律，在自然形态的基础上融入人工的元素，而不能一味强调防洪功能，将自然水岸线截弯取直。景观生态学的研究表明，蜿蜒曲折的水岸线更有利于生物多样性的保护，更有利于消减洪水的灾害性和突发性。

曲折的水岸线不仅能增加水岸的美学价值，而且易于形成不同的水流速带，保护生物多样性；可渗透性的生态驳岸可以保证陆地与水体之间的水气交换，能充分发挥水岸缓解内涝补枯等作用；层次丰富稳定的植物群落不仅具有美学观赏价值，而且还可以防止水土流失、调节水岸气候；生态滨水游步道的透水性设计、生态挡墙的自排水设计等都可以减少人为对自然环境的干扰，有利于生态系统自我调节作用的发挥，增加水岸生态系统的稳定性。

（1）直线型水岸。直线型水岸往往存在于带状狭长型的河道空间两侧，在平面空间的形态中容易把河道简单的划定为两条平行线所夹的范围，加上河道空间宽度的限制，两侧直立的驳岸、等宽的绿带，使自然的河流变成人工的渠道，尽管看上去很干净、整洁，但景观易显僵硬和平淡。在夏驾河“水之韵”城市文化休闲公园水岸设计中，针对带状狭长型的河道空间，结合台阶、亲水平台、花坛等在空间上的高低起伏和层次变化，突出节奏和韵律感，创造出富有变化的景观空间效果(见图6-4-4-1)。

（2）曲线型水岸。当水岸线设计融入了曲线元素时，岸线也随之被赋予曲线流动、活泼的特性，其曲折迂回的形式会使水岸空间具有活力和生气，符合水体的空间特征。例如，在河道分叉处的岸线上使用大弧线，不仅加强了水岸在不同方向上的动势，而且在曲直之间巧妙地留下充裕的三角地带，方便船只调头，并形成水上的公共空间，增加活动的参与性，达到情景交融的意境。若将曲线运用于桥头处，则会使局部空间放大的效果，人们行走于桥上，视野开阔；立于船头的人们起到收缩视线的框景作用，加强桥“门”的符号意象。另外曲线的加入还能使岸线真实地再现自然水系的形态，保存了原始的山水格局的韵味。这与风水学中所说的“忌水流直泻僵直，应水流曲直有情”有异曲同工之处。曲线与直线组合运用所产生的一张一弛的变化使水岸线的节奏与韵律更加丰富。

曲线型水岸则多存在于大小形态不一的面状开阔的空间中，具有强烈的亲水特征，易形成标志景观。岸线凸出或者凹入于水面，使滨水步道空间有开有合，人在其中的视线具有发散性，极易形成焦点，满足景观的看与被看的需求。

目前，我国许多城市在滨水开发活动中，由于各种原因，水岸线的设计没有很好的尊重河流的自然形态，对河道经常采取去弯取直。使很多原本自然、富于变化的水岸形态经过“设计”后变成了僵直单调的直线。在水岸设计中，自然生态型平面形式是对自然水域形态的尊重，要依据自然水体的形态，不能扭弯变直，尽量减少直线型水岸的出现。在夏驾河水岸设计中，自然型水岸的设计一方面对原有自然河流加以保留和优化，另一方面突破原有直线型水岸线，并向内陆扩展，结合场地实际情况使水面空间开合有序，形成人工的自然型水岸(见图6-4-4-2)。

图6-4-4-1 直线型水岸

图6-4-4-2 曲线型水岸

（3）折线型水岸。与曲线相比，折线可产生一种渐变的向前涌动的节奏感。连续的“凹凸”型折线的运用起到加强水陆交流的作用，使水岸有前进感与后退感，加强滨水空间的相互渗透（见图6-4-4-3）。“凸”空间更是视域开阔的眺望点，更易于近水、亲水活动的发生。而尖角状折线的穿插运用，给人强烈的视觉冲击力，若与功能巧妙结合，还可以起到强调与吸引视线的奇特效果，成为画龙点睛之笔。这种节奏的重复与变化，可成功地将漫长的水岸线分成多段不同节奏的渐变序列，避免了线性空间的呆板感。

（4）镇江古运河中段水岸设计。设计依据镇江古运河中段水岸的特点，并结合文化理念，打造富有文化特质的生态水岸景观。

镇江古运河中段的水岸线设计，摈弃了传统的裁弯取直的做法，而是尽量保留老河岸线，在局部缓坡地段增加水岸线变化。通过不同类型驳岸形成的自然凹凸曲折的水岸线（见图6-4-4-4）不仅易于挖掘水岸的美学价值；而且会降低水流速，减少水流对驳岸的冲刷；曲折的水岸线也增大了水体与驳岸的接触面积，有利于水体与河岸的水文交流，增加水岸缓解内涝、补枯等生态作用。此外，水岸线的内凹空间有利于水生植物附着生长，促进生态水岸净水能力的发挥。

2）水岸断面设计

水岸的断面形式直接影响着人与水体的亲近关系。从水岸断面形态分类，水岸包括缓坡式、直立式、分级式、混合式等四种。

（1）缓坡式水岸。缓坡式水岸亲水性较好，是最能让人感受到自然水际形态的形式，适合于水流缓慢或者相对静止水岸。即使坡度较大或表面难以行走，也能给人近水的心理感受。自然式缓坡利用土壤的自然坡，为防治水土的冲刷，可种植植物，利用植物根系保护岸坡（见图6-4-4-5）。设计中应考虑水位线边界水体对岸体的冲刷，宜在浅水区种植挺水植物，减缓水流的速度，同时在浅水区底部散置石块压脚，易于水生植物扎根；或在常水位边界利用竹木桩护岸，防止植物被水流和波浪带走。

（2）直立式水岸。直立式也称为陡坡式，是石块直立堆积或用钢筋混凝土砌筑形成的护岸（见图6-4-4-6）。主要用于用地受限、没有足够空间、水面与陆地落差很大、或是水位变化很大的滨水地带。这种驳岸形式简单、亲水性差。分双层直立式和单层直立式2种形式。

（3）分级式水岸。分级式水岸呈逐渐下降的阶梯形状，这种驳岸使人可以很容易接触到水，同时还可以坐在台阶上眺望水面，是一种亲水性很高的水岸断面形态（见图6-4-4-7）。按一年中水位的变化采用高、低水位的标高来设计平台，根据滨水岸线宽度来决定具体形式，如果有足够空间，则采用缓坡分级式，具有较好的亲水性，同时提供了不同高度的观景点；若空间有限，则采用直落分级式，在低水位处有较好的亲水性，高水位处提供观景，但两级平台间联系较弱。

（4）混合式水岸。混合式水岸形式丰富，可营造不同层次的亲水空间，并使景观富于变化。适用于滨水广场（见图6-4-4-8）。

为满足多样的亲水性，通常采用亲水平台的景观形式，现代景观中的亲水平台是由中国古典园林中的建筑之一“榭”发展而来的。古典园林中的榭的常见形式一般是在水边筑一平台，周边以低栏杆围绕，在湖岸通向水面处作敞口，在平台上建起一单体建筑。建筑平面通常是长方形，建筑四面开敞通透，或四面作落地长窗。而现代景观中的“亲水平台”更是将水榭的各项优点发扬光大（见图6-4-4-9）。

图6-4-4-3 折线型水岸

图6-4-4-4 镇江古运河中段水岸线

图6-4-4-5 缓坡式水岸

图6-4-4-6 直立式水岸

图6-4-4-7 分级式水岸

图6-4-4-8 混合式水岸

图6-4-4-9 亲水平台式水岸空间

3）护岸选型

当岸坡角度大于土壤的安息角时，则需砌筑硬质护岸。硬质护岸可选用竹木桩、透空砌块、网箱块石（石笼）、沙石滩、钢筋混凝土、垒砌块石、垒砌砖块、浆砌预制块等类型。曲折变化、高低错落的假山石堆砌而成的自然形态驳岸，石下应有坚实的基础，以稳定驳岸。

水岸作为水域和陆域的交界线，具有较高的生态敏感性，其生态作用的发挥对水岸生态系统的影响至关重要，所以在条件允许的情况下，尽可能采用生态护岸的形式，透水性强的生态护岸有利于生物的栖息和水体的净化。但在局部坡度大、地基软、建筑密集的水岸边缘应采用安全系数高的重力型护岸。透水性护岸包括竹木桩、透空砌块、网箱块石、沙石滩等四种。

（1）*竹木桩护岸*。竹木桩护岸能稳岸固土，抗冲刷腐蚀。高空隙率为水生和两栖类动物提供栖息地，有利于水生植物附着生长；施工方便，迅速，造价低，人工干扰较小；但适用寿命较短，尽量用当地木材，减少对木桩来源地的生态破坏；使用前做好防腐处理以延长使用寿命。竹木桩护岸适用于①坡脚小、土质好、植物类型丰富的水岸；②游人数量较少，河道蜿蜒曲折的自然水岸；③临时性驳岸工程。

在镇江古运河中段北岸坡脚小的密林和水中岛屿边缘运用了杉木桩驳岸的缓坡入水式水岸（见图6-4-4-10）。

（2）*沙石滩护岸*。水边浅缓低平的岸型称作滩，因用材不同又有沙滩、石滩、卵石滩等区别。园林中以石块和卵石构筑的滩，兼有护坡和装饰的功能，并易于引导人近水赏景。滩缓缓地潜入水中，有与水亲和的特点。沙石滩的岸型一般适用于较大的水域。滩景往往视野开阔，便于观赏眺望。中国传统园林中著名的滩景有无锡的寄畅园鹤步滩、承德避暑山庄如意洲土石滩等。

夏驾河“水之韵”城市文化休闲公园的湿地游憩区是水流相对缓慢的港湾地带，选用了沙石滩的护岸形式（见图6-4-4-11），在稳定岸坡的同时具有较强的游憩性。为防止沙体的自然流失，需在坡顶设置雨水收集沟，防止场地雨水汇入沙滩；同时在沙体面层的底部设置固定构造体，防止沙体的自然流动。

在福建宁德南岸公园水岸采用抛石护岸（见图6-4-4-12）。

（3）*石笼护岸*。石笼能稳岸固土，抗冲刷腐蚀，有一定的防洪能力与较强的生态功能：①块石间隙为鱼类两栖类动物提供繁衍生息场所，有利于水草类植物生长；②粗糙的网箱块石会过滤降水，净化水质。

石笼适用于以下水岸环境：①对抗洪要求稍高，土基较好，有生态要求的水岸；②低流速（小于3m/s），坡角小，水深较浅的水岸。石笼的特性：①透水透气性好，缓解内涝、补枯功能较好；②抗洪护堤强度较高，人工干扰较小，造价较低。

但施工时需注意以下两个问题：①施工时保证基础的稳固，防止发生塌陷，保证块石填充的密度；②做好钢网的防锈处理，以延长使用寿命。

在镇江古运河中段北岸和南岸局部坡脚较小、土质较差、距建筑较近的水岸主要采用“石笼护岸”（见图6-4-4-13）。

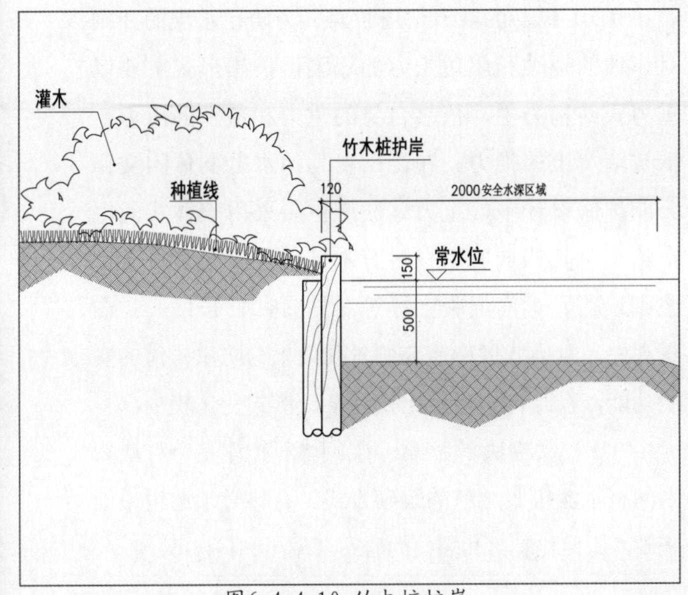

图6-4-4-10 竹木桩护岸

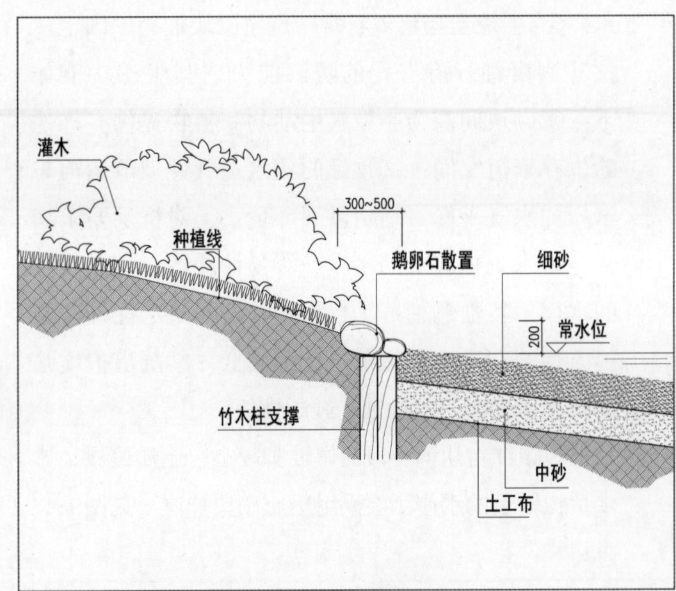

图6-4-4-11 沙石滩护岸

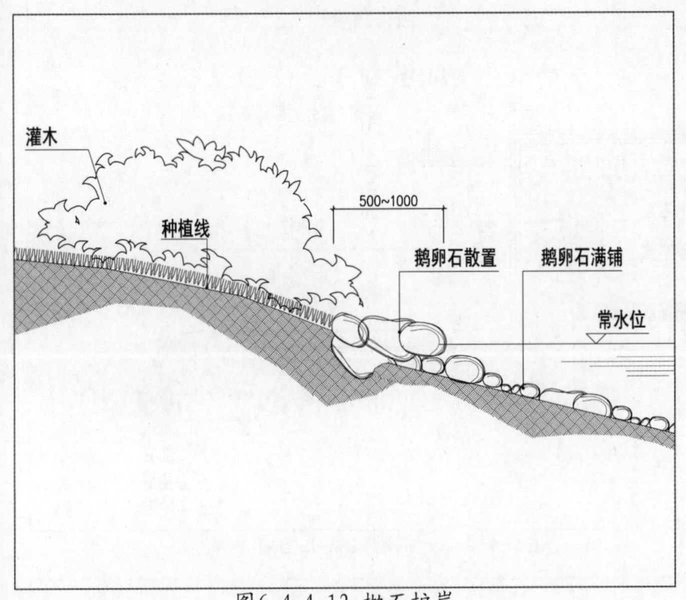

图6-4-4-12 抛石护岸

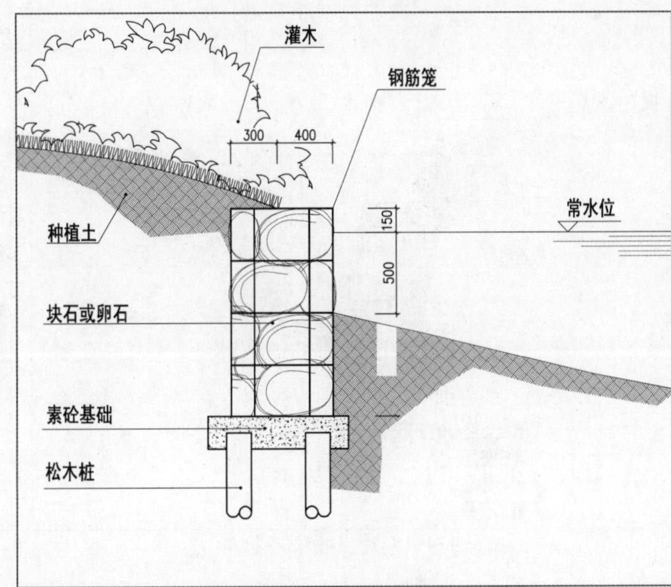

图6-4-4-13 石笼护岸

（4）透空砌块石护岸。透空砌块能稳岸固土，抗冲刷腐蚀，有一定的防洪能力。其生态功能如下：①砌块间隙为小型水生动物和植物提供多样性的生存繁衍空间；②良好的透水透气性调节运河与水岸的水气平衡。适用以下环境：①对抗洪要求稍高，排水负担较重的水岸；②易被冲蚀、土质偏沙的水岸。特性包括：①自重轻，透气透水性好，施工方便，高度容易调节，造价较低；②抗洪护堤强度较高，较耐河水冲蚀，过滤性好。

在镇江古运河中段北岸坡脚较小、土质偏沙、排水负担较重的水岸主要采用透空砌块护岸（见图6-4-4-14）。

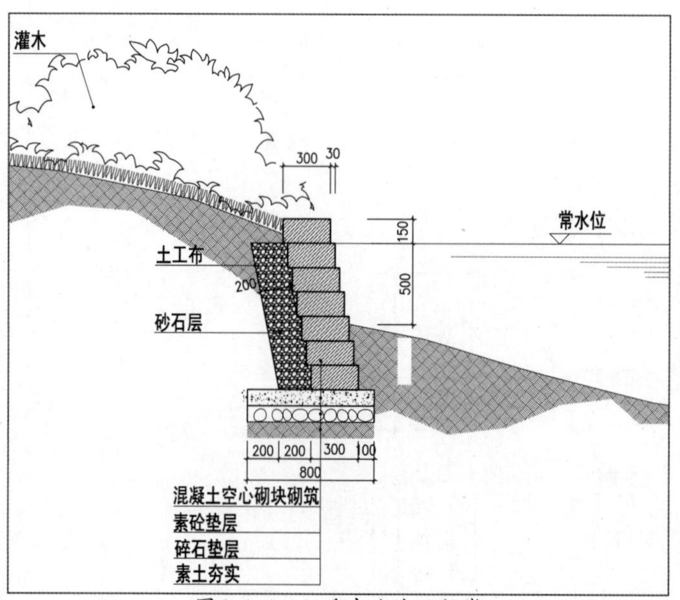

图6-4-4-14 透空砌块石护岸

（5）钢筋混凝土挡墙护岸。为防止水流的冲刷对岸体的侵蚀和岸边土方的塌陷，护岸形式主要以重力式结构为主，依靠自身的重力和覆土的压力，抵抗墙背土的推力。在昆山夏驾河水之韵休闲文化公园护岸设计中，重力式驳岸主要采用整体式的墙身结构，其构造所用材料有木桩、碎石、混凝土、浆砌块石、钢筋混凝土等等（见图6-4-4-15）。在景观中，重力式驳岸需兼顾景观效果与防洪排涝的实用功能，在结构构造上比较复杂，形式变化较少。

（6）浆砌块石护岸。浆砌块石护岸是一种块石之间有水泥等胶结料的筑砌方式。石料必须选用质地坚硬，无风化剥落和裂纹的岩石（见图6-4-4-16）。

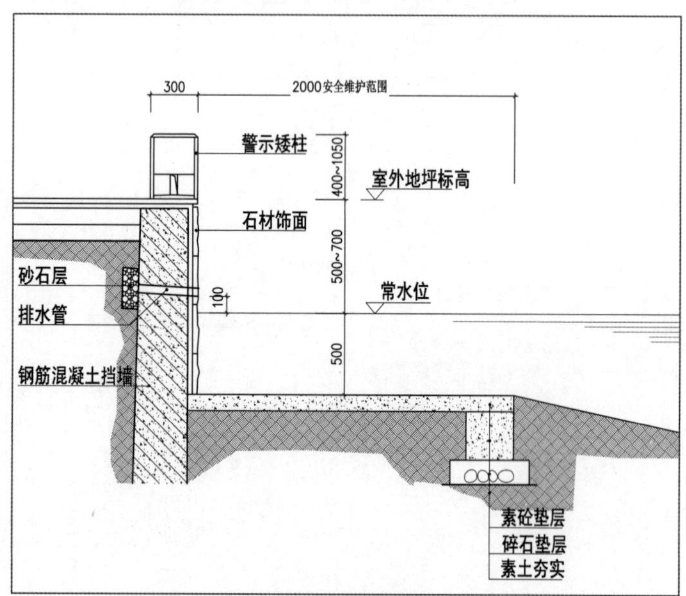

图6-4-4-15 钢筋混凝土挡墙护岸

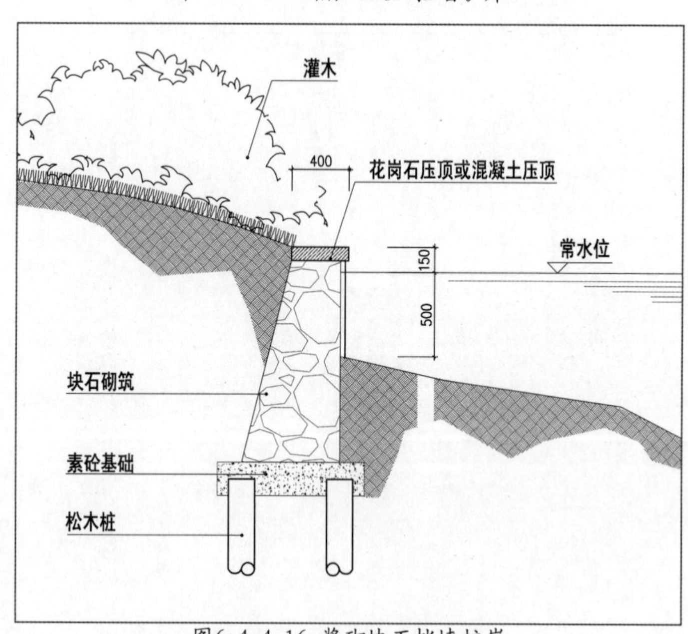

图6-4-4-16 浆砌块石挡墙护岸

4）水岸空间设计

水岸空间的景观元素包括水与水中生物、护岸、植物、滨水景观平台、滨水景观建筑与小品、滨水步道、景石等。水岸景观空间的营建，一般是在常水位线以下的硬质护岸施工完毕后，再实施台阶、亲水平台、亭廊构建、景观建筑、景石等，再结合组织游线的滨水步道，配置高低错落的水生、湿生、陆生植物，形成丰富多彩的滨水植物景观效果，形成可供人们滨水休闲、娱乐、学习、交往的空间场所。

（1）水岸空间类型。水岸空间依据护岸形式分为5种空间类型：台阶式水岸空间、直立挡墙式水岸空间、块石垒砌式水岸空间、栈道与亲水平台式水岸空间、自然缓坡式水岸空间。

A.台阶式水岸空间。台阶式水岸空间在不同水位条件下为人们提供了一个观水、戏水的亲水空间（见图6-4-4-17）。

由于分级设置挡墙，降低了临水侧挡墙的标高，同时可利用两段挡墙间形成的斜坡空间种植植物，使水岸的平面和竖向空间都富有层次感。

B.块石垒砌式水岸空间。块石垒砌护岸不仅仅起挡土、护坡的作用，还可根据周边的地形、地貌，起到协调造景的作用。块石垒砌并不是把块石沿着河边一块一块地堆砌，而是融入叠山技艺，表现人文内涵。块石垒砌式的护岸一般结合步道设计，让行进在滨水步道的游人可以在山石边驻足观水、看书、散步。

在夏驾河“水之韵”文化休闲公园中，块石垒砌驳岸有以下几种形式：①规则块石垒砌的驳岸，利用人为加工过的规整式块石错缝砌筑，可由块石干砌或斜砌而定，垒砌的缝理可用白水泥勾成平缝、斜缝等（见图6-4-4-18）；②在场地放坡较为平缓的水岸边，采用黄石、云片石等垒砌成石驳岸，从竖向上打破驳岸的单一的水平线条，并在块石间种植类型丰富的水生植物及陆上植物，具有良好的生态效果，起到画龙点睛的作用（见图6-4-4-19）；③散置卵石护岸的运用，很大程度上满足了人们追求自然、亲近自然的心理。通常与一些水生植物与陆生植物相结合，形成一种植物从石缝中长出的自然野趣之美，弱化了人工干预的痕迹（见图6-4-4-20）。

图6-4-4-17 台阶式水岸空间

图6-4-4-18 规则块石垒砌空间

图6-4-4-19 块石垒砌式水岸空间

图6-4-4-20 散置卵石滩水岸

C.栈道、亲水平台式水岸空间。结合景观与游憩的需求，设计可将构件较大的挡墙设于水下，上部可采用平台悬挑的方式，增加水岸的空灵感。但为了安全起见，悬挑平台需要架设栏杆。在夏驾河“水之韵”文化休闲公园中，栈道、亲水平台一般是结合草坡入水式水岸，利用滨水地形，在贴近水面处筑成栈道或亲水平台。栈道与平台一般有钢筋混凝土结构形式和木结构形式，底部采用钢筋混凝土柱支撑。平台或栈道的上部可设多级踏步或低栏，以使游人更安全地接近水面和适应水位的变化（见图6-4-4-21）。

D.自然缓坡式水岸空间。此类水岸空间以植物造景为主，宜在浅水区种植挺水植物，减缓水流的速度，同时在浅水区底部散置石块压脚，易于水生植物扎根；或在常水位边界利用竹木桩护岸。在草坡上种植高大乔木，形成滨水树林草地（见图6-4-4-22）。

图6-4-4-21a

图6-4-4-21b

图6-4-4-22a

图6-4-4-22b

（2）水与石设计。中国园林以“模山范水”为其特点，水必须依靠山石而产生变化，所以中国园林理水，或浅水露矶，或深水列岛，或矶濑隐波，或水洞隐波，或水洞幽深，均为借岸型的曲折起伏而成水之无穷变化。水与石的设计主要包括隩、矶、滩、水洞、汀石等。

A.隩。水岸内曲处称作隩（见图6-4-4-23）。水曲因岸，因势利导，自成意趣。曲岸形成的隩，有如宁静的港湾，天空、山石、花木和建筑映景的纳入，使其更添无穷意趣。如北海静心斋水池的岸型，曲折多变，形成许多美丽的隩，扬州瘦西湖卷石洞天水池之隩（见图6-4-4-24）。

B.矶。水边突兀探出之岩石称作矶。园林中小型的矶往往横向挑于水面，大型的矶常做成崖壁或假山并辅以蹬道以便利登攀赏景。石矶以险峻之势取胜，造型独特的矶与周边景致配合，往往成为重要景点；矶占尽地势，又往往成为赏景的佳处。如北京颐和园谐趣园池岸之矶、苏州艺圃池岸石矶、南京燕子矶、避暑山庄石矶观鱼等均为著名景点。

C.水洞。园林中水岸边的岩洞或水源处的洞口称为水洞，水洞筑于水面，常以山石叠砌成洞型。岸边的水洞不仅有深不可测、引人探幽的意趣，还能有效地扩大水域空间感，使水岸更曲折有致富于变化。水源处的水洞起到掩映水源的作用，造成扑朔迷离，水源深藏不尽的景象。如胡雪岩故居水洞、桂林象鼻山洞（见图6-4-4-25）。

图6-4-4-23 隩 苏州留园中部

图6-4-4-24 石矶 苏州留园中部

图6-4-4-25 水洞 桂林漓江

（3）水与桥。桥是陆地的跨越，架空的道路，水上的构筑，是分隔水面的重要手段。它近水而非水，似陆而非陆，架空而非空，是水、陆、空三系统的交叉点和聚焦点，是静态的依水景观中极为重要的类型。

桥梁在中国古典园林中的重要地位，突出地表现在它和水的审美关系上。所谓“小桥流水”，就揭示了桥与水的相关性：桥固然离不开水，这是由其依水的性格所决定的；而水体之美也往往要通过桥来划分水面、点缀水景才能更好地显示出来，从而耐人寻味地供人品赏（见图6-4-4-26）。

（4）水中的石塔与石幢。水上的石塔、石幢，是点缀水面空间的重要构筑物。杭州西湖的三潭印月就是著名的水上石塔（见图6-4-4-27）。石幢是更小型的水面饰物。苏州留园曲溪楼前的水面与苏州拙政园西部水廊边的水面上，都饰有石幢。它们以纵向的立体造型，界破了横向展开的水平面，其倒影静涵水中，是又一种微型水体景观之美（见图6-4-4-28）。

（5）滨水建筑与小品。在水的周围经常设置建筑，起到主景的作用。船舫、水榭、亭廊等中国统园林建筑建筑常常临水而建。现代园林中的滨水建筑更是倍受欢迎，成为水岸重要的景点（见图6-4-4-29）（参见6.6.1）。

（6）水中生物。在动态的依水景观中，游鱼是最为重要的。在中国古典园林美的物质性建构元素中，禽兽等动物经过历史长河的冲洗、淘汰，越来越退居次位．然而鱼则与之成反比，地位越来越显要，几乎成为不可或缺的元素。从现存的园林来看，不论在北方宫苑或南方宅园，还是在公共园林或寺观园林，总不乏游鱼所构成的景观。如承德避暑山庄康熙题三十六景有“石矶观鱼”，乾隆题三十六景有“知鱼矶”，北京颐和园有“鱼藻轩”、“知鱼桥”，广东可园有“观鱼簃”，苏州沧浪亭有“观鱼处”，上海豫园有“船乐榭”，而在风景名胜杭州西湖，“花港观鱼”是著名的十景之一，这些景观又是庄子“知鱼之乐”这一著名典故的文化心理的历史积淀。如图6-4-4-30所示。

（7）水岸空间种植设计。临水的种植一般以枝条柔软的植物为主，如垂柳、榆树、乌桕、朴树、枫杨；迎春、连翘、六月雪、紫薇、珍珠梅等。与水有关的植物有挺水植物、浮水植物、沉水植物、临水植物等，如图6-4-4-31所示。

图6-4-4-26 北京颐和园玉带桥

图6-4-4-27 杭州西湖“三潭映月”石塔

图6-4-4-28 苏州留园水上石幢

图6-4-4-29a

图6-4-4-29b

图6-4-4-30 杭州西湖“花港观鱼”

图6-4-4-31

6.5 种植设计

种植设计是以植物为介质进行空间设计。种植设计需要考虑两个方面问题：一方面是各种植物之间的搭配，考虑植物种类的选择与组合，包括林缘线、林冠线、色彩搭配、季相变化及空间意境；另一方面是植物与地形、水体、山石、建筑、园路等其他景观要素之间的搭配。

6.5.1 种植设计法则

1）种植设计的生态法则

（1）因地制宜、适地适树。首先，种植设计应依据基地的现状与资源条件设计相应的生境类型，并考虑植物的生态习性和生长规律，选择合适的植物种类，使各种植物能正常生长与发育，充分发挥植物个体、种群和群落的景观与生态效益，并为其他生物的正常生活提供合适的生态环境。例如，山体绿化要选择耐旱并有利于强化山景的树种，水边绿化要选择耐水湿的植物等。

其次，种植设计要依据绿地的性质与功能进行合理的布局，满足相应的功能。例如，街道绿化、庭园绿化应选择花、果、叶等观赏价值高的树种；烈士陵园绿化要宜选择柏树类等常绿植物，体现先烈“坚强不屈”的高尚品德；幼儿园绿化宜选择低矮和色彩丰富的植物，营造活泼的空间氛围，忌选择有刺、有毒的树木，如夹竹桃与枸骨等。综合性公园因多样的游憩功能而设置有花坛、花境、丛林或疏林草地等植物景观。

（2）多样物种、互惠共生。多样的物种能提高群落的观赏价值，增强群落的抗逆性和韧性，有利于保持群落的稳定，避免有害生物的入侵。丰富的物种还能形成丰富多彩的群落景观，满足人们的审美需求；多样的物种能构建不同生态功能的植物群落，更好的发挥植物群落的景观效果和生态效应，因此种植设计中应充分利用优良乡土树种，积极引入易栽培的新优品种，驯化观赏价值较高的野生物种，丰富园林植物种类，形成色彩丰富的多样化植物景观。

同时种植设计中要合理的处理好植物个体与个体之间、个体与群体之间、群体与群体之间以及个体、群体与环境之间的关系。因为一些植物的分泌物对另一些植物的生长发育是有利的，如黑接骨木对云杉根的分布有利；而有些植物的分泌物则对其他植物生长不利，如胡桃和苹果、白桦与松树等不宜种在一起；梨、桧柏栽植在一起容易发展转主寄生的病虫害；赤松林下桔梗、苍术、结缕草生长良好，而牛膝菊、东风菜、苋菜却生长不好。因此在植物配置中必须考虑到植物的他感作用，利用植物之间的相生、相克的关系。充分发挥每一种植物在园林环境中的作用，维持或创造各种持久、稳定的植物群落景观，造就和谐优美、平衡发展的景观生态环境。

（3）密度适宜、远近结合。园林植物种植密度的大小，直接影响到植物生长发育，景观效果与绿地功能的发挥。无论是树木、还是花草，都应该有适宜的间距和密度。密度过大，加剧竞争，影响个体生长和发育，同时也降低经济性；密度过小，则又可能影响景观效果和生态功能的发挥。为了合理利用植物与土地资源，节约成本，种植设计也常结合近期躬耕与远期目标，进行动态设计，分步实施。

（4）构建高吸污力、高净化力的植物群落。以对PM2.5吸附能力强的乡土树种为骨干和基调树种，提高植物景观净化空气和卫生防护的功效，营造宜人的小气候环境。

2）种植设计的艺术法则

从美学的角度来看，植物可以在外部空间中统一和协调环境中各种不和谐因素，突出景观中的层次与特色，柔化建筑物界面，限制景观视线。

（1）遵循对比与协调原则，形成统一中有变化的植物景观。相同形态、质感或色彩的植物的重复使用可以形成简洁统一的植物景观；同种植物的反复使用，可以成为主调树种，形成统领整体的要素。例如行道树就是等距配置同种、同龄的乔木树种，或在乔木下配置花灌木，这种精确重复的植物景观最具统一感（见图6-5-1-1）。

但是，为了避免景观单调，必须谨慎使用同类植物，应该在统一的前提下突出重点、体现特色。比如在重点景观节点利用植物的高低、姿态、叶形、叶色、花形、花色等的对比效果，在突出重点的同时，形成引人入胜的植物景观。“万绿丛中一点红”就是植物色彩对比的一个典型例子（见图6-5-1-2）。

（2）遵循均衡的原则，形成具有稳定感的植物景观。将形态、大小、色彩与质感各异的植物按照均衡的原则进行配置，形成具有稳定感的植物景观。色彩浓重、体量庞大、质地粗厚、枝叶茂密的植物种类，给人以厚重的感觉；而色彩淡雅、体量小巧、质地细柔、枝叶疏朗的植物，给人以轻盈的感觉。依据环境的特征，可形成对称均衡与不对称均衡2种植物景观。比如建筑入口两侧的对植形式、道路两侧的列植形式就是对称均衡（见图6-5-1-3）；重量感相当的一棵乔木与三棵小灌木形成的均衡是不对称均衡。植物的色彩能通过增加景物的视觉重量来影响均衡。又如，在一个种植组团中，一株深色的植物可以通过另几株大小相似但视觉重量较轻的浅色植物实现均衡。质感也能影响均衡。粗糙的质感在视觉上较重，细腻的质地则感觉较轻。当植物种植单元中的质感发生变化时，质感粗糙的植物就需要较多的质感细腻的植物与之保持均衡。

植物搭配还需考虑植物与环境中其他要素之间的协调、植物在不同生长阶段和不同季节的形态变化，从而避免产生植物景观的不平衡感。

图6-5-1-1

图6-5-1-2

图6-5-1-3

（3）植物组合的规律变化，形成具节奏与韵律感的植物景观。通过植物组合的形式、质地或色彩的规律变化形成具有节奏与韵律感的植物景观。

A.林缘线和林冠线的变化形成起伏曲折的韵律。林缘线是指在太阳垂直照射时，植物投影到地面影子的边缘线，是植物配置在平面构图上的反映，是植物空间划分的重要手段。空间的大小、景深、透视线的开辟、气氛的形成等大都依靠林缘线来控制。林冠线是树冠与天空交接的线，可打破建筑群体的单调和呆板感，形成起伏曲折的天际轮廓线。不同树形的植物如塔形、柱形、球形、垂枝形等的合理搭配，可构成起伏曲折的林冠线；利用地形高差变化，布置不同高度的植物，可形成优美动感的林冠线。

种植设计时应充分考虑到植物的形态与立体感，通过在曲折起伏的地形上进行多层次错落的种植，使林缘线、林冠线有高低起伏的变化韵律，形成景观的韵律美（图6-5-1-4）。

B.不同形态、色彩或质感植物的交错搭配，可形成交错韵律（见图6-5-1-5）。北京颐和园西堤、杭州白堤以桃树与柳树间隔栽植，就是交错韵律的典型例子。

C.利用植物季相特色，创造丰富的时序景观。种植设计要充分的利用植物的季相演替和不同花期的特点，形成春季繁花似锦、夏季绿树成荫、秋季硕果累累、冬季枝干虬劲的序列景观，体现春夏秋冬四季交替的韵律景观。

图6-5-1-4

图6-5-1-5

图6-5-1-6 接天莲叶无穷碧，映日荷花别样红

图6-5-1-7

3）植物景观的空间意境与文化表达

利用园林植物进行意境创作是中国传统园林的重要特色和宝贵文化遗产。中国传统的文化赋予了植物抽象的、极富思想感情的美，即意境美。植物本身所具有的丰富寓意和多样的观赏特征，使得园林景观充满了诗情画意、声色俱佳。这些园林植物的姿态、香味等可以借景抒情，表达出人文墨客的心境。中国植物栽培历史悠久，通过诗、词、歌、赋和民风民俗留下了歌咏植物的优美篇章，对植物的欣赏由形态美上升到了意境美，达到了天人合一的理想境界。

在园林景观的创作中可借助植物抒发情怀，寓情于景，情景交融。

松苍劲古雅，能在严寒中挺立于高山之颠；梅不畏寒冷，傲雪怒放；竹则“未曾出土先有节，纵凌云处也虚心”。这三种植物都具有坚贞不屈、高风亮节的品格，所以被称为“岁寒三友”，常用于纪念性园林以缅怀前人的情操。兰花生于幽谷，飘逸清香。荷花“出淤泥而不染，濯清涟而不妖，中通外直，不蔓不枝”，用来装点水景，可营造出清静、脱俗的气氛。牡丹雍容富丽，显高贵大度。菊花迎霜开放，深秋吐芳，代表不畏险恶环境的君子风格。其他有“垂柳依依”表示惜别，桑梓代表故乡，含笑表示深情，红豆表示相思，等等（参见5.2.2）。

（1）以诗画为蓝本，营造植物景观空间意境。江南私家宅园以白色粉墙为背景，配置几杆修竹、数块山石、三两棵芭蕉，具有中国水墨画的意境；同样苍劲的古松与淡淡飘香的梅花互相搭配，可让人联想起“疏影横斜水清浅，暗香浮动月黄昏”的美妙诗句；杭州西湖种植大面积荷花的“曲院风荷”，盛夏时节就有“接天荷叶无穷碧，映日荷花别样红”的壮丽景观（见图6-5-1-6）；而苏州拙政园的“听雨轩”则创造出“蕉叶半黄荷叶碧，两家秋雨一家声”的诗情画意（见图6-5-1-7）。景观艺术与文学艺术得到了最好的融合。这些植物景观空间深深感染着游人，在场景中诠释植物的意境，体现城市文化中与众不同的文学内涵。

（2）巧用植物寓意，营造特定空间的文化氛围。对于历史遗迹、纪念性园林、风景名胜、宗教寺庙、古典园林等特定环境空间，要求通过各种植物的配置营造相应的文化氛围，从而引起共鸣和联想。例如，常绿的松科植物和塔型的柏科植物成群种植在一起，营造出庄严肃穆的气氛（见图6-5-1-7）；开阔的疏林草地，给人以蓬勃向上的感觉（见图6-5-1-8）。总之，各种植物的组合能营造千变万化的景观空间，给人以丰富多彩的艺术感受。

利用市树、市花的象征意义与其他植物或小品、构筑物相得益彰的进行配置，可以赋予其浓郁的文化气息，不仅对青少年起到积极的教育作用，也满足了市民的精神文化需求。市树、市花是一个地区文明的标志和城市文化的象征。例如，北京市花是菊花和月季、市树是侧柏和国槐，体现了兄弟树、姐妹花的城市植物形象；上海的市花是白玉兰，象征着一种奋发向上的精神；广州的木棉素有“英雄树”之美名，象征蓬勃向上；还有杭州的桂花、昆明的山茶等都具有悠久栽培历史及深刻文化内涵的植物。

地带性植物不仅符合适地适树的原则，而且能体现一定的植被文化和地域风情。例如，椰子树代表南国风光；杨树体现北国风光。

图6-5-1-8

图6-5-1-9

（3）利用植物拟人化特征丰富景观空间的文化内涵。植物配置可借助植物拟人化的特征来营造具有内涵的景观空间，从而使人们从欣赏植物景观形态美升华为对意境美的体验（见图6-5-1-10）。例如，玉兰、海棠、迎春、牡丹、桂花的组合象征着“玉堂春富贵”；松之坚贞不屈、梅之清致雅韵、竹之刚正不阿、兰之幽谷品逸、菊之傲骨凌霜，荷之出淤泥而不染等。使人们在欣赏景观的同时融入了个人的情趣与理想，将植物形象之美人格化，并赋予其一定的品质与内容。如宋代周敦颐《爱莲说》写荷花“出淤泥而不染，濯清涟而不妖，中通外直，不蔓不枝，香远益清，亭亭净植，可远观而不可亵玩焉。”把荷花的自然习性与人的思想品格联系起来，从而使人们对荷花的欣赏不仅在于自然之美，还延及其高尚品格，从而增强了景观的意境美。

（4）巧用古树与名木。具有百年以上树龄的树木称为古树；而以历史、文化、科学意义或者其他社会影响为闻名的树木称为名木。古树、名木作为历史的见证，是活文物，不仅增添了景观的文化艺术性，还是研究古自然史、研究植物生理的重要资料（见图6-5-1-11）。

图6-5-1-10

图6-5-1-11

图6-5-1-12

4）基于五感体验的种植设计

苍劲的乔木、松软的草地、芳香的花朵、柔软的柳枝、香甜的果实都是大自然赋予人们最为宝贵的植物感受来源。对人体健康有积极影响的园艺疗法就是通过与植物的接触获得心理和生理、健康上的改善。因此，彰显植物五感特征的种植设计便是“以人为本”的设计思维和理念的体现。

植物的季相变化是景观最大的魅力。这种美是通过视觉的感官刺激得到的。当人们身处其中不仅能感知到植物景观丰富多样的形态与色彩的变化，同时能体会到温暖的阳光、潺潺的流水、清脆的鸟鸣等诸多感官刺激。而当人们看同样的风景照片时就很难感觉到美妙的自然感。

对于视觉有障碍的人，特别是全视觉障碍人，环境中斑斓的色彩是完全感受不到的，他们会用敏感的听觉、触觉、嗅觉感受自然的气息。比如说，接近树木的时候，沙沙的树叶声让他们感知到树木的高度；通过感受树荫温度的微妙变化，感知树冠的宽大。此外，徐风带来花的幽香，清澈的水声给人以清凉的感觉等等。这些对于视觉障碍人群就是“芳香风景”、“声风景”的体会。同时，通过触觉的感受，更能触探到大自然的真实存在。

听觉障碍者对自然界中运动变化的事物尤为敏感。例如看到流动的溪水、风中摇曳的花草会令他们联想到“那里一定有声音！”这就是将视觉信息听觉化的本能反应。感知正常的人闭上眼睛，通过感知自然界发出的声音、气味同样可以将其视觉化。

本节从不同植物对人的五感刺激的不同作用进行分类说明，对植物的选择标准、设计中的考虑因素、辅助装置的设置等方面加以归纳总结，从而为植物配置提供更为开阔的设计思路。

（1）基于视觉感知的种植设计。人们对于植物的视觉感知中，最为重要的感受即是植物季节分明的色彩表现，这种色彩的感知不同于对人工制造物的感受，它更为真实、更让人容易感动（见图6-5-1-12）。表6-5-1-1就是从植物颜色的角度，对人的心情和感受进行简单的分析和说明。

因此，考虑到弱视人群的感受，植物品种的选择要考虑以下几方面因素：①花与果等颜色鲜艳的植物，黄色尤佳；②黄色叶等鲜艳植物；③花、果实形状比较大，容易识别的植物；④花、果实、芽等形状比较有特征的植物；⑤整体形状比较特别、有趣的植物；⑥随风易动的植物；⑦招蜂引蝶的植物；⑧植物漏光性。

为突出植物花、果、叶的大小、形状与色彩应配置恰当的背景颜色。

为加强景观环境中的视觉刺激，可加强辅助装置的设置。如盲文信息板，考虑水面的反射、光影效果等。

表6-5-1-1 植物色彩的心理感受分析

色系	颜色的心理感受	花的种类
粉红色系	和谐、温暖、女性的、幸福感、安宁	尖叶福禄考、高山石竹、杜鹃、 波斯菊
红色系	运动、高贵、能量的迸发、活性化	美国薄荷、美人蕉、大丽花、孤挺花、非洲凤仙、一串红、秋海棠、鸡冠花
橘红色系	阳气、温暖、食欲的增强、高涨的气氛、行动力	甘草、三色堇、金盏花、旱金莲、百日草
黄色系	明亮的、太阳、勇气、赋予希望的	向日葵、喇叭水仙、万寿菊、金盏花
蓝色系	清洁、沉淀心情、稳定的精神状态	百子莲、桔梗、山梗菜、兰花、鼠尾草、矢车菊
紫色系	高贵、强的、富有治愈创伤的能量	马鞭草、花菖蒲、三色堇、翠菊
白色系	神圣、清洁、纯粹、感情的净化、无刺激的	白晶菊、水仙、葱兰
绿色系	安宁、放松、朝气蓬勃、年轻	细叶艾、富贵草、铺地柏

（2）基于嗅觉感知的种植设计。为加强植物景观给人带来的嗅觉刺激，首先要选择花香植物、果香植物、叶香植物、枝香植物或植芳香联想型植物。

其次在植物配置时应考虑以下因素：①考虑风向因素，确定植物种植方位；②不同种类的芳香型植物应采用分离式，防止多种芳香植物混合后产生令人不快的气味；③通过利用挂篮植栽，增强闻香效果；④通过设置合理的种植高度，为使花、果、叶等能够接近人脸，有效鉴赏植物芳香特性；⑤合理设置栏杆，以免栏杆阻碍游人亲近植物。

（3）基于触觉感知的种植设计。为加强植物景观给人带来的触觉刺激。首先宜选择以下几类植物：①植物枝、叶具有特殊手感的品种；②大叶型植物品种；③花、芽等形状可变的植物品种；④果实形态有趣的植物品种；⑤枝叶柔软，具有下垂效果的植物品种；⑥频繁接触不会受到伤害的植物品种。其次，设计中还应考虑以下因素：①避免因栏杆等的设置，阻挡触摸植物的机会；②利用高差设计，调整树梢、树叶的可触摸高度（见图6-5-1-13）；③对于枝叶柔软的植物其下垂后的可触高度应精心考虑；④水生植物设计时，应尽可能地考虑可以触摸的植栽方法（见图6-5-1-14）；⑤带刺植物配置时，需要设计相应的警示标志；⑥慎用农药；⑦设置花池、花坛设施，让坐轮椅的人可接触到植物（见图6-5-1-15）。

（4）基于听觉感知的种植设计。为加强植物景观给人带来的听觉刺激，植物的选择宜参照以下标准：①树叶在风中发出声音的植物；②鸟类喜好的花果植物品种；③招引鸣叫昆虫的植物品种。

在设计中考虑防止公园外部噪声的植物植栽方法（防声植栽）；采用易于成为鸣叫型昆虫生息地的植栽方法。

（5）基于味觉感知的种植设计。为加强植物景观给人带来的味觉刺激，植物的选择标准包括：①供入食用的植物品种；②采摘后可立即食用的植物品种；③可用来做菜的植物品种；④具有食物意向的植物品种；⑤作为食品原料的植物品种。

在设计中还需考虑：①为体现果实的形态，可设计利用人工材料的设施辅助果实的展示效果；②设置采摘区域，果实收获时期需制定相应的规章制度；③设置现场烹饪教室、开展鲜食活动等，同时设置相应的标示装置。

图6-5-1-13

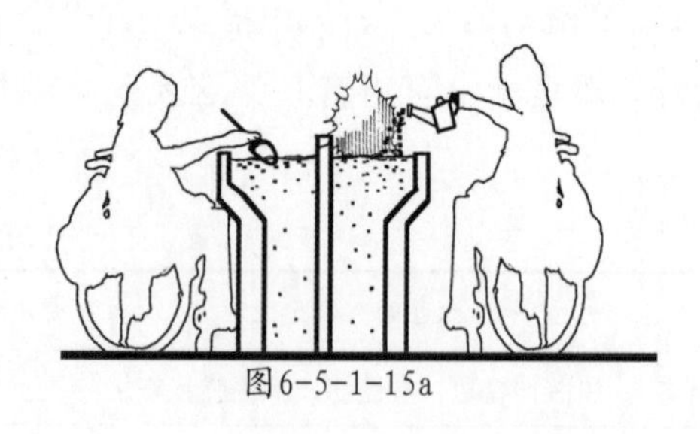

图6-5-1-15a

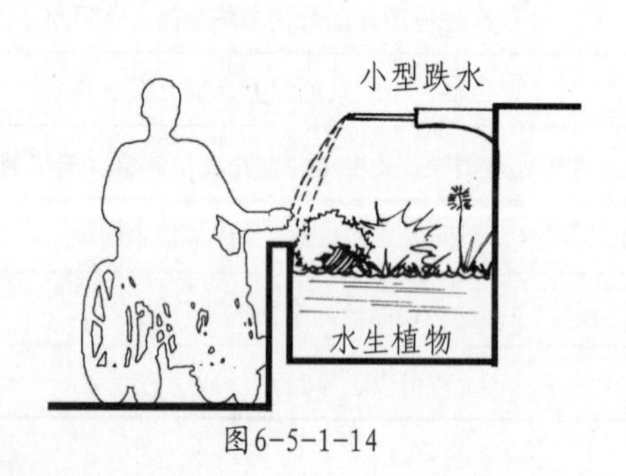

图6-5-1-14

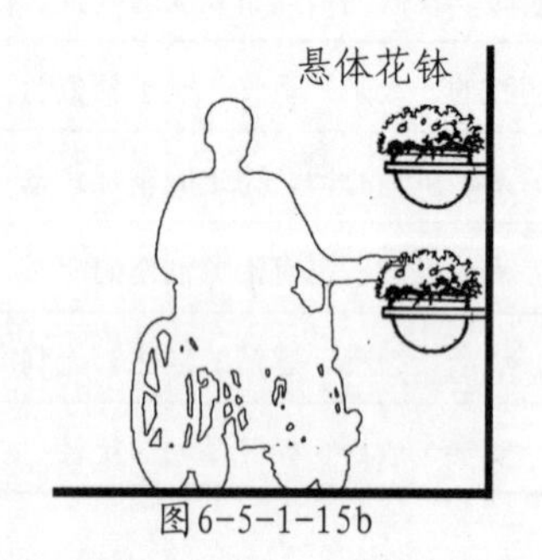

图6-5-1-15b

6.5.2 种植设计的程序与方法

种植设计是景观规划设计过程的有机组成部分，应在规划设计的前期就加以研究与分析。种植设计通常包括多个决策步骤，也可称为“设计程序”。不同设计程序的侧重点不同，各个阶段应有良好的衔接，前一个阶段应是后一个阶段的基础。植物的功能作用、布局、品种的选择是整个设计程序的关键。

1）设计条件分析

了解区域的气候特征；了解基地的土壤、水文条件；了解乡土树种；了解基地保留植物的品种与规格及布局情况，绘制植被现状图，（见图6-5-2-1）；了解委托人的要求；了解总体设计的定位与功能分区。在此基础上，设计师才能确定种植设计中应该考虑何种因素与功能，需要解决什么问题以及明确预想的设计效果。也就是说，种植设计之前用抽象泡泡图的方式描述总体设计布局、设计要素以及功能分区（见图6-5-2-2）。并要有一张能描述地形与水系、道路场地、建筑小品，空间的开闭类型等总体设计信息的工作底图（见图6-5-2-3）。

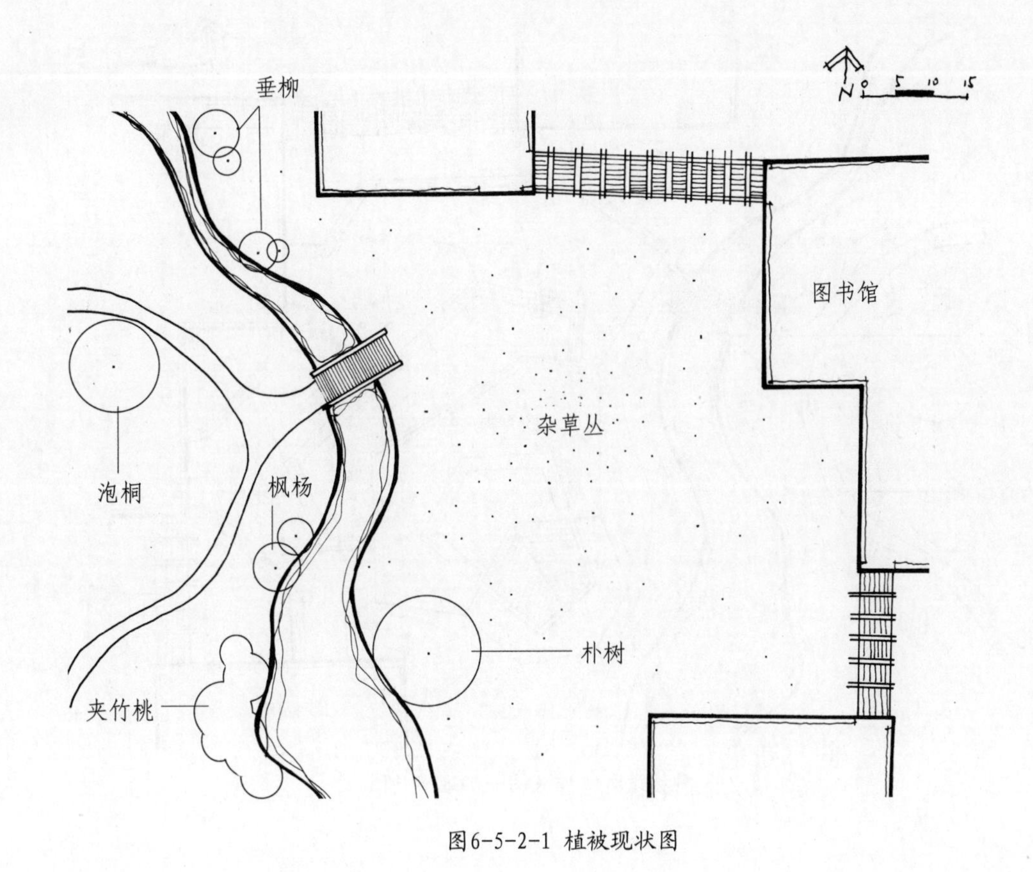

图6-5-2-1 植被现状图

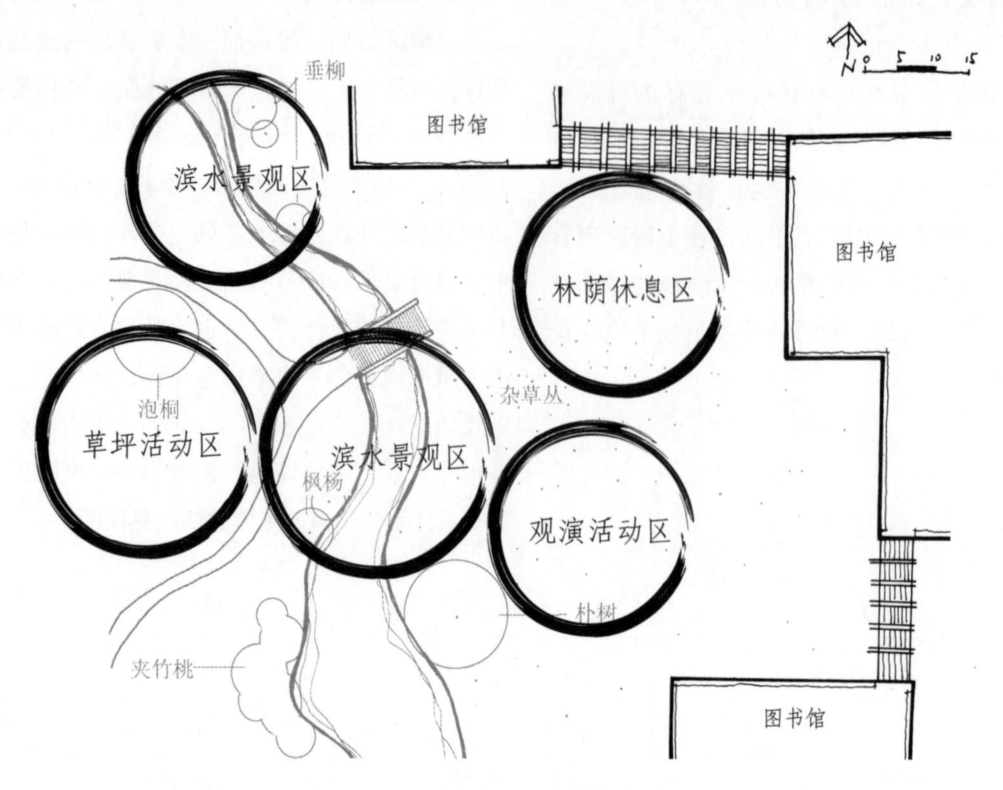

图6-5-2-2 功能分区图

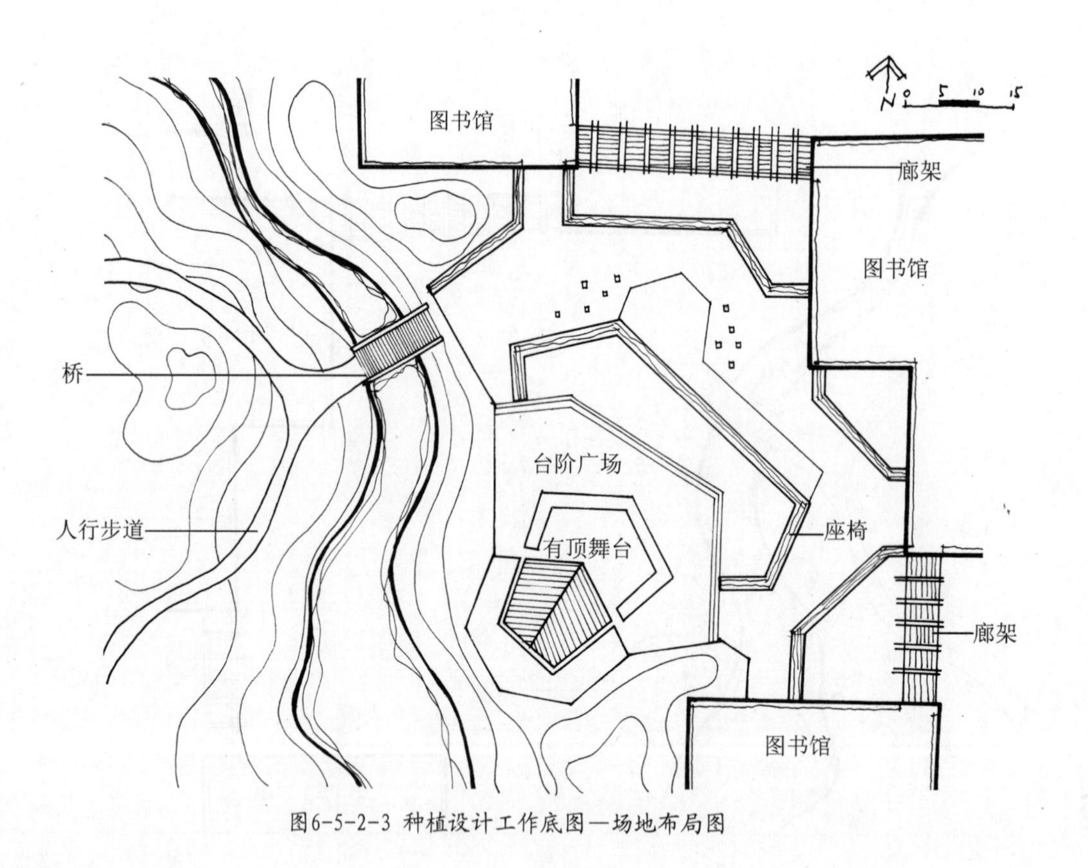

图6-5-2-3 种植设计工作底图—场地布局图

2）依据总体设计定位、场地布局来确定林缘线，进一步明确空间开合关系。

在了解总体设计条件的基础上明确种植区域、植物限制空间、障景以及视线焦点等功能，初步确定林缘线。

这个阶段不需要考虑使用何种植物，或单株植物如何分布与配置的问题，关注的是林缘线形态、种植区域的位置与面积。为了估价和选择最佳的种植设计方案，需要做出几种不同的种植功能结构草图。如图6-5-2-4所示的植物功能分析图（含林缘线）。

3）确定植物景观类型，构建植物空间结构

在完善、合理的植物功能分区的基础上，进入种植区域内部的初步布局。这种更为深入、更详细的功能图可称为“种植规划图”（见图6-5-2-5）。

（1）采用二维矩阵法确定植物景观结构。依据总体设计中确定的季相与色彩意向、空间开闭类型及视线关系，采用二维矩阵法（见表6-5-2-1）确定植物景观类型，构建植物景观结构。具体而言，这个阶段就是将种植区域划分成更小的、不同植物类型、大小与形态的区域。同时分析植物的色彩与质地间的关系。这个阶段不需要布置单株植物或确定植物的种类。如图6-5-2-6所示的种植设计构想分析图。

（2）利用植物立面组合图分析植物群体的高度关系与林冠线。为进一步分析在平面上确定的植物景观结构，特别是分析高度关系与林冠线的形态，理想方法就是综合植物与地形绘制植物立面的组合图，分析由植物的形态、高低共同形成的林冠线。如图6-5-2-7所示就是用概括的方法分析不同植物区域的景观结构（高度关系）。考虑到不同方向和视点，设计师应尽可能的画出更多的立面组合图。

（3）植物组团布局。种植设计中应群体地、而不是单体地处理植物素材。首先因为设计中的各相似植物群体，有利于植物景观视觉统一感的形成；其次，之所以将植物作为基本群体进行设计，是因为植物在自然界中几乎都是以群体的形式存在，植物在自然界中的种群关系，比起单一的植物具有更多的相互保护性，许多植物的生长都是因为临近的植被能为其提供赖以生存的光照、空气、及土壤条件。在自然界中，植被组成了一个相互依赖的生态系统，这一系统中所有植物相互依赖共同生存。但植物在特定位置作为视觉中心时，应该重点凸显其形态、色彩与质感的特征，如图6-5-2-8所示的开敞草坪中的孤植树，就是植物布局中的主景树，可以是圆柱形、尖塔形、或者是具有独特的粗壮质地与鲜艳花朵的植物。

在完成了植物组团的初步组合后，即可进入各个种植区域内部的单株植物的排列，并绘制种植总平面图（见图6-5-2-9）。

表6-5-2-1 植物景观类型矩阵

植物景观类型		空间结构			
		上中下结构	中下结构	上下结构	下层结构
植物类别	常青				
	芳菲				
	色叶				
	果类				
	竹类				

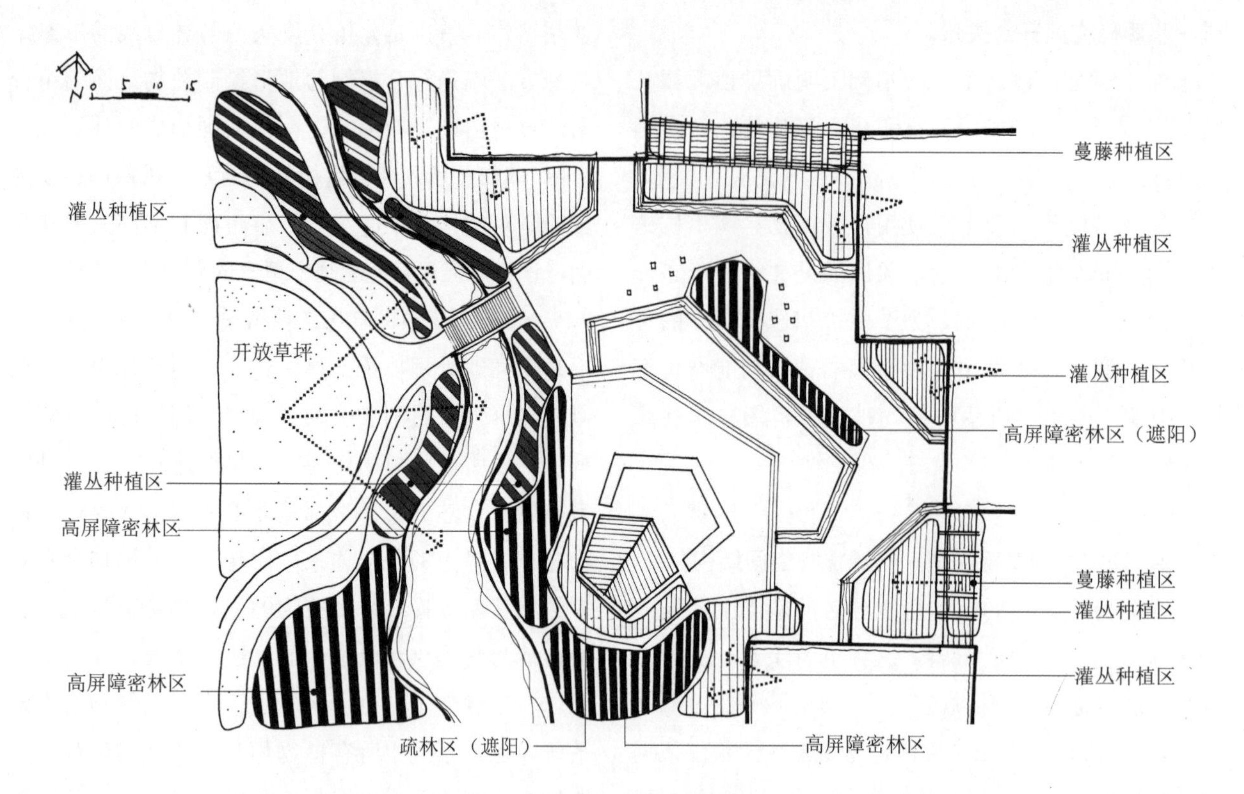

图6-5-2-4 植物功能分析图

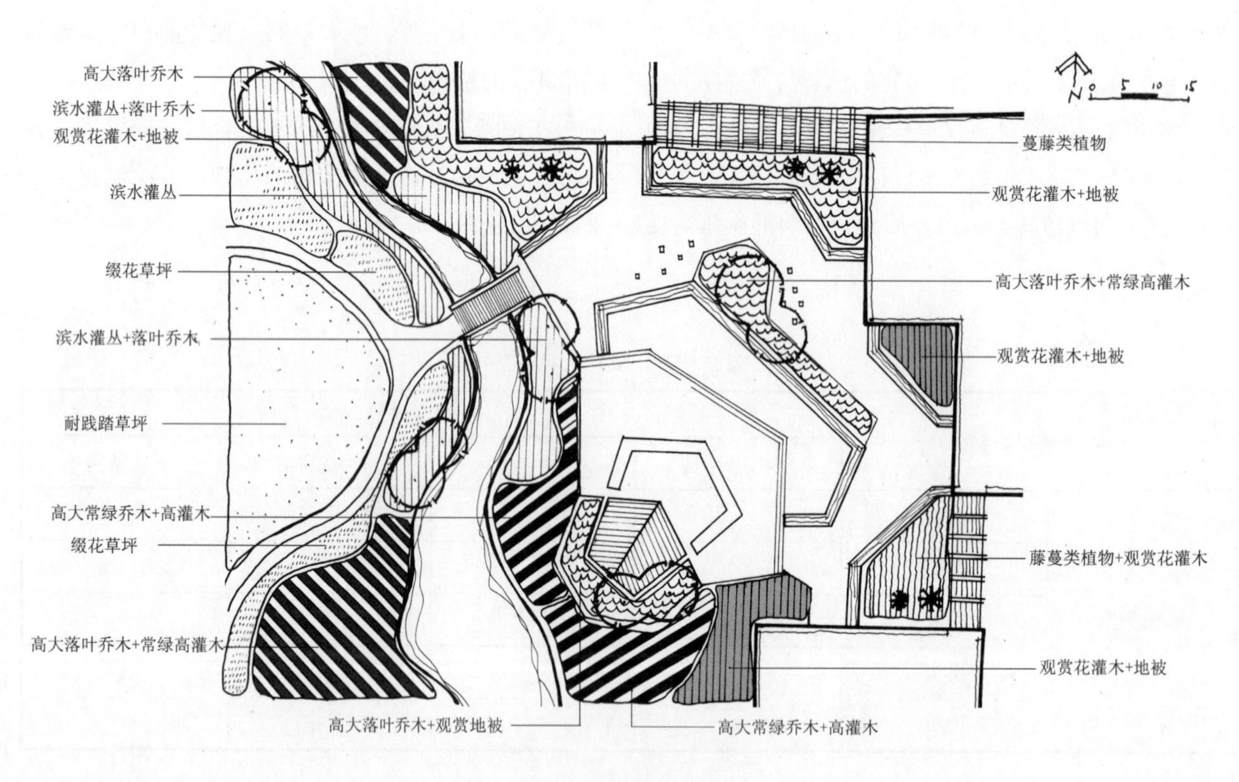

图6-5-2-5 种植规划图

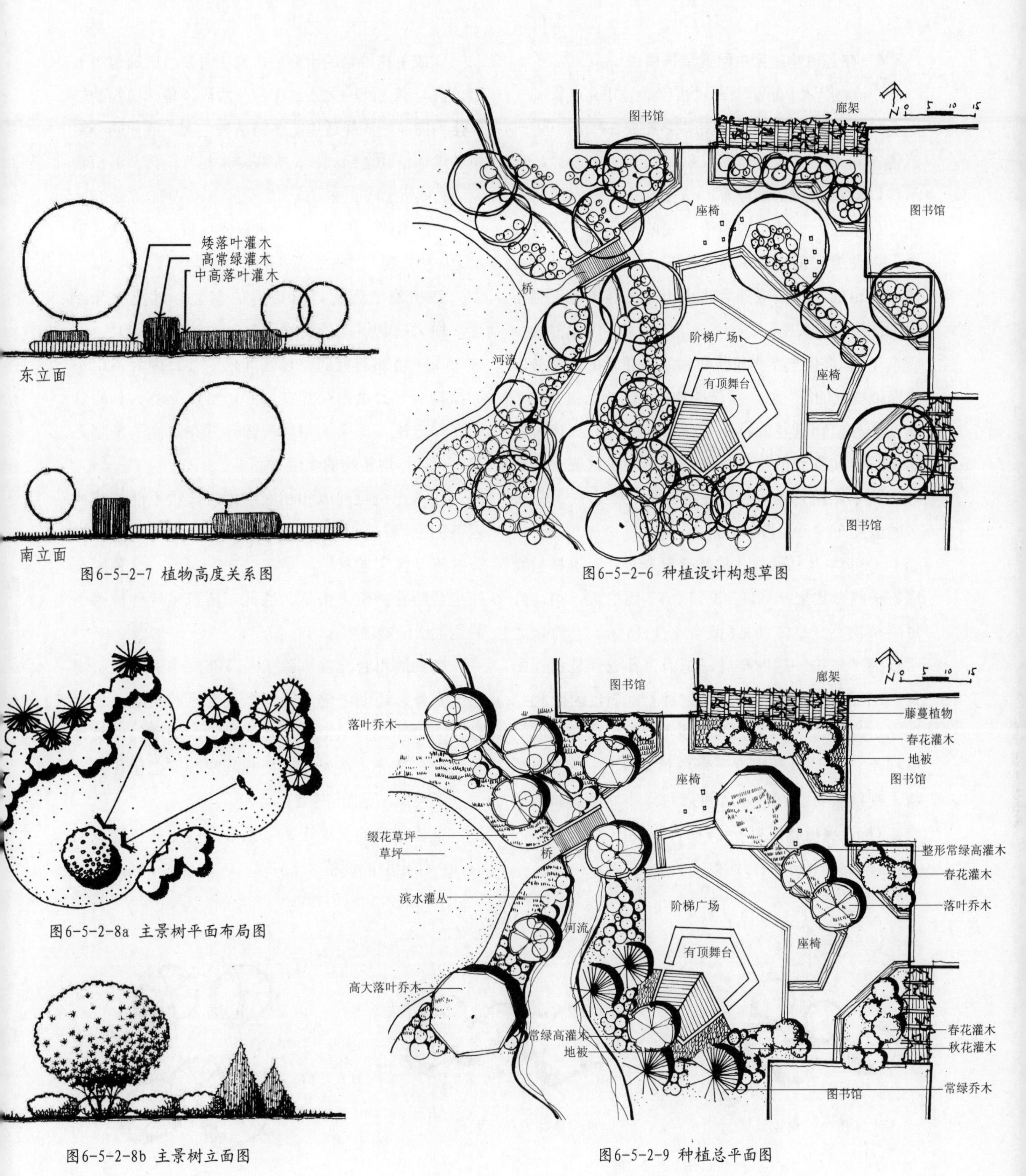

图6-5-2-7 植物高度关系图

图6-5-2-6 种植设计构想草图

图6-5-2-8a 主景树平面布局图

图6-5-2-8b 主景树立面图

图6-5-2-9 种植总平面图

4）在各植物组团中配置单株植物

在植物组团中配置单株植物应遵循以下几点原则：

（1）*群体中的单株植物的成熟度应在75%～100%。*植物的间距应该按照植物成熟时的大小来设计，而不是以幼苗的规格来排布，这种方式在建园最初可能效果不佳，但正确的种植方式就是让幼苗分开种植，以便给它们成熟后留有空间。因此，充分了解植物幼苗的大小及成熟后的大小是在群体中正确布置单株植物的关键。

（2）*群体中单株植物的树冠应有轻微的重叠。*为保证视觉的统一性，单株植物树冠的相互重叠面，基本为各植物直径的1/4～1/3（见图6-5-2-10）。这就是上文提到的植物组团式布局，视觉统一性较好；而单株植物的组合，被称为“散点布局”，过多的散点布局，显得杂乱无章。

（3）*单体植物应该按照奇数来排列。*单株植物应该按照奇数来排列，如3、5、7等组合成一组，且每组植物不宜过多（见图6-5-2-11所示）。奇数之所以能产生统一感的布局，是因为各成分是相互配合、相互增补的。相反，偶数易于分割，因而相互独立。若3株一组，人们的视线不会只停留在任何的单株上，而是将其作为一个整体来观赏；若2株一组，视线势必会在两者之间来回移动。奇数偶数的原则对于7棵植物或以下比较有效，超过这个数目，人眼就难以区分奇数与偶数了（参见3.3.2）。

完成单株植物的组合后，紧接着要考虑的是组与组、群与群之间的关系。在这一阶段，单株植物的群体排列的原则同样适用。各组植物之间，应如同一组中各单体植物之间一样，在视觉上相互衔接。各植物组团之间所形成的空隙或“废空间”（见图6-5-2-12）应彻底的消除，因为这些空间既不悦目，又会造成杂乱无序的外观，且极易造成养护的困难。

在植物之间应该有更多的重叠，以及相互渗透，增大植物组间的交界面（见图6-5-2-13）。这种布局可增加布局的整体性和内聚性，因为各组不同植物似乎紧紧的交织在一起，难以分割。利用这种布局方法，低矮的植物应该布置在较高的植物之前，可以体现植物的高度关系。

在考虑植物间隙和相对高度时，决不能忽略树冠下的空间，否则会在树冠下形成废空间，破坏设计的流动性和连贯性（见图6-5-2-14）。这种废空间也会给养护带来困难。因此，树冠下应种植耐荫的地被或低矮灌木。

植物的组合与排列除了与该布局中的其他植物相配合外，还要考虑与其他景观要素的搭配。种植设计应该涉及到地形、水体、建筑、围墙、以及各种场地与草坪，很好与其交相辉映，并强化各元素的景观效果（见图6-5-2-15）。

单体植物的布局还需依据最后确定的植物种类与规格作相应的调整。

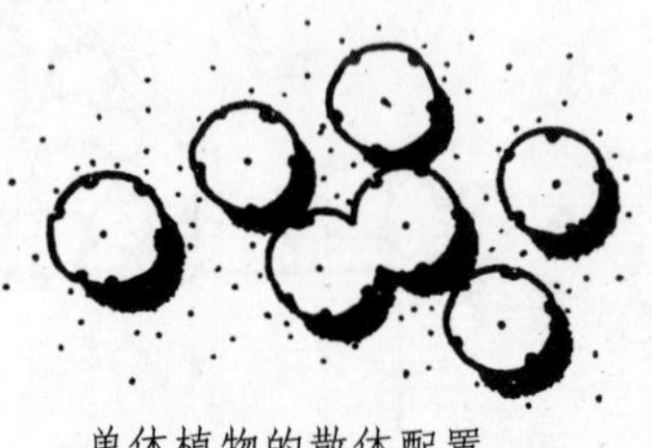

单体植物的散体配置

单体植物的群体配置

图6-5-2-10

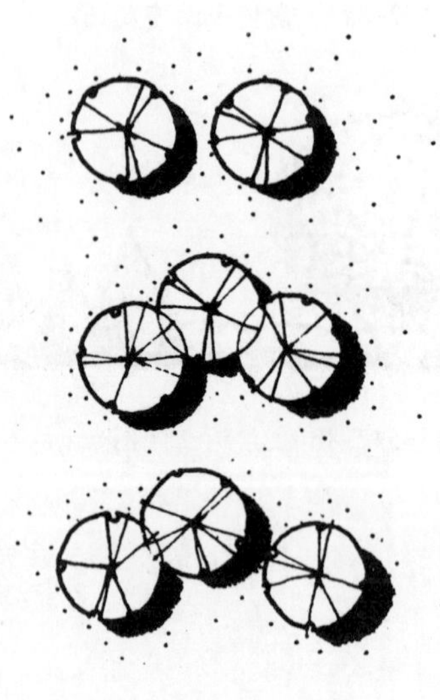

图6-5-2-11

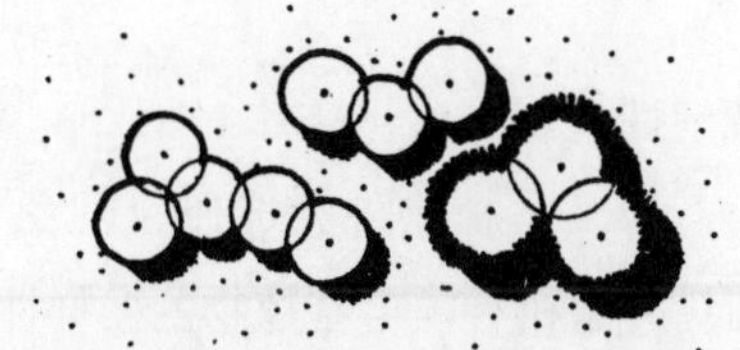

废空间由植物丛之间的空隙造成

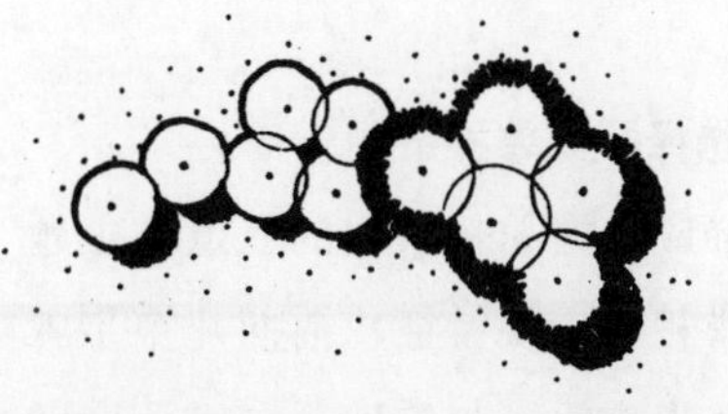

每组植物紧密组合在一起，消除废空间

图6-5-2-12

不同的植物材料相互衔接

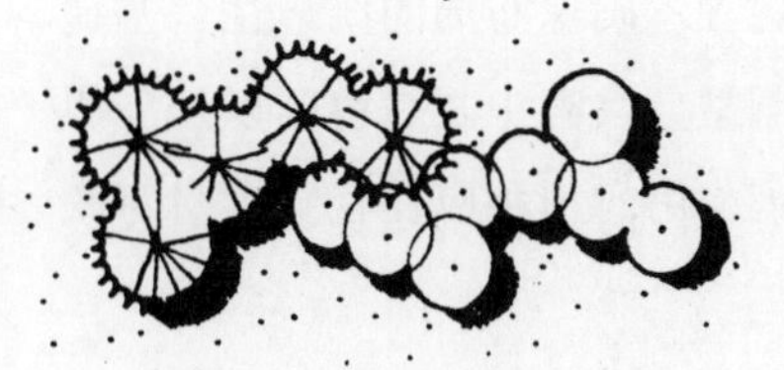

不同的植物群相互重叠、混合

图6-5-2-13

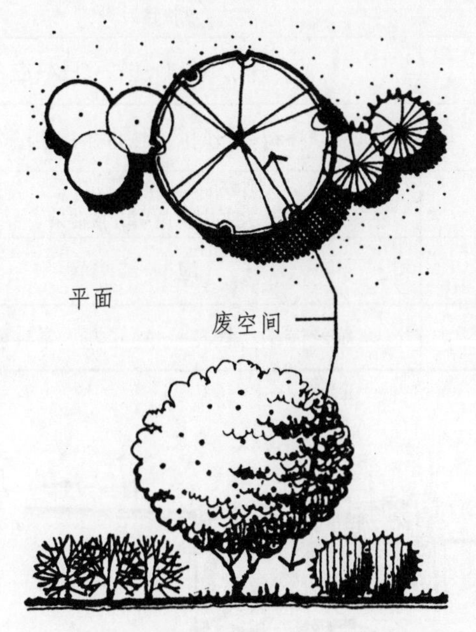

树冠下的废空间

灌木占有树冠底部充实了空间

图6-5-2-14

植物没有很好的结合铺地形式

植物突出强调了铺地形式

图6-5-2-15

5）植物品种的选择

植物品种的选择应依据总体景观的立意与主题定位，依据特定的季相与景观特征，前面几个步骤确定的植物大小、体形、色彩与质地，同时还应考虑阳光、风、及各区域的土壤条件等因素，如表6-5-2-2所示。

首先选择基调树种，确保布局的统一性。基调树种原则上应选择圆型、具有中间绿色叶以及中粗质地。这种具有协调作用的树种应在视觉上贯穿整个布局。

其次，选择特色的多样化树种，但数量与组合形式都不宜超过基调树种，否则会破坏植物景观的统一性。

第三，植物种类选择应以乡土树种为主，适当引进外来树种，丰富植物的多样性。

第四，植物种类与规格的选择还需考虑苗木市场的供应量，在景观效果相当的情况下，尽量选择价格适中的品种，而避免选择稀缺且价格偏高的植物品种。

总之，植物种类的确定是种植设计的最后一个步骤，这样有助于保证植物根据其观赏特性及其需要的生长环境，而首先决定其种植点上的功能作用。这种方式还能帮助设计师在注意设计细节之前能研究整个布局及植物之间的各种关系（图6-5-2-16）。

表6-5-2-2 植物配置一览表

分区	季相与空间特征	群落结构	骨干树种
观演活动区	夏荫、秋叶	上+中+下	香樟、朴树+桂花+红枫+麦冬
林荫休息区	春花、夏荫	上+下	榉树+金丝桃、二月兰、法国冬青
滨水景观区	春花、秋叶	上+中+下， 上+下	垂柳+碧桃+黄馨、芦苇、菖蒲 枫杨+夹竹桃+黄馨+小雏菊、结缕草
草坪活动区	春花、夏荫	上+下	泡桐+结缕草
基础种植区	春花、秋果	中+下	垂丝海棠、桂花+ +栀子花、常春藤、紫藤

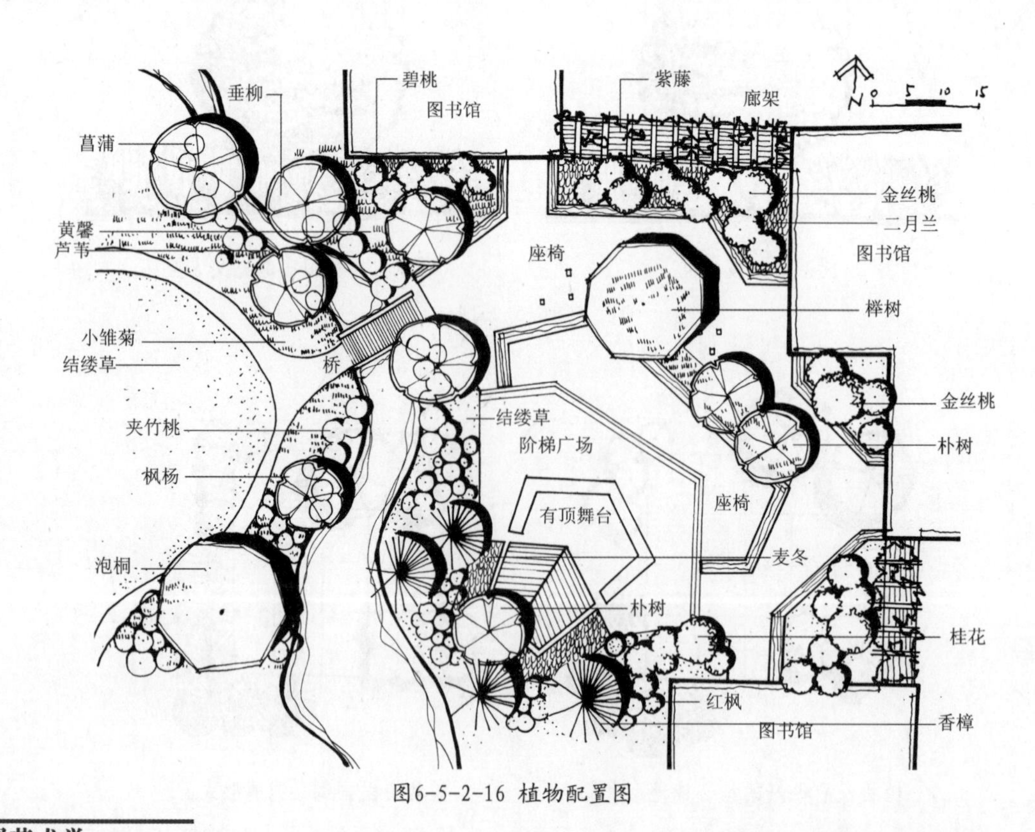

图6-5-2-16 植物配置图

6.6 景观建筑与小品设计

如前文1.6所述，景观建筑具有点景、观景与组景的作用与特点。景观小品功能简单，体量小巧，造型新颖，立意有章，并容易表现地方特色。

作为点景的景观建筑在景观环境构图中有画龙点睛的功效，点景的作用更在于自然环境景观意义上意境的升华，创造出不同环境条件下景观的特殊意境。

建筑可供游人长时间停留，因而是观赏景物的理想场所，建筑为赏景而设，因此，景观建筑的选址、布局、朝向、门窗开设均以观景面、观景视线为主要考虑对象，不仅如此，建筑的体量、布局的显与隐均应视环境而定。作为观赏园内外景物的场所，一栋建筑常成为重要的停留点，而一组建筑物与游廊相连则成为动观全景的观赏线。因此，建筑朝向、门窗位置及大小均要考虑实现视域的要求。

建筑较之于其他自然景观要素更易于加以人工控制，因此建筑成为景观空间组织的重要手段。园林景观中常以建筑组合形成系列的空间的变化，如传统园林中以建筑构成院落及游廊、花墙、洞门等组织空间、划分空间，苏州留园、拙政园入口空间组织均为以建筑组织空间的典范。

6.6.1 景观建筑与环境的关系

景观建筑与小品并不是独立存在的，它必须与环境、技术紧密相连。追求景观建筑与自然、建筑与城市、建筑与人之间的和谐关系是景观建筑设计的最高境界。赖特于1936年设计建筑的“流水别墅”是其“有机建筑理论”的代表作，其最成功之处是强调钢筋混凝土运用及其建筑造型与周围自然风景紧密结合，建筑如同从岩石中自然生长出的一般。流水别墅是建筑与景观环境有机融合的典范。

因此，景观建筑与小品设计需充分研究景观环境的地形地貌、空间形态、围合尺度、植被、气候等因素，同时对历史、文化、语言、社会学、行为心理等要素也应综合考虑。

1）景观建筑与山石的关系

依风景构图的虚实关系看，建筑与山石均属“实”的范畴。在一般的情况下需要将他们分置于两个构图之中，即互为对景，并以山石或建筑的体量来确定观赏距离。这就是传统园林普遍使用的主体厅堂之前远山近水的布置形式。

如果建筑与山石需要纳入一个构图，则一定要分清主次。或以山体为主，建筑成其点缀；或以建筑为主，用峰石衬托建筑。

山上设亭阁，以山体为主，亭阁为其点缀。建筑的体量宜小巧，形体应优美，造型要有变化，加上植物陪衬，可为园景增色。同时，又因其位于园中制高点上，无论俯瞰远景或远眺园外景色，都将成为重要的观赏点。对于体量巨大的山体，建筑可以被置于山脚，也可以被置于山腰，甚至山坳之中，建筑的尺度固然不会超过山体，但也应根据景观构图的需要，或将建筑处理成山景的点缀，或将山体作为建筑的背景（见图6-6-1-1）。

以建筑为主体，山石为辅的处理手法，传统园林中常用的有厅山、楼山、房山等。

图6-6-1-1 苏州沧浪亭

2）景观建筑与水体的关系

与山石不同，水体在风景构图中常常表现出“虚”的特征。由于构图的虚实变化要求，更因人有亲水的天性，所以水边的建筑应尽可能贴近水面。为取得与水面调和，临水建筑多取平缓开朗的造型，建筑的色调浅淡明快，配以大树一二株，或花灌木数丛，能在池中产生生动的倒影。

建筑与水面配合的方式可以分为以下几类：一是凌跨水上，如传统建筑中的水阁——建筑悬挑于水面，与水体的联系紧密；二是紧邻水边，如水榭——建筑在面水一侧设置坐栏，游人可以凭栏观水赏鱼；三是为能容纳更多的游人，建筑与水面之间可设置平台过渡，但应注意平台不能太高，否则就会显得不够自然（见图6-6-1-2）。

3）景观建筑与花木的关系

在园林景观中，建筑与花木的配合极为密切，利用花木不同的形态、位置能进一步丰富建筑构图。面积不大的庭院中用少量花木予以配置可以构成小景；利用一些姿形优美的花灌木与峰石配合，点缀于墙隅屋角也能组成优美的构图；建筑近旁种植高大的乔木，除遮荫、观赏外，还能使建筑的构图富于变化。但为了不过多的遮蔽建筑外观、影响室内采光和通风，大树不宜多植，且应保持一定距离。

临水建筑，为欣赏池中景物，临池一侧不宜使用小树丛，建筑前可以栽种少量花木，但应以不遮挡视线为度。廊后种植高大乔木，有衬托之用。园内亭构无论位于山间或是水畔，应旁植树木，不使其孤立无援。

建筑的窗前多植枝干疏朗的乔木，以便于观景；窗后设有围墙时，靠墙应栽枝繁叶茂的竹木，以遮蔽围墙，又绿意满窗；游廊、敞厅或花厅等建筑的空窗或景窗，为沟通内外、扩大空间，窗外花木限于小枝横斜、芭蕉一叶、疏竹几干而已（图6-6-1-3）。

4）景观建筑内部自然要素的运用

一些规模较大的现代建筑常将山石水池及植物等自然要素引入室内或半室内空间，会使人产生丰富的联想，令建筑的内部空间更富情趣。如在建筑中央大厅中散置峰石、假山；或将室外水体延入室内，在室内模拟山泉、瀑布、自然式水池；或在室内保留原有的大树，组成别致的室内景观；或把园林植物自室外延伸到室内，等等。所有这些手法可以打破原来室内外空间的界限，使不同的空间得以渗透流动。

图6-6-1-2 建筑与水

图6-6-1-3 建筑、水、植物

6.6.2 景观建筑的设计过程

景观建筑设计以图纸为主，结合适当的文字语言表达设计意图。建筑设计一般分为方案设计、施工图设计两个阶段，对于大型建筑工程，还需增加扩初设计阶段（技术设计阶段）。

由于景观建筑的特殊性，通常在确立了建筑的功能与大体概念后，设计师对场地进行规划设计，包括功能分区、道路线形、建筑物的朝向与布局模式、因经济因素而带来的空间布局的影响等等，提出若干个设计方案，这个阶段可采取现场快速设计的工作方式，强调多方案草图的比较。

在景观建筑总体规划方案获得批准后，开始场地的具体设计，包括落实具体的项目，对场地功能与形态的推敲，建筑师开始敲定建筑形体和规模，同时为潜在的需求留出发展用地。在此阶段，结构、给排水、电气等专业设计师介入，协调方案的优化。

中国传统造园不仅关注建筑和景观，而且将建筑、景物与其他自然现象或人为时间联系在一起，从而使建筑具有鲜明的人文特征。因此，建筑设计在从功能研究、建筑布局、建筑形体等方面进行多设计方案的“比较”分析的基础上，还需在建筑物不同组成部分之间、建筑与景观环境之间建立起关联，通过比较，从而判断建筑环境和谐与否。

1）方案设计阶段

方案设计阶段的图纸和设计文件包括：

（1）建筑总平面。

（2）各层平面及主要立面、剖面图。

（3）设计说明书。

（4）造价匡算书。

（5）建筑透视图或建筑模型。

2）扩初设计阶段

扩初设计阶段的图纸和设计文件包括：

（1）建筑物整体与局部的具体做法，确定各部分的尺寸关系。

（2）结构方案的计算和具体内容，确定各构造和用料。

（3）设备系统的设计和计算，合理解决各技术工种之间的各种矛盾。

（4）设计概算的编制。

3）施工图设计阶段

施工图设计阶段的图纸和设计文件：

（1）建筑总平面图。

（2）各层建筑平面、立面及必要的剖面图。

（3）建筑构造节点详图。

（4）各配套工种的施工图。

（5）建筑、结构及设备等专业设计的说明书。

（6）结构及设备的计算书。

（7）工程预算书。

6.6.3 休憩建筑设计

如前文1.6所述，休憩建筑是园林中形体小巧、功能简单、形式丰富，起点景、观景及休憩之用的建筑，主要包括亭、廊、榭、观景的楼阁等类型。

休憩建筑具有驻足休息、观赏风景、点缀风景、引导视线等功能。设计中强调休憩建筑应有较高的观赏价值并富于诗情画意，空间布局自然错落，造型精巧，并注重与筑山、理水、植物配置环境要素有机融合。

休憩建筑设计需要考虑工程技术和艺术技巧的结合。在艺术构图中需遵循统一与变化、比例与尺度、对比与均衡等法则，对建筑的形体、色彩、比例、尺度都应结合造景的需求整体考虑。

总体而言，休憩建筑的设计设计要点包括：选址与布局、建筑与地形、建筑与植物等。

1）选址

选址的目的是为了在建筑及其周边环境内能更好地“得景”，包括点景与观景两个方面。想要得景，首先就要选择能得景的场所。选择自然风景优美的地段设置休憩建筑，建筑与自然环境相协调，因境成景，形成典型景致。亭子真正给人印象深刻的，除了其造型外，更加重要的是其选址得当。如5.4所述，为达到最佳的观景效果，必须满足观赏距离和观赏角度两方面的要求，而对于不同的观赏对象，取得最佳观赏效果的观赏距离与观赏角度很不相同。

立于镇江北固山上百丈悬崖陡壁的岩石边的“凌云亭”，又名“祭江亭”。站在亭中可见金山湖的全貌：低头俯瞰可领略金山湖的壮阔；极目远望，行云流水交相映；左右环顾，金、焦二山像碧玉般浮于江面之上，“浮玉东西两点青”。通过俯视、远望、环眺，使成为观望长江与金山湖景色的绝佳之处（见图6-6-3-1）。

北京颐和园知春亭选址也是绝佳的。在知春亭里可以纵观颐和园前山景区的主要景色。在180度的视域范围内，从北面的万寿山前山区、西堤、玉泉山、西山，直至南面的龙王庙小岛、十七孔桥、廓如亭，形成了一幅中国国画长卷式的立体风景画面。与颐和园其他景物之间有较好的对景关系：知春亭距万寿山前山中心建筑群及龙王庙小岛500～600米，这个视距范围是人们正常视力能把建筑群体轮廓看的比较清晰的一个极限，成了画面的中景，而作为远景的玉泉山、西山侧剪影式地退在远方。从东堤上看万寿山，知春亭又成了丰富画面的近景。从乐寿堂前面向南看，知春亭小岛遮住了平淡的东堤，增加了湖面的层次。由此可见，无论是“观景”与“点景”来看，知春亭位置的选择都是十分成功的（见图6-6-3-2）。

图6-6-3-1 镇江北固山祭江亭

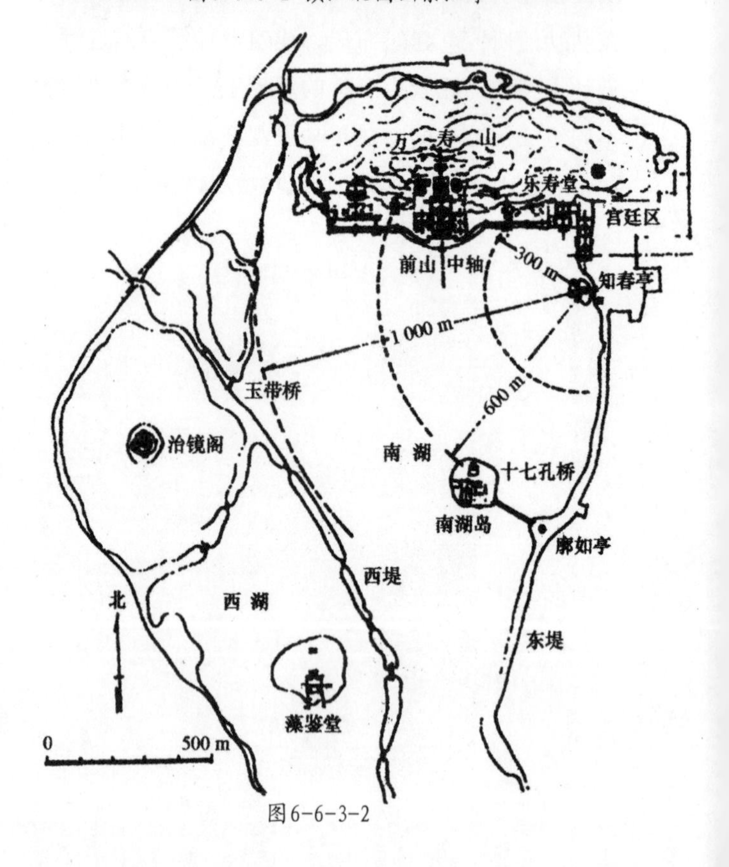

图6-6-3-2

2）布局

景观建筑的布局总体上要遵循因地制宜、巧于因借的原则。休憩类景观建筑受功能的约束较小，可以更加灵活地利用地形与自然环境，与山石、水体和植物相互映衬与渗透。因此，休憩类景观建筑的布局应借助地形、环境的特点，使建筑物与自然环境融为一体，建筑的位置和朝向应与周围景物形成巧妙的借景或对景，比如苏州拙政园的远香堂与雪香云蔚亭（见图6-6-3-3，图4-3-5-15a）、留园的明瑟楼与可亭都是相互借景与对景的佳例（见图6-6-3-4，图4-3-5-15b）。

虽然有较好的组景立意和基址环境条件，但建筑布局零乱而不合章法，也不可能成为佳作。从场地总体规划到局部建筑的设计都会涉及到布局问题。单体式平面布局的建筑物或亭、榭类建筑与环境结合，形成开放性空间。

图6-6-3-3a 从苏州拙政园远香堂看雪香云蔚亭

图6-6-3-3b 从苏州留园可亭看明瑟楼

3）建筑与地形

山坡地、水体、林间、平地等不同的基地类型，建筑设计手法各异。

（1）山地建筑。建筑与山势结合，根据不同的地势可分别采用“台”、“跌”、“吊”、“挑”等不同的设计手法。

山上建亭，丰富了山的轮廓，使山色更有生气，也为游人提供了一个观赏山景的合宜场所，亭外视野开阔，境界超然，可凭栏远眺，可环视四周，使人心旷神怡，是人们留连追寻的观景与休憩点（见图6-6-3-4）。

山地建廊可供游人登山观景和联系山坡上下不同高度的建筑物，也可借以丰富山地建筑的空间构图，爬山廊有的位于山之斜坡，有的依山势蜿蜒转折而上。如北京北海公园濠濮涧爬山廊（见图6-6-3-5，图1-1-2-2）。

在山地上建楼，常就山势的起伏变化和地形上的高差，组织错落变化的体型，因而能取得生动的艺术形象（见图6-6-3-6）。如杭州西冷印社的四照阁临崖修建（见图6-6-3-7）。

图6-6-3-4

图6-6-3-5

图6-6-3-6

图6-6-3-7

（2）滨水建筑。建筑可点缀于水中或设置于孤立的小岛上，成为水中一景；建筑还可飞架于水面之上，与水面紧密结合。临水建筑与岸的关系有“凹”、“凸”两种。“凸”以三面临水，观水景的效果最佳；“凹”以水湾形式形成较为亲切的水面。近水建筑可把水“引”入到建筑之中，成为建筑外部空间的一个部分。

水亭，或依水依岸而立，或凌立于水面，亭水相彰，成景自然，如蜻蜓点水，似出水芙蓉，亭影辉映，意趣浓烈，不失为景色的焦点。水亭选址和尺度工法与水面开度有关；小水面宜设小亭；大水面宜设大亭或多层亭；广阔水面宜组合亭或楼阁。水亭有丰富水域景色、控制环境、吸引视线和诱导人流的功能，因此要重视亭景的空间对构关系，既要考虑亭外的环视景色，又要考虑亭景外围空间视点的赏析构图，力求景中、景外均有景可赏（见图6-6-3-8）。

在水上或水边所建的廊称为水廊，供观赏水景及联系水上建筑。位于岸边的水廊，廊尽量与水接近，如南京瞻园、苏州拙政园水廊（见图6-6-3-9）。凌驾于水面之上的水廊一般宜紧贴水面，不宜架高，廊两侧的水面应互相贯通，游人漫步水廊之中有置身于水面的感受，如苏州拙政园西部的波形水廊。桥廊，除供休息、观赏之外，在划分空间、丰富园林景观及组织游廊路线上起着重要作用，如苏州拙政园的“小飞虹”（见图4-1-3-25）。

（3）林间建筑。将亭榭等建筑建于大片丛林中，若隐若现，空间有深幽之感。如苏州留园中的舒啸亭、苏州沧浪亭中沧浪亭等，皆四周林木葱郁、枝叶繁茂，一派天然野趣。夏日林间浓荫匝地、微风袭人，日隐层林，鸟啼叶中，沉幽有若深山，旨在为亭创造一种清新闲逸的环境氛围和质朴天然的幽雅情趣。林间亭，常与路亭结合，多位于林木环抱的清幽处，与林木景色共成景色，并以大自然的声、色、光变幻而强化其自然美，是具有吸引力的优雅景点和休息处（见图6-6-1-1）。

图6-6-3-8 水亭

图6-6-3-9a 水廊——苏州拙政园波形廊

图6-6-3-10 平地亭

图6-6-3-9b 水廊——南京瞻园水廊

（4）平地建筑。地势平坦的地段布置建筑，更应注重与其他景观要素的组合与搭配，如结合游览路线的安排，微地形与植物的搭配，形成较好的景致。路亭，为途中休息观赏景物而设，形成行为和景物空间的节奏感，既可用以点景与自成景，丰富景色的内容与层次，又可作为主要的视点和休憩点，增加赏景中的情趣，减轻行动的疲惫感。路亭布置应与观赏线路、景点组织、空间序列展示、景象品质构成相配合，力求方便、舒适、视线良好、环境宜人（见图6-6-3-10）。

平地上建廊，常以界墙及附属建筑物以“占边”的形式布置。形制上有在庭园的一面、二面、三面和四面建廊的，在廊、墙、房等围绕起来的庭园中部组景，形成兴趣中心，易形成四面环绕的向心式布置格局，以争取较大的中心庭园空间（见图6-6-3-11）。如苏州王洗马万宅书斋后院的小花园，西北角绕以回廊，以廊穿过客厅与书房，东侧点缀湖石，植以丹桂，书房的四面都有景可观，格外幽静。

4）建筑与植物

景观建筑讲究立意，旨在创造一种宜人的环境氛围，而这种环境氛围的创造，在很大程度上依赖于建筑周围植物的配置。

园林中的亭榭无论置于何处，都辅之以花木而不使其孤立。花木的姿、色、香、品，不仅为亭增添风韵，有时还作为构景的主题，借花木间接地抒发某种情感和意趣，亦即所谓“偃仰得宜，顾盼生情，映带得趣，姿态横生”。无论是单一植物相辅，还是以多种植物进行混植，首先要考虑花木的姿态，考虑花木与亭榭、山石景物的关系，以及色彩的搭配问题（见图6-6-3-12）。

苏州留园的闻木樨香轩，周围遍植桂花，开花时节，异香扑鼻，令人神骨俱清，意境幽雅；苏州拙政园的雪香云蔚亭，以梅构景，是赏梅的胜景。因梅有“玉琢青枝蕊缀金，仙肌不怕苦寒侵”之迎霜傲雪的品性，故而隐喻建亭构景所追求的是一种心性高洁、孤傲清逸的境界。这种借花木隐喻某种品格、某种境界的做法，让人在花木寓意所引起的情感意象中，体味个中的情趣。

图6-6-3-11 广州岭南印象园

图6-6-3-12 苏州拙政园雪香云蔚亭以梅构景

6.6.4 坐憩设施设计

坐憩设施是园林中重要的设施之一。人们在户外环境中休憩歇坐，赏景畅谈，无不与坐憩设施相伴。坐憩设施具有供人们就座休息与装饰作用两个方面的功能。

坐憩设施种类多样。座椅是公园中最常见的坐憩设施，材料与形式多样（见图6-6-4-1）。按照有无靠背可分为靠背式座椅、无靠背式座椅；按座椅形状可分为条形座椅、方形座椅、圆形座椅、弧形座椅以及特殊形。此外，景石、倒木、台阶、矮墙、花坛等景观小品都具有坐憩的功能，也是重要的坐憩设施（见图6-6-4-2）。

户外坐憩设施的设计应注意：①将坐憩设施作为整体环境的有机组成部分，与灯柱、花坛、垃圾桶、挡墙等其他环境小品在形式、色彩以及位置布置上相互协调；②充分考虑人们的各种行为需求以及不同使用群体的活动需求；③坐憩设施应设置在舒适宜人的环境中，能为人们提供可视的景面或有防护的背景；④充分考虑不同空间环境的功能与特征，选择合适的坐憩设施。

图6-6-4-1a

图6-6-4-1b

图6-6-4-1c

图6-6-4-1d

图6-6-4-1e

图6-6-4-2

1）坐憩设施的位置选择

坐憩设施的设置必须配合其所在空间的功能，每一个坐憩空间都应有各自合宜的环境条件。如图6-6-4-3所示：①一般而言，沿建筑四周和场地空间边缘设置的座椅比在场地空间中的座椅更受欢迎。②场地中央设置坐憩设施应该配置舒适的周边环境，提供一定的可视界限的依靠，如位于柱角或花坛边沿等，让休息者有一定的领域感；③通过式路边设置坐憩设施应让休息者保持单向的视听联系，山石、树丛、绿篱、矮墙、花格等外部空间组成要素能较好的满足这一要求；当周边的景物具有较大的吸引力时，如位于水边，可采用景观边缘布局，使用者的视线向景物敞开，悠然享受；④而自由式布局则是位于比较休闲的空间，为坐憩者提供多样的选择。除此之外，坐憩设施的位置选择应考虑坐憩者的朝向与视野以及“人看人”的需求。

（1）坐憩设施布局需满足“人看人”的需求。

笔者在对上海徐家汇公园的调研中发现，大多数人在闲暇小憩时都是选择面对人们活动的方向，这些活动或是游戏、或是行人的匆匆而过。正所谓人看人，其乐无穷。在美国中西部城市的街头公园中进行日光浴的人，尽管有许多阳光充足的地段可选，但大部分都偏爱那些抬头便能看到“活动场景”的地点。因此，坐憩设施的位置选择应能为人的观赏活动提供条件。例如在活动场、表演场、儿童游戏场的周边设置坐憩设施，可以让坐憩者近距离观察“逼真的表演”。在调查中还发现，有人坐在小河对面，隔岸观赏着球赛争夺的紧张场面，这是性格内向者的远距离观赏。远距离观赏的坐憩点通常称之为“安全点”。如图6-6-4-4所示的从观赏孩子们玩耍中获得乐趣的老年人，理应与游戏场有一点间隔而不至于被孩子们的嬉闹所冒犯。

在有些设计中，活动场地被安排在自然斜坡或岩壁下，让观看游乐的人们可以舒适的坐躺，而且可以给远处的坐憩者提供观看条件，并且将坐憩设施安排在远处的最佳视点上。

在坐憩设施的布局中，应仔细推敲并预测每一个可能的人群汇集点，如道路交叉口、自由售货亭周边等。在这些汇集点的视域内布置一些坐憩设施，既可以让聚集的人休息，也可以为路过的人提供观赏的场所。

（2）坐憩设施布局需考虑朝向与坐憩者的视野。朝向与视野是坐憩设施位置选择的关键因素。同样的，能有机会观看到各种活动是游人选择座位的一个关键因素，当人们选择在某一地点坐下时，总希望马上领略到这一地点的地势、空间、气候、景观等各方面的特征。人们通常会选择台阶坐下，这样坐点比较高，视野比较开阔。同时还要考虑阳光与风向等因素。针对不同地区的气候特征，选择理想的地点安置座椅。另外，防护也是很重要的一点，尤其对那些置于河湖边的座位更要考虑防护的问题。

总之，坐憩设施的布局要综合考虑多种因素。如图6-6-4-5所示，坐憩设施首先应安放在活动场所和道路的旁边，不能直接放于场地之中或道路上，否则人们会觉得被挡住去处或四周混乱使人坐立不安。如果坐憩设施背靠墙或树木，最令人觉得安稳、踏实。如果坐憩设施背对空旷空间，而面对墙，这种设计是让人难以接受。其次，坐憩设施适宜安排在树荫下或荫棚下，可为人们提供荫凉。而在秋冬之际．建筑物南边的坐憩设施可以接受温暖的阳光，比较受欢迎；但应该注意不使坐憩设施受到冬天寒冷的西北风的侵袭，因而，坐憩设施决不应设置于建筑物北边或处于冬季寒风吹袭的廊中。

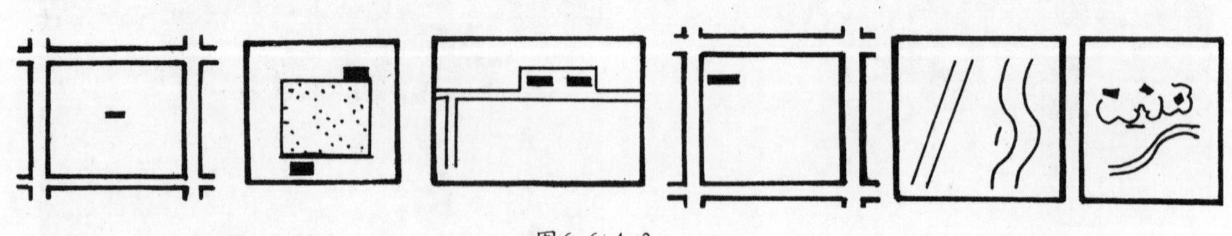

图6-6-4-3

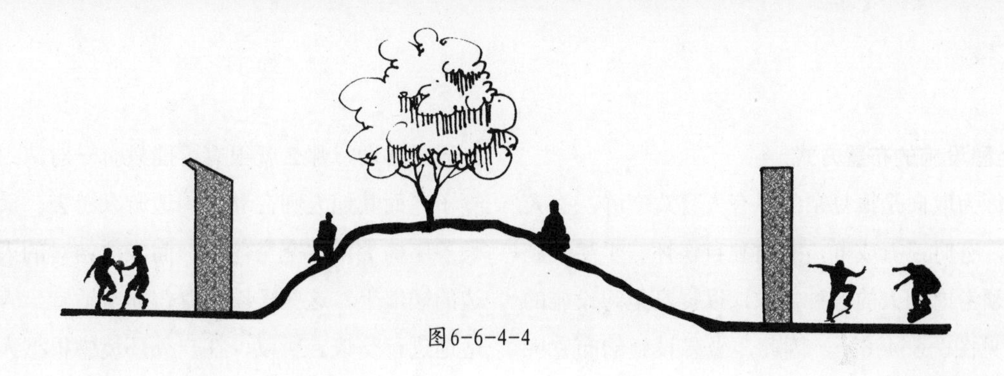

图6-6-4-4

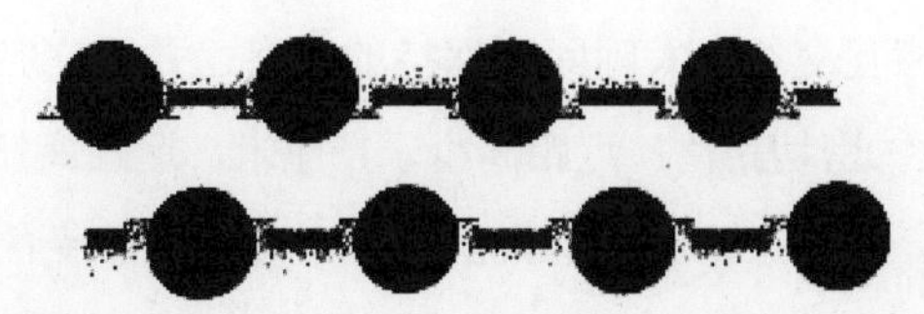

园路两旁设置园椅，宜交错布置，可将视线错开，忌正面相对

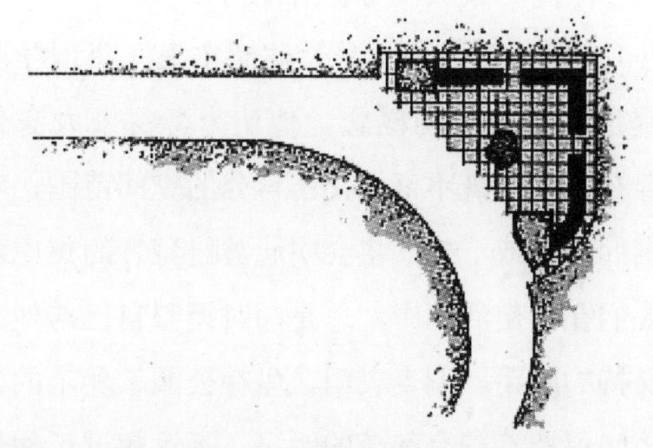

园路拐弯处设置园椅，辟出小空间，可缓冲人流

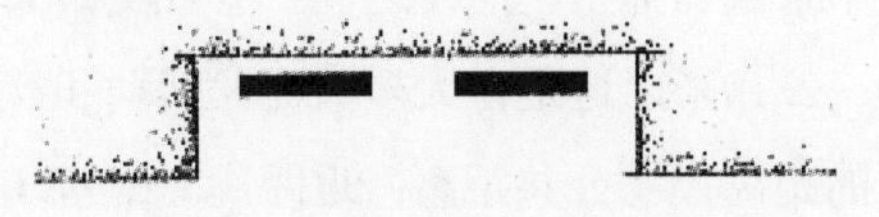

路旁园椅，不宜紧靠路边设置，需退出一定距离，以免妨碍人流交通

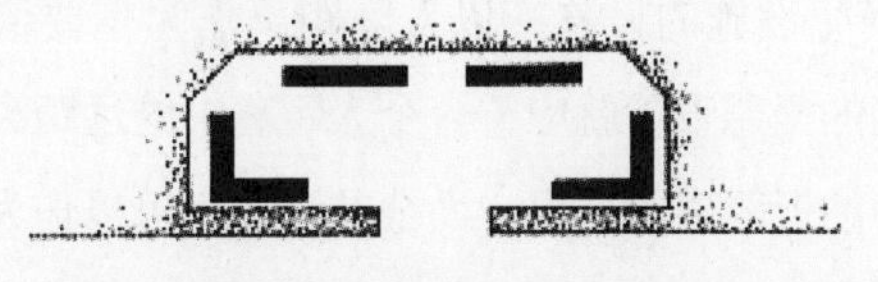

路旁设置园椅，宜构成袋形地段，并以植物作适当隔离，形成较安静的环境

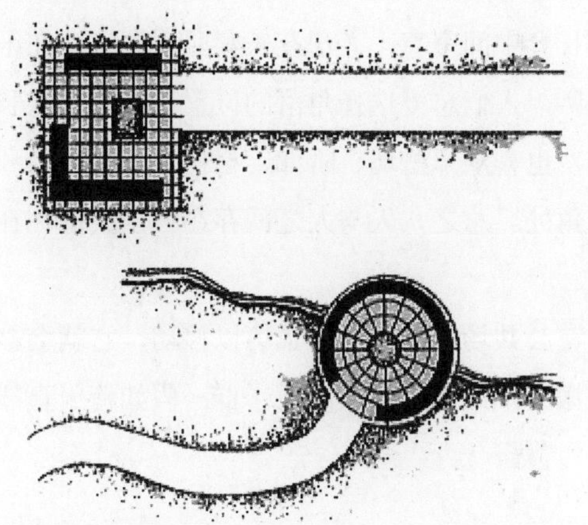

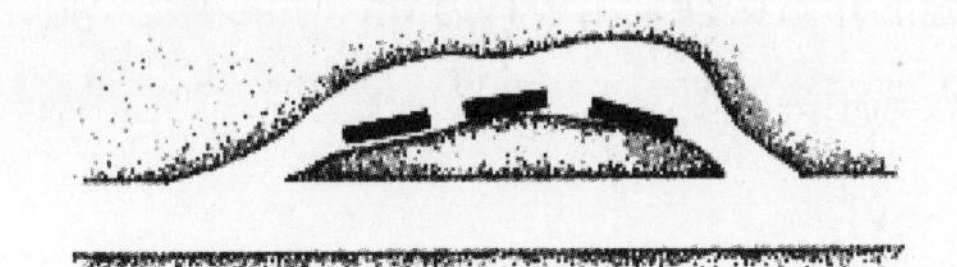

园路旁设置园椅，背向园路或辟出小段支路，可避免人流和视线干扰

园路尽端设置园椅，可形成各种活动聚会空间，或构成较安静空间，不受干扰

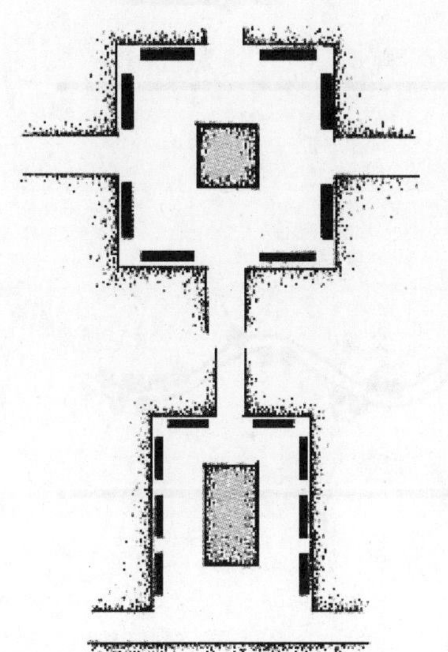

对规则式小广场，宜在周边布置园椅，有利于形成中心景物，并保证人流通畅

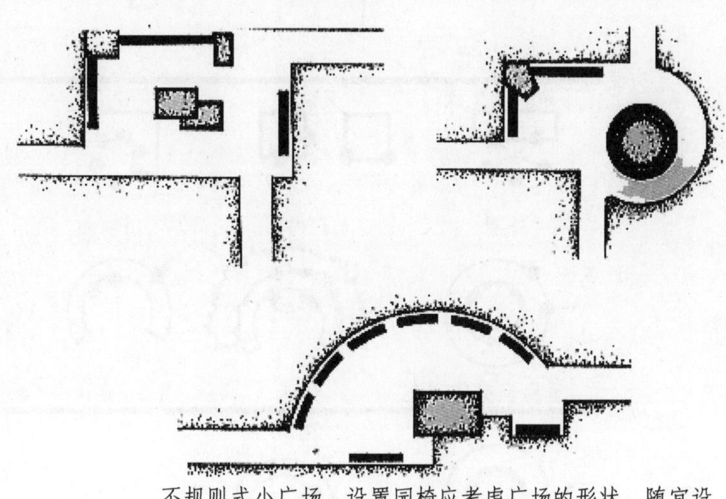

不规则式小广场，设置园椅应考虑广场的形状，随宜设置，同时考虑景物、座椅及人流路线的协调，形成自由活泼的空间效果

图6-6-4-5 坐憩设施的空间布置

2）坐憩设施的布置方式

人的行为取向是很复杂的。有人喜欢宁静，有人喜欢热闹，有时三五成群，有时独自伤怀。坐憩设施的布置必须考虑到人的各种需求，以提高坐憩设施的利用率（见图6-6-4-6），因此，坐憩设施的布置应考虑人际距离、领域性与私密性的要求。

（1）人际距离与坐憩设施的布置。心理学家沙姆曾提出个人空间的概念。他认为，每个人身体周围都存在着一个既不可见又不可分的空间范围，对这一范围的侵犯或干扰，将会引起被侵犯者的焦虑和不安。人们在社交活动中，总是随时调整自己与他人所希望保持的间距。调查表明，坐在公园长凳上的人，他们之间保持着一个稀疏的距离，远远超过了他们实际所需要的尺寸。公共汽车的候车亭内，人们往往选择长凳的两端坐下，而很少有人愿意坐在两个人的中间，长凳中间空着，人却在长凳四周站着。在很多公共场所，人们总爱选择角落的位置；不仅喜欢长凳的两端，也喜欢那些墙、阶梯、栏杆、水岸边沿和花台的转角处。总之，人与人之间存在一个实实在在的分界线。

在公共场所，如果椅子可以移动，它就会被人们搬来搬去，成为一簇簇的椅子群；假如椅子直线布置且无法移动，那么就很有可能只有一对情侣占用整条凳子，而其他人则在凳子周边游来游去。调查发现，长条座椅上常常空空荡荡，而成群结对的人却靠在旁边的矮墙上，这些矮墙设置得非常适宜，人们可以舒适地进行交谈。所以，在户外环境中根据人们的行为习惯设置坐憩设施之间的适宜距离。人类学家霍尔研究了相互交往中人际间所保持的距离，并将它归纳为4种：①密切距离：近距离少于15厘米，远距离15～45厘米，这在亲密关系的人的交往中是可以接受的；②个人距离：近距离45～75厘米，远距离75～120厘米，一般用于亲属、师生、朋友之间；③社交距离：近距离1.20～2.10米，这是在大多数商业活动和社交活动中惯用的距离；④公共距离：近距离3.6～7.6米，远距离大于7.6米，这一距离主要用于演讲、演出和各种仪式。

坐憩设施的设置应以人际距离作为重要依据。用于交谈的坐憩设施就应符合个人距离中的远距离至社交距离中的近距离的要求；而公共距离则可以作为“安全点”的最小间隔。人际距离研究表明，人利用空间进行交往时，具有多种需要，因此，在公共活动空间中，坐憩设施的布置必须采用多种方式，才能满足不同活动和不同人际距离的要求。

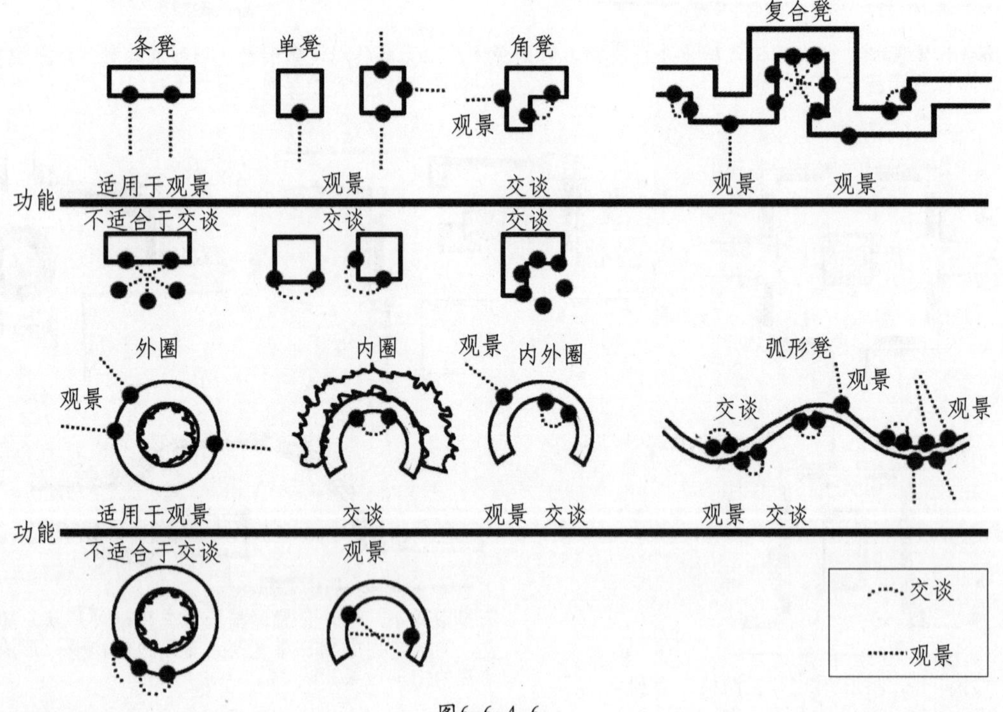

图6-6-4-6

（2）领域感与坐憩设施布置。户外空间中的领域主要与群体活动有关。某一群从事相同活动的人经常性的使用同一空间，领域就形成了。老年人比较喜欢安静的、偏于一角的廊架，可从容的下棋、聊天而不受穿行人流的干扰；亲密关系的人偏爱有枝叶茂盛的大树形成的凹角，比较僻静，为交谈提供方便；青少年则酷爱开敞的环境，为他们的活动提供足够的场地。不同领域的人们使用坐憩设施的方式不一样。因此，设计者应该特别的留意，并尽量预测各种类型的游客类型的游客各自喜爱的地段，进而设计出不同布置方式的座椅。

图6-6-4-7

另外，对领域边界也应特别重视。例如在儿童游戏场和运动场的交界处安置一些座椅，大人们可以一边照看小孩，一边观看运动场上的精彩比赛（见图6-6-4-7）。当领域用于演出、游戏等表演行为时，边界处理还应为“被动参与”提供方便，如设置看台、台阶、土坡、地面高差等。

（3）私密性与坐憩设施布置。私密性是整个人类都具有的一种基本要求，它使人具有个人感，即可按照自己的想法支配环境，在他人不在场的情况下，充分表达自己的感情。只是时间难以预料。另外，物质因素的影响也不容忽视，例如，看书、静思等活动多半出现在人流较少而又半封闭的小空间之中，如凹入式座椅、花架、树荫等（见图6-6-4-8）。

因此，在户外环境中，应尽可能提供一系列私密程度不同的空间，在私密性空间中要保持视听联系的渠道，在公共为主的空间中应设置半公共半私密的场所，这样才能使不同的活动各得其所，使不同的使用者各取所需。设计中只要对诸如角落和转角等地方稍加处理，就可以大大的方便和促进人们之间的交往，确实，在不同形式的区域空间内，加进一些具体的边界，这样的坐憩设施更受人欢迎（见图6-6-4-9）。

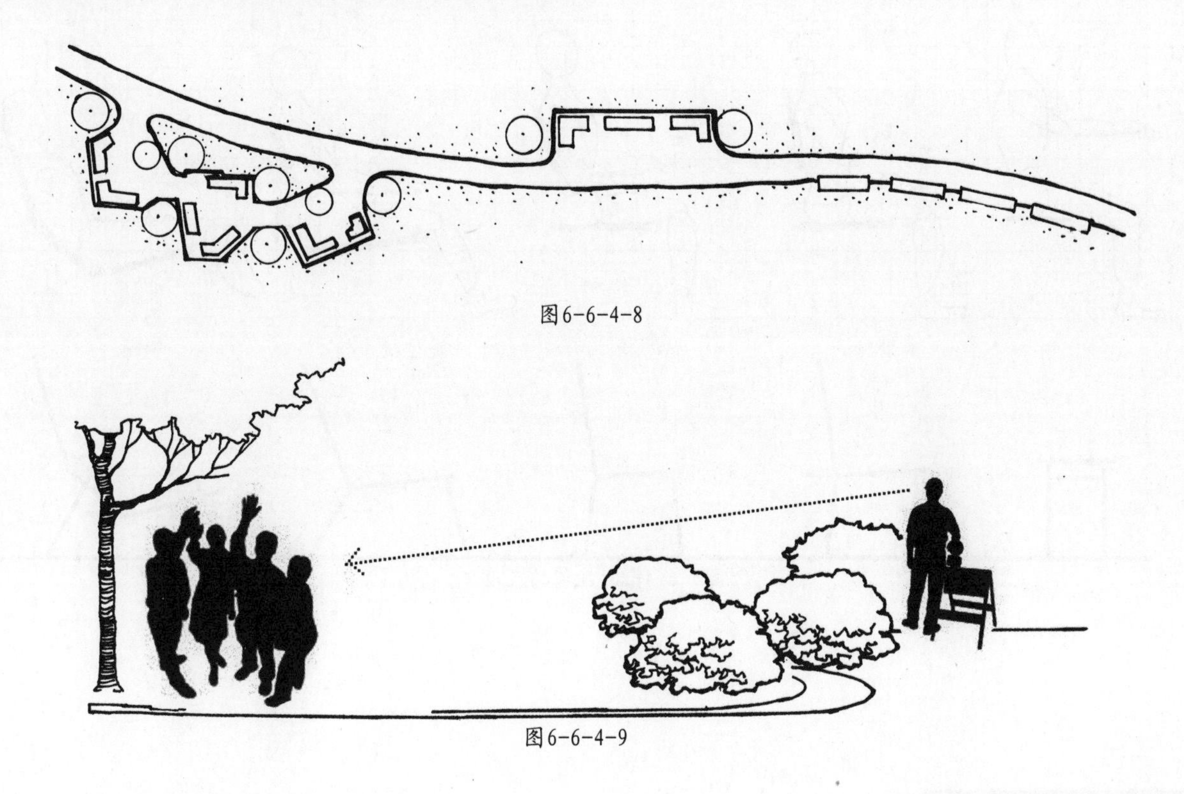
图6-6-4-8

图6-6-4-9

3）坐憩设施的选型

不同坐憩设施形式对使用者的行为有较大的影响。坐憩设施的设计应具有多样性，除了要满足人们的交往习惯外，还要符合人体尺度、人体曲线，并慎重选择材料。座椅色彩和造型，在同一环境中应统一协调，符合环境特点，富于个性。

（1）尺度选择。坐憩设施设计的一个关键问题就是依据环境特点确定合适的尺寸，这样才能使座椅舒适实用。一般座面高38～40厘米，座面宽40～45厘米。标准长度为：单人椅60厘米左右，双人椅120 厘米左右，三人椅180厘米，而且座面与靠背应呈微倾的曲线，与人体相吻合，靠背倾斜度一般为100～110度。设计师也可能会设计出带扶手的座椅，那么扶手应高于座面15～23厘米。座面下应留有足够的空间以便落脚。这样，所有座椅的腿或支撑结构应比座椅前部边缘凹进去至少7.5～15厘米（见图6-6-4-10）。另外，如果座椅设置在软质的草坪上，那么在座椅下面落脚的位置最好铺设硬质材料或砾石，防止该区因长期受雨水和践踏出现坑穴。

（2）材料的选择。公共空间中的坐憩设施可选用多种材料，包括木材、铝合金、不锈钢、石材、混凝土、树脂材料、竹藤等。不同的材质也因为有各自特性不同而有各自的优缺点。调查表明，木材是最佳的选择，它温暖、舒适；石头、砖以及水泥等坐憩设施，被暴晒后座面会烫人，难以就座，而在冬季又冷冰冰，令人难以忍受。再则，如果石头、砖及水泥铺砌不当，座面在雨后就不能及时干燥。

另外，为了丰富空间层次，创造趣味性，坐憩设施可与树木、花坛、亭廊等设施结合，也可利用喷泉、雕塑周围的护柱。座椅附近配置通常垃圾箱、饮水器等服务设施。

虽然在户外环境中坐憩设施很容易被人忽视，但它的作用非同小可，它为游人的活动提供直接的服务。因此，坐憩设施的品质是决定户外环境质量的重要因素。

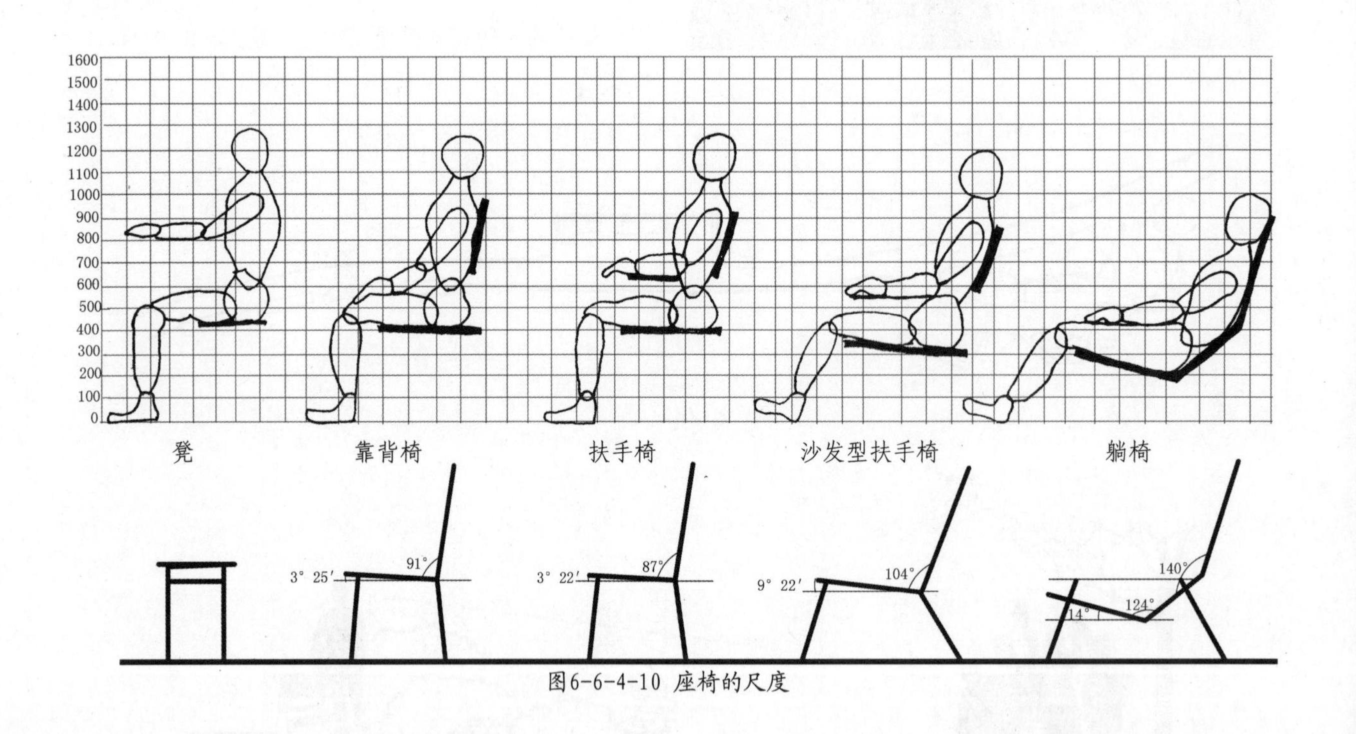

图6-6-4-10 座椅的尺度

6.7 景观照明设计

园林景观中灯光照明设计包括灯具的选型、布置与光照控制。

6.7.1 景观照明设计法则

1）设计总则

（1）高效环保原则。园林景观的灯光照明设计应确定合理的灯光布局和适度的用光量，选用效率高、寿命长、节能、低损耗的灯具以质胜量，发挥光源的最大效益，避免光源浪费。同时设计中以自然界中的动植物为本，选择绿色环保光源，最大限度减少灯光照明工程对自然生态的破坏，尤其是对园林动植物的影响和破坏。

应预设按平日或节日分级控制，在不同控制状态下都应有完整的艺术效果。

（2）人本化原则。灯光照明设计应从人的生理、心理需求出发，选择适宜的光源、光色，确定合理的用光量和照度，杜绝光污染对人的心理、生理造成的各种影响。同时应依据现代人的审美需求，运用新技术、新材料、新产品和新的设计手法，体现科技魅力和时代特色。

（3）地域性原则。灯光照明设计应立足于地方文化，发挥灯光的表现力，选择不同的灯型、光源、光色和艺术照明手法，充分展现夜景的地域特色。同时结合民俗庆典与主题活动，营造出特色化的夜景观。

（4）艺术性原则。灯具的选型与搭配以营造光影变幻的夜景观效果为目标，把握光与影的和谐效果，体现光影的艺术性。同时应顾及白天的景观效果，宜注意灯具的隐蔽和艺术造型。

2）灯具选型的法则

灯具是夜间照明的主要设施，白天应具有装饰作用。因此，各类灯具的灯头、灯柱、柱座（包括接线箱）的造型，光源的选择，照明质量和方式，都应满足造景的艺术要求。

灯具选择时要讲究照明实效，防水防尘，灯头型式和灯色要符合景观总体设计要求。具体而言，灯具选型的法则如下：①外观舒适并符合实用要求与设计意图；②艺术性强；③与环境和氛围相协调。用“光”与“影”来衬托景观的美，创造出一定的场面氛围；④确保安全，灯具线路开关乃至灯杆设置要采取一定的安全措施，以防漏电与雷击，并对大风、雨水、气温变化有一定的抵抗力，坚固耐用，取换方便，稳定性高；⑤形美价廉，具有能充分发挥照明功效的构造；⑥灯具高度的选择要与功能相适应，一般园灯的高度在3米左右，大量人流活动空间的园灯高度在6米左右，用于景观照明的灯随宜而定。⑦灯柱的高度要与灯柱间的水平距离比值恰当，以形成均匀的照度，一般园林景观中采用的比值为：灯柱高度∶水平柱距＝1∶12～1∶10。⑧照度设计，照度即照明的主要标准，但在国内尚无统一标准，一般采用0.3～1.5LX，作为照度保证。

3）灯光照明设计流程

营造一个布局合理、功能完善、特色鲜明的园林景观灯光环境，要遵循以下的设计步骤。

（1）收集基础资料。收集绿地景观总体规划设计方案图纸，说明书及各景观要素的有关资料，领会其设计意图。

（2）方案设计。根据绿地总体规划及其设计意图，确定照明主题、艺术构思、照明重点、照明方式等，对于重点照明部位的照明效果应绘制照明效果图和编写必要的说明。

（3）初步设计。详细研究各景观要素的特征，进行方案比选，确定电源、配电方式、照明方式及光源的光色、显色性、效率等因素，以及照明点位置、投光角度、照度等；编制平面布置图，写出灯位、亮度分布、配电箱等布置原则；编制计算书，进行照度或亮度的计算、负荷计算及导线截面与管径计算。

（4）施工图设计。编制照明平面图、照明系统图、照明控制图、设备材料表等施工图文件，同时应设计防雷、安全接地措施。

（5）施工督导。照明施工完成后，依据现场照明情况，做适当的设计调整，以达到最佳照明效果。

6.7.2 灯光照明分类设计

灯光照明设计大体上分为两大类：功能性照明设计与装饰性照明设计。功能性照明设计包括园路场地照明、安全警示照明及活动设施照明，装饰性照明设计包括建筑、山石、水体、植物等景观要素及其空间的照明，民俗庆典与主题活动夜景照明。它由亮度对比来表现光的协调，而不强调照度值本身。比如各景观要素由透光灯照射时，主要是利用明暗对比来显示出深远及层次感。

1）园路场地照明设计

园路场地的照明必须依据照度标准中推荐的照度进行设计。从效率和维修方面考虑，一般多采用5～12米高的杆头式汞灯或太阳能电池灯。

对于通车的主干道或次干道的照明，应均匀连续地照亮路面、并且满足安全的要求。道路照明所选用的灯具、灯杆造型和外观颜色，应体现所在道路的功能、特征。道路照明应考虑周围建筑、环境明亮程度，适当选用截光灯具或半截光型灯具。应确保在任何方向减少对交通车辆驾驶员的眩光。市政道路、桥梁、立交桥的路面照明设计应按照有关道路照明设计标准。桥体照明应表现其造型艺术风格。路口附近应设置引起司机注意的标志性灯（见图6-7-2-1）。

对游憩小路与步行街等步行空间的照明在照亮路面并满足夜间游览的安全需要的同时，应该结合环境特征选择合理的照明方式，光线应柔和，同时应设计台阶、障碍物及道路方向变化的照明（见图6-7-2-2）。采用照明灯具应不损坏白昼景观，光源光色、照明灯具光分布及照明水平应与小径所在的环境气氛一致。住宅区公园小径人行道平均照度以5lx为宜，最小照度不小于2lx为宜。

图6-7-2-1 车行道路照明

图6-7-2-2a 住区公园小径照明

图6-7-2-2b 步行游览道路照明

园路灯具平面布置的形式包括5种：①单侧布置；②交错布置；③对称布置；④横向悬索布置；⑤居中布置（见图6-7-2-3）。

场地空间是指公园广场、功能性建筑前庭等人流集聚、举行夜间活动的开放空间，其照明在满足夜间活动需要的同时，应该与周围的建筑物、绿化、雕塑、通道等景观要素有良好衔接，在照明方式、照明亮度、光色的变化上与环境协调，照明效果与环境的整体氛围想融合。活动场地空间内使用的庭院灯等日间可见灯具的造型亦应与环境相协调。

如昆山夏驾河“水之韵”休闲文化公园的观景台四周安装的“芦苇”造型灯，再辅以地埋灯，细腻柔滑的莹光与藏青色的夜空遥遥相对，营造出水岸边芦花摇曳的景象，人处其间更能体会与大自然浑然一体的感觉（图6-7-2-4）。

2）活动设施照明设计

活动设施照明设计主要为了人们在公园内娱乐而在一定时间内开灯，采用杆头式照明灯具，但到深夜，除保留治安上所需的照明以外，其他时间应关闭照明。当然，关灯的时间必须依据冬夏两季的时间差、游览的旺季及淡季来编制时间表。

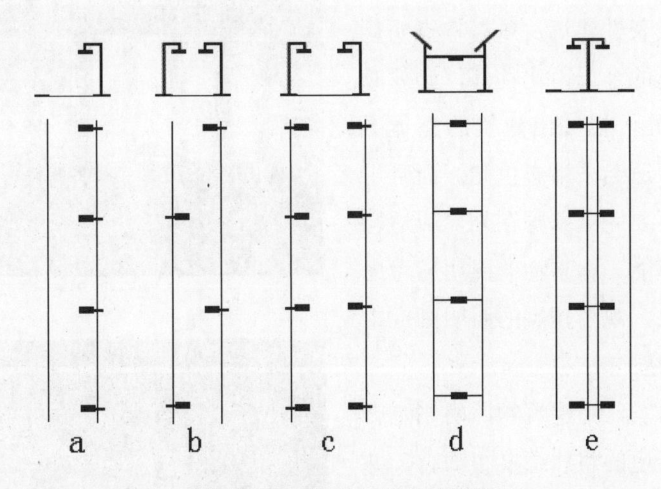

图6-7-2-3 园路灯具平面布置

图6-7-2-4 场地照明

3）安全警示照明设计

指示照明系统设计是夜间功能性照明的重要内容，特别是在各广场内部等缺乏视觉定向点的位置上，良好的指示照明系统可以为夜间游览的游客提供极大的便利。

指示照明系统需要与解说牌及指示牌的照明合而为一，将现代发光技术应用到传统的路标或指示牌上，在白天不会影响其观瞻，夜间发光起到标识作用。如图6-7-2-5所示。

图6-7-2-5 安全警示照明

4）建筑与小品照明设计

建筑照明的设计应依据建筑的功能，考虑景观的整体性、层次性，突出重点，慎用彩光。纪念性建筑、政府机关、国家代表性建筑及风格特点明显的大型建筑等常使用白色的金属卤化物灯，必要时可在局部采用少量彩色光，以突出建筑的整体形象；商业与娱乐性建筑可适当采用彩色光。而且用于建筑照明的灯具最好不要完全暴露在外，应适当隐蔽，同时要重点考虑节能。标志物的照明应考虑在不同观景点的视看效果，观景建筑的照明则应重点强调对其使用功能的表达。

图6-7-2-6 建筑泛光照明

从视觉功效的角度出发，为建筑物照明制定合理的亮度标准，使之与环境的整体意境相吻合，并便于游客的观赏。建筑物照明有更多可以探讨和选择的方法，可考虑LED、太阳能等新技术的运用。照明方式有泛光照明、轮廓照明、内透光照明等。

（1）泛光照明。泛光照明能显示建筑物体形，突出全貌，层次清楚，立体感强，适用于表面反射度较高的建筑物。这种形式照明的灯具的安装位置及投射角度很重要，否则会产生光干扰，如图6-7-2-6所示。

图6-7-2-7 建筑轮廓照明

（2）轮廓照明。轮廓照明能突出建筑物外形轮廓，但不能反映立面效果。这种照明适用于桥梁、较大型建筑物，也可作为泛光照明的辅助照明。如图6-7-2-7所示。

（3）内透光照明。内透光照明在某种情况下效果很好，并节约投资，方便维修。适用于玻璃窗较多或大面积的玻璃幕墙、标志、广告等。如图6-7-2-8所示。

图6-7-2-8 建筑内透光照明

雕塑与艺术品的照明，以保持环境不受影响和减少眩光为原则，灯具与地面齐平或在植物、围墙后面；带有基座，孤立于草地或空地中央的雕塑与艺术品，由于基座的边沿不能在底部产生阴影，所以灯具应该放在远处；带有基座、行人可接近的雕塑与艺术品的照明，灯具宜固定在照明杆或装在附近建筑的立面上，而不是围着基座安装。为产生立体感，可在雕塑一侧用窄光束灯而在另一侧用低功率宽光束灯，两个光源入射线宜保持45～90度夹角。从下往上照明时，应避开在雕塑关键部位产生不协调阴影的投光方向。在周围亮度较低时，青铜雕塑可选用高压汞灯。如图6-7-2-9、图6-7-2-10所示。

图6-7-2-9

圆屋顶或穹窿景观塔，宜采用远距离投射。塔尖或尖塔可在紧邻的建筑物设置泛光灯投光。

围墙与花窗的照明，可在围墙外用小型投光灯照射，显示墙面形与色。花窗可用内透光方法，丰富墙面效果，也可将墙面和窗前的植物照明结合，形成剪影效果。

廊架的照明可照亮背景、显示轮廓呈剪影效果；也可从正面补光，减少对比，增加立体感。可从正面用投光灯分别斜照每一根柱子，使其在相对较暗的背景下显露出来。

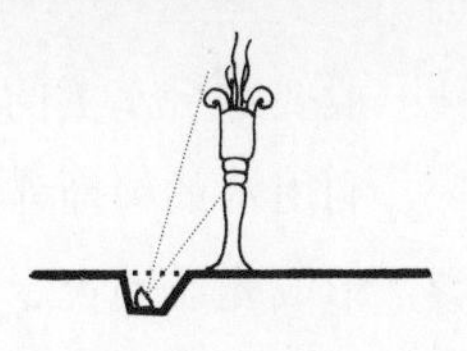

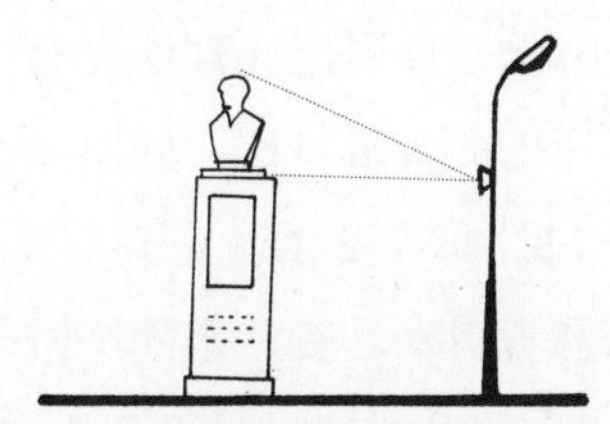

图6-7-2-10 雕塑照明方式

5）山石照明设计

为勾勒出自然山体的延绵起伏的山势，主要用大功率投光灯对其局部打光。在灯光整体布局上，应对亮度和色温进行了别出心裁的设计，可以绿色、紫色、橘色等暖色灯光照亮远处的背景林带、近处错落有致的植物、以及点缀的树桩盆景，烘托自然山水之美；为突出瀑布这一重点景观，灯光用色更为纯净，以切合瀑布流水的静、境。如兰州白塔山公园的照明，连绵起伏的 “山脉”，着“彩衣”的碧树，夜间的白塔山被装扮得流光溢彩、五彩缤纷（见图6-7-2-11）。

景石的照明设计通常与周边的植物综合起来考虑，山石上打上金黄色光、常绿植物打上绿色光、而花灌木打上紫色光，可以有效的还原常绿树与景石的本色，达到完美的视觉效果。

图6-7-2-11 兰州白塔山公园山体照明

6）水体照明设计

水景与灯光完美结合，幻化出无穷的魅力。在河堤的水底及侧壁布置多种色彩的水下灯和光带照明。利用水的反射、折射及随风波动的特性，营造欢快活跃的气氛，水的跳动及光影的闪烁给予瀑布以动感。结合水幕电影和镭射激光灯的渲染，更将水景空间的气氛推向高潮。如图6-7-2-12所示。

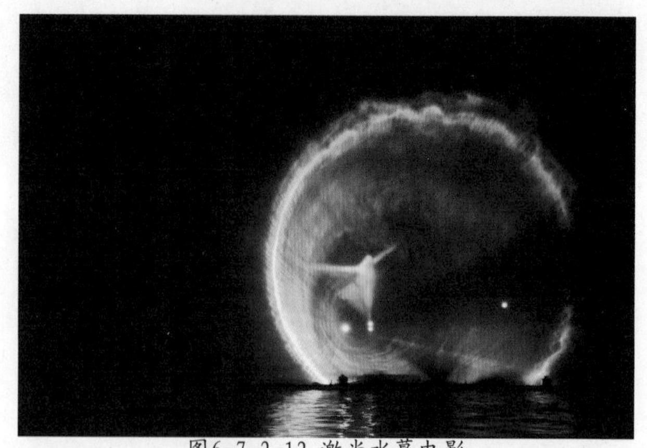
图6-7-2-12 激光水幕电影

同时在水面上可以设置一些灯光游船。这些游船的造型可以进行特别的设计，使其具有地域特色和民族风格，并且适合于灯光夜景的设计。这些游船可以是纯粹的景观性船只，专为设计夜景专用。白天停止运行，夜晚开始在水面游移，或在水面某些特别指定的位置或时间停泊，用其灯光倒影在水面构筑夜景画面。

图6-7-2-13 静态水面照明

静水照明设计一般要结合水上的桥、亭、榭、水生植物、游船等，利用水的镜面作用，使观赏景物在水中形成倒影，形成光影明灭、虚实共生、情趣斐然的夜景。如图6-7-2-13所示。

动水照明则应结合水景的动势，运用灯光的表现力来强调水体的喷、流、滞、落等动态造型，灯具常放置于水下，通过照亮水体的波纹、水花等来体现水的动势（见图6-7-2-14）。对于大型水体比如瀑布、大型喷泉，可用泛光灯照亮整个水体，表现水体与周边环境的明暗对比，同时结合水下灯展现水的动态美（见图6-7-2-15）。

图6-7-2-14 动态水景照明

为了体现叠石引水，石、水的一刚一柔、一静一动的自然景观，亮化时还可采用了冷光源。

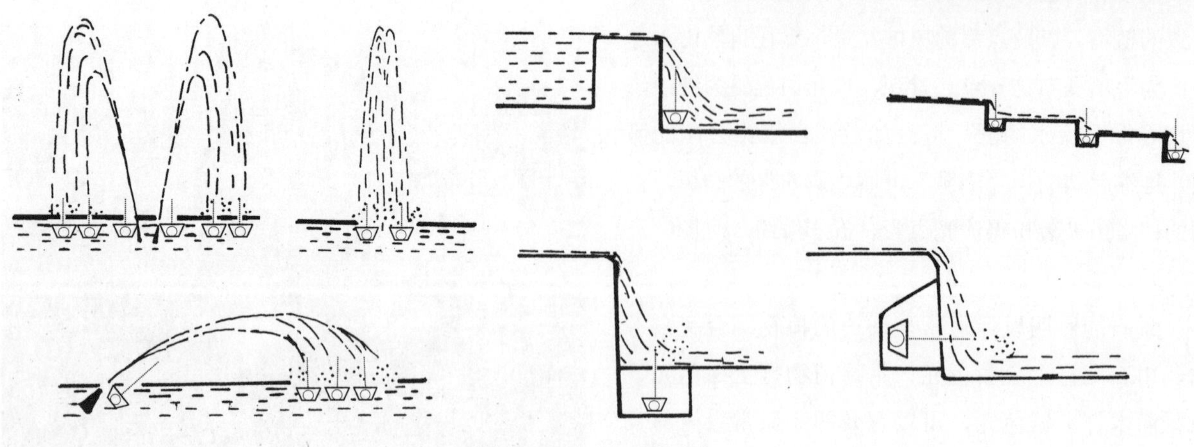
图6-7-2-15 水下投光灯

7）植物照明设计

灯光的设置应注意植物生长时的相互影响。使用泛光灯照明时，灯具应隐蔽在观赏视线之外，投射光应避开观赏者的视线，防止产生眩光。光色应根据树种在不同季节下的色彩精心选择。 绿地照明可设置低矮草坪灯，或采用大面积投光照明，平均亮度以2～4nt为宜。

高效节能的LED灯应该是植物照明的首选，LED灯照产生的热量少，对植物不会造成太大的伤害。同时灯具的数量、功率和开灯时间均应有所控制。

植物照明的方式包括特定方向上照、全方位上照、下照式、剪影效果、点式等。而不同的植物组合也有不一样的布灯方式：（见图6-7-2-16）

（1）特定方向上照。特定方向上照是只能让人们看到某一方向的树形；为了强化由树干形成的主导线条，就应该从某个角度对树干进行照明。

（2）全方位上照。全方位上照是将两个以上的灯具置于树下，照亮整个树体，立体感强；广场中的地坪灯照向树顶可以制造出许多不同寻常的光影效果。

（3）下照式。下照式是将灯具固定在树枝上，透过树叶往下照，地面上会出现枝叶交错的阴影，仿佛月下树影，还能为周边环境提供照明，适于枝叶茂盛的常绿树，或在步行街、居住区、公园等较雅静的场所使用。

（4）背景照。背景照是将植物后面的背景墙照亮，深色的树干和枝叶可清晰的显示在较亮的背景上，可获得生动的剪影效果。这个背景可以是实墙或树篱。

（5）点式。点式是将串灯或灯笼挂在树上，如星星般闪烁，较古典的做法，最适于商业街或街道的节日夜环境。

（6）其他照明方式。由上向下观赏的花坛可设置蘑菇型、倒槽型等草坪灯具照明，具体高度由被照明花木的高度确定。一般高度为0.5～1米。可选择显色指数为80以上的金属卤化物光源为宜。常绿乔木敦厚匀称的外形，经过泛光灯从各个角度的修饰，显现出一种朦胧，神秘感。

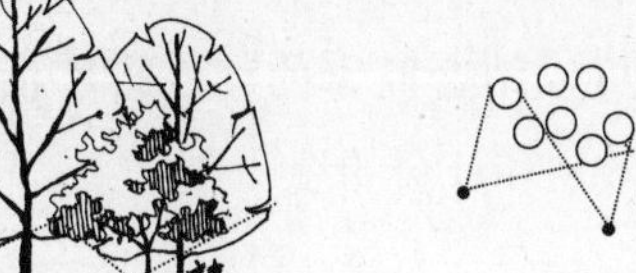

树丛照明——特定方位上照

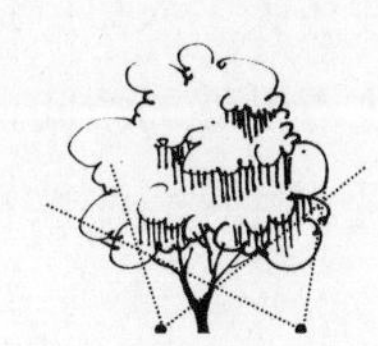

孤植树照明——特定方位上照

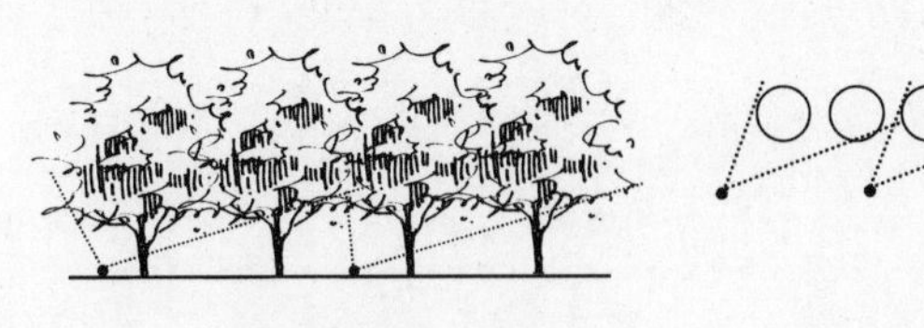

树列照明

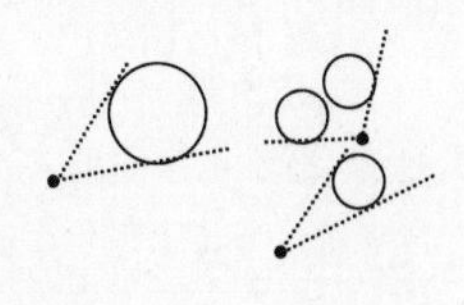

树群照明——全方位上照

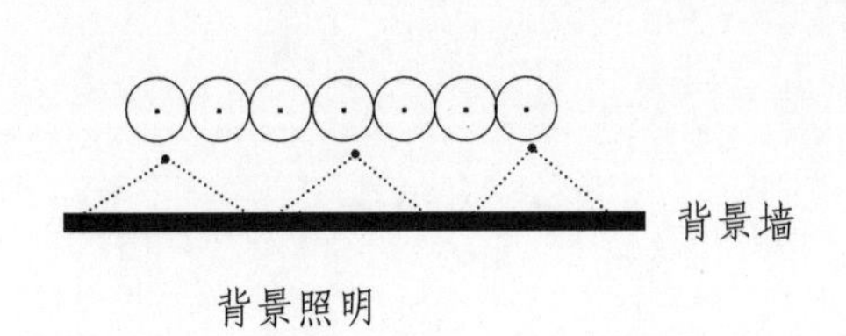

背景照明

树丛照明——下照式

图6-7-2-16 植物照明方式

8）民俗庆典与主题活动夜景策划

民俗庆典是一个国家或地区富有传统文化内涵的大众性活动，它犹如皇冠上的宝石，为平静无波的日常生活点染出绚丽的高潮，赋予夜景观以变幻的节奏。中国传统的民俗庆典活动：中秋节、元宵节、春节等，是一种具有时效性的节庆夜景活动。主题活动包括节庆之夜、浪漫之夜、艺术之夜、消夏之夜、舒适之夜等。主题活动的内容通常已经超越了欣赏夜景本身，游客可以在主题活动中吸取到更多的知识，使夜间游览的意义更为深入。

（1）*节庆之夜*。每年都有很多传统节日和国际上的节日，为每个节庆之夜策划一个照明的主题，并开展游览活动。比如在元宵节可以开展元宵灯会，游客手里提着灯笼参加猜灯谜等公众活动，活动后每个游客都可以将手里的灯笼留作纪念。

元宵节是中国传统的民俗节庆，看花灯、提灯笼、猜灯谜是元宵节的活动重点，均在夜间举行。元宵节应以灯笼为主要灯饰，以此来唤醒人们内心深处的印记，成为真正的具有民俗特色的夜景。此时的活动中心地区应该安排在各大主入口广场及美事街附近等场所，这些地方也有足够的空间供大型灯饰的安装，也可开展各种游戏性、表演性和公众性活动。

中秋节中国传统家庭团聚、赏月品酒的传统节日。中秋节的夜景应该以月亮为主体，公园为人们提供最佳的滨水赏月场所，此时只开设最基本的安全照明设施，并限制周围的建筑物外观照明及广告牌的照明，以突出月光下的自然韵味。

（2）*浪漫之夜*。七夕或者西方情人节的一周内，每天晚上为情侣们准备特色活动。每对情侣都可以获得一盏独特的牡丹花手电筒或灯笼，并主要为他们提供游船服务。

（3）*艺术之夜*。选择一些特殊的时间，在某个景点内，邀请艺术家们参加这样一个主题活动，来享受逝去的美好时光，艺术家通过戏剧、诗歌或者绘画的方式来纪念这个活动。这时候可以通过售票的方式，让游客也参与到这个活动中，并逐渐形成一项传统。

（4）*消夏之夜*。夏季气候炎热，人们都喜欢在夜间到水边散步消夏，享受温润凉爽的小环境，这时候可以组织各种消夏晚会，邀请各类文娱团体进行现场表演。景区内的各大广场是主要活动场地，这一活动可以结合商家的产品推广活动一同开展，做到经济效益和社会的统一。

参考文献:

[1]（美）约翰·奥姆斯比·西蒙兹.大地景观——环境规划设计手册[M].北京：知识产权出版社，2008

[2]（美）诺曼·K·布思.《风景园林设计要素》[M].中国林业出版社，1987

[3]（美）约翰·O·西蒙兹.《景观设计学》[M].北京：中国建筑工业出版社，2000.8

[4]（英）西蒙·贝尔.《景观的视觉设计要素》[M].北京：中国建筑工业出版社，2004.12

[5]（德）汉斯·罗易德.开放空间设计[M].北京：中国电力出版社，2007.8

[6]（日）芦原义信.外部空间设计[M].北京：中国建筑工业出版社，1985.3

[7]（日）朝仓直已.艺术设计的平面构成[M].上海：上海人民美术出版社，1991.3

[8]（美）弗雷德里克·斯坦纳.生命的景观——景观规划的生态学途径[M].北京：中国建筑工业出版社，2004. 4

[9]（法）J·J·德卢西奥迈耶.视觉美学[M].上海：上海人民美术出版社，1990

[10]（德）格罗塞.艺术的起源[M].北京：商务出版社，1994

[11]（瑞士）约翰尼斯伊顿.设计与形态[M].上海：上海人民美术出版社，1992.7

[12]（美）尼尔·科克伍德.景观建筑细部的艺术[M].北京：中国建筑工业出版社，2005.1

[13]（美）伊丽莎白·巴洛·罗杰斯.世界景观设计（Ⅰ、Ⅱ）[M].北京：中国林业出版社，2005.1

[14]（日）针之谷钟吉.西方造园变迁史：从伊甸园到天然公园[M].北京：中国建筑工业出版社，1991.11

[15]（美）阿尔伯特·J·拉特利奇.大众行为与公园设计[M].北京：中国建筑工业出版社，1990.2

[16]（丹麦）杨·盖尔.交往与空间[M].北京：中国建筑工业出版社，1992.9

[17]（美）克莱尔·库伯·马库斯，等.人性场所——城市开放空间设计导则（第二版）[M].北京：中国建筑工业出版社，2001.10

[18]（美）伊恩·伦诺克斯·麦克哈格.设计结合自然[M].天津：天津大学出版社，2006.10

[19]（美）格兰特·W·里德.园林景观设计——从概念到形式[M].北京：中国建筑工业出版社，2010.6

[20] 彭一刚.中国古典园林分析[M].北京：中国建筑工业出版社，1986.12

[21] 周维权.中国古典园林史（第三版）[M].北京：清华大学出版社，1990.12

[22] 王　毅.中国园林文化史[M].上海：上海人民出版社，2004.9

[23] 曹林娣.中国园林文化[M].北京：中国建筑工业出版社，2005.5

[24] 陈从周.中国园林鉴赏辞典[M].上海：华东师范大学出版社，2001.1

[25] 陈志华.外国造园艺术[M].郑州：河南科学技术出版社，2001.1

[26] 金学智.中国园林美学（第二版）[M].北京：中国建筑工业出版社，2005.8

[27] 杨鸿勋.江南园林论[M].上海：上海人民出版社，1994.8

[28] 张家骥.中国造园论[M].太原：山西人民出版社，2003.1

[29] 童　寯.江南园林志（第二版）[M].北京：中国建筑工业出版社，1984.1

[30] 顾永芝.艺术原理[M].南京：东南大学出版社，2005.11

[31] 文　涛.色彩构成[M].北京：中国青年出版社，2011.12

[32] 王向荣，林菁.西方现代景观设计的理论与实践[M].北京：中国建筑工业出版社，2002.7

[33] 王晓俊.西方现代园林设计[M] .南京：东南大学出版社，2000.2

[34] 徐文辉，等.城市园林绿地系统规划[M].武汉：华中科技大学出版社，2007.8

[35] 李铮生.城市园林绿地规划与设计（第二版）[M].北京：中国建筑工业出版社，2006.9

[36] 张伶伶 孟浩.场地设计[M].北京：中国建筑工业出版社，2006.12

[37] 王晓俊.风景园林设计（第三版）[M].南京：江苏科学技术出版社，2009.1

[38] 成玉宁.园林建筑设计[M].北京：中国农业出版社，2009.3

[39] 王祥荣.生态与环境——城市可持续发展与生态环境调控新论 [M].南京：东南大学出版社，2000

[40] 《中国大百科全书》编写组.《中国大百科全书》——建筑城市规划园林篇[M].北京：中国大百科全书出版社，1996

[41] 唐 军.追问百年——西方景观建筑学的价值批判 [M].南京：东南大学出版社，2004.6

[42] 俞孔坚.景观：文化，生态与感知[M].北京：科学出版社，2000.1

[43] (USA)John L. Motloch. Introduction to Landscape Design(Second Edition)[M].New York City:John Wiley&sSons INC.2001.

[44] (USA)Simon Swaffield.Theory Landscape Architecture[M].Philadelphia:University of Pennsylvania Press.2002.

[45] http://image.baidu.com/

[46] http://www.asla.org/